U0053091

行銷管理

——理論與實務

Marketing Management: Theory and Practice

郭振鶴　著

三民書局

國家圖書館出版品預行編目資料

行銷管理:理論與實務 / 郭振鶴著.－－初版一刷.－
－臺北市：三民，2004
面；　公分

ISBN 957-14-3932-0　(平裝)

1. 市場學

496　　92016849

網路書店位址　http://www.sanmin.com.tw

© 行銷管理
——理論與實務

著作人　郭振鶴
發行人　劉振強
著作財產權人　三民書局股份有限公司
臺北市復興北路386號
發行所　三民書局股份有限公司
地址／臺北市復興北路386號
電話／(02)25006600
郵撥／0009998-5
印刷所　三民書局股份有限公司
門市部　復北店／臺北市復興北路386號
重南店／臺北市重慶南路一段61號
初版一刷　2005年3月
編　號　S 493390
基本定價　拾壹元捌角
行政院新聞局登記證局版臺業字第〇二〇〇號

ISBN　957-14-3932-0　(平裝)

序

近幾年來臺灣教育改革聲音不斷，不同教改新制度不斷出現，許多專科學校紛紛改制為大學或技術學院而企業管理系 MBA、EMBA 的行銷管理課程相繼誕生開課。筆者多年來一方面在研究所與大學教行銷管理、行銷策略、行銷研究相關課程與一方面成立顛覆行銷管理顧問公司輔導臺灣本土化企業如中國石油、力霸、郭元益、萬益等，深刻體認「行銷管理」對中小企業在市場佔有率與市場成長方面的重要性，但由於臺灣目前大學以上教育較著重於理論教學，與行銷管理實務方面的串聯較少，而實戰經驗對行銷管理的深入又很重要，故一直有此願景想編寫一本有關行銷管理在理論與實務個案方面可以整合之書本以利大學、研究所相關管理科系、所老師、學生、企業經營者、管理者可有系統研究或參考之書籍，這個心願透過三民書局劉振強發行人的支持，後學終於將此願景加以完成，當然內容仍有不盡完善之處，希望各方先進不吝指教。

而為更落實行銷管理理論與實務結合之目的，包括企業如何取得市場定位之競爭優勢，透過顛覆市場定位競爭屬性而達到持久性、顯著性之競爭優勢是本書所具有特色之一；另為使行銷在管理功能上更為企業創造有利之獲利能力，更落實 PIMS(profit impact of marketing strategy) 競爭架構為本書所具有特色之二；本書第三個特色為落實行銷從外而內思考方式，必須透過 S.B.U.(strategic business unit) 組織管理設計、實施責任中心制度與轉撥計價 (transfer price) 方式，以強化行銷更見 living 與 dynamic 的管理功能；另行銷在調性上是藝術與科學的結合，故本書除描述行銷在策略上的運用，更強化其如何運用統計的功能以強化其決策上的正確性為本書所具特色之四；卓越的行銷管理者是許多從事行銷管理工作夢寐以求的，所謂卓越行銷管理者的特質：「專業的 S. B. U. 專業經理人」、「專業的組織管理人員」、「專業的產品經理人員」、「專業的策略規劃人員」、「專業的決策管理人員」、「專業的顛覆、解構管理人員」，故正確描述上述卓越行銷管理者之特質與思考方式為所本書所具特色之五。

就本書行銷管理如何學習的觀點而言，讀者可透過知識學習觀點無論是學校或企業機構其學習重點為：(1)以組織團隊學習為主，因行銷管理在組織學習上比個別學習要困難許多 (much more difficult)。(2)要學到在行銷組織發生危機或痛苦造成之前就要預應環境、經營條件的改變 (as environment conditions changed)。(3)正確的行銷管理學習程序就是要改變行銷組織成員的心智模式 (mental models)，透過參與討論、互通方式。(4)面對經營環境條件的改變，行銷組織有內部經營實力 (internal strengths) 可面對市場競爭挑戰。(5)行銷管理學習者必須體認要比競爭者學習新方法的速度更快並及早學習才能擁有持久性競爭優勢 (sustainable competitive advantage)。(6)有效果的行銷管理學習方式必須能從動態規劃中學習做計畫並改變本位、微觀主義 (microcosm) 的看法從而改變行銷在決策價值、觀念、架構方法上改變。(7)卓越行銷管理人員能透過遊戲規則的改變而拋開限制條件的約束，並使行銷組織人員重視組織改變，並持續加速 (consequence, accelerated) 的帶領組織成長。(8)行銷管理就學習的流程而言，應避免跳入下列陷阱：不被行銷組織大多數成員認同 (unrecognizable to audience)、無法化繁為簡 (too many steps at once)、以教條方式學習行銷 (by-teaching)。(9)行銷管理的學習是要使組織成員從內隱 (implicit) 的知識變成外顯 (explicit) 的應用，轉換速度多快必須依據行銷組織在文化與架構上改變意願之強烈。(10)行銷管理是團聚學習的文化，不能集中在少數幾個人學習，透過彈性、開放、參與、溝通 (flexible, open, joint communicate) 更能達到學習效果。

關於此書的順利完成，特別感謝家人、親朋、好友、等對後學的付出、支持與體諒，目前任教輔仁大學管理學院院長黃登源博士與應用統計研究所師長陳瑞照博士所提供協助與提攜，過去曾任教過之東吳大學經濟系、淡江大學國際貿易系主任、師長之指導教誨，任教之輔仁、東吳、銘傳、龍華大學所指導之學生熱心投入專題研究報告提供相關資料，並對於曾服務與輔導過的公司——中油、力霸、卜蜂、蜜雪兒、郭元益所提供之實戰工作經驗體認，特致謝意。

最後，特別感謝三民書局與劉振強發行人秉持優良出版文化所提供之機會與協助。

當然，書中若有謬誤或遺漏之處，懇請海內外先進與讀者隨時匡正，俾使日後得以補正。

郭振鶴

2005.1

於輔仁大學管理學院應用統計研究所

東吳大學商學院經濟系

E-mail: kmarket@ms34.hinet.net

Fax: (02)28755097

網址：www.disruption.com.tw

行銷管理——理論與實務

目　次

第一章
行銷、行銷管理、行銷人員

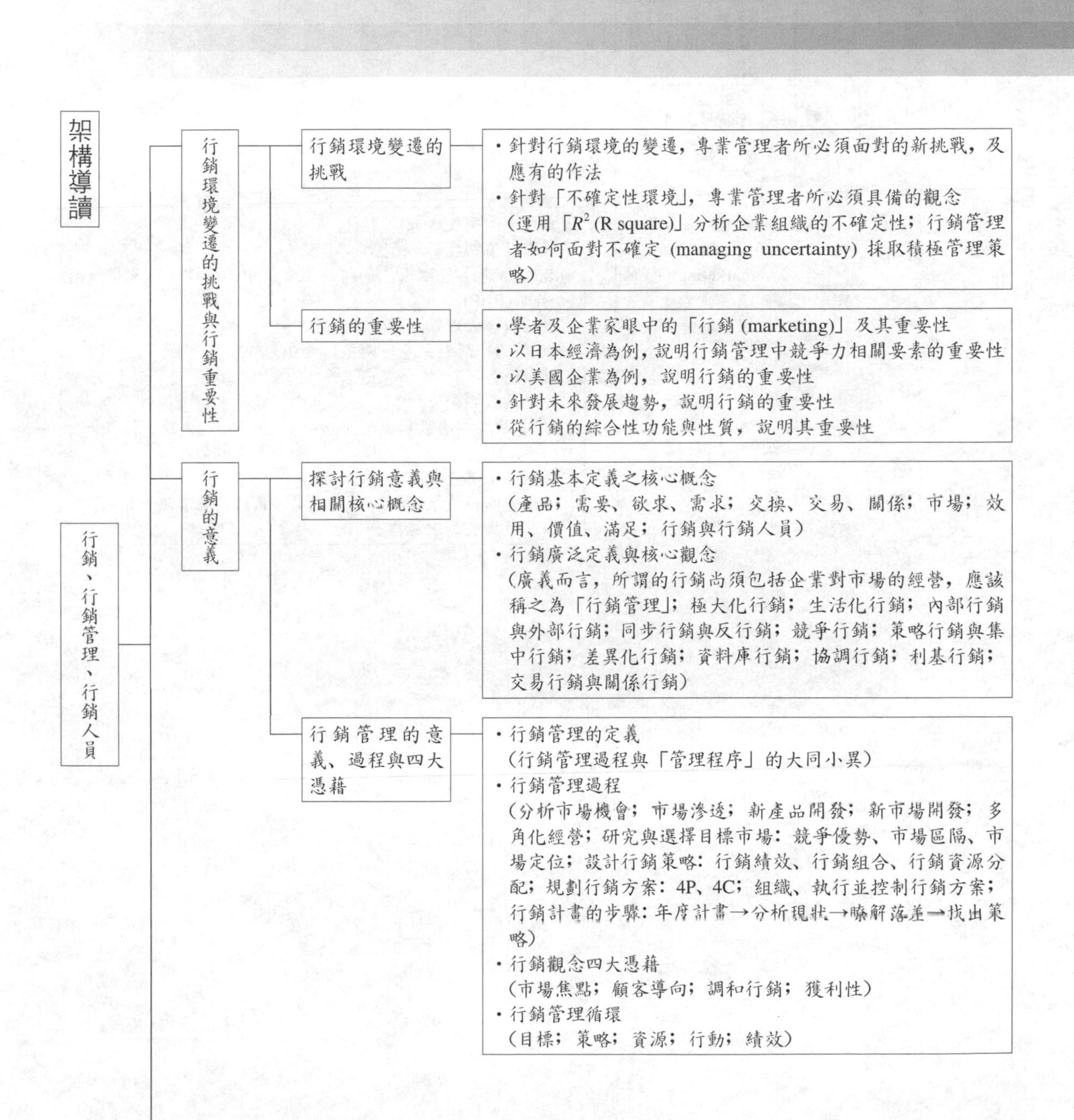

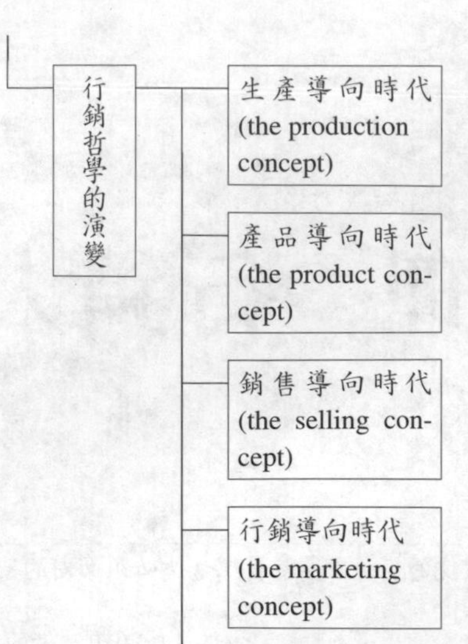

策略行銷管理時代 (the strategic marketing) 的來臨與專業行銷管理者的特質

- 責任中心制度
- 轉撥計價制度
- S.B.U. 專業經理人，如何應用責任中心的概念以及損益兩平點 (BEP)
- 產品組合管理
  （看門狗；問題兒童；明星；金牛）
- 競爭優勢
- 經營函數概念
  （經營曲線（函數）模型 $y=a+bx$；係數 a：截距；係數 b：斜率）
- 管理決策思考過程
  （常見四種決策模式；決策陷阱；正確的思考決策模式）
- 顛覆市場及管理解構

故善戰者，立於不敗之地，而不失敵之敗也。是故勝兵先勝而後求戰，敗兵先戰而後求勝。　　　　《孫子兵法》第四章　勝兵先勝——〈軍行篇〉

優秀行銷經理人的特徵：①對市場的變化能以變制變。②化不確定性為確定性。③視市場成長為重要的工作職責。　　　　佚名

您青春時候投注下的新鮮血液，到了您衰老時，便有了您原來的面目；這樣做便有智慧、美貌、和滋生，否則便只有愚蠢、老邁、和腐朽；　　　　沙士比亞十四行詩

第一節　行銷環境變遷的挑戰與行銷重要性

行銷環境變遷的挑戰

由於市場經營環境的變遷，導致專業管理者（經理人）所面對的行銷環境隨之變化，也使市場的不確定性愈加提高，以下將從「行銷環境」的變遷及「不確定性環境」，去探討行銷專業管理者所必須面對的挑戰及因應之道。

一、針對行銷環境的變遷，專業管理者所必須面對的新挑戰，及應有的作法

⑴經營環境的轉變使企業面對稍縱即逝的機會窗口時，必須具備比以前更敏銳的觀察力，並須培養更多的行銷人員，始能有效的掌握機會窗口、效果窗口。

⑵由於競爭日益劇烈，短視近利的企業家仍存在，社會價值觀追求功利導向的示範作用，使傳統的行銷觀念以滿足顧客需求為主要的靜態考量，將不能符合目前的行銷環境，卓越的企業、行銷人員必須重新思考「行銷觀念變遷性調整」、「行銷策略的動態性思考」與「創造性思考」。

⑶由於大眾傳播觀念的被推廣與消費者日益被重視，使得早期在商學院畢業的MBA，在踏入社會後所需的學習時間更長，也喪失了社會的競爭力。

⑷企業的經營環境，隨著「產業成長邊際遞減效果」與「政治環境變遷性、影響性」，特別需要有多角化、多元化的思考調整，企業經營已不再只是考慮獲利性問題，

對於「風險評估」、「成長機會分析思考」、「資源分配中長期運用」，將扮演比以往更重要、更積極的角色。

⑸「規模大」、「員工數目多」、「市場佔有率高」的企業，已不再是永續發展的重要前提，面對二十一世紀的競爭環境，「小而有活力」、「影響力佔有率高」、「員工素質高」已經是越來越多企業家的共識，也是日後明星企業所需把握的重點。

⑹「不進則退」的觀念影響著今日與未來的行銷世界，行銷人員將更需具備此一正確積極、挑戰、主動的觀念，任何今日市場的贏家如果想以保守、守成、守株待兔的觀點來迎接未來，將無法持續獲得贏的機會。

⑺「相互依存的觀念」與「創新的觀念」，將是日後競爭的重要遊戲規則，任何一個企業單獨考慮自己的行銷方式，未考慮企業間相互依存性與顧客水準的提升，將無法在產業取得一席之地，也終將被產業與顧客唾棄。

⑻由於企業經營環境日趨惡化（成本上升、市佔率逐漸被瓜分、員工忠誠度降低、顧客需求替代性產品日益增多），勉為其難的經營已不符現今所需，取而代之的是新興的行銷管理哲學，例如利基式行銷觀念、附加價值的服務、產品差異化等傳統行銷知識的延伸性探討及相關核心要素。

⑼由於後現代解構主義、解放主義的意識抬頭，行銷人員必須由原來有秩序、有順序、整體性、男性主義、理性主義等為重點的市場，轉為平衡無秩序性、個別性、女性主義、中性主義、意識型態等觀念，這樣的思考擴充，將會較有市場機會及經營空間。

⑽利潤水準對於市場行銷策略的影響 (profit impact marketing strategy) 越來越重要，而市場策略與經營環境又息息相關。

二、針對「不確定性環境」，專業管理者所必須具備的觀念

「不確定性」概念是身為行銷專業管理者實施目標管理及決策時，所必須面對的重要概念，以下將針對不確定性環境，提出一些具體的觀念及思維模式，以便管理者實施目標管理及決策時，更能面對因行銷環境變遷所產生的不確定性。

㈠運用“R^2 (R square)”分析企業組織的不確定性

如何面對環境的不確定性並加以克服，一直是企業發展面臨的重要問題之一，為了克服不確定性可先以“$SST = SSR + SSE$（總誤差 = 可解釋誤差 + 不可解釋誤差）”的概念，瞭解企業組織的不確定因素後，再進行 R^2 (R square) 分析。

圖 1–1、圖 1–2 中分別代表兩種不同型態的公司。

不健全的行銷組織，派系橫生只相信親信

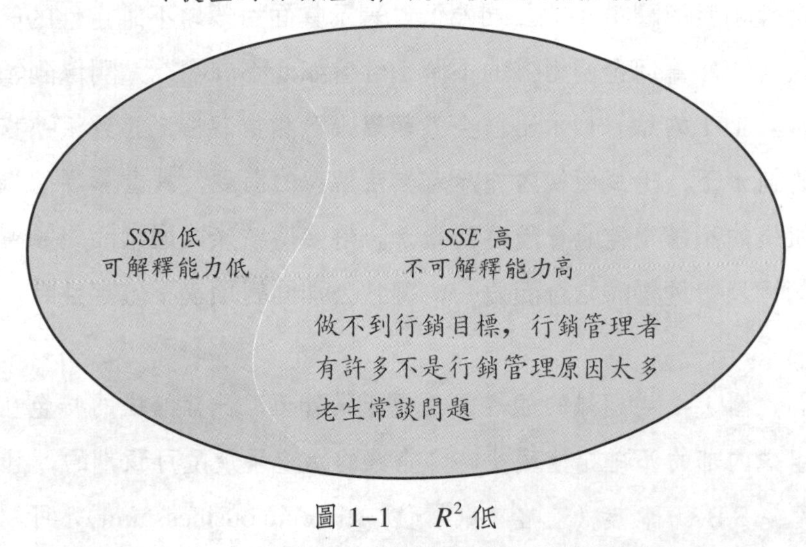

圖 1–1　R^2 低

目標及策略間的互動性高，行銷管理者導致行銷績效可解釋能力高

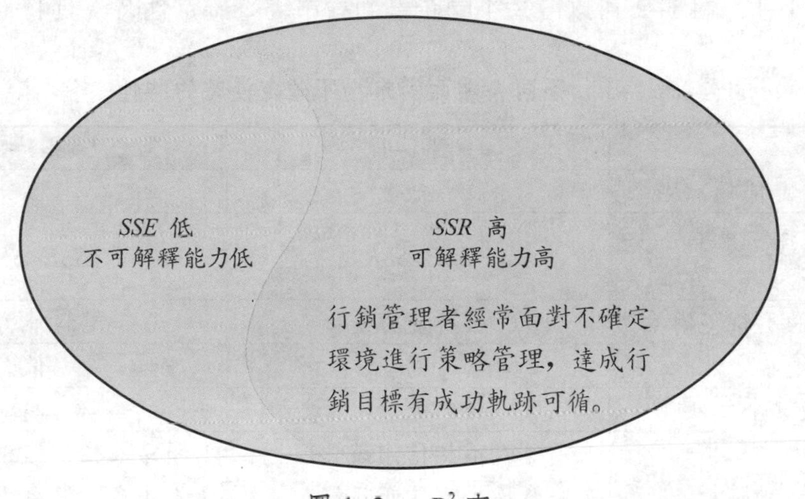

圖 1–2　R^2 高

圖中總面積為 *SST* (total sum of squared deviation) 代表「整體誤差（變異）」，因為環境的不確定性會造成目標及策略執行間產生誤差，即產生 *SST*。

而在整體誤差中，又可區分為「可解釋誤差（變異）*SSR* (sum of squares between groups or explained deviation)」及「不可解釋誤差（變異）*SSE* (sum of squares within groups or unexplained deviation)」，一般而言 R^2（變異係數）越高，可解釋誤差多於不可解釋誤差，也就是目標及策略間的互動性高，行銷管理者導致行銷績效可解釋能力高。

圖 1–1 的公司 *SSE*>*SSR*，表示企業組織面對的不確定性，大多為不可解釋變異，組織 R^2 低；相較於圖 1–2 的公司 *SSE*<*SSR* 可解釋變異的程度大，可知其 R^2 高，企業組織的不確定性相對於圖 1–1 的公司為低，表示其面對環境不確定性的競爭力強。

或許有人會問：為何企業組織的不確定性會如此不同呢？這關係到領導人對組織管理的態度，圖 1–1 的結果顯示出該企業領導人只相信親信，導致派系橫生，在不相信組織管理的情形下，造成組織內充斥著無法解釋的問題，嚴重影響組織的戰鬥力及活力，此種組織的不確定性也會隨時間增加。許多傳統產業通常因為領導人不相信組織管理，經營權及管理權時常合而為一，導致公司面對環境不確定性時，會出現這樣的狀況。

另一方面，圖 1–2 中組織的領導人重視組織管理，此類組織的特色在於人才多、派系少，當組織內部的不確定性減少時，企業的加速發展是可預期的，且 *SSR* 較高的公司，配合實施 S.B.U. 制度（策略事業單位，strategic business unit)，可以更加提高目標管理效果及達成機會，減少誤差水準。

統合圖 1–1、圖 1–2 可以得知不同企業面對市場不確定性時，其特性分別如下：

表 1–1 不同企業面對市場不確定性時的特性

	圖 1–1	圖 1–2
R^2（判定係數）	低	高
SSE（不可解釋變異）及 *SSR*（可解釋變異）的關係	*SSE*>*SSR*	*SSE*<*SSR*
面對市場的不確定因素	解釋能力差	解釋能力高
組織不確定性	高	低
組織健全度	低	高
組織特性	1. 領導人不相信組織管理 2. 派系橫生只信賴親信 3. 組織充斥著無法解釋的問題 4. 組織戰鬥力及活力低落 5. 毫無 S.B.U. 制度可言 6. 不確定性會隨時間而增加	1. 領導人相信組織管理 2. 人才多、派系少 3. 組織中無法解釋的變數較少 4. 組織戰鬥力及活力高 5. 容易落實 S.B.U. 制度 6. 企業發展是可預期的結果

㈡行銷管理者如何面對不確定 (managing uncertainty) 採取積極管理策略

由上述的「R^2 分析」，可以得知企業組織面對不確定因素下的解釋能力，進而分析出該企業的組織缺點及決策問題，而之前我們也提到：管理者實施目標管理及決策時，必須直接面對不確定因素的挑戰。對此，我們提出以下的模式（圖 1–3），用以說明行銷管理者如何面對不確定，採取積極管理策略，以便進一步克服企業發展時所面對的不確定因素。

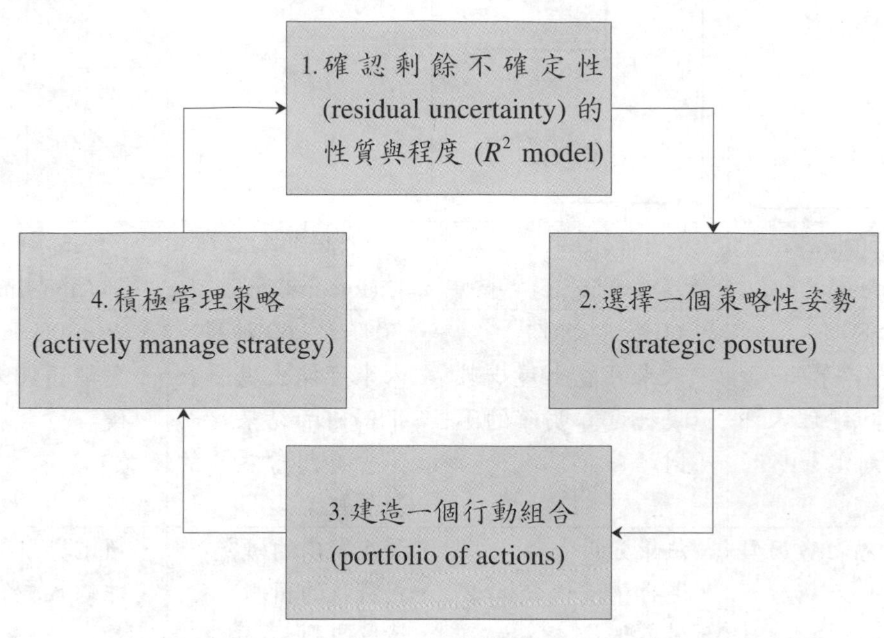

圖 1–3　不確定性管理循環模式

1. 確認「剩餘不確定性 (residual uncertainty)」的性質與程度

所謂的「剩餘不確定性」即:「用盡各種可能最好的方法進行分析後仍留下來的不確定因素」, 也就是前面所提到的「不可解釋變異」, 因此根據前述的「R square 分析」, 不同的 R^2，將產生不同等級的「剩餘不確定性」，分別說明如表 1–2。

2. 選擇一個「策略性姿勢 (strategic posture)」

所謂的「策略性姿勢」即：行銷專業管理者在不同程度的 R^2 下，面對企業人擬定策略時的意圖。同樣的，根據前述的「R square 分析」，不同的 R^2 下，經理人必須選擇不同的策略因應態度，以便達到其所預定之目的，分別說明如表 1–3。

3. 建造一個「行動組合 (portfolio of actions)」

通常「策略性姿勢」只顯示出經理人擬定策略時的意圖，並非具體的策略行動，但是經理人執行策略時，還是必須根據意圖選擇行動模式，以便達到其所預定之目的。

然而，企業在面對諸多不確定性因素時，也必須做出不同的因應行動，由於付諸行動後所面臨的情境是未知的，產生的結果也會不同，如圖 1–4。

表 1–2 針對不確定未來可解釋能力大小如何分類的模式 R square model (four degree of uncertainty)

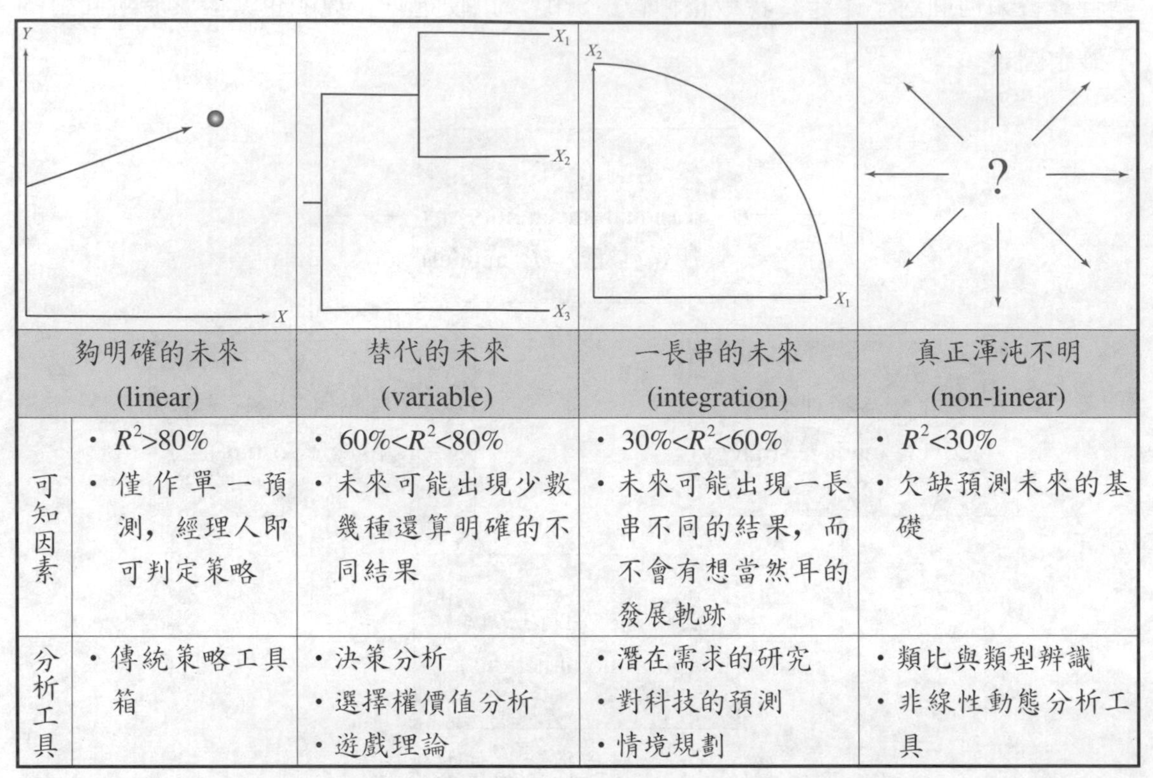

	夠明確的未來 (linear)	替代的未來 (variable)	一長串的未來 (integration)	真正渾沌不明 (non-linear)
可知因素	• R^2>80% • 僅作單一預測，經理人即可判定策略	• 60%<R^2<80% • 未來可能出現少數幾種還算明確的不同結果	• 30%<R^2<60% • 未來可能出現一長串不同的結果，而不會有想當然耳的發展軌跡	• R^2<30% • 欠缺預測未來的基礎
分析工具	• 傳統策略工具箱	• 決策分析 • 選擇權價值分析 • 遊戲理論	• 潛在需求的研究 • 對科技的預測 • 情境規劃	• 類比與類型辨識 • 非線性動態分析工具

表 1–3 三種策略性姿勢 (strategic postures) 選擇

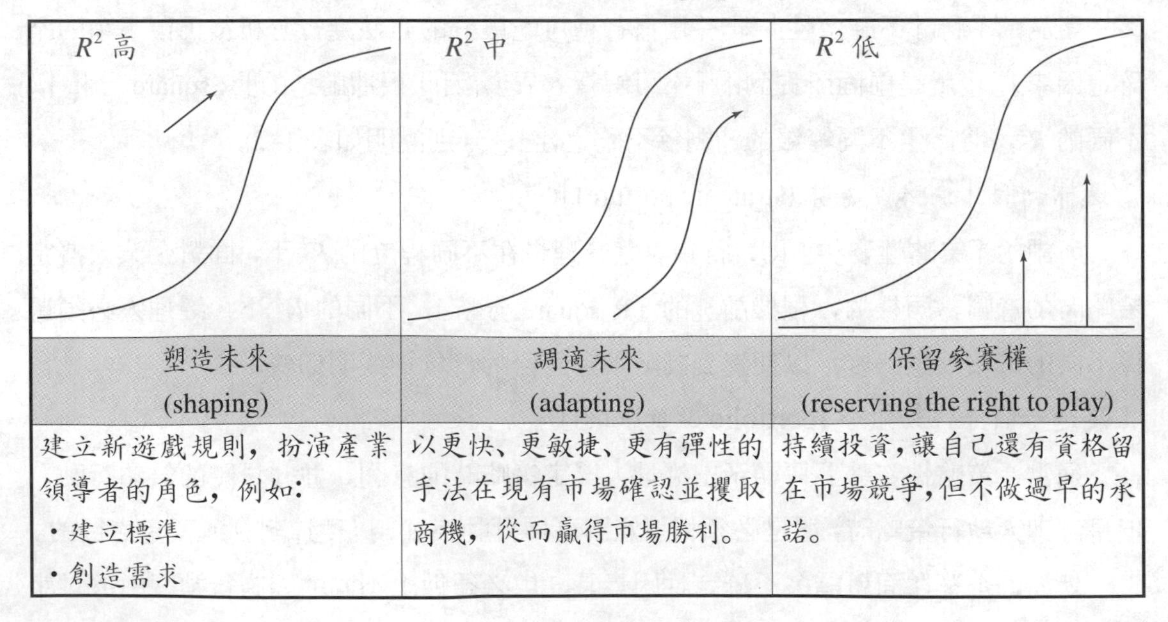

塑造未來 (shaping)	調適未來 (adapting)	保留參賽權 (reserving the right to play)
建立新遊戲規則，扮演產業領導者的角色，例如： • 建立標準 • 創造需求	以更快、更敏捷、更有彈性的手法在現有市場確認並攫取商機，從而贏得市場勝利。	持續投資，讓自己還有資格留在市場競爭，但不做過早的承諾。

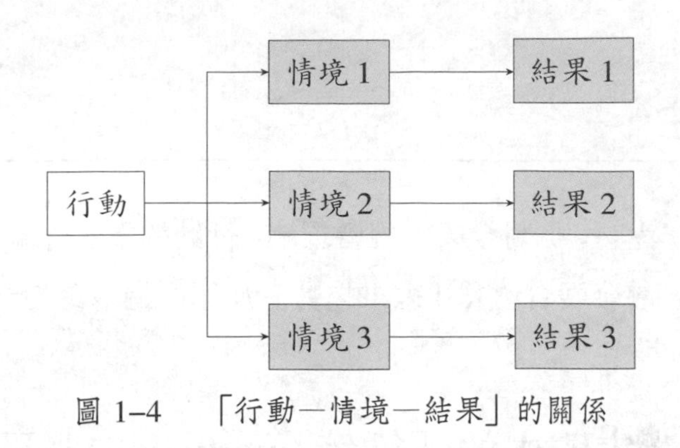

圖 1–4 「行動—情境—結果」的關係

由於「情境」是屬於不可知的，也就是我們一直提到的「不確定性」，因此即便付諸相同行動，對應上不同的情境時，也會產生不同的結果，於是對於情境及不確定性的判定 (R^2) 便顯得重要。

因此當我們得知自身所處環境的 R^2 程度後，我們便必須根據原先所預期的整體策略目的，選擇不同的行動組合，大致而言，行動類型可以區分為以下三種，分別說明如下：

表 1–4 行動類型

行動類型	豪賭	選擇權	不後悔動作
R^2 程度	高	中	低
相對的策略姿勢	塑造未來	調適未來	保留選擇權
特色	著重於一、兩個情境可以為公司帶來巨大利益，至於其他所有情境也可能產生極大虧損的賭博式策略。	某些行為可以為公司帶來最佳利益，某些行為則是有小虧損。此一策略性決策可以確保公司在最佳情境時獲得最佳利益，在最壞情境時將損失降到最低。	不管未來發生什麼情況，該動作都會為公司帶來利益。
決策風險	高	中	低

4. 積極管理 (actively manage) 策略

透過上述的逐一說明，我們可以依序找出合乎公司所需的行銷策略，以便於經理人可以在不確定環境下做出較適當的決策，此一流程是一位經理人面對不確定時採取積極管理策略的重要思考過程及執行過程，這也是一種循環，藉由這種循環可以使行銷環境中的不確定性獲得更有效率的掌握，並且逐漸降低行銷環境中的「不可解釋變異」。

行銷的重要性

行銷為管理功能之一，面對今天的經營環境，行銷的重要性為何？以下將透過「學者的觀點」、「美日經濟發展實例」、「未來趨勢」及「行銷本身的綜合性功能」等方面說明行銷的重要性。

一、學者及企業家眼中的「行銷 (marketing)」及其重要性

(1)管理學者彼得杜拉克 (Peter Drucker)：「行銷為事業之根本，不得以個別功能視之，應以最後成果來看待，也就是說，應以顧客的觀點來看待。」

(2)惠普公司 (Hewlett Packard) 的大衛帕卡 (David Packard)：「行銷是如此的重要，以致於無法由行銷部門來負責就足夠的。」

(3)西北大學的史蒂芬波奈特教授 (Stephen Bunnet)：「在一個真正貫徹行銷主義的組織中，你根本無法辨別誰是行銷部門的人員。在這個組織的任何成員，都必須基於顧客的反應來作決定。」

(4)行銷學者威廉戴維多 (William Davidow)：「偉大的設備誕生於實驗室，而偉大的產品則由行銷部門所發明。」

二、以日本經濟為例，說明行銷管理中競爭力相關要素的重要性

行銷學者柯特勒 (Philip Kotler) 與李安費黑 (Liam Fashey) 在其合著的《新競爭》(*The New Competition*) 一書中曾說明：日本今天可以成為世界經濟強國與下列競爭特性有極大的關係，而這些特性多半來自於日本企業界對行銷的重視：

(1)一群非常聰明、訓練有素且技術純熟的勞動人口，正以低於西方人的工資努力工作。

(2)勞資雙方的合作關係。

(3)日本所採取的手段和高科技導向，使他們能夠在西方的主力產業裡，與西方國家一較長短。

(4)擁有願意接受「較低投資報酬率」、「相當長的回收期間」之資金來源。

(5)政府透過指導和補貼企業，以輔佐企業的成長。

(6)有效的保護國內市場。

⑺對企業與行銷策略抱持著相當精密的觀念。

作者認為造成日本在全球市場普獲成功的關鍵因素之一是對行銷 (marketing) 的瞭解與運用，以下兩個行銷成功的例子，足以證明上述的特性：

㈠新產品開發與行銷的關係

當新力公司 (Sony) 首度發展錄音機與錄音帶時，它的創始人認為他們可以因此很輕易的賺取一筆財富，但是當他們開始生產第一批錄音機之後，他們就發現到：除非他們有能力推銷自己的產品，否則他們將無法繼續經營該公司。

㈡市場滲透及價格策略

日本豐田汽車如何反敗為勝、攻佔美國市場？在早期豐田採取合理價位、高品質的行銷策略滲透到美國市場，讓美國消費者可以接受豐田汽車後，才逐步調高價位，並將多餘盈餘轉入 R&D 的創新研發，如此一來又使車子成本更低、性能及品質更好。

三、以美國企業為例，說明行銷的重要性

曾在美國與世界轟動一時的《追求卓越》(*In Search of Excellence*) 作者畢德士 (Thomans J. Peters) 與華特曼 (Robert H. Waterman, Jr.) 曾在此書中說明美國 62 家優秀大公司的成功八大要素：

⑴行動至上——不斷的嘗試去作而不是光坐在那裡分析問題。

⑵接近顧客。

⑶鼓勵創新。

⑷提高生產力端賴公司內部人心士氣。

⑸領導人以言教身教來堅定原則，樹立企業統一的價值觀。

⑹作自己內行的事而不盲目投資其他行業。

⑺組織簡單、人員精簡。

⑻寬嚴並濟，對有關價值觀念、原則的事堅持到底，其他則可容許各部門較多的主張。

四、針對未來發展趨勢，說明行銷的重要性

美國創意資源公司的創辦人兼總裁塔克爾在其巨著《如何管理未來》(*Managing the Future*) 一書中曾經說明產業未來發展的趨勢有：

- 革命速度加快。
- 創造更多的便利措施。
- 客層區分越明顯。
- 選擇豐富多樣。

- 生活形態改變。
- 提高附加價值。
- 技術不斷創新。
- 折扣競爭激烈。
- 顧客服務至上。
- 品質需求提升。

以上的這些趨勢，實際上都與市場行銷息息相關，當然也必藉由行銷管理的運用才能使企業合乎未來趨勢。對此，埃文陶佛勒 (Alvin Toffler) 在其著作《第三波》(*The Third Wave*) 一書中也提到，未來經理人必須面對下列的變化及挑戰：

- 環境的變動。
- 工作的世界。
- 組織的結構。
- 多國籍企業的發展。
- 資訊的處理。
- 組織的忠誠。
- 組織宗旨的重新界定。

由上可知，環境的變動仍然是陶佛勒認為最重要的未來趨勢，而經理人對於環境的變動，必須更加重視行銷觀點，藉由有效的行銷管理，提升自身對未來的預測及規劃能力。

五、從行銷的綜合性功能與性質，說明其重要性

從上述這些知名學者所描述的行銷重要性說明，可知行銷之所以重要，有下列幾個綜合性功能與性質存在：

- 行銷並非個別功能。
- 重視顧客觀點。
- 其他部門組織的人也必須要有行銷觀念。
- 重視推廣的作法。
- 重視創新。
- 整體一致性的理念及價值觀。
- 行銷調整速度比其他管理更快。
- 重視消費者生活形態。
- 顧客需求水準不斷提升。
- 未來趨勢預測及規劃。
- 行銷人員忠誠度日益下降。
- 行銷以成果為導向。
- 必須有其他部門充分配合。
- 產品無論多好，仍需由行銷部門推廣。
- 喜歡接近顧客。
- 除外部行銷亦重視內部行銷。
- 專業性才能產生效果。
- 市場區隔日愈細分。
- 競爭日趨劇烈。
- 環境變遷。
- 組織結構調整。

第二節　行銷的意義

探討行銷意義與相關核心概念

對於行銷一詞，學者有不同看法，定義亦不同。本書對於行銷的定義分為基本定義與廣泛定義，分述如後。

一、行銷基本定義與核心概念

有關行銷的基本定義與核心概念，必須由消費者的角度去探討，畢竟「消費者」是所有行銷人員進行行銷活動時，所必須最注意的最基本因素。

㈠行銷基本含意

行銷是一種社會性和管理性過程，而個人與群體可經由此過程彼此創造與交換產品、價值以滿足其需要與欲望。由於其基本定義較偏理論與嚴肅，以下我們將透過日常的例子，解釋下述這些行銷活動的基本含意：

1.新產品開發、產品改良及消費者潛在需求

家庭主婦對目前洗淨與漂白衣服，思考有哪一種新產品功效更好；為達到更好的視覺與音響效果，雖然原產品尚未到達汰舊換新的階段，但仍會購買較大較新的機型。

2.流行趨勢

今年服飾流行的走向，如牛仔褲走向復古方式、領帶顏色走向環保顏色。

3.產品差異化、區隔化

對於有頭皮屑的消費者，該買哪一種洗髮精；對於有特殊需求的消費者，會重視哪些特殊功能，選擇具有特殊功能的產品。

4.銷售淡旺季

在炎熱的夏天對於飲料的消費需要比非假日多出 3 ～ 4 倍。

5.促銷活動

百貨公司的週年慶活動，可以獲得物美價廉的產品。

6.市場區隔

如何購買小孩子的玩具，考慮安全與年齡層的市場區隔。

7. 品牌偏好及消費習性

考慮居住空間及用電量，購買哪一種品牌的冷氣機。

8. 通路發展區隔

晚上 12：00 後，因其他通路已無營業，因此選擇到便利商店購買較方便。

9. 需求彈性與替代性考慮

連續假期放假要搭乘哪種交通工具較方便。

10. 市場定位及獨創性主張

小康家庭、中產階級買車時，哪一種品牌的訴求及性能就合乎該消費群的認同。

11. 生活形態及休閒形態

下班時為達休閒目的，考慮購買伴唱帶回家唱卡拉 OK，或是選擇到 KTV 消費；因為身分的關係選擇宴客餐廳；學生選擇 full-time 或 part-time 工讀方式。

12. 資料庫行銷與開發信

透過傳統郵寄或電子信箱，獲得產品資訊。

當然上述的這些行銷活動，也會隨著消費者的角色不同而有不同的思考重點，舉例如下：

1. 學生的思考角度

(1)為了表示追求豪放、挑戰的個性，該選擇哪一類型的機車？

(2)為了表示自己很酷，有機會喝咖啡時，該選擇哪一種品牌？

(3)參加聚會時，為顯示自己的個性並引人注意，該穿哪一類型的衣服？該去哪裡購買？

(4)舉辦聚餐時，為達經濟、休閒、清潔衛生及便利性等效果，該選擇哪一類型的餐飲店？

2. 上班族的思考角度

(1)考慮我在公司的身分地位，該穿哪一個牌子的衣服？

(2)為舒解上班壓力，午餐時該選擇哪一種餐飲店，以達到充分休息、用餐的目的？

(3)考慮身分、個性，上班時該選擇哪一種牌子的汽車或交通工具？

(4)考慮收入、經濟狀況及總體環境，選擇該買房子或租房子？

(二)行銷基本定義之核心概念

由於人類社會中存在著「供給 (supply)」與「需求 (demand)」的買賣關係，因此產生了以下的基本行銷核心概念：

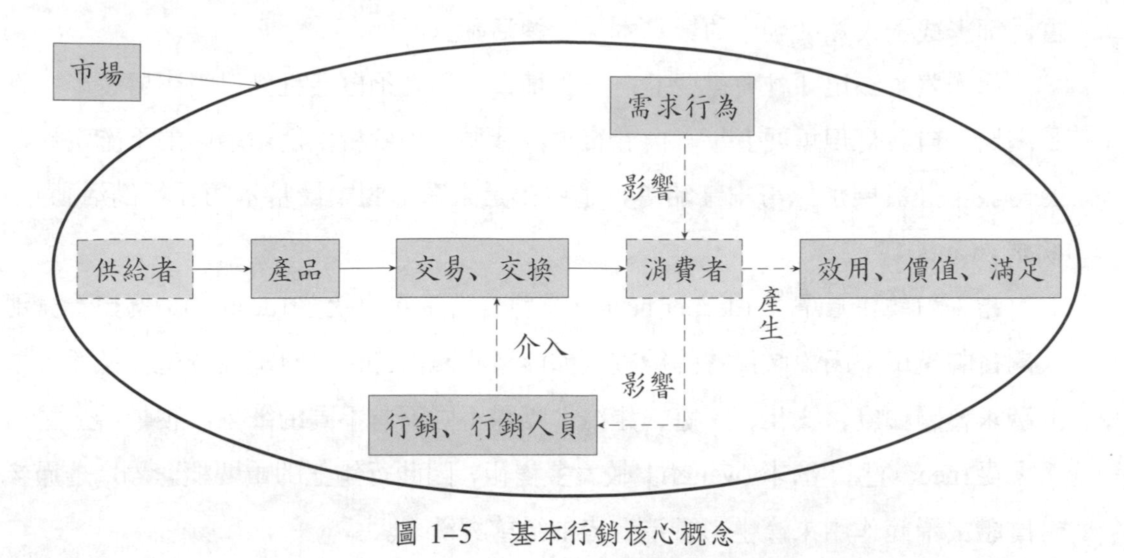

圖 1–5　基本行銷核心概念

以下我們將針對圖 1–5 中的重要行銷要素，說明行銷的基本定義核心概念。

1. 需要、欲求、需求

上述所提的行銷基本定義及各種行銷活動，不外乎是為了滿足消費者的基本需要 (needs)、欲求 (wants) 及需求 (dcmands)，因此首先我們從滿足消費者的基本需要、欲求及需求的角度，去解釋行銷基本定義的核心概念。

(1)需要 (needs)：

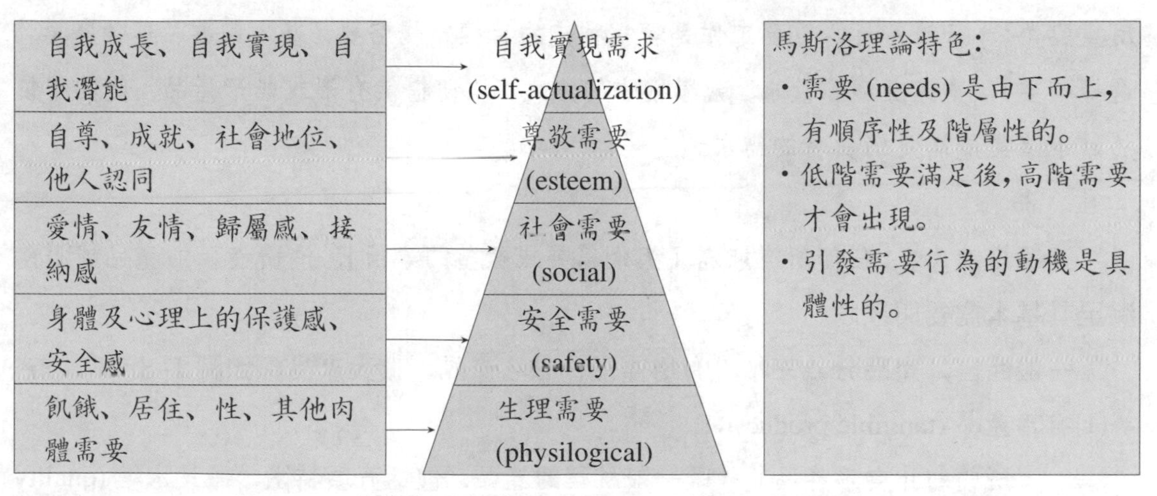

圖 1–6　馬斯洛需要階層 (Maslow's Hierarchy of Needs)

馬斯洛繼承了 Murry 對於需要的順序性及階層性概念，提出重要的「馬斯洛需要階層 (Maslow's Hierarchy of Needs)」，這些需要是來自於人類生理及心理上的基本滿足，雖然這些需要並不需由行銷人員去創造，但是就其追求滿足的過程而言，卻形成了人類活動中的最基本「行銷活動」。

例如為了滿足「社會需要」——愛情，我們必須自我推銷以吸引另一半；為了滿足「自我實現需要」——自我實現，我們必須分析生活環境中的不確定性，對自我生涯發展加以訂出策略等，這些都是人類活動中最基本的「行銷活動」。

(2)欲求 (wants)：

指人類較深層需要 (deeper needs) 或特定滿足物的欲望 (desires)。例如看見別人開名牌汽車，因為較深層的欲望（如虛榮心）自己也會有購買欲望。然而人類的欲求會因國度、文化、家庭、組織、團體不同而有不同的欲求，相較於上述的「需要 (needs)」，「欲求 (wants)」較為多樣化，因此行銷上的重要概念為：透過參考群體或示範作用來產生影響消費者的欲望與欲求。

(3)需求 (demands)：

當人類有了購買能力後（所得、收入），「欲求 (wants)」就會變成「需求 (demands)」，例如上述的例子中，看見別人開名牌汽車，因為較深層的欲望（如虛榮心）自己也有購買欲望產生欲求 (wants)，但卻還是必須有購買能力才會有需求 (demands) 去購買，因此行銷上的重要概念為：透過提升產品吸引力，使產品更具購買性（買得起）、使用性來影響需求。

綜合上述有關「需要、欲求、需求」的解釋（如圖 1–7），我們得出行銷定義的應用重點為：「行銷人員的重要工作是發掘特定的目標市場需要（基本需要、延伸需要、選擇需要），並找出影響欲求、激勵欲求的方式，以便提供有形或無形產品，使其相較於競爭者更能滿足消費者的需求。」

2. 產　品

產品定義為：「任何所有能滿足人們需要或欲望的事情」，消費者藉由產品或服務滿足其基本需要與欲求。

一般而言，產品分為三種：有形產品、核心產品、擴大產品，如圖 1–8。

(1)有形產品 (tangible product)：

所謂的「有形產品」就是一般統稱的產品，包括五項特徵：品質水準 (quality level)、特色 (features)、型式 (styling)、品牌知名度 (brand name)、包裝 (packaging) 等。例如速食業販售的漢堡、薯條、飲料等，廠商推出這些產品時，便必須考慮到上述五大特徵，以獲取消費者的認同。

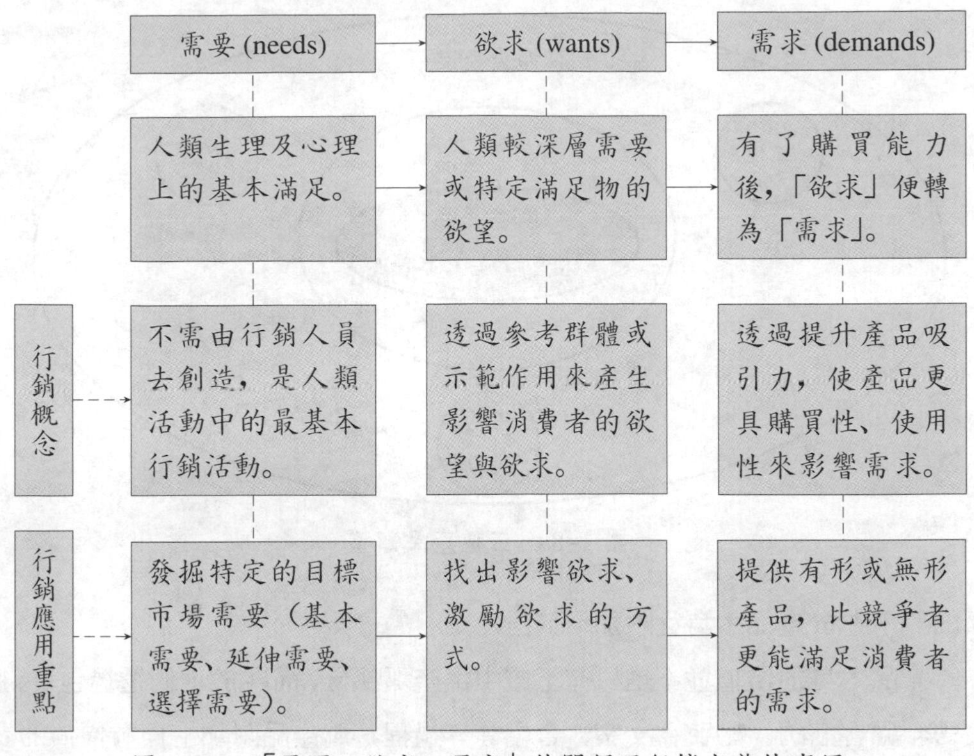

圖 1–7　「需要—欲求—需求」的關係及行銷定義的應用

⑵核心產品 (core product)：

核心產品是指產品所提供的「核心利益」或「服務」。例如一位消費者到美容中心消費，她所購買的「核心利益」可能不是產品或服務本身，而是美麗的希望，而「服務」則可透過消費過程，由人員、地點、活動、組織與思想等提供之。必須注意的是，企業不能太關注產品本身而忽略所提供之「核心利益」或「服務」。

⑶擴大產品 (augmented product)：

所謂擴大產品是指有形產品所附帶的「服務」與「利益」。例如配送、倉儲、售後服務等。

有關產品行銷上的重要概念為：不能因太注重產品本身而忽略了產品的附加價值，忘記了顧客是為了滿足其需要而消費，遊戲規則是在顧客而非產品本身。對此，行銷知名學者哈佛大學教授李維特 (Theodore Levitt) 曾說明，在做產品相關因素規則時，必須思考下列三個重點：

⑴必須避免患行銷近視病 (marketing mypoia)：

所謂行銷近視病即是「只著重產品本身規劃而忽略了消費者需要」，因為最好的產品不一定有最好的市場。

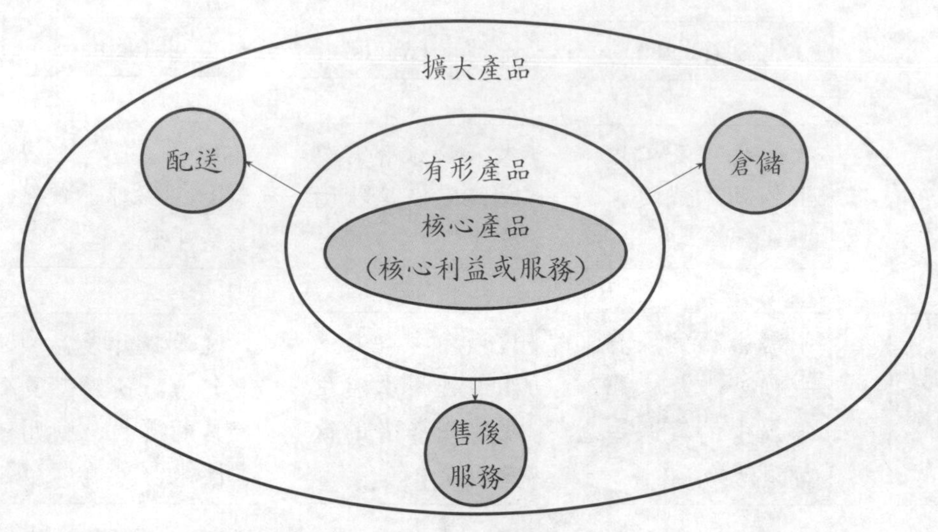

圖 1–8　三種產品類型

(2)新的競爭在於產品本身之附加價值上:

產品本身的價值並不是只有工廠中生產那部分,而在於他們透過包裝、服務、廣告、顧客諮詢、融資、文案、倉儲等等過程,為產品附加上更有價值的表現。

(3)透過產品差異化的行銷策略可使行銷更容易成功:

李維特認為世上並無所謂的一般商品 (commodity),至少從競爭的觀點,任何成功的商品無法忽略差異化而只強調產品的一般性。

3. 效用、價值、滿足

(1)效用 (utility):

所謂效用是指消費者滿意的程度,經濟學家常把效用分為「計數效用 (可以衡量或計數)」與「序列效用 (只能衡量大小關係)」。

例如「喜歡某人」應以「序列效用」衡量 (因為感情不能用真正數字來衡量),「喜歡喝多大瓶的飲料」則應以「計數效用」衡量。因此該要素的行銷重要概念為:「如何瞭解消費者使用產品效用、邊際效用遞增遞減均衡關係」。

(2)價值 (value):

理性消費者可以用價值觀點來評估產品滿足其需要的能力,也就是說,一個產品的價值,取決於其是否能滿足消費者的需要,通常評估價值的方法為:「產品選擇組合 (product choice set)」與「需要組合 (need set)」。

例如郭先生必須要到士林上班,選擇到達公司的交通工具即「產品選擇組合」,如徒步、開車、坐公車、騎摩托車,而其「需要組合」為速度、安全、經濟,則郭先生必會衡量其需要之時間，透過產品選擇組合、需要組合，選擇一種方式可達成其目的價值。因此該要素的行銷重要概念為：「如何瞭解消費者的價值觀點，並能改變消費者的價值觀點。」

(3)滿足 (satisfaction)：

消費者透過「效用衡量」及「價值評估」作為其心目中「理想產品 (ideal product)」的概念，並選擇最接近理想點方式來滿足其所需。

通常消費者會透過各種產品選擇方式的效用與各種方式的成比例關係或函數關係來選擇滿足其所需時的滿足點。即：$\lambda=\frac{MU_x}{P_x}=\frac{MU_y}{P_y}$（消費者花費 P_x 的價格所獲得的邊際效用 MU_x 等於花費 P_y 所獲得的邊際效用 MU_y）。

有關「滿足」的行銷重要概念為：「瞭解消費者不滿足的地方而創造其市場機會點」與「如何接近消費者的產品需要理想點」。

4.交換、交易、關係

(1)交換 (exchange)：

人們取得所需的產品方式有：自家生產 (self-production)、強制 (coercion)、乞討 (begging)、交換 (exchange)，在這些方式中，透過交換來滿足所需求的產品時，便產生了行銷活動。

正常的交換行為會使雙方在交換後變得更好，交換是行銷活動必須界定清楚的概念，要使交換行為發生必須滿足下列六種情況：

- 至少要有雙方當事人。
- 雙方都需擁有對方認為有價值的物品。
- 雙方都需有溝通與配送能力。
- 雙方都有自由接受與拒絕的權利。
- 交換是適當且符合所需。
- 交換方式可以物易物。

(2)交易 (transaction)：

交換乃交易的基本要素，交易包含幾個部分，至少有兩樣等值物品、協議條款、協議時間、地點等。通常交易行為中都會產生合法的系統以支持與強化交易行為，交易可以使用「易貨交易 (barter transaction)」、「貨幣交易 (monetary transaction)」，並有契約法則 (contract principle) 以避免交易雙方產生損失。

行銷人員所應注意的交易的行銷概念為：「注意交易雙方的反應行為 (behavior

response)」，例如「企業希望得到顧客的購買反應」、「政治候選人希望得到選民的投票反應」、「社會團體希望得到社會人士的參與反應」等等。而行銷即包含了這些企圖取得目標對象反應的各種活動。

⑶關係 (relationship)：

交易行為中交易雙方所形成的「關係」，往往是行銷管理中必須特別注意的，因此所謂的「交易行銷 (relationship marketing)」便廣泛的包括了「關係行銷 (relationship marketing)」，因此一位好的行銷人員會設法與顧客、經銷商、零售商、供應商建立長期的、信賴的、共存共榮的合作關係，而關係的建立則由下列共同因素促成：

- 透過承諾提供雙方高品質的產品、一流服務、合理價格來達成關係目的。
- 透過合作，促使雙方在經濟、技術與社會關係上加以結合，進而發揮經營績效。

行銷人員所應注意的重點是：「透過關係行銷的概念，降低交易成本並掌握交易時機，且能讓首次的協商交易逐漸趨於例行化，從而建立一種廣泛而長期的合作關係。」

關係行銷的最終結果便是建立一種獨特的企業資產，稱之為：「行銷網路 (network)」。此種行銷網路乃由企業本身，以及其他具有深厚且可相互依賴的企業關係之公司所組成，值得注意的是，行銷的重點已從創造個別交易最大利潤的觀點，逐漸地趨向於如何創造關係雙方的最大利潤。此種概念為：「只要能建立良好的關係，則高利潤的交易自然會源源不斷。」

5. 市　場

市場是由所有分享特定需要與欲望，並願意且有能力從事交換以滿足其需要與欲望的潛在顧客所組成。行銷使用市場這個名詞包括各種顧客群，包括需要市場（如素食市場）、產品市場（如服飾市場）、人、統計市場（如 20～30 歲市場）、地理市場（如中國大陸市場）、選民市場等。

一般而言行銷人員將賣方視為「產業 (industry)」，將買方視為「市場 (market)」，故兩者之間的簡單概念如圖 1–9 所示：

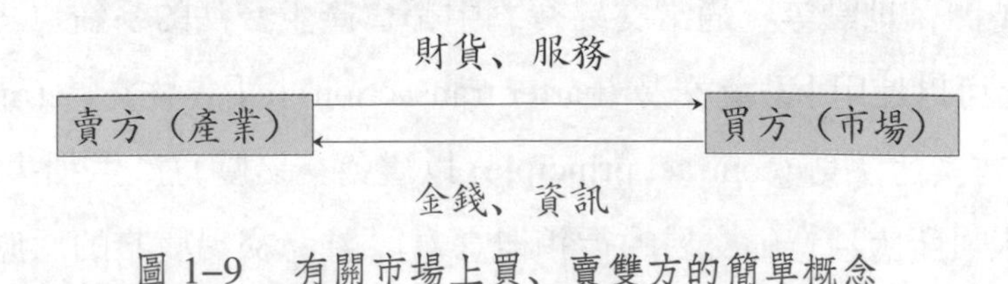

圖 1–9　有關市場上買、賣雙方的簡單概念

至於有關「市場」的行銷重要概念為：

⑴如何瞭解各種市場運作的流程、要點、關係。

⑵各種市場特性、一般交易水準、供需之間目前狀況。

⑶賣方的供給競爭結構，買方需求與潛在需求為何。

6. 行銷與行銷人員

交易過程中，若一方較另一方更積極尋找交換，則稱前者為「行銷人員 (marketer)」，而稱後者為「潛在顧客 (prospect)」。

行銷人員係指自他處尋求資源，然後願意提供具有價值的事物給與其交換的人，如果雙方均積極尋求交換，則我們說雙方均為行銷人員，而此情況稱為雙邊行銷 (reciprocal marketing)，因此有關行銷人員的行銷重要概念為：「行銷人員在面對競爭環境下，試圖提供產品給最終使用者市場，而在行銷人員與最終使用者之間，中間商與行銷環境（人口、經濟、實體物品、科技、政治與法律、社會與文化因素）乃是構成行銷要件與多元構面的互動關係。」

總而言之，行銷行為是一種社會性和管理性過程，而個人與群體可經由此過程透過彼此創造與交換物品及價值以滿足需要與欲望。

二、行銷廣泛定義與核心觀念

有別於前段的「行銷基本定義之核心概念」，本段將從企業「擴大市場佔有率」與「成長率」觀點來界定行銷廣泛定義與核心觀念。

㈠行銷廣泛定義

前面一段已經有提到，一般而言所謂的行銷不外乎是「供給」與「需求」間的買賣關係所構成的許多市場行為及要素，這樣的基本概念便是我們前段提到的「行銷的基本定義」，然而就廣義而言，所謂的行銷尚須包括企業對市場的經營，雖然這必須從企業經營市場的角度去探討，但是其根據並不單純只是由企業的角度去定義，而是必須瞭解供需雙方及市場的特性，配合企業的經營條件去作整體構思。

因此，本段所探討的「行銷廣泛定義」是建立在「行銷基本含意」的延伸上，此時的「行銷」除了原先的市場要素，更加入了企業的經營觀點，所以應該稱之為「行銷管理」會更為恰當。

㈡行銷廣泛定義之核心觀念

1. 極大化行銷 (maximum)

如果更加細分市場區隔，使「目標市場更多元化」、「銷售區域推廣化」、「銷售組織有形、無形方式結合化」，則行銷可推廣為極大化行銷概念，例如：

⑴原本區隔為直營店銷售通路來販賣產品，但仍有部分消費者未能接觸到產品，則可以透過其他通路，如普銷方式、經銷商方式，讓更多消費者接觸到產品。

⑵原本只賣給上班族女性衛生棉產品，為擴大目標市場而將產品重新加以細分後，針對仍在上學的女性消費者，推出其可以使用的行銷組合系列性產品。

⑶部分公司銷售其產品並未透過人員銷售，而用郵寄方式於人員銷售未能涵蓋之區域，銷售其產品。

2. 生活化行銷 (life style)

為使產品的銷售更能普及，並使之普遍化於消費者生活型態之間（如活動、興趣、意見等），行銷可推廣成為生活化行銷，例如：

⑴養樂多銷售方式定位，早期在配送人員方面的服裝、形象訴求，任用一位中年婦女，以笑容可掬的形象，所經過的巷子、公園均可以很普遍及直接的接觸到消費者，並深入消費者的日常生活中。

⑵忠孝東路有非常多的地攤，物美價廉，雖然違反國家之銷售規定，但如透析其銷售方式，在「與消費者接近性」、「產品價格合理性」、「業者的成本降低」等方面，均是因生活化特質而使地攤銷售方式可以存在。

⑶非常多的百貨公司或速食店在女性與兒童產品部門，均設有可供兒童玩樂的場所，亦是生活化行銷的一部分。

3. 內部行銷與外部行銷 (internal & external)

如果以達成目標所需透過的內外在環境因素與拉力、推力關係而言，則所謂「內部行銷」是著重於透過組織力、人員推銷力、人員素質等內部方式來達成目標的行銷方式。

而所謂「外部行銷」則較偏向以廣告對顧客促銷、廠商聯合促銷方式來達成目標的思考方式。以中國人的文化觀點有時較著重內部行銷。

4. 同步行銷 (synchromarketing) 與反行銷 (demarketing)

行銷人員透過彈性行銷組合方式（彈性價格、產品、通路促銷）或其他誘因去改變需求時間型態的方法，則稱為「同步行銷」；行銷人員針對過量需求來找出減低短暫或長期性需求的方法，則稱為「反行銷」。反行銷的目的不是在摧毀需求，而是在減低其短暫或長久性的水準。

5. 競爭行銷 (competitive)

如果行銷的層次已經不只考慮消費者需求的層次問題，尚需考慮競爭品牌、競爭結構、競爭優勢，才能解決行銷的問題時，則稱為競爭行銷。

6. 策略行銷與集中行銷 (strategic & focus)

如果行銷遇到的問題是存在於解決問題時的順序上、時間上、技術上等方面的問題時，則首先需考慮資源多寡的相對性，這包括大企業如何有效率的運用資源，小企業如何以小搏大、以少勝多的資源分配。

因此成功的策略行銷考慮問題就是「策略行銷」的觀點，而資源如何集中有效運用就是「集中行銷」的觀點。

7. 差異化行銷 (differential)

如果行銷遇到的問題已經不能藉由同質性產品或服務來解決行銷上的問題，則必須討論到有關產品服務成本的差異性、獨特性，如此一來才能明顯區隔市場，則此一行銷概念就是差異化行銷。

8. 資料庫行銷 (data marketing)

行銷人員在滿足消費者產品與服務，有時並非一定要透過有形通路及有形銷售人員方式來達成，有時可透過 MIS（市場資訊系統，marketing information system）方式來進行，這種透過無形與間接方式達成行銷目的的概念稱為資料庫行銷。

有關資料庫行銷的範圍有：

- 顧客資料蒐集。
- 運用「原顧客介紹其他延伸性顧客」的方式。
- 顧客資料的延伸及運用。
- 有效進行郵寄行銷、電子郵件行銷。
- 電話行銷。
- 透過相關產業的組織及串聯，提供更多附加價值行銷。
- 回件率 (response rate) 與回件速度 (response speed) 的研究與應用。

9. 協調行銷 (coordinated)

如果行銷必須著重於透過「各種要素組合」及「各種要素協調」的方式，才能產生行銷效果，則稱此行銷的概念為協調行銷。例如：企業行銷方案中，必須著重於產品價格通路促銷的組合式思考，行銷部門也必須能與其他部門（如財務、生產部門）保持充分配合與協調才能有完整銷售概念。

10.利基行銷 (niche)

行銷人員如果能充分瞭解所服務公司較專長、較專業的經營範圍，則可避免落入無差異化行銷及無固定的行銷重點與焦點，此種行銷的概念稱為「利基行銷」。利基行銷使企業與行銷人員能充分瞭解自身的生存重點與範圍，並使企業處於穩定中成長趨勢，也因此利基行銷較有務實的概念。

11.交易行銷與關係行銷 (transaction & relationship)

這種行銷概念在前述基本定義已有說明過，重要概念仍在於說明行銷人員必須能充分運用交易對象、中間商、關係人（如經銷商、代理商、供應商）建立長期互信互利之良好關係。

行銷管理的意義、過程與四大憑藉

一、行銷管理的意義

行銷管理是一種涵蓋分析、計畫、執行、控制的過程，這樣的過程其實與「管理程序」：規劃、組織、領導、控制四大程序是大同小異的。

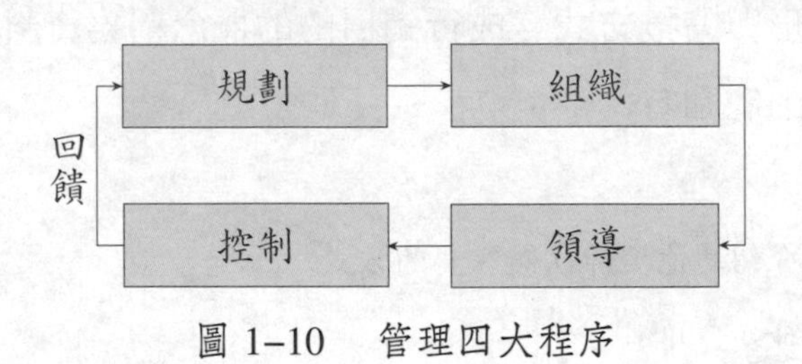

圖 1–10　管理四大程序

唯一必須注意的是，管理程序是針對組織運作而言，而行銷管理的程序則是必須加入市場概念，也就是說行銷管理除了是一種涵蓋分析、計畫、執行、控制的管理過程，亦涵蓋創意、物品和服務的市場概念，它完全依據市場上「交換」的觀念而定，以達成滿足供給者與消費者之目標。

而這也是行銷非常重要的定義，許多廣告公司、公關公司、大眾傳播公司，經常錯把「促銷活動 (SP)」、「公共關係 (PR)」視為行銷的代名詞，實際上 “SP”、“PR” 僅是行銷管理過程中「執行」與「控制」的手段之一，然而行銷並不只是手段的表現，而是必須有更深一層的管理意義，這樣的行銷才會有效果及持久性，或許因為 “SP” 與

"PR" 是行銷過程中，最容易被消費者所知道的活動，因此常被誤會成行銷的代名詞，這是非常重大的錯誤。

二、行銷管理過程

行銷管理過程包括：(1)分析市場機會。(2)研究與選擇目標市場。(3)設計行銷策略。(4)規劃行銷方案。(5)組織、執行並控制行銷方案。與一般的「管理程序」相同的是，這樣的行銷管理過程也是一種循環生生不息。

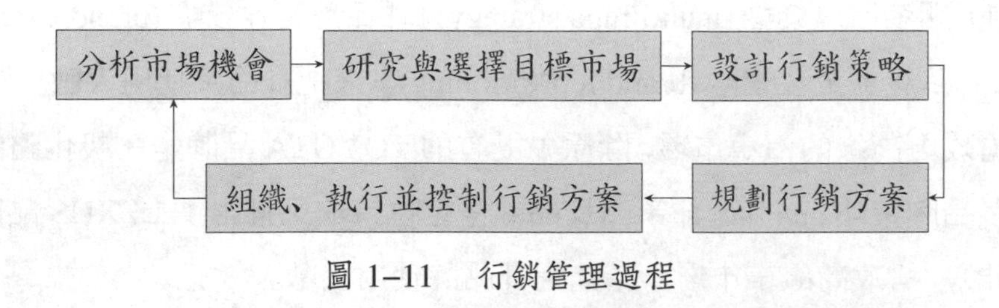

圖 1–11　行銷管理過程

(一)分析市場機會

分析市場機會即是發掘市場機會，公司必須隨時注意市場的變化，參閱相關資料以便作靜態資訊的蒐集；檢討競爭狀況以系統化或隨機抽樣方式來蒐集動態資訊，藉此發掘市場機會。其中較正式的方法為，透過「產品／市場擴張矩陣 (product/market expansion grid)」(表 1–5) 來分析市場機會，並由下列四個方向找尋市場機會：市場滲透、新產品開發、新市場開發、多角化經營。

表 1–5　產品／市場擴張矩陣市場機會分析

		市場類別	
		舊市場	新市場
產品類別	新產品	新產品開發 (new product development)	多角化經營 (diversification)
	舊產品	市場滲透 (market penetration)	新市場開發 (new market development)

1. 市場滲透 (market penetration)

在原有產品與原有市場下，增加市場佔有率 (market-share) 的方法。其中對於「市場佔有率」可以依下列兩個方向思考：

(1) market-share = 品牌使用人數 (brand user) × 顧客重複購買率 (repeated-purchase)。

(2)整體市場佔有率 = 顧客滲透率 (customer penetration) × 顧客忠誠度 (customer loyalty) × 顧客選擇性 (customer selectivity) × 價格選擇性 (price selectivity)。

由上述兩個方向，思考公司本身與競爭者間的相對市場佔有率時，我們不難發現其中的影響因素及改善方式為：

(1)品牌使用人數 (brand user)：

運用「多品牌策略 (multibrand strategy)」、「品牌延伸策略 (brand-extension strategy)」、「品牌重定位策略 (brand repositioning)」來提升品牌使用人數。例如豐田汽車為搶攻更高級的汽車市場，除原先既有的 TOYOTA 品牌走一般化路線，近幾年運用多品牌策略、品牌延伸策略及品牌重定位策略又推出了 LEXUS 品牌 (高級品牌延伸)，搶攻高級車市場，藉此提升品牌使用人數。

(2)顧客重複購買率 (repeated-purchase)：

運用「拉力 (pull)」與「推力 (push)」策略來提升顧客的重複購買率。例如百貨公司每年節慶時，會先大肆宣傳節慶活動，運用媒體或活動效果產生「拉力」吸引顧客上門，再運用促銷活動產生「推力」使購買率提升。

(3)顧客滲透率 (customer penetration)：

運用「差別化戰術」來增加顧客對產品本身使用的次數 (frequency)、使用的數量 (quantity)、使用的機會 (opportunity) 及使用的用途 (new application)，藉由吸收「游離消費群」提高顧客的滲透率。例如牛乳公司以牛乳為主要產品，卻分別推出不同口味、不同容量包裝、不同成分的牛乳。

(4)顧客忠誠度 (customer loyalty)：

運用資料庫行銷及關係行銷的觀點，來提高顧客的品牌忠誠度。例如藉由舊客戶資料發行會員卡或認同卡，使顧客有品牌歸屬感及認同感。

(5)顧客選擇性 (customer selectivity)：

採用多樣化、差異化的行銷策略來提高顧客的選擇性。例如玩具商針對同一款玩具機器人，推出各種不同大小的版本、塗裝、材質及周邊商品，以提供一般消費者或收藏的玩家選擇。

(6)價格選擇性 (price selectivity)：

運用「產品 BCG」策略規劃工具 (詳見第五章產品策略)，提升平均單價消費水準。例如麥當勞堅持其漢堡（金牛）價格，卻促銷炸雞（問題兒童）。

市場滲透主要關鍵因素是要達到增加本身市場的持久性競爭優勢 (competitive advantage) 並使原先單純的市場佔有率，走向「心理佔有率 (mind share)」、「機會佔有率 (opportunity share)」及「影響力佔有率」。

2. 新產品開發 (new product development)

新產品開發時，我們必須透過機會分析、生活形態分析、因素分析、定位分析等思考分析，瞭解新產品開發的目的，並藉由新產品開發程序（新產品開發程序有：產生概念；概念選擇；商業分析；概念測試；上市活動等，有關這一部分，將在第五章產品策略詳細說明）。大體而言，擴充新產品時，最基本的必須考慮到下列四點：

⑴產品線擴大後顧客是否能獲享便利。

⑵產品線擴大後是否能享有更高的成本效益。

⑶準備開發新產品時，公司本身是否有足夠的技能和資源。

⑷所開發出的產品是否為新生代所需的產品。

除了上述考量外，開發新產品的確會對組織及經營的市場帶來一定的效益及效果，其中最主要的三個利益為：

⑴綜合效果 (synergy)：

開發新產品會對組織產生綜合效果如下列：

- 減少配銷的成本 (distribution cost)。
- 事業單位的形象與其對市場的影響度提升。
- 銷售範圍及廣告效果互通。
- 機器設備互通。
- 研究發展業務互通 (R&D effort)。
- 營業成本互通。

⑵新產品開發可透過市場定位分析使市場需求方向更加明確。

⑶新產品開發可結合產品特性與產品線擴充做策略性思考。

3. 新市場開發 (new market development)

新市場開發可以從兩個方向思考，一是「擴充銷售地理區」，另一個則是「延伸到新的區隔市場」，分述如下：

⑴擴充銷售的地理區 (expanding geographically)：

例如原來的銷售地區由北區擴充到中區、南區。擴充銷售地理區時，必須考慮的因素為：

a.原有市場經營是否出色 (operating well)？

不可能在原有市場經營失敗，而卻能在新擴張的市場經營成功，如果原市場未建立良好的經營績效，則新市場開發將不切實際，事倍功半。

b.新舊市場顯著差異 (significant difference)？

進入新市場前，必須先瞭解有關新市場的諸多重要經營要素，如成功關鍵因素 (key success factor)、競爭強度與性質 (intensity or nature of the competition)、消費習慣與態度 (consumers habits & attitudes) 等等，才能在正確架構下，訂定新市場定位，以便符合實際新市場狀況的方式。

c.是否已有周詳的計畫來調適不同的情況 (convincing plan to adjust, adapt differing condition)？

企劃與實際狀況通常有所出入，為使公司開發新市場時，可以降低不確定性，必須事前先有周詳的計畫來調適不同的情況，以便遇到障礙時，可以更有機會將企劃與實際狀況加以結合。

(2)延伸到新的區隔市場 (expanding into new market segments)：

新的區隔市場有以下幾個延伸方向：

a.使用狀況 (usage)：

例如從輕度使用者延伸到重度使用者或中度使用者。

b.配銷 (distribution)：

思考可否延伸到新的銷售通路，如專賣店或普銷市場。

c.偏好 (preference)：

以「滿足消費者偏好」的方式來延伸新的區隔市場，因此有關市場上的「顧客新偏好」或「偏好轉變」均為重要的策略延伸基礎。

至於延伸新的區隔市場考慮因素有：「評估新市場吸引力 (attractiveness)」、「評估新市場規模 (size)」、「評估新市場成長情形 (growth)」、「評估新市場競爭強度 (intensity)」、「注意並重視與競爭者的相對競爭因素及成功關鍵因素」。

4. 多角化經營 (diversification)

多角化市場機會有下列三種：

(1)垂直整合多角化：

垂直整合有兩個方向，一為「向前整合（沿產品流程的方向向下游整合）」，例如製造業公司購併另一家零售業連鎖商店；另一為「向後整合（沿上游方向推前）」，例如製造業投資於其供應原料的業者。

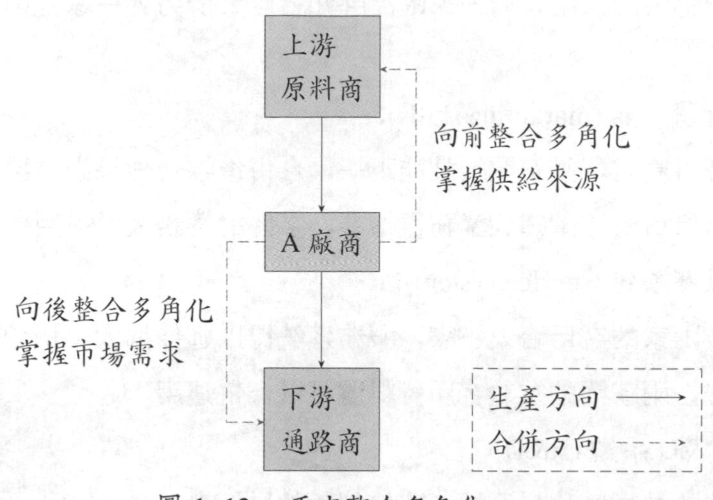

圖 1–12　垂直整合多角化

實施垂直整合時須考慮效益面與成本面，其中「效益面」的考慮因素有：「經營是否合乎經濟性」、「供應或需要是否能順暢」、「能否步入一個有利的事業領域」、「是否可以增強科技的創新」。

至於垂直整合時必須經營到另一個事業領域，因此其中牽涉到的成本面考量則包括有：「經營方面的成本」、「管理不同事業成本」、「風險增大的成本」、「經營彈性降低的成本」等。

(2)相關多角化 (related diversification)：

「相關多角化」與上述的「垂直整合多角化」最大不同點在於「相關多角化」會選擇與原來產業性質較接近的產業作多角化經營，這樣的多角化方式有以下的優點及考慮因素：

a.有關規模經濟 (economic of scale)：

合併後因產量及訂單量上升產生規模經濟，例如原物料來源相同，一次訂購量增大時，可以降低生產成本；另外，銷售通路相同時，可以降低單位運費。

b.為了交換技能與資源 (exchange skills & resource)：

合併後可以運用相互間的資源或技術，達到「一加一大於二」的效果。

c.利用剩餘產能 (excess capacity)：

合併後可以減低產能的浪費，也可以因而充分運用產能、生產線及生產資源，產生綜合效果。

d.利用品牌知名度 (brand name)：

假設合併的兩家中，有一家的品牌知名度大於另外一家，則可以產生品牌效果延伸。

e.利用行銷技能 (marketing skills)：

由於合併雙方行銷範圍及技能不一，合併後綜合效果必將擴大，例如相同區域的業務員負責範圍增大業務量增多，多餘的業務人手可用於開發新市場。

f.利用服務系統 (service system)：

合併後兩家的客戶合為一家，服務系統得以延伸擴大，例如富邦銀行合併台北銀行後，兩家間的存款客戶資料將可以合併運用。

g.利用 R&D 系統 (R&D)：

合併後的技術轉移及互補，將使創新效果擴大。

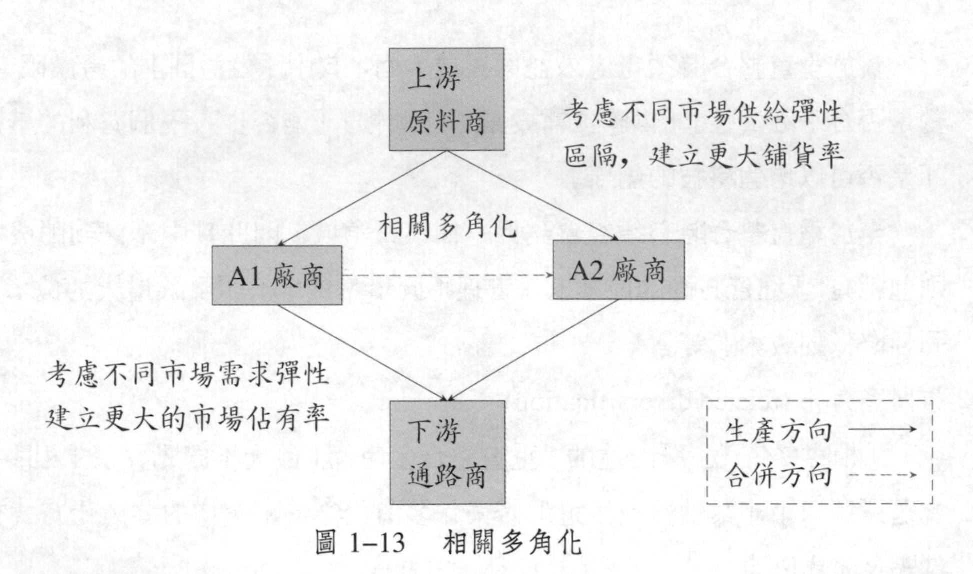

圖 1–13 相關多角化

⑶非相關多角化 (unrelated diversification)：

上述兩種多角化，無論「相關多角化」或「垂直整合多角化」多多少少都與原來的企業有關，然而「非相關多角化」則是與原本企業性質較不接近，較偏向於財務上的目標，例如為了追求企業更高的利潤目標而執行的多角化。通常非相關多角化的背景為：

a.為了管理分配資金 (manage & allocate cash flow)：

藉由經營不同性質的企業，以掌握資金的流動性與國際性。

b.為了獲得更多的投資報酬率 (obtain high ROI)：

例如收購具有金牛事業特質或是具有成長潛力的企業，以充裕公司的投資報酬率。

c.為了低價收購其他事業 (obtaining a "bargain" price)：

低價收購的結果可使投資較低，也可使投資報酬率較高。

d.為了公司重整 (restructure a firm)：

所謂重整，其目的主要是為了調整公司的經營衝力，使其由某一產業轉向另一產業，而經此調整後，可能給予相關投資人一種較有活力的企業印象。

e.為了減少經營風險 (reduce risk)：

多角化經營可降低股東風險、管理風險、高階主管失業風險與聲譽的風險。

f.為了稅賦上之利益 (tax benefits)：

企業對稅捐的負擔，也會促成非相關性多角化公司的合併或收購的可能。

g.為了獲得更多的流動資產 (obtaining liquid assets)：

企業若有較多的流動資產，「負債：權益」的比率較低，可作為繼續吸收負債融資的依據，這樣的企業便可能成為另一企業理想的收購對象。

h.為了垂直整合效果 (vertical integration effectiveness)：

有時垂直整合時，上下游產業相關性並不高，為求得上下游供應或連貫的順暢性、掌握性、經濟性，跨行的非相關多角化便成為企業考慮的因素之一。

i.為了避免被併吞 (defending against a takeover)：

企業受到威脅，有可能被其他企業接管之虞時，也可因自衛而採行非相關多角化營運，以壯大自己的聲勢及規模。

j.為了鼓舞公司高階層主管的經營士氣 (providing executive interest)：

非相關多角化是一種深具刺激性且富有激勵性策略，藉由這樣的擴大經營，可以鼓舞高階主管，避免管理疲乏並產生新的挑戰，是以促成更高的經營士氣及銷貨機會。

非相關多角化也必須考慮下列的相對風險性：

a.是否會傷害原有核心事業的風險?

b.企業如果缺乏管理事業能力，則非相關多角化結果將使問題更嚴重。

c.在評估時會忽略或錯估經營環境的威脅。

(二)研究與選擇目標市場

這是行銷與其他銷售哲學最主要的不同之處，企業可針對是否要有差異化行銷或無差異化行銷的需要，來選擇目標市場。

而所謂的「目標行銷 (target marketing)」，就行銷而言，是一個很重要的環節，因為企業不能滿足整個市場上的所有需求，畢竟企業資源有限，且經營效果也必須合乎企業的預期，因此運用有限的資源經營過大的市場範圍，會使經營後的效果不彰，所以企業只能針對特定市場的需求作為其目標市場，並衡量本身的競爭優勢，提供較有效率、效果的行銷組合來滿足消費者，這就是所謂的「目標行銷」，亦即選擇企業本身所需的目標市場，而目標行銷的觀點必須能配合區隔策略與成長率、競爭策略。

而談到目標市場的選擇就須先介紹行銷的重要理念，透過下述三個重要理念，確定達成目標的重要方向：

1. 競爭優勢 (competitive advantage)

所謂競爭優勢是指企業經營時，相對於競爭品牌必須具有「差異化 (differential)」、「持久性 (sustainable)」、「顯著性 (significant) 的差別」、「企業經營技能、知識、資源的區別」、「產品來源特質具有重要性的附加價值」、「獨特性的經營方法」、「優越性利差」、「企業理念的可傳播性」、「經營 know-how 不被模仿性」、「市場競爭效果性」等。

2. 市場區隔 (market segmentation)

市場區隔必須考慮到「目標達成機率」、「選擇背景」、「可接近的市場區隔」等。

3. 市場定位 (market positioning)

市場定位則是需考慮到「消費者的認知 (perception)」、「消費者的偏好 (preference)」以便確立市場定位。

由於上述的「市場區隔」及「市場定位」兩理念是選擇目標市場時很重要的觀念，因此我們將在下面更進一步的研討其相關內容：

1. 市場區隔的理念

(1)市場區隔的定義：

市場區隔是一種「細分化 (segment)」的作法，並且必須考慮「同質性 (homogeneous)」與「集群性 (cluster)」問題，因此，所謂市場區隔化，是將市場分成不同的購買者群體，每個群體的購買者受到不同的「產品／市場」組合的吸引，通常行銷人員會嘗試用不同的變數來瞭解哪個變數可展現最佳的區隔化機會。

(2)市場區隔的方法：

選擇市場區隔時可針對目標市場需要性選擇區隔方式，如「針對市場的集中需要，選擇單一區隔」、「針對市場專業化需要，選擇專業化區隔」、「針對涵蓋性需要，選擇整體市場」。

當然針對不同市場，也會產生不同的區隔變數，這些區隔變數都有可能直接或間接的關係到目標市場的界定，進而影響市場區隔。

例如就消費市場而言，主要的區隔化變數有：

- 人口統計（年齡、生命週期階段、性別、所得）。
- 心理統計（社會階層、生活形態、個性）。
- 行為（時機、利益、使用者狀況、使用率、品牌忠誠度、購買者準備階段、態度）。

就工業市場而言，主要的區隔變數則有：人口統計變數、作業性變數、採購方式、情境因素與個人特徵。

⑶市場區隔效果的衡量：

- 可衡量的 (measurable)：目標是可以衡量的而非無限。
- 足量性的 (substantial)：無一定規模、基礎將無效率可言。
- 可接近的 (accessible)：不能接近目標市場，市場區隔並無任何意義。
- 可行動的 (actionable)：可以透過行動後產生效果。

2. 市場定位的理念

⑴市場定位的意義：

市場定位是一種知覺與偏好，在顧客心目中具有獨特且價值感的地位，亦即具有獨創性銷售主張 (unique selling proposition, USP)。當我們「設計企業」或「塑造品牌形象」時，市場定位可以為此提供一定的價值，使得區隔內的顧客瞭解並認識本企業或品牌相對於其他競爭者，所代表的意義和行為。

定位真正的意義是去瞭解「本企業或品牌在消費者心目中 (positioning the battle for your mind) 的知覺 (perception) 與偏好 (preference)」。

1972 年，賴茲與屈特 (Ai Rics & Jack Trout) 在《廣告時代》(*Advertising Age*) 所發表的文章名為〈定位時代〉(The Positioning Era)，就曾對定位的定義詳細說明：「定位從一項產品開始，一件商品、一項服務、一家公司、一個機構，甚至一個人⋯⋯。但定位不是指您對產品所做的事，定位是您對潛在顧客的心中所做的事，亦即您在潛在顧客心中所建立的產品定位。」

⑵市場定位的步驟：

a.確認可供利用的可能競爭優勢組合 (identifying a set of possible competitive advantages to exploit)，例如屬性、使用、利益、競爭、組合。

b.選擇正確的優勢 (selecting the right one(s))，必須是有持久性而非曇花一現即消失。

c.有效地向市場傳達廠商的定位觀念 (effectively signaling to the market the firm's positioning concept) 訴求、溝通的方式，例如獨特性主張 USP (unique selling proposition)。

⑶市場定位的產品（或品牌）空間定位圖 (product positioning map)：

所謂的產品空間定位圖，是將消費者的知覺 (perception) 與偏好 (preference) 用平面空間圖將其坐標與屬性畫出來，以比較各品牌之相對競爭優勢。多變量統計常用集群分析 (cluster analysis)、因素分析 (factor analysis)、迴歸分析 (regression analysis)、多元尺度分析 (multidimensional scaling analysis)，來解決此方面的問題。

㈢設計行銷策略

行銷策略是指能使事業單位在目標市場中達到行銷目標的重大原則，其中包括行銷績效、行銷組合與行銷資源分配決策。

1. 行銷績效 (marketing performance)

行銷經理須選定能使公司企劃有效實施的行銷績效水準，因此，經理人選定行銷績效水準必須注意到下列兩點：

⑴競爭地位不一樣所選擇的行銷策略不一樣，例如領導品牌及挑戰品牌所選擇的行銷策略不一樣，其中領導品牌行銷策略會較兼顧規模經濟效益，挑戰品牌則較重視市場滲透結果。

⑵行銷績效與行動方案之推動，拉力／推力方面的平衡有很大的相關。

2. 行銷組合 (marketing mix)

一家企業的經營定位將會指導行銷組合，例如高品質／高價位定位的品牌，較不可能實施低價、低折扣之短期刺激性方案，以免影響中長期之品牌形象，也就是說：「行銷組合即是公司為達行銷目的所使用的行銷工具的集合。」

麥肯錫 (McCarthy) 用 4P 將這些行銷工具分為四等分：產品 (product)、價格 (price)、通路 (place)、促銷 (promotion)，圖 1–14 說明有關 4P 行銷組合的內容。

3. 行銷資源分配

行銷人員還須分配不同產品、促銷、通路及行銷地區所需之資源，通常其資源分

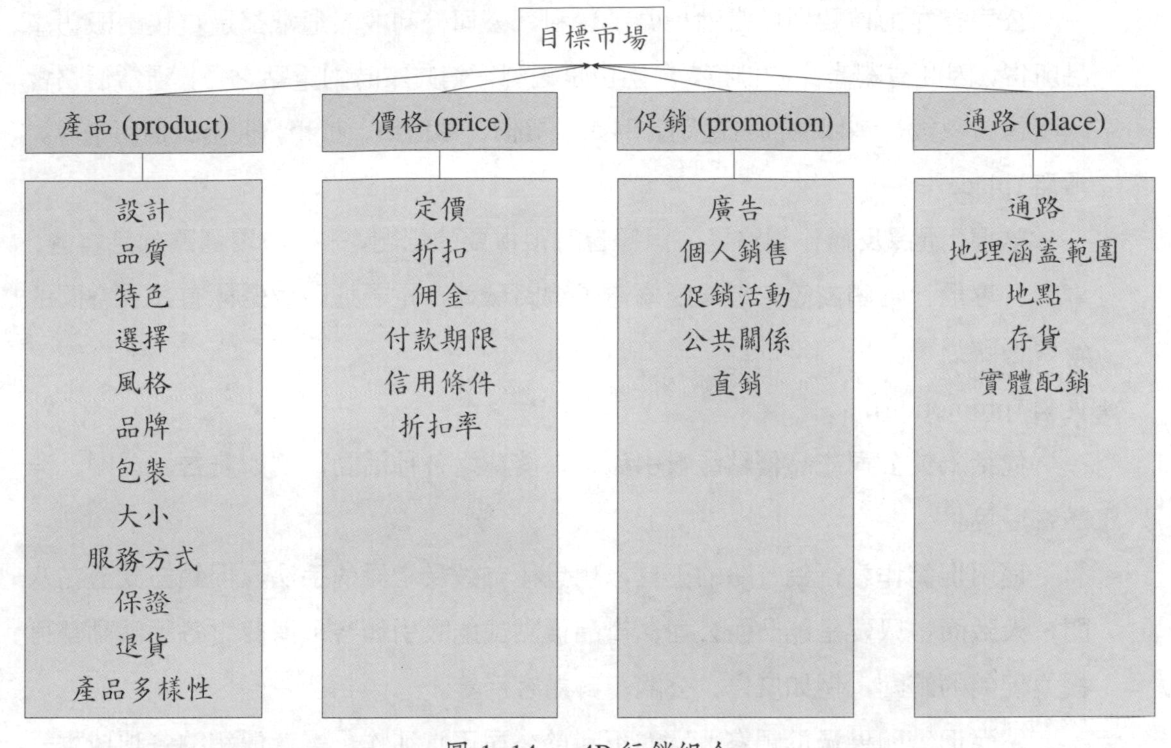

圖 1–14　4P 行銷組合

配的方式為：

⑴按所處行業拉力、推力結構與公司善於行銷方法加以權數彈性調整。

⑵考慮目標、策略、資源三角關係的互動關係。

㈣規劃行銷方案

行銷人員的任務不僅要形成一般性策略以達到行銷目的，同時還要具備規劃行銷組合方案的能力，以支持公司之行銷策略，而規劃的基礎以 4P 與 4C 相對性、互補性思考為主。

1. 4P

傳統的行銷策略多以 4P 為出發點，因為這是企業及公司可以控制的部分，也是由公司角度去執行的行銷策略，畢竟公司內部的狀況，只有公司自己最清楚，因此行銷規劃時的基礎多以 4P 為出發點。

⑴產品 (product)：

就產品而言，規劃行銷方案時，可以針對產品形象、產品特色、包裝、品牌、產品品質、售後服務策略等著手。

⑵價格 (price)：

公司存在的首要目的當然是為了營利，公司營利收入通常都是直接由販售產品所得，因此有關產品的價格，自然也是規劃行銷方案時的重點之一，通常價格會因販售對象或行銷目的而有區別，例如批發價、零售價、折扣、佣金、信用卡等。

⑶通路 (place)：

掌握、選擇及操作通路是公司經營時很重要的課題，一般市場通路包括直營、專營、專櫃、經銷商等，近年因為電子網路發達，電子通路也是極有發展空間的新興通路之一。

⑷促銷 (promotion)：

包括為使公司產品優點能吸引顧客來消費之各種活動，例如廣告、公關、拜訪客戶等。

運用促銷作為行銷策略的工具，也是極有效及常見的手法，促銷方式五花八門，大致而言只要是能凸顯公司、產品優點或能吸引顧客來消費之各種活動都可視為促銷的範圍，例如廣告、公關、拜訪客戶等。

然而促銷如果過於頻繁，反而不利於公司正常運作，畢竟促銷的各項成本一定大於正常銷售時的成本，長期促銷過多公司不見得負擔得起，況且促銷過多容易使定位模糊造成嚴重的反效果。

2. 4C

近幾年來市場環境變遷，不確定因素大幅上升後，行銷策略規劃時，已經不能單由公司的 4P 觀點作出發，而是必須多由消費者的觀點出發，畢竟消費者才是老大，也是支持公司生存的收入來源，以下所提的 4C 就是以消費者的觀點基礎，去執行的行銷策略。

⑴顧客需要與欲求 (customer needs & wants)：

傳統規劃行銷策略時，有關產品的部分，多會由公司面作考慮，然而轉變至新的市場環境時，有關規劃產品行銷策略的部分上，必須轉為「滿足顧客在產品、服務上的需要與欲求」為主要觀點去作規劃。

例如發展新產品時，必須注意客戶需求，舊產品上市後，也必須不斷調查消費者的反應，以便進行修正。

⑵顧客成本 (cost to the customer)：

行銷策略轉變至今天的新市場環境時，有關規劃價格行銷策略的部分上，必須轉為「經濟性思考」為主要觀點去作規劃，也就是從客人的消費成本去作考量，例如近年來的宅配服務，只要消費滿一定額度，就可享有免費宅配的服務，節省消費者消費時的額外成本，並增加購買率。

(3)便利性 (convenience)：

傳統行銷策略有關規劃通路行銷策略的部分上，必須轉為「顧客購買方便性思考」為主要觀點去作規劃，近年最強勢通路已漸漸由傳統商店轉為便利商店，例如 7–ELEVEN、全家、萊爾富、OK 等便利商店的成功，都是很明顯的例子，因為這些通路均可提供多樣化服務，也連帶帶動該通路商品的買氣。

(4)溝通 (communication)：

傳統行銷策略上，最有效的「促銷策略」已經變得漸漸不吸引顧客，許多消費者時常會懷疑企業所謂的「折扣」，只不過是提高價格後再做折扣，並沒有真正回饋給消費者，因此，新的促銷行銷規劃案，其行動方案須能與顧客溝通，讓顧客明白促銷是站在回饋消費者，達到雙贏的目的。例如近年來的許多公司週年慶，有時並不會作非常激烈的促銷折扣戰，反而是藉由溝通舊會員客戶，讓客戶有認同感，進而達到重複消費的目的。

(五)組織、執行並控制行銷方案

行銷管理過程之最後步驟是透過組織執行行銷方案，並控制行銷計畫。

1. 就組織而言

就組織而言，必須透過內部行銷 (internal marketing) 的運作避免走錯方向 (turned off)，而有走對方向 (turned on) 的行銷團隊。

小公司人員不足，行銷人員必須負責包括市調、銷售、刊登廣告、及為客戶服務等等之職務。大公司的行銷人員較多，可細分為業務人員、市調人員、廣告人員、業務經理、品牌經理或區域經理等。

2. 就執行控制而言

行銷執行 (marketing implementation) 是指將行銷計畫轉變成實際行動的過程，並保證這些行動能達成行銷計畫既定之目標。行銷策略說明 what、why，而執行則說明 who、where、when、how，而行銷執行有四種技能 (skill)：

(1)分配技能 (allocation skill)：指示行銷經理如何將預算、資源分配到各種功能、方案、政策層次上。

(2)監視技能 (monitoring skill)：發展一套控制系統以評估行銷活動成果。

(3)組織技能 (organizing skill)：係用來控制、瞭解正式、非正式組織活動，確保有效的執行。

(4)互動技能 (interacting skill)：與內部人員（如公司其他相關部門）、外部環境（如廣告公司、配銷商、批發商、經紀商）的互動性技能，並具備一定的影響力及確保任務達成的能力。

(六)行銷計畫的步驟

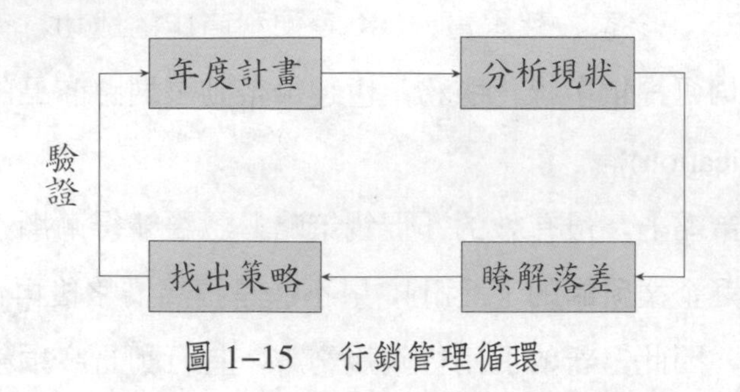

圖 1–15　行銷管理循環

第一步驟

行銷部門應於年度內提出每月、每季之計畫，重點在於淡、旺季結構佔比研究與調整。

第二步驟

應衡量市場上產品銷售競爭情形，重點在於市場佔有率結構與競爭結構整體性瞭解與分析。

第三步驟

應瞭解目標與實際差距多少，重點在於目標的估計方式與由下而上所推估業績考慮時間因素所做的調整。

第四步驟

應尋找缺口目標的策略，重點在於考慮成長機會分析與缺口分析所適用之行銷策略。

三、行銷觀念四大憑藉

(一)市場焦點 (market focus)

行銷觀點認為沒有哪一家公司可以在「全部市場」操弄、滿足所有消費者需求，也無法在一個無限的廣大市場中獲得所有漂亮的勝仗。如果公司在市場要有市場焦點必須做好市場區隔。

(二)顧客導向 (customer-orientation)

行銷觀念對於需求的「定義」、「瞭解」、「執行」均必須以顧客的觀點來為顧客需求作一定義，而非以自己的觀點行之。

為何滿足顧客需求如此重要呢？因為公司每階段的銷售來自兩大群體：新顧客和舊顧客，而吸引新顧客的成本一般而言比保持舊顧客來得更高。因此，舊顧客的維繫比吸引新顧客來得重要，而保留顧客的關鍵即在於滿足顧客的需求。

也就是說，顧客導向的重點在於運用市場研究從顧客觀點來瞭解顧客需求。

㈢調和行銷 (coordinated marketing)

調和行銷代表兩件事：

第一，銷售力、廣告、行銷研究等各種行銷功能應彼此協調，銷售人員常常因制定價錢和折扣而與行銷部門起爭執，或是廣告經理和品牌經理不能為品牌廣告活動取得一致看法等。這些行銷功能須以顧客觀點協調之。

第二，行銷亦需和公司其他部門協調良好，行銷若獨立成一部門時就無法運作，唯有全體員工取得以顧客滿足為導向才能作用，惠普公司 (Hewlett Packard) 的大衛帕卡 (David Packard) 曾說：「行銷是如此的重要，以致於無法由行銷部門來負責就足夠的！」

㈣獲利性 (profitibility)

行銷觀念旨在協助組織達成目標，以私人公司而言，必須獲取足夠的利潤才能達到永續經營的目的；以非營利公共機關而言，則在吸引更多基金以執行工作。企業的獲利與市場策略規劃有很大的關係，最近有一個重要的觀念在《行銷學報》(*Journal of Marketing*) 中出現即為 PIMS (profit impact of marketing strategy)，主要的中心觀念為：

⑴市場策略會影響企業的獲利水準。敗者不可能獲利，正如勝者不可能不獲利。

⑵如果企業想贏，市場成長率最好在中上水準（至少市場成長在 20% 以上），在一停滯或衰退的市場，你很容易就失敗。

⑶市場佔有率也應該在中上水準，也就是超過 20%，如果市場佔有率低於 10%，情況不樂觀，變化無常，無法達到特定目的。

⑷保持產品的高品質並且與競爭者差異化，模仿的、大宗貨品或品質低劣者前途均黯淡。

⑸企業在市場成長的時候，必須有規模經濟效果，平均成本必須隨產量增加而下降。

⑹行銷活動應依策略目標來佈署，不顧一切追求銷售量是很危險的。

四、行銷管理循環

為使行銷在執行過程、創造績效方面能有實證性、實踐性，對於目標、策略、資源、行動、績效的行銷管理循環做一充分說明：

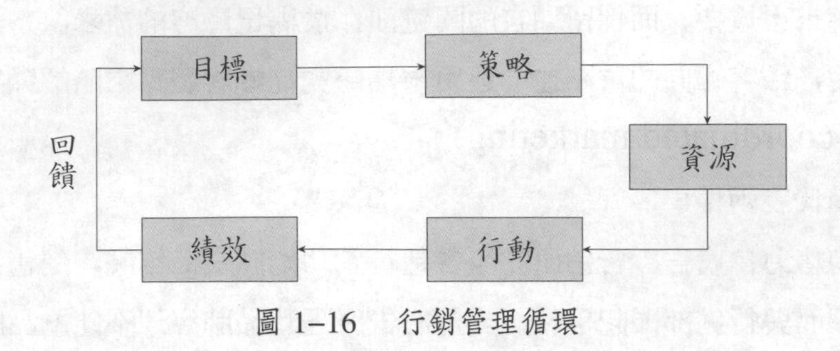

圖 1–16 行銷管理循環

(一)目 標

目標的層次，不是業績層次、利潤層次，而是一種定位 (position)、區隔 (segmentation)、成長 (growth) 與經營結構的前瞻性攻防觀點。未來須有競爭觀點而非靜態的想法。行銷人員在思考目標問題時必須注意下列幾個重要觀念：

(1)目標的考慮並非只有單一性目標，必須將業績目標、利潤目標、成長率目標做共同性結合思考。

(2)目標的估計有許多的方法，但依筆者近十年的理論與實務互相驗證，必須先以較客觀的管理科學方法為依據，再根據目標擬定者之定性的行銷經驗加以修正，才會達到較正確的估計。

(3)許多行銷人員對於目標的思考並非花很多時間做互動性思考，以致任何的行銷策略、行動均無法與目標做統合性運作，學者把這種現象稱為行銷遠視病。

(4)好的行銷人員對於目標可從較多元的角度來估計目標，如從產品線寬度、深度，從銷售區域幅度劃分，從競爭結構分佈，從市場佔有率情形，均可用來估計短、中、長期目標。

(5)目標須有未來觀點，則目標擬定的概念不是封閉性而是一種開放性的系統 (system)、整合 (integration)、平衡 (equilibrium) 觀點。

(二)策 略

策略與日常運作的看法不一樣，所謂策略是指一個公司在所選定的產品／市場裡，尋求與他人競爭的方式，以期達成組織目標。好的行銷人員必定是一個好的策略擬定者，而且策略始於策略家心中的選擇過程。要擬定好的策略必須經常做策略性思考，而所謂策略性思考必須要考慮下列幾個重點：

⑴效果而非效率 (effectiveness not efficiency) 的問題。

⑵競爭優勢 (competitive advantage) 的觀點包括差異性 (differential)、顯著性 (significant)、持久性 (sustainable)。

⑶動態 (dynamic) 的觀點始能解決問題。

⑷市場的完整性是在行銷組合 (marketing mix) 的觀點，而非產品、價格、通路、促銷等單一性思考。

⑸患有近視病 (myopia) 與遠視病 (hypermetropia) 是不能解決策略對目標的互動性。

⑹持續漸進的策略才是務實之道而非間歇革命。

⑺效果的問題是在預應的想法而非因應的想法 (proactive not reactive)。

⑻策略時機 (timing) 與策略選擇同樣重要。

⑼組織力的意義在於有相同的策略、文化、價值與理念。

⑽成功的策略關鍵在於投入、彈性與創造力。

⑾策略分析者須有定性 (qualitative) 與定量 (quantitative) 的分析能力。

⑿策略遊戲的規則是在於顧客 (customer) 而非競爭者 (competitor)。

㈢資 源

任何好的策略也必須要有好的資源加以支援，而資源的運用，行銷人員必須考慮下列幾個重點：

⑴PIMS (profit impact of marketing strategy)：市場策略靈活運用會對資源、績效產生不一樣的解釋與效果。

⑵必須對資源有限制的觀點能有勉為其難、靈活運用的態度，不會被資源多寡限制行銷策略選擇。

⑶運用能力比資源多寡來得重要。

⑷人是所有資源中最能延伸的資源。

㈣行 動

策略擬定是著重策略方針與方向、效果的考慮，但仍必須透過貫徹行動才能產生良好的績效，而行銷人員對於此執行力必須要有解決問題能力與溝通能力。

此外行動的管理重點為下列核心要點：

⑴沒有企圖 (aggressive) 不能談經營管理，而所謂企圖是指做事與服務的熱誠與投入。

⑵與策略保持一致性才是真正行動的源頭。

⑶管理者必須能指出問題的重點、趨勢與現象。

⑷有知行合一的理念才能有所為、有所不為。

㈤績 效

行銷人員是否卓越與能否創造好的績效息息相關,行銷理論自從在 1990 年以後任何新的理論大抵最後都必須與是否能產生好的績效做串聯式思考,而行銷人員對於績效的界定與考慮因素有下列幾個要點:

⑴短期與中、長期衡量標準不一。

⑵績效的問題是整合、團隊的,而非個人、個別的。

⑶績效的問題與外部競爭結構、條件息息相關。

⑷績效是以永續的觀點去克服不確定與變動問題。

第三節 行銷哲學的演變

埃文陶佛勒 (Alvin Toffler) 在其著作《第三波》(*The Third Wave*) 中提到有關環境變遷的三個階段,也因為這三波環境變遷的浪潮,推動了一連串管理思想的演進,當然行銷哲學也是在這些背景之下不斷演進。

生產導向時代 (the production concept)

為指導銷售者最古老的理念,最早期的行銷管理哲學,指廠商只要能生產出產品就可找得到市場。

由於當時的經濟環境是需求大於供給,所以銷售人員根本不需要做市場規劃分析,也不需瞭解消費者的需要是什麼就可以把產品銷售出去。

生產觀念堅持消費者只對產品的便利性和低價位感興趣,有二種假設情況:

⑴情況 A:

產品的需求超過供應。因此消費者較傾向產品的取得,而不注意其優良之處,供應商自然就會尋求增加生產的方法。

⑵情況 B:

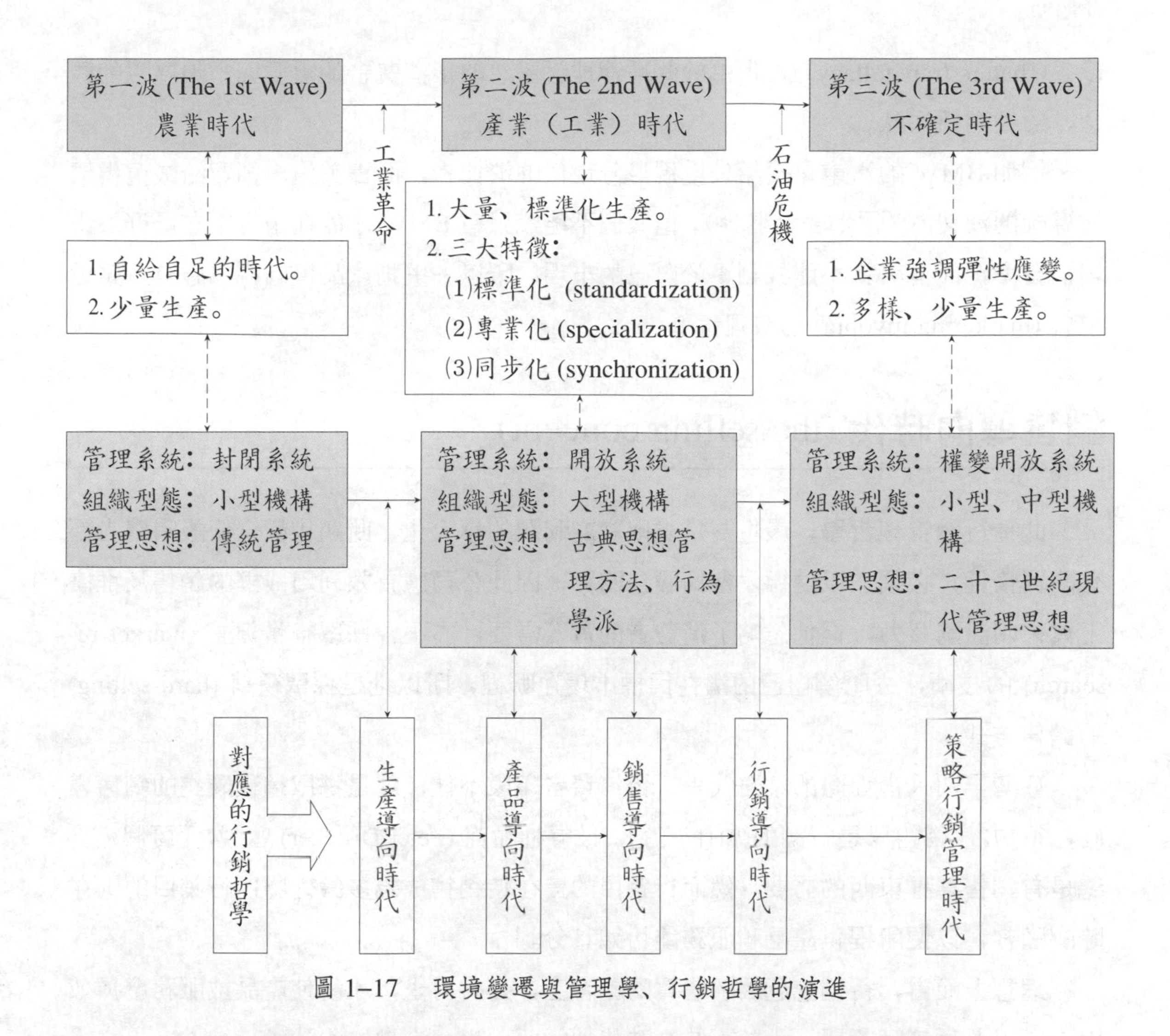

圖 1–17　環境變遷與管理學、行銷哲學的演進

產品成本過高，必須透過大量生產來減低價格以開拓市場。但隨著競爭廠商的加入，市場銷售結構的改變，此種行銷理念逐漸被淘汰。

產品導向時代 (the product concept)

此種行銷管理哲學，是假設廠商只要能生產最好的產品，設計最佳的品質，就能在市場中有最好的市場佔有率。

產品觀念堅持消費者會喜歡高品質、高表現、高特徵的產品。在產品導向的組織中，廠商將致力於良好產品製作和改良上。

管理者一旦只傾向產品視野而已就會喪失未來的顧客，而陷入「較好產品戰略之

謬誤 (better trap fallacy)」，但由於此種管理哲學忽略了消費者的需要與市場區隔的觀念，終被潮流淘汰。

例如 BMW 的汽車是賣給較重視身分地位的消費者，而喜美汽車則賣給較重視價格導向的消費者 (例如省油特性)，但我們不能說只有 BMW 才能在市場中有最好的市場佔有率，而喜美就不能找到屬於自己的市場，所以一般把產品導向視為患有行銷近視病 (marketing myopia) 的管理哲學。

銷售導向時代 (the selling concept)

此種行銷管理哲學，最主要是求取廠商利潤的極大化，此銷售觀念假設消費者都有購買惰性，必須加以誘導才會掏腰包購買，因此公司應有效利用成群的銷售及推廣工具來刺激購買力，但他忽略了消費者的實際需要，亦不會採取市場調查 (market research) 的技術，去瞭解自己的潛在目標市場在哪裡，所以他是採取硬銷 (hard-selling) 的銷售方式。

臺灣早期人壽保險的業務代表，予消費者印象不佳，就是採取這種硬銷的銷售導向，須知:「銷售只是行銷的冰山一角」，彼得杜拉克 (Peter Drucker) 曾說:「可假定，總是有銷售某種東西的需要，然而行銷目的旨在使銷售成為多餘之物；行銷目的應在瞭解顧客，以便所提供產品和服務能恰如其分。」

理想上而言，行銷應起因於購買的顧客上，先有需求，才能使產品或服務發揮效用。所以此種管理哲學，由於不符合時代的需要，也逐漸地被淘汰。

行銷導向時代 (the marketing concept)

此種管理哲學已開始重視消費者的需求，並藉著市場調查技術，強調市場區隔 (marketing segmentation) 與目標市場 (targeting market) 的行銷管理理念。在此，行銷管理也開始為行銷觀念富於多樣化的解釋，例如「製造將要銷售的產品，而非銷售所能製造的產品」、「您是老板」、「發現需要、填補需要」等。

李維特 (Theodore Levitt) 曾說明銷售和行銷觀念互為對照 (如表 1–6)。

但隨著競爭導向觀念的出現，此種只是提供滿足消費者需要的管理哲學，而忽略了競爭者的因素，已不能解決所有的行銷問題。

表 1–6　銷售理念和行銷理念的對照

	起始點	重心	方法	結束
銷售理念	工廠	產品	銷售推廣	利潤來自銷售量
行銷理念	市場	顧客需求	協調行銷	利潤來自顧客的滿意

策略行銷管理時代 (the strategic marketing concept) 的來臨與專業行銷管理者的特質

進入了不確定性時代後，行銷哲學必須加入更多的管理概念，以便應付充滿不確定性的競爭市場，因此，此種行銷哲學的基本特性是：不僅強調要滿足消費者的需要，亦強調競爭的重要性，也就是說，廠商在市場上與競爭者相互比較後，必須尋找自己本身的「持久競爭優勢 (sustainable competitive advantage)」，並且建立策略性事業單位 (strategic business unit) 的責任中心制。

因此，在策略行銷管理時代中，企業必須建立完善的策略性事業單位，在此制度之下，行銷專業管理者應具備下列特質及觀念：

一、責任中心制度

策略行銷管理時代下，行銷人員若是一位「專業的組織管理人員」，則必能為公司創造更好的責任中心制度，並建立完善的 S.B.U. 制度。

所謂 S.B.U. (strategic business unit) 的定義：

1. 責任中心

所謂責任中心即表示該事業單位 (business unit)，必須自我負責所有該部門的收入、費用、成本、功能、利潤等問題。例如將公司的各部門視為責任中心，行銷必須自行提出業績目標、毛利目標、費用預算、人事安排、工作分配計畫等，一切皆以自我負責為重點。

2. 有完整組織型態，與幕僚必須充分配合

例如某資訊公司有行銷部、工程部、管理部，則採完整的組織型態，在 S.B.U. 定義下，各部門功能為：

(1)行銷部可依產品、市場、客戶特性導入 S.B.U.，為利潤中心。

⑵工程部原為成本中心，但導入 S.B.U.，賦予主動簽訂維護合約權責，轉換為利潤中心。

⑶管理部的貢獻為使公司運作順暢，員工士氣高，應在最低成本下，達到一定品質的服務，為成本中心。

3. 必須有激勵制度，形成戰鬥體

S.B.U. 的責任中心制，其最大的維持力量，便是在於「合理的激勵制度」，如此一來，各部門可以根據自己所提的目標作努力，以便獲取獎勵，一般而言，各部門多會同時設置有合理的「達成獎金」及「成長獎金」，以激勵各單位為目標自我負責。

4. 必須有合理目標及競爭策略

盡管各單位的各項目標是由自己提出，但為了避免部分單位「吹牛」或「不求進步」，仍需有合理的目標審核標準，並且公司必須有其自身競爭策略，作為目標執行時的最高指導方針，避免多頭馬車出現。

5. 從成長率與達成率觀點作為獎金績效的基礎

前述中提到，S.B.U. 的責任中心制，其最大的維持力量，便是在於「合理的激勵制度」，一般而言，各部門多會同時設置有合理的「達成獎金」及「成長獎金」，因為公司對於各事業單位的目標，有其不同的標準及目的，例如公司有時會故意提高標準超出預期值，以提高組織活力及衝勁；當然有時也會訂出不需太多努力就可以達到的目標，以使該組織單位獲得休息。

因此為了避免短期間目標無法達成而影響士氣，通常必須從「成長率」與「達成率」觀點作為獎金績效的基礎，兩者可以相互應用，以達到原先激勵的目的。

6. 行銷資訊必須充分透明與制度化

企業資訊系統分成兩個層次：業務資訊系統 (operational information system, OIS) 和管理資訊系統 (MIS)，業務資訊系統針對某項處理要求，主要進行資料處理，代替業務人員的繁瑣，重複勞動，提高資訊業務處理和傳輸的效率與準確性；管理資訊系統主要為主管服務，向各級主管提供即時準確的決策資訊。業務資訊系統處理的資訊是詳盡、具體、結構嚴謹、精確、資料量較大；管理資訊系統處理的資訊是綜合、概括、抽象、靈活性較大。

7. 可大幅減少主管時間，並可培養中間幹部

管理學上有所謂「水漲船高」的觀念，也就是說主管必須讓下屬及中間幹部多成長，以分擔自己的工作量，進而提高組織整體管理水準，而 S.B.U. 制度，就是透過完

善的制度，讓下屬及中間幹部各司其職，並更有責任感及積極度，如此一來不但可大幅減少主管時間，並可培養中間幹部。

二、轉撥計價制度

在策略行銷管理時代，行銷人員若是一位「S.B.U. 專業經理人」則必須能為公司創造良好經營績效，且必須要面對短期「動態化 (dynamic) 效果」與中長期「極大化 (maximum) 效果」，透過積極性的行銷管理策略創造收入，畢竟行銷結合管理主要用意在於著重經營效果，無論是從掠奪市場佔有率 (market share)、追求市場成長率 (market growth)、開發新產品 (new-product line)、開發新市場 (new-market development)、多角化經營 (diversification)，任何一位行銷專業經理人都必須面對實踐結果檢證，故許多行銷人員把行銷功能的定位放置在企劃功能上，這一點與本書行銷管理積極動態性意義不一樣。

業務部各 S.B.U. 與生產部各 S.B.U. 在扣除責任中心部門的銷管費用與行政部管理費用攤提後，就可設定利潤中心、利潤目標，並按此目標進行考核，設定激勵與獎懲規定。

圖 1–18 將說明在策略行銷管理時代，一位 S.B.U. 專業經理人，必須抱有責任中

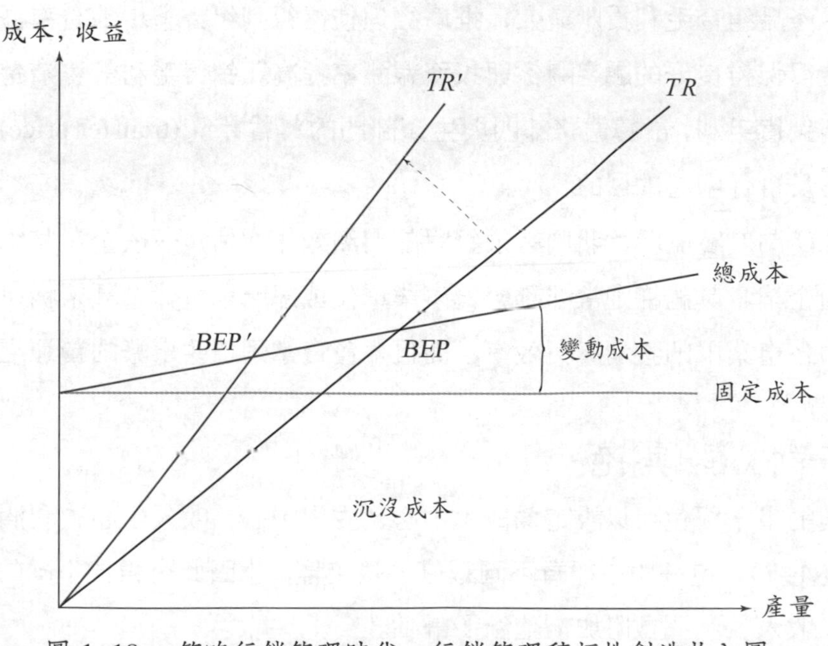

圖 1–18　策略行銷管理時代，行銷管理積極性創造收入圖

心的概念，除了為公司積極創造收入外，並藉由突破損益兩平點 (BEP)，創造出 S.B.U. 制度下的利潤中心、轉播計價等制度。

說明一

其中 *TR* 指公司的總收入，即價格 (*P*) 與數量 (*Q*) 的關係。

說明二

「毛利率」與「毛利達成率」意義不一樣，就 PIMS (profit impact of marketing strategy) 市場策略對利潤的影響度而言，必須以毛利達成率來思考，因為毛利達成率才有辦法表達行銷在規模經濟與規模報酬遞增。

銷貨收入	（行銷人員為公司所創造極大化收入）
– 銷貨成本	（規模經濟使得銷貨成本降低）
銷貨毛利	（S.B.U. 衡量的邊際貢獻）
– 銷管費用	（S.B.U. 的銷管費用）
銷貨淨利	（S.B.U. 的責任中心利潤目標）

損益兩平點 (BEP)，是指公司損益的分界點，也就是損益為零的營業。

說明三

行銷部門責任中心範圍是使銷貨毛利極大化，S.B.U. 責任中心運作系統業務部在創造收入極大化過程必須結合行銷的功能進行產銷協調使採購部門銷貨成本降低，產品經理使得產品組合毛利貢獻最大，推廣經理使得行銷組合市場佔有率極大化，顧客管理經理使得保持良好的顧客關係與投資報酬率提高。銷貨毛利計算清楚後，管理部門必須協調銷貨毛利，計算業務部門與生產部門的轉播計價 (transfer price) 水準，以達到利潤中心及責任中心的目的。

當 S.B.U 制度實施時，我們必須針對部門績效作評估，一般企業特別是那些有多元事業群的企業，其組織通常都劃分為事業單位或部門單位，這種架構可以讓經理人瞭解企業內各事業群的獲利率與效率，而且為負責掌理這些事業的營運經理人帶來責任和誘因。

(一)不同的事業中心類別與特色

企業內的事業單位可以設定為成本中心、支出中心、收入中心、利潤中心或投資中心（如表 1–7），每一中心都有不同程度的決策權，也因此會根據不同的績效標準，例如成本、收入、利潤或附加價值給予評估。

表 1–7 成本支出收入利潤和投資中心特色整理

單位類型	績效評估	決策權	特色及問題
成本中心	・產出量固定下，總成本最小化。 ・預算固定下，成果最大化。	輸入組合（人力、材料、供應）。	・經理人有降低品質，以減少成本的誘因。 ・強調平均成本，經理人有生產過量或不足的誘因。
支出中心	・固定服務水準下總成本最小化。 ・固定預算下服務最大化。	輸入組合（人力、材料、供應）。	・產出難以估計。 ・要求公司增加部門支出的動機。
收入中心	價（量）和經營預算固定下，盈餘最大化。	輸入組合（人力、材料、供應）。	・管理高層知道如何選擇理想的產品組合。 ・管理高層知道如何選擇理想的產品的適當價量。 ・收入中心經理人熟悉業務區域內的顧客需求。
利潤中心	・實質獲利。 ・獲利和預估獲利的比較。	・輸入組合。 ・產品組合。 ・銷售價格（或產出量）。	・轉撥計價的問題。 ・公司內部費用的分配。
投資中心	・投資報酬率。 ・剩餘所得。 ・EVA。	・輸入組合。 ・產品組合。 ・銷售價格（或產出量）。 ・投資在中心的資金。	・經理人對投資機會的預測。 ・經理人對單位經營決策的瞭解。

㈡轉撥計價 (Transfer price)

每當公司內部的事業單位彼此移轉產品或服務時就必須為交換的產品或服務訂定一個移轉價格，這樣才能訂定事業單位的績效，而一般常見的錯誤觀念在於改變轉撥計價的方法，只是移動部門間的收入而已，這個除了相關的績效評估外，並沒有太大影響。事實上，轉撥計價的方法不只是改變各個事業單位分配大餅的方法，也會改變餅的大小，而且如果這些移轉價格不能正確反應資源的價值，經理人就會做出不當的決策，股東價值也將因此受損。

常見的轉撥計價如表 1–8：

表 1–8 轉撥計價的類別與問題

種類	方式	問題
市場基礎的轉撥計價	如果產品有外在競爭市場，該產品就以市價作為移轉價格，因為如果生產部門不能以市價打平成本，那麼公司最好關掉內部的生產線，直接在外部市場購買產品；如果配銷部門無法以市價獲得長期利潤，那麼公司乾脆直接把產品賣到市面上。	・某些外部市價無法提供自製品的機會成本計算。 ・外部生產品和自製產品不相同。
邊際成本移轉價格	生產最終產品所使用的資源價值：$MR=MC$。	・邊際成本高於平均成本，生產部門無法打平其固定成本。 ・生產部門有誘因提高邊際生產成本，配銷部門有誘因降低進貨成本。
總成本移轉價格	依據總會計成本訂定。	・避免計算邊際成本引發的爭議。 ・高估公司在內部多生產和移轉一件成本的機會成本，當機會成本和總成本相差過大時，公司捨棄的利潤將非常龐大。
協商移轉價格	藉由相關部門間的協商而取得。	人為影響程度過大，無法實際評估出股東價值的創造程度。
中央制定	藉由中央訂定價格與數量的決策。	若轉撥計價資訊難以取得時，容易導致與現況不合的情形。

㈢責任中心下轉撥計價實例研討

為使讀者更加瞭解 S.B.U. 與策略行銷管理之間的密切互動關係，特舉下例資訊科技公司作為說明，透過例子中的組織變革過程，我們首先發現，原本該公司組織設計因為太過依賴正式組織及垂直組織設計，使得組織設計造成本位主義失去彈性自主性，新的組織設計則具有進取、創新、反教條、批評的精神，並具有異化、矛盾的進階過程，理性、知性的中間性質。使得新的組織設計的精神有實踐的文化，以客觀方法、合理性演變進行科學化解決問題流程，並非以權威、直覺解決組織問題。

以下是該資訊科技公司組織變革及新 S.B.U. 制度形成的過程：

1. 原本組織設計

該資訊科技公司原本組織設計嚴格，充斥正式流程，較屬於權利集中於少數人的官僚式組織。

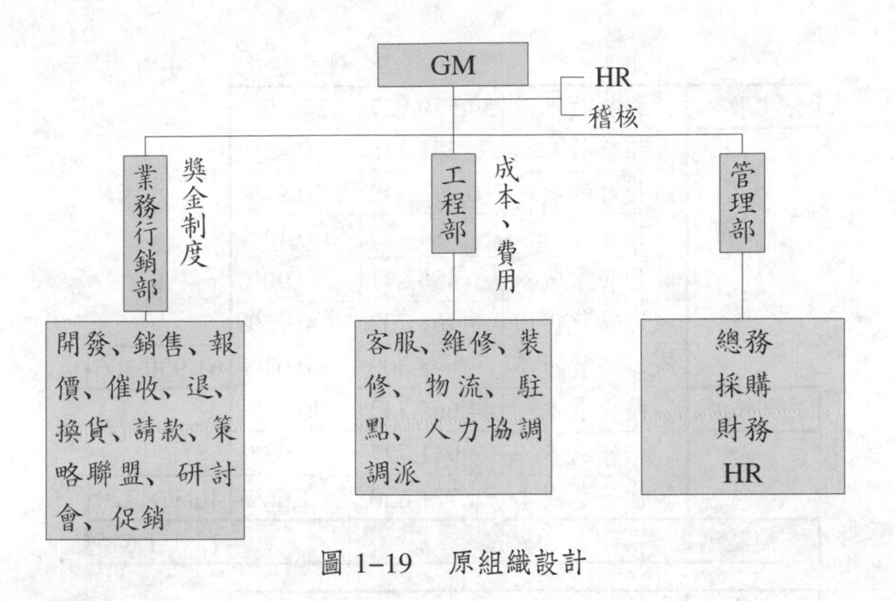

圖 1–19　原組織設計

2. 新的 S.B.U. 組織設計

組織重新調整後，較具戰鬥力，各部門間互動關係提升，新組織設計屬於合作溝通的學習性組織。

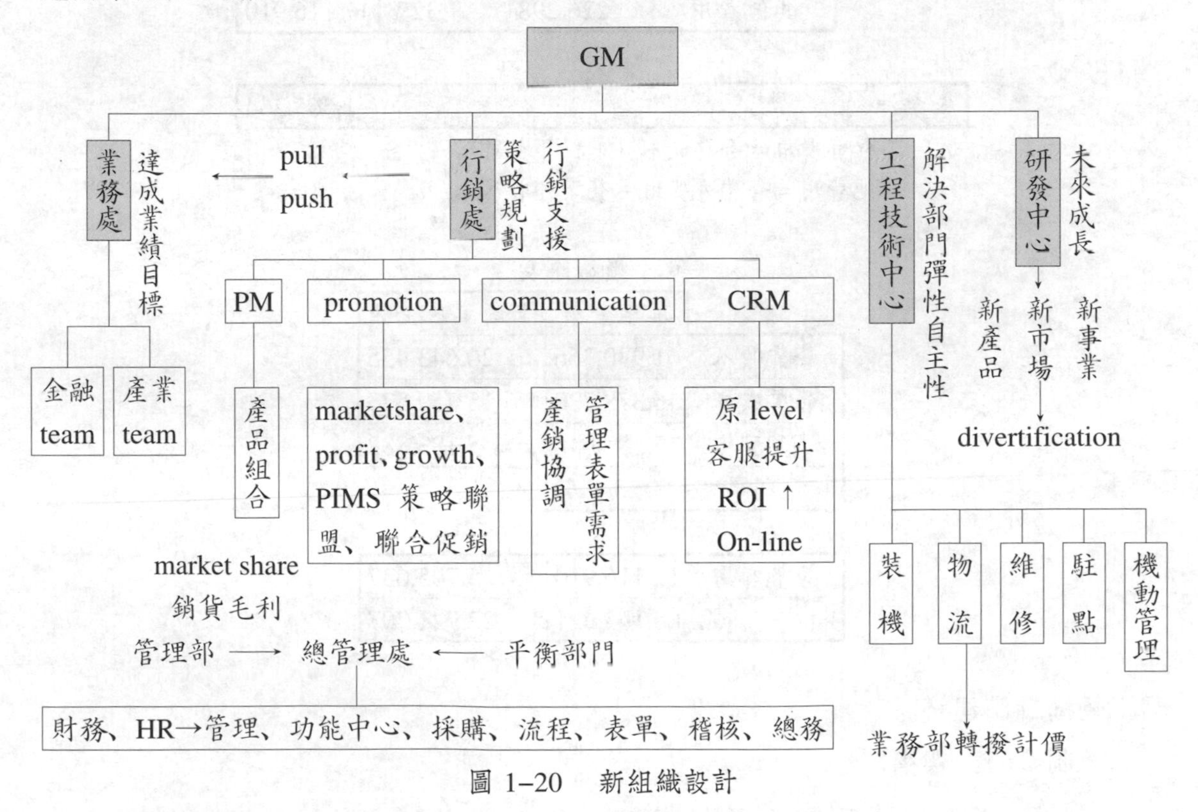

圖 1–20　新組織設計

3. 轉播計價制度

⑴該公司單季（三個月）損益狀況：

			科目佔比	小計
營業收入	銷貨收入	54,679,927	88.29%	
	維修收入	281,246	0.45%	
	維護合約收入	6,792,342	10.97%	
	租賃收入	84,987	0.14%	
	其他營業收入	556,871	0.90%	
	減：銷貨退回	−461,707	−0.75%	
	減：銷貨折讓	−3,300	−0.01%	61,930,366
營業成本	銷貨成本	44,665,343	96.31%	
	維修成本	941,727	2.03%	
	其他營業成本	771,650	1.66%	46,378,720
營業毛利				15,551,646
營業費用	營業部費用	3,490,936	20.39%	
	管理部費用	5,702,130	33.31%	
	工程部費用	7,697,546	44.97%	
	其他費用	226,298	1.32%	17,116,910
本季淨利				−1,565,264

註：工程部費用＝勞務成本（工程部費用）
其他費用＝營業外費用－營業外收入

單季損益簡表

	單季金額	平均單月金額
營業收入	61,930,366	20,643,455
營業成本	46,378,720	15,459,573
毛利	15,551,646	5,183,882
毛利率	25.11%	
營業費用	17,116,910	5,705,637
損益平衡點	68,163,621	22,721,207

⑵轉播計價建議：

a.制度設計架構：

・將「營業部門」及「工程部門」視為一責任中心，需自負盈虧。

・兩部門中間以「轉播計價」方式進行「交易」，以產生各自的合理利潤。

・兩部門需自行負責自身費用，且需共同攤提管理部門所發生之費用。

b.兩部門費用攤提狀況：

	公司整體		營業部每月攤提		工程部每月攤提	
	單季金額	平均單月金額	金額	攤提佔比	金額	攤提佔比
工程部費用	7,697,546	2,565,849			2,565,849	100%
營業部費用	3,490,936	1,163,645	1,163,645	100%		
管理部費用	5,702,130	1,900,710	950,355	50%	950,355	50%
其他費用	226,298	75,433	37,716	50%	37,716	50%
費用小計	17,116,910	5,705,637	2,151,717		3,553,920	
費用比例		100%	37.71%		62.29%	

c.營業狀況（單季）：

營業收入	金額	佔比
銷貨收入	54,679,927	88.29%
維修收入	281,246	0.45%
維護合約收入	6,792,342	10.97%
租賃收入	84,987	0.14%
其他營業收入	556,871	0.90%
減：銷貨退回	−461,707	−0.75%
減：銷貨折讓	−3,300	−0.01%
小計	61,930,366	100.00%

營業成本	金額	佔比
銷貨成本	44,665,343	96.31%
維修成本	941,727	2.03%
其他營業成本	771,650	1.66%
小計	46,378,720	100.00%

毛利	15,551,646
毛利率	25.11%
總費用	17,116,910
損益兩平點	68,163,621

d.轉播計價百分比：

・損益兩平點以下：以單位利潤做考量。

損益兩平下，整體毛利率不變 (25.11%)，毛利依照費用比例攤分，得出轉播計價金額。

	整體公司
售價	40,060
產品成本	30,000
毛利	10,060
毛利率	25.11%

	營業部	工程部
售價	40,060	36,266
產品成本	36,266	30,000
毛利＊	3,794	6,266
轉播計價百分比	9.48%	17.27%

$$*\ 10,060 \times \frac{2,151,717}{2,151,717 + 3,553,920} = 3,794$$

$$10,060 \times \frac{3,553,920}{2,151,717 + 3,553,920} = 6,266$$

・損益兩平點以上（含損益兩平時）：以各部門損益為考量。

損益兩平時，營業額約為 68,200,000，依照之前毛利率及百分比，推知財務結構如下：

營業收入	單季金額	佔比
銷貨收入	60,215,550	88.29%
維修收入	309,718	0.45%
維護合約收入	7,479,977	10.97%
租賃收入	93,591	0.14%
其他營業收入	613,247	0.90%
減：銷貨退回	–508,449	–0.75%
減：銷貨折讓	–3,634	–0.01%
收入小計	68,200,000	100.00%

營業成本	單季金額	佔比
銷貨成本	49,188,108	96.31%
維修成本	1,037,085	2.03%
其他營業成本	849,786	1.66%
成本小計	51,074,980	100.00%

毛利率	25.11%

△

如果以每單位銷貨成本 30,000 元計算，當銷貨成本為 51,074,980 時，約銷出 1,702 單位。

由上得知：工程部單季費用為 10,661,760，平均每單位需賺得利潤 6,264 (10,661,760 ÷ 1,702)，得出轉播計價如下：

	整體公司
售價	40,060
產品成本	30,000
毛利	10,060
毛利率	25.11%

	營業部	工程部
售價	40,060	36,264
產品成本	36,264	30,000
毛利	3,796	6,264
轉播計價百分比	9.48%	17.27%

三、產品組合管理

策略行銷管理時代，行銷人員若是一位專業的產品經理人，必將透過良好的產品組合管理，為公司創造好的「市場佔有率」及「市場成長率」。

1.「看門狗」與「問題兒童」產品組合策略

同為市場佔有率低的產品，其中市場成長率低是看門狗產品，市場成長率高是問題兒童產品。

$$dTR/dQ=d(PQ)/dQ=(PdQ+QdP)/dQ=P(1-1/|\varepsilon_d|)$$

其中 $|\varepsilon_d|=(dQ/Q)/(dP/P)$，表示價格彈性，當 $|\varepsilon_d|>1$，表示產品替代性大，屬於問題

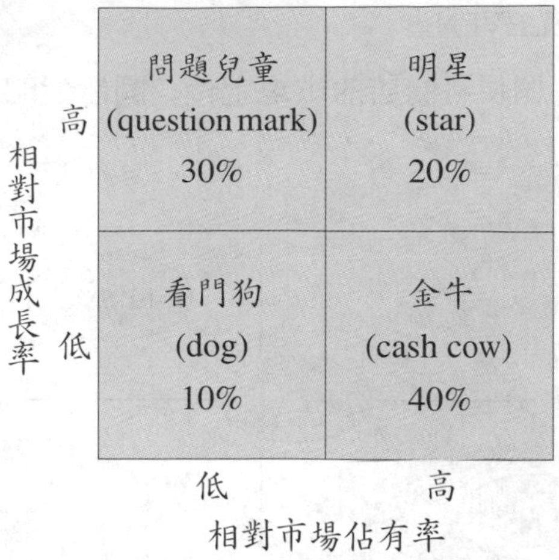

相對市場成長率

	低	高
高	問題兒童 (question mark) 30%	明星 (star) 20%
低	看門狗 (dog) 10%	金牛 (cash cow) 40%

相對市場佔有率

圖 1–21 產品 BCG

兒童。此時必須利用事件 (even) 行銷使 $Q\uparrow$，增加規模經濟使收入增加 ($TR\uparrow$)。

2. 明星及金牛產品

同為市場佔有率高的產品，其中市場成長率低是金牛產品，市場成長率高是明星產品。

$$dTR/dP=d(PQ)/dP=(PdQ+QdP)/dQ=Q(1-|\varepsilon_d|)$$

其中 $|\varepsilon_d|=(dQ/Q)/(dP/P)$，表示價格彈性，當 $|\varepsilon_d|<1$，表示產品替代性小，競爭力強，屬於明星及金牛產品。

$$\because dTR/dP= Q(1-|\varepsilon_d|)>0$$

$$\therefore P\uparrow \rightarrow TR\uparrow；P\downarrow \rightarrow TR\downarrow$$

由上式可知明星及金牛產品不可用降價來增加收入，而是靠定位及競爭優勢等差別化競爭策略，增加收入。

四、競爭優勢

行銷人員若是一位「專業策略規劃人員」，則必能為公司創造良好的競爭優勢。以下舉出全家為例，說明全家在 CVS（便利商店）市場上，如何創造自己的競爭優勢，以面對其他 CVS 的強勢競爭。

我們要研究全家便利商店的競爭策略時，首先要找出他的競爭目標，由一些資料顯示全家便利商店已經是便利商店中僅次於 7–ELEVEN，因此我們的競爭目標很明確的便是要想辦法贏過 7–ELEVEN。

首先，我們先找出各個便利商店的市場定位，圖解說明：

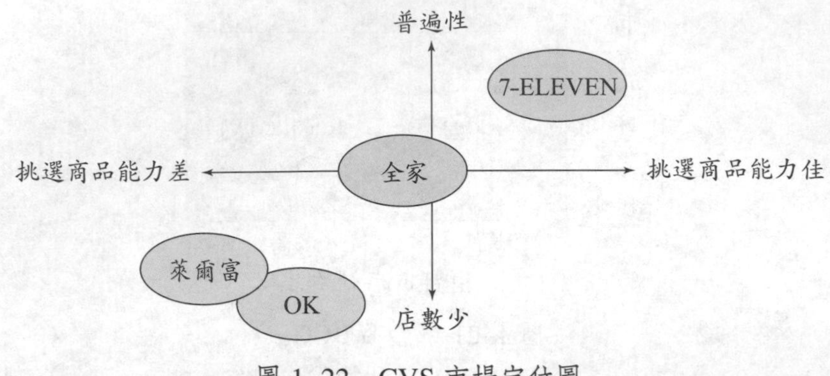

圖 1–22　CVS 市場定位圖

從此圖中可以看到各個便利商店的市場定位，因為全家已經是緊跟在 7–ELEVEN 後面的第二大便利商店，因此若要增加全家的市場機會就必須要對 7–ELEVEN 的弱點作超越的動作，例如全家若要在產品上贏 7–ELEVEN 較為困難，因為 7–ELEVEN 對產品的選擇能力較強，在超越上的可能性較少，因此全家可以改用多舉辦活動來增加他的市場機會，一方面補全家較 7–ELEVEN 不會選產品的弱點，並帶動新產品的推出，另一方面也可以使消費者重複消費次數增加，達到掠奪市場的目的。

因此我們改變新的市場定位圖如下：

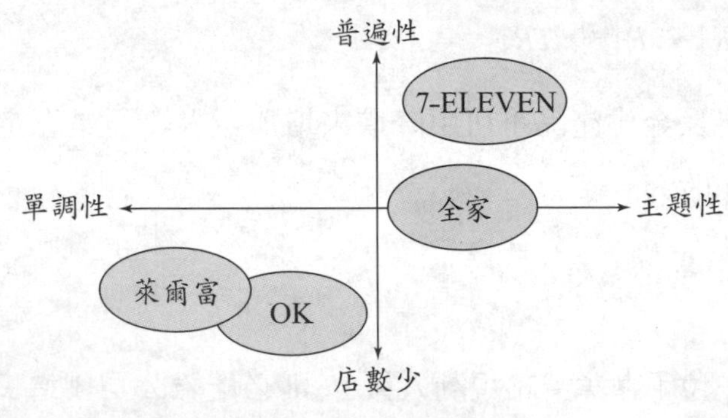

圖 1–23　CVS 市場新定位圖

此時全家可以利用新的市場定位來作為他跟其他便利商店區隔化的特點，而有了區隔化之後較易掌握競爭優勢，以便進一步靠近 7–ELEVEN，另外也因為新市場定位如此，全家的行銷及產品組合將因應競爭策略產生以下的變化：

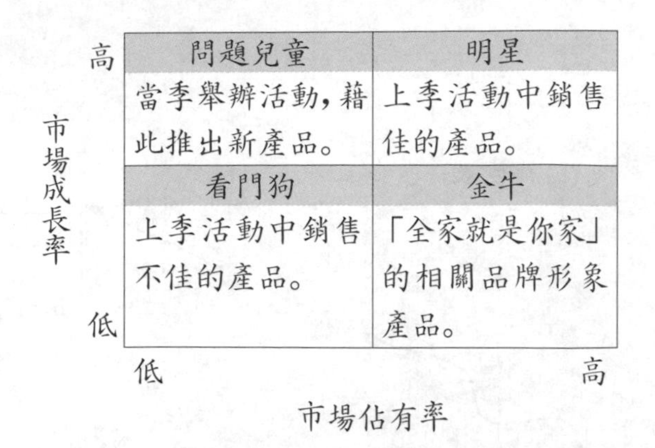

圖 1–24 新市場定位下全家的行銷及產品組合

圖 1–24 中，因應新市場定位，我們把產品組合作新的整理，因為便利商店的價格彈性不大，所以我們決定以品牌形象作為我們的競爭優勢，讓消費者接受「全家就是你家」，還有笑臉的商標，讓消費者在想到便利商店時不再只有 7–ELEVEN 而已。

並且我們利用廣告的策略，在不斷舉辦的活動廣告中，不斷的提醒「全家就是你家」的品牌形象，一方面推廣問題兒童，另一方面穩固金牛的發展。然後將舉辦活動帶出來的商品，銷售良好的歸為明星產品，銷售不佳的便歸為看門狗，並商討下一次要如何改進。一開始先以單店數的營業額超越 7–ELEVEN，之後再以店數增加作為第二步驟，那麼便可以有機會贏過 7–ELEVEN。

五、經營函數概念

行銷人員若是一位「專業經營管理人員」，必須擁有正確的經營管理能力，將經營管理視為一種可預估的函數，以便對經營目標提出管理及規劃。

通常我們將經營管理視為一種可預估的函數時，可以針對函數中的許多變數加以討論，以達到預估未來趨勢及經營成果的目的。當然，分析這樣的經營函數除了幫我們掌握經營的不確定性外，也讓我們藉由對係數探討，利用管理學的方法，改變曲線走向，以達到企業經營極大化的成長目的。

(一)經營曲線（函數）模型 $y=a+bx$

以數學的意義而言：

當 $Y=a+bx$ 時 $a=Y-bx$ $b=(n\sum xy-\sum x\sum y)/(n\sum x^2-\sum x^2)$

$\because \sum(y-Y)^2=\sum(y-a-bx)^2/(\partial a\cdot\partial b)$

$\therefore$對 b 做微分較簡單：$\sum y-na-b\sum x=0$

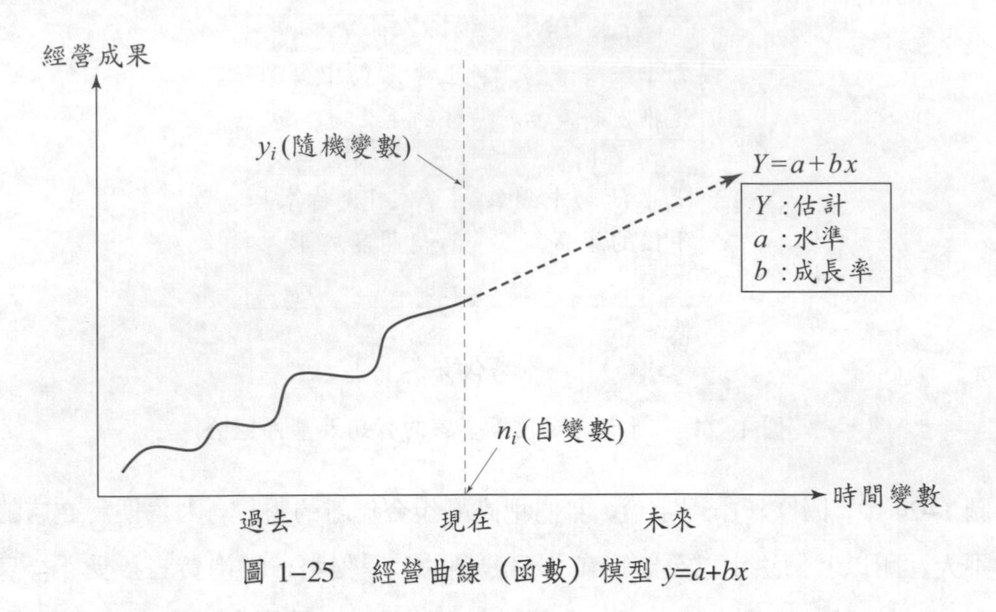

圖 1–25　經營曲線（函數）模型 $y=a+bx$

對 a 做微分比較難：$\sum xy-a\sum x-b\sum x^2=0$

也就是說，在經營曲線中，要求 Y 的極大化時，要先有 “a”，才能談 “b”，然而對 “a” 做改變確實比對 “b” 做改變難。

(二)對係數的分析

有關函數中的 a、b 係數均有其管理學上的意義，如果要使函數建立變得有意義，就必須分別對兩係數作分析，釐清其間的相關管理要素，以便對未來趨勢產生正面的影響。

1. 係數 a：截距（公司規模水準探討）

(1)係數 a 的意義：

係數 a（截距）代表的是一個「基礎」及「合理的水準」，有了係數 a 的合理水準，才有基礎談 “b” 的成長率，也就是說，必須先改變 “a”，才能談 “b”，由於「係數 a」代表一個企業經營的基礎，其中牽涉的關鍵因素較多，大多與公司的管理理念有關係，因此，如果公司要解決問題，勢必要從此著手，讓公司有一定的營運基礎及損益點，否則談再多的決策及行銷手法都是無意義的。

(2)影響「係數 a」的關鍵因素：

- 運用「管理」、「人力資源」及「競爭」角度去鞏固基礎。
- 「管理權」及「所有權」必須明確分開。
- 先由改變公司的文化系統做起。

2.係數 b：斜率（成長率的因素探討）

(1)係數 b 的意義：

係數 b（斜率）代表的是企業經營的成長趨勢，當公司有一定的基礎（係數 a）時，利用內部管理由外而內思考如何提升係數 b，以面對外部的「不確定性」、「動態性」及「進入障礙」。

(2)影響「係數 b」的相關因素：

a.內部管理的意義：

內部管理是一種「價值」、「企圖」、「願景」及「方向」，討論內部管理的主要目的是為了避免做出錯誤的決策，並藉此面對外在環境的：

- uncertainty：不確定性。（外部不確定性因素如何影響成長率觀點）
- game theory：賽局。（不同遊戲規則會改變成長率係數）
- pay-off：代價。（付出不同的代價，會有不同成長率觀點）
- enter-barrier：進入障礙。（新產品、新市場如何克服進入障礙會影響成長率）
- dynamic：動態性。（不同動態性等略調整會影響成長率）
- maximize：極大化。（如何從外而內考慮市場佔有率會影響成長率）

b.錯誤決策：

所謂的錯誤決策，發生的原因不外乎是因為：

- 沒有正確的架構，便貿然投入行動。（牽一髮就動全身）
- 對問題的方向不清楚。（trade off 不清楚會做錯誤決定）
- 過分自信 (over confidence)。（對於過去的經驗太過自信）
- 自我愚弄 (foolish yourself)。（官大學問大、自己愚弄自己的決策）
- 缺乏系統性資料。（缺乏客觀科學性資料分析）
- 缺少不同角度的組織審核決策。（只有直線部門無幕僚部門做 double check）

c.內部管理下的“7S”：

- structure：組織架構。（組織架構在功能、分工、責任中心制度是否清楚）
- system：作業系統。（作業系統制度必須考慮組織轉型需要做改變）
- style：管理作風。（管理者作風、EQ 會影響內部的組織文化）
- skill：員工技能。（員工技能有否透過內部教育訓練提高）
- strategy：競爭策略。（目標與競爭策略在內部必須保持互動）
- shared-value：組織價值。（組織文化、價值必須取得共識一致性）

・staff：幕僚功能。（公司規模要擴大不僅需直線部門，更需幕僚策略規劃功能）

根據以上諸多要素分析，我們可以先就「係數 a」，討論企業經營的基礎面，再根據既有基礎，進一步討論如何提升「係數 b」，以達到成長效果，其中需特別注意的是有關 "7S" 的運用，建立完整的內部管理及決策架構，由外而內做極大化思考。

六、管理決策思考過程

行銷人員若是一位「專業決策管理人員」，必須擁有良好的管理決策能力，避免決策陷阱，以為公司提供正確的經營方向。

此為筆者在東吳大學教授消費者行為研究時，針對分組討論後，學生所做行銷決策，自我檢視後，提出 Z 型決策模式。

(一)常見四種決策模式（經理人類型）

一般而言，市場上面對競爭時，專業經理人或決策者通常可以分為下列四種，其所代表的是不同決策者的個性及思考模式：

型一：重事實（學院派）	型二：思考開放（樂天派）
思考重點：問題方向 決策重點：瞭解問題方向	思考重點：腦力激盪 決策重點：找出解決方法
型三：謹慎行動（控制型）	**型四：人際關係（人群派）**
思考重點：行動力量 決策重點：組織分工行動	思考重點：cheer up; encourage 決策重點：鼓勵團隊行動
利用 science、數據作決策	憑感覺作決策

圖 1–26　不同決策者的個性及思考模式

1. 重事實（科學化）的學院派決策者

特點

重視數據及科學化證明，遇到問題會尋求數據作佐證，利用各種科學的辦法及考證，企圖釐清問題的方向，給人的感覺是重理論較無實戰精神。

缺點

容易流於對問題的探討，形成紙上談兵，給人不切實際的感覺，只重問題的探討並無法產生正確的解決辦法，也無法整合有效資源，做組織運作，問題往往無法解決，於是常讓人覺得無實戰精神。

2. 思考開放的樂天派決策者

特點

遇問題會形成許多想法及作法，方法多但往往無法掌握正確焦點，對事情的解決過於輕率，想法天真。此類型的決策者較攻於心計，甚少有事實根據。

缺點

在不確定問題方向也不重事實根據的情況下，天馬行空所產生的許多創意，反而造成解決方法的不確定性及不正確，於是過多的意見及解決方式並無濟於事，此時如果不先針對問題作釐清，決策者很容易帶入個人情緒。

3. 謹慎行動的控制型決策者

特點

會根據經驗或事實做決策，但更重視「控制」及「權力」的掌握，決策方式常出於保守的自我思考模式，且往往權力慾高於一切，喜歡控制組織。

缺點

越重視權力的控制，往往越容易失去對問題的判斷及正確解決辦法，加上謹慎行動下，對組織過多的干擾，造成組織無法自我思考，不易產生主動的行動力及責任感，失去主動負責的要素，行動力不足，績效往往不彰。

4. 重人際關係的人群派決策者

特點

重視人際關係的經營，不喜歡得罪別人，遇到問題時，會先考慮別人的感受，較易形成浪漫傾向。

缺點

同樣喜歡憑感覺作決策，但更容易遷就人際關係，不喜歡扮黑臉，因此常會為了怕得罪別人，而不敢做出正確的決定，很容易鼓勵人心，卻又沒有一套有效的作法。

㈡決策陷阱

綜合上述各種不同的決策思考，我們發現，如果偏重於某一種決策思考，很容易在執行行銷管理決策時，產生如下的決策陷阱：

1. 貿然投入 (plunging in)

在蒐集資訊與下結論起步前，未事先花少數幾分鐘來考量你所面對問題的癥結，或未想透徹為何你該作這樣的決策。

2. 框架的盲點 (frame blindness)

針對錯誤的問題進行解決，未經深思熟慮就為你的決策塑造出心智的架構，所以它使你忽略了最佳的選擇，或看不見重要的目標。

3. 缺乏框架的限制 (lack of frame control)

無法意識清楚的用一種以上的方式來界定問題，或不當受其他人的框架所左右。

4. 判斷上過於自信 (overconfidence in your judgement)

因為你對自己的假設與意見過於肯定，以致怠於蒐集必備的事實性資訊。

5. 短視的抄小路 (shortsighted shortcuts)

不當地仰仗「經驗法則」(rules of thumb)，諸如暗自深信那些隨手可得的現成資訊，或過度依賴著一些輕易可見的事實。

6. 輕舉妄動 (shooting form the hip)

深信你的腦袋已經將全部你所發現的資訊搞清楚了，因此在作最後抉擇時，不依循一套有系統的程序來作，而是「草率行之」。

7. 群體的失敗 (group failure)

假設有許多精明幹練的人士參與，好的抉擇會自動自發的跑出來，因此有管理群體過程上的失敗。

8. 為回饋而自我愚弄 (fooling yourself about feedback)

由過去的結果所得的事實證據，在詮釋其真正所代表的意義上失敗，或是因為你要保護自己，或是因為你被預料可能發生的效果所愚弄。

9. 不做追蹤 (not keeping track)

假設經驗會自動的浮現其教訓備用，因此怠於保持系統化的記錄來追溯你的決策成果，與怠於分析那些能呈現具關鍵性教訓的結果。

10. 決策過程上審核失敗 (failure to audit your decision process)

所謂決策過程上審核失敗，指的是敗在無法創造出一個有組織的方式來瞭解你本身的決策，因此你經常持續地暴露在上述的九種決策陷阱中。

(三)正確的思考決策模式（Z 型決策模式）

大多數的決策者正如以上所分析的一樣，常常會偏向於某一特定的性格，以至於所產生的決策會偏於某種特定結果，進而落入決策陷阱中。

當然不可否認的是，每種性格及思考模式都有其優缺點，然而如果單就解決問題而言，只用一種或兩種思考模式是無法完成正確決策的，因此我們必須綜合所有思考方式，釐清思考順序，按部就班的做決策，企業經營的問題才能解決。

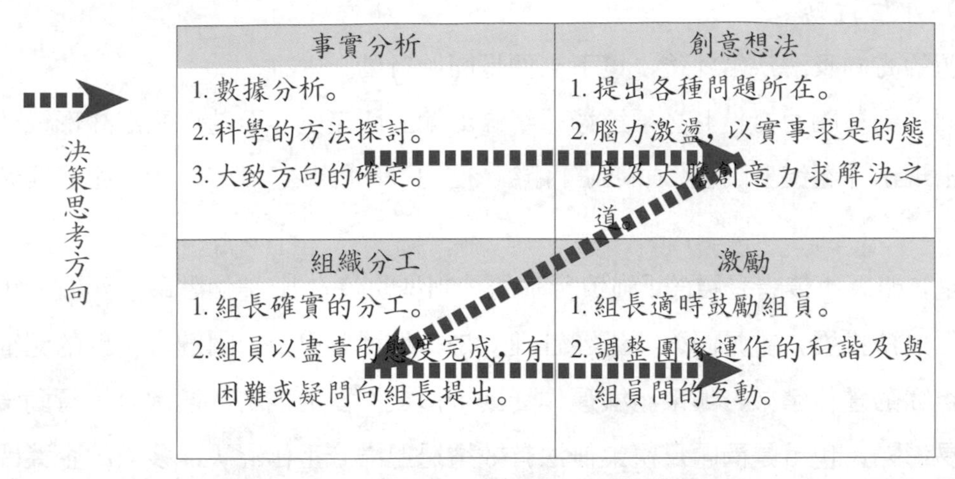

圖 1–27　Z 型決策模式

以下針對正確的決策思考模式及思考順序逐一作分析。

1. 事實分析：釐清問題方向

工作目標訂定後，通常伴隨而來的，便是一連串的問題，而多數的決策錯誤，也經常起因於對問題的不瞭解，一旦對問題的方向、性質及關鍵因素分析不清楚或解讀錯誤時，很容易下達錯誤的決策，然後被問題所擊倒，甚至無計可施。

因此，當我們遇到問題時，應先從「釐清問題方向」著手，此時需運用科學的方法及數據，找出問題的癥結點，之前提到的第一型決策者，很適合做這個工作，然而，這並不表示我們要一直在問題上打轉，而是快速釐清問題後，交由下一個決策階段找出解決方法。

值得注意的是，釐清問題方向是做決策的起點，如果不由此著手，即使再強的工作團隊或工作能力，也無法達成預期的目標。

2. 創意想法：腦力激盪找出解決方法

分析出正確的問題方向後，接下來便是要找出解決方法，這時就不是一個決策者所能獨立完成的，即使是一個「思考開放型的決策者」也無法獨自找出解決辦法，更何況「思考開放型的決策者」通常無法掌握住問題核心，想出來的方法也就不適用。

因此，所謂的「腦力激盪」必須透過「組織討論」所產生，而這也是組織形成的開始，有了正確的問題方向，運用組織做集體討論，才能形成共識及正確的解決方法。一般而言，這個決策階段必須特別注意思考開放程度是否足夠，思考如果不夠開放，產生的解決方法範圍便不夠廣泛，對問題的解決程度會變得有限。

3. 組織分工：產生行動

找出問題的方向及解決辦法後，接下來便是開始行動。

前面我們提到「腦力激盪」必須透過「組織討論」所產生，而這也是組織形成的開始，一旦出現了「組織」，就必須談到「組織分工」及「組織管理」，於是組織開始運作。

重要的是，如果決策者是屬於「謹慎行動的控制型決策者」，這個階段的組織分工會變得僵化而無法推展，就是因為「組織管理」是一件極為重要的關鍵，良好的組織管理決定了組織的運作績效，如果組織運作受到干擾或不當的控制，通常分工行動後的結果也不易彰顯，也就是問題及決策無法有效透過組織分工作解決，多數的企業問題通常在此產生。

我們必須強調的是，「管理」是解決問題的根本，透過有效的組織管理及分工解決問題才是正途，再多的權力控制及干擾，都會形成反效果，以前我們曾經提到的「經營函數：$y=a+bx$」中，其中「係數 b」，指的便是運用組織管理，提升整體成長曲線，而管理首重「真心誠意」，組織分工後培養員工積極的責任感及榮譽心，才是企業運作的經營之道。

4. 激勵：鼓勵團隊行動

當組織運作到最後的階段，也就是收割期時，漸漸的，執行正確的決策所產生的結果會慢慢出現，此時重要的不是繼續加強管理組織分工，而是適時的鼓勵及營造工作氣氛，也就是 “cheer up” 及 “encourage” 的觀念。

良好的團隊氣氛是導致最後成效是否可以爆發及持續的重點，反過來說，如果現階段仍不斷給予組織壓力，將導致崩盤的危險，也壓縮了組織思考下一階段目標的空間，進而在這個「決策循環」結束後，無法順利開啟下一個決策循環，甚至連結果都會受影響。

根據上述分析後，我們不難發現，其實 Z 型決策思考模式是一種「循環式的思考模式」，也就是當一個循環過後，會再出現新的問題，然後又必須執行另外一個新的決策思考循環，解決新的問題。

當然，在決策過程中，我們還是要再次強調「組織管理」的重要性，任何一個決策者或經營者都無法只憑自己的能力，解決所有的經營問題，只有透過正確的決策模式及良好的管理，配合組織運作，才能有效解決問題，達到公司成長的目標。

七、顛覆市場與管理解構 (disruption & disconstruction)

策略行銷管理時代，行銷人員若是一位「專業的顛覆、解構管理者」，則必須對市場進行顛覆 (disruption) 與解構 (disconstruction) 管理，透過改變行銷組合 (marketing mix) 的運作方式，提供公司多角化經營機會及競爭機會。

以下我們以丹堤咖啡面對星巴克 (Starbucks) 的競爭問題為例，說明丹堤如何藉由顛覆市場、改變行銷組合，促使公司產生更多角化的經營機會及空間。

原本丹堤咖啡在咖啡市場的定位圖如圖 1–28。

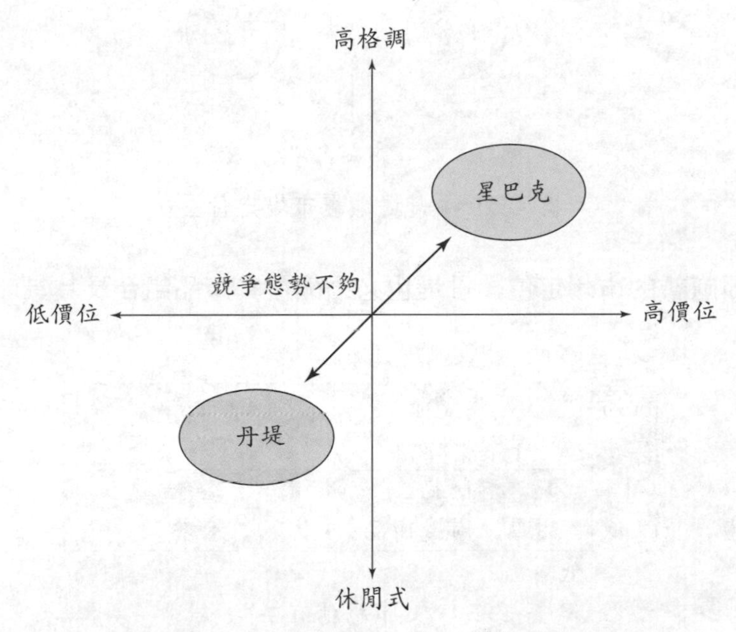

圖 1–28　丹堤咖啡在咖啡市場的原定位圖

由於丹堤的市場定位較屬於「低價位、休閒式」，面對相對的市場第一品牌星巴克的「高格調、高價位」定位，丹堤競爭態勢並不明顯，因此丹堤必須將自己的市場定位顛覆為「高價位」，以便接近星巴克的市場定位，除此之外丹堤還必須加入「服務」及「複合式經營」，以使整體市場定位改變為對自己有利，進而形成新的市場定位圖如圖 1–29。

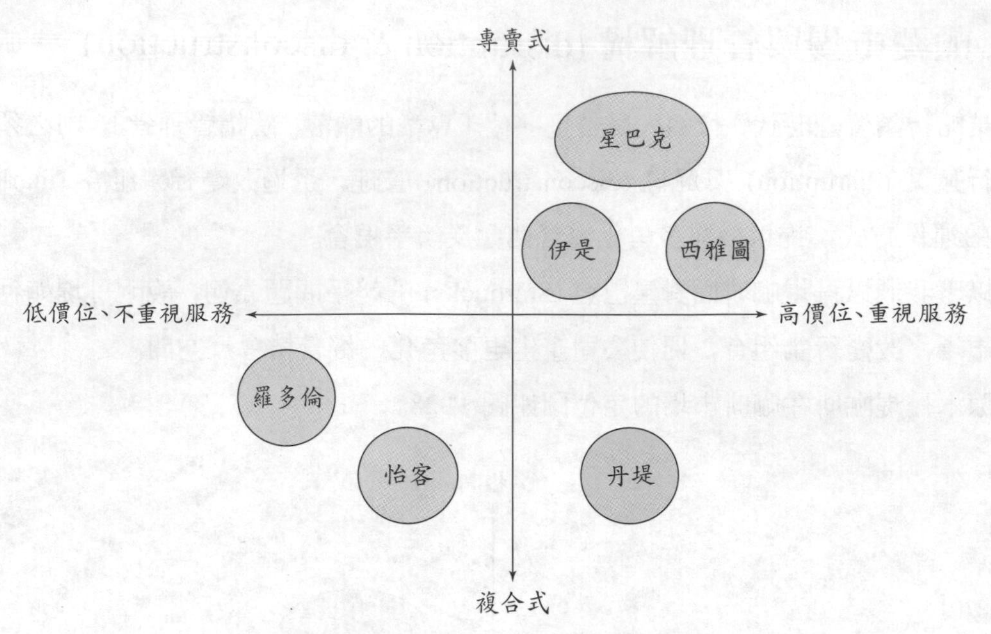

圖 1-29　丹堤顛覆市場定位圖

同樣的，因應新的市場定位，丹堤也必須顛覆其產品組合及其策略管理如下：

市場成長率 \ 市場佔有率	低	高
高	問題兒童	明星
	早餐、咖啡	下午茶
	看門狗	金牛
低	甜點、周邊商品	套餐

圖 1-30　新市場定位下丹堤的行銷及產品組合

㈠丹堤的金牛商品為套餐的策略管理

眾多同類廠商當中，伊是、星巴克、羅多倫、西雅圖……等，丹堤咖啡品質排名只有勝過羅多倫，但其營業額卻高居第二或是第三，主要原因在於丹堤套餐相當受到青睞。

整潔的環境、方便的地點、適當的價格、多樣的選擇，還能同時悠閒的享用咖啡，不僅兼顧想吃飽飯的人、還有喜歡咖啡但卻不是非常要求咖啡品質的人的需求，種種優勢使得丹堤賣套餐的獲利，遠勝過其他同業。

由於金牛商品乃屬價格彈性小、重視品牌形象、獨特性，競爭優勢遠超過同類廠商的產品類型。高的市場佔有率，價格彈性小，若要使總利潤增加，在產品數量成長率有限之下，必須從價格著手。金牛有別於其他產品，具有高度的排他獨特性以及不可替代性，因此金牛商品的策略應是提升品牌形象及其附加價值，進而使價格提高，獲利上升。

㈡利用金牛商品帶動問題兒童商品成長的策略管理

1.咖啡外帶減價

當顧客來店消費，為增加店內顧客的流動性，並促使顧客更有意願將咖啡、套餐或是其他相關產品攜帶外出的意願，使單一店面能服務更多的來客數，創造更多的利潤。因此建議，「顧客外帶咖啡，便給予定價 5 元的折價優惠；若是自備咖啡杯或容器外帶，便給予定價 10 元的折價優惠」。一來因產品降價促進消費者的消費意願，其次可降低消費者在店內飲用的相關成本、空間，第三，消費者自備容器外帶，可節省容器的成本，並達到環保的目的。

2.會員制度的建立

利用會員制度的建立，使消費者對丹堤產生向心力，成為忠實的老顧客。採取會員來店消費，每累積消費一定金額後，便給予特別產品的贈送（如原裝咖啡豆），或是給予免費的來賓券，下次持有來賓券消費可享免費優待，送禮自用皆宜。

3.店內服務品質提升

顧客在店內坐了一段時間，主動提供新咖啡供其試飲，並同時做市場調查，瞭解顧客的接受程度。服務人員更需接受嚴格的訓練，要常保持微笑面對客人。

4.咖啡相關產品販賣

如原裝咖啡豆、咖啡杯、咖啡壺、甚至推出目錄，提供顧客購買世界各地區的咖啡豆。

5.創造話題

咖啡三日免費試飲，或是每天來店前 20 名皆免費飲用任何一杯咖啡，並請知名人士為產品代言，將丹堤咖啡塑造成一個流行的趨勢性話題。

6.新產品訴求

標榜健康新取向，精選餐點素材，並推出素食套餐，例如沙拉、水果套餐。

7.產品多樣化

推出具有地區性特色等多樣化的餐點，例如義大利麵、蓋飯、或是中式料理，配合消費者的消費型態做調整。

8.提升精緻感

聘請專業名廚設計套餐內容，使消費者用簡餐的消費就能享受到高價精緻的料理。

9.動態宣傳

明星代言，輔以廣告建立其品牌形象以及獨特性，例如請于美人為健康飲食代言，請餐飲雜誌刊登介紹。

10.動態服務

推出外送套餐附咖啡，服務鄰近上班族。

1.瞭解環境變遷中行銷的劃時代意義

①行銷人員對於掌握機會窗口的重要性；②行銷策略動態性思考；③大眾行銷傳播理念與行銷結合；④對於風險性評估、成長機會分析、資源分配中長期考慮重要性調整；⑤小而有活力、影響力佔有率、員工素質高，對於突破性企業的重要性；⑥不進則退、積極、挑戰、主動；⑦相互依存、創新觀念；⑧勉為其難經營意志、利基行銷觀念、附加價值理念、產品差異化、行銷知識延伸、思考架構自我檢視；⑨無秩序、個別化、女性主義、解放主義、中性主義、意識型態抬頭；⑩市場策略對利潤效果的重要度。

2.行銷的基本定義與日常運作

從下列角度瞭解行銷的基本定義：新產品開發、流行趨勢、產品差異化、區隔化、淡旺季、促銷活動、潛在需要、市場區隔、品牌偏好、消費習性、通路發展、需求彈性與替代性，市場定位、銷售主張、休閒類型、消費型態、活動、興趣、意見、資料庫行銷、生活型態與主張。

3.行銷基本定義的核心觀點

行銷，是一種社會性和管理性過程，個人與群體經由此過程，彼此創造與交換產品、價值來滿足其需要與欲望。

而與行銷相關的核心觀點有：①需要、欲求、需求；②產品；③效用、價值、滿意；④交換、交易；⑤市場；⑥行銷和行銷者。經此瞭解，行銷人員應去思考如何透過參考群體或示範作用來影響消費者的欲望與欲求？如何使產品更具吸引力、購買性、更具使用性來影響需求？如何掌握顧客的需要，延伸產品的附加價值，而非僅著眼產品本身形成行銷近視病？如何瞭解消費者的價值觀，並而積極性能夠改變消費者價值？如何創造關係雙方的最大利潤？

如何掌握各市場運作流程、要點、關係、特性、供需情形、競爭結構、顧客需求與潛在需求？如何面對競爭環境，試圖提供最適產品給最終使用者市場？藉由過程中對所處的環境因素、所遇的人（顧客、中盤商等等）、所提供的產品或服務……等有動態性思考、彈性調整力、系統組合力，來使行銷過程、效果完善，創造消費者、企業、社會之利。

4.行銷廣泛定義

我們可從十一個與行銷相關的過程、環境、目的等切入來瞭解行銷的廣泛定義，分別是①極大化行銷；②生活化行銷；③內部行銷；④同步行銷；⑤競爭行銷；⑥策略行銷與集中行銷；⑦差異化行銷；⑧資料庫行銷；⑨協調行銷；⑩利基行銷；⑪交易行銷與關係行銷。

5.行銷管理的定義與成長機會分析

行銷管理，是一種涵蓋分析、計畫、執行、控制的過程，也涵蓋創意、物品和服務。它是奠基在交換的觀念，以達成滿足當事人的目標。

完整的行銷過程分為五個階段：①分析市場機會；②研究與選擇目標市場；③設計行銷策略；④規劃行銷方案；⑤組織、執行並控制行銷努力。

在此部分內，我們將介紹分析，企業可依本身資源、內外環境評估後透過；①市場滲透；②新產品的開發；③新市場的開發；或④多角化經營等四個方向來創造企業經營成長的機會空間。此章中我們引薦了洛屈里丹大學韋伯 (John A. Weber) 提出的成長機會分析模式來協助企業瞭解與做調整。

6.行銷觀念四大憑藉

⑴鎖定市場焦點，做好市場區隔。

⑵顧客導向。

⑶各行銷功能相協調，公司各部相溝通契合的調和行銷。

⑷能運用得宜，使企業獲利，得以永續經營。

7.行銷管理循環

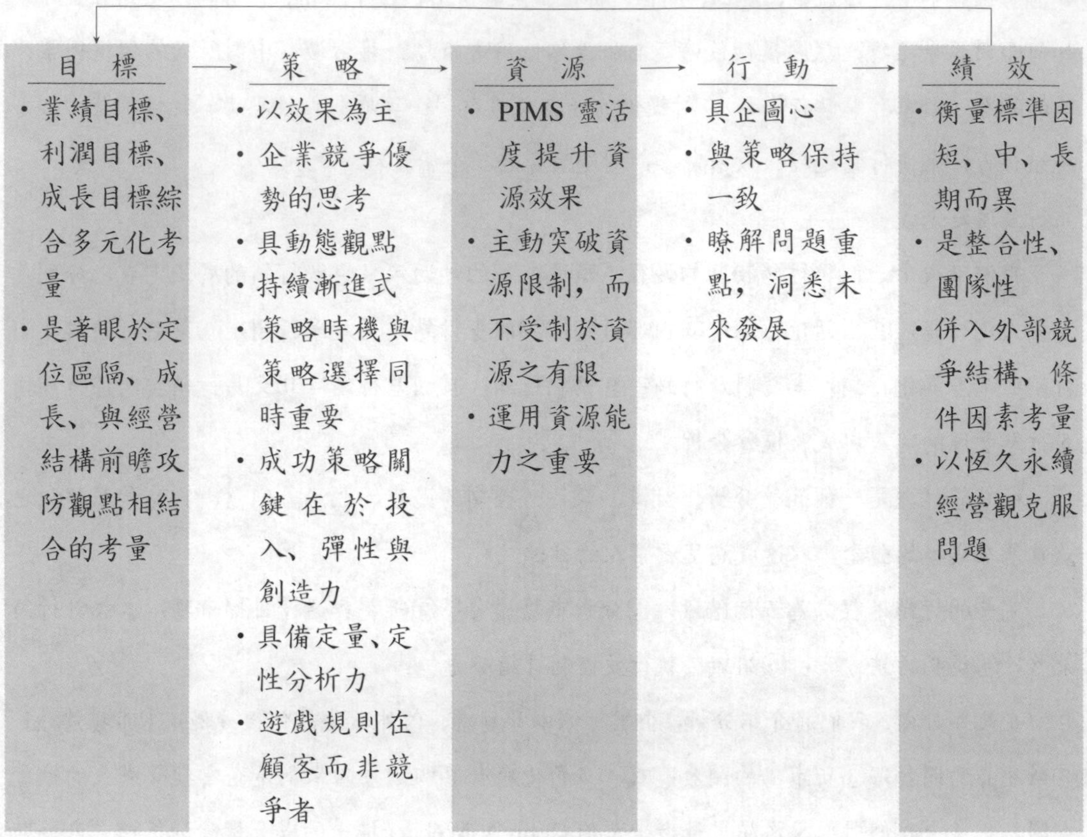

目標	→ 策略	→ 資源	→ 行動	→ 績效
・業績目標、利潤目標、成長目標綜合多元化考量 ・是著眼於定位區隔、成長、與經營結構前瞻攻防觀點相結合的考量	・以效果為主 ・企業競爭優勢的思考 ・具動態觀點 ・持續漸進式 ・策略時機與策略選擇同時重要 ・成功策略關鍵在於投入、彈性與創造力 ・具備定量、定性分析力 ・遊戲規則在顧客而非競爭者	・PIMS 靈活度提升資源效果 ・主動突破資源限制，而不受制於資源之有限 ・運用資源能力之重要	・具企圖心 ・與策略保持一致 ・瞭解問題重點，洞悉未來發展	・衡量標準因短、中、長期而異 ・是整合性、團隊性 ・併入外部競爭結構、條件因素考量 ・以恆久永續經營觀克服問題

圖 1-31 行銷管理循環

8.行銷為什麼對企業重要

從下列觀點瞭解行銷對企業的重要性：

①非個別功能。
②以成果為導向。
③重視顧客觀點。
④必須有其他部門充分配合。
⑤其他部門組織的人也必須要有行銷觀念。
⑥產品無論多好，仍需由行銷部門推廣。
⑦重視推廣的作法。
⑧喜歡接近顧客。
⑨重視創新。
⑩除外部行銷亦重視內部行銷。
⑪整體一致性的理念及價值觀。
⑫專業性才能產生效果。
⑬行銷調整速度比其他管理更快。
⑭市場區隔日愈細分。
⑮重視消費者生活型態。
⑯競爭日趨劇烈。
⑰顧客需求水準不斷提升。
⑱環境變遷。

⑲未來趨勢預測及規劃。　⑳組織結構調整。

㉑行銷人員忠誠度日益下降。

9. 行銷哲學的演變

隨著社會經濟、環境良性的變遷，消費者由基本需要滿足即可漸形成自主選擇帶給其效用、價值最適、滿足所需的消費行為。使業界的行銷重點由：①只重生產不重市場的生產導向→②犯行銷近視病的產品導向→③缺乏行銷拉力的銷售導向→④以顧客需要為主的行銷導向→⑤滿足顧客之需，發揮自己競爭優勢的策略行銷導向。

1. 請說明下列行銷觀念的差異性：

⑴銷售觀念與行銷觀念 (the selling concept & the marketing concept)。

⑵產品觀念與生產觀念 (the production concept & the product concept)。

⑶集中行銷與差異化行銷 (focus-marketing & differentiated marketing)。

⑷內部行銷與外部行銷 (internal marketing & external marketing)。

⑸關係行銷與協調行銷 (relationship marketing & coordinated marketing)。

⑹極大化行銷與競爭行銷 (maximum marketing & competitive marketing)。

⑺策略行銷與資料庫行銷 (the strategic marketing & data marketing)。

2. 是否可請同學舉例說明有哪些產業、品牌、公司、行號個案在臺灣的經營，是透過相關行銷觀念的運用而成功?

3. 說明行銷哲學的演進，並說明每種行銷哲學被取代的原因（生產導向→產品導向→銷售導向→行銷導向→策略行銷導向。)。

4. 行銷管理過程的重點說明：

⑴分析市場機會：試比較產品／市場擴張矩陣分析與缺口分析這兩種方法的優缺點。

⑵研究與選擇目標市場：選擇目標市場考慮的因素有哪些?

⑶設計行銷策略：說明策略與目標的關係。

⑷規劃行銷方案：方案與策略一致性的意義為何?

⑸組織、執行並控制行銷努力：如何達到控制目的?

5. 行銷管理觀念有四大憑藉，請說明其重點。

(1)市場焦點 (market focus)：行銷的重心方法是集中在哪裡?

(2)顧客導向 (customer orientation)：顧客的意義，與行銷角度在規劃顧客方面應重視的重點?

(3)調和行銷 (coordinated marketing)：行銷部門與其他部門在做協調工作時應注意的重點。

(4)獲利性 (profitibility)：請以 PIMS 的觀點說明行銷對利潤目標達成的重要性。

6. 高速公路每到過年或過節時，常會造成堵塞，解決方法見仁見智，請就下列情況考慮如何解決高速公路堵塞。

(1)就抑制過年或過節時為避免大家全部均以高速公路之選擇為主需求立場而言。以行銷觀點如何解決?

(2)就政策管制立場而言，是應該提高過年過節的過路費還是應該全部開放免收過路費，才能避免過度的塞車?

(3)就同步行銷與反行銷的觀點而言，上述兩個問題如何解決?

7. 在管理功能內，為何行銷被視為企業收入窗口與機會窗口？又從哪些角度可說明行銷的重要?

8. 從行銷管理循環來看，由上而下為目標→策略→資源→行動→績效，可否倒推來解釋行銷管理循環績效→行動→資源→策略→目標。

9. 是否可從卓越行銷人員特質專題討論來說明哪些情況會造成行銷人員無法卓越或脫穎而出?

10. 下列不好情境企業如何透過行銷的正確運作來調整為較好的情境?

(1)銷售下跌　　(4)消費者購買方式改變

(2)緩慢成長　　(5)市場推廣經費一直在增加，超過預算

(3)競爭力減弱

11. (1)請說明這句話意義：行銷並不只是那些公司負責階層人員的工作而已，每一個公司成員都是行銷者。

(2)對「生產部門人員、財務部門人員都與行銷人員息息相關」這句話作說明。

第二章 行銷環境

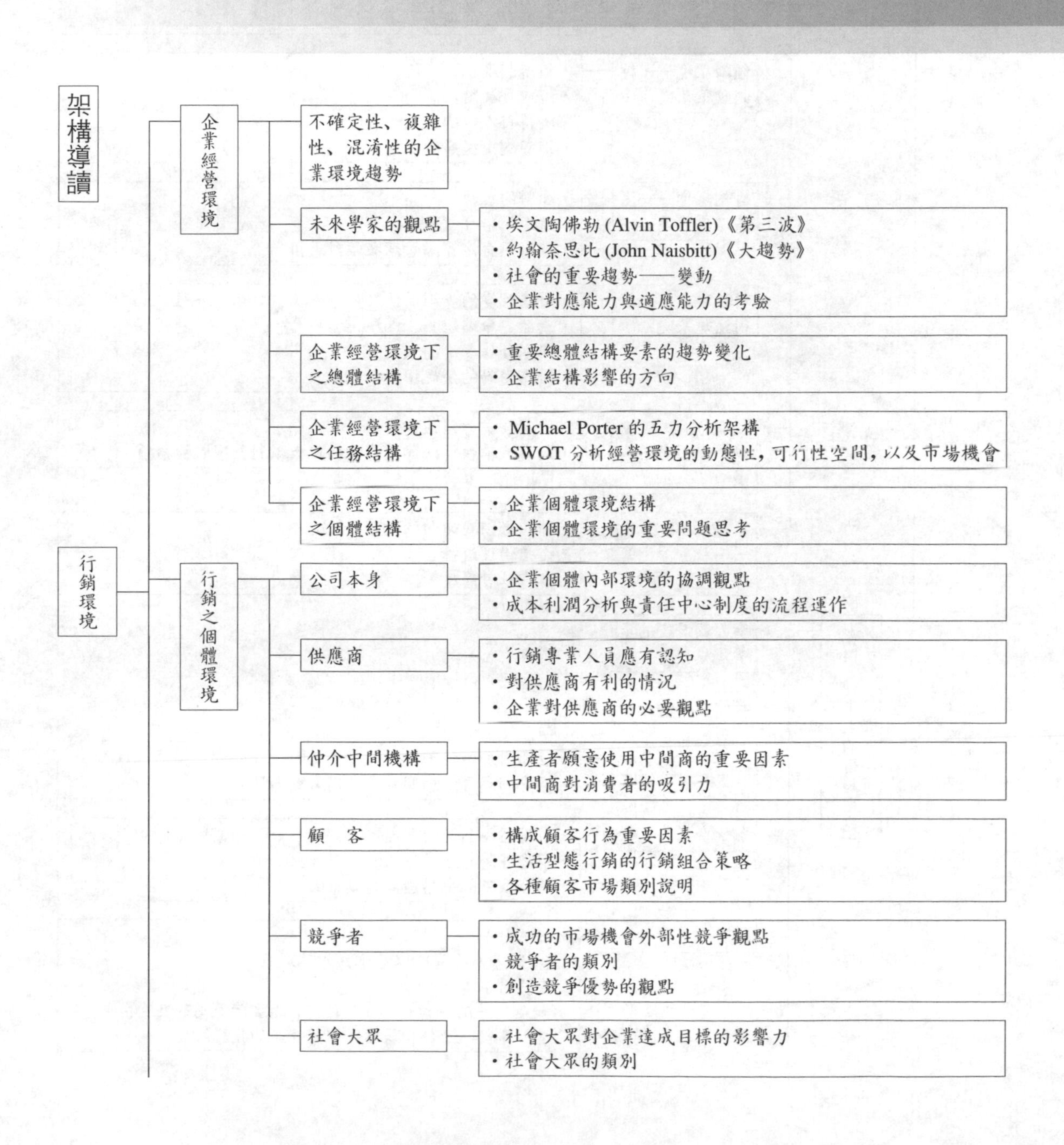

架構導讀
行銷環境
企業經營環境
不確定性、複雜性、混淆性的企業環境趨勢
未來學家的觀點
・埃文陶佛勒 (Alvin Toffler)《第三波》
・約翰奈思比 (John Naisbitt)《大趨勢》
・社會的重要趨勢——變動
・企業對應能力與適應能力的考驗
企業經營環境下之總體結構
・重要總體結構要素的趨勢變化
・企業結構影響的方向
企業經營環境下之任務結構
・Michael Porter 的五力分析架構
・SWOT 分析經營環境的動態性，可行性空間，以及市場機會
企業經營環境下之個體結構
・企業個體環境結構
・企業個體環境的重要問題思考
行銷之個體環境
公司本身
・企業個體內部環境的協調觀點
・成本利潤分析與責任中心制度的流程運作
供應商
・行銷專業人員應有認知
・對供應商有利的情況
・企業對供應商的必要觀點
仲介中間機構
・生產者願意使用中間商的重要因素
・中間商對消費者的吸引力
顧　客
・構成顧客行為重要因素
・生活型態行銷的行銷組合策略
・各種顧客市場類別說明
競爭者
・成功的市場機會外部性競爭觀點
・競爭者的類別
・創造競爭優勢的觀點
社會大眾
・社會大眾對企業達成目標的影響力
・社會大眾的類別

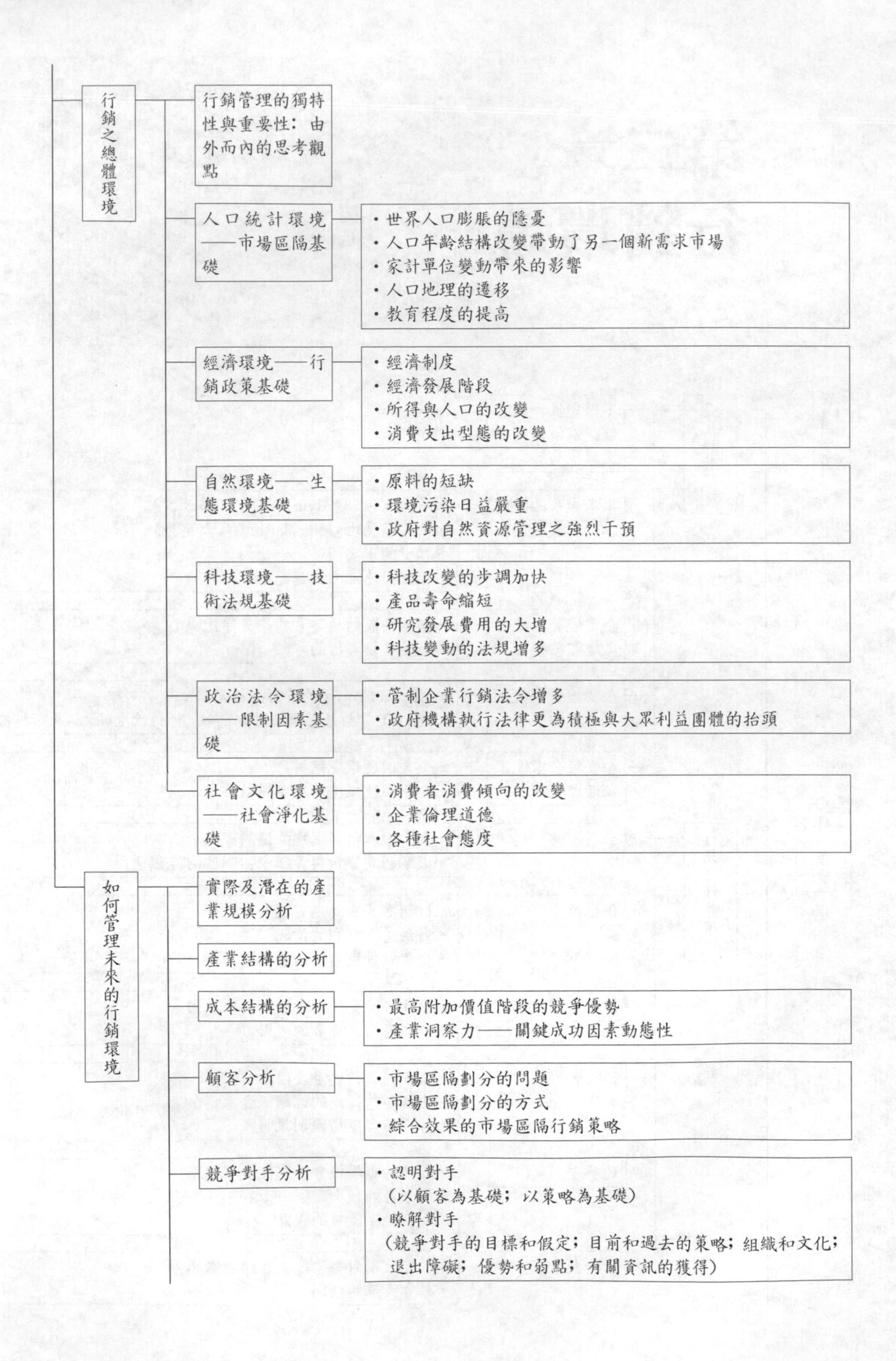
行銷之總體環境
行銷管理的獨特性與重要性：由外而內的思考觀點
人口統計環境——市場區隔基礎
・世界人口膨脹的隱憂
・人口年齡結構改變帶動了另一個新需求市場
・家計單位變動帶來的影響
・人口地理的遷移
・教育程度的提高
經濟環境——行銷政策基礎
・經濟制度
・經濟發展階段
・所得與人口的改變
・消費支出型態的改變
自然環境——生態環境基礎
・原料的短缺
・環境污染日益嚴重
・政府對自然資源管理之強烈干預
科技環境——技術法規基礎
・科技改變的步調加快
・產品壽命縮短
・研究發展費用的大增
・科技變動的法規增多
政治法令環境——限制因素基礎
・管制企業行銷法令增多
・政府機構執行法律更為積極與大眾利益團體的抬頭
社會文化環境——社會淨化基礎
・消費者消費傾向的改變
・企業倫理道德
・各種社會態度
如何管理未來的行銷環境
實際及潛在的產業規模分析
產業結構的分析
成本結構的分析
・最高附加價值階段的競爭優勢
・產業洞察力——關鍵成功因素動態性
顧客分析
・市場區隔劃分的問題
・市場區隔劃分的方式
・綜合效果的市場區隔行銷策略
競爭對手分析
・認明對手
（以顧客為基礎；以策略為基礎）
・瞭解對手
（競爭對手的目標和假定；目前和過去的策略；組織和文化；退出障礙；優勢和弱點；有關資訊的獲得）

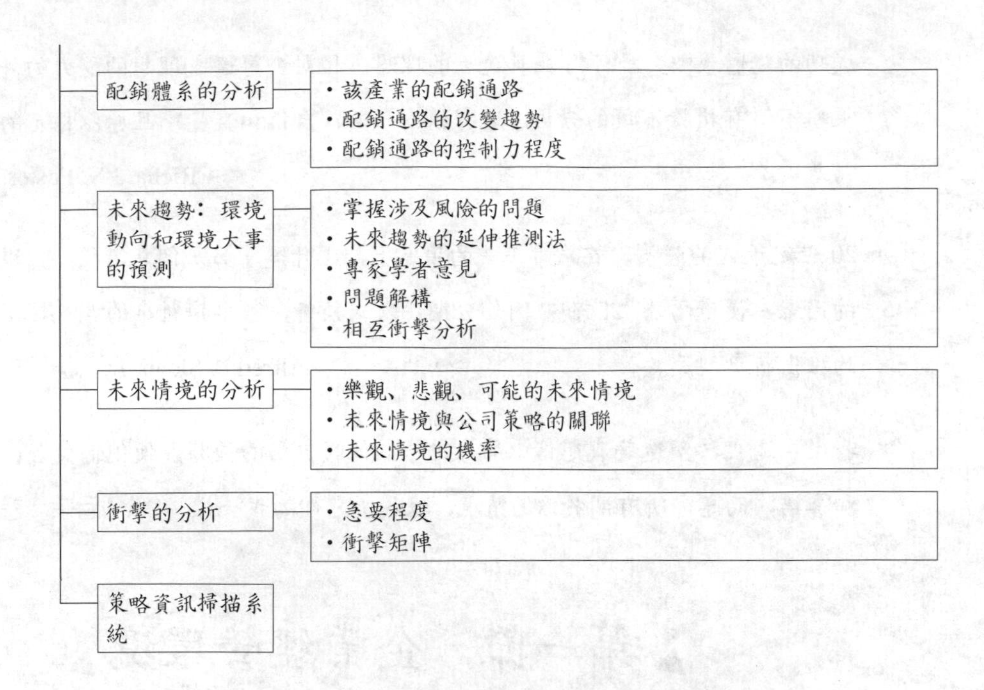
配銷體系的分析
・該產業的配銷通路
・配銷通路的改變趨勢
・配銷通路的控制力程度
未來趨勢：環境動向和環境大事的預測
・掌握涉及風險的問題
・未來趨勢的延伸推測法
・專家學者意見
・問題解構
・相互衝擊分析
未來情境的分析
・樂觀、悲觀、可能的未來情境
・未來情境與公司策略的關聯
・未來情境的機率
衝擊的分析
・急要程度
・衝擊矩陣
策略資訊掃描系統

成功的總體策略，少不了應具遠大的理想，和對公司達成理想的能力的評估。總體策略不但有賴於審慎的分析，還有賴於判斷、自信和直覺；且應以穩定的競爭優勢為基礎。 Richard N. Foster, Mckinsey

20 世紀年代的經濟，在汽車工業的領導下，已升達了另一個新階段，出現了許多新的因素，使市場為之改觀；例如分期付款式銷售，舊車換新車的業務，以及每年平均推出新車型等。 Alfred P. Sloan, Jr.（通用汽車公司）

我坐在這裡，塑造著我想信中的人，一個像我自己的種族，使他們受苦、哭泣、笑和喜樂，而忘卻所有關於你的情境，像我所忘卻的我一樣。 尼采　悲劇的誕生

第一節　企業經營環境

公司企業的經營環境是由較可控制的個體環境 (micro-environment) 與較不可控制的總體環境 (macro-environment) 所組成的，它們一方面影響公司企業在發展與控制目前顧客交易的方式，另一方面影響公司企業與目標顧客之間關係的建立與維持之能力。

- 個體環境包括公司企業本身、供應商、仲介機構、顧客、競爭者以及社會大眾。
- 總體環境包括人口統計環境、經濟環境、自然環境、科技環境、政治法令環境、社會文化環境。

而愈來愈多的公司企業已逐漸透過系統分析、網路分析、矩陣組織、掃描分析、情境分析、稽核控制分析來處理企業經營環境的不確定性 (uncertainty)、複雜性 (complexity) 與混淆性 (ambiguity)。

故本章主要提供給讀者的內容如下：

⑴未來學家對社會環境變化所提供的見解。

⑵企業經營環境之三種環境分類。

⑶影響行銷個體環境的主要變數。

⑷影響行銷總體環境之因素。

⑸說明如何管理未來行銷環境。

⑹說明公平交易法制定後對企業所產生的影響與案例。

⑺理論與實務之結合，提供環境分析完整性個案。

未來學家的觀點

未來學家埃文陶佛勒 (Alvin Toffler) 在其大著作《第三波》(*The Third Wave*) 說明變動的浪潮。未來經理人必須妥為應付種種變化、挑戰，包括下列：

- 科技對於工作、做事方法的改變。
- 資訊處理的科技進步對原來組織工作的衝擊。
- 未來的工作世界將考慮「彈性工作時間」與「工作環境改變」。
- 組織忠誠提高必須透過員工成為工作主宰的組織設計而非工作的奴隸。
- 組織結構：官僚式組織結構設計 (bureaucracy) 日趨沒落轉變為彈性組織結構設計 (adhocracy) 與矩陣式組織結構設計 (matrix organization)。
- 組織宗旨重新界定：企業經營已不只是營利目標而必須有解決生態問題、道德問題、政治問題、社會問題的責任。
- 多國籍企業機構設立：多國籍企業為一個相互依存性與相互交感的巨型實體，跨越了國與國之間的挑戰與界限。而多國籍企業必須竭盡心力，一方面設法適應地主國的趨勢，一方面還得因應總公司的要求。

而面對上述變化的浪潮，Toffler 提出下列十項新的管理挑戰：

- 對未來的預測與規劃。(對公司而言重要的是未來不是過去)
- 有效的組織結構設計。(S.B.U. 責任中心制度)
- 業務控制。(目標、策略、資源、行動績效良好管理循環)
- 有效決策的制定。(trade off)
- 對員工的溝通、激勵、領導。(重視任務、關係的協調、平衡)
- 人力資源方案的設計，以俾開發員工的能力與天賦。
- 科技在組織中扮演的角色，以及對組織內部的衝擊。
- 對社會挑戰的認識，以及因應社會挑戰的心理準備。
- 對競爭激烈的國際市場，應有基本的認識。
- 應瞭解管理領域步向何處，並預測未來仍可能有何種新的挑戰。

另一世界著名趨勢學家約翰奈思比 (John Naisbitt)，1982 年在其著名書籍《大趨勢》(*Megatrends*) 曾列舉十大趨勢：

- 從工業社會轉變到資訊社會。

- 從強制性科技到具有接觸性高科技。
- 從國家經濟體制到世界性經濟體制。
- 從短期眼光到長期眼光。(避免行銷近視病 marketing mypoia)
- 公司從集權組織結構到分權組織結構。
- 人們從向機構求助到自助、自我依賴。
- 消費者角色從代表性民主轉移到參與式民主，有更多發言機會。
- 企業組織從層級式結構到網路式組織結構。
- 人口從北方逐漸往南方遷移。(邊際成長具有遞減現象)
- 多樣化選擇，消費者從單一標準轉變到多重標準選擇。

並在《2000 年大趨勢》這本書又指出十項新的趨勢：

- 1990 年代之嬰兒潮的全球經濟變化。
- 藝術方面，文藝復興風格再起。
- 自由市場社會主義的興起。(尋求更健全的市場秩序)
- 全球生活型態與文化國家主義。
- 福利制度欠缺。(勞工意識將逐漸高漲)
- 太平洋沿岸危機升高。
- 女性領導權年代。(後現代女性主義興起)
- 新興的千年宗教之復興。
- 生態學的時代。(更重視地球的綠色、環保資源)
- 個人英雄主義的凱旋。

這說明了社會的一項重要趨勢——變動 (variation)。變動使得社會趨勢在一個世代的時間中完全不同，而且我們相信，變動在未來的時間裡只會更快。企業經營也是同樣的道理。企業經營的環境就是社會環境，社會的變遷一再地影響著企業體。企業經營環境改變得愈來愈快，由於轉變的速度愈來愈快，使得企業漸漸無法平心靜氣去注意一個問題到另一個問題的轉變。因此，經營環境變動的加速一方面增加了企業經營的困難，另一方面不時以新的方式侵入企業存在的領域。

此外，經營環境的急速變動劇烈地改變了新舊事務之間的平衡。變動的不斷推進，使得企業不僅需要應付急速變動之潮流，而且要應付許多與先前經驗不同之狀況。於是，現代企業為了求生存，為了面對未來巨大的衝擊，必須加強對應能力 (capability) 及適應能力 (adaptability)，運用一種全新的方法，使企業得以生存、自處。為了未雨綢繆，防患未然，企業必須事前瞭解環境變動如何滲透企業日常經營方式，也就是瞭解經營環境的三種結構面，它們是總體結構、任務結構、以及個體結構。

企業經營環境下之總體結構

企業總體環境考慮因素包括下列各種問題：

1. 人口統計：探討企業總體發展之潛力為何？

 ⑴哪些主要的人口統計因素之發展與趨勢，將會給企業帶來機會與威脅？

 ⑵對於這些發展與趨勢，企業已採取哪些行動來因應？

2. 經濟：探討企業總體之成長速度為何？

 ⑴所得、物價、儲蓄及信用等有哪些主要的發展將會影響企業？

 ⑵對於這些發展，企業已採取哪些行動來因應？

3. 生態：探討企業總體投入要素選擇為何？

 ⑴有關企業所需的自然資源與能源，其成本與可利用性之展望如何？

 ⑵企業對於其在環境污染與生態保護所扮演的角色，表現出來的關心程度如何？

4. 科技：探討企業研究發展空間為何？

 ⑴產品與技術已發生了哪些主要的變化？企業所處的地位如何？

 ⑵有哪些替代品？

5. 政治：探討政治選舉環境改變如何衝擊總體環境？

 ⑴有哪些法令已影響到行銷戰略與戰術？

 ⑵有哪些政治規定在變化？如污染防治、公平就業機會、產品安全、廣告、價格、管制等方面。

6. 社會大眾：社會大眾對企業造成任務之期許與認知為何？

 ⑴社會大眾帶給企業哪些特定機會或問題？

 ⑵企業採取哪些有效的措施以處理有關社會大眾問題？

企業經營環境下之任務結構

企業為何需討論任務結構？因為企業一般在達成願景任務時通常會面對下列五種力量的威脅：

⑴供應商的議價實力 (Bargaining power of suppliers)。

⑵替代品或服務的威脅 (Threat of substitute products or services)。

⑶客戶的議價實力 (Bargaining power of buyers)。

⑷新進入者的威脅 (Threat of new entrants)。

⑸既有競爭者之間的競爭程度 (Intensity of rivalry)。

上述五種力量就是 Michael Porter 的五力分析架構。例如某一家食品原料供應廠商所經營的使命、願景與理念為「隨著消費者健康意識愈來愈重視，並且進入高齡化社會，具預防功能的食補產品將比具治療功能的藥品受到消費者更多的關注。」具保健效果是未來食品原料產業發展的重要環節。因此，素材成分與應用研究技術之開發、產品健康概念的延伸與結合、特殊訴求、提高品質維持身體健康功能、以及營養均衡、技術創新的應用，成為食品原料廠商追尋的目標。而為了達到任務，此廠商就必須考慮到任務環境所面對的競爭與威脅（如圖 2-1 所示），再輔助傳統的 SWOT 分析。也就是說企業必須在任務環境中體認出自身所面臨對於任務達成使命的五種威脅力量，然後使用尋找「優勢 strength」，「劣勢 weakness」，「機會 opportunity」，「威脅 threat」的 SWOT 分析來探討經營環境中的市場、顧客、競爭者、配銷與經銷商、供應商等，以供企業本身確認可行性空間的選擇與市場機會何在。

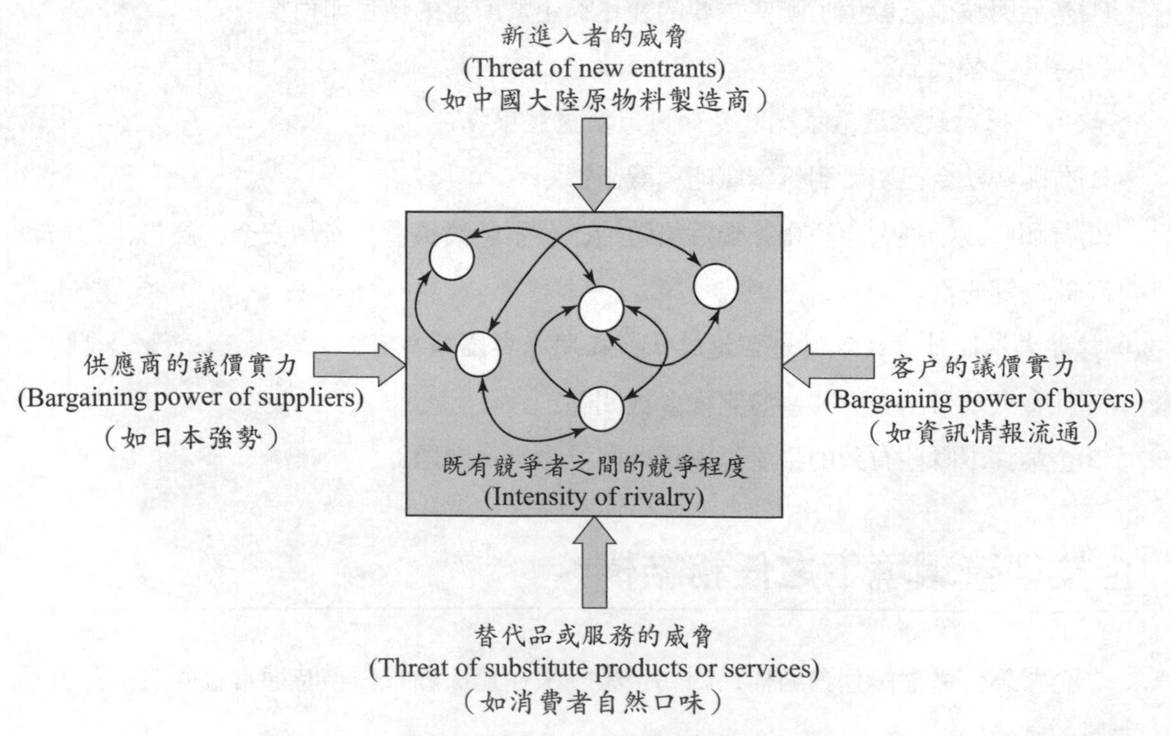

圖 2-1　食品原料供應商於任務環境之五力分析架構

企業經營環境下之個體結構

企業個體環境應考慮下列問題：

1. 企業本身

⑴思考企業本身內部各種管理功能，如行銷、財務、人力資源、生產、研究發展、採購協調整合的情形如何？

⑵企業在有限的資源中使用了多少？

2. 供應商

⑴必須考慮企業與供應商之間產銷協調平衡如何運作的方式？

⑵供應商如何管理的問題？如何達到量與質的目標？

3. 仲介中間機構

⑴企業如何管理中間機構？

⑵面對中間機構配合如何產生資源有效率運作？如中間商、實體配送公司、行銷服務機構、財務中間機構等。

4. 顧客

⑴如何針對顧客需要提供產品與服務？

⑵針對不同種類顧客如何滿足其需要？如政府市場、消費者市場、國際市場、中間商市場、工業用戶市場等。

5. 競爭者

⑴如何劃分競爭者類型及競爭群的關係以擬定競爭策略？

⑵在不同類型的競爭群中該採取什麼策略？如領導品牌群落、挑戰品牌群落、利基品牌群落、落後品牌群落等。

6. 社會大眾

⑴如何面對不同社會大眾擬訂好關係性行銷？

⑵如何在不同大眾面前建立良好的信譽與形象？如一般大眾、當地公眾、民眾團體、政府大眾、媒體大眾、融資大眾等？

企業在急速變動的社會中之所以能生存，行銷管理的良好必定佔了很大的因素。在瞭解行銷管理之前，我們需要先學習行銷的本質，也就是行銷環境。更甚者，我們得預測未來的行銷環境。以下各節將逐一講解行銷的個體環境、總體環境，以及告訴你如何管理未來的行銷環境以面對未來。我們先從行銷之個體環境開始。

第二節　行銷之個體環境

公司的行銷環境分為個體環境與總體環境。個體環境包括直接影響公司行銷活動的各種角色，包含公司本身、供應商、仲介機構、顧客、競爭者以及社會大眾，這些角色會直接影響到公司提供產品和服務給顧客的能力。總體環境是由範圍較廣泛的社會力量所組成，而這些社會力量會影響到個體環境的每一個角色，總體環境包括人口統計環境、經濟環境、自然環境、科技環境、政治法令環境、社會文化環境等。由以上可知公司面對的行銷環境是多變與具有不確定性的。所以，當行銷環境有所變動時，對於一個企業往往都將會是一種很大的挑戰。因此，隨時掌握環境的變化是企業一項很重要的工作。以下我們就先來討論各項個體環境角色，然後再來討論各項總體環境。

追求利潤是每一個企業的共同主要目標，但要達到此一目標， 企業就必須要能提供策略性的產品和服務，以能滿足顧客某些特定的需要，期最終能達到吸引顧客消費與企業追求利潤的主要目標。為了達到這個目標，行銷管理者不能只考慮到目標市場的需求是什麼，而要從企業總體與個體的角色功能去作考量與結合，才能提供顧客一個適當的產品和服務。看了圖 2–2 及說明，相信大家對企業個體環境之各個角色關係會有更進一步的瞭解。

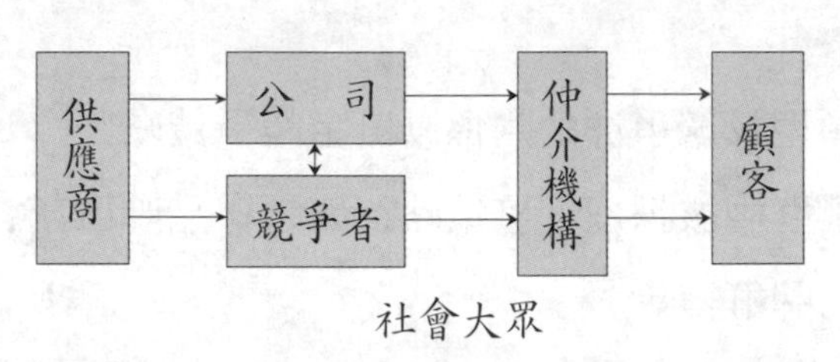

圖 2–2　公司個體環境各角色之關係圖

圖 2–2 說明了公司為了達到提供適當的服務與產品給顧客之目標，必須將公司本身與一些供應商與行銷仲介機構作一個完整的連接，而供應商、公司本身、行銷仲介機構、顧客的組合，就是行銷系統的重心所在。而競爭者及社會大眾的變化也就直接的影響公司行銷成果的成功與否。可知身為行銷管理者對於個體環境的各個角色有深入瞭解的必要，以期能作較完善的規劃。

現就對公司個體環境的各個角色作一些個別探討。

公司本身 (company)

以統一企業為例，統一企業算是國內著名的企業，公司出產的產品有牛乳、麵包、麵食、飲料等食品，這些產品就是由營業部門來負責行銷的工作。營業部門中包括各種行銷企劃人員、行銷研究人員、廣告促銷人員、銷售主管和業務人員。此部門不僅要為原有產品作行銷計畫之外，也要為新產品和新品牌作開發的工作。行銷部門的管理人員在企劃新的行銷計畫時要考慮到公司其他部門的立場，要能夠與各部門作協調合作，各部門包括高階層管理者、財務部門、研究發展部門、採購部門、製造部門以及會計部門等，這些部門也就構成了行銷企劃人員須協調的企業個體內部環境，如圖2–3。

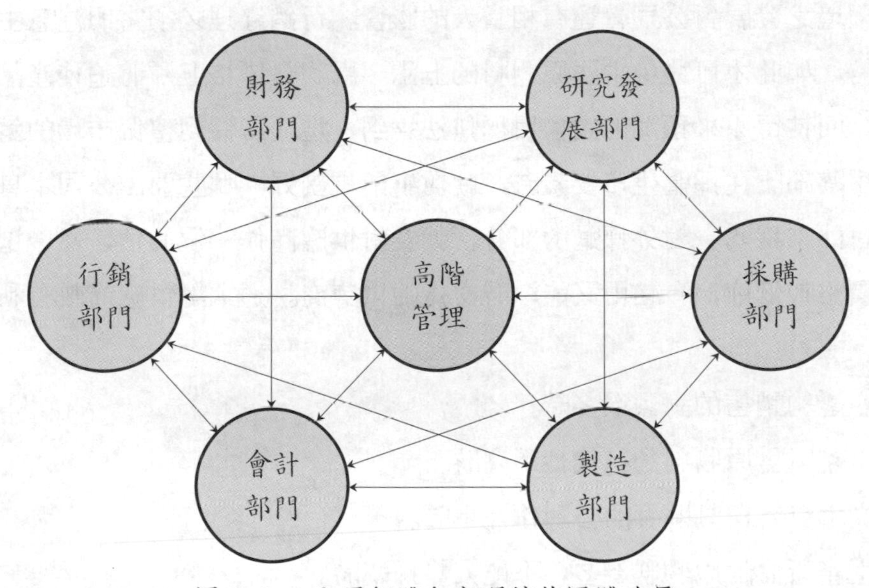

圖 2–3　公司個體內部環境的團體力量

高階層管理者如統一企業的董事長、總經理等，他們負責公司的宗旨、目標、策略和政策。行銷經理（協理）必須在高階層管理者的授權與任命下去作決策，有些行銷企劃在執行前，還必須先經過高階層管理者的批准，才可以執行。行銷經理尚須與其他部門作密切配合。財務部門負責籌劃取得行銷計畫所需的資金，並將此預購分配至各項的行銷活動與不同的產品上，以達到有效的資金分配。研究發展部門負責新產品的研究發展工作，並規劃最有效的生產方法，以符合大量生產的目的來降低成本等工作。採購部門負責供應生產所需的原物料，如統一企業的採購部門就要關心麵粉、糖、牛乳等所需要的生產投入量，以作好事前的供應採購。製造部門負責工廠生產人力的調度、機器設備產能的維持，以達到生產目標的銷售量。會計部門則要負責處理各項成本與收益的資料，以便幫助行銷管理人員去評估行銷企劃是否達成了所預計的利潤目標，以便作未來行銷計畫時成本利潤分析與責任中心制度的預估修正。

供應商 (suppliers)

所謂供應商，是指提供公司或公司的競爭者所需的資源，以製造產品和提供服務的廠商和個人。例如統一麵包在製造的過程中必須得到麵粉、糖等各種物資原物料的供應，除了這些原物料之外，還需要人工、設備、油、電和其他生產要素的供給，才能進行生產和行銷活動。

供應環境之發展對公司營運有相當大的影響。行銷經理必須密切注意主要原物料的價格趨勢，如此才可避免主要原物料的上漲。原物料價格上漲將迫使產品價格必須跟著上漲，而使得原來預測的銷售目標無法達到，進而影響到整個市場的銷售業績。因此，當採購部門在採購生產要素時，就需事前規劃好，哪些要由公司本身來製造，哪些是要對外來採購。對外採購的部分，就要對供應商作一個評估，然後選擇一個品質較好，價格較低廉，有信用又能準時交貨的供應商。通常對供應商較有利的情況是當：

⑴供應商能夠銷售的對象很多時。

⑵公司生產所需原物料的替代性不高時。

⑶供應商本身就與其購買的公司作競爭時。

⑷公司生產所需的原物料不多，不能大量採購時。

⑸供應商本身就足以壟斷整個市場時。

⑹供應商被競爭對手控制時。

公司在面對上述對供應商有利的環境壓力下，則會產生一種斷料的危機。若能夠與供應商建立起一種友好關係，對於改善公司的經營環境也不失為是一良策。

因此，一個公司不僅要注意到資源供給的穩定性，還要避免過度集中採購的方式，盡量選擇分散採購的方式，才不致使價格和供應量處處受制於人，而影響了公司的銷售目標，降低了銷售量，如此也才可在物料短缺時，對公司能有一層保障。

仲介機構 (marketing intermediaries)

仲介機構往往成為大眾所口誅筆伐的對象，因為大眾認為仲介機構從中剝削了大眾的利益，哄抬物價造成物價的大幅上揚，尤其最顯為人知的果菜中間商被稱為「菜蟲」，就可知大眾對其從中牟取暴利的惡行是多麼的厭惡。因此，大眾認為盡量減少通路的層次，就可盡量的減少仲介機構從中的剝削。事實上，雖是如此，但大眾都忽略了其存在的功能。介紹其功能之前，首先必須說明何謂行銷仲介機構：「協助合作之公司促銷、銷售、或者把產品分配到最終消費者手中的各類廠商。」行銷仲介機構包括中間商、實體配送公司、行銷服務機構、財務中間機構等。由以上說明相信讀者會認為過於籠統，以下就針對仲介機構所帶來的利益及功能作說明，相信讀者對仲介機構會有一種改觀的看法。

1. 中間商 (middlemen)

係指幫企業尋找顧客或完成銷售的公司，分為批發商與零售商兩種。對生產者而言，他們願意使用中間商是因下列幾個因素：

⑴對於生產者而言，其財務資源是有限的，不可能無限制的來開闢銷售點，以 7–ELEVEN 統一連鎖店為例，現已突破 3,500 家，但大部分仍是加盟店而非直營店。

⑵對於生產者而言，是以供應多量而少樣的產品為主。若生產者要直接將產品銷售給顧客，則生產者的銷售點將因所賣的品項不夠多樣化而有所浪費。若要達到經濟效益，則勢必要賣其他廠商的產品。所以產品項目少的生產者還是透過中間商會較經濟而單純。

⑶生產者即使有足夠的資本去設立很多銷售據點，其投資報酬率是否會大於在其他項目的投資報酬率，還要好好的評估才行。

⑷由於行銷中間商其接觸面廣泛、經驗較豐富、有其專業又能大規模經營之優勢。所以行銷中間商帶給生產者的好處會優於生產者自行去設立配銷據點。

對於消費者而言，中間商所帶來的優點如下：

⑴行銷中間商可以提供廣泛的產品組合，使得消費者能夠在一個地方就能買到其所需的產品，而不須個別向生產者購買，提升了購物的效率。

⑵行銷中間商的存在使得生產者的陳列銷售點大為減少，避免了各項產品均由生產者陳列銷售。而需大量陳列銷售地點的問題，也使得消費者在選購時，減少了不

必要的不便。

2. 實體配送公司 (physical distribution firms)

係指協助製造商儲存與運送產品至目的地的公司。倉儲公司是在產品被運送到別的地方之前，提供儲存與保護產品服務的公司。運輸公司負責將產品從一個地點運往另一個地點服務的公司；一般運輸公司包括鐵路、卡車公司、航空公司、航運以及其他收取運費服務的公司。公司在考慮使用實體配送公司時，像成本、交貨期、速度、安全等都要列入考慮；因面對倉儲成本與運輸成本持續增加的現況，若無法有效控制這項成本，對於公司利潤的減少實是一大隱憂。

3. 行銷服務機構 (marketing service agencies)

係協助公司評估目標市場和從事促銷作業服務的公司。行銷服務機構包括行銷研究公司、廣告代理商、企業管理顧問公司等。公司的行銷策略由公司自行規劃的優點是較能掌握公司的優劣點，並能節省向行銷服務機構諮詢的成本。當公司若決定要採用行銷服務機構的策略時，此時就得要審慎選擇。尤其是公司與行銷服務機構之間的溝通就相當重要；溝通得完全且清楚，行銷服務機構所作的行銷企劃案對於公司才是真正有利。行銷服務機構在創意、品質、服務、價格彼此間都有很大的差異。所以公司也應適時檢討更換表現不佳的行銷服務機構。

4. 財務中間機構 (financial intermediaries)

包括銀行、信託公司、保險公司及其他提供交易資金與承擔商品交易相關風險的公司。有很多的買賣交易都會需要用到財務中間機構來對交易提供融資，連企業的經營人也都經常需要到財務中間機構辦理融資的事宜。可知資金成本的高低與貸款時的額度，都有可能影響到行銷計畫的進行與績效。因此公司與財務中間機構建立一種良好的關係也是有其必要。

顧客 (customers)

顧客是一個廣泛的名詞，包括了五種市場：消費者市場；工業用戶市場；中間商市場；政府市場；國際市場。各類市場顧客的數目、購買力、需求與欲望的種類，以及購買習慣都是構成顧客行為的重要因素。所以，現代的企業公司都會對其設定的顧客作市場調查研究，以作為行銷策略的資訊來源。身為一個行銷管理人員有了顧客的行為研究後，就可針對其特點，來設計一些行銷組合策略，包括產品的策略、價格策略、推廣策略及配銷通路策略以爭取顧客的芳心，贏得顧客青睞。相信讀者至此大概可瞭解到公司如何去爭取到顧客的一種方法，現再將各種顧客類型加以說明，讀者就更能抓住顧客特性去作行銷規劃，圖 2-4 表示公司面對的各種顧客市場。

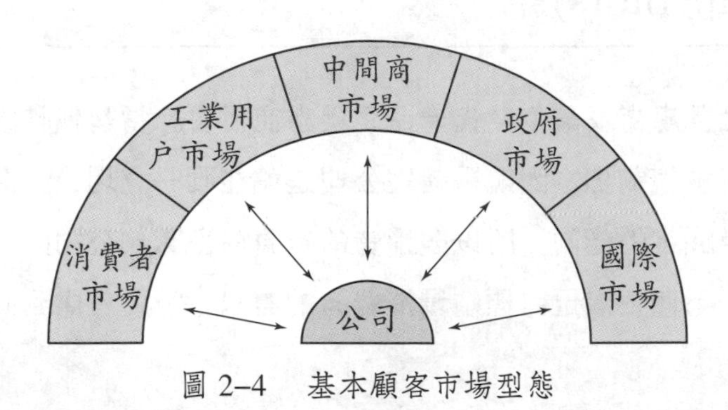

圖 2-4 基本顧客市場型態

現就各種顧客市場作說明：

1. 消費者市場 (consumer markets)

指購買產品及服務供自己消費的個人和家計單位所構成的市場。此市場可說是構成各行各業活動最大的力量來源。

2. 工業用戶市場 (industrial markets)

指為獲取利潤或其他目的而購買生產所需的商品及服務的公司組織所構成的市場。如各速食麵工廠向麵粉工廠採購麵粉製成速食麵再銷售獲利，這些速食麵工廠即為工業用戶市場。

3. 中間商市場 (reseller markets)

指為轉售謀利而購買商品及服務的組織所構成的市場。如在市面上常見的超商、零售商、批發商等，都有在賣各類的產品如零食、飲料、速食麵等來獲利，而這些超商、零售商、批發商即構成了中間商市場。

4. 政府市場 (government markets)

指為提供公共服務或轉贈需要者而購買產品及服務的政府機構所構成的市場。如一般常見的公共工程或者政府機構所購置的衣物、食品贈送給各種福利機構即構成了政府市場。

5. 國際市場 (international markets)

指由國外的購買者所構成的市場。包括國外的消費者市場、工業用戶市場、中間商市場及政府市場。

一個公司是常常面對以上五種市場的情況，而不是單純只面對一種市場。所以每一種消費市場都值得我們深入去探討研究其特性，以利行銷計畫的策劃。

競爭者 (competitors)

係指同行業之供應商或類似替代產品之供應商而言。當替代性的產品愈多時，則產品市場的競爭就愈趨劇烈。因競爭者與公司是站在同一立場，去向顧客推廣各種的行銷策略，以獲得顧客的認同。所以競爭者的行為會影響到公司的績效。因此，若要成功地達成任務，不僅要滿足目標市場消費者的需求，還要考慮到同一目標市場競爭者的策略。

現就消費者的觀點，區分為四類的競爭者：欲望的競爭者；消費屬性有差異的競爭者；產品型式的競爭者；品牌的競爭者。

1. 欲望的競爭者 (desires)

係指能滿足消費者所希望的各種欲望所構成的競爭者。如現在消費者手中有一筆錢，則他就會去想如何運用這筆錢，比方說用於出國旅遊，買一臺車或者買房子等，而這些彼此之間就構成了欲望的競爭者。

2. 消費屬性有差異的競爭者 (generic)

當這個消費者決定買一臺車時，則會去考慮買一臺新車好呢？或者是一臺二手車好呢？這就構成了消費屬性有差異的競爭者。

3. 產品型式的競爭者 (product form)

當消費者決定購買一臺新的車子時接著會去考慮，該買 1,300 cc 的呢？或者是 1,600 cc？還是 1,800 cc 的車子？此時這就構成了產品型式的競爭者。

4. 品牌的競爭者 (brand)

當消費者已決定購買 1,600 cc 的車子時，此時接著會去想，到底該買哪一種牌子的較好，是福特的好呢？或者是裕隆的較好呢？這也就構成了品牌的競爭者。圖 2–5 表示競爭者的四種型態。

瞭解了各種競爭者型態後，現就說明競爭者的表現行為，其行為可反映於四大方面。第一為產品策略，如產品之機能、品質、包裝等；第二為價格策略，如一般價格水準、折扣條件等；第三為推廣策略，如人員推銷、廣告推銷、促銷活動等；第四為配銷通路策略，如通路類型、地點、數目、儲運等組成因素。身為公司的行銷管理人

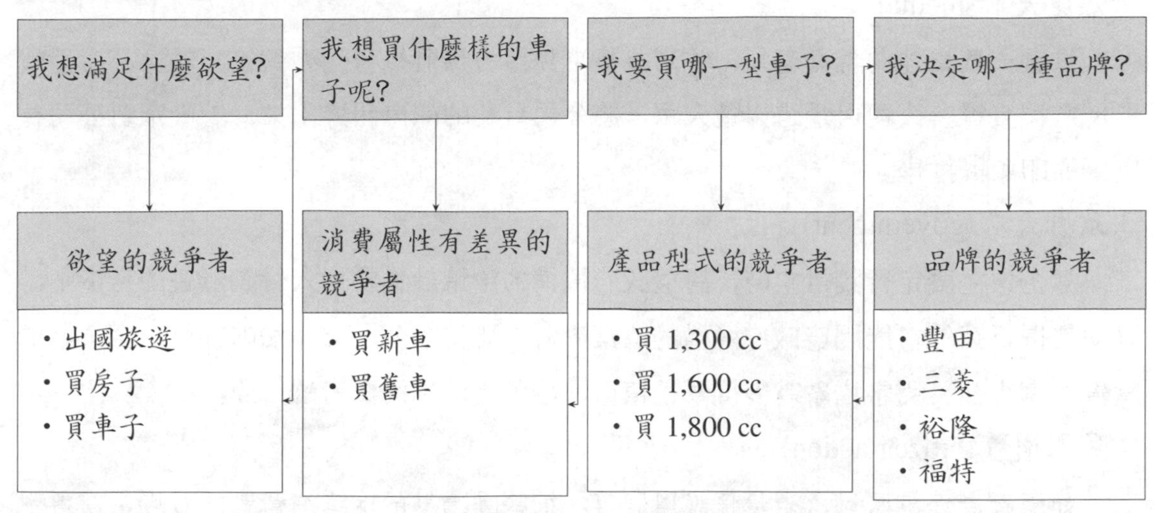

圖 2–5　競爭者的四種基本型態

員要如何面對競爭者的各種行為，其最基本的方式就是創造競爭優勢。在消費者心目中強勢地定位公司所推出的產品，讓消費者認為公司為顧客所創造的價值，遠超過其所付出的成本，如此才能在行銷的策略上獲得成功機會。

社會大眾 (publics)

係指對於公司的經營目標能否達成，具有確實或潛在影響力的群體。公司在盡力去達成目標時，除了和競爭者競爭外，還必須去瞭解不論公司喜歡或不喜歡的各種組織。如公司喜歡的組織，其對企業作捐贈，對企業的利益與影響力有助益。或是公司不喜歡的組織，如環保團體、消費者保護團體，對企業的利益與影響力有負面效果。由於公司的行為會影響到各種團體，也因此各種團體就成了公司所面對的社會大眾。社會大眾具有增強或削弱公司達成目標的影響力，因此要如何面對社會大眾而能好好與社會大眾相處是公司對外的一項重要工作。像現在的企業都設有公關部門，當有不利於企業的訊息時，公關部門就可出面來澄清各種傳言，為公司建立良好的信譽。

公司所面對的社會大眾，可分成七種型態分述如下:

1. 融資大眾 (financial)

融資大眾會影響到公司獲取資金的能力，像銀行、證券經紀商、投資公司及股東等都是融資大眾。公司可藉由將財務報表公開或提出有利的年度計畫來爭取融資大眾的好感及信任。

2. 媒體大眾 (media)

媒體大眾指能夠傳播新聞、特別報導與評論的媒體機構。如報紙、雜誌、廣播電臺及電視臺等。公司可透過媒體大眾，將公司有利的訊息報導出來，讓大眾對公司有良好的印象與推崇。

3. 政府大眾 (government)

當企業在擬定行銷計畫時，對於政府機構的決策計畫要列入行銷計畫的考量中，以便使得行銷計畫能因應政府機構的決策影響。如現在公平交易法的實行，企業對於廣告的真實性及用字措辭就變得要很慎重，避免有欺騙消費者的行為。

4. 民眾團體 (citizen-action)

如消費者保護團體、環境保護團體等。這些團體基於保護消費者的立場，常會對企業的行銷策略有所質疑，提出批評。此時企業就要對這些團體的批評提出一些正面的回應，以維護企業的優良形象。

5. 當地公眾 (local)

任何公司都會接觸到當地的民眾團體組織，因此當地公眾對公司的反應均會影響到公司的行銷策略，如台塑六輕初建之期也遭到當地民眾相當大的抗爭，也是經由長期溝通才得以動工建造。所以公司對當地公眾應保持良好關係與作好敦親睦鄰的工作。

6. 一般大眾 (general)

公司對於一般大眾的消費行為及一般大眾對公司形象與產品使用的觀感應深入去作一個瞭解，盡管一般大眾不太會採取一種有組織的抗爭活動抵制。就短期而言，公司的影響應不會太大。但就企業永續經營的理念來看，若有不良的印象留在一般消費大眾的心裡，而沒有盡力去作瞭解和改善的話，將會影響一般大眾對公司未來產品的購買意願，而使行銷效果大打折扣。

7. 內部大眾 (internal)

公司的內部大眾包括了生產線的操作人員、技術人員、行政管理人員、各級主管、董事會等。公司的內部大眾是最直接影響公司營運的人員。所以公司對內部大眾的溝通、教育訓練以及激勵都是很重要的工作。當內部大眾對公司有好感與向心力時，這股內部大眾對公司所凝聚的向心力自然會影響公司外部大眾對公司的看法，增加外部大眾對公司的好感。

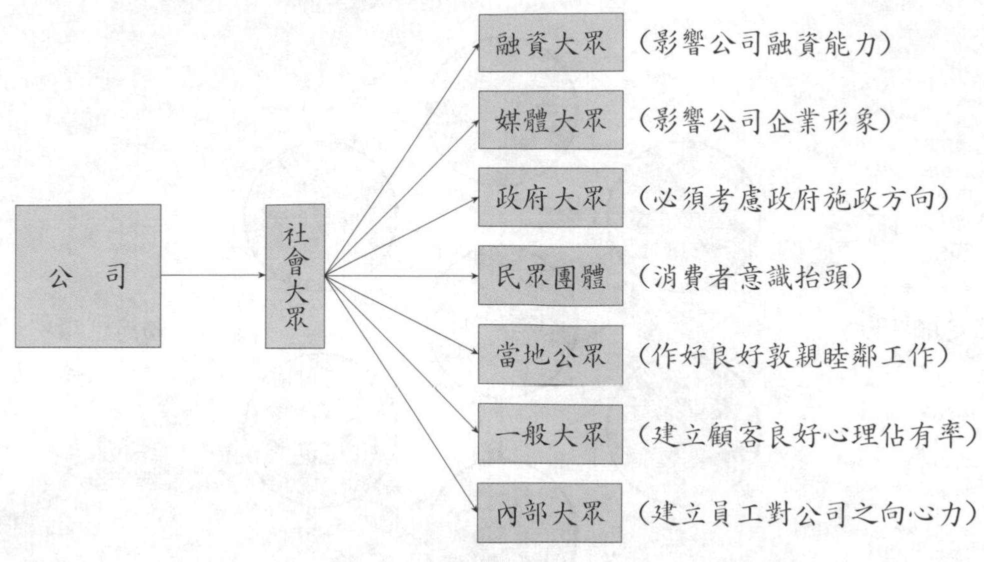

圖 2–6 公司必須面對不同社會大眾的類型

第三節 行銷之總體環境

行銷管理與其他管理功能最大的不同點在於必須從外而內的思考。在討論了行銷個體環境中的公司本身、供應商、仲介機構、顧客、競爭者、社會大眾等各種環境，而這些環境皆包含在我們現在所要討論的總體環境中在運作。總體環境是公司所無法掌控的。因此公司若能對總體環境密切注意，掌握總體環境的脈動，則總體環境的變化不僅不會為公司帶來威脅，反而會為公司創造一個有利的機會。在全球環境因素快速變動下，公司要注意以下六個主要的環境力量：人口統計環境；經濟環境；自然環境；科技環境；政治法令環境；社會文化環境。圖 2–7 說明公司與總體環境的關係。

人口統計環境 (demographic)——市場區隔基礎

人口是構成市場的主要因素，有了人然後形成需求，才有市場的存在。但是人口的組成、分佈及各種特質會隨著時間而不斷的在變動。因此各種目標市場也就互有消長，過去較大的市場可能現正逐漸萎縮，而過去較小的市場現正在擴大。目標市場的變化，對於企業的經營影響很大。因此行銷人員對於人口統計變數的變化有深入瞭解的必要，以掌握市場需求的脈動。以下就人口統計之狀況和演變說明行銷上的意義：

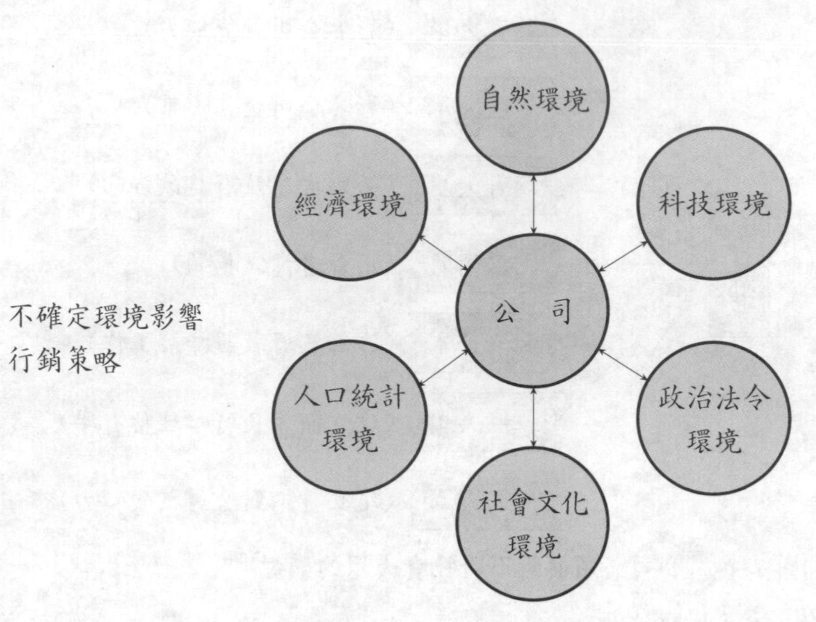

圖 2–7　公司總體環境的影響力量

1. 世界人口膨脹的隱憂

世界人口膨脹受舉世重視的主要理由如下：地球資源有限，若要維持一定的生活水準，屆時將會有困難；人口成長較快的地區大部分是貧窮的地區，易造成貧窮的惡性循環。此種人口的成長並不意味著企業的市場擴大，因其購買力並沒有跟著成長反而有惡化的情況。且人口成長壓力增大，易造成資源不足反而增加企業的成本，若又處在購買力不足時，對企業將是一種打擊。

2. 人口年齡結構的改變帶動了另一個新需求市場

以臺灣地區為例來說明，臺灣從 1990 年人口為 2,035 萬 9,000 多的人口總數至 2003 年增加為 2,300 萬 9,000 多的總人口數，雖然總人口數是逐漸的增加，但其人口的增加率卻是逐年的在遞減。這也代表著臺灣人口年齡結構在逐年的改變中。臺灣地區人口出生率減少的原因應包括如下：新一代年輕人嚮往單身貴族生活，使得結婚年齡延後；節育知識的普及和技術的進步，使得家庭能保有其所希望的子女數；生活水準的提高，生活壓力增大，不想因有太多子女增加生活負擔；婦女外出工作增多，以增加家庭收入改善家庭生活。人口總數的增加與出生率的降低意味著生活必需品的消費將增多，對生活必需品的廠商其市場將擴大，相反的出生率的逐年降低，也就意味著對嬰兒用品的廠商其市場將減少，廠商應設法去開闢另一個新的市場，作為市場萎縮未雨綢繆的因應。

3. 家計單位變動帶來的影響

消費單位除了是以人口來計算之外，很多的耐久性消費品之消費單位是以家庭為單位，如房子、電冰箱、洗衣機等產品。臺灣的家庭消費趨勢是家庭戶數增多，但家庭人口數卻是遞減的。以 1994 年為例，家庭總戶數 549 萬 5,888 戶，平均每戶 3.82 人，至 2003 年有 648 萬 1,212 戶，平均每戶有 3.15 人，就行銷意義來說表示小家庭人口數增多，意味著未來的產品要針對每戶人口數的減少作一些調整，以迎合家庭的需求。

4. 人口地理的遷移

鄉村人口大量流向都市，向都市集中的情形，不管是在哪一個國家都相當嚴重，以大陸為例，由鄉村流向都市的盲流，因都市的工作機會仍有限，流向都市的鄉村人口也因此不一定都會有工作，使得大量的無業外來人口閒置在都市中，造成了都市的治安死角和社會問題。臺灣也有鄉村人口移往都市的趨勢，大都由南部、中部、東部等三區域遷移至北部區域集中，會遷往北部區域的原因是由於北部區域所得較高、就業的機會較多、公共設施完備等。但臺灣並無像大陸那樣整批的外來人口，無所事事的聚集在市區等著找工作的景況。而人口向大都市集中的趨勢，擴大了都市的範圍，形成更大的都會區，自然帶動更大的消費市場，對於公司企業也就帶來更多的機會。

5. 教育程度的提高

由於教育程度的普遍提高，臺灣地區人口的知識水準都普遍提升，此表示教育程度愈高的人愈多，對於較高級產品的需求將會增加，如圖書、期刊雜誌、旅遊休閒活動等。同樣的，教育程度較高的消費者對產品的品質、產品的保證、售後服務等也將會要求較高。所以企業本身在品質、保證、售後服務這些方面也要跟著消費者的知識水準提升，才能符合消費者的需求標準。

經濟環境 (economic)——行銷政策基礎

市場的構成不僅需要消費者，更重要的是消費者要具備足夠的購買力。而消費者購買力的高低就與經濟環境有著密切的關係。景氣好時，所得提高，消費需求也提高，百業俱興。相反地，景氣不好，失業率提高時，人人自危，自然影響消費者購買意願，使得百業俱廢。由此可知，經濟環境與消費者購買力有著很密切的關係，所以，行銷管理人員要很瞭解經濟環境的變化，才能對市場需求作較正確的預估。以下就針對幾個經濟環境因素作說明：

1. 經濟制度

要瞭解一個國家或一個地區的市場制度與環境，必須先對該地區的經濟制度加以認識，因為市場制度乃是整個經濟制度的一部分。在自由化的經濟體制下，各企業之間的競爭十分激烈，各企業雖然以追求最高利潤為主要目標，但事實上，亦不能忽視消費者或購買者的需要。因此，同一類型產品在市場上，會有很多的競爭者，而消費者在作購買決定時，可在同類競爭品中作一個自己認為合理的選擇。可知在消費者有較大選擇的經濟制度下，商場如戰場，各企業之間的競爭會日漸加重。因此，企業就非得去作一些消費者特性或偏好的市場調查來作為行銷計畫的參考基礎，以爭取消費者的芳心。

2. 經濟發展階段

企業作市場行銷活動時，必須對目標市場的經濟發展階段有所認識。因經濟發展階段的高低會影響到市場制度的發展階段，而產生不同的市場需求。像經濟發展階段高的市場其分銷制度偏重於大規模的自助性零售業，如超級市場、購物中心等，而經濟發展階段低的市場則著重在家庭式或小規模經營的零售業。再以消費品市場為例，經濟發展階段高的國家，在市場推銷方面，強調產品款式、特性，大量廣告及銷售推廣活動，品質競爭多過價格競爭，而在經濟發展階段低的國家則重在產品的功能及實用性，推廣則著重在顧客的口頭傳播介紹，價格因素重於產品品質；在工業產品方面，經濟發展階段高的國家則著重投資在節省勞力的生產設備上，而其教育水準與生產技術也會較高，而經濟發展階段較低的國家則著重在勞力密集的產業上，以節省資金成本。回顧臺灣的經濟發展階段就是一個很好的例子，由早期的勞力密集產業進步到現在的資本密集產業，而勞力密集的產業現則紛紛移往東南亞或大陸等經濟發展較低的國家。

3. 所得與人口的改變

國民所得越高的國家，若其人口不多，則每人所得或購買力水準必然高，對商品及勞務之消費能力亦高。反之，一國之國民所得若低，同時人口很多，則每人所得水準必低，此時就算想買好的商品勞務也不容易，因無購買力的關係。可知就算有欲望或需要，若無消費能力，也不能構成有效的需求。

一個國家的經濟發展速度若低於人口成長率時，則常被看壞，因為人口增加會抵銷經濟成長的成果，使均富目標無法快速達成，所以世界各國政府皆在控制人口成長率。

4. 消費支出型態的改變

1857 年的德國統計學家恩格爾比較每一家庭收支預算後，發現當家庭收入增加後，各類支出數額亦隨之增加，但花在食物方面的百分比則下降，傢俱房屋方面支出之百分比維持不變，但其他類的支出如衣服、交通、娛樂、健身、教育與儲蓄則相對地上升。而恩格爾法則在往後有關家計預算之研究也獲得了證實。所以，當經濟變數如所得、利息和借貸型態在改變時，對所得較敏感的企業須要有較好的經濟預測系統，才不會在經濟活動走下坡時因不自知而遭到淘汰的命運，或在經濟活動繁榮時產生供應不足的情況。最好的情況是可藉經濟預測系統利用經濟環境變化的機會，來獲取更大的利益。

自然環境 (physical)——生態環境基礎

指行銷者所需的或被行銷活動所影響的天然資源。近年來，人們愈來愈關心現代的工業活動對自然資源的過度使用及對自然環境所造成的破壞。因為地球的資源是有限的，若無法重複循環使用時，則地球的資源將一天一天的消耗殆盡。現在除了面對資源會耗盡的問題外，工業活動也使得水源、空氣、地面遭受嚴重的環境污染，這也就促使環保團體出來要求立法，以管制工業活動對自然環境所帶來的威脅。對自然環境的關切是未來的一種趨勢，因此保護自然環境是企業與社會大眾未來無法避免的重要課題，身為行銷人員要注意以下各種自然環境的趨勢。

1. 原料的短缺

自然環境所提供的許多資源，在長期的使用下，常會發生嚴重短缺的問題。而某些自然資源的耗盡也就直接影響到一些企業的發展。如土壤是農業最主要的資源，而如今土壤的流失及養分的被耗盡，使得土地的生產力大減；加上都市範圍的擴張將農地逐漸吞食，很容易產生糧食供應不足的問題。因此為了增加食物的供應，近年來在各種蔬果的種植技術及在畜牧、水產的養殖技術上尋求改進，以找出能符合供應充足食物的方式。又如不可重複循環使用的石油、煤及其他礦產資源，使用這些稀有礦產生產的公司雖目前無嚴重短缺問題，一旦面臨此問題時，則企業的成本將急劇增加，故企業必須積極去尋求新的替代品或者開發有價值的新資源才可為公司找到另一個有利機會。如世界上主要的工業國家依賴石油甚重，面對石油價格日益提高，許多廠商便積極利用太陽能、核子能、風力等資源，由於其他能源的開發，也促使石油價格下降，不僅改善了用油產業日益提高的成本問題，也改善了消費者的所得。

2. 環境污染日益嚴重

現代某些工業的發展無可避免的會損害到自然環境的品質，如化學藥品及核子廢棄物的處理、海洋溫度的上升、土壤或食物中大量的化學污染物，以及一些無法自然分解的瓶罐、塑膠及包裝材料等。由於世界各國環保意識的抬頭，各國政府也逐漸介入環境保護的管理，企業為配合管理規定，就必須購買防止污染的控制設備，因此也為控制污染的設備開發出一個大市場，也為生產不破壞自然環境產品的公司創造一個行銷機會。目前受到全球重視的環保問題主要包括：溫室效應、酸雨、有害廢棄物越境移動、野生生物減少、熱帶林濫伐、海洋污染、土壤沙漠化、開發中國家的公害問題等。

3. 政府對自然資源管理之強烈干預

對於保護自然環境，政府扮演一個相當重要的角色，如此才能為國家創造一個清潔的社會環境。就我國而言，政府對於污染問題是相當的重視，如行政院環保署積極執行的「臺灣地區環境空氣品質標準」、「空氣污染防制法」、「水污染防治法」、「廢棄物清理法」等。可知在未來，政府與環保團體對企業的管制要求會愈來愈多。行銷者應特別注意自然環境的變動，不但不應反抗各種管制，反而應對國家所面臨的各種原料及能源問題，提出有效的解決方法。

科技環境 (technological)——技術法規基礎

對於一個行銷管理人員，科技環境是十分重要的，因為科技環境不單影響企業的內在環境，而且同時與其他環境因素有互相依賴的關係，科技的發展會直接影響經濟環境和社會環境。但對於法律環境和自然環境的影響就較緩慢。科技常會對於市場的消費者、競爭者帶來一種衝擊，進而影響行銷管理人員的決策，這意味著科技進步的衝擊會帶給企業隱憂或者是行銷的機會，如彩色電視機的普遍化就備受消費者的喜愛。科技的發展就好像一列火車頭，帶動著其他很大的變動。科技的力量雖然大，但它產生的副作用和危機也隨之升高，所以有人將空氣污染、環境問題的產生都歸罪於科技。

科技的發展改變了企業所面對的經濟及社會環境，如自動化的設備提高了企業的生產率、減少勞動時間、提高了消費者的休閒和生活水準。科技的發展既能帶給企業這麼多的好處，因此，要利用科技於企業的有關決策時，企業的行銷人員就應花時間去瞭解企業所面對的科技環境，以能看準潛在市場及避免科技對企業造成威脅。以下是幾項行銷者應注意的科技環境趨勢：

1. 科技改變的步調加快

今日我們視為理所當然的技術產品，在過去可能不存在，如汽車、飛機等，對於過去的人只是一種神話。若公司無法跟上科技進步的腳步，將會發現自己的產品已經落伍了，而錯失新產品和新市場的機會，因此公司的技術在產品市場策略上居領導地位則可為公司帶來機會；反之，競爭者技術的突破將置公司於失敗的邊緣。

2. 產品壽命的縮短

每天都有新的科技發明，這使得我們現有的產品與製程有革命性的改變，也因此加速舊有產品的壽命縮短。在過去我們有一種祖傳祕方的說法，意指產品愈老愈好，這在現代的社會裡是不可行的。因為競爭者會不斷的研究創新，以更好的產品組合來打倒公司的舊有產品，甚至顧客也會對舊有產品產生厭倦。因此一個企業若要靠一種祖傳產品生存，那是很危險的，只因為在顧客的觀感裡，漸漸轉變為產品是越新越好，所以企業不斷的研究創新是非常重要的。

3. 研究發展費用的大增

在研究發展費用上支出最多的國家是美國，但大部分是投注在國防科技上。就我國而言，政府編列的科技費用也在逐年提高中，而對於企業的研究發展費用，更以所得稅法上之優惠方式來鼓勵企業作研究發展。可知研究發展的重要性，盡管在費用持續升高的情況下，政府與民間都仍在積極的從事。但在研究發展中有一個問題要注意，研究發展人員通常對於過度的成本控制較不喜歡，且容易陷入科學問題的研究而忽略了產品行銷問題，所以在研究發展的團體裡應該要有行銷人員的參與，以使研究人員注意到產品的行銷問題。

4. 科技變動的法規增多

隨著產品的日趨複雜，社會大眾對於產品安全性的保證也就愈迫切需要。因為社會大眾在無知的情況下，常常會相信產品的功能而忽略了產品的副作用或危險性，因而使得消費者無辜受害。所以政府有必要擴大其權力，透過立法嚴格檢查和禁止可能造成危害的產品流入市面傷及無辜。所以行銷人員在提議與開發新產品時要瞭解相關的管制法令與留意可能產生的危害，以避免消費者產生的反感。

政治法令環境 (political/legal)──限制因素基礎

政治法令環境意指包含了法規、政府機構、輿論壓力團體、社會上各種有組織的團體及個人。而這些組織機構、團體與個人對於行銷決策具有限制與影響力，所以行銷者需深入瞭解與熟知。以下就來討論一些主要的政治法律環境趨勢及對行銷管理的啟示。

1. 管制企業行銷的法令增多

大部分的人都需要消費各種物品，所以我們每一個人都是消費者。由於現代科技的日益進步，精密而複雜的機器愈來愈多，因此對於消費者而言，接觸到危險性產品的機會也與日俱增。加上現在通路的增多，消費者與生產者的接觸因為中間商的增多，使得消費者與生產者關係愈來愈不密切；此時若消費者因科技的進步，缺乏專業的技術和知識來辨認商品好壞或瑕疵，而在無形中受到傷害時，若無適當的立法則很難保護消費者的權益。因消費者採取法律途徑要求賠償時，往往由於起訴的時間過長，起訴的費用較賠償費用高，使得消費者很容易撤銷告訴。若由個別消費者抵制拒買又無法達到抵制目的，所以消費者若無立法保護，平衡買賣雙方的均勢，則消費者常常處於劣勢的地位。再由生產者角度來看，若無立法保護生產者，則大型的企業就可用低價的傾銷方式讓同業的小型企業無招架之力，直到倒閉為止，進而由大型企業獨佔整個市場。如此不僅不能維持企業間自由公平的競爭，對於消費者而言，在獨佔的市場裡也不容易有物美價廉的商品，反而是消費者只能被迫選擇獨佔廠商的產品，所以立法可保障小型企業的競爭力與增加消費者的選擇。由以上可知立法的目的如下：

第一個目的是維持企業間的公平競爭，雖然各企業都主張自由競爭，當面臨不公平競爭時，卻又想要化解此競爭，為避免企業的不公平競爭，我國制定了公平交易法來界定及防止不公平的競爭行為。

第二個目的是保護消費者免於吃虧上當，企業製造者可於產品中加劣質的原料或者用不實的廣告或包裝來欺騙消費者。因此政府有必要立法禁止各種足以欺騙或對消費者不公平的行為，如公平交易法第二十一條明訂：「事業不得在商品或其廣告上，或以其他使公眾得知之方法，對於商品之價格、數量、品質、內容、製造方法、製造日期、有效期限、使用方法、用途、原產地、製造者、製造地、加工者、加工地等，為虛偽不實或引人錯誤之表示或表徵。事業對於載有前項虛偽不實或引人錯誤表示之商品，不得販賣、運送、輸出或輸入。前二項規定於事業之服務準用之。廣告代理業在明知或可得知情形下，仍製作或設計有引人錯誤之廣告，與廣告主負連帶損害賠償責任。廣告媒體業在明知或可得知其所傳播或刊載之廣告有引人錯誤之虞，仍予傳播或刊載，亦與廣告主負連帶損害賠償責任。」

第三個目的是保護社會大眾的利益，以免受到企業活動的侵犯，企業的行為與產業活動並不一定能提升國民的生活品質，因有些企業會在不顧社會成本的情況下，為降低產品價格而破壞了我們的生活環境。因此政府有必要立法，以免生活環境繼續惡化。

2.政府機構執行法律更為積極與大眾利益團體的抬頭

近年來許多政府機構正以更積極的態度去執行各項法律，以達到保護消費者和社會大眾及維護公正競爭的目的，如公平交易委員會，對於國內企業如有獨佔、寡佔及聯合壟斷的行為時均會予以規範或處罰。而大眾利益團體在近年來也是日益茁壯增強力量，其中最著名的是「中華民國消費者文教基金會」，該團體的宗旨就是保護消費者的權益。消費者文教基金會首創消費者運動，並發展成為主要的社會力量，且獲得社會大眾支持與協助消費者瞭解自身權益，並提出有關保護消費者的法案與敦促政府立法。消費者利益團體會有很多，對於企業行銷人員，環境保護團體應是他們最近要更為關心的團體。

社會文化環境(social/cultural)——社會淨化基礎

社會文化環境會影響人們的生活和行為方式。這類的變數對顧客的購買行為會產生直接的影響，所以很重要。所以身為行銷管理人員在制定市場經營策略時，要很注意產品及行銷重點能否符合當地的社會文化環境。常常行銷人員會不予剖析，只是因為自己既然身處在這個社會中，僅憑日常接觸，就自認為對當地社會文化有相當的瞭解，像這樣的情況是很危險的。因為這種的瞭解往往不能對現狀有很正確的解釋，也不能完全掌握社會全貌，僅限於管理人員個人的生活圈子所能接觸的範圍。更不能洞察到社會文化的走向，因為他不能有系統地去觀察到整個社會文化的各個主要因素有什麼樣的變化。以下將針對幾個主題來作探討。

1.消費者消費傾向的改變

消費者的消費傾向可能與消費者的嗜好、風俗習慣、家庭傳統、宗教信仰、生活方式、語言等社會文化因素有關，例如中國人吃米飯、喝茶；美國人吃麵包、喝咖啡等。這些均為社會文化的產品，這也就說明了麵包、米飯、咖啡、茶等市場存在的原因。可是一旦有新的社會文化形成時，通常會改變消費者的消費傾向，也因此將會改變整個市場型態。如近年來職業婦女的增多，婦女可支配所得增加，使得消費方式有些改變。因職業婦女作飯時間減少，對於現成食品的需求量增加，如冷凍食品或罐頭類食品。其次是對小孩照顧的時間減少，對於托兒所、幼稚園的需求增加。另一方面，因職業婦女的增加，對於化妝品、高級服飾等等產品的需求也跟著增加。由以上這個例子可知社會文化的變化隨時影響著消費者的消費傾向，也因此產生了各種不同市場需求，所以身為一個機警的行銷管理人員要隨時注意社會文化的轉變，以便能即時調整而能有效地供應市場的需求。

2.企業倫理道德

倫理係人類行為的道德標準，幾乎存在於人類所有一舉一動。每一個人的道德標準不盡相同，於是對同一事物之看法與做法亦不同。同樣的企業家之企業決策及行為，也是依照其道德標準而有不同的做法。近年來我國經濟犯罪的事件層出不窮，許多企業在從事商業活動時，常採各種賄賂、欺詐、恐嚇等不道德的方式，來取得不法的利益，這種趨勢對行銷活動將會造成不良的嚴重影響，所以若能建立一套合乎現代化工商業社會的道德標準是有其必要的。而行銷人員必須根據各地文化中的道德標準來調整其行銷策略。如有些企業的採購人員會對行銷者索取佣金，這種行為有些企業是不容許的，但實際上就有這種情事存在；當行銷人員在被要求支付佣金之後常常會忽略產品品質，這樣對買賣雙方及消費者都是很不利的，可是又很難去除此惡習。

3.各種社會態度

社會各階層的態度可透過輿論、選舉、民間運動、消費者之意見、工人之行動、企業經營者之作風、企業所有者之見解，而直接、間接影響企業行為。這些社會態度不但反映出市場的消費傾向及企業倫理，更可影響企業對市場的供給行為。各階層的社會態度並非是固定不變，而是因時、因地、因事在變。因此，每一企業家應明察其變化而作必要的策略上修正，否則很容易遭受政府的干預。如一般消費者對生活品質的要求提高，對空氣污染、河川污染已開始關切，為了顧及社會公益，企業應購置防污設備，若企業無心改變則很容易遭受到環保團體的抗爭或政府的取締，如此便會影響到整個企業的正常運作，反而得不償失。

第四節 如何管理未來的行銷環境

行銷環境是不停的在演變，也因此新的機會與威脅不斷的在出現。環境的改變有時緩慢是可以預測的，有時則是快速而出乎意料的，沒有哪一位專家可以預料到世界明日會如何的變化。所以一個企業是否能夠在競爭激烈的市場上成功，最主要的關鍵是其能不能有效的適應環境。所以一個企業要如何去管理未來的行銷環境，最好的方法是建立一套偵察環境系統，能有效的追蹤和傳達行銷環境的變化，來作為其行銷策略的主要依據。

偵察環境系統是指可監視、評估外界環境，並將自外界環境得來的情報提供給企業內的關鍵主管，主管可由情報得來的訊息強弱來防止意外事件，以確保企業的長期安全性，也可藉由訊息強弱去勾勒未來的發展趨勢，找出企業的機會與威脅。可知現代卓越的企業要能夠持續不斷地重生，應將偵察未來資訊視為獲得競爭優勢的主要工具。

實際及潛在的產業規模分析

瞭解產業的規模，一方面可作為衡量投資決策的基礎，一方面也可作為估測各競爭對手的市場佔有率的依據。考慮產業的規模時，應注意宜將市場中一部分「逃不走的購買人」(captive buyers) 的市場除開。例如電子零件製造業界中，部分公司已屬垂直整合的經營，其產製的電子零件須留供自用，計算產業規模時便應將此一部分市場除外。

估計產業規模，可使用政府機構或業界公會的資料為基礎。另一項資料來源，是蒐集已出版的金融機構、用戶機構、或競爭同業本身的出版品，也能獲得同業銷貨的資料。還有一種方式，也許較費成本，是直接調查業界的用戶，再憑用戶的用量推算整個產業的規模。

產業規模除了現有的有關市場資料外，還得瞭解潛在市場的大小。洛屈里丹大學 (Notre Dame University) 的韋伯教授 (John A. Weber)，曾提出一項所謂「成長機會分析」，如表 2-8 所示，可為潛在市場分析的參考。

表 2–8 成長機會分析

策略方式	產業潛在市場
11.找出新的用途 10.找出新的使用人 9.增大使用方法 8.增大使用頻次	使用差距
7.擴充配銷深度 6.擴充配銷廣度	配銷差距
5.增加產品線項數 4.增加產品特性	產品線差距
3.滲入其他業者的地盤 2.滲入正面競爭業者的地盤	競爭差距
1.保衛現有地盤	穩固性銷售

成長率分析 → ← 缺口分析

彌補差距的方法，不外有：增加使用的頻次、鼓勵採用多樣化的使用方法、找出新的使用人、找出新的用途。

由此看來，業者大可以利用激勵廣告，鼓勵消費者增多使用次數，還可以誘使消費者以種種理由，作為使用的藉口。

業者中能認定產品的使用差距，且能設法打破此一差距者，當必能大發利市。據李維特氏指出，倘能在此一方面努力，則一門原已臻成熟階段的產業，可轉變恢復成為一門成長期的產業。

「鬼影潛力」的存在

有時產品有某項需求，極其明顯，任何人都有把握看見其成長的潛力。然而，此一潛力卻存在某項鬼影般的因素，始終不能兌現。例如在許多低度開發的國家中，甚至於在已開發國家中的某些地區，顯然可見有教育器材的巨大需求，然而卻由於缺乏經費，而無力購買。

這正像《愛麗絲漫遊奇境記》中的話：「我只要對你說上三遍，假的也變成真的了。」總而言之，關於市場潛力，千萬得查明背後的假定和真正的情況，慎勿為鬼影所迷。

產業結構的分析

一門產業的吸引力，係指產業的潛在利潤，可用產業長程的投資報酬率來表示。

這項產業吸引力，Michael Porter 認為主要係決定於產業結構。

請參看圖 2–9，產業結構計有五個構成項目。一為競爭對手，其餘則包括潛在的競爭對手、替代的產品、顧客、及供應商。其中每一個構成項目，均各扮演一定的角色；一方面影響該產業的競爭強度，一方面也足以說明為什麼某些產業一向可較其他產業更易獲利的原因。因此產業分析時應求瞭解產業結構，由產業結構的瞭解，當更能看出產業在應付來自各方的競爭力量時產業關鍵的成功因素。

資料來源：Michael E. Porter, *Competitive strategy*, 1996.

圖 2–9 推動產業競爭的各種力量

1. 競爭對手的分析

一門產業對其現有的競爭對手的競爭強度，決定於該產業現有競爭對手的家數、現有競爭對手對經營該產業所投下的承諾、競爭對手的產品差異化、固定成本的高低、及退出障礙的大小等等。一般說來，一門產業中的業者家數越多，則競爭越激烈；雖然各業者的目標和策略均可能互易。如果其中某幾家競爭對手特別重視此一產業，則該幾家對手對此一產業投下的承諾必深，因而展開的競爭也必然強烈。如果對手的產品差異化的程度較低，則產業呈現價格競爭的強度當然較高，各業者的獲利力也必定較低。

2. 潛在競爭對手的分析

潛在競爭對手，是可能投身於業界，成為對手的業者；實際上其是否成為競爭對手，主要是視其產業規模及該產業的「進入障礙」而定。因此，在分析此一層面未來可能呈現的競爭強度及獲利水準時，當必須先作一項「進入障礙」(barriers to entry) 的分析。一般說來，所謂進入障礙，共包括下列因素：

(1)新進業者所需的資本投資。

(2)產業的規模經濟：倘若本項產業在生產上、廣告上、配銷上、或其他任何方面有一定的規模經濟，則新進業者必須能在最短期間迅速取得適當的業務量。也因此新進業者又必須提高其投資，而可能增大現有業者實施報復性措施的風險。

(3)配銷的通路：對於某些行業別，新進業者建立配銷通路，往往極其困難，且也極費成本。甚至即使是已有基礎的大公司，擁有龐大的行銷預算，而期能將產品送進市場的貨架，也是困難重重。

(4)產品的差異化：業界中已有基礎的業者，通常多享有高度的顧客忠誠度，有響亮的產品品牌和形象，有優越的廣告和客戶服務，新進業者甚難與其抗衡。

3.替代性產品的分析

替代產品的業者，也是競爭對手，惟其競爭強度較主要競爭對手為低。但是替代產品業者畢竟對產業仍有其影響力，足以影響產業的獲利力。替代產品倘若在價格和性能方面出現不斷的改善，或客戶改用替代產品所需的轉換成本不大時，則替代產品對產業的威脅最大。

4.顧客力量的分析

某一產業倘若顧客擁有較大的力量，將可能迫使價格下降，服務提高，從而影響產業的獲利力。一般說來，假使某一客戶擁有可觀的購買能力，在賣方的業務量中佔了一定的比例，而供應客戶的替代供應商較多，以及客戶本身有能力向後整合，自行產製所需產品，則顧客的力量應當較大。

5.供應商力量的分析

某一產業的供應商假設為獨家或高度集中，供售多門產業中的不同客戶，則該供應商將握有較大力量，足以左右價格。如果業者改變供應商所需轉換成本偏高，則供應商的力量更大。

成本結構的分析

產業分析必須分析該產業的成本結構；瞭解成本結構，每每能對該產業目前及未來的關鍵成功因素提供甚大的啟示。成本結構分析的第一步，在於分析該產業的生產階段或服務階段中所產生的附加價值。請參看表 2–1，於大部分情況下，均不難認清產業產生附加價值的步驟。倘若某一步驟的附加價值所佔的比例最高，則該步驟顯然足以成為一項指標，使業者瞭解該產業的關鍵成功因素可能在於何處。

表 2–1　各生產階段產生的附加價值

生產階段	關鍵成功因素出現於相應生產階段的產業
材料獲得階段	金礦採礦業，釀酒業
材料加工階段	製鋼業，造紙業
生產製造階段	積體電路業，輪胎製造業
裝配階段	服裝業，儀表製造業
產品流通階段	飲料水裝瓶業，製罐工業
行銷階段	品牌化妝品製造業，製酒業

業界的競爭業者如果以追求最低成本為目標，則可想而知，當然以期許能在該產業的「最高附加價值的生產階段」中成為最低成本的業者為目標；反之，如果僅只在「非最高附加價值的生產階段」中成為最低成本的業者，則其在競爭中獲勝的可能性顯然有限。

當然，競爭業者期能在最高附加價值的生產階段爭取優勢，也許極為困難，或甚至不可能。例如西點麵包業以麵粉為原料，因此材料獲得階段也許是該產業附加價值最高的階段。可是麵粉這項材料太普遍，太容易獲得，因而不可能成為西點麵包業的一項關鍵成功因素。不過，話雖如此，競爭業者追求優勢，通常第一步總是先考慮最高附加價值的生產階段。

一門產業的關鍵成功因素，有時可能發生變動。因此業者應能預見此項變動，尤其是產銷快速的成長期中的產業，更必須具有此項預見的能力。而如何才能預見關鍵成功因素的變動？方法之一，便是研究各生產階段附加價值的相對重要程度是否可能轉變。例如水泥工業在以鐵路及卡車運輸的時期，多為一門地區性產業。但是，後來有了水泥散裝船之後，海上運輸的成本大減，關鍵成功因素便發生了變化。水泥業過去的關鍵成功因素原為「地區性的陸上運輸」，一變而為「應接近運輸港口」及「應有生產規模」了。

關於成本結構的分析，還有另一項考慮。那就是：應考慮所謂經驗曲線的策略，在該產業中能適用到什麼程度。例如該產業是否能以大量生產為依據，而建立不敗的競爭優勢？該產業是否固定成本偏高，因而可憑規模經濟取勝？

顧客分析

在企業的策略市場規劃的意義上，顧客分析應屬第一步。所謂顧客分析，實質上應包括下列三類問題的檢討：

1. 市場區隔劃分的問題

(1)本項產品或服務的購買人及使用人是誰?

(2)最大的購買人是誰?

(3)現在尚未購買，但可認定其為潛在的顧客有些什麼人?

(4)市場區隔如何劃分?

2. 顧客的購買動機的問題

(1)顧客有些什麼動機，才購買及使用本項產品或服務?

(2)本項產品或服務，真正重要的特性是什麼?

(3)顧客追求的目標是什麼?

(4)顧客的動機，現正出現了什麼變化，或可能出現什麼變化?

3. 顧客尚未滿足的需要的問題

(1)顧客對於現正購買的產品或服務，是否已獲得滿足?

(2)顧客是否感到任何困擾?

(3)顧客是否有尚未滿足的需要，而顧客本身也許尚不知道?

4. 市場區隔劃分的方式

剛剛我們提到了市場區隔劃分的問題，現在介紹市場區隔劃分的方式，以便讀者充分瞭解市場區隔劃分運作的方法。

企業機構倘若採取差異化的策略、低成本策略、或集中策略時，則市場的區隔劃分最為重要，為能否建立不敗的競爭優勢的關鍵。從策略的意義上來說，所謂區隔劃分，意即對於企業機構的某一競爭策略，必須認明各類顧客群不同的反應。市場既經劃分區隔，則策略也應有區隔之別，俾能分別針對不同的區隔，作不同競爭方向的提供。因此，企業機構為策定成功的區隔策略，必須對其競爭力的方向，確立一定的概念，並作正確的評量，如表 2–2 所示。

(1)區隔劃分應如何界定？區隔的界定甚為不易，部分原因是由於對於任何市場，均可能有數不清的劃分方法。一般說來，劃分區隔所須考慮的變數極多，通常至少均應考慮五種、十種、或十種以上的不同變數。換言之，為了劃分區隔時，不至於掛一漏萬，往往需從多方面著眼。所有各項可供運用的變數，均必須一一分析其特性，認清是否能有效作劃分以為適當的區隔，俾使每一個區隔均可分別研議不同的策略。區隔經妥予劃分後，某一策略是否適宜於某一區隔，必須慎研該策略是否確能在該區隔內產生銷貨、以及是否能適應企業的差異化或低成本的策略。

表 2–2　劃分區隔的方法示例

考慮單一區隔 → ← 考慮多重區隔

顧客特性的變數	
・地理位置	例如折扣商店，以小型社區來劃分市場
・組織類型	例如電腦，劃分為餐廳、製造業者、銀行、零售商等的區隔
・組織規模	例如將醫院劃分為大型醫院、中型醫院、小型醫院等的區隔
・生活方式	例如戶外活動多、閉戶不出、經常旅遊等的區隔
・性　別	例如香煙，劃分為女性抽煙顧客的區隔
・年　齡	例如早餐食品，劃分為兒童、成年的區隔
・職　業	例如複印設備，劃分為律師、銀行、診所等的區隔
與產品有關的變數	
・使用人類別	例如電器用具，劃分為新婚家庭、已有住宅家庭、新購住宅家庭等的區隔
・使用量	例如食品，劃分為速食餐飲業者及學校市場的區隔
・追求的利益	例如香煙，劃分為要求低焦油及低尼古丁的煙客及要求煙味醇美的煙客的區隔
・價格敏感度	例如轎車，劃分為價格較廉的本田喜美型購買人、豪華賓士型購買人的區隔
・使用情形	例如小型電動工具，劃分為專業工匠使用人、一般家庭的區隔
・品牌忠誠度	例如電腦，劃分為非某一品牌不買的忠實顧客及其他一般顧客的區隔
・品牌認知度	例如轎車，劃分為「深信 Pontiac 為最佳跑車」的顧客及其他一般顧客的區隔

⑵多重區隔及單一區隔的策略：企業機構訂定事業經營區隔，可能產生兩種甚為突出的策略。第一種，是決定全力經營於某單一區隔，以該單一區隔為焦點。單一區隔的市場，自然較整個市場為小。另一種區隔策略，是經營於多重區隔的策略。

區隔的劃分，應注意各區隔相互間有無產生綜合效果的可能。例如以高山滑雪運動用品業而言，業者如果已經建立了高性能產品的形象，則對於產品線中的遊樂性滑雪用品的銷售，便能發揮綜合效果。同樣地，如果業者對於高價位產品的經營本已困難重重，則對於低價位產品也必將難有起色。反過來說，一家公司倘若在某產品的高價位上已經獲得成功，則將有可能乘勝追擊，利用綜合效果，打進其他的區隔。

至於如何才能認清顧客未滿足的需要所帶來的機會或威脅，通常有若干種市場研究的方式。第一個方式，是訪問產品使用人，讓產品使用人討論他們的使用經驗。有時也可一次邀集產品使用人 6 人至 10 人，舉行座談研討。

第二個方式，名為「問題研究」的方式；是事先設計一份有關該產品可能出現的問題，製成一表，請顧客 100 人或 200 人，就下列事項分別為各問題作一「評分」：

- 本項問題你認為可能發生的次數如何？
- 本項問題你認為是否有解決方法？

然後將顧客評分結果彙總，便可知各問題的輕重。例如某一產製寵物食品的業者，經本項問題研究後，乃發現其產品購買人對所購狗食的問題如下：

- 認為氣味不良。
- 認為售價太高。
- 認為未按種類需要分別作大小不同的包裝。

結果這家業者才因應此類批評，對產品作了適當的修改。

此外還有第三個方式，名為「利益結構分析」(benefit-structure analysis)；是請產品使用人分別說出他們對產品期望產生的利益，他們認為該產品實際產生的利益的程度，及他們認為該產品實際產生的專供特定用途的利益的程度。經此項利益結構分析後，則產品所未能產生的應有利益，當可了然。

最後還有第四種方式，是運用所謂「顧客滿足研究」。此項研究，宜於一定間隔時間後重複進行，俾便發現顧客的滿足是否已有改變。

為什麼應認明顧客尚未滿足的需要，理由之一是希望能因此開發一項足以因應此項未滿足需要的產品。有時候，顧客不但深知產品存有何項問題，而且顧客本身也往往能夠開發某一產品，來解決其所見的問題。

競爭對手分析

一、認明對手

競爭對手分析，應從認明現有的競爭對手及潛在的競爭對手開始。認明現有的競爭對手，可循兩個不同的方式。第一，是從顧客著手，顧客的購買，必須在競爭對手之中作一選擇。第二，是從業者的策略著手，將業者依競爭策略的不同，分別歸為若干個「策略群」。對手一經認明，便可繼而瞭解競爭對手及其策略。

(一)以顧客為基礎認明對手

在大部分情形下，誰是主要競爭對手，應能一目了然，認明應無困難。因此，百事可樂 (Pepsi-Cola) 在飲料業中競爭，其對手主要有可口可樂 (Coca Cola)、七喜 (7 up)、黑松等等。但是，有時尚有進一步看清楚競爭對手的身分的必要。舉例來說，百事可樂公司還可以就競爭產品的屬性，分別認明與其競爭的各類對手產品：

- 含有咖啡因的普通可樂飲料，對手產品有可口可樂。
- 全部可樂飲料，包括不含咖啡因的可樂及供限制飲食人士飲用的可樂。
- 非供限制飲食人士飲用的飲料。
- 全部飲料。
- 不含酒精成分的飲料，包括替代產品例如果汁、汽水、罐裝果汁飲料、冷凍果汁飲料，以及各式包裝飲料例如牛奶、咖啡、茶等；對手產品有黑松沙士、蘋果西打等。
- 全部零售飲料，包括替代產品例如啤酒、酒等。

由上文可知，各項替代產品，也可視為相關的競爭對手。其中不含酒精成分的飲料，還不妨依產品與百事可樂的競爭強度的高低，再區分為若干個次類。

由上述示例，可獲得二項結論如下：

(1)於任何行業別，競爭對手均可從競爭強度的高低來分析。在通常情況下，業者的產品會有少數幾種「最直接的對手」，其餘的為較緩和的對手，再加上某些間接競爭的對手。業者倘能對對手的類型認識清楚，則對市場結構當能有較深入的瞭解。對於其中競爭強度最高的競爭對手群，自必須另作最深度的研究；而對於其餘的競爭對手，也應有適當分析的必要。

(2)競爭對手群的競爭強度如何，通常係視某些重要的變數而定。重要的變數倘若不僅一項，則必須確切掌握各變數的相對重要程度。以可樂飲料為例，其最重要的變數，可能是「可樂或非可樂」、「限制飲食用或非限制飲食用」、或「含咖啡因或不含咖啡因」等項。倘若認為於某一市場區隔內，不含咖啡因的產品屬性最為重要，則業者所訂策略自然有別於另一區隔。

以下的兩種方式，均可認明競爭對手，而無須行銷研究。第一種方式，是以顧客選擇何項替代產品為基礎；第二種方式，係以產品具有何項用途為基礎；兩者均同樣可供瞭解競爭的環境。

⑴顧客的選擇：如何認明競爭對手及競爭對手的類群，概念上甚為重要，實務上也屬重要。觀察顧客如何選擇，便是認明的方法之一。例如百事可樂可詢問顧客：如果商店內百事可樂缺貨，你將選購什麼品牌？

⑵產品及用途的聯想：產品用途的聯想，也是一項深有啟發意義的調查方式。調查時可選定產品使用人 20 人或 30 人，請他們就產品的用途或使用情況開列出若干項目來。然後就各項用途，再請產品使用人舉出相關的產品名稱。再就他們舉出的各項產品名稱，又分別列出他們所能想到的用途。如此反覆聯想，便可訂出一份相當完整和周延的產品及產品用途清單，此其一。接著，復請另一批產品使用人擔任「評判」，評判每一項產品及其開列的用途是否允當。經過這樣多次的分析之後，便因此將產品分別歸併為許多顧客群了：同一群內的產品，用途均大致相同。因此，如果認為百事可樂可以供作「一般輕食」之用，則百事可樂便在這一方面有了許多競爭對手。

㈡以策略為基礎認明對手

策略群的概念，是另一項不同的方式，可供瞭解競爭環境的基礎。所謂策略群，是指一群公司，皆有相似的競爭策略及皆有相似的性質者而言。群與群之間的策略差異，舉例來說，某一策略群皆為擠乳策略（利潤策略），另一群則為成長策略、以及各策略群的配銷通路的差異、各策略群的價格及品質層面所居定位的差異、以及各策略群所憑藉的科技的差異等是。簡言之，各策略群內的公司，各有不同的競爭憑藉，也各有不同的競爭優勢。除此以外，各群內的公司的重要特性，也必有所差異；例如有以公司規模見勝者，有以差異化見勝者，也有以跨國性或非跨國性而見勝者。

⑴移動的障礙：各策略群之間，策略上互有差異，已如上述。但此外尚有所謂移動障礙 (mobility barriers)。移動障礙為某一策略群中的公司擬改變策略而轉進於另一策略群者，就會面對的重大障礙。例如資本投資方面或產品差異化方面的障礙，

而使移動不易。因此，策略群之間有無此項移動障礙的存在，殊有認明的必要；如此才能瞭解市場趨向對於各策略群可能產生的影響，也才便於預測各策略群構成的藍圖。

⑵策略群的推測：策略群的概念，還可用於推測未來的競爭策略。麥肯錫顧問公司曾有一項研究，以五門產業為對象，研究產業管制放寬後，各該產業中的業者，可能轉進於何項策略群，研究中的策略群經劃分為三種；茲將該研究的結果摘要彙列如下。

表 2–3 麥肯錫策略群推測

策略群	產業別
全國性的配銷公司，擁有差異化產品的完全產品線，且著重於服務／價格的策略群	經紀人業 航空公司業 卡車運輸業 鐵路業 終端機業
低成本生產的策略群——於放寬管制後，通常有新進業者	經紀人業 航空公司業 卡車運輸業 鐵路業 終端機業
專業公司，享有高度的顧客忠誠度，且特別重視對某一顧客群的服務的策略群	經紀人業 航空公司業 卡車運輸業 鐵路業 終端機業

依麥肯錫的研究，出現於第一個策略群的公司，每須經歷三個階段。於第一個階段，通常係由中型或小型的業者，因經營未見成功而力爭上游，有意與大型同業對抗，意圖奪得較大的市場佔有率。進入第二個階段後，則常見某些資金較雄厚的公司，以企業收購的方式，將產品線上或市場的缺口填滿。此一階段通常約在管制放寬後的三年至五年內出現，強大的公司力圖更形強大，大肆擴充產品線及市場地盤。其後局面再進入第三個階段時，便將出現產業以外的併吞：以大吃小，強大的公司不斷併吞其他產業。因此，航空公司擴展到卡車運輸及其他運輸事業。

至於表列的第二個策略群，則係在管制放鬆後，許多以低成本生產為主導的業者紛紛出現；這類業者多僅以提供簡單的產品線和最起碼的服務起家，並僅經營於市場中的低價位的區隔。最後的第三個策略群的業者，則利用管制放鬆的時機，採取某項焦點策略：針對某一特定的顧客群提供專業性的服務。

⑶策略群的概念：上述策略群的概念，有多種不同的用途。第一，以策略群的概念來分析競爭對手，當遠比個別分析各競爭對手方便得多。第二，這項分析須先認明同一業界中的業者策略的要項，然後能變成競爭的對手。

⑷擁有特殊能力或資產待價而沽者：有些公司也許目前只是一家甚小的競爭對手，本身存有某些策略上的弱點，但是如果有一天為別家公司收購，沖銷了其現有的弱點，便可能搖身一變而成為一家主要的對手。本來，業界中類此的動向每每極難推斷，但是在經過競爭對手的優勢和弱點分析後，有時也可以看出線索，由業者合併後的綜合效果來推測其可能性。比如某一競爭對手具有良好的成長前景，只可惜缺乏足夠的財務資源或管理資源，難以長久等待，則這樣的對手便有為人合併的可能性，值得注意其動向。

二、瞭解對手

認明競爭對手後，尚須進而瞭解對手。瞭解對手，通常有多項用意。第一，應求瞭解對手目前的策略，及其優勢和弱點；瞭解後應當盡量察及是否有某項機會或威脅，必須預作適當的因應。第二，可因此對未來的競爭策略動向有所啟示，因而推測可能出現的機會和威脅。第三，公司本身對於各項策略擬案應如何選擇，有時往往須預估競爭對手的可能反應，因此也有瞭解對手的必要。最後，在作過競爭對手分析之後，可能產生若干策略上的疑問，有待今後作密切的注意。舉最值得注意的第一個因素，是衡量對手的事業規模及其享有的市場佔有率。有時公司的規模雖然不大，可是如果近年來其市場佔有率顯有擴大者，也應予密切注意。還有對手的成長率，成長率除了可以顯示對手經營策略的成敗之外，還可能反映對手是否受到組織上或財務上的困境，而有影響其未來策略的可能。

競爭對手經營獲利力的比率也至關重要。一家獲利能力強的公司，除非是奉其母公司之命而作擠乳策略的運用，通常必較容易獲得投資所需的資金。反之，倘公司連年虧損，或其獲利力急劇下降，則無論向外界設法或由公司自行籌措，均必然較難獲得資金。

(一)競爭對手的目標和假定

分析競爭對手，必須瞭解對手的經營目標。瞭解對手的目標，始能推斷對手是否滿意於其目前的經營績效，並推測其是否有改變策略的可能。由對手的財務目標應能推知：即使該事業的資本回收時間甚長，對手仍可能繼續投下資金。尤其是，對手的市場佔有率的目標如何？銷貨成長率的目標如何？獲利力的目標如何？除此以外，還有財務方面以外的各項目標，也必須力求瞭解。競爭對手是否有意成為業界中科技方面的領導？是否有意創造其服務的形象？是否有意擴張其配銷系統？諸如此類的目標，倘若有了瞭解，當可成為推斷競爭對手未來的投資決策和策略方針的線索。

而且還有競爭對手的母公司。母公司的各項目標，同樣也必須有所瞭解。母公司目前的經營績效如何？財務目標如何？如果競爭對手的經營績效比不上其母公司，則其母公司或不免對其施加壓力，迫使對手加強改善；反之也可能降低其對對手的支持。競爭對手在母公司中的「地位」或「角色」如何，每為關鍵要素。對手事業在母公司的長程計畫中，是否居於核心地位？還是僅係敬陪末座？對手事業是否為其母公司計畫中的成長事業？或只是有盼於對手事業能產生現金，用以支援其他事業？對手事業是否能與其他事業產生應有的綜合效果？對手的母公司，和對手是否有任何「情感瓜葛」或「歷史淵源」？

競爭對手對其本身的「假定」，和對業界的「假定」，也是應予瞭解的課題。對手的「假定」，也許合於事實，也許與事實不符，但是卻能影響對手的策略，則應無可疑。舉例來說，競爭對手也許自認為擁有「最高品質、最能獲利的產品」，基於這樣的假定，因此面對市面的降價，競爭對手便可能按兵不動，或者可能不屑於將產品送至折扣商店。又例如競爭對手也許對其產業抱有極為樂觀的看法，因而其決策也必將深受這看法的影響。

(二)競爭對手目前和過去的策略

競爭對手目前和過去的策略也應列入分析。特別是對手過去曾經採行，而遭受失敗的策略，更宜注意；所謂「吃虧學乖」，競爭對手嗣後採取同樣策略的可能性必較低。此外還應瞭解競爭對手過去開發新產品的模式，和過去拓展新市場的模式，當能有助於推測對手未來的成長方向。倘若發現競爭對手習於採行差異化的策略，則應繼求瞭解：競爭對手是否依循擴大產品線廣度的路線？是否依循重視產品品質和服務的路線？是否依循加強配銷或建立品牌形象的路線？倘若發現競爭對手習於採行低成本的策略，則應尋求瞭解：競爭對手的低成本策略，是否以規模經濟為基礎？是否以經驗曲線為基礎？是否以製造設施及設備的低成本為基礎？或是否以接近原料產地供應的低成本為基礎？其成本結構如何？倘若發現競爭對手習於採行集中策略，則應尋求瞭解競爭對手的事業範圍。

㈢競爭對手的組織和文化

有時尚應瞭解競爭對手高階層管理人士的背景和經驗，則對其未來的動向也能有所揣摩。對手的經理人的出身如何？出身於行銷，工程，還是製造？對手的經理人，是否大部分皆係來自別家公司，或別的產業？

還有組織文化，對策略的影響也甚為重大。所謂組織文化，反映於組織的結構和制度。例如一家以成本為導向、高度制度化的公司，對事業目標的追求和對員工的激勵均一向依循嚴密的控制，則這樣的公司倘若改變策略，轉向於追求創新的策略，或轉向於積極的市場導向的策略，必定相當困難。又例如一家制度鬆散，組織上採行「扁平式結構型態」的公司，對創新和風險適應均可相當靈活，而倘使一旦轉變方向，欲建立一項嚴謹的產品改進和降低成本的方案，也同樣可能困難叢生。總之，一家公司的組織要素，例如文化、結構、制度和人員等等，均可能影響其策略，形成策略的限制；類此的課題，本書第十章將有較詳細的討論。

㈣成本結構和退出障礙

1.成本結構

對於競爭對手的成本結構，尤其是如果對手係採低成本策略者，必須有所瞭解，俾能推測對手未來可能的定價策略及對手可能的持久能力。對於其目標，應以能掌握對手的直接成本及固定成本為主，俾能瞭解對手損益平衡點的高低。下列各項資訊，應為瞭解成本結構所必須：

⑴對手現有的員工人數、及其直接人工各類別的人數（為變動人工成本的基礎），和間接人工的人數（為固定成本之一部分）。

⑵對手所用原料及外購項目等的相對成本。

⑶對手投入於各項存貨、工廠及設備（也為固定成本之一部分）等項目的資金。

⑷對手的銷貨金額及對手現有的工廠數目（為固定成本分攤計算的基礎）。

2.退出障礙

其次尚須瞭解競爭對手的退出障礙，一家公司是否有能力執行一項退出策略，退出障礙應為一大關鍵。瞭解對手的退出障礙，需要瞭解下列資訊：

⑴對手擁有的專業性資產：例如專業性的工廠、設備及其他資產等，若擬轉作其他

用途，則必須再行投下甚多資金者；因此此類資產，於對手撤離後，其殘值不高。

⑵對手的固定成本：包括有關間接人工、租金、及為維護現有各項設備所用零件的成本等項。

⑶對手與其母公司其他事業單位間之關係：例如各事業單位共用之設施、配銷通路、或推銷人力等，或共享的公司形象等。

⑷政府法令及社會的退出障礙：舉例來說，對於鐵路交通事業，政府可能有法令規定其不得任意撤退，是為政府法令的退出障礙。且公司對其僱用員工，負有一定的道義責任，而難於解僱，是為社會的退出障礙。

⑸對手管理階層的自尊及情緒因素：對手管理階層人士，對所經營的事業或僱用的員工，每有強烈的情緒感受，而難於純憑經濟因素作撤離的決策。

㈤競爭對手的優勢和弱點

競爭對手分析，必須瞭解對手的優勢和弱點，才能估測對手是否能夠順利策定各項策略。而且瞭解對手的優勢和弱點，還是企業機構本身認明及策定策略擬案時重要的投入。例如針對對手於某一領域的弱點，正可以發揮或建立本身的優勢。反之，瞭解了對手的優勢所在，企業機構也能設法迴避，或給予沖淡。

請參看表 2-4，其為分析競爭對手的優勢或弱點時的一份可供參考的檢查表。表中所列的第一個領域，是在創新能力的方面。在一項高科技的產業中，競爭對手投入於研究發展方面的費用所佔的百分比，及其在基礎研究和應用研究的範疇中所佔的位置，正是對手創新能力的一項指標。創新所產生的結果，包括其新產品、產品的修改和改善、以及擁有的專利件數等等，則是競爭對手創新能力更具體的測度。

衡量對手優勢和弱點的第二個領域，在於製造的能力。因此檢討對手，還得分析對手在工廠和設備上、在原料使用上、在垂直整合的層次上、以及在其勞動力上，是否也足以支持對手的成本優勢？還有產能的問題；競爭對手擁有多餘的製造能量，固然可增大其固定成本，可是如果市場情況甚不穩定，或市場正在日趨成長的話，則多餘的產能將也正是競爭對手享有的一大優勢來源呢。

第三個領域，則須衡量對手的財務能力。分析對手在短程上和長程上有無產生資金的能力。資金的來源，第一在於日常營業。對手的現金流量情況如何，是否能為事業產生資金？是否能為某項一定的用途而產生夠用的資金？但此外還有其他來源，也可產生現金和其他的流動資產；例如對手的母公司，便是來源之一。競爭對手能否獲得長期資金，或短期資金？需利用負債？或需利用自有資本？這些分析，有賴於對手

表 2–4　優勢及弱點分析的檢查表

創新能力方面
・研究及發展　・科　技　・開發新產品的能力　・專利權
製造能力方面
・成本結構　・製造設備　・原料的獲得　・垂直整合 ・勞動力的態度和激勵　・製造能量
財務能力方面——能否取得資金
・由本身營運產生資金　・短期流動資產的資金　・運用負債融資的能力和意願 ・自有資本的能力和意願　・母公司有無融資的意願
管理階層方面
・高層管理人員的素質　・中層管理及作業人員的素質 ・管理階層的忠誠程度——人事流動率　・決策的品質
行銷方面
・產品品質　・產品線的廣度——系統的能力　・產品品牌　・產品的配銷 ・與零售業者的關係　・廣告及促銷能力　・推銷人力　・服　務 ・對顧客的需求的瞭解
顧客基礎方面
・經營區隔的規模與成長　・顧客的忠誠度

的資產負債表。

瞭解對手優勢和弱點，還有第四個領域，就是對手的管理階層。這方面的分析，應包括對手高層管理和中層管理人員的素質、以及管理階層對公司的忠誠程度——人事流動率的高低。

還有第五個領域，是行銷方面的分析。競爭對手是否擁有行銷方面的優勢，以產品線的情況最為重要——包括產品線的品質、特點、和廣度。

最後還有一個領域，是分析競爭對手的顧客基礎。對手經營的區隔，規模多大？成長潛力如何？對手對顧客的供應，在顧客眼中有什麼評價？對手的顧客，對公司或產品的忠誠度如何？如果競爭對手擁有忠誠度極高的顧客，則想要在競爭中取勝，將是極為困難的事。

㈥競爭對手有關資訊的獲得

取得有關競爭對手的資訊，通常有多項來源。對手本身對其顧客的溝通，對其經銷業者的溝通，對證券分析人員、股東、政府立法機關和主管機關的溝通，都是資訊的來源。因此只要監視競爭對手的廣告、產品展示、發表的演說、出版的報告等等，便可獲得許多有用的資訊。此外還得注意各項有關的會議、和報章雜誌等，也有種種有關技術發展和活動的報導。

市場研究，是取得競爭對手在其顧客心目中地位的最具體資訊方法。例如一項有關超級市場的電話調查，便獲得了極有價值的資訊。該項調查共訪問 1,500 人，受訪人回答了一系列的問題。離你府上最近的是哪家超級市場？你最常光顧的是哪一家？哪一家價格最便宜？哪一家貨色最佳？哪一家服務最好？哪一家最清潔？哪一家肉類食品品質最好？諸如此類，由此蒐得的資料，經過分析，便可憑以研判競爭對手的地位、競爭態勢、和有關的經營策略。

所謂便利食品零售業的成長，郵購廉價商店零售業的重要性的增大，以及專門店的成長等等，在在均顯示為一種配銷通路的新動向，對利用這類通路的公司的策略必然均有影響。試再展望未來，家用電腦問世後，一般顧客在自己家裡對零售業者得以進行雙向溝通，對於某些產品可能又將出現一種極重要的新的通路。

配銷體系的分析

產業分析的另一個層面，是產業配銷體系的分析。分析配銷體系包括以下三類策略問題的研究：

⑴該產業有些什麼其他的配銷通路？

⑵配銷通路可能有什麼改變趨向？各項不同的通路之中，有哪些通路的重要性可能漸漸增大？已經有什麼新的通路出現，或可能出現？

⑶在配銷通路中，誰擁有一定的控制力？擁有控制力者，是否可能發生轉變？

企業機構能否接觸一個有效率，且有效能的配銷通路，往往便是一大關鍵成功因素。業界的配銷通路不只一條，每有多項不同的體系。配銷體系，因「直接深達使用人」的程度而異。例如有些公司，包括雅芳 (Avon) 及其他許多工業產品公司等，係運用公司的「推銷部隊」直接售予使用人。另一些公司，則有其自營的零售店。還有些公司，有的是批售予零售業；有的是透過配銷商或中間商；有的則兼用兩條或兩條以上的通路。在諸如此類的配銷體系中，最接近使用人的公司每每有控制行銷業務的最大控制力，因此也承擔了最高的風險。

最後還有通路中的控制力的問題。在一項配銷通路中，誰握有主宰性的控制力？以及此項控制力可能有什麼變動？也是產業分析中必須瞭解的問題。從策略的立場來說，如果某一配銷通路中享有控制力的參與人尚未穩定，似宜避免運用該項通路。

未來趨勢：環境動向和環境大事的預測

企業機構應有認明目前環境動向及環境大事的能力，最好能進而預測未來。那麼業者應如何進行呢？

1. 詢問涉及風險的問題

第一個基本步驟，是必須懂得詢問問題。環境中有什麼動向和什麼大事，可能影響產業規模，或可能影響業者的策略？請參看表 2–5，該表備有環境分析的五個層面中應予一一問明的問題。一般說來，企業機構中擔任策略研議者，通常只要肯花點時間考量，回答那些問題應無困難。

2. 未來趨勢的延伸推測法

對未來的預測，以延伸法較為簡單。人口變動通常緩慢，未來情況應能預知。至於科技的發展，有時也可應用延伸法預測；例如電腦記憶的單位成本之類。但是，在有關策略決策方面，延伸推測法則往往無法應用。不過，延伸推測固然無法應用，有時則不妨先用延伸法作為一項預測的「基線」，再憑以研判是否可能已達某一「臨界點」或「轉捩點」。

3. 請益專家學者

向有關專門領域的專家學者請教，不失為蒐集環境趨勢資訊的好方法。

可是專家的意見應如何蒐集呢？以專門研究機構而言，第一個方法是有系統的蒐集，從各項專業性雜誌文獻中，收齊各方人士的報告。第二是利用訪問，例如用電話與各方專家接觸。訪問時，應事先訂定一份程序表，但不一定有研訂正式問卷的必要。訪問專家，不妨聲明將來的研究結果將與專家共享，較易取得對方的合作。

另一種變通方式，是一次邀請 6 位至 10 位專家，舉行一次座談。多人相聚一室，彼此交換意見，更能引發新的創見。不過，問題是此一方式的座談，不太容易邀集，而且較耗經費。這方式有其可慮之處，是由於多人見面可能阻礙非傳統性意見的提出，而不能產生有價值的結果。因此有所謂「德爾費研究法」(Delphi study) 者，甚至不必請專家見面，而仍能收到群體交流的效果。其方法為：事先擬定一份問卷，分別寄送專家；舉例來說，請他們分別預測今後二十年的太陽能的市場。然後將專家的答覆收齊，加以彙總，編製表格，再送還專家過目。專家看了整理出來的答案，說不定將自己原先的判斷修改，或對自己的判斷再作補充說明。然後再經過另一回合的彙總和整理，又出現了另一次的新的判斷。

表 2–5　環境分析的有關問題

科技層面
·目前應用的科技，現已成熟到什麼程度？
·現有什麼新科技，正在開發之中？
·科技上是否可能有突破性的進展？
·可能出現怎樣的突破？
·有了突破進展，多快便可能發生衝擊？
·該項突破的科技，對其他科技及對市場可能有什麼影響？
政府層面
·政府的管制措施，可能有什麼變動？
·政府管制的變動，可能發生什麼影響？
·政府正在研議中的租稅措施及其他激勵輔導措施，有些什麼項目可能影響策略？
·在某一國家中的企業，可能面臨怎樣的政治局面？
經濟層面
·國家經濟健康情況的前景如何？
·其他「次市場」的經濟健康情況如何？
·國家的國際收支情況如何？對該國的貨幣幣值可能有怎樣的影響？
·經濟發展的動向及有關經濟的大事，可能如何影響企業的策略？
文化層面
·國民的生活方式、風氣、及其他文化因素等等，以及未來的可能變化如何？
·為什麼會有變化？有些什麼促成變化的原因？
·文化的變動，對企業有些什麼影響？
人口層面
·人口變動的趨向，對產業的市場規模有些什麼影響？對產業的其他「次市場」有些什麼影響？
·有些什麼人口變動的趨向，可能成為產業的機會？可能成為產業的威脅？

4.將大問題分解為小問題

倘若能將一項較大的問題分解成為若干較小的問題，預測的結果往往能有極大的改進。例如預測西元 2010 年的太陽能市場，便不妨將問題分解為預測太陽能用於游泳池加溫、用於熱水、用於家庭暖氣、用於發電等等用途的市場，可使受訪者較易回答。同樣地，預測某項醫療診斷設備新科技的需求，也不妨分解為預測該設備第一次購買人的需求、購買第二臺的需求、及購買替換設備的需求等等。

5. 相互衝擊的分析

所謂相互衝擊分析 (cross-impact analysis)，是用於一系列相互關聯事件的預測的方法。舉例來說：某一環境事件 A，為「西元 2008 年時，風力將成為一項重要能源」。於是有關專家可就此一事件，估測其成為事實的可能性。再利用相互衝擊分析的方法，進而同時考量如下的幾項事件：

(1)事件 B　西元 2010 年時，太陽能電池科技將有重大突破，因而具有高度經濟性。

(2)事件 C　西元 2010 年時，頁岩油將能有大規模的生產。

(3)事件 D　西元 2010 年時，一般家庭使用太陽能者將極為普遍。

(4)事件 E　西元 2010 年時，石油成本將增達 3 倍（以固定幣值計）。

所謂相互衝擊分析，便是研判其中某一事件發生後，對另一事件發生機率的衝擊。因此，估測事件 A 成為事實的機率，應分為兩步驟：一為假定事件 B 已成為事實，估測事件 A 成為事實的機率；一為假定事件 B 未成事實，估測事件 A 成為事實的機率。同樣地，估測事件 A 的機率，還可分別假定事件 C 已成為事實、及未成為事實的兩種情況。然後應用機率理論，則科技發展模式的機率（或其他環境因素發展模式的機率）當可判定。

相互衝擊分析的方法較繁。不過，企業機構縱然沒有應用此項相互衝擊分析，也有對某一環境動向或環境大事可能產生的間接衝擊慎予研究的必要。舉例來說，正值都市人口外食次數增加之際，其對健康食品市場可能產生什麼衝擊？

未來情境的分析

倘若企業機構所處環境甚為複雜，各項動向和各項大事相互糾纏、相互影響，則依上文分別預測個別的事件及其動向，可能過於單純化。對於這樣的複雜環境，可應用全面性的所謂「未來情境」(scenario)，來掌握未來的環境。所謂未來情境，係指對環境的一種歸納性的描述，概括說明環境的可能動向及可能事件。

未來情境的研議，方法之一，是將未來環境分別研擬三套構想（或兩套構想）：即是樂觀的未來情境、悲觀的未來情境、及最可能的未來情境。所稱情境，可僅用少數幾個語句、或少數幾個段落來說明。林立曼和克來恩兩氏雖然指出編擬未來情境以三套最為常見，但編擬兩套或四套也同樣適當，但是據稱，倘編擬了四套未來情境，則可能使管理運用發生困難，因此編擬四套不如編擬兩套。

編擬未來情境，可選定一項最重要的主題為基礎。例如某公司對能源的供應及成本至關密切，則未來情境不妨編擬三段，一段以「石油嚴重缺乏」為主題；一段以「能源供應充裕」為主題；第三段則以「依現有情況以延伸法預測未來」為主題。又例如另一家以農業為基礎的企業機構，對氣候變化及作物收成情況極為敏感，其未來情境便可以此作成編擬的主題。其他的公司，編擬時則不妨以國家經濟發展情勢選為未來情境的主題。

編擬未來情境時，雖然分別訂定了以某項單一變數作為主題，但是在未來情境的內容中，盡可以另行設定其他的變數。例如一家與能源關係密切的公司，未來情境以能源供應情況為主題；但其內容方面，則不妨再行設定為低成長或衰退經濟的情況，轎車銷路及使用不暢的情況等等。

另一個方式，那就是：先行認定若干個不同的主題變數，將各主題變數的各種可能情況構成一套組合，而就每一組合分別編擬一套未來情境。舉例來說，一家經營汽油的業者，編擬未來情境時也許認定了三項主題變數，即：一為通貨膨脹率，分高及低兩種情況；一為汽油供應，分充裕及缺乏兩種情況；一為經濟成長，分高度、中度、低度三種情況。於是主題變數的情況可構成十二種不同的組合，均可分別編擬一套未來情境，而成為公司未來面對的局面。

未來情境係展望未來？編擬時應延伸於未來的何種深度？此一課題，理應視公司策略決策的「規劃視野」(planning horizon) 而定。倘使一家公司的策略決策規劃視野僅有三年，則編擬一份二十年的未來情境，便顯然沒有意義。

1. 未來情境與公司策略的關聯

未來情境既經擬定，下一步便須將未來情境與公司策略緊密的結合起來。企劃人員應分別就每一項未來情境，研議一套適當的策略。然後，再就擬定的策略一一評估，不但應以其相應的未來情境為評估的基礎，且應再以其餘的未來情境為基礎。評估如果能夠計量，則應就各項未來情境分別設定其未來成為事實的機率，因而得憑以估量各項策略的「期望值」。將各項未來情境之下策略推行的結果，分別乘以各該未來情境的機率，再行彙總相加，便是策略的期望值。

如此研議的策略，便是以未來情境為基礎的策略；企業機構乃因此而有較多的備分策略擬案。這些策略擬案，均係歷經了未來情境的考慮，且均為有別於目前可見的環境動向之下的策略擬案。倘不經過如此的研議評估，企業機構當不可能訂出如此的擬案。而且，更由於這些策略擬案均分別歷經了各種不同的未來情境的「考驗」，故而策略擬案的彈性當也能有正確的判斷。

2. 未來情境的機率

在上文討論的策略擬案的評估過程中，曾提到未來情境的機率。未來情境是否可能成為事實，必須設定其機率。設定未來情境的機率，嚴格說來，才不折不扣地是一項環境的預測。未來情境的機率如何，可以直接徵詢有關專家學者的意見。

衝擊的分析

在全部外在分析的各項分析中，資訊的蒐集是一項至為沉重的負荷。資訊的蒐集和分析，幾乎遍及每一個領域，而每一個領域又各有幾乎永遠蒐集不盡的資訊。例如一家出版事業公司，需要的資訊領域也許包括有線電視的領域、國民生活方式的領域、教育發展趨勢的領域、人口地區遷移的領域、以及印刷科技的領域等等之類。其中每一個領域又包括數不清的次領域，永遠沒有一個界限。例如在有線電視的領域之中，又有付費電視、節目供應、電視科技、以及觀眾反應等等的次領域。

企業機構在實施外在分析時，特別是在實施環境分析時，因此有必要選定幾個重要的資訊領域來進行監視和分析，並分別訂定每一個領域的資訊需求的廣度和資訊分析的深度。訂定了資訊的需求領域，則資訊的蒐集才有中心。每一個資訊需求領域內，通常應有一種或兩種重要的動向或事件，可能成為公司的威脅或機會。因此必須明確訂定各項動向或事件的優先順序，否則外在分析便將零亂而缺乏重點，而不能達成分析的效率。

對於一項資訊需求領域，其應予監視及分析的程度如何，通常應視該領域可能產生的衝擊程度，及該領域的「急要程度」(immediacy) 而定。

(1)資訊需求領域的衝擊程度，決定於下列因素：

- 該項領域中發生「可能對本公司現有及未來策略事業單位產生衝擊」的事件或動向的衝擊程度。
- 該項領域對相關策略事業單位的重要程度。
- 該項領域相關的策略事業單位的數目。

(2)資訊需求領域的急要程度，決定於下列因素：

- 該項領域相關的事件或動向成為事實的機率。
- 該項領域相關的事件或動向的時間遠近。

・該項領域相關的事件或動向發生後，本公司可能獲得的因應時間長短；所稱因應時間長短，係指研議及執行因應策略所須的時間而言。

某一資訊需求領域對企業機構的衝擊的大小，決定於承受衝擊的策略事業單位在該企業機構中所佔地位的重要性。在同一企業機構中，某些策略事業單位的重要性可能較高，其他單位則較低。各策略事業單位的重要性高低，常能用各該單位的銷貨、利潤、或成本來代表。但是，有時單憑目前的銷貨、利潤、或成本，也許還不足以代表該事業單位的真正價值，因此每另須以各策略事業單位的其他指標為補充。除此以外，同一項資訊需求領域，可能相關於若干個策略事業單位，因此相關的策略事業單位的數目，也應為衡量衝擊程度的因素之一。衝擊矩陣是指為期更能系統化認明及衡量企業機構的各資訊需求領域，及為期便於使衝擊得以作計量化的測度計，茲設計一個「衝擊矩陣」(impact matrix)，如表 2–6 所示。

矩陣中所填數字，為各項資訊需求領域中相關的事件或動向，對企業機構各策略事業單位的相對的衝擊。表 2–6 下端有一條衝擊衡量的尺碼，數值有正有負。舉例來說，某一日本電腦業者可能插手進入個人電腦市場，如表中的 C_2，對公司的策略事業單位 B_1 估測將產生負面的衝擊 (–4)；某項科技的開發，如表中 E_1，則將對公司某項潛在的策略事業單位 B_{20}，估測可能產生正面的衝擊 (+4)。

此項衝擊矩陣，簡言之，便是將各項資訊需求領域一一例舉，再一一評估其對企業機構各策略事業單位的衝擊。

策略資訊掃描系統

資訊的獲得和管理，純然是一項實務的問題。企業機構對資訊的需求，出現於不同的時機，或係在正規的策略規劃作業中需要資訊，更常見是在出現一項機會或威脅，有待策略因應之時需要資訊。而資訊之流入於組織，則每係綿綿不斷，殊無一定的方式。如是之故，資訊之流進既屬散漫，其流失者也不知凡幾，而且流進的資訊之中，其為不經意而流進者，也不知其數量之多少。

企業機構倘若能建立一項正規化的策略資訊掃描系統，則對於資訊掃描作業的效能，當能有所改善，而且也能保持大部分有用的資訊不致於流失。所謂策略資訊掃描系統 (strategic information scanning system, SISS)，目的在將組織的資訊掃描作業予以適當的系統化，俾便有效執行資訊的蒐集與分析，針對特定的策略問題之需。

表 2–6　策略性事業單位衝擊矩陣

資訊需求領域		策略事業單位 (S.B.U.)								
		現有單位			擬議中單位		潛在單位		衝擊	
		B_1	B_2	$B_3\cdots$	B_{10}	$B_{11}\cdots$	B_{20}	B_{21}	(+)	(−)
顧客層面										
區隔 A	S_1	0	3	0	4	−3	0	1	8	−3
區隔 B	S_2	0	0	4	0	0	3	−3	7	−3
競爭對手層面										
對手 A	C_1	0	−2	0	−1	0	0	−2	0	−5
潛在對手 B	C_2	−4	−2	0	0	0	−4	−1	0	−11
市場層面										
用途 A	M_1	4	−4	0	0	2	0	0	6	−4
產品線 B	M_2	0	0	0	0	0	1	−3	1	−3
環境層面										
科技 A	E_1	2	0	−3	0	1	4	0	7	−3
法令 B	E_2	0	0	2	0	−3	0	−2	2	−5
經濟 C	E_3	0	3	3	−1	0	−4	0	6	−5
文化 D	E_4	−1	2	3	0	4	1	0	10	−1
人口 E	E_5	0	0	2	0	−2	0	0	2	−2
合計	(+)	6	8	14	4	7	9	1		
	(−)	−5	−8	−3	−2	−8	−8	−11		
衡量值		1	0	11	2	−1	1	−10		
各 S.B.U. 相對之重要性		M	M	H	H	M	M	L		

衝擊衡量尺碼:

威　脅		機　會
⋯−4　−3　−2	−1　0　+1	+2　+3　+4⋯
高負面衝擊 (L)	無衝擊 (M)	高正面衝擊 (H)

建立策略資訊掃描系統，共有六個步驟，茲分述如下列各步驟。其中第一及第二步驟，為認明企業機構的資訊需求領域，及認明可用的資訊來源。第三和第四個步驟，則為確定此項系統的相關參與人，並分別派定其擔當的資訊掃描的職掌。最後兩項步驟，則係有關資訊的儲存、處理、及傳佈等項作業。

1. 認明資訊需求領域

建立策略資訊掃描系統的第一步，為根據相關的事件和動向的衝擊程度及急要程度，一一認明企業機構的資訊需求領域之所在。並將認明的資訊需求領域，分別通知組織中的有關成員，俾為資訊蒐集作業的激勵和準據。

2. 認明資訊來源

第二步，應將企業機構日常營運業務中所須查詢的各項資訊來源，編成一份清單。編製的方法是：可就各資訊需求領域內，將應有的資訊來源，經認為「最有用來源」及「有用來源」者，一一認明編列。各項來源應劃分為類別，如表 2–7 所示：業界公會出版品、業者機構出版品、商業展示資料、技術集會資料、客戶及市場區隔資料、供應商資料。

然後應將各類資訊來源，分別判定其掃描方式，例如：

(1)關於出版品者，應分別判定其為「應經常閱讀」或「可選擇閱讀」。

(2)關於商業展示及技術集會者，應分別判定其為「明年必定舉行」或「明年可能舉行」。

(3)關於客戶或供應商者，應分別判定其為「應經常訪問」或「可選擇訪問」；並應就其中「可選擇訪問」者，再判定其為「可停止接觸」或「尚應繼續接觸」。

如此編成的資訊清單，即為企業機構資訊來源的基本。特別是經判定為「最有用來源」，及經指定應由專人負責「應經常閱讀」、「應經常訪問」或「明年必定舉行」者，必須編列於單內。至於其他資訊來源是否應予編入，則應視資訊蒐集及分析是否合於「成本效益」而定。

3. 指定相關參與人

在策略資訊掃描系統下，所謂參與人，主要係指企業機構內直接負責策略管理決策的主持人及幕僚人員而言。除此以外，組織中尚有其他有關人員，也為系統的參與人。包括經常暴露於資訊來源中的人，例如推銷人員，他們常與顧客直接接觸；採購人員，他們常與供應商來往；工程人員，他們常參加技術性的會議，且常閱讀技術書刊。建立策略資訊掃描系統的目的之一，便是期能以「不花成本」的基礎，或「低成本」的基礎，來取得資訊，或利用資訊。惟其如此，所以企業機構才必須盡量運用其資訊參與人和資訊來源，擴大資訊的接觸範圍，俾能以最低成本或不花成本，來建立和維繫策略資訊掃描系統的結構和運作。

4. 分派掃描職責

建立策略資訊掃描系統的第四步，是分派資訊掃描的職責。表 2–7 所示的矩陣，便正是一份掃描職責的分派表。

表 2–7 資訊來源及資訊需求

資訊需求領域	資訊來源																主要負責人
	業界出版品			業者出版品			商業展示			技術集會			客戶區隔		供應商		
	A	B	C	A	B	C	A	B	C	A	B	C	A	B	A	B	
顧客層面																	
・區隔A	孫	錢	周	吳/鄭	錢	錢	馮	馮	魏	吳	陳	陳	魏	蔣/沈		謝	
・區隔B	鄒																
競爭對手層面																	
・競爭對手A	趙										吳				韓		
・競爭對手B							趙	趙			陳						
・潛在對手C							馮	馮									
市場層面																	
・產品用途A	趙/俞					趙/錢	趙	趙			吳						
・產品用途B	錢						吳				陳						
環境層面																	
・科技A	孫	李		吳		錢	吳	朱							楊		吳
・科技B	孫						陳										
・法令C	李			王													魏
・經濟D																	錢
・文化E																	
主要負責人	趙 錢 孫 李	錢 李	周	吳 鄭 王	錢	趙 錢	馮 趙 吳 陳	馮 趙 朱	魏	吳	吳 陳	陳	魏	蔣 沈	韓 楊	謝	

茲請先假定該表所示的資訊來源，均經判定為最有用的來源。再請假定表示的企業機構，暴露於各項「經常」的及「必定」的資訊來源中的參與人，共有 8 人或 10 人。其中 4 人或 5 人，並經指定為「經常掃描」特定資訊的職責。如果對於某項極為有用的資訊來源，應作「經常」及「必定」性的掃描者，參與人數有嫌不足，則其他可對該資訊來源作「選擇」性接觸的人員也不妨分派選擇性的掃描任務。因此，於閱讀某

項特定出版品時，或參加某項特定展示會時，經派定負責的參與人，必須積極參與，積極掃描其中有無策略性的可用資訊；而其他經派定作選擇性掃描的人員則可不負主要掃描職責。

經過如此的職責分配後，則組織成員的資訊掃描職責將與建立資訊掃描系統之前完全不同。在建立掃描系統之前，是所謂「資訊掃描，人人有責」的情勢。而建立系統之後，則「資訊掃描，各有專責」。

此係就企業機構的「經常」及「必定」的「最有用資訊」而言。對於其他的經判定為「有用資訊」，自也不妨仿此類似的方式作掃描職責的分派。惟掃描作業的「密度」，當可減低。

如上文所述，資訊掃描參與人均被分派了一定的資訊來源。但有時對於同一資訊來源，經指定的掃描參與人不只一人者，則尚應有適當的分工。其方法為將資訊需求領域劃分為若干責任區域，而依參與人的個人志趣及教育背景，分別指定負責的區域。也許某人對科技的本身較感興趣，則可指定其負責監視科技的本身；另一人則指定負責監視科技的應用。經劃分責任區域後，參與人的掃描負荷也能相對減輕。例如掃描一項大規模商展中的資訊，或閱讀一種每週一期的雜誌，倘若由單獨一位參與人負責，將不勝負荷。劃分為各區域後，掃描負荷自可臻於合理，且還能使掃描任務的管理較易。請參看表 2–7，某些資訊需求領域已分由數人負責，便是劃分為責任區域的範例。

參與人個人派定的職責，也能以資訊專業領域的區分為基礎。例如某君派定的掃描職責，包括若干個資訊需求領域，每一領域均各有部分掃描職責。分派掃描職責應按資訊需求領域的專業劃分的程度來分派，始稱合理。依專業性程度劃分，不但可以配合派定人員的個人志趣和教育背景，而且還能使掃描任務保持輕微程度的彼此重疊。此外，倘若參與人的個人志趣、教育背景、及工作性質均合乎要求，尚應考慮指派某人擔任某一資訊需求領域的掃描任務的綜理全責。例如某人為科學人才，則指派其監視某一科技，當屬最為允當；某人為銷售人員，則指派其負責某一客戶或某一市場區隔的資訊，應屬最為適合。

5. 資訊的儲存

策略資訊掃描系統的第五個步驟，是資訊的儲存。資訊的儲存，也許只是一份簡單的檔卷，也可利用精緻的電腦化資訊檢索系統。資訊儲存最重要的要求，在於使組織成員瞭解其應將蒐得的資訊送往何處。蒐得的資訊應送交何處，應經過什麼路程，必須明確訂定，不得含糊。如果沒有明確訂定的儲存處所，則千辛萬苦蒐得的資訊終將難免流失。每一位參與人蒐得的有關某項資訊需求領域的資訊，均應有一定的資訊檔卷。最好的方式，是設置一個資訊中心，凡蒐得的資訊第一步均送達該資訊中心，再由資訊中心分別送至相關的檔卷。

6. 資訊的傳佈

資訊檔包括各類資訊的檔卷。對於各類資訊，必須分別決定其何者可用於公司的規劃；必須分別予以彙編摘要；及必須迅予分送傳佈。企業機構應有專人為每一檔卷編製一份說明，必要時可分由各方面專家協助。各檔卷倘若另有參考資料，也應一併註明。倘若檔卷已在上一年度編製彙編，則本年可將其中更新部分作一簡介。此項彙編，通常應在公司進行策略規劃作業之前完成，以為規劃時的情報依據。

此項使用方式，可簡可繁。其簡單者，著由策略規劃人員於規劃作業開始前，自行查閱即可。其較為複雜者，則為凡在獲有新資訊時，便將相關檔卷之資訊彙編作一更新，並將更新後的彙編及其他相關資料輸入電腦。進而言之，策略資訊掃描系統的建立，還可以使用於公司的權宜規劃作業，俾使此一系統成為編製權宜計畫的「動訊」(trigger)。例如一旦發現外界已出現某一新的競爭產品時，便可「觸發」公司加速新產品開發的決策。

摘要

1. 企業經營環境：①不確定性、複雜性、混淆性的企業環境趨勢。②未來學家的觀點：a. 埃文陶佛勒 (Alvin Toffler)《第三波》(*The Third Wave*)。b. 約翰奈思比 (John Naisbitt)《大趨勢》(*Megatrends*)。c. 約翰奈思比 (John Naisbitt)《2000 年大趨勢》(*2000 years Megatrends*)。d. 社會的重要趨勢——變動。e. 企業對應能力與適應能力的考驗。③企業經營環境下之總體結構：a. 人口統計。b. 經濟。c. 生態。d. 科技。e. 政治。f. 社會大眾。④企業經營環境下之任務結構：a. Michael Porter 的五力分析架構（供應商的議價實力；替代品或服務的威脅；客戶的議價實力；新進入者的威脅；既有競爭者之間的競爭程度。）b. SWOT 分析經營環境的動態性，可行性空間，以及市場機會。⑤企業經營環境下之個體結構：企業本身、供應商、仲介中間機構、顧客、競爭者、社會大眾。
2. 行銷之個體環境：① 企業目標管理提供策略性的產品和服務吸引顧客消費並追求利潤。② 公司本身：a. 企業個體內部環境的協調觀點。b. 成本利潤分析與責任中心制度的流程運作。③ 供應商：a. 行銷專業人員應有認知（原料價格趨勢、供應商的選擇、避免斷料危機）。

b.對供應商有利的情況。c.企業對供應商的必要觀點（資源供給穩定性、避免過度集中採購）。④仲介機構：a.生產者願意使用中間商的重要因素（財務資源有限；產品多樣化的經濟效益考量；投資報酬率的機會成本；專業大規模的經營。）b.中間商對消費者的優點（廣泛的產品組合；消費者便利性。）c.仲介中間機構的其他類型（實體配送公司、行銷服務機構、財務中間機構）。⑤顧客：a.構成顧客行為的重要因素：數目、購買力、需求和欲望、購買習慣。b.生活型態行銷的行銷組合策略。c.各種顧客市場類別說明。⑥競爭者：a.成功的市場機會外部性競爭觀點。b.競爭者的類別（欲望的競爭者；消費屬性有差異的競爭者；產品型式的競爭者；品牌的競爭者。）c.面對競爭者行為的行銷積極觀點：創造競爭優勢。⑦社會大眾：a.社會大眾對企業達成目標的影響力。b.社會大眾的類別。

3.行銷之總體環境：①行銷管理的獨特性與重要性：由外而內的思考觀點。②人口統計環境——市場區隔基礎：a.目標市場的變化影響企業經營動態性。b.世界人口膨脹隱憂，貧窮的惡性循環。c.人口年齡結構改變帶動新需求市場。d.家計單位變動帶來的影響。e.人口地理的遷移。f.教育程度的提高，符合消費者需求標準的消費者導向。②經濟環境——行銷政策基礎：a.市場消費者購買力的關聯影響。b.行銷角度下的經濟制度。c.經濟發展階段如何影響市場行銷活動。d.所得與人口的改變。e.消費支出型態的改變，恩格爾法則研究。③自然環境——生態環境基礎：a.未來趨勢，對自然環境的關切。b.原料的短缺。c.環境污染日益嚴重。d.政府對自然資源管理之強烈干預。④科技環境——技術法規基礎：a.科技進步的衝擊，企業隱憂或行銷機會。b.科技改變的步調加快。c.產品壽命縮短。d.研究發展費用的大增。e.科技變動的法規增多。⑤政治法令環境——限制因素基礎：a.管制企業行銷法令增多。b.立法目的：維持公平競爭；保護消費者；保護社會大眾利益。c.政府機構執行法律更為積極與大眾利益團體的抬頭。⑥社會文化環境——社會淨化基礎：a.消費者消費傾向的改變。b.企業倫理道德。c.各種社會態度。

4.如何管理未來的行銷環境：①有效適應環境的主要關鍵。②偵查環境系統的競爭優勢重要性。③實際與潛在的產業規模分析。④產業結構的分析。⑤成本結構的分析：a.最高附加價值階段的競爭優勢。b.產業洞察力，關鍵成功因素轉變的動態性。⑥顧客分析：a.市場區隔劃分的問題。b.市場區隔劃分的方式。c.綜合效果的市場區隔行銷策略。⑦競爭對手分析：a.認明對手（以顧客為基礎認明對手：競爭強度高低、變數的重要程度；以策略為基礎認明對手：策略群間的移動障礙、推測未來的競爭策略）。b.瞭解對手：（競爭對手的目標和假定；競爭對手目前和過去的策略；競爭對手的組織和文化。；成本結構和退出障礙；競爭對手的優勢和弱點；競爭對手有關資訊的獲得。）⑨配銷體系的分析：a.該產業的配銷通路。b.配銷通路的改變趨勢。c.配銷通路的控制力程度。⑩未來趨勢：環境動向和環境大事的預測：a.詢問涉及風險的問題。b.未來趨勢的延伸推測法。c.專家學者意見。d.問題解構。e.相互衝擊分析。⑪未來情境的分析：a.樂觀、悲觀可能的未來情境。b.未來情境與公司策略的關聯。c.未來情境的機率。⑫衝擊的分析（急要程度；衝擊矩陣）⑬策略資訊掃描系統。

習題

1. 請說明當前臺灣行銷環境的變遷在下列因素的影響下：
   (1)政治環境：如解嚴後的選舉活動，國民黨主流與非主流生態改變，新黨、台聯、親民黨、民進黨對於臺灣政治環境的衝擊。
   (2)金融風暴問題：在擠兌心理、存款保險制度不能普及、金融檢查制度無法落實、超額貸款的陰影下對經濟環境的衝擊。
2. 說明臺灣消費者保護法、著作權保護法、公平交易法的主要精神，並解釋廠商在競爭觀念中如何配合公平交易法的精神，廣告在創意表現上如何界定智慧財產權問題，對於消費者購買過期、不符合產品說明、異常產品，廠商如何處理顧客的權益問題。
3. Faith Popcorn（爆米花）行銷顧問公司曾列舉未來10大經濟趨勢改變：(1)盡情揮霍 (cashing out)；(2)封閉起來 (cocooning)；(3)追求年輕化 (down aging)；(4)自我主義 (egonomics)；(5)幻想冒險歷程 (fantasy adventures)；(6) 99生活型態 (life style)；(7) SOS（save our society 拯救我們的社會）；(8)追求短小 (small indulgence)；(9)保有生命力 (stay alive)；(10)消費者保安員 (the vigilante consumer)。同學可分組按不同產業之詞案，試針對不同產業受上述經濟趨勢轉變有何因應方式。
4. 消費者結構改變是行銷環境變遷的重要性考慮因素，請說明臺灣消費者50年代、60年代、70年代、80年代、90年代下列人口結構的改變：(1)年齡結構的分佈；(2)人口成長率的趨勢；(3)男女性別結構改變；(4)結婚年齡的分佈與新婚率變化；(5)家庭小孩子數目的改變；(6)省籍結構的分佈。並預測臺灣西元2010年的上述這些指標的結果為何？
5. 一般而言，公司的行銷環境大抵均是行銷部門接觸較多，但公司的組成並非只有行銷部門，如果你是行銷部門主管，如何讓公司其他部門瞭解行銷環境的轉變？並如何建議公司因應行銷環境的變化?

6. 是否可透過分組討論方式，並由各組每一組員發表對下列看法來說明文化環境的改變對行銷的影響?

(1)對自己的看法 (people's view of themselves)。

(2)對他人的看法 (people's view of others)。

(3)對組織結構的看法 (people's view of organization)。

(4)對社會的看法 (people's view of society)。

(5)對自然環境的看法 (people's view of nature)。

(6)對未來的看法 (people's view of future)。

第三章 消費者市場、消費購買行為與市場調查方法

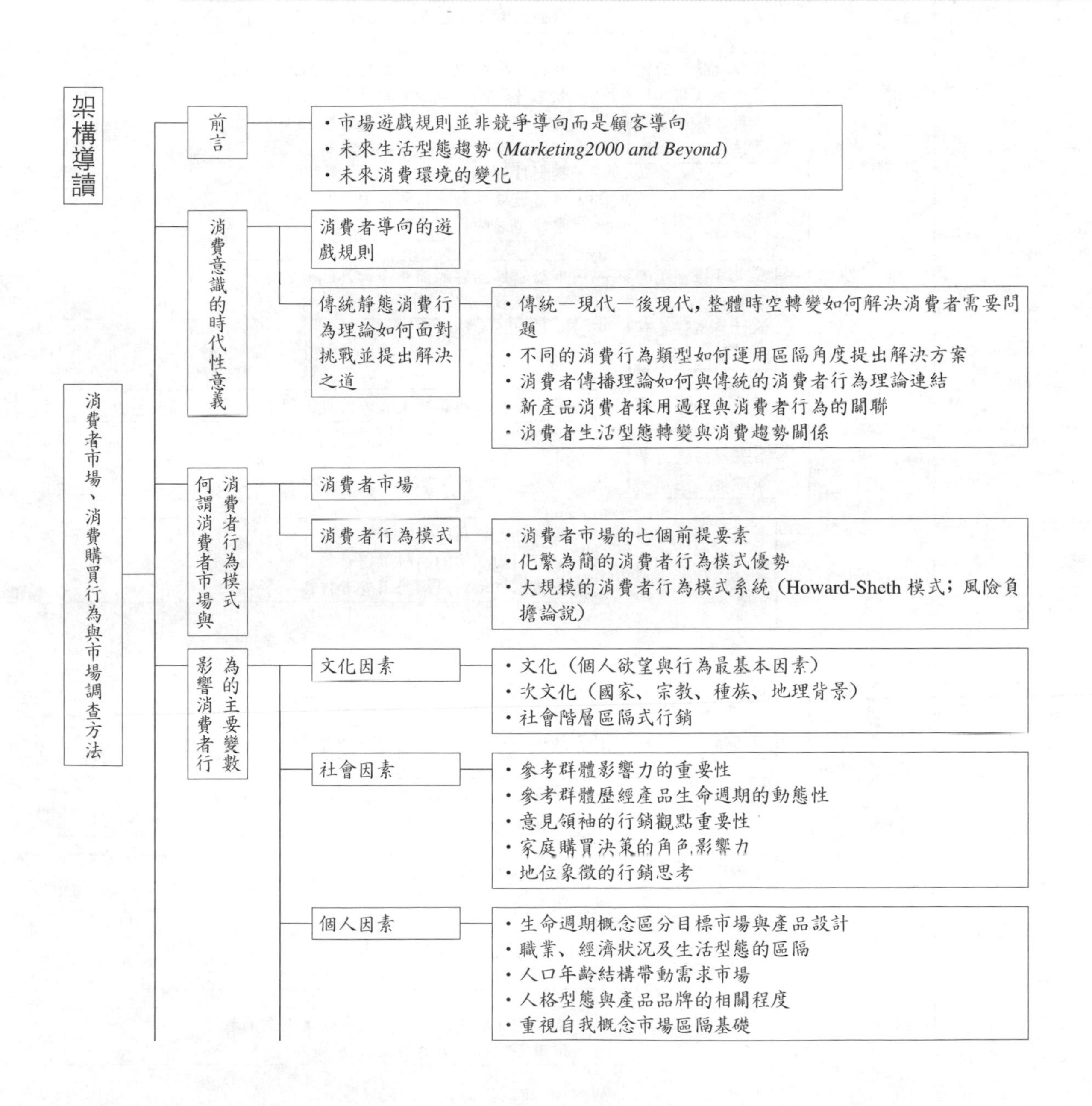

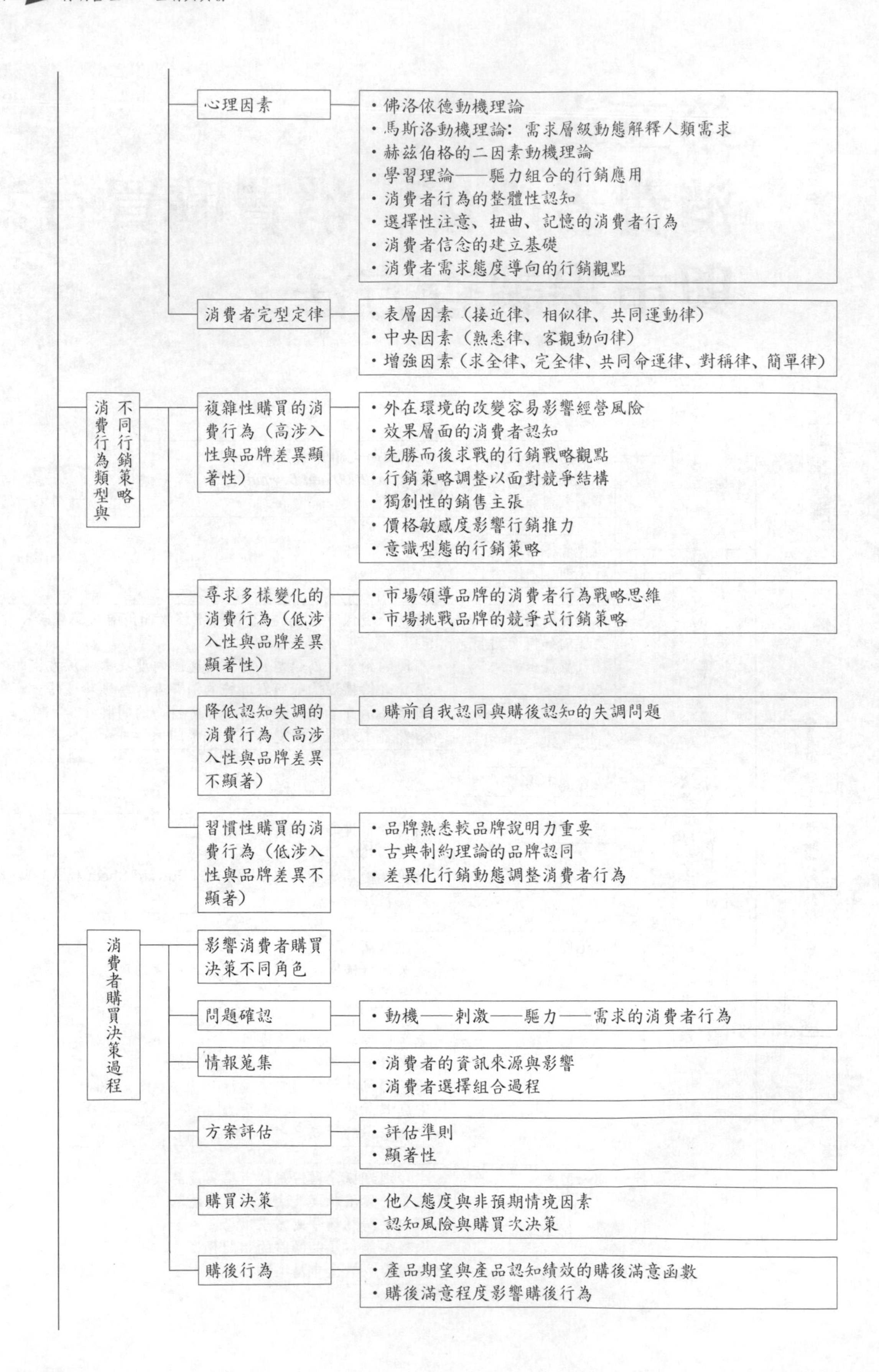
心理因素
・佛洛依德動機理論
・馬斯洛動機理論：需求層級動態解釋人類需求
・赫茲伯格的二因素動機理論
・學習理論——驅力組合的行銷應用
・消費者行為的整體性認知
・選擇性注意、扭曲、記憶的消費者行為
・消費者信念的建立基礎
・消費者需求態度導向的行銷觀點
消費者完型定律
・表層因素（接近律、相似律、共同運動律）
・中央因素（熟悉律、客觀動向律）
・增強因素（求全律、完全律、共同命運律、對稱律、簡單律）
消費行為類型與不同行銷策略
複雜性購買的消費行為（高涉入性與品牌差異顯著性）
・外在環境的改變容易影響經營風險
・效果層面的消費者認知
・先勝而後求戰的行銷戰略觀點
・行銷策略調整以面對競爭結構
・獨創性的銷售主張
・價格敏感度影響行銷推力
・意識型態的行銷策略
尋求多樣變化的消費行為（低涉入性與品牌差異顯著性）
・市場領導品牌的消費者行為戰略思維
・市場挑戰品牌的競爭式行銷策略
降低認知失調的消費行為（高涉入性與品牌差異不顯著）
・購前自我認同與購後認知的失調問題
習慣性購買的消費行為（低涉入性與品牌差異不顯著）
・品牌熟悉較品牌說明力重要
・古典制約理論的品牌認同
・差異化行銷動態調整消費者行為
消費者購買決策過程
影響消費者購買決策不同角色
問題確認
・動機——刺激——驅力——需求的消費者行為
情報蒐集
・消費者的資訊來源與影響
・消費者選擇組合過程
方案評估
・評估準則
・顯著性
購買決策
・他人態度與非預期情境因素
・認知風險與購買次決策
購後行為
・產品期望與產品認知績效的購後滿意函數
・購後滿意程度影響購後行為

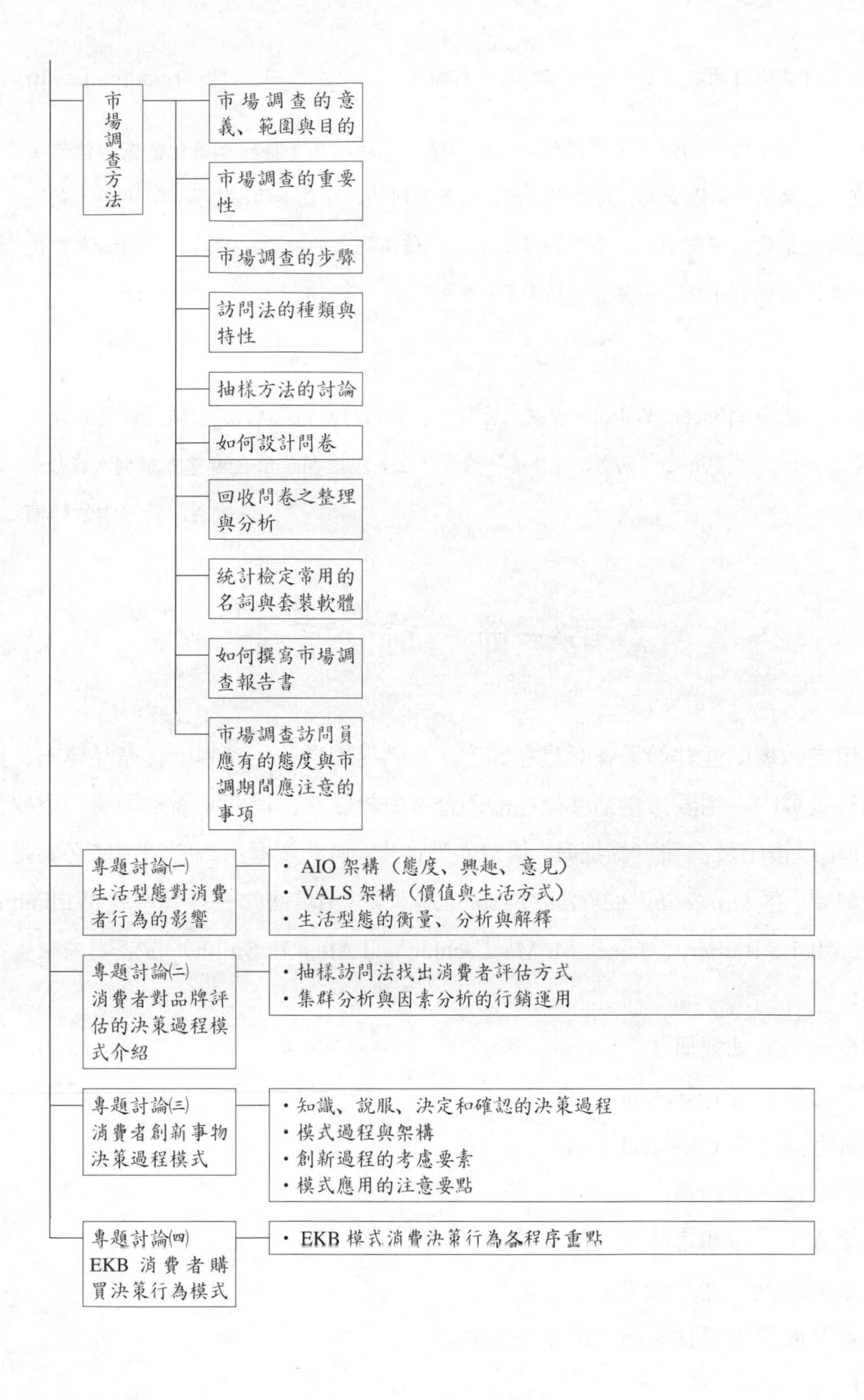
市場調查方法
市場調查的意義、範圍與目的
市場調查的重要性
市場調查的步驟
訪問法的種類與特性
抽樣方法的討論
如何設計問卷
回收問卷之整理與分析
統計檢定常用的名詞與套裝軟體
如何撰寫市場調查報告書
市場調查訪問員應有的態度與市調期間應注意的事項
專題討論(一) 生活型態對消費者行為的影響
・AIO 架構（態度、興趣、意見）
・VALS 架構（價值與生活方式）
・生活型態的衡量、分析與解釋
專題討論(二) 消費者對品牌評估的決策過程模式介紹
・抽樣訪問法找出消費者評估方式
・集群分析與因素分析的行銷運用
專題討論(三) 消費者創新事物決策過程模式
・知識、說服、決定和確認的決策過程
・模式過程與架構
・創新過程的考慮要素
・模式應用的注意要點
專題討論(四) EKB 消費者購買決策行為模式
・EKB 模式消費決策行為各程序重點

企業機構的目的，在於創造顧客、及保持顧客。 李維特 (Theodore Levitt)

人們買鞋子的目的，不再是保護腳部的溫暖與乾燥，而是藉鞋子讓他們感到他們是有男子氣概的、淑女的、精力充沛的、與眾不同的、有教養的、年輕的、有魅力的，以及時髦的。換句話說，購買鞋子已成為一種情緒上的經驗，於是，我們的事業就不是在銷售鞋子，而是銷售「興奮」。

法蘭西斯・洛尼

文生・威廉 (Vincent Willem) 曾在人生徬徨與孤獨時寫信給兄長迪奧：「我想去找莫弗聊一聊。要是決定畫油畫，我便要一直走下去，不過開始前我希望先跟別人談談」

梵谷 磨難中的熱情

第一節 前 言

市場遊戲規則並非競爭者而是在顧客，行銷從最早的生產導向、產品導向、銷售導向到行銷導向，主要的重點就是在說明企業對於顧客、消費者需求瞭解的重要性。從 1970 年以後由於消費意識提升、消費水準進步，無法掌握消費意識趨勢必定是未來市場的輸家。在 *Marketing 2000 and Beyond* 這本書（由美國知名行銷學者 William Lazer、Priscilla La Barbera、James M. MacLachlan and Allen E. Smith）曾說明未來生活型態趨勢：

⑴照自己的方式過日子。

⑵提升心理自我 (psychological self)。

⑶提升身體自我 (physical self)。

⑷具備四海一家精神。

⑸追求安全、退避風險。

⑹不安於現狀、持久性低。

⑺重視休閒、希望擁有可自由支配的時間。

⑻改變工作觀。

⑼有遠離一切的念頭。

⑽要求便利與及時滿足。

⑾對產品依賴性增加。

⑿期盼安全的生活空間。

故 marketing people 必須要特別注意未來消費者市場的變化。本章主要的理念是從未來消費環境的變化探討消費行為研究的架構：

⑴從重視生產到重視消費者權利❶：尤其強調「使用者便利」原則、品質、服務、可換式組件、各項保證、產品修改等。

⑵從大眾到小眾：強調所謂利基、區隔、產品顧客化與個性化，以及彈性生產。

⑶從累積個人資訊到擴大分擔與分享：亦即強調合作、互利、網路溝通、相互結合，以及親身參與。

⑷從物料與產品流通，到資訊、特別資料庫、行銷情報系統、通訊系統，以及知識溝通。

⑸從追求一時的滿足的觀念到保育觀念：亦即重視資源的有效利用、保護環境、降低污染、減少能源消耗、推行資源循環利用。

⑹從國家與區域小格局經濟觀，到全球各經濟體相互結合的大格局觀念，亦即肯定多國籍企業、國際貿易、全球網路、世界一家重要性。

⑺從煙囪工業到高科技工業：其特點為資訊豐富、調適改造力強，以研究發展為導向、以機器人為動力。

⑻從人力和機械掛帥的企業，到教育掛帥的企業：其特色為大批受良好教育的勞工與管理人才投入工作，重視研究、重視軟體建設，充分利用電腦。

⑼從單打獨鬥的個別企業體到完整的企業體系：除了正式的公司組織外，也透過各種較鬆散的聯盟關係，務求提高效率，並增進消費者滿足。

⑽從高度集中化到分散化：亦即強調與消費者走得更近。

⑾從「竭澤而漁」的觀念到「有限度富裕」觀念：認識妥善利用資源的必要性，並避免生活「過度富裕」。

⑿從公司的底線、銷售量、利潤、生產數字至上的觀念，到兼顧消費者滿意程度的一種較平衡觀念。

❶ 政府為兼顧消費者權益，特別在 1994 年 1 月 11 日公佈消費者保護法，共分⑴總則，共有四條立法。⑵消費者權益，共分第一節健康與安全保障、第二節定型化契約、第三節特種買賣、第四節消費資訊之規範。⑶消費者保護團體界定。⑷行政監督單位。⑸消費者爭議之權利與處理，包括第一節申訴與調解、第二節消費訴訟。⑹罰則。⑺附則。

⒀從追求標準化與同質化，到講究個性化、顧客取向、區別化。

故本章消費者行為分析主要是讓讀者面對消費者市場變化瞭解下列重點：

⑴消費意識的時代性意義。

⑵何謂消費者市場、消費行為模式？

⑶影響消費者行為的變數有哪些？

⑷不同型態消費行為與行銷策略。

⑸消費者購買決策過程。

而為對於消費行為有較明確的深入操作過程，特提供運動鞋消費行為個案使理論與實務充分加以結合。

第二節　消費意識的時代性意義

西班牙有一句古老諺語：「要想成為鬥牛士之前必須先學做一頭牛。」很多的 marketing people 以為行銷的成敗要花很多時間去探討競爭策略、競爭結構、產品開發、最佳產品、最佳品質等議題，其實遊戲規則重點仍在於消費者。消費者選擇重點內容是什麼，消費者選擇產品的考慮因素有哪些，消費者對於品牌的決策理念是什麼，消費者對於市場所提供之產品與服務，其消費行為類型有哪些，消費者對於確定事項與不確定事項，其消費考慮與消費決策有何不同。可從下列知名人士與事件來說明以消費者為思考主軸的時代已經來臨。

⑴過去製造商的座右銘是「消費者請注意」，現在已經被「請注意消費者」所取代。

⑵把產品先擱到一邊，趕緊研究「消費者需要與欲求」，不再賣你所能製造的產品，而要賣人確定想購買的產品。

⑶1960 年哈佛大學教授李維特 (Theodore Levitt) 在《行銷短視病》(*Marketing Mypoia*) 中說道：「根本沒有所謂成長的行業，只有消費者需要 (needs)，而消費者的需要隨時都可能改變。」

⑷傑出市場調查專家喬治・蓋洛普 (Dr. George Gallup) 博士曾在 1970 年說道：「這就是為什麼自二次大戰以來，廣告進步不多的原因，因為廣告只針對產品本身，完全忽略可能購買的消費者。」

⑸定位理論的作者傑克・陶特 (Jack Trout) 和艾爾・瑞斯 (Ai Ries) 曾說：「是消費者

在定位產品，而不是廣告主與廣告代理商在為產品定位。」因為行銷的戰場乃在消費者心目中，而不是在行銷企劃室裡，但只有少數人瞭解到其中的精奧。

⑹西北大學教授舒茲(Pon E. Schultz)在其所著的《行銷整合傳播》(*Integrated Marketing Communication*)，企業對於不同種類的品牌忠誠消費者應有不同的行銷區隔策略，如長期品牌忠誠者應有關係行銷以維護彼此良好的行銷關係。對於他品牌的使用者應運用差異化行銷策略（口碑、意見領袖、參考群體的策略運用）扭轉其消費習慣，嘗試轉移其品牌忠誠度。對於游離群的消費者應運用傳播策略以攫取其心理認知，獲取新的我牌使用者。並強調必須與消費者接觸管理 (contact management) 如消費者接觸的是什麼媒體，然後將這些訊息溶入綿延不斷的傳播過程中，使得消費者能夠建立或強化品牌的感覺、態度和行為。並透過品牌調性與個性 (tone's & personality) 的塑造而達到區隔與定位目的。

並透過本章內容的說明，使讀者瞭解傳統消費行為研究理論所著重的內在因素探討（如消費者個人因素、購買靜態的考慮因素說明、靜態模型分析），且傳統消費行為理論面對下列問題的挑戰將如何提出解決之道：

⑴不同時空背景與消費趨勢轉變，行銷人員如何提出解決之道，例如企業從傳統—現代—後現代整體時空轉變如何能針對消費者現行需要與未來需要提出解決，否則只考慮傳統行銷組合觀點，並未能實際解決問題。例如企業不能一直以為在十年前我們產品在當時多好吃、多受消費者歡迎，今天為何不若當時之盛況，除了競爭結構改變外，消費意識轉變，在當時環境意識下消費者想法，是企業所必須要思考的。譬如說目前消費者並非只重視產品好吃而已，還必須兼顧包裝、品味、流行性的感覺。甚至企業還必須考慮未來消費考慮的因素變化。如目前為後現代主義盛行時，解釋解放及返璞歸真為時代主流，企業在產品訴求方向，若還是重視華麗外表，則與當時 tone 是不符合的。

⑵消費者行為有不同消費行為類型，這必須從區隔角度而加以思考提出解決方案，而不能用靜態單元模式去解釋：例如 a. 飲料為尋求多樣變化的消費行為，消費者在購買時會聯想到一系列相關問題，如喝什麼、到哪邊購買、有否替代品，飲料企業必須思考如何讓消費者買得到產品（通路），如何讓消費者重複購買率提高，如何塑造明星化產品以造成趨勢（明星化產品）。b. 購買傢俱為減少認知失調的消費行為，消費者在購買產品時會考慮使用目的，到哪邊購買較方便，傢俱企業必須考慮到傢俱品質服務、優惠方式、如何大量生產始能降低成本的問題。

⑶新產品消費者採用過程與消費行為有很重要的相關，而不同時期新產品的採用者、各時期消費者的特質又不一樣，在傳統消費者行為研究理論似乎又未深入加以探討。例如：

a.新產品新使用者 (pioneers) 消費者的特質是冒險性 (venturesome)。

b.早期使用者 (early adopter) 消費者的特質是屬意見領袖 (opinion leader)。

c.早期大眾使用者 (early majority adopter) 消費者的特質是深思熟慮型 (deliberate) 的消費者。

d.晚期大眾使用者 (lately majority adopter) 消費者的特質是懷疑論者 (skeptical)。

e.落後使用新產品的消費者 (lazzard) 消費者的特質是傳統保守型 (tradition bound)。

⑷消費者傳播理論在二十世紀中已開始被企業重視且已開始被行銷人員視為行銷策略的重要性工具，但此部分在傳統的行銷消費者行為理論一直未被充分說明，如：

a.消費者認知與偏好問題 (perception & preference)。

b.消費者購買行動的決策問題（消費者或潛在消費者）。

c.消費者類別與品牌網路關係 (category & brand network)。

d.消費者接觸管理 (contact management)，如何 (how)，何時 (when)，什麼 (what)。

e.消費者行為如何改變與消費者態度如何改變（消費者購買誘因 TBI）。

f.品牌調性與個性 (tone & personality) 與消費者需要如何結合問題。

⑸消費者生活型態轉變與消費趨勢關係：未來消費者生活型態改變，將影響企業如何運用趨勢創造商機的問題，行銷手法如何改變的祕密，產品如何符合消費趨勢的問題，也是傳統行銷消費行為所未能探討的。

- 繭居（家是他們的堡壘）：面對外在生活競爭，消費者在家中找到了自己的天堂，可以盡情發洩心中不平衡。
- 夢幻歷險（活在現實，卻又渴望夢幻式歷險）：消費者雖然活在現實，但是透過消費行為而願意短暫享受夢幻的生命體驗。
- 小小的放縱（受之無愧）：消費者購買動機從「想要」轉變成為「值得擁有、受之無愧」。
- 自我主張（選擇商品基礎）：消費者渴望買的是「自我」，「走出自己的路」，「做真正的自我」。
- 逃離都會，積極開拓自我（為自己而活）：消費者為積極開拓自我，減緩心跳，拒絕疲憊的心靈，另外尋找一個新的生活型態。

- 人老心不老（為年齡與行為重新註解）：銀髮代表時髦，消費者正向生理學上年齡分界點挑戰，試圖為年輕、年老重新定義。
- 追求健康的狂熱（自我保健，不惜一切代價）：消費者透過追求自我健康來提升生活品質，從而提升生命意義。
- 警戒的消費者（使廠商更人性化）：曾經是膽小的消費者已搖身一變，用電話、打字、傳真向所有仿冒品、劣質品展開絕地大反攻。
- 個人角色多元化（生活多樣，使人同時扮演許多角色）：消費者為了擁有一切，個人角色逐漸多元化，透過追求速度、身兼多職，消費者開始由「我可以過任何我選擇的生活」逐漸轉變為「我可以過所有我選擇的生活」，經過如此得到的教訓是，消費者生活簡化、選擇性接受產品、減少負荷。
- 拯救社會（環保觀念）：世界能否繼續存在下去的疑問，必將成為接手一代的嚴肅課題，它使得下一代團結起來，消費者購買為了使世界更好的產品。

第三節　何謂消費者市場與消費者行為模式

消費者市場

在行銷觀念下，瞭解目標市場的購買行為是行銷經理的基本任務。消費者市場包括購買或取得財貨與勞務，以供個人消費的所有個人與家庭。

在競爭現代企業中，無論行銷部門、生產部門或財務部門，均應注意研究消費者的需要與愛好，因為惟有消費者市場才是真正的最後消費者，其他工業使用者，批發或零售等中間商，雖然其購買量可能超過最終消費者，但是其購買的目的仍是為了最終消費者。因此一個現代企業希望獲得成功與發展，必須徹底認識、瞭解與研究消費者市場，以消費者為中心，盡管其銷售的對象為工業使用者、批發商或零售商，甚至於與最後消費者從不發生直接關係，認識消費者仍十分的重要。

但是研究消費者市場是一件非常困難的事，消費者人數眾多，一個國家如果有2,000萬人，此2,000萬人從初生嬰兒到古稀之齡皆是消費者，而由於性別、年齡、教育程度、所得與地理區域等種種影響，使得消費者之購買行為，產生顯著的差異性，更由於消費者不同人口統計總數，而使消費者購買動機亦產生甚大的影響。

消費者購買，絕大部分均屬於小量購買，在小家庭制度下，儲存處空間有限，保存期限到期問題使得消費者每次僅能購買一週或二週的需要量。消費者另一個購買的特性為多次性購買，一個住在城市公寓內的消費者，一天之中也許要外出採購數次。第三個購買特性為重複購買率觀點。

消費者市場的另一個重要特色是非專家購買，絕大多數消費者購買商品均缺乏專門知識，彼等深受廣告與其他銷售推廣方法之影響。而且現代文明愈進步，根據各種消費者心理反應調查研究顯示，消費者購買時，受情感影響的支配愈來愈大於理智的影響。

消費者行為模式

愈來愈多現象告訴行銷人員必須多注意消費者研究才能掌握市場脈動，而相關消費者市場的研究與討論之前，必須對七個O要素先瞭解基本定義：

⑴誰構成這市場？佔有率 (occupants)：考慮相關之競爭者

⑵這市場買些什麼？物品 (objects)：如何提供產品服務

⑶這市場為何要買？目標 (objectives)：市場需要如何瞭解

⑷誰參與了購買？組織 (organization)：相關購買參考群體

⑸這市場如何購買？作業 (operation)：消費者消費行為系統研究

⑹這市場何時購買？時機 (occasions)：消費者購買時機研究

⑺這市場到何處購買？標點 (outlets)：消費者透過相關因素研究

模式是代表真實世界的縮影。藉由表達關鍵的特色及忽略不必要的細節，模式可幫助我們解釋複雜的現象。在現今對複雜的消費者行為進行研究時，模式之運用有相當幫助。若能夠確實掌握顧客對不同產品特質、價格、廣告訴求等之不同反應，則此公司將比其他競爭者較佔優勢。

消費者行為模式主要是用以企圖描述消費者決策的過程。使用模式主要之好處有下列六點：

⑴在詳細的檢查下，仔細整合一個系統的所有成員，使得研究上能具有脈絡可尋。

⑵模式指出了一個系統的元素，及其彼此間的相互關係。

⑶它使研究人員能預測由一個系統所推導出的行為。當某些情況符合的時候，模式也可以用來預測在未來某個時間所可能發生的事。例如當一個新產品由一個公司

的研發部設計出來的時候，管理者將很想評估有多少這類產品可以銷售出去。

(4)它能解釋在一個已設定的系統上，變數如何以合乎邏輯的流程來運作。模式可以幫助我們瞭解為什麼某件事情會發生。以前例而言，它將幫助公司瞭解對於此新產品的喜好態度乃是基於購買者對此產品使用的原料具有信心。

(5)模式能夠簡化消費者的購買行為，行銷人員需要模式就如同建築師需要藍圖一般。有了藍圖，建築師可以在施工前想像出一幢建築物的各種不同的層面，並且做任何設計結構上的必要修正。此外，基於設計師的需要，藍圖可以畫到不同的詳細程度。同樣的，消費者行為模式是由許多代表在消費者選擇過程中之重要層面的單位或變數所組合而成的。消費者行為模式幫助分析師指出他們公司在面對消費者時所應改進的地方。至於模式應該包含多少的細節，我們可借用自然科學中的簡約法則，建議模式或理論應該在能夠預測及解釋消費者行為的原則下以最簡單且最直接的方式表示出來。在一個模式中不應該有相同的成員重複出現。

(6)經由提供新的假設之架構，它可協助研究人員推導及建立理論。

許多全面性的大系統消費者行為模式在表示消費者決策過程的方式都非常的接近，其方式就如同一種電腦的流程圖一般。最為一般研究人員所熟知的大系統模式最主要有下列兩個：

(1)Howard-Sheth 模式：此模式從購買者之學習過程探討購買行為，其過程受廠牌、社會環境、產品種類等內在投入因素及個人因素，團體關係、社會階層、財務狀況、時間壓力、文化背景等外在投入因素影響。

(2)鮑爾的風險負擔論說：從購買者所負擔的風險談起，認為顧客之主觀購買知覺風險者有一可容忍水準。若知覺風險在其可接納範圍內，顧客可能逕予購買，但如果風險在不能接受範圍內，則消費者會加以拒絕之。

第四節　影響消費者行為的主要變數

文化因素 (cultural factors)

消費者消費行為受到文化、次文化、社會階層等文化因素所影響。

1. 文化與次文化 (cultural & subculture)

(1)文化：文化是決定個人欲望與行為最基本因素，人類的行為是靠學習而來的，兒童成長時，透過在家庭及其他相關機構的社會化過程能學到基本的價值、認知、喜好與行為。小明所以會對電腦產生興趣，主要是因為他生長在一個高度科技化的社會，知道電腦是什麼，懂得用指令來操作電腦，並且瞭解電腦在社會中的價值，而在另一種文化裡，例如非洲某一落後的部落，對電腦可能完全沒有概念，更不具任何意義。

(2)次文化：每個文化中包括許多次文化的群體，這些次文化提供成員特殊的認同感及社會化。次文化可區分為四種：國家群體：如以色列人、波蘭人、愛爾蘭人等民族團體，表現出與眾不同的民族習性與氣質。宗教團體：如羅馬天主教、摩門教、猶太教等則代表有特殊文化偏好及禁忌的次文化。種族團體：如黑人、東方人有特殊的文化風格及態度。地理區域：如美國南部各州、加州有不同特徵的生活方式，形成不同的次文化。

一個人對各種產品的興趣來自國家、宗教、種族與地理背景，這些因素也會影響他在食物上的喜好，服裝的選擇和對事業的抱負。

2. 社會階層 (social class)

係指社會中同質且有持久特性的群體，每一個群體內的消費者都有相似的價值與趣和行為，而在購買行為中亦有其類近之處。據恩格爾等人所研究的美國主要社會階層特徵結果顯示，在上上層社會人士之消費行為往往成為其他階層人士的模仿對象，而上下層社會人士之購買行為常常有炫耀性作用。至於下下層社會人士之購買行為常帶有衝動成分，對產品之品質不太重視。此種階層之特性正反映社會環境對購買行為之影響如表 3–1。

社會階層具有以下的幾個特徵：(1)同一階層的人表現的行為較由兩個不同階層所找出來的人之行為相似。(2)地位的高低取決於所屬的社會階層。(3)一個人的社會階層是由許多的變數所決定，如職業、所得、財富、教育及價值導向等諸因素。(4)在每一個人的生命中，他可能由一個社會階層移到另一個社會階層。

不同的社會階級在服飾，傢俱，促銷活動等產品與品牌的選擇上亦表現出相當獨特的偏好。因此，有些行銷人員會將精力集中在某一個社會階層之上，針對不同的目標階層市場採不同的銷售方式、廣告媒體及訊息的種類。

表 3–1　購買行為模式

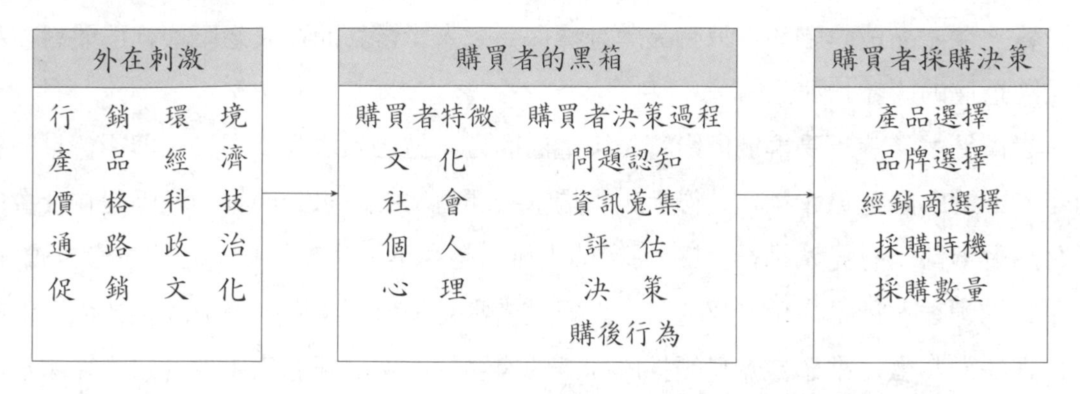

社會因素 (social factors)

消費者的消費行為亦受到參考群體、家庭及社會角色與地位等社會因素所影響。

1. 參考群體 (reference groups)

每個人的行為都受到許多群體的影響。所謂參考群體係指對人們的態度和行為，有直接或間接的影響的所有群體。對個人有直接影響的群體稱為成員群體，這些群體和個人皆有互動和互屬的關係。有些是持續性的互動，像家庭、朋友、鄰居、同事等，稱為主要群體，其群體間的關係是非正式的。有些則屬於次級群體，其成員之間的關係正式，而比較不持續的，包括宗教組織、兄弟會和商業公會。

人們經常受其他非成員群體影響，有些人們很想加入的群體稱為崇拜群體，例如青少年希望有朝一日能成為樂團五月天的一員；另有一種隔離性群體，這個群體的價值和行為被人拒絕，例如許多人就拒絕與任何黑社會幫派有任何的關聯。

行銷人員必須能辨別目標顧客所屬的參考群體。人們至少受到參考群體三方面的嚴重影響。⑴參考群體使人接受新的行為與生活型態。⑵參考群體可以來影響某人的態度與自我觀點，因為人們通常想要「配合」群體。⑶參考群體創造出順從的壓力，而影響到個人的實際產品與品牌選擇。

參考群體影響力的重要性，隨著產品與品牌而有所不同。例如其在汽車與彩色電視上的產品與品牌選擇上均有強烈的影響力，但在傢俱與服飾上僅對品牌選擇有影響力。此外參考群體也僅在啤酒及香煙的產品選擇上具有強烈的影響力。

當產品在經歷產品生命週期時，參考群體的影響力也隨之改變。當一項產品上市時，購買決策深受他人的影響。在市場成長階段，產品與品牌選擇同時受到群體的強烈影響。在產品成熟階段，只有品牌選擇深受他人影響。而在衰退階段，群體對產品與品牌選擇的影響均弱。

對產品與品牌深受群體所影響的製造商而言，他必須決定如何接觸與影響某一相關參考群體中的意見領袖，使得大量市場基於「勢利的訴求」而模仿。但是在社會的所有階層中都有意見領袖，且某一特定的人可以是在某一產品領域上是一位意見領袖，而在其他領域上卻是一位意見追隨者。行銷者常藉著確認相關於意見領袖的人口統計與心理統計特徵，來確定意見領袖所閱讀的媒體。而後將訊息集中傳達給意見領袖，以設法接觸到這些意見領袖。只要這些意見領袖購買了該廠商的產品，其他追隨者便極可能受到影響而採取跟進的動作。

2. 家庭 (family)──家庭生命週期及購買行為

購買者的家庭成員會對行為有強烈的影響。我們可以將購買者生命中的二種家庭加以區分。一是孕育家庭亦即從個人的雙親瞭解到宗教、政治、經濟的概念，並且影響到個人抱負、自我價值和愛的感覺；即使在離開父母，很少和父母接觸之後，這種影響仍然會不自覺的出現在行為中。而在中國古代的大家庭的體系中，父母終其一生都與其子女生活在一起，其影響更是深遠。

此外，對日常生活影響更大的是個人的衍生家庭。包括配偶，子女。家庭是社會組織中最基本的消費單位，也是被研究最多的一個組織。行銷人員對於消費者購買產品及服務時，丈夫、妻子和小孩彼此之間的角色和影響深感興趣。

丈夫、太太的投入隨著產品類別的不同而有廣泛的差異。傳統上，妻子是扮演著家庭主要採購者，特別是在食品、雜貨與纖維服飾項目上。不過，這種情形隨著職業婦女的增加與丈夫參與更多的家庭採購而有所轉變。因此，便利財貨的行銷者如仍認為婦女才是他們產品的主要或唯一採購者的話，將會犯下錯誤。

在昂貴產品與服務方面，丈夫與妻子會共同從事購買的決策。行銷者需要決定在選擇各種產品時，通常是哪個成員擁有較大的影響力。事實上，這是一個誰擁有更多的權力或更多專門知識，而不是誰是夫或妻的問題。因此，丈夫有時有更多的主宰權，或妻子有時可能有更多的主宰權，或是兩人有相同的影響力。以下是一些典型的產品型態：

- 丈夫主宰型：人壽保險、汽車、電視。
- 妻子主宰型：洗衣機、地毯、非起居室傢俱、廚房用具。

・平等主宰型：起居室傢俱、渡假、住屋、戶外活動。

3. 角色與地位 (roles & statuses)

個人在團體中的位置可由其角色 (roles) 與地位 (status) 來界定。每個角色也可帶有某種地位。人們大抵會選擇其在社會中角色和地位相稱的產品。行銷人員必須要瞭解產品和品牌都會因消費者角色與地位選擇成為地位象徵 (status symbol)。

個人因素 (personal factors)

購買者的決策也受其個人特質所影響，特別是年齡與生命週期、職業、經濟狀況、生活型態、人格與自我概念。

1. 年齡與生命週期 (age & life-cycle)

行銷人員可根據家庭生命週期 (family-life cycle) 概念與心理生命週期概念 (psychological life-cycle concept) 來作為區分目標市場或發展產品設計的依據。而家庭生命週期可根據從單身到退休，劃分為不同階段（如單身階段、新婚夫妻、有小孩、子女已長大、退休等）。所謂心理生命週期是指人的生長過程會經歷一些轉變 (passages) 或轉換 (transformation)，行銷人員可根據消費者生活環境的改變，來調整行銷策略。

2. 職業 (occupation)

每個人消費型態也會受到其職業的影響，例如行銷經理或公司總經理可購買較昂貴的衣服，航空國外旅遊，鄉村，高爾夫俱樂部。很多市場區隔在細分後經常以職業作為市場區隔基礎。例如汽車業已經愈來愈重視職業市場區隔基礎。

3. 經濟狀況 (economic circumstance)

消費者經濟狀況會影響消費產品選擇，而經濟狀況必須同時考慮消費者可支配所得水準、穩定度、時間性。而可支配所得水準必須與儲蓄負債情形做結合性思考。

4. 生活型態 (life style)

不同生活型態消費者會影響產品消費方式，所謂生活型態是消費者活動、興趣、意見。例如對流行趨勢較敏感的消費者其在服裝的花費定不同於保守群消費者。

5. 人格與自我概念 (personality & self-concept)

所謂人格是指可以區別的心理特徵，能導致個人以一致並持久的方式來回應其周遭的環境，通常可以用下列方式來描述，如自信、優越、自主、順從、社會性、防衛性及適應性。

自我概念 (self-concept) 或自我形象 (self-image) 是指消費者實際上如何看他自己，而理想自我概念 (ideal self-concept) 是指在理想上消費者如何看他自己。

行銷人員可根據消費者人格做適當分類，而分析人格型態與產品或品牌相關程度，以擬定正確的行銷策略，或作為廣告訴求重點。行銷人員也可從消費者對自我概念的重視而發展具有個性化產品或服務或作為市場區隔基礎。

心理因素 (psychological factors)

一個人的購買決策，也受到五種主要的心理因素所影響，包括動機、學習、認知、信念及態度。

1. 動機 (motivation)

動機 (motive) 或驅力 (drive) 是指一種具有強烈壓力而迫使人們不得不去尋找需要的滿足。人們的需要有些是生理的 (biogenic)，如飢餓、口渴。有些是心理上的 (psychological)，如認同、尊重、歸屬。

心理學家所發展出來的人類動機理論最主要的有三個，分別為佛洛依德 (Sigmund Freud) 理論、馬斯洛 (Abraham Maslow) 理論及赫茲伯格 (Frederick Herzberg) 理論，此三者對消費者行為各有不同的見解。

⑴佛洛依德理論：如何克服人類去瞭解真正的動機理論。

佛洛依德認為形成人的行為其心理的真正因素是無法意識的，每個人在其成長的過程中都會一再的壓抑自己的衝動，來接受道德的規範，這些衝動既不能減少或完全控制，所以常會在夢中、言談中無意露出口風。例如一個人想買鋼琴，他可能以培養一項嗜好來描述自己的動機。在潛意識中，他可能只是為了使自己覺得很高雅及有氣質。

因此當他看到一臺鋼琴時，不只是對它的音質，也會對其他屬性產生反應。鋼琴的形狀，規格，重量，材質，顏色，名稱都會激起某種情緒。設計鋼琴的製造廠應該知道視覺，聽覺及觸覺的影響有可能刺激或阻礙消費者的購買情緒。此派理論認為透過各種投射技術如文字聯想 (word association)、文字完成 (statement-completion)、圖案解釋 (picture interpretation)、角色扮演 (role playing) 來瞭解人類真正的動機。

⑵馬斯洛的動機理論：透過需求層級解釋人類需求動機。

馬斯洛嘗試解釋為何人會在特定時間中為特定的需求所驅策。為何一個人所需要的是安全感，而另一個人卻在追求別人的關愛？他認為人的需求是按階層排列，從最多壓力排到最少壓力。馬斯洛的需求層次列在下圖。依重要程度分別為生理需求，安全需求，社會需求，自尊需求及自我實現需求五種。一個人會先滿足其最重要的需求。當一個人成功的滿足一項重要需求時，此需求暫不是一個激勵因子，因此他會試著滿足次一個需求。

例如一個飢餓的人（需求 1）對去看電影並不感興趣，也不在意別人如何看他或為人尊重（需求 3 或 4），甚至也不在乎是否呼吸到新鮮的空氣（需求 2）。但是當每個重要的需求滿足，第二個更重要的需求即出現。

圖 3–1　馬斯洛的需求層次理論

⑶赫茲伯格的動機理論：透過單純之滿足與不滿足兩種劃分方式去解釋動機結構。

赫茲伯格發展一「二因素」(two-factor theory) 的動機，分為不滿足因素及滿足因素。例如假若飛利浦檯燈並不附有保證書，可能會成為消費者的不滿足因素，但是對某一消費者而言保證書的有無，並非其購買檯燈的滿足因素，而檯燈優美的造型才是此消費者想要購買的主要滿足因素。

此動機理論有二個涵義。首先是行銷人員應盡量避免影響消費者不滿足的因素。這些不滿足因素可能是不好的訓練手冊，或差勁的服務政策。雖然這些因素對產品銷售並無直接的關係，但卻會造成電腦不易銷售。第二是廠商應仔細確定出主要的滿足因子或購買的激勵因子是什麼，並努力讓產品訴求有此方面的因子。

2. 學習 (learning)

大多數人類的行為經由學習而來。一個人的學習經由驅力 (drives)、動機 (motive)、暗示 (clues)、反應 (response)、強化 (reinforcement)、類化 (generalize)、判別 (discrimination) 等的相互作用而產生。

⑴驅力：所謂驅力是引發行動的強烈內在刺激。

⑵動機：當內在刺激被引導到能減少驅力的刺激客體 (stimuli object) 就變成動機。

⑶暗示：是指決定個人何時、何地如何購買產品的刺激。

⑷反應：所謂反應是指當外在訊息刺激消費者時，會影響到消費者的衝動。

⑸強化：如果消費者使用產品後的經驗得到補償 (rewarding)，則他對產品反應逐漸受到強化。

⑹類化：消費者會將使用產品的經驗聯想到同一品牌所製造的其他產品。

⑺判別：所謂判別是指消費者在學習到一組相同刺激下去認清各種刺激間的差異，然後調整他的反應。

行銷在學習理論的重點為教導行銷人員，在建立一種產品需求時，要配合運用消費者內在驅力，激勵性的暗示，並提供正面的強化。在相同的驅力下，1 家新公司可採用與競爭者相同的訴求方式，並提供相似的暗示環境來進入市場，這是因為購買者比較可能移轉其忠誠度至相似的品牌而非不相似品牌（此為類化作用）。或者，公司可以完全不同驅力組合為訴求，提供強烈的暗示去誘導消費者，促使購買者轉換品牌（此即為判別作用）。

3. 認知 (perception)

認知 (perception) 可以定義為：「個人選擇、組織、解釋輸入的資訊，藉以對事物產生有意義的過程。」認知不僅與實體刺激的特性有關，同時也與刺激周遭的環境（完整概念 the gestalt idea）及個人的內在狀況有關。認知對於行銷的重要性在於人們對於一件事物的認識，乃是採取整體性，不能只從產品屬性或特徵去比較分析而犯了見樹不見林的毛病，譬如 “made in Taiwan” 與 “made in Japan” 的觀點，有時顧客在市場上看到某種產品，覺得設計和品質都不錯，價格也十分合理，可是一旦發覺 “made in Taiwan” 就躊躇不決是否要購買了，反過來說 “made in Japan” 就信心大增。人們對於相同刺激客體之所以會有不同的認知，主要是受下列三種認知過程所造成的：選擇性注意 (selective attention)、選擇性扭曲 (selective distortion) 及選擇性記憶 (selective retention)。

⑴選擇性注意：

所謂選擇性注意是指消費者較可能注意：a.與當前需要有關的刺激。b.他們所期望的刺激。c.某些大幅偏離正常狀況的刺激。選擇性注意的涵義乃在於告訴行銷人員必須特別用心，才能吸引消費者的注意。例如篇幅較大的廣告，較密集上電視的廣告，或顏色較為新奇，並有強烈對比效果的廣告，才能引起消費者注意。否則行銷人員所傳遞的訊息會被潛在消費者所忽略或遺漏。例如要購買冷氣的消費者會注意大多數冷氣廣告而忽略電視廣告，進去電器專賣店內陳列位置會較注意冷氣所在的位置，會較注意目前正在做大量促銷的品牌而非僅少許減價的品牌。

⑵選擇性扭曲：

所謂選擇性扭曲係指人們將資訊扭曲成與自己想法相同的傾向。因為消費者注意外來的刺激，並非保證他已完全接受刺激所要傳達的企圖。消費者會想調和自己現有的心理組合 (mind set) 與外來的資訊（刺激）。例如某消費者原本在心理認知就認為 A 品牌冷氣機品質較好，當銷售人員向他推銷 A 品牌、B 品牌時，則他可能只會記得 A 品牌優點而扭曲其缺點。人們習慣於以一種支持其先入為主的觀念來解釋外來的刺激，而非使他們對自己先入為主的觀念產生懷疑。

⑶選擇性記憶：

所謂選擇性記憶是指人們在學習過程中會忘記許多學習過的事物，而僅記憶支持他們態度與信念的資訊。例如消費者只記得對於 A 品牌冷氣優點，當他在購買冷氣機時或溝通傳播的過程會重拾對於 A 品牌的記憶。

4. 信念 (belief)

指人對事物的描述性的想法 (descriptive thought)，廠商必須能瞭解產品品牌在消費者心目中的描述性想法，而消費者信念可能是建立在下列基礎上，如個人的⑴知識。⑵意見。⑶忠誠度。⑷情感上。廠商對於消費者實際想法若有大概性瞭解，則對於促銷策略方針指導有很大的幫助。例如消費者對於某品牌的大概想法若是保守、守舊，則縱使產品具活力、年輕走向，則消費者對此產品缺乏購買力，並非是產品的問題，而是品牌信念的問題。

5. 態度 (attitude)

指人對某些客體或觀念存在著：

⑴認知評價 (cognitive evaluation)：如喜歡或不喜歡。

⑵情緒性的感覺 (emotional feeling)。

(3)行動傾向 (action tendencies)。

例如品牌本身給予消費者的態度為低品質／低價格的態度，則為改變消費者態度，可能要重新塑造成為合理價格／合理品質，才有辦法改變消費者的評價、感覺與購買行動傾向，也才有辦法改變品牌定位與消費者偏好。

態度會導引個人對相似的事物有相當的一致行為。態度使得精力與思想得以較經濟的發揮作用。公司最好以產品來配合消費者需求態度，因為改變消費者的態度是很困難的。一個人所持有的各種態度具有相當一致性，若要改變其中的任何一項態度，可能就需花費相當的代價去調整其他態度。

消費者完型定律 (gestalt theory)

消費者的認知與偏好會受消費者心理的完型定律影響而決定產品服務消費。這些定律包括：

1. 求全律 (pragnana)

消費者有追求完美、完全和完整的意思，就是有追求完全狀況和良好完型的心理認知。

2. 完成律 (closure)

受外在刺激運動一旦停止，消費者知覺的注意仍會受到動者恆動慣性影響，循環其軌跡，繼續向前進行，完成其未完成的動作。

3. 接近律 (proximity)

兩個在時間與空間上彼此接近的人物或事件，易於被消費者認為同類或相關。

4. 相似律 (similarity)

即物以類聚，有相似特性的人物與事件，即令時間、空間相距很遠，消費者仍會將它們聯想在一起。

5. 連續律 (continuity)

消費者對於整體性意義瞭解較個別性易於接受。

6. 熟悉律 (familiarity)

消費者對過去經驗中經常出現的人物或事件較容易辨認與聯想或接受。

7. 閉拒律 (closedness)

消費者對於外觀封閉的要素易於看成同一個單元，具有排他性；外觀開放的要素則不含排斥性。

8. 客觀動向律 (objective set)

消費者若先看到某一型式的組織，即使引起這種原知的知覺刺激已不存在，消費者仍會按照原來的想法去看。

9. 共同命運律 (common fate)

消費者針對外觀的部分，如果具有良好的外形和共同特性，則會聯想在一起。

10. 共同運動律 (common movement)

指幾個要素在同時作出相似動作時，則會連在一起。

11. 對稱律 (symmetry)

是指一個良好的完型必須具有穩定與規律的特性。而消費者對一個對稱的圖形比一個不對稱的圖形看起來會比較均衡，而均衡對消費者的知覺會較穩定。

12. 簡單律 (simplicity)

消費者的知覺的注意有一種朝向最經濟最省事的方向去分配的強烈傾向。

從以上認知定律可做如下的分類：

(1)凡刺激集中於視覺場域的表面或四周者，稱為表層因素 (peripheral factors)。如接近律、相似律、共同運動律。

(2)刺激本身先有一套既定的組織型式，然後將此種型式加強於新刺激之上，稱為中央因素 (central factors)。如熟悉律、客觀動向律。

(3)加強圖形本身業已大致呈現的特性，使其盡量像它所欲表現的圖形，謂之增強因素 (reinforcement factors)。如求全律、完成律、共同命運律、對稱律、簡單律。

第五節　消費行為類型與不同行銷策略

消費者對於各種產品的購買決策有不同的思考方式，而市場各競爭品牌提供之產品也有同質性高與低的差別。往往對於金額較低，同質性高，替代性多的產品，如休閒食品與口香糖等，其決策較大而化之，縱使決策錯誤，其影響層面也不會很大。但對於金額高，同質性低，替代性低的產品，如汽車、婚紗攝影、喜餅等產品的購買決策則較慎重且謹慎。因為其日後重複購買機會不多，且支出並非經常性支出，而屬較重大的支出。1987 年美國學者 Henry Assael 曾將消費者購買行為區分為四種類型。依照消費者對於購買行動的涉入度 (involvement) 與市場上品牌之間產品差異性 (difference) 而區隔為四種消費行為類型。

表 3–2 Assael 之消費行為類型

	低涉入	高涉入
品牌間有顯著差異	尋求多樣變化的消費行為	複雜性購買的消費行為
品牌間無顯著差異	習慣性購買的消費行為	降低認知失調的消費行為

分別將各消費行為類型重點說明如下:

複雜性購買的消費行為 (complex buying behavior)

若消費者屬高度涉入購買行動，並在市場上品牌之間有顯著性的差異。如汽車、喜餅的消費行為，行銷人員可運用的行銷策略與行銷運作的考慮因素為:

(1)必須要特別注意外在環境的改變，因為其高單價相對伴隨著高風險的經營風險。

(2)消費者認知改變要花時間去觀察研究以掌握效果層面。

(3)預測能力對於結果、事前性投入資源有很大的影響，先勝而後求戰的觀點很重要。

(4)競爭結構改變，對於運用行銷策略調整有深層影響。

(5)銷售主張是否具有獨創性很重要。此行業的消費行為不是用產品在進行區隔，相對用無形的調性 (tone) 與意識型態有非常差異的想法與做法。

(6)價格敏感度對於此行業的推力運作是必須思考的前提，運用好是載舟的觀點，運用不好是覆舟的觀點。

(7)拉/推必須同時兼顧才有好的績效是此種消費行為很重要的特質。

(8)意識型態的行銷策略：為提高消費者自我決策，避免參考群體的干擾，意識型態的行銷策略愈趨重要。

尋求多樣變化的消費行為 (variety-seeking buying behavior)

若消費者低度涉入且市場品牌之間有差異性，則此種類型的消費行為為尋求多樣變化的消費行為。如飲料、洗髮精這種類型的產品市場領導品牌與挑戰品牌的行銷策略不一樣:

(1)市場領導品牌：可透過控制陳列空間、避免缺貨、作提醒式的促銷廣告、多品牌策略運用，來養成習慣性購買行為。

(2)挑戰品牌可採用低價、折扣、贈品、免費樣品及強調試用新產品以鼓勵消費者尋求不同種類的產品。

降低認知失調的消費行為 (dissonance-reducing buying behavior)

消費者雖然高度涉入，但看不出品牌之間有明顯的差異性，高度涉入乃基於該項購買價格昂貴、非經常性購買及購買時有風險等。購買者雖然會蒐集購買情報，但由於品牌之間並無明顯差異，故購買會迅速。消費者的重點在於購買前的自我認同 (self-identification) 與購後認知是否失調的問題。因此消費者首先經歷某種行為狀態，獲得一些新的信念，最後以有利的方式來評估自己的選擇。行銷人員重點在於溝通時提供信念與評價給消費者，以協助消費者能在購買之後對其所作之品牌選擇感到放心。如傢俱、地毯。

習慣性購買的消費行為 (habitual buying behavior)

許多產品是在消費者低度涉入且品牌之間差異很少的情況被購買。如休閒零嘴食品 (snaker)、鹽、糖。消費者對此產品鮮少介入關心，他們到店裡順手拿起一種品牌就買了。如果他們在尋找一種品牌，是由於品牌熟悉與習慣，並非有強烈品牌忠誠。經常性購買、成本較低的產品經常屬於此種類型的消費行為。消費者的購買並沒有經過正常的信念態度、行為、資訊蒐集、評估差異，亦未仔細權衡即作成決定，故此種消費行為品牌熟悉度 (brand family) 比品牌說明力 (brand conviction) 來得重要。對於此種消費行為，行銷人員可利用價格與促銷作為產品的試用誘因，廣告的重點在於符號、印象、音樂，廣告的重點應簡單易記不斷重複。以古典的制約理論 (classical conditioning theory) 為基礎，亦即消費者在經過某些產品符號重複不斷地灌輸後，會對該品牌產生認同。

行銷人員亦可嘗試將低度涉入轉成較高涉入的想法，以利差異化行銷策略運用，例如事件、話題等行銷活動的導入。如牙膏與牙齒健康、健康飲料加入添加物使消費者較注意與個人價值觀改變。

第六節　消費者購買決策過程

行銷人員必須瞭解消費者購買決策過程，才能擬定正確的行銷策略。而消費者購買決策過程共分問題確認、情報蒐集、方案評估、購買決策、購後行為。

消費者在購買過程中有五種不同角色會影響消費者其購買決策考慮，且不同角色其購買決策也有不同的考慮：

(1)發起者 (initiator)：率先或建議購買產品或服務之人。

(2)影響者 (influencer)：對消費者購買具有影響力之人。

(3)決定者 (decider)：有關是否購買，購買什麼，如何購買，何處購買做實際決定的人。

(4)購買者 (buyer)：實際購買的人。

(5)使用者 (user)：為消費或使用該產品或服務之人。

問題確認 (problem recognition)

當消費者在其實際的狀況與需求的狀況之間感到有所差異的時候，便產生了問題認知。動機與刺激在此極為重要，其中動機受人格、生活型態、文化規範及價值觀的影響，而刺激則為活動的激發因子。

需求的產生可能是由內在或外在刺激所致。一個人的正常需求，如飢餓、口渴、性等，升高越過「門檻水準」(threshold level) 就成為驅力。從過去的經驗，這個人學會如何去因應這種驅力，以採取行動來滿足所產生的需求。而外來的刺激則像是，經過一家麵包店，看到剛出爐的麵包便激起了飢餓感；看到鄰居的新車子或普吉島的渡假廣告，都會刺激需求的產生。

行銷人員須瞭解何種情況及什麼原因能激起消費者特定的需求，以及他們如何想到某一特定產品，如此便可發展激起消費者興趣的行銷策略。

情報蒐集 (information search)

在需求或問題確認之後，消費者可能會去蒐集資料，亦可能不會。如果消費者的驅力夠強，並且能滿足需求的標的物垂手可得，則消費者便會立即購買；反之，則此消費者的需求會存放於記憶中，在此一期間，消費者將可能會做進一步的資料蒐集。

對於資訊蒐集的行動，可以將之分為兩種程度。普通程度的蒐集稱為「加強注意」(heightened attention)，例如想要買電腦的人將會變成較能接受有關電腦的資訊，並加強注意電腦的廣告、朋友買的電腦以及與朋友討論電腦。另一種情況則是進入一種「主動的資訊蒐集」(active information search) 的程度。此時該消費者將會閱讀各種有關電腦的書籍、刊物、以電話詢問朋友，並且到相關的經銷商或展覽會場上，以獲得有關的電腦資訊。至於蒐集行動會做到何種程度，端視驅力的大小，原來擁有資訊的多寡，獲得額外資訊的難易程度，對額外資訊的重視程度，以及自蒐集活動中所得到的滿足感而定。

行銷人員最感到興趣的是消費者主要的資訊來源，以及這些來源對決策的相對影響力。消費者的資訊主要來源有如下四種：

⑴個人來源 (personal source)：家庭、朋友、鄰居與熟人等。

⑵商業來源 (commercial source)：廣告、推銷人員、批發商、包裝與展示等。

⑶公共來源 (public source)：大眾傳播媒體及消費者評鑑組織等。

⑷經驗來源 (experiential source)：曾有處理、檢查、使用產品的經驗等。

這些資訊來源隨著產品種類以及購買者特質的不同，而有不同的相對影響力。一般而言，消費者對於產品的資訊，主要是來自商業來源，此為行銷人員可以控制的。另一方面對消費者最有影響力的資訊來源應是個人來源。每一種來源對購買決策的影響皆扮演著不同的功能角色。商業資訊來源扮演的是告知功能，個人資訊來源扮演著公正與評鑑功能。

蒐集資訊的結果是，消費者對市場上的一些品牌及其特性都很熟悉。圖 3–2 就是消費者所能獲得的品牌組合，但消費者熟悉其中某些品牌，稱為知曉組合。該組合中只有幾個品牌符合最初的標準，而形成考慮組合。當消費者蒐集更多關於考慮組合內的品牌資訊後，其中少數的品牌被留下來成為強勁的候選品牌，而成為選擇組合。由選擇組合中，再以所使用的決策評估過程為基礎，得到最後的決策。

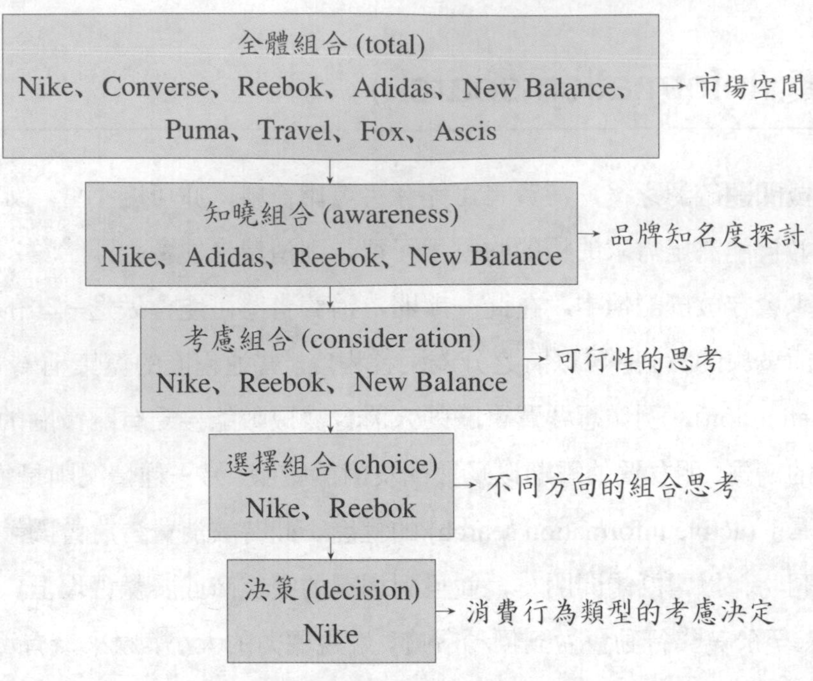

圖 3–2 運動鞋市場品牌組合概念

方案評估 (alternatives evaluation)

消費者蒐集相關情報後，便據此評估各種可行方案。而方案評估又包括了二個部分。

(1)評估準則 (evaluative criteria)：即消費者用以評估產品的因素或標準，通常是以產品屬性或規格表示。評估準則的選定，又受到個人內在動機、生活型態和個性的影響。以下是消費者對某些日常用品所感興趣的屬性：

a.電腦：記憶容量，軟體的相容性，售後服務，價格。

b.照相機：照片的清晰度，快門速度，相機的規格尺寸，價格。

c.旅館：地點，清潔，氣氛，價格。

d.輪胎：安全，耐用性，行駛品質，價格。

不同的消費者，會對同一產品的屬性有不同的重視程度，且最注意能滿足需要的屬性。行銷人員可根據不同消費團體的相異屬性來訴求，而將市場區隔化。

(2)消費者對於各種產品的屬性會給予不同程度的權數，換言之，產品屬性事實上會有顯著性與重要性的不同。所謂屬性的顯著性 (salient) 意指消費者考慮產品品質時的第一個印象。行銷人員並不能就此宣稱其為最重要的屬性。因為，有些屬性之所以顯著，很可能係因消費者剛巧接觸過一些曾經提及的或相關的商業廣告，自然此一屬性會首先被考慮。

購買決策 (purchase decision)

當消費者方案評估完成後，便會選擇一個最能解決原來問題的方案而採取行動。一般而言，購買意願越高的方案或品牌，選擇的機會也越大。但是尚有幾個因素介於購買意圖及購買決策之間，影響實際上的購買行為。

(1)他人的態度 (attitudes of others)：有些消費者會受他人的態度來影響其購買決策，如家人、朋友。但有些消費者則不受他人的影響。

(2)非預期情境因素 (unanticipated situational factor)：消費者對於產品購買常受其預期所得、預期價格、預期產品利益而影響，但如果發生非預期性因素時，有時會改變消費者購買意願。

(3)認知風險 (perceived risk)：認知風險大小受投入金額多寡、屬性不確定性程度、消費者自信程度而有所不同。

(4)購買次決策 (purchase sub-decision)：消費者購買意願受五個次決策影響，為品牌決策 (brand decision)、賣主決策 (rendor decision)、數量決策 (quantity decision)、時間決策 (time decision)、付款方式決策 (payment method decision)。

購後行為 (post purchase behavior)

1. 購後滿意 (post purchase satisfaction)

消費者在購買產品後會依下列考慮因素來判斷是否購後滿意。產品期望 (expectations) 與產品認知績效 (perceived performance) 差異的函數。如果產品認知績效低於消費者期望，則消費者會感到失望，如果它符合期望，則消費者會感到滿意。這些感覺判斷會影響到消費者是否再購買，以及告知他人對此產品感到滿意或不滿意。

2. 購後行動 (post purchase actions)

消費者購買產品後，如果感到滿意，則他會重複購買產品，行銷人員經常會說：「最佳的廣告就是滿足的顧客」，如果消費者得不到滿意，則會產生認知失調，造成不良的口碑，如果是品質與產品有標示不符合事實或品質異常造成對顧客的傷害，則消費者會對廠商採取法律行動，取得消費者合法的權益，我國在 1994 年 1 月 11 日亦開始實施消費者保護法，在第七條、第十條有下列規定：

(1)從事設計、生產、製造商品或提供服務之企業經營者應確保其提供之產品或服務無安全或衛生之危險。

(2)商品或服務具有危害消費者生命、身體、健康、財產之可能者，應於明顯處標明警告標示及緊急處理方法。

(3)企業經營者於事實足認其提供之商品或服務有危害消費者安全與健康之虞時，應即收回該批商品或停止其服務。

第七節　市場調查方法

市場調查的意義、範圍與目的

一、市場調查的意義

一般人對於市場調查 (market research) 與行銷研究 (marketing research) 經常混淆不清，其實二者之間有顯著的區別。所謂市場調查乃針對某產品或市場，研究者為瞭解其資訊或情報而加以調查之活動。所謂行銷研究根據美國市場協會 (American Marketing Association) 所作的定義為：

"Marketing research is the gathering, recording, and analysing of all facts about problems relating to the transfer and sale goods and services from producer to consumers."

（行銷研究乃是針對從生產者到消費者間有關商品和服務之移轉與銷售所發生之種種問題事實加以系統性的蒐集、記錄與分析。）❷

---

❷ 對於行銷研究 (marketing research) 除了上述美國行銷協會的定義外，其他各家的定義如下：(1)美國西北大學教授柯特勒 (Philip Kotler) 認為行銷研究是「系統性的分析問題、建立模式和發現事實，以增進產品及服務之行銷決策和控制」(1967)。(2)哈佛大學教授李維特 (Theodore Levitt) 認為行銷研究即是「運用以科學方法（特別是統計技術）為根據的正式程序去蒐集和分析有關行銷問題的資訊」(1972)。(3)哥林 (P. Green) 和杜爾 (D. Tull) 認為行銷研究是「有系統的、客觀的蒐集和分析與任何行銷問題之確認及解決有關的資訊」(1978)。

所以市場調查與行銷研究之間的區別有下列幾點：

⑴市場調查的範圍遠比行銷研究來得小。行銷研究是運用科學的方法，有系統的蒐集和分析有關企業問題的資訊，藉以解決某一行銷問題。而市場調查只是在行銷研究中，有關蒐集資訊或情報的一種過程或活動。

⑵行銷研究大部分針對企業管理機能（行銷、生產、人事、財務、研究發展）中之行銷問題來加以分析和研究（例如產品研究、銷售研究、市場研究、購買者研究、廣告研究、促銷研究、銷售預測等）。而市場調查除了企業行銷問題可做調查外，其他生產、人事、財務、研究發展均可利用市場調查之技術來瞭解其潛在之情報或資訊。應用範圍如下節所述。

⑶行銷研究較著重於決策面意義，而市場調查較著重於技術面意義。行銷研究是一種管理的科學與藝術，是決策的工具，其目的在提供有關的行銷資訊，協助企業主管制定正確合理的決策。而市場調查偏重於資訊蒐集的技術層次問題，例如抽樣設計、調查方法（郵寄問卷、人員訪問、電話訪問）、問卷設計、資料編碼、登錄等技術問題。

二、市場調查的範圍

市場調查的範圍有下列兩種：

1. 狹義的市場調查

即針對行銷組合 (marketing mix) 之 4P (price, production, place, promotion)。

⑴有關價格 (price) 的市場調查：包括消費者對價格的接受度與價格變動時之反應、新產品的價格決定、舊產品之價格調整。

⑵有關產品 (production) 的市場調查：包括本公司產品與競爭者產品之比較調查、包裝分析、產品試銷、產品生命週期調查、舊生產線 (production line) 的調整調查、新產品的評估調查。

⑶有關通路 (place) 的市場調查：包括銷售通路之選擇、激勵、評估等調查，零售商與批發商之狀況分析、消費者對零售商之印象調查、零售商區域之調查分析、運輸問題之調查等。

⑷有關促銷 (promotion) 的市場調查：包括廣告稿調查、廣告媒體之調查、廣告效果之調查、銷售推廣活動 (sales promotion) 之調查。

2. 廣義的市場調查

廣義的市場調查是將行銷人員對市場的定義:「賣方形成產業 (industry),買方形成市場 (markets),而所謂「市場」就是行銷人員所欲訴求的目標消費群」加以延伸,延伸的範圍包括:需要市場 (need markets)、產品市場 (product markets)、人口市場 (demographic markets)、地理市場 (geographic markets)、選民市場 (voter markets)、人力市場 (labor markets)、捐贈人市場 (donator markets)。所以今日市場調查廣義的範圍已包括了經濟、社會、文化、政治等層面。例如:

⑴金融機構:許多金融機構皆設有相當規模的調查部門,如臺灣交通銀行的調查研究處,臺北銀行的經濟研究室,臺灣銀行的經濟研究室,這些部門除出版定期期刊外,也經常出版各種產業調查報告。

⑵政府機構:政府機構為擬定施政的方針或提供消費者寶貴的市場資訊,也經常進行產業調查和家計調查,譬如行政院主計處的臺灣地區個人所得分配調查報告、經濟部統計處的工業生產統計快報、交通部觀光局的觀光資料調查報告、經濟部工業局的產業研究調查報告等。

⑶民意調查:政治候選人或政治選舉調查機關為瞭解選民對候選人的意見與支持程度,經常在選舉前舉辦民意調查,以確定和衡量不同之市場區隔特性,作為政治訴求之依據。

⑷其他:除了上述機構外,還有許多其他機構也不定期的實施市場調查工作。譬如消費者文教基金會為保護消費者的權利,經常對廠商之產品或品質實施定期或不定期的市場調查;商業調查機構(如中華徵信所)經常接受政府機構和公民營企業的委託,完成多項的市場調查專案。有些同業公會也從事有關之產業調查供會員參考,如臺北市建築商業同業公會曾於 1980 年 1 月完成《臺灣地區房屋建築業研究調查報告》。

從以上之分析可知,市場調查活動領域將日益擴大,市場調查除了仍將繼續在傳統行銷方面扮演著重要的角色外,在社會、政治、經濟、文化方面也將扮演同樣重要的角色。

三、市場調查的目的

1. 減少不確定之風險

不確定之問題存在於任何一個企業,例如要進行一項投資,不知是否可行,或企業要採多角化經營,不知是否可行,或產品經理要加深、加寬產品線,不知是否可行,或行銷經理採更細分化之市場區隔，不知是否可行，均有不確定之問題存在，而為了減少這種不確定，因為市場調查是最好的工具，也是較客觀、科學之決策工具。市場調查之精神是採用統計學上大數法則之精神來確定問題之方向，故可減少不確定性之問題。

2. 更能掌握消費者需要

行銷管理的精神是較重視下至上 (down to top) 的決策過程，因為它最後是要發掘目標市場之需要，進而推出行銷組合策略（包括產品、促銷、價格、通路）來滿足消費者需要，所以透過市場調查更能掌握消費者之需要。

3. 決策之衡量指標

眾說紛紜，莫衷一是的情形在任何企業或團體中都經常出現，這種現象經常困擾管理者或經營者，使得決策無較客觀之基礎，這時若能透過市場調查來作為衡量之指標，一定可減少決策者很大的阻礙。管理學者 Marion Harper 曾說過：「欲妥善管理一企業，必先管理其未來，而欲管理其未來，必先管理其資訊」，市場調查對於決策者的重要性，可從這句話看出。

市場調查的重要性

一、行銷導向時代中市場調查的重要性

從早期的生產導向觀念（認為有多少供給就有多少市場）到今日的行銷導向觀念（事先瞭解消費者的需要，並決定目標市場的需求與欲望，進而提出比競爭者更有效率和效能之決策），市場調查的重要性隨著行銷活動觀念的演變日趨重要，下列幾點可說明市場調查的重要性。

⑴隨著生產種類及數量的增加，消費者已有充分之餘地來選擇適合本身需求之產品。可是由於消費者人數眾多，散佈在各角落，要能掌握他們的需要，或是需要的變化，除非能使用合理化、科學化的調查，否則實不易做到，而市場調查正是這方面的利器。

⑵由於市場涵蓋的地理區域日漸擴大，從地方性、全國性到國際性，管理者要能掌握市場，便要先掌握市場的資訊，而市場調查正是提供市場資訊最好的技術與方法。

⑶隨著資訊時代的來臨、市場訊息的互通有無，能滿足消費者需求的廠商或企業愈來愈多，產品本身之差異性亦愈來愈低，除非企業能提出比競爭者更有效的行銷策略，否則很難保證消費者一定會購買本身所製造的產品。而藉著市場調查，可以比較企業本身與競爭者之間的優劣情形，達到知己知彼、百戰百勝的目的。

⑷當企業組織決定在某市場運作時，由於顧客對象太多且分佈各處，甚且他們的購買需求亦不一致，因此組織無法為一市場提供各種需求，只能選擇最有助於他們行銷機會的市場——即目標市場。藉著目標市場的確認，企業可以調整它們的產品價格、分配通路及廣告，以求有效地進入目標市場，亦即將企業的行銷集中於具有最大潛在利益的購買者（以來福槍的集中火力方式，取代打散彈槍的行銷方式）。而市場調查正是企業發覺潛在目標市場最有效的方法。

從以上之分析可知，市場調查可以幫助廠商發掘市場機會與威脅，擬訂及評估各種拓展市場之行銷策略。對廠商而言，市場調查無疑的是一種非常有價值的管理工具。當然，進行市場調查是要花費經費的，要獲得市場情報必須花錢去對市場做有系統的分析與調查。根據筆者的經驗，市場調查所提供的市場情報之邊際效用遠超過進行市場調查所支付的成本。

經營者如果過分自信對市場的瞭解與經驗，而不重視市場消費者的反映與意見，處在今日行銷導向、市場競爭劇烈複雜而多變的社會裡，單憑過去的經驗來作為擬訂所銷策略的依據是非常危險的事。

二、市場調查的定量分析對行銷企劃人員的重要性

一個優秀的行銷企劃人員除了對市場要有敏感的定性分析能力（qualitative analysis包括對於行業特性、產品特質、公司文化等）外，尚須具有確定問題、解決問題、分析策略方向的定量分析 (quantitative analysis) 能力，而市場調查技術正是行銷企劃人員定量分析的利器。

市場調查的步驟

一、如何確立調查的主題

由於市場調查需花費龐大的人力、物力、財力與時間，如果不能清楚地界定自己

市場調查的主題，則市場調查的效果，必不能清楚地表現出來，或是對主題模糊不清，或是抓錯主題，則此市場調查的結果，必不能真正掌握消費者的需求，亦不能協助主管擬訂正確的行銷策略。因此在實施市場調查前，應先確定真正的主題。一般在確立調查主題時所考慮的因素有下列幾點：

(一)市場調查的性質

市場調查常因研究者的研究目的而有下列三種性質的市場調查：

1. 探討性調查

探討性調查之目的在使研究人員對某一調查問題的性質有基本性的認識，希望從市場調查中，確定問題存在的原因，或發掘問題的癥結。這是所有市場調查中最簡單的一種。所採取的途徑一般而言，有下列幾種：

(1)研究相關之次級資料。

(2)訪問專家。

(3)利用過去有關之個案。

2. 敘述性調查

敘述性市場調查，不像探討性調查那樣有彈性，它必須能對調查之問題有基本性的瞭解，此種調查的功用就是能正確地描述或衡量問題。例如行銷研究要瞭解自己目標市場 (target market) 之消費者生活型態、目標市場消費者之人口基本統計總量（年齡、所得、性別、職業等）之特徵、購買通路情形、消費者對於價格接受度、消費者對於促銷種類之偏好。

3. 因果性調查

因果性市場調查是在說明問題所以發生之因果關係。因果性市場調查通常要利用各種統計技術去瞭解與說明各種市場問題與環境因素之間的關係。例如在敘述性調查中，吾人發現一品牌在各區的偏好情形不同，但不知道它的原因何在？因果性調查就是要設法找出何以各地區對同樣品牌有不同偏好之原因。如區域特性、消費習慣、氣候、所得等因素中何者對同一品牌在各區造成不同偏好有因果性關係。

市場調查雖因調查性質不同，可分為探討性、敘述性、因果性，但彼此之間的關係，是非常密切的。圖 3–3 所示即為三者間之關係。

(二)情況分析 (situation analysis)

情況分析對市場調查者而言，在確立主題時，經常被忽視，這種現象很容易犯了見樹不見林或見林不見樹，與不切實際之缺點。市場調查者如果在實施市場調查前能

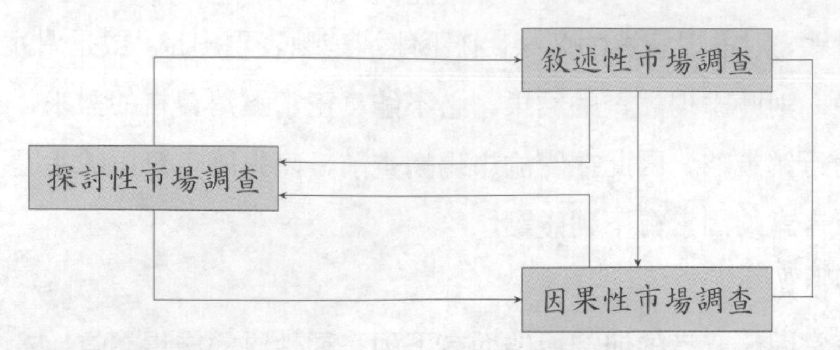

資料來源：G. Churchill, Jr., *Marketing Research*, 2nd ed., Dryden Press, 1979, p. 49.

圖 3–3

進行一般情況分析，對於欲研究之主題，有重大幫助。一般所謂情況分析有下列二種：

⑴訪問企業內外，對有關問題有深入研究與經驗之專業人士。例如可透過各種管道與專家、學者、顧問等接觸，這樣會使研究者對於整個市場之相對競爭概況，有概括性的瞭解，這概括性的瞭解，包括此行業的主要成功關鍵性因素 (key success factors) 為何，進入市場的障礙 (entry-barriers) 有哪些，產品生命週期 (product life cycle) 是處於哪一個階段，在此市場中各種品牌之競爭利益、產品策略、價格策略、通路策略、促銷策略為何？市場上還有哪些競爭盲點 (blindspots) 等等。如果能對上述之狀況有一概括性瞭解，對於如何確定市場調查之主題，將會有重大幫助，而且也較實際。值得一提的，現在有很多市場調查，在實施市調前沒有先進行狀況分析，就很樣板式的進行問卷設計，結果調查回來的結果，只是一種一般性的分析，並沒有針對企業之問題，蒐集到正確情報，這樣就失去做市場調查的意義，所花費的時間與金錢更不值得。

⑵利用企業內部、學術機構、研究機構所提供之次級資料，做一個概括性分析，使市場調查者更能確定調查之主題。例如行政院主計處所編印之《中華民國統計月報》（中、英文版），16 開 20 頁，每月中旬出版，內容包括統計圖、國內資料（有經濟總指標、土地人口、農業、工業、貿易、交通運輸、物價、金融、財政、保險及勞工、國民所得、國際收支、證券、僑務）以及國際資料。

二、擬定所需蒐集的資料

研究者在確立市場調查主題後，就需擬定此次市場調查所需蒐集的資料。蒐集資料與研究主題有很大的關係，一般而言，就行銷立場，市場調查需蒐集的資料包括下列：

1. 價格情報

⑴此既定市場，哪一種價格水準最具競爭力?

⑵目標市場消費者對於價格的偏好與其他消費者有何差異?

⑶顧客是否認為企業的訂價與其所提供的價值相等?

⑷市場需求的價格彈性、經驗效果為何?

⑸配銷商、經銷商對於公司的價格政策反應為何?

2. 產品情報

⑴消費者購買產品基本考慮因素是什麼? 最重要的又為何?

⑵不同區域的消費者對於產品的偏好有何不同?

⑶消費者對於產品的需求量為何?

⑷產品現有的生命週期為何? 是屬於引介期、成長期、成熟期、衰退期的哪一個階段?

⑸哪些產品應該增加? 哪些產品應該取消?

3. 通路情報

⑴消費者在各種通路型態的購買情形為何? 例如運動鞋消費者在運動鞋專賣店、體育用品社、百貨公司等購買分佈情形。

⑵市場上各種品牌在各種通路系統分佈情形?

⑶產品市場上通路階層數目多寡?

二階通路階層：製造商——消費者。

三階通路階層：製造商——經銷商——消費者。

四階通路階層：製造商——經銷商——中盤商——消費者。

五階通路階層：製造商——經銷商——中盤商——零售店——消費者。

⑷通路激勵：這些情報之蒐集包括各種通路階層分子之市場涵蓋程度 (market coverage)、商品鋪貨層面 (product availity)、市場發展狀況 (product development)、拉攏客戶 (account solicitation)、技術指導與服務以及市場各種競爭品牌之情報等。

⑸通路選擇：生產者在招募通路階層分子時，他們必須瞭解哪些情報可以用來判斷通路階層分子的良窳。這些情報包括：

- 各種通路階層經營歷史的長短。
- 目前所營業之產品種類。
- 過去成長與獲利的記錄。

- 財務的信用與償債能力是否良好。
- 所擁有的銷售人員之人數與素質。
- 目前所在的位置、本來成長的潛力與顧客的型態為何?

⑹通路評估:通路之績效評估所需的情報包括:

- 銷售配額的達成率。
- 平均存貨水準。
- 送貨之服務時間。
- 損壞與遺失商品之處理。
- 對公司促銷與訓練計畫的合作情形。
- 對顧客之服務情形。

4.促銷所需蒐集的情報

企業經常面臨促銷工具(廣告、銷售促進、公共報導、人員銷售)的選擇問題,所以為了選擇正確的促銷工具,企業經常需蒐集下列情報作為判斷的基礎:

⑴公司以往的行銷方式較偏重於拉力策略 (pull strategy) 或推力策略 (push strategy)?

⑵本身產品生命週期處於哪一階段?例如在成熟期之廣告與銷售促進要比公共報導和人員銷售來得重要。但是在衰退時期,廣告量只要維持消費者的記憶即可,公共報導可以不用,銷售人員則只須給予產品少量的注意即可,這時只有銷售促進仍可維持相當良好的效果。

⑶消費者對於現有產品之決策過程(注意、瞭解、信服、購買)是處於哪一個階段。在消費者決策過程的每一個階段,每個促銷工具都有不同的成本效益 (cost-effectiveness),在注意階段,廣告與公共報導扮演著最重要的角色,在購買階段,人員銷售就扮演著較重要的角色。

⑷有關廣告促銷活動所需收蒐集之市場情報還包括公司廣告之內容和主題是不是能夠吸引消費者?廣告媒體的選擇是否妥當?消費者對各種廣告媒體之接觸率、頻率與效果如何?消費者對各種媒體類型的偏好程度?廣告所訴求之消費者對於電視、收音機播放時段的偏好情形如何?廣告之溝通效果與銷售效果的衡量?

⑸有關促銷工具(指銷售推廣)所需蒐集之市場情報還包括:

a.消費者或中間商對下列各種促銷活動的偏好情形為何?

- 樣品、折價券、特價品、贈品與兌獎點券 (samples, coupons, price packs, and trading stamps)。
- 購買點陳列與展示 (point-of-purchase, displays, and demonstrations)。

・交易促銷 (trade promotion) 內容包括購貨折讓 (buying allowance)、銷貨津貼 (merchandise allowance)、廣告津貼 (advertising allowance)、陳列津貼 (display allowance)、免費商品 (free goods)、推銷獎金 (push money)、廣告贈品 (specially advertising)。

・商業會議與商展 (business conventions and trade show)。

・競賽、對獎與遊戲 (contests, sweepstakes, and games)。

b.目標顧客與其他顧客對上述促銷工具之偏好有何不同?

c.上述這些促銷工具最適當的推廣時間在何時?

d.消費者對上述促銷活動的記憶程度如何? 評價如何? 有多少獲益? 以及對日後品牌的選擇有何影響?

e.為達到銷售推廣普遍化的目的，各種通路階層（經銷商、中盤商、零售店）對於上述各種偏好情形與差異為何?

5.品牌形象所需蒐集的情報

(1)品牌在市場上之領導地位為何?

(2)品牌之產品價格，與其他競爭品牌比較起來是否合理?

(3)品牌之歷史是否悠久?

(4)品牌之經銷商是否眾多，消費者在購買該品牌產品時是否方便?

(5)品牌在處理顧客抱怨時態度是否認真?

(6)品牌在產品創新研究發展方面的重視程度?

(7)品牌的商業道德是否良好?

(8)品牌的產品品質保證效果是否良好?

(9)品牌在市場的知名度為何?

6.消費者的基本資料所需蒐集的情報

(1)年齡。(2)性別。(3)家庭人數。(4)家庭生命週期。(5)所得。(6)職業。(7)教育。(8)宗教。(9)種族。(10)國籍。(11)社會階級。(12)人格。(13)使用時機。(14)利益尋求。(15)使用率。(16)忠誠度。(17)購買準備階段。(18)對產品的態度。

7.消費者生活型態所需蒐集的情報

所謂生活型態 (life-style)，根據行銷學專家柯特勒 (Kotler) 的定義:「生活型態就是個人在真實世界中，表現個人的活動、興趣及意見的生活模式。」生活型態的觀念，對於消費者的生活及花費時間與金錢的習慣有重大的影響。一般生活型態所需蒐集的情報包括下列:

生活型態構面

活動	興趣	意見	人
工作	家庭	本人	年齡
嗜好	工作	社會提案	教育
社會事件	社區	政治	所得
渡假	娛樂	商業	職業
娛樂	時尚	經濟	家庭大小
俱樂部會員	食物	教育	住宅
社區	房屋	產品	地理
購買	媒體	未來	城市分佈
運動	成就	文化	生命週期

資料來源：Joseph T. Plummer, "The Concept and Application of Life-style stage Segmenation," *Journal of Marketing*, January, 1974, p. 34.

8. 競爭情報

傳統的行銷管理較偏重消費者需求方面的發掘，但由於供給日漸增加，除非供給者能比競爭品牌擁有更突出、更明顯的競爭優勢 (competitive-advantage)，否則奢談滿足顧客的需求就沒有實質上的意義。處在這種狀況，市場調查對於競爭品牌的情報蒐集，就顯得更為重要。競爭情報的蒐集包含下列情形：

⑴經營策略情報：

a.競爭對手經營策略如何？例如採成長策略或保衛策略。

b.競爭對手策略主導如何？例如採行銷／配銷主導，或成本／生產力主導，或新產品開發主導。

⑵產品策略情報：

a.競爭對手之業界地位如何？例如是業界的一個領導者或是一個跟隨者。

b.競爭對手的產品開發策略狀況為何？例如採與外界研究機構或與其他公司合併開發的策略，或自設中央層次開發研究單位來開發新產品。

c.競爭對手生產線之選定與範圍如何？例如是採寬度小而深度大的產品線策略，或是採產品線寬度深度均很大的策略，或採產品線寬度大而深度小之策略。

d.競爭對手產品差別化程度如何？例如產品外形是否強調差別化之表現或採標準化之策略，是否產品性能方面較重視差別化但款式較弱。

e.新產品創意何處來？例如以公司內部討論為主，或以使用人及顧客為主，或採廣泛研究，並預測使用人之需要。

(3)行銷策略情報：

a.競爭對手如何推銷？例如採直接銷售或透過中間商來推銷。

b.競爭對手之銷售人數如何？例如共 2,000 人，設有十五個地區站。

c.競爭對手之銷售人力背景如何？例如具有銷售背景並經常予以充分訓練。

d.競爭對手之銷售人力組織如何？例如依地區劃分，或依配銷系統來劃分。

e.競爭對手之銷售人力報酬如何？例如採薪資制或採銷售獎金制。

f.競爭對手之促銷活動如何？例如主要為全國性促銷活動，促銷預算佔銷貨淨額之7%，並以產品介紹為主。

g.競爭對手之產品價格如何？例如以成本為定價基礎或以產品價值為定價基礎。

h.競爭對手行銷控制如何？例如設有地區經理或由總公司控制。

i.競爭對手服務狀況如何？例如售前及售後服務完全，服務訂有價格或採本身不提供服務而委由經銷商來辦理。

j.競爭對手如何零售？例如以批發為重點，但也作部分零售或經營透過授權之零售業，對零售業者握有控制力。

(4)對外策略情報：

a.競爭對手在業界地位如何？例如對問題作選擇性之反應，力圖建立高貴之形象，或是在業界僅為微不足道的小型公司。

b.競爭對手之策略運用方式為何？例如策略具有一致性，並已建立良好之公司形象，或對外策略甚弱，易受損害。

(5)製造策略情報：

a.產品自製或外購？例如競爭對手產品均為自己製造；產品線低端者係外購。

b.工廠類型如何？例如有現代化製程，但設施老舊；或極為現代化，製程效率甚佳。

c.產能利用程度如何？例如產能利用達 5,000 件時，利用率為 70%，操作於損益平衡點上。

d.產品品質如何？例如缺乏品質導向或已建立良好統計品管制度，且設有品管圈之活動。

三、決定資料蒐集的方法

市場調查初級資料蒐集的方法有三種，即訪問法、觀察法與實驗法。而最常用者為訪問法。其詳細情形的介紹將在下面來討論。資訊的種類對蒐集方法之影響甚大，不同的資訊往往要利用不同的蒐集方法。

一般而言市場調查者要向受訪者蒐集的資訊可分成下列八類，分述如下：

⑴行為：受訪者的使用行為，購買行為或其他。

⑵意圖：購買者購買產品之意圖或受訪者預期未來購買之意圖。

⑶知識：即受訪者對某事物或某事件的認識程度。

⑷社會經濟特徵：即有關受訪者的性別、年齡、居住地、職業、教育程度、婚姻、所得，及其他資料。

⑸態度：受訪者對產品、品牌、公司或其他事物或事件的意見、觀點或感覺。

⑹動機：受訪者行為的根本原因。

⑺心理特徵：即有關受訪者的各種心理特徵，如剛直、褊狹、內向、外向等或其他個性特徵。

⑻偏好：受訪者對於產品／品質之知覺與偏好。

四、資料蒐集的方法

㈠訪問法

訪問法是利用人員訪問、電話詢問或郵寄問卷等調查方式蒐集所需的資料，這是市場調查採用最廣泛的一種資料蒐集方法。許多市場資訊，諸如人們的知識、意見和知覺、偏好，不容易甚至不可能用觀察法或實驗法來蒐集，通常都需要用訪問法來獲得所需的情報。一般而言在採用訪問法時，需考慮下列三個問題：

1. 要決定使用哪一種訪問方式？

在人員訪問、電話訪問、郵寄訪問中究竟要採哪一種訪問方式，市場調查研究者應考慮下列幾個因素來選擇最適合的訪問法：⑴伸縮性。⑵資料範圍。⑶費用。⑷問卷長短。⑸問卷方式。⑹快速問題。

例如某市場研究者在考慮採用何種訪問法時，可作以下簡單的評估：較優的方法給予 3 分，其次者 2 分，再其次者為 1 分，經加權平均後，再選擇一適當的訪問法。下表就是表示在權衡各種考慮因素後所選擇的訪問法。

經評估結果，顯然電話訪問較優，但是上面各因素之考慮，應隨市場調查之性質而有所差異。這種評分方法雖然稍流於主觀，但在選擇調查方法時，仍有一定的幫助。讀者可參考之。

因素＼種類	個人訪問	郵寄調查	電話訪問
1. 伸縮性	2	3	1
2. 資料範圍	3	1	2
3. 費用	1	2	3
4. 問卷長短	2	1	3
5. 問卷複雜情形	3	1	2
6. 問卷速度	2	1	3
總　分	13	9	14

2. 是否要使用結構式問卷 (structured questionnaire) 的問題?

所謂結構式問卷，就是問題的內容、用詞和次序是確定的，受訪者只要在適當的地方劃上「○」即可。例如：

(A)請問您是否喝過運動飲料?

是□　　　否□

(B)請問您所喝的運動飲料是什麼牌子?

____

上述無論是封閉式之問卷(A)或是開放式之問卷(B)，均屬結構式問卷之類型。而所謂非結構式問卷就是研究者為使受訪者能無拘無束的暢所欲言，乃不利用結構式問卷，使訪問員能充分利用其經驗與技巧挖掘受訪者的基本資料與動機。例如訪問員為瞭解未來飲料會朝向哪一個方向發展，他可以在訪問受訪者的過程中，於適當的時間，用適當的技巧，設法讓受訪者無拘無束的暢所欲言。有關人們的動機資料往往不是使用結構式問卷可以問得出來，必須要因人而異，隨機應變。市場調查人員通常所利用的訪問方法為深度訪問法 (depth interviewing) 或深度集體訪問法 (focus group interviewing)❸。

❸ 深度集體訪問法是在 1950 年代行銷研究人員根據精神科醫生使用的集體治療法 (group therapy method) 的理論與技術所發展出來的，用以彌補一般訪問調查之不足。深度集體訪問是假設人們身處在一個對某一事物具有相同興趣的人群當中時，將比較願意談論他們內心深處的情感和動機，因此，如能為受訪者安排一個適當的聚會場所，培養自由討論的氣氛，則可透過相互討論的方式，透視他們內心深處的動機，瞭解消費者購買決策的真正原因。但在實施深度集體訪問的過程中，訪問的工作必須要有熟練的主持人才能勝任，而通常卻不容易找到合適的主持人。主持人在訪問和分析的過程中，應盡量避免自己主觀上的偏見，以免影響到訪

訪問法可依詢問時是否將調查目的明顯指出，與詢問方式是否結構化而劃分下列四種：

(1)直接且結構化的詢問 (direct-structured questioning)：這種訪問型態，係直接向受訪者按問卷上的問題一一訪問。

(A)請問您在購買飲料時，心目中認為最理想的價位是多少？

Ⓐ 10 元以內　　Ⓑ 11 ～ 12 元

Ⓒ 13 ～ 14 元　　Ⓓ 15 ～ 16 元

Ⓔ 17 ～ 18 元　　Ⓕ 18 元以上

(B)請問您喝過礦泉水嗎？

Ⓐ喝過_____　　Ⓑ未喝過_____

優點

a.每個問題的發問次序已經排定，因此訪問員能以一種有系統的方法進行詢問。

b.由於發問次序已經排定，可減少被訪問者受到不同調查員的影響。

c.經驗全無的調查員亦可勝任。

d.調查的結果較易整理、編排。

缺點

a.主要的缺點是對於有關私人動機方面的問題較難獲得完全的回答。

b.所用的字句，有時會被調查者或受訪者誤解。

(2)直接且非結構化的詢問 (direct-unstructured questioning)：在這種訪問型態，訪問人員只需確定蒐集情報的原則性與方向性，無需準備一份正式的問卷，然後允許訪問員不必隱藏研究之目的，直接向受訪者進行訪問。訪問員可借用心理學詢問方式，例如自由交談法，並無正式的問題；或深入面談法，即被調查者對某話題願

問結果的客觀性與整體性。此外，深度集體訪問是用來回答「為什麼」的問題，而不是用來解答「多少」的問題，有關多少的問題應該利用數量研究技術才能答覆，這也就是為什麼在實施深度集體訪問之後常須進一步做數量研究的原因。

深度訪問和深度集體訪問不同的地方在深度集體訪問係將一群受訪者聚集在一起，由一位訪問主持人進行集體訪問，而深度訪問是由一位訪問員對一位受訪者進行個別訪問。在深度集體訪問過程中，訪問員通常只講很少的話，盡量不問太多的問題，只是間歇性地提出一些適當的問題，或表示一些適當的意見，以鼓勵被訪者多發言、多說話，逐漸洩漏他們內心深處的動機。

意詳細與訪問員討論，則顯然他對該問題特別感到興趣，訪問員可瞭解被訪問者的真正動機所在。採用這種詢問方式無需問卷，只要事先擬定一份交談要點即可。

優點

a.不需使用問卷，受訪者由於態度較輕鬆，較容易表現出真正的動機。

b.訪問員可視受訪者反應之情形來準備問題之順序與用語，較有彈性。

缺點

a.在比較各受訪者之答案時，對於需用統計方法來處理之問卷結果，例如「平均數」或「百分比」等之計算，較難有客觀之統計，其準確性不高。

b.訪問員須具有信心，費用必然較高。採用此方式訪問，訪問員最好具有心理學的訓練，對被調查者的潛在動機才有能力分析。

c.訪問員的訪問方式、語氣、字眼都可能對受訪者產生影響，以致使受訪者在不知不覺中有了偏見。為減少這種交談中所產生的偏見和影響起見，可用錄音機錄取當時雙方交談的情形，以便在事後記錄時，免除一些偏見的答案。

(3)間接且結構化的詢問 (indirect-structured questioning)：所謂間接且結構化的訪問乃指受訪者在被調查時，他本身並不知道訪問的真正目的。換言之，這種訪問方式乃是間接性的。不過訪問的方式仍然具有結構性。

採用這種訪問方式的主要目的是在避免被調查者預先知道訪問的目的而故意作不正確的回答，並減少訪問員在交談中對被調查者的影響。採用這種訪問方式，可先讓受訪者看幾幅一連串之圖畫，然後要求受訪者根據自己所瞭解，加上自己的幻想，編講一故事，再要求被調查者在幾個可能決定中選擇一種，然後可根據被調查者的資料分析他的真正動機所在。

(4)間接且非結構化的詢問 (indirect-unstructured questioning)：假如受訪者不願在受訪問時表明他的真正動機或態度，就算使用前面所談之「深入面談法」時亦無多大之效果，因此市場調查者常採用所謂的投射技術 (projective technique)❹來探測受

❹ 投射技術的內容最早的來源是心理學家佛洛依德 (S. Freud) 的心理分析理論 (Psychoanalytic theory)，根據此一理論，投射是一種自我防衛的機能，經由這種機能，人們試圖將造成他們內心焦慮和不安的原因歸諸於外界的環境，用以減輕他們的焦慮和不安。而行銷研究亦利用投射技術使受訪者能夠自由自在地表示他的意見和感覺。為了達到此目的，投射技術所用的刺激物必須能引起受訪者的興趣，並能鼓勵討論，但不可洩漏研究計畫的性質。幾種主要的投射技術為：①字彙聯想法。②句子完成法。③故事完成法。④漫畫測驗。⑤主題統覺測驗。⑥墨漬測驗。⑦角色扮演法。⑧心理戲劇法。

訪者的真正動機所在。採用此法可使被調查者非自覺的表露其個性、態度與動機，因為應答者並不知道調查或詢問之真正目的。

3. 要不要隱藏研究目的?

一位市場調查者在從事市場調查前，常常須先確定要不要向受訪者表達研究之目的。如果訪問者之問題比較沒有涉及受訪者之祕密或個人隱私之事，則可直截了當向受訪者說明研究之目的，甚至讓他們知道，進行市場調查公司之行號或機構。但在某些情況之下，如果讓受訪者知道研究的目的以及誰想蒐集這些市場資訊，則可能影響受訪者合作的態度和答案的內容。這個時候就必須隱藏研究的真正目的，並將委託或主辦研究的公司或機構加以適當的偽裝。

(二)實驗法

所謂實驗法是指在控制其他變數的情況下操縱一個或多個實驗變數，以明確地測定該實驗變數之效果的研究程序。例如影響銷售量的因素可能包括價格、包裝或廣告等變數。我們可用實驗方式來瞭解。

(1)在固定價格、包裝之情況下，用實驗法來瞭解廣告對銷售量的影響。

(2)依此類推即可瞭解價格、包裝、廣告各變數分別對銷售量之影響。

實驗法是市場調查方法中與自然科學研究方法最接近的一種。因為只有透過實驗法，才能瞭解因果關係 (course and effect relationship)，而這優點是其他市場調查方法所不能提供的。實驗法所發生的誤差事實上可經由較精細的設計予以降低。在訪問法中對消費者的行為 (behavior) 或環境 (environment) 皆不能控制，因此調查結果不能證明市場推銷活動中的因果關係。市場實驗乃採歸納法，透過實驗蒐集事實資料，然後予以整理分析，根據分析後之資料，來推定一般狀況。

市場實驗常用的術語:

(1)實驗單位 (test-unit): 它是實驗法的主體，例如消費者、通路、品牌等。實驗單位之反應 (response)，例如消費者需求量的轉變即為市場實驗的變數。

(2)實驗處理 (treatment): 即為實驗變數中實驗者所能控制的自變數，例如各種包裝方法、定價策略、促銷方式等。

(3)觀察值 (observation): 即實驗結果 (outcome)，亦即他變數值 (例如銷售量)，為在某一實驗單位採用實驗處理的結果。

(4)外生變數 (extraneous variable): 是實驗處理以外，一切能影響變數的因素。可分為兩類。第一類乃由實驗單位之間的差別而造成的影響，例如商店位置或規模方面的差別。第二類乃是不能控制的外在因素，例如氣候、商業狀況、競爭者的對策和行動等。第一類的變數事實上可透過實驗設計予以控制，因為這種外來因素乃為實驗者所已知，因此可在一定程度內加以控制。至於第二類外來因素則遠非實驗者所能控制，但對市場實驗的結果卻有所影響，通常可透過隨機抽樣方法來決定實驗單位，或可減低外來因素對實驗資料的影響。

(5)實驗誤差 (experimental error)：市場實驗的變數，例如銷售量的變動，並非單純受到實驗單位或實驗處理的影響，尚受外來因素及測量誤差（或稱隨機誤差）所左右。對於外來因素的影響力，一部分可在設計實驗時加以控制和消除，例如實驗單位彼此之間的差異便可加以控制。但仍有一部分未能識別的外來因素的影響力未能消除，還有一些測量上的隨機誤差，都是不能用統計方法加以消除，然而卻會對變數的變動產生影響，其所導致的誤差稱為實驗誤差，或殘差（剩餘變量）(residual variation)。

(6)變異數分析 (analysis of variance)：採用正式實驗時，必須選用變異數分析的技巧：

a.變異數分析的意義：統計資料常受一種或數種因子（因素）的影響，而使各個體的某種特徵發生差異。例如研究農作物產量時，影響農作物產量的因子很多，有雨量、氣溫、種子、肥料等，而變異數分析就是要去研究到底是哪一種因子影響農作物的收成。相同的，輪胎的耐用性也可能受品牌、車型等因子的影響，對這種影響因子所造成之變異加以觀察與驗證的統計方法，稱為變異數分析。其分析的步驟多將樣本的總變異分解為已知原因所引起的變異，即已解釋變異 (explained variation) 與隨機誤差所引起的稱為未解釋變異 (unexplained variation)，再配合各部分變異數的自由度以檢定各變異是否顯著，故變異數分析是一種統計檢定法。

b.變異數分析表：

變異來源	平方和	自由度	均　方	F
處理變異（解釋變異）	SSR	$c-1$	$MSR=\frac{SSR}{c-1}$	$\frac{MSR}{MSE}=F$ 當 $F>F$（$1-\alpha, c-1, c(r-1)$）時拒絕 H_0
誤　　差	SSE	$c(r-1)$	$MSE=\frac{SSE}{c(r-1)}$	
總　　計	SST	$cr-1$		

(a) SST：總變異 $=\sum_i\sum_j X_{ij}^2-\frac{(\sum X_{ij})^2}{r\cdot c}$

r：表列之觀察值

c：表列之觀察值

註 1.：$\bar{X}..$ 表各樣本觀察值的總平均值，則

$$SST=\sum_i\sum_j(X_{ij}-\bar{X}..)^2，\bar{X}..=\frac{\sum_i\sum_j X_{ij}}{r\cdot c}$$

註 2.：$\sum_i\sum_j(X_{ij}-\bar{X}..)^2$

$$=\sum_i\sum_j X_{ij}^2-2\bar{X}..\sum_i\sum_j X_{ij}+(\bar{X}..)^2\cdot rc=\sum_i\sum_j X_{ij}^2-2\frac{\sum_i\sum_j X_{ij}}{rc}\cdot\sum_i\sum_j X_{ij}+\left(\frac{\sum_i\sum_j X_{ij}}{rc}\right)^2\cdot rc$$

$$=\sum_i\sum_j X_{ij}^2-2\frac{\sum_i\sum_j X_{ij}^2}{rc}+\frac{\sum_i\sum_j X_{ij}^2}{rc}=\sum_i\sum_j X_{ij}^2-\frac{\sum_i\sum_j X_{ij}^2}{rc}$$

(b) $SSR=\frac{1}{r}\sum_j X_{ij}^2-\frac{(\sum_i\sum_j X_{ij})^2}{rc}$

(c) $SSE=SST-SSR$

c.實例：

(a)某一市調廣告代理商欲瞭解何種銷售擴展活動效果較大，遂以某品牌之產品作一實驗設計，實驗處理共四種：

- 在超級市場進口處擺設該品牌產品之兌換點卷。
- 按原價減 4%。
- 送贈品。
- 油印廣告，放在進口處由購買者自由拿取。

(b)該公司決定以 4 家超級市場作為實驗單位，至於何家超級市場採何種推廣活動或實驗處理，則採隨機抽樣方法決定。每次試驗為期三天，共進行五次，實驗結果如下：（單位為盒）

重複次數	實驗處理			
	A	B	C	D
1	16	22	31	19
2	19	20	27	22
3	17	23	30	21

4	17	19	26	18
5	21	21	31	20
總　計	90	105	145	100
處理平均數	18	21	29	20

究竟這實驗結果有無意義，需作一變異數分析：

H_0：$\mu_1=\mu_2=\mu_3=\mu_4$

H_1：至少有兩個處理不相等

上表的有關資料如下：

$\sum\sum X_{ij}=440,\ \sum\sum X_{ij}^2=10{,}088,\ r \cdot c=20$

・$C=\frac{440^2}{20}=9{,}680 \left(C=\frac{(\sum\sum X_{ij})^2}{r \cdot c}\right)$

・$SST=10{,}088-9{,}680$

$=408 \left(SST=\sum\sum X_{ij}^2-\frac{(\sum\sum X_{ij})^2}{r \cdot c}\right)$

・$SSR=\frac{1}{5}(90^2+105^2+145^2+100^2)-9{,}680$

$=350 \left(SSR=\frac{1}{r}(\text{處理平方和})-\frac{(\sum\sum X_{ij})^2}{r \cdot c}\right)$

・$SSE=408-350=58$

變異量分析表

變異來源	平方和	自由度	均方	F
處理（行）之間	350	3	116.6	32.18*
誤　差	58	16	3.6	
總　計	408	19		

* 顯著度為 0.05

(c)由於 $F(32.18)>F^*(5.29)$，因此廣告代理公司認為四種推廣方法之間的確具有顯著性差異存在，亦即經變異數分析的結果拒絕了虛無假設，否認四種處理方法的效果一樣，而接受了對立假設，承認經配對檢驗四種推廣方法，發覺至少有兩種方法效果不同。

何種處理（即推廣方法）效果最大呢？顯然以兩種實驗處理即贈品方式的效

果最優（平均銷售為 29 盒）。F 係配對處理之平均差異，α=0.05，配對平均數之間具有顯著性差異者如下圖：

實驗處理	1 2 3 4
1	×
2	
3	××
4	

1 與 3，2 與 3，3 與 4

㈢觀察法

所謂觀察法是指對人們、事物、事件來進行觀察。觀察法與訪問法之差別，乃前者只觀察不進行訪問，而訪問係向受訪者提出問題並據以取得資訊。

⑴觀察法的優點：

a.客觀：由於觀察法不必透過訪問方式來訪問受訪者，可減少或避免訪問員因訪問的措辭不同而影響受訪者的答案，並且可消除訪問法所遭遇到的許多主觀偏見，是比較客觀的方法。

b.自然：由於觀察員只觀察並記錄事實，被觀察者本身又不知道自己正在被人觀察，因此一切行為均如平常，所獲的結果自然比較正確。

⑵觀察法的缺點：

a.成本較高：觀察法為了達到觀察之目的，所費的時間與精力較多，研究者必須事先在適當的地點安置或埋伏觀察人員或儀器，等待事件的發生，加以記錄。

b.只能觀察人們的外在行為，而不能觀察人們的態度、動機、知覺與偏好。

c.對於個人私下的活動或過去的活動，常非觀察法所能奏效的。

㈣從統計抽樣科學方式來蒐集資料：

抽樣設計的好壞對於一個市場調查的結果有決定性作用。一般市場調查結果會讓人覺得不準確，或不具完整性，都是由於抽樣設計不正確所致。

1.有關抽樣的常用名詞

⑴母體 (population)：是市場調查的研究對象，它是由一群具有共同特性的樣本單位所組成的群體。母體的範圍是由研究者自己來定義，它可能是一地區例如臺北市，也可能是一種產品例如飲料市場。

⑵樣本 (sample)：它是母體的一部分，在市場調查中，我們就是要以統計抽樣技術從

母體抽取樣本，再將樣本資料加以分析、整理來估計母體。因此樣本必須要有完整性、充分性。

(3)抽樣調查 (sample survey)：在作市場調查時，由於用普查方式所花費的時間、人力、物力太多，非一般企業所能負擔。而且時間消耗也不少，亦不符合企業的需求，因為許多市場決策必須在某一段時間內決定，有關市場資料亦應在短時期內蒐集妥當，這便是何以抽樣調查方法在市場調查方面普遍使用的主因。

(4)估計值 (estimate)：又稱統計值，係根據樣本資料求得，用以估計母體的數值。

(5)抽樣架構 (sampling frame)：指母體的名單、索引、地圖、或其他記錄。在進行抽樣調查前，必先瞭解什麼是抽樣的母體，抽樣架構乃是對母體定義的一種說明，是對母體範圍的一種界限。

(6)統計估計 (statistical estimation)：是指一種利用抽樣原理的統計方法，用來決定以何種樣本統計量來推測母體之母數最為適當。亦即就樣本中的統計量，應用前述的抽樣分配原理，推測母體中未知母數的方法。

(7)統計假設檢定 (statistical hypothesis testing)：亦即利用抽樣原理，並且在事先對有關母數建立合理的假設，再由樣本資料來測驗此假設是否成立，以為決策之依據方法。

(8)母數：就是母體的表徵數，可能為某一種屬性或特性。

(9)統計量：就是樣木的表徵數。

(10)估計量：樣本的資料需有一估計式來估計某未知母數。該估計式即為統計估計量。

2.抽樣設計的步驟

抽樣包括許多工作及決策，如能對整個抽樣的過程有一個整體性的瞭解，自可有助於市場調查研究者對各種抽樣原理及抽樣方法的瞭解。抽樣設計的程序通常包含下列幾個步驟：(1)確認母體。(2)決定抽樣方法。(3)決定市場調查所需之有效樣本。

(1)確認母體：抽樣設計者應根據自己之研究主題與目的來確定抽樣之母體，一般對於母體的劃分有下列兩種：

a.依母體內所含個體的多少來劃分——即有限母體 (finite population) 與無限母體 (infinite population)。凡母體所含個體數為有限者稱為有限母體，如中國的人口，若母體所含個體數為無限者稱為無限母體，如空氣中的細菌等。

b.依母體具體存在與否來劃分——即存在母體 (existent population) 與假設母體 (hypothetical population)。凡由具體存在的個體所構成的母體稱為存在母體或實

在母體 (real population)，例如市場上的商品，臺北市的人口等。如母體並不存在而假想其存在，或僅出現一部分而其所有個體可以繼續不斷出現者，稱為假設母體。如下月某百貨公司各種商品的銷售量，又如擲錢幣，只要錢幣不損壞，可以重複拋擲，其正反兩面可繼續出現。

在確定母體後，應對母體的特徵或屬性作明確的說明，以建立抽樣架構，劃定母體的界限。

⑵決定抽樣的方法：在確認母體後，就需決定以何種抽樣方法來抽取樣本。常用的抽樣方法有下列幾種，每種抽樣方法的優劣與使用時機，在下文將特別加以說明。

a.機率抽樣 (probability sampling)：

- 簡單隨機抽樣 (simple random sampling)。
- 系統抽樣 (systematic or quasi-random sampling)。
- 分層抽樣 (stratified sampling)。
- 集群抽樣 (cluster sampling)。
- 地區抽樣 (area sampling)。
- 多段抽樣 (multi-stage sampling)。

b.非機率抽樣：

- 便利抽樣 (convenience sampling)。
- 配額抽樣 (quota sampling)。
- 判斷抽樣 (judgement sampling)。
- 雙重抽樣 (double sampling)。
- 逐次抽樣 (sequential sampling)。
- 雪球抽樣 (snowball sampling)。

一般而言，抽樣方法受預算與時間的因素影響很大。

⑶決定所需要之有效樣本數：市場調查樣本數大小的決定受到下列因素的影響：a.母體變異數。b.信賴區間。c.預算。d.時間。e.風險。f.抽樣方法。

例如在估計母體平均數時，在重複抽樣中每一樣本的平均數 $(\overline{X})$ 與母體平均數 (μ) 常有差異，但我們希望差異的絕對值小於所能容忍的某一數值 (e) 的機率為既定的信賴係數 $(1-\alpha)$，亦即 $P(|\overline{X}-\mu|\leq e)=1-\alpha \cdots$ (A)。

假設 $\overline{X}$ 的分配為常態，則可從常態分敵機率累積表中查出一個標準化常態值 $Z_{\alpha/2}$，此時 (A) 式成為

$$P(-e<\overline{X}-\mu<e)=1-\alpha$$

$$P(-Z_{(1-\alpha/2)}<\frac{\overline{X}-\mu}{a/\sqrt{n}}<Z_{(1-\frac{\alpha}{2})})=1-\alpha$$

可得 a^2 已知，μ 之 $1-\alpha$ 雙尾依賴區間為

$$-Z_{(1-\frac{\alpha}{2})}<\frac{\overline{X}-\mu}{a/\sqrt{n}}<Z_{(1-\frac{\alpha}{2})}$$

$$-Z_{(1-\frac{\alpha}{2})}\cdot\frac{a}{\sqrt{n}}<\overline{X}-\mu<Z_{(1-\frac{\alpha}{2})}\cdot\frac{a}{\sqrt{n}}$$

$$\underbrace{\overline{X}-Z_{(1-\frac{\alpha}{2})}\cdot\frac{a}{\sqrt{n}}}_{-e}<\mu<\underbrace{\overline{X}+Z_{(1-\frac{\alpha}{2})}\cdot\frac{a}{\sqrt{n}}}_{+e}$$

$$-e=\overline{X}-Z_{(1-\frac{\alpha}{2})}\cdot\frac{a}{\sqrt{n}}$$

$$e=\overline{X}+Z_{(1-\frac{\alpha}{2})}\cdot\frac{a}{\sqrt{n}}$$

兩式相減：$2e=2Z_{(1-\frac{\alpha}{2})}\cdot\frac{a}{\sqrt{n}}$

$$e=Z_{(1-\frac{\alpha}{2})}\cdot\frac{a}{\sqrt{n}}\ \therefore \text{n}=\left[\frac{Z_{(1-\frac{\alpha}{2})}\cdot a}{e}\right]^2$$

式中 e：表誤差，a^2：表母體變異數，$\overline{X}\pm Z_{(1-\frac{\alpha}{2})}\frac{a}{\sqrt{n}}$：表依賴區間

- 母體變異數的大小：母體的變異數愈大，代表母體愈分散，所需要的樣本數愈大，母體的變異數和樣本數大小成正比。
- 信賴區間 (confidence interval) 的大小：市場調查者在做市場調查時，常需對於自己抽樣方法有一信賴區間的假設，例如「平均數 95% 的信賴區間」，亦即抽樣結果樣本平均數之估計有 95% 的信心來代表母體的平均數。信賴區間愈大，所需的樣本數愈大。信賴區間的大小與樣本數大小成正比。
- 市場調查的預算：預算愈大，愈可能使用較客觀的抽樣方法，樣本的大小也愈可能根據抽樣方法所需要的樣本數目來抽取。
- 時間：如果時間夠，市場調查所抽取的樣本，較有可能根據抽樣方法的需要來決定樣本數目的大小。
- 風險：估計風險的大小取決於二個因素：錯誤的處罰及錯誤的機會。前者是由預估錯誤導致行動錯誤所造成的一切損失，譬如行銷主管對明年銷售額的估計過高，將發生許多不必

要的費用，後者是指估計錯誤的機率，在選擇樣本數的大小時，抽樣設計者應預估在不同樣本數中，發生錯誤樣本的機會和損失，以及蒐集樣本的成本，並在二者之間求取最佳的平衡，使抽樣的總成本成為最小。

・抽樣方法：每一種抽樣方法所需的樣本數均會有所不同。

五、市場調查實施日期的安排

一般而言，市場調查的結果由於有時效性，所以市場調查整個過程的日期安排對於研究者來說可說非常重要，一般市場調查的日期最需考慮的因素有下列幾項：

1. 調查地區

市場調查地區是屬於全省性或地區性，對於日期安排須作不同的考慮。若為全省性，須將調查員搭車的時間與尋找訪問地區的時間（不熟悉的區域），加以適當的安排。

2. 抽樣方法

一般而言，機率抽樣方法為尋找客觀的樣本，故所需花費的時間一定比非機率抽樣方法來得長，所以在安排調查日期時亦需考慮市場調查所使用的抽樣方法。這一點須要有經驗才能掌握。

3. 訪問對象

也會影響市場調查的日期，例如訪問的對象若為較年輕的樣本，一定比上年紀的樣本所費的時間來得長。而職業性質較普遍的工作一定比職業性質較特殊的樣本容易訪問，所費的時間亦較少。

市場調查日期的安排現在一般的情況為：

・相關資料的蒐集	約佔 6%
・問卷的設計	約佔 7%
・實施市場調查	約佔 20%
・問卷的編碼 (coding)	約佔 6%
・問卷的登錄 (key-in)	約佔 6%
・電腦資料處理	約佔 25%
・撰寫研究報告	約佔 25%
・呈交報告	約佔 5%

每一項市場調查工作總是由各個不同的工作階段所組成，如何安排各階段的時間，這是市場調查工作者所需要解決的具體問題，亦是重要的工作環節，上表僅提供粗略

的指導意見，表中的百分比是表明所佔全部需用時間的百分比，但是各階段工作實際需要的時間比例，仍須視市場調查的性質而有所差別，且有時差別甚大。

六、市場調查預算的估計

一個公司究竟要編列多少市場調查預算在行銷研究上呢？對這問題的看法見仁見智，各公司的市場調查預算也都不同。通常市場調查預算受下列因素的影響：

1. 公司規模的大小

一般而言，公司的規模較大，市場調查預算一定也比小公司來得多，也只有較大規模之公司才能設立市場調查部門，大公司也較有能力去僱請外界行銷研究機構或市場調查公司來服務。

2. 公司營業的性質

消費性產品公司花在市場調查的費用遠比工業性產品公司來得多，因為消費性產品面臨之市場經營環境遠比工業性產品來得複雜，所用的廣告及其他促銷活動也較多，消費品的行銷通路也比工業品的通路龐雜，因此消費性產品公司之市場調查預算應比工業性產品來得多。

3. 經營者對市場調查的重視程度

管理當局對市場調查之重視程度深深的影響市場調查的預算，有眼光的經營者對於市場調查影響公司行銷能力的興衰有肯定的看法，則所編列之市場調查預算當然比沒有眼光之經營者來得多。

一般而言，市場調查之預算一定會包括下列費用在內：

- 相關資料蒐集之費用。
- 問卷設計、影印、打字、裝訂之費用。
- 問卷之預試費用。
- 市場調查訪問員的費用。（包括訓練、食宿、交通費用）
- 市場調查之贈品費用。
- 問卷整理之費用。
- 問卷編碼之費用。
- 問卷登錄之費用。
- 電腦資料處理費用。
- 研究報告之打字、裝訂、影印、投影片之費用。

・其他費用（郵費、電話費、研究主持人費用）。

七、資料蒐集工作

在根據市場調查之調查主題進行抽樣調查時，應根據抽樣設計中所提出之資料蒐集方法實地去蒐集各種資料。在實地蒐集資料的過程中，對訪問員、觀察員或實驗人員的選擇、訓練及監督應特別加以重視，如果這些資料蒐集人員未能按照市場調查計畫去實地蒐集資料，可能使整個調查作業失去價值。不管市場調查計畫如何嚴謹，在實地蒐集資料時，往往會發生一些不可預料之事，因此在實地蒐集資料期間，必須經常查驗、考核、監督與訓練蒐集資料人員，並經常與他們保持密切之聯繫。

八、如何整理與分析資料

市場調查中，關於資料整理、分析等工作包括查驗與整理初級資料、選取有效之樣本、編表、編碼、登錄和統計分析等步驟，這些步驟說明如下：

1. 查驗與整理初級資料

查看初級資料，去除不合邏輯、可疑及顯然不正確的部分，然後加以編輯，以供編列之用。

2. 選取有效之樣本

市場調查所回收之樣本必須加以選取，這樣才能由有效的樣本中加以分析，增加企業主管對市場調查的信心。而有效樣本的選取，就是回收之樣本在剔除亂填、不完整之廢卷後，所剩下的樣本。

3. 編　表

將蒐集之資料以最簡單、最有用的方式表列出來。

4. 編　碼

將回卷之答案編成電腦接受之語言。

5. 登　錄

將問卷之編碼登錄 (key-in) 在電子計算機中，以利統計分析。

6. 統計分析

利用統計方法例如百分比、次數分配方法來計算和解釋結果。

九、準備研究報告書

最後應就報告研究結果提出有關解決問題的結論和建議。報告的寫作應針對閱讀者的需要與方便，力求簡明扼要而有說服力。研究報告大致可分為兩大類：一為通俗性報告，一為技術性報告。前者主要是向企業主管報告之用，應以生動的方式說明研究的重點及結論；後者則包含豐富、詳細的參考性文件資料以及調查的證據。一般而言，所謂結論與建議有如下的區別：

結論：是將研究的結果加以分析、整理成重點式的結果。

建議：是經由結論的結果，根據研究者的專業知識提出合理可行的建議方案。

訪問法的種類與特性

訪問 (interviews) 的方法有三種：(1)個人訪問法 (personal interview)。(2)電話調查法 (telephone-survey)。(3)郵寄問卷調查法 (mail survey)。這三種訪問法主要係根據調查者 (interviewer) 與被調查者或應答者 (respondent) 之間的接觸方式來劃分。各種訪問法的特徵與使用時機如下：

一、個人訪問法

1. 個人訪問法的定義

個人訪問法乃調查者在面對面的情況下，向被訪問者詢問有關問題，而當場記錄應答者所提供之資料。可事先擬定問題來訪問，例如按照所設計之問卷順序來發問，亦可採自由交談方式來進行訪問，究竟採哪一種方式訪問較為適宜，需視調查之目的與性質來決定。

2. 個人訪問法的特徵

(1)費用較高：一般而言，個人訪問法所需要的費用，較其他兩種訪問法高，那是因為個人訪問法為接觸到受訪者，可能須花費較多之交通費用、食宿費用，而且為達到有效之訪問，可能須花費教育訪問員的訓練費用，或者聘請素質較高的訪問員。

(2)較具伸縮性：個人訪問法是所有訪問法中最具伸縮性的方法，而所謂伸縮性 (flexibility) 是指：它可採任何一種問卷（包括開放式之問卷或封閉式之問卷）來訪問，如果被訪問者同意的話，尚可採錄音機方式來進行訪問，如果發現被訪問者不符樣本所需符合之條件，可立即終止訪問。所訪問之問題可能是非結構化，或訪問員可能把問卷交給受訪者填答，或者徵得受訪者之同意，留下問卷，請受訪者填答後，郵寄問卷，人員訪問法的彈性程度有多大，完全須視研究人員的調查目的，及訪問人員的訓練情形與訪問態度而定。所以個人訪問法具有高度之伸縮性。

⑶具有激勵效果：有的受訪者對郵寄問卷方式的訪問完全不感興趣，這是因為受訪者沒有向他人發表自己意見的機會，以達到個人情緒上的滿足 (emotionial satisfaction)，或者與他人討論問題所獲得之知識上的滿足 (intellectual satisfaction)，或者受訪者具有利他主義 (altruism) 即幫助別人的欲望，郵寄調查的訪問顯然不能讓受訪者得到這種欲望上的滿足，而只有透過面對面 (face to face) 的個人訪問方式才能獲得。如果被訪者是這種類型的人，則宜採個人訪問方式，因這種方式具有高度激勵效果。例如有些受訪者，對於使用某些產品已有累積相當多的經驗，早想發表他們使用此種產品的心得，所以如果有機會，他們極願意與訪問者面對面討論該類產品，以便自己有發表批評的機會。如果訪問者能掌握這一點，由於具有激勵性，受訪問者合作的可能性自然也就提高許多，回件率 (response rate) 也會相對地提高許多。

⑷資料較具完整性：個人的訪問由於調查時間較長，可作深入訪問，電話訪問則嫌資料較不完整，而郵寄調查資料的蒐集亦失之周全。有些問題，需賴受訪員的解釋才能明白，這樣可減少不完整答案或欠缺答案等現象。所以在三種訪問方式中，個人訪問法可獲得較多的資料。

⑸樣本較具充分性、代表性：用電話訪問調查，樣本可能只限於有電話的人，而用郵寄調查訪問法則可能所選樣本缺乏代表性，或者回件率較低，而用個人訪問法可提高回件率，且由於個人訪問法可達到調查者所欲抽取的樣本的素質，故樣本較具充分性、代表性。

⑹具有審核樣本條件的機會：在個人訪問法中，由於訪問者與受訪者是屬於面對面的接觸，對於抽樣調查所選取之樣本條件例如年齡、所得、教育水準、居住地區等問題，都可以當場審核，這是用其他訪問法，所未能達到的效果。

⑺對於問題的順序控制較具彈性：問題的順序 (order)，往往會影響到被調查者的答案，有些受訪者往往在見到某些問題後，就不願再繼續作答，這時候如果採個人訪問法，面對受訪者有這種情形，可做彈性的調整，以達到訪問之目的，而若採

郵寄調查訪問法，被調查者可能就不願再繼續作答下去。或者採郵寄調查法時受訪者每每在見到較後的問題時，便更改前面所作的答案，個人訪問法由於能控制問題的順序，較具有彈性。

(8)回件率較高：個人訪問法之回件率是所有訪問法中最高的，因為此法具有高度的機動性，而且訪問員對於訪問之時間及次數，具有完全的控制力。

(9)對於受訪者的條件最具有說明、幫助效果：個人訪問法對於受訪者的假定條件最少，譬如當受訪者不識字時，可透過語言來溝通，訪問者在瞭解受訪者的答案後，可加以記錄，或者當受訪者不瞭解某些問題或用語時，訪問員可加以解釋，但應充分、客觀表達問卷的真正用意，以免改變了問題的意義。

(10)對於抽樣方法的要求較少：其他的訪問方式，在抽樣調查時，都需要有某種抽樣架構 (sampling frame) 的要求，但個人訪問法，由於需兼顧經濟因素，且本身已具較強之彈性，故要求較少。

3. 個人訪問法的缺點

(1)較易產生詢問之偏見：由於訪問員與受訪者採面對面的溝通，訪問員的詢問態度或語氣有時不免會對受訪者發生一種影響作用，以致產生詢問上之偏見。

(2)調查費用較高：通常來說，個人訪問法所需費用遠較其他兩種訪問法高，例如需僱用大專學生作調查員，如果再考慮到訓練調查員的開支則費用更高。

(3)訪問時間較長：個人訪問法所花的時間可能比其他兩種訪問法長。這是因為有時為要讓受訪者願意作答，可能需有一段時間作一些意見溝通，等氣氛進入狀況時，才能進行訪問的工作。

(4)訪問的過程要求 (scheduling requirements) 較複雜：個人訪問法必須作事先的規劃，因此具有最長及最複雜的過程要求。一旦訪問開始，還必須嚴密地監督訪問員是否依進度表進行，以免拖延時日而增加成本。過程的要求較長、較複雜，也是個人訪問所需要的時間較長、速度較慢的主要原因。

二、電話調查法

1. 電話訪問法的定義

乃訪問員透過電話向受訪者詢問以取得市場調查所需的情報。

2. 電話訪問法的優點

電話訪問法與其他訪問法（如個人訪問法、郵寄問卷調查法等）比較，具有下列幾項優點：

⑴經濟：電話訪問通常比人員訪問省錢，電話訪問可以省掉人員訪問所需的交通、住宿、用餐等費用，但有時電話訪問（如長途電話）其費用也是相當可觀的，不過一般而言是比人員訪問省錢。與郵寄調查比較，哪一種較省錢則不一定，有時郵寄調查較省錢，有時電話訪問較省錢，應視郵寄調查之回件率與回件速度才能作決定。

⑵可節省時間與提高回件速度：對於一些急欲蒐集之資料而言，以採用電話調查最快速。例如政治選舉、候選人民意調查，或電視收視率之調查，以打電話方式來調查，最為快速。

⑶較能兼顧樣本的普遍性：顯然電話訪問有時不能訪問沒有電話的人，但是處於今日電話普遍化的社會裡，幾乎家家戶戶都有電話，並且電話分類簿尚提供完整的樣本資源，對於某些市場調查僅限於少數之樣本的研究，電話訪問提供了有效的調查方式。

⑷較具統一性：用電話調查，多按已擬定好的標準問卷詢問，因此資料的統一性程度較高。

⑸可以接觸到那些「不易接觸」的人：個人訪問或是挨戶訪問的方式偶爾會被認為是推銷員而拒絕接受訪問；同樣地，訪問員去訪問大門深鎖的公寓住戶時，也往往會吃閉門羹。電話訪問則可以有較大的機會去接觸到這些不易接觸的人。

⑹訪問結果較不易受到訪問員的影響：電話訪問中可能影響受訪者的僅有聲音而已，至於訪問員的衣著、個人特徵、獨特風格等等都不會造成影響。一般而言，電話訪問所產生的偏差較人員訪問少。

⑺對於有關私人的問題，較具坦白效果：某些例如有關私人方面的問題，在面對面的情況下，應答者多感到有一些不自然，尤其是女性。而在電話訪問中，則可能獲得較坦白的回答，例如性、節育、所得等問題。

⑻接受訪問的機會較大：通常電話比按門鈴或其他直接的方式更能引起受訪問者的注意。假若人們在家，他們總會去接電話，但是他們不見得會開門讓訪問員進入屋內接受訪問。訪問公司企業人士亦有相同的情況。如果是長途電話的訪問更容易訪問到所要訪問的人。

⑼較易控制：電話訪問的調查員對於所選擇之樣本，可在固定之一段時間內，隨時調整對哪一樣本先打電話，並且可以允許他們依自己方便的時間在他們自己家中

打電話訪問。對於電話訪問員的聲調、語氣、及用字等是否正確，可由研究員（或監督員）在旁予以糾正。

⑽可兼顧隱密性：郵寄問卷調查可能公開給家庭中的每一分子，假若你所希望的是完全個人的意見與看法，就很難保證此份問卷是否已經被許多人看過，甚至是多人的傑作，而且你也無法保證太太不會去填答指定要給丈夫填答的問卷。至於人員訪問，也常會碰到所欲訪問的人有親友在場，此時進行訪問，受訪者往往對較隱密性問題拒不作答，或不誠實回答，電話訪問則較為隱密，盡管有親友在場，受訪者較敢也較容易回答一些個人觀念的問題。

3.電話訪問法的缺點

⑴母體欠完整：電話調查法乃根據電話用戶名單作為抽樣基礎，但並非所有的消費者或家庭皆有電話，因此，母體欠完整。有的消費者在電話簿上乃用公司名稱，如果作消費者調查，則顯然在名單中會漏了這些人。

⑵問題不能深入：電話調查法由於時間不能太長，故通常問卷較短，因此有些問題不能如個人訪問法那樣深入，較複雜的態度量表不能用，問卷屬於開放問卷式者亦不宜用，要求受訪者對某種問題發表意見時，則只能作簡單說明。

⑶不能確定受訪者是否符合樣本所需的條件：例如年齡、身體狀況、衣著、社會經濟地位、住家型態等，有時還會有其他的人代答的情形。

⑷較難使用訪問之輔助道具：有些市場調查必須以包裝、產品或示範品做輔助說明，或做消費者測驗，在電話訪問中這些均不能使用。

三、郵寄問卷調查

1.郵寄問卷調查的定義

所謂郵寄問卷調查即調查者持所擬定的問卷用郵寄寄往目標應答者之地址，多附有一回郵信封，要求應答者填妥後寄回給調查者。

2.郵寄問卷調查的優點

⑴市場調查地區較廣：採用郵寄調查法，調查區域並不必限調查者所在地，只要有郵政所在之地區，皆可作調查用。

⑵無訪問員的偏見：個人訪問法所產生的訪問員偏見，就郵寄調查而言，應可以完全避免。

⑶被調查者可獲得較充裕時間作答：個人訪問法與電話訪問由於有時間的限制，每

位被調查者對於一些有數字的資料如借貸量，不能立即回答，郵寄調查法則可提供較多準備時間來從事蒐集、整理與回答有關問題。再若用郵寄調查法，被調查者無時間上的壓力，可在休閒時間來處理問卷，不致影響正常的工作時間。

⑷可以節省成本：郵寄問卷調查比人員訪問省錢，用少量的經費，就可以調查大量的樣本。

⑸分佈偏差較小：郵寄問卷調查並不會對某一鄰舍、家庭、或個人有所偏好，而這正是人員訪問所面臨的困難之一。再者郵寄問卷調查亦可避免找不到人。

⑹作業地點較少限制：郵寄問卷比其他兩種訪問法較有集中控制 (centralized control) 的作用。可以在一個辦公室中進行郵寄調查，控制各項作業。

3.郵寄問卷調查的缺點

⑴回件率低：郵寄問卷調查法回件率往往較低，其主要原因為 a.被調查者對於調查不感興趣。b.問卷可能過長或複雜。c.被調查者較容易疏失問卷回寄。

⑵答卷者可能不是目標受訪者：有時被調查者收到問卷時，由於自已沒有時間，往往叫別人代為回答，或者認為自己不應屬被調查者，乃找一位他認為是適合該調查的樣本，請他作答，這樣自然就破壞了樣本的代表性。

⑶對於內在動機之調查較不適合：如果市場調查的主要目的是在探測應答者的個人內在動機，用擬好的問卷直接詢問，多不能獲得該應答者真正動機的資料，用深度訪問法，顯然效果較佳。

⑷問卷內容如果太難作答、需要請教他人、太費時或太複雜的話，可能不宜利用郵寄問卷調查。

⑸有時候可利用之時間不足以從事郵寄問卷調查，例如研究者須於三日內蒐集到資料，則郵寄問卷調查將不可行。

⑹如果所欲蒐集之資料可能極具機密性質，此時郵寄問卷調查將遇到困難。

⑺有用的郵寄名冊，有時候無法獲得，因而無法利用郵寄問卷調查。

四、三種訪問法的比較

個人訪問、郵寄問卷調查和電話訪問其優點與限制已如前所述，讀者可就下列各項因素，選擇其使用之時機：

1.就費用而言

一般而言，個人訪問所需的費用較高，郵寄調查所花的費用最低，電話如果不使用長途電話，則所花費的費用亦低。

2. 就速度而言

如以速度論，郵寄調查所費的時間最長，通常在問卷寄出後，需要七至十天才可見到回件，當然回件速度的快慢與調查是否附有贈品、寄追蹤函等有很大的關係，而電話訪問所需的時間最短，如果問卷不長，每個訪問員在一小時可完成 10 ～ 15 份問卷。個人訪問則需視問卷的結構與樣本數目、訪問地區才能決定所需的時間與速度，如果地區遼闊、樣本數目大、問卷複雜，則所花的時間也較長。

3. 就反應率而言

電話訪問反應率最高，但是電話訪問也會遭到訪問對象不在家及拒絕接受訪問的情形。郵寄問卷調查的反應率（即回件率）最低，以臺灣的情形而言，郵寄調查回件率一般在 10% ～ 30% 之間。回件率的高低主要受問卷的內容、問卷的設計、是否有贈品、及各種非研究人員所能控制的環境因素所影響。人員訪問的反應偏差（即訪問對象不在家及拒絕接受訪問）也不可忽視。以臺灣的情形，第一次訪問時碰到受訪者不在家的比例約 30% ～ 50%，視研究的性質與訪問對象而定。

4. 訪問員偏差的問題

郵寄問卷調查由於不需要訪問員，所以對於訪問員所產生的偏差最少。而個人訪問法，由於受訪者可以看到訪問員的態度、表情、衣著，對於訪問員產生的偏差較多，而電話訪問如果問卷不要太長，所產生的訪問員偏差，較個人訪問法低。

5. 彈性的問題（伸縮性）

個人訪問法的成本雖高，但幾乎可應用到所有適用訪問法的研究項目，是彈性最大的一種。而電話訪問只能訪問那些有電話的人，郵寄調查需要有郵政的地方，個人訪問則不受這些限制。在訪問的過程，個人訪問法可視當時訪問的情形，而將訪問問題作適當的調整。訪問時對於不清楚或不完全的回答可以當場立即發問。若受訪者的答覆有彼此矛盾之處，也可當場追根究底問個清楚。郵寄問卷調查就缺少這些變通性，一旦問卷寄出，只能希望早日收到回件，無法在中途改變問題。

6. 問卷複雜度的問題

個人訪問比較適合較複雜之問卷，例如開放問卷或間接性的問卷，需要有一段時間讓受訪者發表自己的意見。而要使用電話訪問，則問卷不能太複雜，宜簡單明瞭。郵寄調查問卷雖然亦可複雜，但基於回件率與回件速度的考慮，亦宜簡單明瞭。

7. 問卷完整性的問題

個人訪問最容易掌握問卷的完整度，因為訪問員與受訪者可以面對面的接觸，而郵寄問卷對於問卷的完整性較難控制，電話訪問如果不是長途電話，亦較郵寄問卷更能掌握完整性。

8.訪問過程的要求

個人訪問法對於訪問時間的過程安排要求最嚴格，而郵寄問卷就不需有訪問過程的問題。

9.訪問員訓練的程度

個人訪問法對於訪問員最需要訓練，而郵寄調查則只需作業人員即可，電話訪問，訪問員亦需短暫的受訓。

10.對於令人難以作答的問題

例如有關夫婦私生活的問題，以郵寄問卷調查較適宜，其次為電話訪問（但要回答這些問題，受訪者有時要先辨認訪問的主辦人或公司、機構之性質才願回答）。而個人訪問法對這些難以啟口的問題最不適宜。

11.對於需配合訪問輔助工具而言

例如消費者測試問題，個人訪問法最適宜。其他則否。

將上述三種方法的比較列表如下：

訪問法各種構面比較表

	個人訪問法	郵寄調查	電話訪問
1.費用	最貴	最低	如利用長途電話費用亦高
2.速度	如樣本數目大亦很費時	最長	最快
3.無反應問題	較郵寄調查為低	無反應率最高	無反應率較低
4.訪問員偏差	最大	最小	較個人訪問為低
5.彈性	最具彈性	須有郵寄地址	只能訪問有電話的人
6.問卷的複雜度	較合適	比個人訪問合適	不合適
7.完整性	最能掌握	最不能掌握	比個人訪問較不易掌握
8.排程的要求	最嚴格	不需	中間
9.訪問員訓練	最需	不需	中間
10.難以作答的問題	較不合適	最合適	中間
11.消費者測試	最合適	不合適	不合適

抽樣方法的討論

從市場調查探討消費者的意見與需求潛力，為行銷研究重要架構。由於時間與預算限制無法從母體每一位樣本全部調查，故需討論從不同抽樣方式來代表母體的意見包括下列抽樣方式：

一、機率抽樣 (probability sampling)

(一)簡單隨機抽樣 (simple random sampling)

1. 定　義

簡單隨機抽樣是所有機率抽樣方法中最簡單的一種，如欲在一母體中抽出幾個樣本，則可先將母體中的全部個體分別給予 1 至 *n* 的號碼，然後利用亂數表 (random numbers table) 抽出所需的樣本。母體中每一個個體被抽出的機會皆相等，符合隨機抽樣的要求。這種抽樣方法又可稱為「無限制的隨機抽樣」(unrestricted random)，因為個別單位從個體中抽出時並未受到任何限制。例如某一飼料公司欲調查臺南地區養豬戶使用飼料品牌的情形，假定臺南地區有 500 家養豬戶，則市場調查人員可以先給予每一養豬戶編號分別從 1 ～ 500 號。下一步驟乃從亂數表中抽出所要的樣本，例如市場調查者需 80 戶的樣本，則可從亂數表中抽出 80 位。

2. 適合的使用時機

簡單隨機抽樣適合具有下列四個條件的場合：

(1)母體少。

(2)有令人滿意的母體名冊。

(3)單位訪問的成本不受樣本單位地點的遠近影響。

(4)母體名冊是有關母體資訊的唯一來源。

(二)分層抽樣法 (stratified sampling)

1. 定　義

此法係先將母體的所有基本單位分成若干互相排斥的組或層，然後分別從各組或各層中隨機抽選預定數目的單位為樣本。分層隨機抽樣與簡單隨機抽樣的區別在於後者從全體母體中隨機抽選樣本，而前者只從各層中隨機抽樣，但二者都需要完整的母體名冊作為抽樣架構。分層抽樣的重要目的在求增加樣本之代表性 (representativeness)，避免單純隨機抽樣的樣本過於集中某種特性或者完全無某種特性的現象。茲將整個母體按照各種特性劃分成 i 個次母體。

$$N=\sum N_i=N_1+N_2+\cdots+N_k\ (i=1 \sim k)$$

這些次母體即是「層」(strata)，再由各層中隨機抽取樣本單位若干個，如 $n_1, n_2, \cdots n_k$，即 $n=\sum n_i=n_1+n_2+\cdots+n_k$。

在劃分各層時，應盡量使各層之間具有顯著的差異性，而每層之內的各單位都應保持同質性，這樣才能提高估計值的精密度。例如：

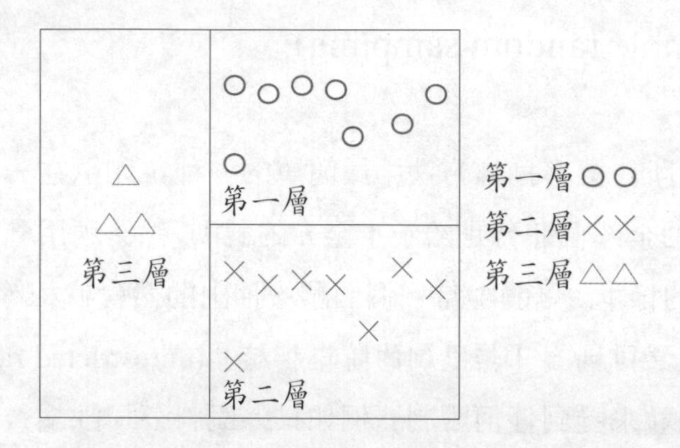

2. 樣本數的決定

以分層比例抽樣法 (proportional stratified sampling) 為主。即各層所抽出的樣本單位數目 (n_i) 係根據各層母體單位數目 (N_i) 佔整個母體單位數目 (N) 之比例而決定。

若以 n_i= 每層所欲抽出的樣本單位數目

N_i= 每層的總單位數目

N= 整個母體單位數目

n= 總樣本數目，則 $n_i=\frac{N_i}{N}\times n$

事實上 $\frac{N_i}{N}$ 可代表權數 (weight)，以 w_i 表示，於是上式可寫成：$n_i=w_i\times n$。

現在假定某飼料公司要估計各種飼料種類、用戶的每年平均支出。整個飼料種類可分為豬、雞、鴨三種（層），各別數目分配如下：

層 (i)	每層中之潛在用戶 (N_i)	樣本中之潛在用戶 (n_i)	樣本中之平均支出 ($\bar{x}_i$)	樣本標準差 (S_i)

1	豬料	4,000	100	\$1,500	\$150
2	雞料	2,000	50	\$1,000	\$100
3	鴨料	2,000	50	\$2,000	\$200
		N=8,000	n=200		

此三類用戶之比重可算出：

$$w_1=\frac{4,000}{8,000}=\frac{1}{2},\ w_2=\frac{2,000}{8,000}=\frac{1}{4},\ w_3=\frac{2,000}{8,000}=\frac{1}{4}$$

然後用該比重乘以已決定之總樣本數目，即得到各層應抽出之樣本數目：

$$n_1=200\times\frac{1}{2}=100,\ n_2=200\times\frac{1}{4}=50, n_3=200\times\frac{1}{4}=50$$

故樣本總潛在用戶的平均支出 ($\overline{X}$) 應為：

$$\overline{X}=\sum w_i\overline{x}_i=\frac{1}{2}\times\$1,500+\frac{1}{4}\times\$1,000+\frac{1}{4}\times\$2,000$$

$$=\$750+\$250+\$500=\$1,500$$

每層樣本平均數的標準誤差

$$S_{\overline{x}_i}=\frac{S_i}{\sqrt{n_i}}$$ ❺

$$S_{\overline{x}_1}=\frac{S_1}{\sqrt{n_1}}=\frac{150}{\sqrt{100}}=15$$

$$S_{\overline{x}_2}=\frac{S_2}{\sqrt{n_2}}=\frac{100}{\sqrt{50}}=14.1$$

$$S_{\overline{x}_3}=\frac{S_3}{\sqrt{n_2}}=\frac{200}{\sqrt{50}}=28.3$$

（註：雞料最小估計最正確；鴨料最大估計最不正確，且標準誤差到 2 倍水準。）

因此，樣本平均數 ($\overline{X}$) 與母體平均數 (μ) 之間的差異乃視樣本平均數之標準誤

❺ 在實際市場調查中，樣本的平均數不免與母體平均數有差別，至於母體平均數的多寡，可根據下列幾個數值來估計：

①樣本平均數 ($\overline{X}$, sample mean)。

②樣本平均數之標準誤 ($\sigma_{\overline{x}}$, standard error of the sample mean)。

③信賴區間 (confidence level)。

$(\sigma_{\overline{x}})$ 與研究者所選用的信賴區間而定。而樣本平均數之標準誤其實亦即各樣本平均數分配之標準差 (standard deviation of the distribuition of sample means)。此處不用「差」而用「誤」，旨在指出各樣本平均數之間所以有差異的現象，乃因抽樣誤差 (sampling error) 所致。此外樣本的多少也會影響抽樣結果，樣本愈多，則樣本的平均數愈接近母體平均數，亦即是說隨著樣本的增加，樣本平均數的分配愈接近常態分配 (normal distribution)，此即為中央極限定理 (central limit theorem)。通常市場調查乃用一個代表性樣本空間，因此一個單獨樣本空間的平均數 $(\overline{X})$ 與母體平均數 (μ) 之間必然有誤差，而差別多少則受樣本平均數之標準誤 $(\sigma_{\overline{x}})$ 之大小所影響。在一定的信賴區間之下，標準誤愈小，則樣本平均數愈接近母體平均數，平均數之估計自然較正確，反之，標準誤過大，估計之平均數便不可靠。

一般而言母體之標準差 (σ) 多難得知，因此利用樣本之標準差 (S=sample standard deviation) 作為 σ 之估計值。

$$\sigma=\sqrt{\frac{\sum(x-\mu)^2}{N}}，而\ S=\sqrt{\frac{\sum(X-\overline{x})^2}{n-1}}$$

而樣本平均數之標準誤為

$$S_{\overline{x}}=\frac{S}{\sqrt{n}}$$

n= 樣本數目

總潛在用戶平均支出的標準誤差 $(S_{\overline{x}_s})$ 為

$$S_{\overline{x}_s}=\sqrt{\sum w_i^2 S_{\overline{x}_i}^2}$$

$$=\sqrt{(\frac{1}{2})^2(15)^2+(\frac{1}{4})^2(14.1)^2+(\frac{1}{4})^2(28.3)^2}=10.9$$

若總潛在用戶平均支出的依賴區間為 95%，則

$$\overline{X}_s-2S_{\overline{x}_s}<\mu<\overline{X}_s+2S_{\overline{x}_s}$$

$$1{,}500-2(10.9)<\mu<1{,}500+2(10.9)$$

$$1{,}478.2<\mu<1{,}521.8$$

3. 分層抽樣法的使用時機

⑴各層的標準差大致相同。

(2)未知各層的標準差，而假定彼此都相同。

(三)分群抽樣法

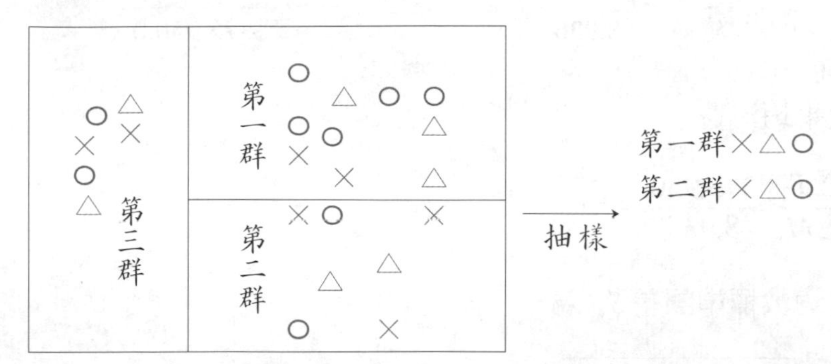

採用簡單隨機抽樣往往會遇到一些困難，例如所抽出的樣本單位可能極為分散，或在各區域皆有，故將提高市場調查費用。再者要取得整個被調查單位母體之名單，有時亦非易事。如僅集中調查幾個地區，則此困難便可減少。因此市場研究者往往採用分群抽樣法 (cluster sampling) 以避免簡單隨機抽樣法所產生的缺點。

1. 定 義

分群抽樣法乃將被調查區域分成若干個，每個區域的特性應盡量保持相近，例如人口數目。但所調查的目標（例如家庭），其特性（例如收入或成員數目）則較廣。換言之各群之間應具同質性 (homogeneity)，但每一群內之樣本單位則應具有差異性 (heterogeneity)。在這方面，分群抽樣法與分層抽樣法剛好相反，前者的初級單位（群）相互間具同質性，後者（層）卻須具差異性。至於次級單位（樣本單位），前者須具差異性，而後者卻須具有同質性。

2. 分群抽樣之程序

例如某 A 飼料公司欲調查全臺灣養豬戶每月使用 A 飼料公司產品的支出，遂作一抽樣調查。在臺灣省養豬集中地區，隨機抽出三十個區域，然後在每一被抽出的區域中隨機抽出三個養豬戶作為調查單位，其結果如下：

區域 (i)	每區域之養豬戶 (M_i)	三個養豬戶之每月平均支出 ($\overline{Y}_i$)	每區之每月總支出 ($T_i=M_i\overline{Y}_i$)
1	225	\$53.5	\$12,037.5
2	315	28.5	8,977.5

3	260	36.5	9,490.0
4	270	58.5	15,795.0
⋮	⋮		
30	355	36.5	12,957.5
總數	8,935		$375,950.0

每住戶之平均消費

$$\overline{Y}_c=\frac{\sum T_i}{\sum M_i}=\frac{375,950}{8,935}=42.1$$

總樣本平均數標準誤差 $S_{\overline{y}_c}$ 為

$$S_{\overline{y}_c}=\sqrt{(\frac{N}{M})^2\frac{\sum M_i^2(\overline{Y}_i-\overline{Y}_c)^2}{n(n-1)}}$$

N= 初級單位總數目（本例子中之臺灣養豬區域），假定為 997

n = 初級單位樣本數目，此例為 30

M= 養豬戶總數（次級單位）

M_i= 在第 i 個初級單位中之次級單位數目（在第 i 個養豬區域中之養豬戶總數）

M 可用下列求之：

$$M=\frac{N}{n}\sum M_i=\frac{997}{30}(8,935)=296,940$$

$$\begin{aligned}\sum M_i^2(\overline{Y}_i-\overline{Y}_c)^2&=225^2(53.5-42.1)^2+315^2(28.5-42.1)^2+260^2(36.5-42.1)^2+\cdots+\\&\quad 355^2(36.5-42.1)^2\\&=273,631,875\end{aligned}$$

將以上各有關數值代入平均數標準誤公式：

$$S_{\overline{y}_c}=\sqrt{(\frac{997}{296,940})^2(\frac{273,631,875}{(30)(29)})}=\sqrt{3.54}=1.88$$

故每戶平均支出的區間估計（依賴水準 95%）

$$\overline{Y}_c-2S_{\overline{y}_c}<\overline{Y}<\overline{Y}_c+2S_{\overline{y}_c}$$

$$42.1-2(1.88)<\overline{Y}<42.1+2(1.88)$$

$$38.34<\overline{Y}<45.86$$

㈣地區抽樣 (area sampling)

1. 定義

所謂地區抽樣法是從一個城市的所有 N 個街道區中隨機抽選幾個街道區為樣本區，然後在各樣本區中進行普查。地區抽樣事實上是將一個沒有名冊的原始母體變成一個有名冊（即地圖）的地區母體使機率抽樣成為可行。

2. 使用時機

當母體名冊不齊全時或者根本沒有時。

二、非機率抽樣 (nonprobability sampling)

上面所述，在抽樣時如能得知母體中的每一個單位被選為樣本的機率，即為一種機率抽樣，如其機率為不可知，即為非機率抽樣。

㈠便利抽樣 (convenience sampling)

便利抽樣係純粹以便利為基礎的一種抽樣方法，樣本的選擇只考慮到研究者的衡量便利，隨便訪問路過的行人是其中一例。便利抽樣的基本假定，顯然是認為母體中每一單位皆相同，因此任選出某一樣本單位並無差別。在市場調查中，便利抽樣通常用於「試查」性質方面，比較正式的調查則很少使用便利抽樣。

㈡判斷抽樣 (judgement sampling)

市場調查研究者根據其主觀判斷而選定其樣本，研究者必須對母體的有關特徵有相當的瞭解。在編製物價指數時有關產品項目的選擇及樣本地區的決定等等常常採用判斷抽樣。

㈢雙重抽樣 (double sampling)

在決定樣本大小及選擇抽樣方法時，抽樣設計者至少對母體應有一些認識。不過在許多情況下，設計者事前對於母體的認識極為貧乏，此時可先對母體做一次初步抽樣，蒐集一些有關母體的資訊，根據所獲得的資訊，再作一次精密抽樣。在第一次抽樣時，因所要蒐集的資訊較少，故樣本通常較大，在第二次因要對樣本進行比較深入的調查，故樣本宜少。

㈣配額抽樣 (quata sampling)

配額抽樣法為非機率抽樣法中最流行的一種，它與分層抽樣法近似，亦以社會或經濟等特性作為抽樣基礎，這些特性稱為「控制特性」(control characteristics)，例如年齡、性別、收入等。而所謂「配額」是指每一種特性中該抽取多少樣本數目，均已決定。配額抽樣有下列三個步驟：

⑴第一步：選定控制特性：調查者須先決定應答者的劃分基礎，例如收入、年齡、教育程度、地區、性別等。

⑵第二步：確認母體中的特性比例：假定選定的控制特性為性別與年齡這兩個特性，則配額的比例為

	年齡		
性別	40 歲以上	40 歲以下	總計
男	50%	42%	92%
女	1%	7%	8%
	51%	49%	

表中各格的百分比表示母體的構成比例，是故樣本亦應依此比例抽取。

⑶第三步：決定各層的樣本數目：假定樣本數目為 1,000，則各層應抽出之樣本為

- 男，40 歲以上：1,000×50%=500
- 男，40 歲以下：1,000×42%=420
- 女，40 歲以上：1,000× 1%= 10
- 女，40 歲以下：1,000× 7%= 70

合計 1,000

配額抽樣法的優點：

⑴調查費用較機率抽樣為低，適合經濟節省原則。

⑵執行容易。

⑶所需調查時間少。

⑷適用於無母體名單之情況。

如何設計問卷

一、問卷設計的重要性

無論是個人訪問法、郵寄問卷法、電話訪問法，設計一份正確、標準、合理的問卷，對於整個市場情報的蒐集，可說是一個關鍵點。而問卷設計並不像一般人想像那

樣簡單，不同的問題順序、用語都會影響到最後資料處理的結果，例如美國學者葛羅斯 (E. Gross) 曾研究問題的次序對購買者的影響。(E. J. Gross, "The Effect of Question Sequence on Measure of Buying Interest," *Journal of Advertising Research*, Sept., 1964.) 他將受訪者分成五組，並設計了 5 種不同的問題順序：

- 將某一種新產品的各種特徵告訴受訪者後，立刻問受訪者對該產品的購買興趣。
- 先問受訪者此產品的優點何在，再問購買之興趣。
- 先問此產品有什麼缺點，再問購買之興趣。
- 先問此產品的優點，再問其缺點，然後再問購買之興趣。
- 先問此產品的缺點，再問其優點，然後才問購買之興趣。

每一組受訪者只接受一種問題順序，其結果如下表：

購買興趣的程度	問題順序				
	①說明特徵	②優點	③缺點	④先優點再缺點	⑤先缺點再優點
非常有興趣	2.8%	16.7%	0%	5.7%	8.3%
有興趣	33.3%	19.4%	15.6%	28.6%	16.7%
有一點興趣	8.3%	11.1%	15.6%	14.3%	16.7%
不很有興趣	25%	13.9%	12.5%	22.9%	30.6%
一點興趣都沒有	30.6%	38.9%	56.3%	28.5%	27.7%
合計	100%	100%	100%	100%	100%

從上面分析可知，在問到購買興趣之前，如提及該產品的優點，將提高受訪者的購買興趣，如提到缺點，則降低其購買興趣。

相同的問題，因措辭不同，也可能會得到不同的結果，例如美國學者羅德 (W. Locander) 和普頓 (John Burton) 在一項研究中，對同一問題設計了兩種不同之措辭：

- 您認為美國應允許公開演說反對民主嗎？
- 您認為美國應禁止公開演說反對民主嗎？

其結果如下❻：

問題 1		問題 2	
應允許	21%	不應禁止	39%
不應允許	62%	應禁止	46%

❻ W. Locander&J. Burton, "The Effect of Question Form on Gathering Income Date by Telephone," *Journal of Marketing Research*, May, 1976, pp. 451–452.

沒意見	17%	沒意見	15%
合計	100%	合計	100%

從上面分析知，「不應禁止」與「應允許」其實是相同的態度；「應禁止」與「不應允許」也是相同的，但用「應禁止」的措辭可能激起很多人的反感，故贊同的比率較「不應允許」低。

二、問卷設計的步驟

問卷設計一般包含下列步驟：⑴決定所需之市場情報。⑵決定各種訪問法所需之問卷類型。⑶決定問題的內容。⑷決定問題的種類。⑸決定問題的用語。⑹決定問題的順序。⑺決定問卷的佈局。⑻預試。⑼問卷修訂及定稿。

㈠決定所需蒐集的情報

問卷設計的目的在於向受訪者蒐集所需的市場情報，研究人員必須根據自己之研究動機與目的，並參考分析時所用之統計技術與方法，而後才能著手設計問卷。對於所要蒐集的市場情報，不可籠統含糊，例如市場情報的蒐集是要蒐集某消費產品的消費情形，研究者就不能很草率的只蒐集使用量情形，應更進一步蒐集各種年齡、所得、性別、教育水準等對此種消費產品之消費情形，以利研究者在選擇目標市場或作市場區隔之用。

㈡決定各種訪問法所需之問卷類型

一般而言市場調查研究者必須根據訪問法的種類（例如個人訪問法、郵寄調查法、電話訪問法）、調查的對象、目的、地點，選擇一種較合適的問卷。例如用郵寄調查所需之問卷項目不能像個人訪問法那樣多，而且問題、字眼定義要很明確。

㈢決定問題的內容

在決定所需的市場情報與所需之問卷類型之後，問卷設計的下一步驟就是要決定問題的內容與項目，在決定問題的內容與項目時，應考慮下列幾個問題：

⑴問題的必要性：與研究者所需之市場情報不相關之問題應盡量避免，以免增加受訪者的負荷。例如：市場調查是要調查臺北市 17 歲～ 19 歲這種年齡層吸煙的比例，所以問卷的內容應近盡量減少一些成年人（30 歲以上）的問題，例如「您在與商界朋友談生意時，會不會吸煙」等問題。

⑵要受訪者可以答覆的問卷：有些問題，受訪者無法答覆，例如⑴受訪者缺乏經驗。

⑵受訪者雖有經驗，但記憶已不清楚了。好比對於一個不抽煙的消費者，你訪問他在購買香煙時，下列之購買考慮因素⑴口味。⑵習慣。⑶品牌印象。⑷尼古丁含量。⑸包裝。⑹購買方便。⑺品質。⑻地位。哪一種較重要，或是在洋煙剛進口時，品牌忠誠度尚未建立，即要求消費者去比較洋煙 Kent, Marlboro, 555, Dunhill, More, Winston, Salem, West, STARS 等各品牌之口味，這都是不切實際的問卷。

⑶問卷的內容，受訪者願不願意去答覆：這種問題通常都是一些困窘性的問題與祕密性的問題，例如有關家庭生活、金錢、政治問題，這種問題，除非有必要才提出，否則應有技巧的提出。

⑷受訪者是不是要花費很多時間去思考答案：有些問題，並不能直接馬上的回答，必須要花費受訪者很多時間去思考或蒐集回答之資料，這種問題應盡量避免，例如要求吸洋煙的消費者對於 KENT, Marlboro, Winston, 555, Dunhill 等品牌就下列各點表示滿意之程度：

- 就口味上：您最滿意的是_____，其次為_____。
  您最不滿意的是_____。
- 就品牌印象上：您最滿意的是_____，其次為_____。
  您最不滿意的是_____。
- 就尼古丁含量：您最滿意的是_____，其次為_____。
  您最不滿意的是_____。
- 就包裝而言：您最滿意的是_____，其次為_____。
  您最不滿意的是_____。
- 就身分地位而言：您最滿意的是_____，其次為_____。
  您最不滿意的是_____。

上述這種問題，除非必要，否則應盡量避免提出，不然空白問卷與不完全反應會相當多，如果一定要提出，最好一道題目只有一個答案，例如「就口味而言，您最滿意的是_____」。其他沒有被受訪者選到的，採用加權平均分數即可。

㈣決定問題的種類

問題的內容一旦決定以後，即可著手研擬實際問題。在確定問題的用語之前，先要決定問題的型式。問題的種類主要有五種⑴開放式問題或自由式問題。⑵封閉式問題。(3)事實性問題。(4)意見性問題。(5)假設性問題。

(1)開放式問題 (open or free-answer type of question)：開放式問題不在問卷內提供可能的答案，由受訪者按照自己的意思、自己的字眼發表意見。例如您對模特兒的印象如何？＿＿＿，則受訪者根據自己的意見填答的情形可能有下列答案：

・模特兒身材好、勻稱。・模特兒外型漂亮、美麗。・模特兒儀態端莊、優美。・模特兒穿著打扮時髦。・模特兒是展示商品流行的示範。・模特兒具有氣質高雅的特性。・模特兒談吐言行舉止優雅。・模特兒有個人品味、風格。・須受過專業訓練才是模特兒。・模特兒迷人、動人、引人注目。・模特兒行業是迷人、動人、引人注目的行業。・模特兒行業是高尚時髦之行業。・模特兒行業是令人羨慕的行業。・模特兒健美、健康。・模特兒收入高。・模特兒年輕、活潑。・「很有自信的人」叫模特兒。・千面女郎叫模特兒。・大膽的女郎叫模特兒。・模特兒生活多彩多姿。・模特兒的生活是忙碌的。・對模特兒沒什麼印象。・模特兒的水準參差不齊。・對模特兒印象不好。・模特兒表現不自然，喜歡做作。・愛慕虛榮的人叫模特兒。・模特兒表情冷漠。・模特兒私生活不好。・模特兒不敬業。・模特兒專業思想不夠。・模特兒做人不夠實際。

從上面三十一個答案可知，開放式問卷的答案相當的多，通常會使用開放式問卷一定是這個問題對於研究者在蒐集市場調查情報有相當的重要性。一般而言，開放式問卷都會放在問卷的第一個問題。

開放式問卷的優點是：a.受訪者可以按照自己的意思，而不需按照問卷已擬定之答案加以選擇，因此對受訪者所發生的影響甚小。b.通常開放式問卷所蒐集的市場情報會蒐集到一些研究者所忽略的答案，資料較具完整性。c.由於允許受訪者自由答覆，暢所欲言，容易引起受訪者興趣，較易取得受訪者的合作。

不過開放式問題也有它的缺點，例如a.資料整理所發生的困難。由於受訪者可自由發表他們的意見，而且所用的字眼相差許多，因此在答案分類時相當困難，且費時。通常在整理答案時先由研究者將部分或全部答案瀏覽一遍，決定幾個大類別，然後再將各個答案併入各類，這個過程相當費時，而且很容易因資料整理者主觀之判斷而分錯答案，影響市場調查的正確性。b.統計分析所發生的困難。由於開放式問題，答案產生的情形不一，對於答案的整理一般而言只能透過人工方式，而不能借重電腦，因此所使用的統計分析也只能用百分比分析方法，而不能使用較深入的統計分析。c.易發生訪問者記錄上的偏見。例如在個人訪問法時，訪問員通常無法記錄受訪者的每一句話，只能重點記錄，而且在記錄時可能會摻雜訪問員的主觀意見在內，因此市場調查的結果，可能是受訪者與訪問員的綜合意見在內，而不只是受訪者的意見。d.另一個缺點就是社會階層比重不均的問題。所得及思想水準較高的人，對於答案的表達方式較能言善道，可得到較充分、具體的答案，而對於思想水準較不夠的人，通常會回答不知道，或答案很不具體，因此對於答案的整理，無形中會發生不合理的加權現象，而發生比例分配不均的問題。

⑵封閉式問題 (closed question)：與開放式問題相反，問卷答案已由研究者事先擬定好了，例如：

a.二分法問題 (dichotomous question)：請問您曾經參加過模特兒訓練活動嗎？

・曾經參加過。・不曾參加過。

b.多重選擇問題 (multiple choice question)：請問您參加模特兒訓練對您最大的好處是（只選一種）：

・無益處。・保持身材。・舉止優雅。・消磨時間。

或您認為自己須加強哪些項目的修飾才能更引人注目？（可選兩種）

・髮型。・化妝。・身材。・服裝。・談吐。・舉止。・氣質。・其他。

封閉式問題的優點是 a 應答者只能在問卷上已準備好的答案中選擇，因此在事後資料上的整理較方便。b.可使用較多的統計分析技術。由於問卷之答案已事先擬定，故可透過統計分析技術，獲得更多更深入的市場情報，例如可利用統計交叉分析方法 (cross-table analysis) 分析哪一種年齡、所得、教育水準的人較常參加模特兒訓練。c.封閉式問題由於已將所有的答案列舉出來，故不會發生訪問員解釋上的偏義，對於整理及編表工作也較為簡單。d.封閉式問題在做市場調查時較能節省調查時間。

不過封閉式問題也有它的缺點：a.研究者所列舉之答案不一定包括全部受訪者的答案。封閉式問題由於缺乏應答者的自發性表達，他們的答案極可能並不在所擬的答案中，因此只好選擇一種並非真正代表他們意見之答案，或選擇「其它」這個項目之答案。b.封閉式問卷各種答案的排列順序可能會影響受訪者的選擇，一般而言掛在第一個項目之答案被選出的機會較大。c.有些封閉式問題之答案，受訪者以前根本就未考慮到，現在既然要求他選擇一條或若干條答案回答，就會草率選擇了事，這自然會影響到調查的準確性。

基本上在考慮採用開放式問題或封閉式問題時應先考慮問題對研究者的重要

性程度與問卷答案的分散程度，如果答案的可能性極多，用封閉式問題會使答案範圍流於狹窄，未能發掘出應答者的真正答案。

⑶事實性問題 (factual question)：所謂事實性的問題主要在要求受訪者回答一些有關事實的問題，例如請問您每月的收入約

・10,000 元以下。・10,001 ～ 20,000 元。・20,001 ～ 30,000 元。・30,001 ～ 50,000 元。

・50,001 ～ 80,000 元。・80,001 ～ 120,000 元。・120,001 ～ 160,000 元。

・160,001 ～ 200,000 元。・20,001 元以上。

事實性的問題主要的目的在求取事實之資料，因此問題的字眼定義必須清楚。在市場調查中，有許多問題均屬事實性問題，例如受訪者之個人基本資料：性別、所得、年齡、教育水準、家庭狀況等。這些問題又可稱為分類性問題 (classification question)，因為它可根據所獲得之資料而將受訪者分類。一般而言，在問卷設計中，通常將此個人基本資料，放在問卷最後面，以免受訪者在回答有關個人的問題時有所顧忌，因而影響以後之答案。通常分類性問題是採用配額抽樣法 (quota sampling) 的分類基礎。例如在一百個樣本中 20 歲以下要抽取 30 名，21 ～ 40 歲要抽取 40 名，41 歲以上要抽取 30 名。

⑷意見性或態度性問題：在市場調查中，往往會訪問受訪者一些有關意見或態度之問題，例如無論您是否參加過模特兒訓練，請依照您自己的意見或態度，認為一個優良的「模特兒訓練中心」應該具備什麼樣的條件？下列是一些敘述，無所謂對或錯，請按您的意見在適當方格內打「✓」。

	非常重要	重要	無所謂	不重要	非常不重要		非常重要	重要	無所謂	不重要	非常不重要
①收費低廉	□	□	□	□	□	⑧保證效果	□	□	□	□	□
②交通方便	□	□	□	□	□	⑨飲食方便	□	□	□	□	□
③服務親切	□	□	□	□	□	⑩環境優雅	□	□	□	□	□
④設備良好	□	□	□	□	□	⑪保證出路	□	□	□	□	□
⑤具有知名度	□	□	□	□	□	⑫要求嚴格	□	□	□	□	□
⑥課程充實	□	□	□	□	□	⑬其他（請說明）	□	□	□	□	□
⑦師資優良	□	□	□	□	□						

由於意見性問題或態度性問題，事實上已經涉及有關態度量表的問題 (attitude scaling)，在以後有關章節將再予以討論。

(5)假設性問題：所謂假設性問題 (hypothetical questions) 乃先假定一種情況，然後詢問應答者在該情況下，他會採取什麼樣的決定。例如如果陸小芬開設模特兒訓練中心，您會參加她所開設的訓練中心嗎？或者：如果××品牌的飲料降價 1 元，您會購買嗎？

(五)決定問題的用語

由於不同的用語會對受訪者產生不同的影響，因此往往由於用語的不同，相同的問題，會產生不同的反應，作出不同的回答，為避免這種缺點，問題所用的字眼必須小心，以免影響作答者的正確反應。一般說來，設計問題應該注意下列幾個原則：

(1)避免定義不清楚的問題：例如某模特兒訓練中心為瞭解受訓員對該中心所提供之設備與師資是否滿意，而作下列之問卷：「您對本模特兒訓練中心是否感到滿意?」這樣的問題，顯然有欠具體，由於所需市場情報涉及到師資與設備兩個問題，故應分別詢問，以免混亂：

- 請問您對本模特兒訓練中心之訓練設備是否滿意?
- 請問您對本模特兒訓練中心之師資是否滿意?

(2)避免使用含糊不清 (ambiguous question) 的句子：例如「請問您最近有無參加過模特兒訓練中心或美容訓練中心?」這樣的問題顯然不清楚，到底研究者想瞭解的是受訪者有無參加過美容訓練中心或模特兒訓練中心？如果受訪者參加過美容訓練中心但不是模特兒訓練中心，則答案便可能是否定的。

(3)避免使用引導性的問題 (leading question)：例如下列問題：

- 多數的婦女都喜歡參加模特兒訓練中心，您也喜歡參加嗎?
- 您贊成中國小姐參加選美活動嗎?

第一個問題會引導受訪者回答「是」或「喜歡」。而第二個問題會引導受訪者回答「贊成」。一般而言，如果問題中有「……應該這樣……」等字眼，則會引導受訪者回答正面性答案 (positive answer)，如果問題中有「您反對……」等字眼，則會引導受訪者回答否定答案 (negative answer)。如果在問題中有列出幾個答案，例如「您閱讀過哪些女性雜誌？例如《儂儂》、《姊妹》、《婦女雜誌》等」，這種問題如果受訪者一時想不起或者為表示有看雜誌習慣時，就會將所列出的答案作為自己的答案。為了避免這種缺點，建議性的答案例如上述之《姊妹》、《儂儂》等不應列出。

(4)避免直接使用調查公司之名字或品牌：例如《婦女雜誌》在做市場調查時詢問的

問題為:「您曾經購買過《婦女雜誌》嗎?」如果要減少調查誤差應該改用「您曾經購買過哪些女性雜誌?」這樣比較不會顯示出對婦女雜誌有所偏好之態度。

(5)避免使用負荷性字眼 (loaded words): 例如下列之字眼: 下層階級、藍領階級、社會主義、共產黨、老闆等,這些字眼容易使受訪者在情緒自動產生一種同意或不同意的感覺。例如:「請問您自己是屬於白領階級或藍領階級?」這種問題很容易使藍領階級的人回答自己是屬於白領階級。因為「藍領階級」這種負荷字眼會影響受訪者之答案,使調查產生偏差。所以要特別小心。

(6)避免使用困窘性問題 (embarrassing question): 即有關私人的問題,或不為一般社會道德所接受的行為或態度,或屬有礙榮譽的問題。例如: 平均而言,每個月您上幾次舞廳? 或: 除了正常的工作收入外,您還有其他來源的收入嗎? 或: 您結婚前,曾經認識幾個女朋友?

(六)決定問題的順序

問題排列的先後順序 (question order) 會影響到受訪者的答案,在個別問題確定後應考慮下列幾個原則:

(1)問卷的前面應擺放自由式問題 (開放式問題): 它的目的在使受訪者多發表自己的意見,使受訪者感到十分自在,不受拘束,能充分發揮自己的見解。當受訪者話題一打開,其與調查者之間的陌生距離自然縮短,遂較易培養以後的調查氣氛。

值得注意的是,最初安排的自由式問題必須較易回答,不可具有高度敏感性如困窘性問題,否則一開始就拒絕回答的話,以後的問題就很難繼續了,所以開頭的問題應是容易回答且具有趣味性,旨在提高受訪者的興趣。通常較重要的開放式問題,也會置於問卷之首。

(2)分類性問題例如收入、性別、職業、年齡、教育水準通常置於問卷之末。

(3) T. Kinnear&J. Taylor 曾在 1949 年建議問卷應使用流程圖 (flow chart) 來決定順序與結構,例如下圖。

(4)問題的先後應按照一個合理的順序來排列,避免突然改變問題的性質,以免受訪者感到混淆,難以作答。

(七)決定問卷版面的佈局

問卷的外觀會影響到受訪者的態度與回件率。如果紙張好,印刷精美,將會使受訪者認為這項研究有意義、有價值,增加受訪者合作的態度,與提高問卷回件率。相反的如果紙質不好,印刷粗劣,可能使受訪者認為這項調查不值得重視,減少合作的

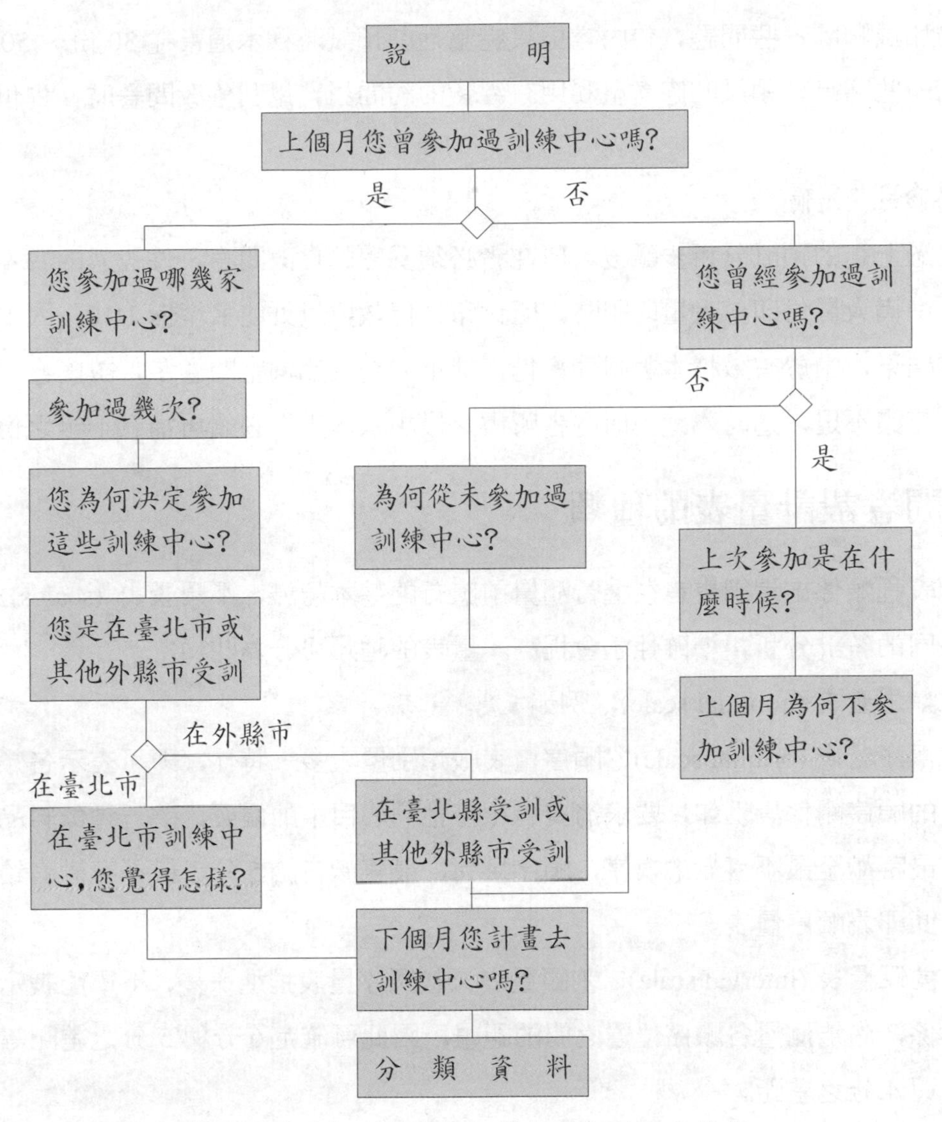

問卷佈局種類與思考：以模特兒訓練中心為例

意願，降低問卷回件率。如果問卷的頁數有很多頁，應按照順序加以編頁、編號，以防止在整理結果及編表時發生錯誤。問卷的大小應適中，其大小應考慮到攜帶、分類存檔或郵寄的方便。問卷應有充足的空間以利填寫答案之用，如果是採用開放式問題，此點尤應注意。

㈧預試 (pretest)

問卷設計結束後，不能馬上實施市場調查，必須先經過預試這個步驟，以發掘一些潛在的缺點，或當初設計問卷所沒有注意到的情形。經過預試以後，常要更改問題的用語字句，使問題的意義更為明確清晰，改變問題的先後順序，使其更為合理，甚至更增加或刪除一些問題，使內容更具完整性。預試時樣本通常在 30 份～ 50 份，且須準備一些贈品。預試時應盡量利用有經驗的訪問員，以利修改問卷時，提供較詳細的意見。

㈨問卷修訂及定稿

經過上述的預試分析步驟後，研究者必須妥善的修改問卷。修改過的問卷，即可定稿，準備大量付印。大量印刷時，所付印的份數，最好能多準備 1/10，因為有時市場調查結果，由於有效樣本數回件率低，或不完全反應偏差問卷多，或廢卷量大，致使樣本蒐集不足，這時為達到研究者所需之最小樣本數，必須再補充不足之份數。

三、問卷設計量表的種類

⑴量表種類係市場調查者在進行測量前應有的基本認識，不同量表 (scales) 應使用不同的統計分析，準確性才會提高。量表的種類可分為四類：

a.類別量表 (nominal scale)：例如・是。・否。

b.順序量表 (ordinal scale)：順序量表較類別量表多一特性，即可表示各類別之間的順序關係。例如：要求消費者根據他們心目中的偏好，將五種飲料品牌，依最喜歡至最不喜歡的次序，順序排列，最喜歡者給 5 分，最不喜歡者給 1 分，此即為順序量表。

c.差距量表 (interval scale)：差距量表又較順序量表推進一步，不單能表示順序關係，尚能測量各順序位置之間的距離，因此可確定 6 分與 5 分之差距等於 5 分與 4 分之差距。

d.等比量表 (ratio scale)：等比量表除了具有差距量表的全部特性之外，尚有真零這一特性。例如年齡、身高、體重等變數的測量乃用等比量表。

⑵各類量表的統計分析：

量表類別	平均量度值	統計檢定
類別量表	眾數	χ^2 檢定
順序量表	中位數	符號與連串檢定
差距量表	算術平均數	t 檢定，F 檢定
等比量表	幾何平均數	t 檢定，F 檢定

a.眾數：眾數是指資料中次數出現最多的數值。

〈例〉200 位家庭主婦對四種牌子清潔劑的偏好如下：A 牌 40 人，B 牌 30 人，C 牌 95 人，D 牌 35 人，試問家庭主婦對清潔劑偏好的眾數為何？

〈解〉200 位家庭主婦喜歡 C 牌者有 95 人，故知家庭主婦最喜歡 C 牌清潔劑，亦即家庭主婦對清潔劑偏好的眾數為 C 牌子。

b.中位數：中位數又稱二分位數，為分割數的一種。中位數顧名思義是指一順序數列或次數分配中心項的數值，即比中位數值大的項數等於比中位數值小的項數。

〈例〉抽查某店某個週一至週日的銷售額分別為 32, 85, 47, 58, 56, 86, 97（千元），試求一週銷售額的中位數。

〈解〉銷售額大小依次為 32, 47, 56, 58, 85, 86, 97（千元），中位數的位次為 $\frac{7}{2}+\frac{1}{2}=4$，故中位數為第四項的 58 千元。

c.算術平均數：在統計學中最常用、最簡單，且最易瞭解的集中趨勢量數，一般如無特別說明，該謂平均數即指算術平均數，其計算因資料的分組與否而有不同：

(a)未分組資料：

樣本資料 $\bar{x}=\frac{\sum x}{n}$

母體資料 $\mu=\frac{\sum x}{N}$

(b)分組資料：

樣本資料 $\bar{x}=\frac{\sum fx}{n}$

母體資料 $\mu=\frac{\sum fx}{N}=\sum x\,(\frac{f}{N})$

式中統計量 $\bar{x}$ 與母體 μ 分別為樣本與母體的算術平均數，x 為各觀測值，n 為樣本大小，N 為母體所包含的個體數（即母體大小），f 為各組次數，$\frac{f}{n}$ 為相對次數。

回收問卷之整理與分析

市場調查問卷回收之後，接著的工作就是要將問卷加以整理與分析。問卷資料整理與分析通常包含下列程序：問卷之初步檢查、空白與亂填等不完全問卷之處理、對於有多項答案問卷之處理、問卷編碼、問卷登錄、統計檢定與分析。

1. 問卷之初步檢查

對於市場調查所回收之問卷，應事先加以檢查，否則等市場調查員解散回家時，對於有疑問之問卷，將無法適時加以更正與澄清。檢查的項目應包含下列項目，且最好能有統計分析人員參與檢查：

(1)所回收之問卷，其基本資料如性別、年齡、教育水準、職業等，是否與抽樣架構所要求之條件一樣，若否，應再透過市場問卷員加以補問，確實滿足抽樣架構。

(2)所填寫之答案是否正確、齊全？問卷之答案是否合乎邏輯？如有互相矛盾之處應設法加以澄清，或將矛盾答案當作遺漏值 (missing value) 來處理。

(3)所填寫之字跡是否清楚？尤其是對開放問卷，因為受訪者有時在回答問卷時，答案很多，而訪問員為求盡速記下來，有時字跡會較潦草，或用自己所懂之符號，或少寫某部分答案，應趁市場調查員尚未解散前加以澄清更正。

(4)應先將問卷分成幾個等級，例如按照問卷所填之完整性分為上等、中等、下等，以利在考慮有效樣本數之前提下，決定最後應用哪些問卷來做分析時，有一個簡單基礎。

2. 空白與亂填等不完全問卷之處理

(1)空白問卷處理：

市場調查之問卷有時由於問題不合適，或受訪者不喜歡回答某些問題，或受訪者、訪問員本身之疏忽而導致問卷中某部分問題或某些題目有空白現象，這時若是市場調查員可以解決的問題(例如由於本身之疏忽而忘記幫受訪者填答案等)就請市場調查員更正，若是市場調查員無法解決的問題，就以遺漏值方式來處理，不予計算此部分或此題之資料。

(2)亂填問卷處理：

市場調查之問卷有時由於受訪者不認真作答或不耐煩，而將問卷之答案亂填，包括全部寫相同之答案或亂填，這種問卷一定要把它當成廢卷處理，如果把這種問卷也納入分析之樣本，對於整個研究結果一定會有所影響。

3. 對於有多項答案問卷之處理

若市場調查之問卷是單項之選擇題，但由於問卷上並沒有註明清楚，或是受訪者自己覺得答案應有兩個以上，而選擇兩個以上之答案，對於這種問卷，目前實務處理的方式有兩種：

⑴把它視為遺漏值方式處理：

如果問卷中只有極少數的部分發生這種現象，則對於整個研究分析並不會造成扭曲之現象，直接以遺漏值方式來處理即可。

⑵用加權方式來處理：

如果問卷中這種樣本有很多，把它視為遺漏值方式來處理會影響整個分析架構時，可先把這種問卷挑選出來，然後採用加權方式來處理。例如：有五個答案ABCDE，而有五個樣本選多項答案，這種加權方式處理如下：

		A	B	C	D	E
第 1 個樣本	選擇答案	∨		∨		
	加權方式處理	1/2		1/2		
第 2 個樣本	選擇答案	∨				∨
	加權方式處理	1/2				1/2
第 3 個樣本	選擇答案			∨		∨
	加權方式處理			1/2		1/2
第 4 個樣本	選擇答案	∨		∨		∨
	加權方式處理	1/3		1/3		1/3
第 5 個樣本	選擇答案	∨				∨
	加權方式處理	1/2				1/2
合　計		21/6		4/3		11/6

經過這種方式處理後，等於在 ABCDE 五個答案中 A 有二個樣本，C 有一個樣本，E 有二個樣本，總共還是五個樣本選擇。

4. 問卷編碼 (coding)

在上述之問題問卷處理完畢後，接著是對問卷加以編碼。而所謂編碼，就是把問卷之答案加以量化成電腦可以接受之語言，如 1、2、3、4、5 等。而編碼的第一個步驟就是分類，一般而言，分類的基礎是考慮市場區隔的基礎，例如以男女性別為市場區隔的基礎，就以此為分類的基礎，將問卷加以編碼，而這種分類通常是在問卷最前面就加以界定，例如以 1 表示男，2 表示女，在每份樣本之編碼紙上第一列，第一欄位就是表示性別，1 表示男，2 表示女。而根據 C. W. Emory 的理論，分類的原則 (C. W. Emory,business research methods) 有四個：

⑴適當性 (appropriateness)：分類後應能解決市場調查之問題，達成研究者所需獲得之資訊。

⑵包容性 (exhaustiveness)：分類後，每一個問題都可包含在所分之類別項目內。

⑶互斥性 (mutual exclusivity)：所謂互斥性就是每一種答案只能歸入一種類別，不能出現兩種以上類別。

⑷單一性 (single dimension)：所謂單一性就是分群的基礎只能有一種，而不能有兩種，例如同時以性別分群後，又以所得分群，這樣統計分析還是可以處理，只是對整個分析過程會產生更複雜的現象。

編碼的第二個步驟就是指定號碼，所謂指定號碼就是把問卷之答案給予一個數字號碼。例如年齡項目中有五個答案：a. 19 歲以下。b. 20 歲～ 24 歲。c. 25 歲～ 30 歲。d. 31 歲～ 40 歲。e. 41 歲以上。可指定 a.之答案為 1。b.之答案 2。c.之答案為 3。d.之答案為 4。e.之答案為 5。而對於空白問卷或不完全之問卷，應指定一遺漏值號碼例如 0 或 9 皆可。通常編碼有編碼紙，以利編碼人員作業。而對於問卷答案超過十個以上之答案，在編碼時應特別注意它佔有兩個欄位，例如職業 a.軍。b.公務人員。c.祕書。d.會計。e.美容小姐。f.業務助理。g.店員。h.車掌小姐。i.文書行政人員。j.招待人員。k.其他。有十一種答案，當樣本為 i.文書行政人員時編碼應編為 09 佔兩個欄位，若為 k.其他。則編碼為 11。

5. 問卷登錄 (key-in)

當問卷編碼完畢後，接著的工作就是把編碼紙登錄在電腦磁片上，研究者自己登錄也可以，透過電腦公司來登錄也可以。一般而言，外面電腦公司一個欄位之登錄費用為 0.1 元，不過有的電腦公司還要算基本費用。

6. 統計檢定與分析

照道理，問卷在登錄後，就可馬上進行統計分析與檢定，但是，為了防備在編碼與登錄時有人為之疏忽，必須透過交叉分析 (cross-table analysis) 來檢閱是否有錯誤。下列就是透過交叉分析來檢定編碼與登錄是否有錯誤，例如在調查不同的消費群體(流行、中性、保守消費群) 在何處購買服飾的市場調查中，訪問的樣本有 300 份，但選擇百貨公司的樣本有 41 位，服飾專門店有 188 位，精品店有 21 位，外銷成衣店有 33 位，其他通路有 14 位，總共只有 297 位，差 3 位。則 3 位當初在市調時，一定有填答案，只是編碼人員或登錄人員在作業時作業錯誤，所以透過這樣的交叉分析，可以瞭解錯誤的來源，並加以改正之。

如果確定無誤後，就可馬上進行統計檢定與分析。而統計方法從理論與處理的架構，統計學家經常把它分為二種：

⑴較簡單型：可用人工來處理，不需花很多時間，考慮的變數在二個以下，如果只有一個，稱為單變數分析，如果是二個則稱二變數分析。

⑵較複雜型：如果考慮的變數有三個以上，則處理變異數分析較為複雜，應以電腦來處理，統計學家也把三個以上的變數稱為多變數分析。

因此，統計學者把變異數分析的架構分為單變數分析 (univariate analysis)，二變數分析 (bivariate analysis) 和多變數分析 (multivariate analysis) 三種，常用的統計分析方法約可分為下列五大類：語意差別量表、次數統計、平均數統計、交叉分析、變異數分析。

1. 語意差別量表 (semantic-differential scale)

市場調查者有時經常運用若干雙雙對對的極端形容詞來調查受訪者的態度，例如：

・非常不重要——非常重要。・非常不同意——非常同意。・好——壞。・快——慢。・真——假。・安靜——緊張。・新——舊。・美——醜。・昂貴的——便宜的。・新鮮的——陳舊的。・有價值的——沒有價值的。・高級的——粗劣的。・用途廣泛的——用途狹窄的。・易消化的——難消化的。・營養的——缺乏營養的。・有益健康的——有害健康的。・夏天的——冬天的。・現代的——老式的。・中國風味的——西洋風味的。・甜蜜的——平淡的。

例如為瞭解 19 歲以下，20 ～ 30 歲，31 ～ 40 歲，41 歲以上各群消費者對於香煙購買考慮因素有何差異，選擇八種香煙購買考慮因素⑴口味。⑵價格。⑶品牌印象。⑷尼古丁含量。⑸包裝。⑹購買方便。⑺品質。⑻地位。再配合語意差別量表從非常不重要到非常重要，分別予以不同之權數：非常不重要 1 分，不重要 2 分，沒影響 3 分，重要 4 分，非常重要 5 分，再算出各群之平均值。

2. 次數統計 (frequencies)

將一群資料，分成許多不同組，再計算各組中觀察值的個數，就可以很快的找出這群資料的許多重要特徵。若將資料表格化或畫成條形圖、直方圖、圓形圖，資料將被彙總呈現，更可獲得大量情報；若有不預期的資料出現時，就表示輸入的資料不正確。

3. 平均數統計 (means)

要觀察一組數量化資料，先定義描述有關此資料重要特性的一些數值是非常有用的。在描述一組測量值（無論是樣本或母體）時，將該組之所有測量值加以平均是許多重要方法之一。

以一代表值描述一群資料的集中趨勢，並表示該資料中心位置的數值，如此不但方便，並可使誤差減少。此一代表值即為平均數。例如：

若一組資料 $X_1, X_2, \cdots, X_n$（不需完全相異）代表一個大小為 n 的有限樣本，則其樣本平均數為：

$$\overline{X}=\frac{\sum_{i=1}^{n} X_i}{n}$$

假定某市場調查之目的為「瞭解咖啡之各種使用群對各種電視節目的偏好情形」，則透過平均數分析，可分別求得各使用群（非使用群、重度使用群、中度使用群、輕度使用群）對於各電視節目之平均偏好度，比較各偏好之數值即能完成調查之目的。

4. 交叉分析 (cross-table analysis)

如欲在一統計表中表示兩種以上的特性，則應採多欄表或稱交叉表 (cross tabulation)，顧名思義，多欄表至少有兩欄。

交叉表中細格 (cell) 內的數字代表兩個變數，各種組合是資料組的個數。細格內的項目對研究此二變數之間的關係很有幫助。

交叉分析比次數統計更能進一步發現資料的不正常處和錯誤的現象。

5. 變異數分析 (ANOVA)

變異數分析乃是將資料的總變異，分成數個有意義的成分，由這些成分測度不同的變異來源。

總變異量 (*SST*)，可分成幾個變異來源，以便使研究者能分別對各個變異來源 (sources) 作鑑定與分析。在完全隨機設計中的變異量分析只考慮變異的兩個來源：

⑴來自自變數者。即在實驗處理當中所產生的變異量，以處理平方和 (*SSR*) 代表之。

⑵來自抽樣誤差者。即由樣本之偏差所產生的變異量，以誤差平方和 (*SSE*) 代表之。

求得此二平方和後，除以其自由度即得兩個變數量的估計值，亦稱均方。然後以處理均方除以誤差均方，即得一個 F 比值，以該 F 比值與 F 表中的臨界值相較，如前者大於後者，則應對實驗處理平均數之虛無假設加以拒斥，反之則接受。

此種檢定程序必須擴充到多個母體平均數同時比較。若依單一標準，對觀察值加以分類者，為一因子分類 (one-way classification)，若觀察值依二種標準來分類，則為雙因子分類 (two-way classification)，當然也可擴充成多因子分類的變異數分析。

統計檢定常用的名詞與套裝軟體

1. 統計檢定常用的名詞

(1)估計：估計又稱推定或推估，所謂估計是指利用機率原理的統計方法，以決定用何種樣本統計量推測母體母數最為適當，估計的表示方法可分為點估計 (point estimation) 與區間估計 (interval estimation)。

(2)檢定：檢定是指如何依據機率理論，由樣本資料來測驗對母體數所下的假設是否成立。

(3)型一錯誤（type I error）與型二錯誤（type II error）：在統計檢定時，有兩種假設，一為虛無假設，一為對立假設，當認定虛無假設為真時，而根據檢定原理卻拒絕了虛無假設，此種錯誤稱為型一錯誤；當認定虛無假設為偽時，而根據檢定原理卻接受了虛無假設，此種錯誤稱為型二錯誤。例如有一對男女朋友在交往，女朋友想在三個月試交期間，判斷此男朋友是否忠厚老實才決定是否要與此男朋友深交下去，則虛無假設即此男朋友是忠厚老實；對立假設為此男朋友不是忠厚老實。在三個月期間，此男朋友在過馬路時，無意碰到此女朋友的手，女朋友就判斷此男朋友不老實而不與他來往，那統計所謂的型一錯誤就是此男朋友真正很老實，但經檢定後，卻判斷他不老實，犯了此種錯誤即為型一錯誤。

(4)顯著水準 (level of significance)：即型一錯誤所發生的機率，一般以 α 表示，α= 型一錯誤所發生機率的大小。當信賴區間為 95% 時，α=0.05。

2. 統計檢定常用的套裝軟體

目前行銷研究對於多變數之統計處理方式主要以 SPSS 與 SAS 統計套裝軟體為主，這些軟體一則可以加速處理統計資料之複雜又龐大的資訊，二則可以提供行銷研究者進一步評估問題本質及多種統計值之檢定。

(1) SPSS(Statistical Package for the Social Science)：

SPSS 包羅了大部分常用的統計方法，不僅是一套使用非常方便的統計軟體程式，而且對於資料的轉換和處理更具有獨到之處。

行銷研究者若想借助 SPSS 來分析他的資料，首先他需要建立原始資料輸入檔（資料檔），然後再準備一個 SPSS 控制檔（或稱為控制檔）。所謂原始資料輸入檔乃是研究者所蒐集之資料的綜合體，可以儲存於卡片上，或者磁帶及磁碟裡。

而 SPSS 控制檔則是 SPSS 控制卡，配合資料檔即得以執行 SPSS 的工作。

SPSS 控制檔執行工作後，所得到的結果可印在報表紙上，我們且將此結果稱之為報表輸出檔或列印檔。當使用者所準備的 SPSS 控制檔沒有語法錯誤（控制卡皆合乎規定）時，列印檔內就是使用者所預期的答案。如果 SPSS 控制檔有語法錯誤時，列印檔內將指出控制卡錯誤之所在及其錯誤訊息。

SPSS 工作成功地執行後，除了產生列印檔，還可能在使用者的特別界定下產生二種檔：

a.輸出檔 (raw output file)：輸出檔的產生有二種情形，一種是利用 WRITE CASES 控制卡，將 SPSS 工作執行中所使用到的變項寫於輸出檔。另一種情形是由某些特定的統計程序產生。二種輸出檔皆可在以後的應用上作為資料檔入檔。

b.系統檔 (SPSS system file)：系統檔包括二個部分，第一部分是資料界定卡，第二部分是資料。這種檔是以二進制方式 (binary form) 寫成，一般人難以看得懂，但是 SPSS 在使用它時又迅速又有效率。系統檔產生後，在界定一個 SPSS 控制檔時，只要將系統檔叫出使用，不需要再準備資料界定卡和資料，使用上非常方便。當系統檔之變項超過 500 時，則需要建立大系統檔 (archive file)。

(2) SAS (Statistical Analysis System)：

a.SAS 是由 Barr,Goodnight,Helwing 與 Still 等人在 SAS 公司為處理資料所發展出來的套裝軟體程式。SAS 原先只發展作為統計上之需要，自 1966 年以後它逐漸地成長而發展成為一個包括所有種目的資料分析系統，以反應使用者團體 (community) 變遷的需要。就 SAS 總系統言 (total system)，除了基本 SAS (Base SAS) 次系統為必要設置外，其他可依使用者之需求附加各種次系統，例如繪圖 (SAS/GRAPH)、時間系列預測及經濟計量分析 (SAS/ETS)、鍵入資料 (data entry) (SAS/FSP)、作業研究 (SAS/OR) 及和其他資料庫之溝通方法 (interfaces) (SAS/AF) 等次系統。

b.SAS 系統概略可以分成幾個子產品來介紹。SAS/BASICS 提供基本使用 SAS 之敘述統計功能及如何善用 SAS 檔。SAS/STATISTICS 提供各種統計方法作為估計、檢定之用。SAS/GRAPH 可以方便分析並繪出有關統計值的圖形之能力。SAS/OR 可進一步執行作業研究規劃。SAS/FSP 協助使用者建立全螢幕操作等。

如何撰寫市場調查報告書

有效的研究必須具備兩個要件，一是良好的資料蒐集和分析能力，另一是良好的溝通能力 (communication)。而所謂良好的資料蒐集和分析能力是指市場調查技術與方法，良好的溝通能力是指市場調查報告書的撰寫。要能將市場調查所蒐集的情報透過研究報告的選寫傳遞給決策者，以落實市場調查報告之建議。可惜的是今天有很多市場調查人員，雖然擁有良好的市場調查分析技術，但由於欠缺研究報告書的撰寫能力，沒有把握溝通的要素，包括：溝通者 (communicator)、訊息 (message)、通路 (channel)、接受者 (audience)、回饋 (feed back)，以致於市場調查的建議與研究結果，無法獲得決策者採納，落實行銷行動。一般市場調查報告書可分為兩種：一是學術性研究報告，一是通俗性報告，所包含項目各有不同。茲將市場調查報告依下列幾點予以討論。

一、報告書應達到之目的

根據 Pual Leedy 觀點認為報告書應達到下列三項目的：（Paul Leedy, *Practical Research: Planning and Resign*, N.Y.: Macmill an Publishing Co., 1974, p. 161.）

⑴應使讀者認識研究的問題，並充分解釋它的含意，使所有讀者都能充分對研究問題有共同的瞭解。

⑵應充分地展示有關的資料，使報告本身的資料能支持研究者的所有解釋和結論。

⑶應為讀者解釋資料，並說明其在解決問題上所具有的含意。

二、學術性報告所應包含之項目

1. 緒論（與個案研究 case-study 最大不同之處）

⑴前言。⑵研究動機。⑶研究目的。⑷研究對象。⑸研究範圍。⑹研究之重要性。

2. 理論基礎與相關文獻探討

⑴市場區隔理論。⑵消費行為理論。⑶生活型態理論。⑷品牌決策理論。⑸相關文獻回顧。⑹研究之觀念性架構。⑺名詞操作性定義。

3. 研究設計（必須注意科學特性的設計）

⑴研究假說。⑵研究工具。⑶研究所使用之數量方法。⑷抽樣方法與樣本結構。⑸研究限制。

4. 資料分析（必須考慮多變量分析技術在此階段應用）

⑴資料分析流程。⑵資料分析詮釋。⑶結合行銷研究精神。

5. 結論（應簡單扼要、化繁為簡）

6. 建議事項（從研究發現去討論可建議事項）

7. 參考書目（必須詳列並參考最近時間相關領域的書籍與期刊）

三、通俗性報告應包含之項目

1. 行銷態勢

⑴外部環境：文化因素、社會、政治環境、經濟展望、商業習慣與實務、競爭情況、技術水準、地理和氣候因素。

⑵內部環境：公司經營哲學（企業法規含：企業政策、企業程序）、公司目標、管理型態、公司組織（企業結構、企業功能）、公司資源（人事、設備、財務）。

2. 行銷策略

⑴問題：確認、分析。

⑵機會：確認、分析。

⑶對象：顧客、組織（內部）、同業、金融機構、影響中心。

⑷目的：銷售量或成長率、利潤或盈餘、印象與聲望、社會責任。

3. 行銷計畫行動過程

⑴銷售方案：產品強化、顧客利益（中間商、消費者）、定價結構（批發、零售）、產品實用性和服務。

⑵人員推銷方案：公司銷售活動（直接）、配銷商－零售商銷售活動、零售商信用和財務狀況、銷售訓練、以上方案的協調。

⑶促銷方案：零售商銷售支援、銷售點活動（POP 含：文字圖案、產品分配者、標示與陳列）、獎金和激勵（公司內部人員、中間商、消費者）、樣品和示範、陳列和展覽、以上方案的協調。

⑷大眾傳播方案：廣告（傳播訊息、傳播通路）、公共關係（溝通訊息、溝通路徑）、以上方案之協調。

⑸配銷方案：出廠實際作業（運輸、倉儲）、中間商作業、產品與服務訓練、批發商信用和財務狀況、以上方案之協調。

⑹行銷研究方案。

4. 行銷管理

⑴行銷活動組織：組織的改變（責任和授權、功能、結構）、人事需求（管理者、非管理者）、設施和設備需求。

⑵行銷活動協調：方案的強化：要徑法 (CPM)、計畫評核術 (PERT) 或甘特圖 (Time Line Chart)，動機方案（公司人員、中間商、外部支援機構）。

⑶行銷活動控制：方案預算的強化（人員推銷方案，促銷方案、大眾傳播方案、配銷方案、行銷研究方案）、績效評估標準（成長：市場佔有率、銷售量。利潤：每股盈餘、投資報酬、銷售利潤。印象與聲望：消費者態度之改變、特定大眾之意見。社會責任：政府稽核、社團參與）、績效回饋（評估研究、會議、外部報告、內部報告和稽核）、糾正行動（初步程序、偶發性計畫）。

5. 內部支援需求

⑴公司幕僚單位：研究發展部門、產品工程部門、製造部門、人事部門、財務和會計部門、財產和設施部門、法務部門、採購部門、電子資料處理部門。

⑵執行單位：行銷計畫核准（行銷計畫、行銷預算）、執行參與。

四、視聽器材的功用：

為了達到聽眾與參加會議者能提高參加市場調查報告會議內容時的注意力，必須注意視聽器材的功用與方式。

1. 視聽器材的功用

根據管理學者 Lee Adler 和 C. Mayer 的觀點，視聽器材 (audio-visual AID) 具有下列功用：

⑴它可表現出用其他方式未能有效表示的材料。譬如，統計關係很難用文字表達，但用圖表就可表達得很好。

⑵它可幫助報告人把他的主要論點說清楚。利用視聽器材來增強口頭說明，可使報告人能強調某些論點的重要性。此外，利用兩條溝通通路（聽和看）可以增加聽者瞭解和記住信息的機會。

⑶它可增進報告人之信息的連續性和記憶性。口頭報告的資訊稍縱即逝，聽者一有疏忽就可能失去頭緒，但如利用視聽器材的話，較有機會再重新回顧報告人早先提及的論點，因此，較易記住。

2. 使用視聽器材的要點

Lee Adler 和 C. Mayer 更提出在利用視聽器材時，應特別注意下列幾點：

(1)利用幻燈片、投影片或圖片時，每次只能傳遞一項觀念。

(2)不必太過注重詳情細節。額外的資訊應用口頭表達；視聽器材最好只用來強調重點，吸引注意，提供參考架構，或作為進一步討論的跳板。

(3)要有機動性的裝備。事前要檢查電線是否夠長，有沒有銀幕、支架和黑板，要弄清楚電源在哪裡。

(4)裝備可能會臨時損壞，故也要準備好備用的燈泡或其他裝備。最好還要知道在緊急時哪裡可以找到備用品。

(5)要考慮房間的情況，使每一個聽者都能看得到。

五、口頭報告時應注意之事項

根據 Lee Adler 和 C. Mayer 的建議如下：

(1)必須考慮聽眾的需要，亦即配合他們的知識、目標、偏見和可用時間。

(2)口頭報告應力求簡單、簡短和直接。研究人員應該控制他們自己想去報告每一件事的心理需要，統計數字的數量應比書面報告為少，有關方法論的討論也應大量刪減，口頭報告應快速談到內容的重要項目。

(3)除了少數例外情況，語調應該是非正式的。做口頭報告時應避免像發表演說。

(4)技術性和專門術語應予避免。大多數的聽眾都討厭滿口專門術語的報告方式，他們把這些術語當成是研究人員所使用的一種「煙幕」，因而貶低了研究人員。

(5)邀請聽眾提出問題，讓他們參與，利用補充資料，提及類似的經驗，以便讓聽者易於瞭解體會。

市場調查訪問員應有的態度與市調期間應注意的事項

一、市場調查訪問員應有的態度

無論採個人訪問法，郵寄問卷調查法或電話訪問法都須透過問卷調查員來取得研究者所需之市場情報，一位良好市場調查員所應具備的態度與注意事項如下：

1. 須有耐性

訪問員為取得市場調查情報，對於受訪者的一些不合情理之態度或表情，須要有耐性，尤其是在問卷愈後面，受訪者愈沒有耐性時，訪問員更須有耐性來安撫受訪者，以免前功盡棄。在訪問的過程中，訪問員所表達之聲音、語氣、態度也應讓受訪者覺得訪問員很有耐性，這樣受訪者合作之態度將會更好。

2.要有堅忍之毅力

市場調查員有時為了一些市場情報，經常目睹人情之冷暖，這時身為一位訪問員，並不能因受訪者拒絕回答，或看到你就跑，而意志消沉，應把這種事情視為正常之事，更應鼓起勇氣，訪問其他樣本。

3.須事先接受講習

凡事豫則立，不豫則廢，如果在市調前，訪問員能接受市場講習，則對於問卷本身之架構及應注意事項，可獲得充分瞭解，對於整個市場調查過程一定有所幫助。

4.隨時注意本身之儀容

整齊清潔之外表，可以給人一種良好印象，在接近受訪者時，可減少被拒絕之機率，所以市場調查員，應隨時注意本身之儀容，穿著整齊清潔之制服，態度謙和禮貌周到。

5.應以受訪者意見為主

在進行市場訪問時，訪問員應以受訪者所表示之意見或答案為主，避免表示自己之意見或有暗示答案應如何如何之情形，以達到市場調查之目的。對於問卷內各項問題，亦應以受訪者的回答，確實填記，不得自己捏造虛報。

6.應隨時注意安全

市場調查，有時為了達到研究者所指定之樣本，經常須進入公寓訪問受訪者，或在晚間訪問受訪者，這時如果市場調查員為女性時，應以兩人一組之方式進行採訪工作，盡量避免女性訪問員在夜間單獨一人進行訪問。

7.應隨時與指定人員進行聯絡

調查訪問員在進行訪問過程時，若有任何抽樣或問卷上之問題，應隨時與指定人員聯絡，並應如期完成負責訪問之樣本。

8.市場調查工作不得委託他人代辦

市場調查訪問，必須由參加講習之市場調查員進行，不能委託他人來代理，或用分配方式，請朋友幫忙，因為這種情形都會減少市場調查的正確性。

9.市場調查訪問員應有道德勇氣

調查員不能為了自己本身之利益私底下進行「自問自填」方式之調查，也不能為了節省自己的時間而讓受訪者「自問自填」。所以研究者為了防止部分害群之馬的市場調查員，在設計問卷時，應設計出可以查到訪問員自己作答之問卷。

10.隨時記載訪問過程之費用並索取證明

對於須進行較長時間之市場調查，訪問員應隨時記載費用，並索取統一發票，購票證明，以便回來報帳之用。

二、市調期間應注意的事項

⑴問卷的問題，要避免語意不清。問卷的問題語詞要盡量口語化，清晰易懂，作答方式要明確說明，字體大小也要以視覺上的舒適為要。

⑵問卷中的問題，有些顯得多餘。問卷中的問題在設計時要考慮其必要性，以及題目和研究動機目的的相關性，同時也得考慮回收處理分析時的技術與方法的可行性（如量化依據）。

⑶問卷考慮的構面要深廣，以期問卷的完整性。但問題不能太多，不能太繁複，如果太多的話，一定要受訪者有充裕時間和良好舒適的訪問環境，例如在公園內或正在速食店的消費者，可以吸引受訪者的小禮物贈送。

⑷受訪者對問卷中的訪問事項不熟悉。如果問卷中的訪問事項，消費者不熟悉，則可在問卷內之序、前言解釋事項特質、要點，或由市調員在旁輔助消費者填答，但須提出客觀性的說明，避免導引填答的方向成我們的意思。另外亦可以專業者為受訪者，以增加問卷之準確。

⑸有些廠商反映問卷中的問題太平常了，缺少新主意。問卷的設計，首先得先確認動機目的，事先積極蒐集資料，試調結果的改進檢討，注意長遠性的思考深度，注重此問卷將有何建設性的策略或任何創新有效的趨勢。

⑹以交叉分析，語意差別量表法，變異數分析，加上以不同的分群基礎，則可更充分利用這些資料，獲取更多建設性的資訊。

⑺次數統計時，若有爭執，可採加權計次法解決。若有模稜兩可的答案時，則可考慮用其他欄歸類，或憑市調印象加以分析揣測其意，或再更深入針對該類進行再一次的訪問。

⑻面對繁複的資料整理過程中，並未能真正確定將來要從答案做任何結論，將資料送入電腦後，發現分群（當初設定的，如年齡或性別）有問題，則可改以其他分群基礎。但最重要的是，問卷設計製作的目的要清楚，以免市調無顯著結果。

⑼市調前須對市場情形作一番認識，若僅憑市調結果就作結論，可能偏離市場情況太遠，造成在訂定行銷策略時，理論和實際不符。

⑽市調的目的，非只求數據而已，內容要有建設性。統計分析後要定出策略，進而對策略作評估，以確定其可行性。

⑾市調分群的研究很費時，若要避免時間不夠而做得不好，則在決定市調時，要考量整個市調步驟的時間分配。

⑿市調中碰到受訪者不耐填答而亂回答者，若要避免此情形，市調人員可在事前清楚表明身分，做簡單有力的自我介紹，再以誠懇親切的態度請求對方認真作答。或在旁給予輔助作答，或者主動提供鉛筆作答，若有亂答情形則可擦拭後再用，以免浪費。若真有亂回答者，則要當廢卷處理之。

⒀市調時最好採個人訪問法，市調人員從旁輔助作答為佳，若採分發方式，利用自己認識的各職階年齡層的朋友作答，則要考慮客觀性，樣本取樣的分佈平均性，是否有所偏頗。

⒁問卷欲達正確性，受訪地區應廣，填答者層次應廣，樣本數要夠，由於受訪者消費地區分佈不平均，而且採便利抽樣，其選擇的樣本，常會偏向某一層次（較年輕者，因年輕者較熱心）故市調時應嚴格取樣，也應考慮各區訪問之人數比例分配。

⒂問卷的設計，注意問題及答案的排序，如開放式的問題不要放在第一題，以免讓受訪者卻步。

⒃回饋系統之建立與實行，由定期／不定期的檢討及改進，使調查方向得以適時調整。例如每天做市調回來後，應由市調召集人召集各訪問員開會，針對當天市調缺點與問題，集體討論、分析與整理，使得市調能更具效果的進行。

⒄改進訪問環境，可尋找符合市調要求條件之空地廣場，設置臨時訪問站，且盡量找清涼舒適的地方，如速食店、公園做市調訪問。

⒅市調訪問可分幾個階段完成，不要集中在幾天裡一次完成，有失準確。

⒆若受訪的消費者，非問卷所針對的客群時，怎麼辦？最好在市調時，掌握問卷之主要區隔變數，針對主要的分群基礎如年齡，尋找真正受訪對象。但若受訪者非問卷所需的客群，則客氣地聲說抱歉，收回問卷。

實　例

本文為說明市場調查方法應著重解決市場競爭策略、消費者行為研究。下列個案（輔仁大學應用統計研究所碩士論文，研究生顏雅雯、指導教師黃登源老師、郭振鶴老師）請 review 下列問卷之㈠～㈥中可以瞭解，此篇研究可能由於時間與經費限制，並未解決下列問題。

⑴由於誠品、新學友、金石堂市場區隔變數在㈤競爭態勢分析最喜歡的書局並未衡量清楚，與㈠題中 7 小題，光顧書局採用複選題，市場區隔變數可接近性並未交代清楚，使得市場競爭問題有關市場定位、市場競爭優勢、競爭策略、競爭架構、核心競爭力，並無法充分發揮。

⑵在第㈣題，消費者光顧書局的生活型態看法由於問卷設計無法針對市場區隔變數（誠品消費者，金石堂消費者，新學友消費者）設計不同問卷題目，以致無法進行不同區隔市場消費行為有何不同。

⑶抽樣的問題必須針對不同分群進行分群抽樣 (cluster sampling) 而非集中在忠孝商圈、永和商圈，這會導致統計檢定 (test) 與推定 (estimate) 並無太多顯著性水準 (significant level)，無法擬定決定原理 (decision theory)。

⑷從上述⑴⑵⑶的市場調查問卷設計的問題，若研究者用下列統計分析技術包括因素分析 (factor analysis)，迴歸分析 (regression analysis) 與分群分析 (cluster analysis) 則成為下列定位圖。

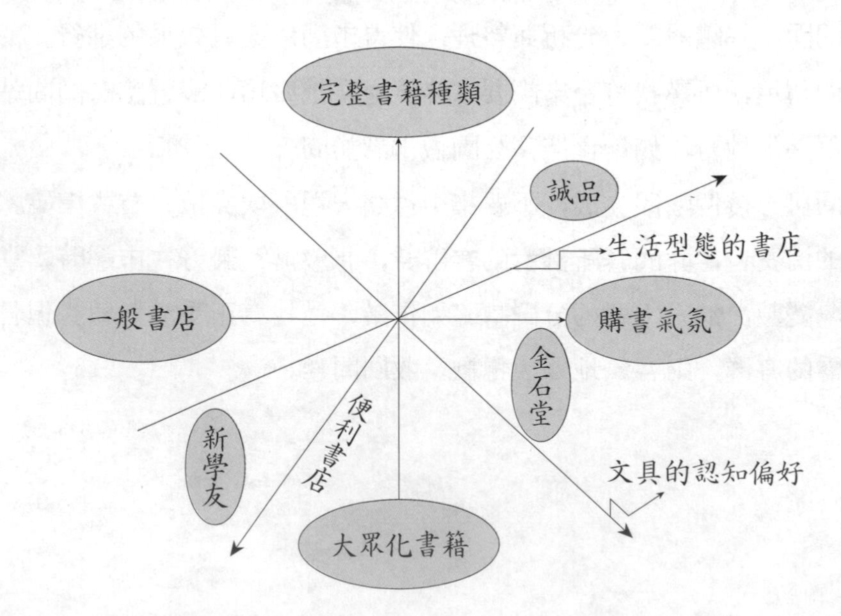

正確的問卷設計，應可達到下列分析結果：

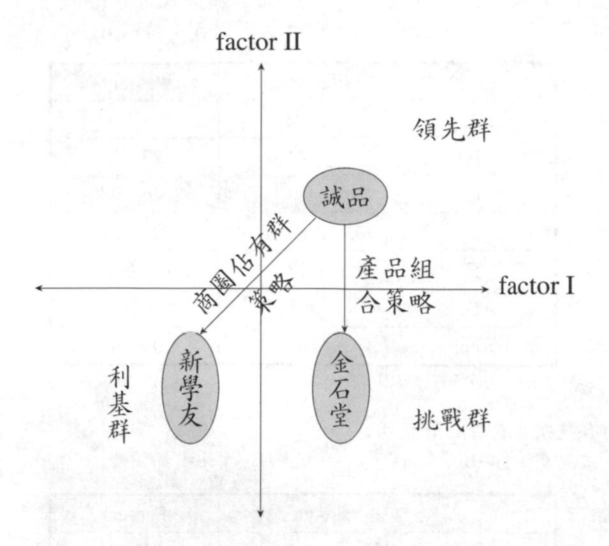

⑸無法達到研究者分析目的，例如品牌定位、競爭群分類、競爭優勢、核心競爭力等問題，如下圖分析結果。

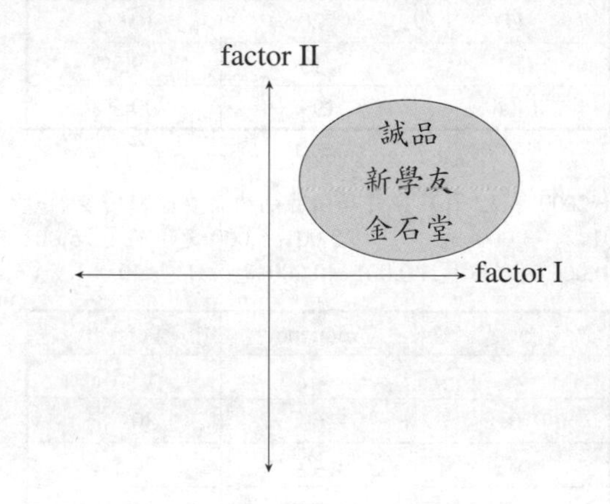

㈠請就您去年（2000年度）的書局消費行為回答以下問題：（請在適當的□上打勾）

1. 請問您一個月平均光顧書局幾次？

A.□不到1次 B.□1次 C.□2次 D.□3次 E.□4次

F.□5~8次（每週1~2次） G.□9之以上（每週2次以上）

	Frequency	Percent
A	6	3 %
B	13	6.5%
C	25	12.5%
D	40	20 %
E	32	16 %
F	54	27 %
G	30	15 %
total	200	100 %

2.您每次光顧書局時，大約逗留多久時間?
A.□未滿 15 分鏡　B.□ 15 分鐘～未滿 3 0 分鐘　C.□ 30 分鐘～未滿 1 小時
D.□ 1 次～未滿 2 分小時　E.□ 2 小時～未滿 5 小時　F.□ 5 小時以上

	Frequency	Percent
A	2	1 %
B	44	22 %
C	88	44 %
D	51	25.5%
E	13	6.5%
F	1	0.5%
total	199	99.5%

3.您每 10 次光顧書局，約有幾次會在書局買東西?
A.□不消費　B.□ 1~3 次　C.□ 4~6 次　D.□ 7~9 次　E.□每次都消費

	Frequency	Percent
A	2	1 %
B	104	52 %
C	54	27 %
D	20	10 %
E	19	9.5%
total	199	99.5%

4.您過去一年中（2000 年 1 月～2000 年 12 月）在書局消費的總消費金額約多少元?
A. □ 1,000 以下　B. □ 1,001 元 ~3,000 元　C. □ 3,001~5,000 元　D. □ 5,001 元 ~10,000 元　E. □ 10,000~20000 次　F. □ 20,001 元 ~30,000 元　G. □ 30,001~40,000 元　H. □ 40,001 元以上

	Frequency	Percent
A	27	13.5%
B	60	30 %
C	49	24.5%
D	28	14 %
E	28	14 %
F	4	2 %
8	3	1.5%
total	199	99.5%

5.您光顧書局時常購買哪一些物品?（複選題）
□書籍　□雜誌　□漫書　□文具　□禮品　□音樂卡帶、VCD

	總人數	次數
書籍	200	182
雜誌	200	125
漫畫	200	18
文具	200	101

禮品	200	29
音樂	200	17
其他	200	3

6.您常購買的書籍種類為何？（複選題）
□漫書 □雜誌 □旅遊 □藝術 □設計 □心理 □勵志 □科普 □電腦 □散文 □語文 □飲食
□自修、參考書 □兒童讀物□醫療保健 □翻譯小說 □原文小說 □科幻武俠 □財經企管□醫療保健
□休閒生活 □廣告傳播 □流行風尚 □歷史傳記□法律政治 □宗教哲學 □其他（請說明）______

	總人數	次數
漫畫	200	23
雜誌	200	117
旅遊	200	41
藝術	200	25
設計	200	23
心理	200	32
勵志	200	49
科普	200	6
電腦	200	56
散文	200	41
語文	200	54
飲食	200	14
自修參考書	200	26
兒童讀物	200	14
中文小說	200	30
翻譯小說	200	34
原文小說	200	14
科幻武俠	200	9
財經企管	200	35
醫療保健	200	14
休閒生活	200	30
廣告傳播	200	11
流行風尚	200	29
歷史傳記	200	27
法律政治	200	10
宗教哲學	200	13
其他種類	200	2

7.您常光顧的書局名稱為何？（複選題）
□金石堂 □誠品 □新學友 □何嘉仁 □敦煌 □其他（請註明）______

	總人數	次數
金石堂	200	145
誠品	200	167
新學友	200	76

何嘉仁	200	41
敦煌	200	10
其他書局	200	12

8.您常光顧以上書局的原因為何?(複選題)
□距住家近 □距上班地點近 □距車站近 □書籍種類多 □價格便宜 □店員服務佳 □容易找到所需的書籍 □喜歡該書店的氣氛 □選購文具禮品 □有該書店的會員折扣卡 □設有座位可供店內的閱讀□距學校近 □附近停車方便 □其他(請說明) ________

	總人數	次數
距住家近	200	107
距上班地點近	200	45
距車站近	200	25
書籍種類多	200	121
價格便宜	200	13
店員服務佳	200	12
容易找到所需書籍	200	75
喜歡該書局的氣氛	200	83
選購文具禮品	200	16
有該書局的會員折扣卡	200	37
設有座位可供店內閱讀	200	22
距學校近	200	13
附近停車方便	200	9
其他原因	200	7

(二)以下請依您個人實際的生活狀況來決定是否同意下列各敘述，並就同意的程度在適當的□上打勾。

	很同意 5	同意 4	沒意見 3	不同意 2	很不同意 1
A. 就算是單價不高的東西，購買時我還是會貨比三家	□	□	□	□	□
B. 購買服飾時，款式要跟的上流行是重要的	□	□	□	□	□
C. 我願意多花一點錢購買名牌的產品	□	□	□	□	□
D. 我常注意商店打折的訊息和廣告	□	□	□	□	□
E. 我喜歡和家人在一起	□	□	□	□	□
F. 我希望別人覺得我與眾不同	□	□	□	□	□
G. 我會嘗試使用身邊的人尚未使用過的新產品	□	□	□	□	□
H. 我喜歡新鮮刺激的生活	□	□	□	□	□
I. 我通常在下班或放學後會盡快回家	□	□	□	□	□
J. 我希望我的穿著能展現出個人風格	□	□	□	□	□

	AGREE A	AGREE B	AGREE C	AGREE D	AGREE E	AGREE F	AGREE G	AGREE H	AGREE I	AGREE J
1	2	10	16	8	4	3	6	5	8	2
2	50	68	64	21	15	34	28	32	48	7
3	59	64	51	61	47	74	50	56	59	54
4	75	48	59	91	93	65	91	85	65	97
5	9	5	5	13	36	19	20	17	15	35
total	195	195	195	194	195	195	195	195	195	195
missing	5	5	5	6	5	5	5	5	5	5

㈢ 以下請依您個人對閱讀的態度及實際的購買行為來決定是否同意下列各敘述，並就同意的程度在適當的□上打勾。

	很同意 5	同意 4	沒意見 3	不同意 2	很不同意 1
A. 閱讀是我常做的休閒活動	□	□	□	□	□
B. 我經常閱讀特定種類的書籍與雜誌	□	□	□	□	□
C. 購買書籍前我會先比較價格	□	□	□	□	□
D. 書局的折扣書展會刺激我多買一些書	□	□	□	□	□
E. 我常購買暢銷的書籍	□	□	□	□	□
F. 書本的外觀漂亮與否，是我購書時的考量之一	□	□	□	□	□
G. 我常去觀賞音樂會、舞臺劇或舞蹈的演出	□	□	□	□	□
H. 外國的文化對我有吸引力	□	□	□	□	□
I. 我喜歡戶外活動	□	□	□	□	□

	題號 A	題號 B	題號 C	題號 D	題號 E	題號 F	題號 G	題號 H	題號 I
1	0	0	5	4	2	8	13	2	0
2	6	9	51	27	53	68	47	26	8
3	29	23	65	49	68	61	63	48	24
4	122	125	62	96	60	53	64	91	119
5	38	38	12	19	12	5	8	28	44
total	195	195	195	195	195	195	195	195	195
System	5	5	5	5	5	5	5	5	5

㈣在您選擇光顧書局時，您是否同意以下說法？（請在適當的□上打勾）

	很同意 5	同意 4	沒意見 3	不同意 2	很不同意 1
A. 書局販售的書籍種類越多樣化越好	□	□	□	□	□
B. 我不會去比較各家書局的書籍價格或會員折扣數	□	□	□	□	□
C. 書籍分類方便尋找是我選擇書局時的重要考量	□	□	□	□	□

D. 我重視書局的裝潢、燈光、動線……等的設計 □ □ □ □ □
E. 我覺得書局的閱讀氣氛如何很重要 □ □ □ □ □
F. 我在意書局店員的服務態度 □ □ □ □ □
G. 我重視書局是否提供藝文售票、咖啡廳……等附加功能 □ □ □ □ □
H. 我不重視書局環境是否適合小孩出入逗留 □ □ □ □ □
I. 書局的文具禮品種類多會增加我光顧該店的機會 □ □ □ □ □
J. 距離辦公室或住家近是我選擇書局的因素之一 □ □ □ □ □
K. 我希望書局能在週末晚上加長營業時間 □ □ □ □ □

	題號 A	題號 B	題號 C	題號 D	題號 E	題號 F	題號 G	題號 H	題號 I	題號 J	題號 K
1	1	15	0	1	6	1	2	10	2	3	0
2	6	97	5	6	15	9	36	28	30	11	4
3	18	42	22	31	25	23	73	89	56	28	44
4	108	38	114	103	115	103	62	52	77	111	89
5	62	3	54	54	34	59	22	16	30	42	58
total	195	195	195	195	195	195	195	195	195	195	195
missing	5	5	5	5	5	5	5	5	5	5	5

㈤競爭態勢分析：

1. 在誠品、新學友、金石堂三家連鎖書店中您最喜歡的是哪一家？請在□填下排名：
A 表示最喜歡，B 表示第二喜歡，C 表示最不喜歡。
□誠品　□金石堂　□新學友

	誠品	金石堂	新學友
A	148	33	15
B	36	101	59
C	12	62	122
total	196	196	196
missing	4	4	4

2. 就上題中，請問您最喜歡該書局的原因為何？（本題為開放式問題）

㈥基本資料：

1. 性別：

男	95
女	105

2. 婚姻狀況：

已婚	34
未婚	165
其他	1

3. 您是否有 3 ～ 12 歲的小孩？

有	16	一位	5
無	184	兩位	11

4.實足年齡：

年齡	人數	年齡	人數	年齡	人數	年齡	人數
13	5	22	8	31	5	42	2
14	3	23	13	32	4	43	3
15	3	24	9	33	3	45	1
16	11	25	12	34	4	47	1
17	8	26	9	35	9	48	1
18	6	27	11	37	2	50	4
19	5	28	11	38	3	51	2
20	9	29	5	40	6	53	1
21	8	30	8	41	4	56	1

5.居住地區：

A.□中正區　B.□大同區　C.□中山區　D.□松山區　E.□大安區　F.□萬華區　G.□信義區　H.□士林區　I.□北投區　J.□內湖區　K.□南港區　L.□文山區　M.□永和市　N.□中和市　O.□板橋市　P.□三重市　Q.□新莊市　R.□淡水鎮　S.□汐止鎮　T.□其他___

居住地區	人數	居住地區	人數
A	10	11	4
B	2	12	5
C	4	13	66
D	6	14	15
E	31	15	5
F	2	16	3
G	8	17	2
H	3	18	1
I	4	19	2
J	6	20	21

6.從事行業：

A.□製造業　B.□營建業　C.□金融業　D.□餐飲業　E.□服務業　F.□通信業　G.□自由業　H.□軍公業　I.□運輸倉儲業　J.□農林漁牧業 K.□學生 L.□其他___

行業	人數	行業	人數
A	4	6	3
B	6	7	12
C	14	8	14
D	3	11	69
E	59	12	16

7.職業：

A. □一般工作人員　B. □公司負債人或股東　C. □專業人員　D. □管理階級人員　E. □家庭主婦　F. □學生
G. □退休人員　H. □其他（請說明）

職位	人數	職位	人數
A	36	5	3
B	6	6	71
C	47	7	2
D	23	8	11

8. 月收入（或可支配零用金）：
1. □無　2. □ 5 千元以下　3. □ 5 千～未滿 1 萬　4. □ 1 萬～未滿 2 萬　5. □ 2 萬～未滿 3 萬 5 千　6. □ 3 萬 5 千～未滿 5 萬　7. □ 5 萬～未滿 8 萬　8. □ 8 萬以上

月收入	人數	月收入	人數
1	19	5	29
2	35	6	40
3	18	7	34
4	10	8	14

9. 學歷：
1. □國小及以下　2. □國中　3. □高中職　4. □大專　5. □研究所以上

教育程度	人數
1	1
2	12
3	39
4	119
5	29

◎各店調查回收份數

	誠品	金石堂	新學友	總計
忠孝商圈	40	33	32	105
永和商圈	32	32	31	95
總計	72	65	63	200

◎忠孝商圈各時段回收份數

	誠品	金石堂	新學友	總計
假日時段	17	18	16	51
非假日上班時間	12	5	5	22
非假日下班時間	11	10	11	32
總計	40	33	32	105

◎永和商圈各時段回收份數

	誠品	金石堂	新學友	總計
假日時段	16	17	16	49
非假日上班時間	5	5	5	15
非假日下班時間	11	10	10	31
總計	32	32	31	95

專題討論(一)：生活型態對消費者行為的影響

一、生活型態

來自相同的次文化、社會階層，甚至相同職業的人可能有迥然不同的生活方式。他可能過著「歸屬者」的生活，穿著保守的服裝，花很多的時間和家人共處，對教堂作捐獻及服務；或者是過「成就者」的生活，花大量的時間在工作上，在旅行或運動及盡情的玩樂上。

一個人的生活方式就是他表現在活動、興趣與意見的方式。生活方式可揭露人們與周遭環境互動的整體表現；生活方式在某一方面反映出超越社會階層，或在另一方面超越人格的特質。例如我們可以藉由某人的社會階層，來推演出他可能做的事，但是卻無法將他看成獨立的個體。或者我們瞭解某人的人格，而能夠進一步分辨他的心理特徵，但卻無法知道他的真正活動、興趣和意見。生活型態是試著為世上所有人們描繪出行為模式。

研究人員努力的發展出一種生活方式的分類，是基於心理的衡量，有多種分類方式已被發展。在此敘述其中二種：稱為 AIO 架構，以及 VALS 架構。

(一) AIO 架構（態度、興趣和意見；attitudes, interests, and opinions）

回答者被詢問許多很長的問題，有的問題甚至長達 25 頁，希望藉此測量出他們的活動、興趣和意見。表 3–3 列舉出測量 AIO 各元素的構面，以及受測者的人口統計資料。

許多問題都是以同意或不同意的方式來作答，例如：

- 我想成為一位演員。
- 我喜歡參加音樂會。
- 我穿衣服是為追求時尚，並非僅為舒適。

表 3–3　AIO 架構

活動	興趣	意見	人口統計變數
工作	家庭	自己	年齡
嗜好	家事	社會問題	教育
社交活動	職業	政治	所得
渡假	社區	商業	職業
娛樂	娛樂	經濟	家庭人口
俱樂部會員	時尚	教育	居住環境
社區	食物	產品	地理區域
逛街購物	娛樂	未來	城市大小
運動	成就	文化	生命週期階段

資料來源：Joseph T. Plummer, "The Concept and Application of Life-style Segmentation," *Journal of Marketing*, January, 1974, p. 34.

・在晚飯前，我先喝一杯雞尾酒。

這些資料都被送入電腦分析，從中找出特殊的生活方式群體。在芝加哥的廣告代理商 Needham, Harper 和 Steer 已區分十種生活方式：

女性生活型態：

・心滿意足的家庭主婦 (18%)。

・灑脫的鄉村婦女 (20%)。

・優雅高貴的仕女 (17%)。

・好挑剔的母親 (19%)。

・老古板的保守者 (25%)。

男性生活型態：

・白手起家的企業家 (17%)。

・成功的專業人員 (21%)。

・熱愛家庭的丈夫 (17%)。

・失意挫折的工人 (19%)。

・退休的老人 (26%)。

當要發展行銷活動時，行銷人員要先決定產品的對象屬於何種生活方式群體，然後針對該生活方式群體的 AIO 特徵，從事廣告的訴求。

(二) VALS 架構（價值與生活方式，values and life-style）

Arnold Mitchell 最近對 2,713 位美國民眾詢問八百個問題，得到一種新的生活方式群體之分類，共分為九種生活方式群體。下面將一一加以列舉，並且說明每一類群體佔美國成人的百分比。

- 醉生夢死者：4%，不如意的人，絕望，沮喪，退縮。
- 奮鬥者：7%，不如意的人，極力奮鬥想脫離貧窮。
- 追隨者：33%，這些人懷古，保守，陳舊，沒有閱歷，只能適應生活而不能轟轟烈烈出人頭地。
- 競爭者：10%，有野心，想向更高的社會階級移動，有地位自覺，凡事追求大且好。
- 成就者：23%，國家各階層的領導者，掌握事情的發展，在體系中工作，過良好的生活。
- 獨行者：5%，典型的年輕人，以自我為中心，要求一切。
- 閱歷豐富者：7%，追求豐富的內在生活，希望能親身經歷生活的一切。
- 社會自覺者：9%，對於社會責任有高度的自覺，希望能改進社會狀況。
- 集大成者：2%，心理非常的成熟，並且結合內在與外在的最佳條件。

以上分類基礎的建立，乃認為每個人會經過一連串的成長階段。在每一階段都會對個人的態度、興趣和心理需求產生影響。人先經過需求動機階段（醉生夢死者和奮鬥者），進入一個外在取向（追隨者，競爭者和成就者）或是內在取向的階段（獨行者，閱歷豐富者，社會自覺者），然後有些人可以達到最後完美的集大成階段。

二、如何運用生活型態探討消費者行為模式

美國學者 Engel, Kollat, Blackwell 曾說明生活型態對消費者決策影響，Lazer 曾說明生活型態與購買決策的關係，如圖 3-3 所示。

三、生活型態之用途

生活型態之用途十分廣泛，生活型態的用途如下：

(1)用以發展廣告策略。

(2)用以制定適合目標市場的產品。

(3)用以作為市場區隔研究之用。

(4)用以訂定媒體策略。

(5)用以研究零售通路之顧客。

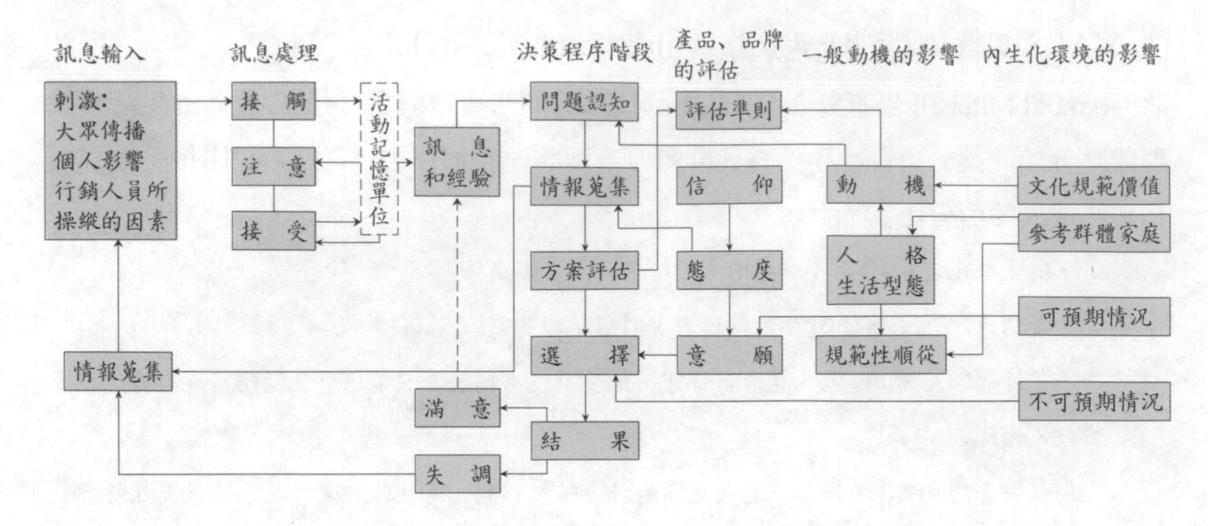

圖 3–3　消費行為的完整模式（EKB 模式）

(6)以為行銷人員對其他消費者分類方法之研究。

四、生活型態的衡量、分析與解釋

Wind 和 Green 提出一個研究生活型態的一般架構：

(1)決定研究目標。

(2)發展生活型態模式：

a.決定衡量的方式：一般而言決定衡量的方式有下列五種：

(a)衡量一個人所消耗的產品和服務。

(b)衡量一個人的活動 (activities)、興趣 (interests) 和意見 (opinions)，即 AIO 變數。

- 活動 (activities)：是一種具體的行動如：媒體的觀賞、逛街購物，或是告訴鄰人有一項新的服務訊息。雖然這些行動都是平常易見的，但是構成這些行動的原因卻很少能直接衡量。
- 興趣 (interests)：即是對某些主體、事物或主題感到興奮的程度，而且持續且特別去注意它。
- 意見 (opinions)：是個人對於一個刺激情況的反應給予口頭或書面的答覆。是一個人對事情的解釋、期望和評估，如對他人意念相信的程度，對未來事物關心的程度等。

(c)衡量一個人的價值體系。

(d)衡量一個人的人格特質。

(e)衡量一個人對不同產品水準的態度及他所追尋的利益。其中以 AIO 變數來衡量最為普遍，而 Engel, Blackwell, Kollat 認為 AIO 之定義如下：

b.採用一般化或特殊化 AIO (general AIO vs. specific AIO)：一般化 AIO 即指決定一個人日常生活的型態和構面，而哪些型態和構面是影響個人活動和認知的。如對生活的滿意程度、家庭導向、價格意識、自信程度、宗教信仰等。特殊化 AIO 即指衡量和產品有關之活動、興趣、意見。如對產品和品牌水準的態度，使用產品和服務的次數，尋求情報之媒體等。

c.決定生活型態的主要構面：以避免嚐試和錯誤 (trial and error) 的過程。Plummer 認為生活型態的衡量應包括下列四個重要層面：(a)人們如何花費他們的時間。(b)人們的興趣何在，對周遭環境重視的程度如何。(c)對自已及對周遭環境的意見如何。(d)基本之人口統計特徵：如生命週期的階段、所得、教育水準、居住地點等。

d.解釋主要構面和假設之間的關係。

(3)辨認並找出生活型態變數：即是根據上述之層面，每一層面設計一問題，此問題即是其變數，以此來衡量每一生活型態構面。

(4)設計研究工具：通常以五點或七點的 Likert-type scale 來衡量消費者之意見，另外也有以 Stephenson's Q-Test, successive category sorting, forced choice 等方法來衡量。

(5)蒐集資料：通常以郵寄、人員訪問或電話訪問來蒐集資料。

(6)分析資料：

a.將資料加以分類：利用因素分析、高次因素分析 (higher-order factor analysis) 及層次集群分析法 (hierachical grouping method) 去分析資料，如果問卷設計良好，結果應與原先設計構面相似。

b.說明生活型態構面與其他變數之關係：利用複區別分析 (multiple discriminate analysis)、變異數分析 (ANOVA)、典型相關分析 (cannonical correlation)，找出已建立之生活型態構面和其他變數間之關係，以做更清楚的描述。

(7)情報之獲得：將所得到之結果，作為行銷決策之參考。

專題討論(二)：消費者對品牌評估的決策過程模式介紹

1. 期望模式

$$A_{jk}=\sum_{i=1}^{n} W_{ik}B_{ijk}$$

其中 A_{jk} 消費者 k 對品牌 j 的態度分數。W_{ik}= 消費者 k 賦予屬性 i 的重要性權數。B_{ijk}= 消費者 k 對品牌 j 在屬性 i 方面所持的信念點數。n= 既定品牌中重要屬性的數目如消費者對於購買洗髮精時有許多品牌，並考慮每一種屬性在消費者心目中的重要性權數。

2. 理想品牌模式 (ideal brand model)

此模式認為消費者會對實際的品牌與其理想品牌作一比較；當實際品牌愈接近理想品牌，則表示愈會受到消費者偏好。可從不滿意程度方式來計算理想品牌水準：

$$D_{jk}=\sum_{i=1}^{n} W_{ik}\left| B_{ijk}-J_{ik} \right|$$

其中 D_{jk} 為消費者 k 對品牌 j 的不滿意程度，且 I_{ik} 為消費者 k 對屬性 i 所持的理想水準。當 D 愈低時，則表示消費者 k 對品牌 j 的態度愈喜歡。消費者品牌知覺空間中，當行銷人員在與消費者溝通過程中，請消費者描述其理想品牌時，行銷人員可能得到的反應是，有些消費者可清晰地描繪其理想品牌，有些消費者可能會出現二種以上的理想品牌，有些消費者可能難以定義其理想品牌。消費者對於理想品牌個數，有時並非單一考慮。如果洗髮精新品牌訴求能進入消費者心目中理想品牌之一，則對其日後的銷售可能有很大幫助。

3. 全面聯合模式 (conjunctive model)

有些消費者在評估各品牌時，會在可能接受品牌範圍內為各屬性設定一個最低標準，只有當品牌全部符合屬性標準時，才會考慮該品牌。此模式的重點是在是不強調某一屬性超出最低標準多少的要求。只要它超出最低標準即可。一個比標準高的屬性，並不能彌補比標準低的另一屬性。亦即無法截長補短。

例如消費者在選購洗髮精時會先聯想到飛柔、沙宣、嬌生，然後再考慮所重視的屬性，如價格合理性、購買方便性、雙效合一性等，去做聯合之組合分析，再從中選擇所要購買品牌，此模式的重點在於相信品牌對於消費者購買選擇仍佔有重要性影響。

4. 重點模式 (disjunctive model)

指消費者只考慮某一屬性超過特定水準的屬性，而不管其他屬性水準如何，這個模式也是屬於非補償性的，因為不列入考慮的屬性，若其水準相當高，亦無法使它們留在可接受的組合中。例如頭皮屑較多的消費者，必定先考慮有去頭皮屑功能的洗髮精。

5. 逐步刪減模式 (lexicographic model)

消費者以重要性程度來排列屬性，且以最重要的屬性來比較各品牌，是一種非補償性的評估過程，消費者會重複此一過程，直到選出一品牌為止。此模式的重點在於消費者在購買產品時不會被品牌知名度所左右，且為慎重起見，消費者至少會比較前三個較重要屬性。

6. 決定性模式 (determinance model)

此一模式認為某一屬性對消費者而言可能很重要，但若所有產品在這屬性上均有相同程度的水準時，則此屬性將不會影響到消費者的選擇。行銷人員必須確認哪些只是決定性屬性，哪些只是重要性屬性而非決定性屬性。此種消費者一般性而言比較有自信與經驗，且在人格特質上較具主觀性。

7. 行銷的重要涵義 (marketing implication)

各種模式顯示：購買者可用各種方式來形成其對產品的偏好。⑴一位特定的購買者，在一特定的購買時機中且面臨一特定的產品類別時，他可能是一位全面模式的購買者、重點模式的購買者或是其他模式購買者。⑵相同的購買者在大批購買時，可能是全面模式購買者，而在小量購買時，卻可能是重點模式購買者。或者，同一購買者在大批購買時，先是以全面模式刪除一些可能方案，再以理想品牌模式作最後的選擇。當我們知道市場是由許多不同的購買者所組成時，要想瞭解所有的購買行為，無異是緣木求魚。

雖然如此，但行銷人員：

⑴藉著抽樣訪問購買者，以找出消費者如何評估產品群。

⑵行銷人員若發現大多數消費者都使用一種特殊的評估程序，則行銷人員可以考慮一種有效的方式，使品牌能顯著地呈現在那些消費者的面前。

⑶必須運用集群分析 (cluster) 以判斷各品牌之競爭群，或透過因素分析 (factor analysis) 來找出最重要的顯著性因素。

專題討論(三)：消費者創新事物決策過程模式

(1)羅吉斯與蕭梅克在 1973 年著作「創新一傳佈」過程至少包括有下列步驟（圖 3–4）：a.知識 (knowledge)：個人得知有某項創新的存在，並瞭解它的功能。b.說服 (persuasion)：個人對創新產生一種贊成或不贊成的態度。c.決定 (decision)：個人選擇去採用或拒絕用某項創新。d.確認 (confirmation)：個人尋求支持以增強他已經做成的創新決定，但如果遇到衝突的訊息，他可能會改變先前的決定。

(2)這個模式首先將整個事件區分為三個主要階段，即前提（消費者級數與特質）、過程（傳播過程）與結果（對新事物採用或拒絕）。

(3)羅吉斯認為新事物創新傳播過程通常會考慮下列因素：a.相對優勢 (relative advantage)：新事物人們使用後得利益愈多，則被採納的可行性愈高。b.相容性 (compatibility)：一項新事物或觀念如果與個人的價值體系、過去經驗相協調時，就較容易被採用。c.複雜性 (complexity)：如果新事物太複雜，人們接受情形相對就較少。d.可試性 (triability)：可試性高，被接受機會較高。e.可觀察之顯著性 (observability)：如新事物能明顯被觀察出，則被接受機會較高。如圖 3–4 所示。

(4)創新消費者的特質：a.成就動機較高 (achievement)。b.成就欲較強 (aspiration)。c.較不同意宿命論。d.較支持教育。e.較支持變率。f.較能處理不確定與冒險性。g.智力較高。h.較講理 (rationality)。i.較能應付抽象事物 (abstractions)。j.較不墨守成規 (dogmatic)。k.較能設想他人角色 (empathy)。

運用 Roger and Shoemaker 模式應注意的要點：

(1)這個模式是從一個外部或較高層的變遷結構設計的，很容易是一個指定式 (perscriptive) 的模式，不一定能符合隨機式的實際狀況。

(2)必須思考模式先假定了一個直線理性的項目順序，事前都有計畫。

(3)在真實的生活中，決策具有相當隨機性，也有許多倡發的元素，創新有可能是在只有很少的知識，或是為了面子，或只是模仿他人的情形被採用。

(4)在實際狀況中說服、決定並不一定在知識與確認間。有時消費態度改變後，消費行為亦跟著改變。

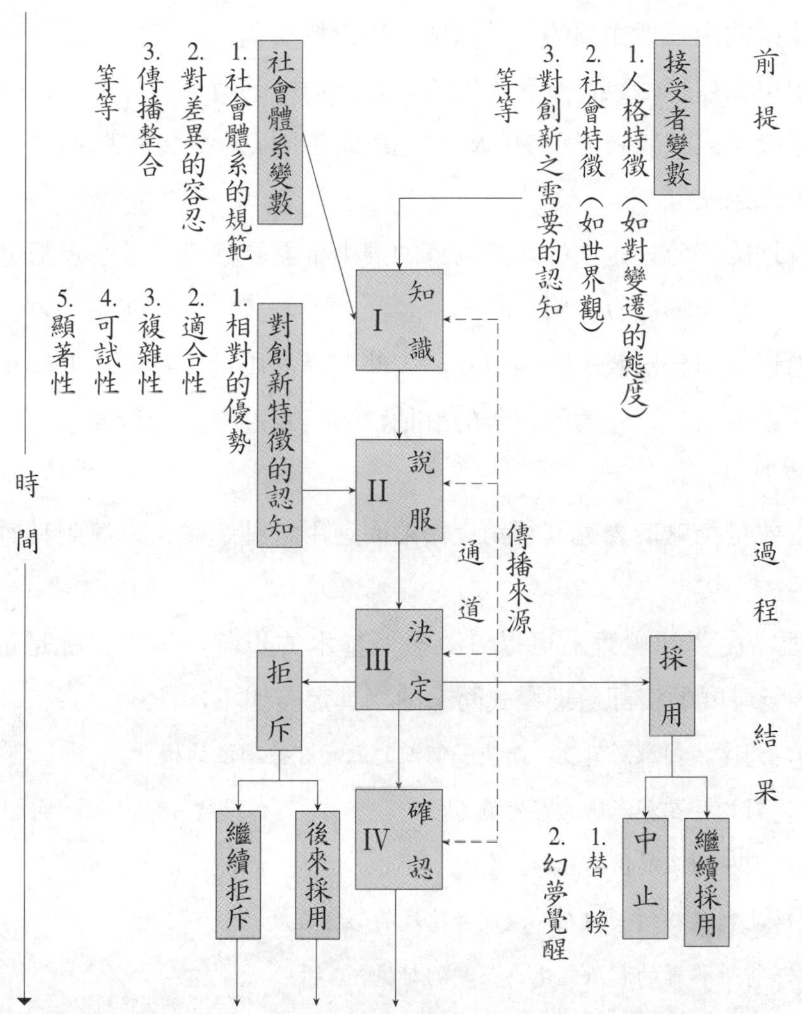

圖 3–4　羅吉斯與蕭梅克的創新——決策過程模式，指明了知識、說服、決定和確認等四個步驟 (Rogers and Shoemaker, 1973)

專題討論(四)：EKB 消費者購買決策行為模式——從 EKB羅吉斯購買決策架構觀點來討論消費者購買決策

1. EKB 模式

此模式是由 James F. Engel, David T. Kollat 及 Roger D. Blackwell 發展出來。它是一個多重干涉的模式，因為許多斡旋在暴露於剛開始時之刺激及最後的行為發生之間的變數，對結果有極大的影響。

基本上此模式由三個主要的分子構成：中央控制單元，資訊處理及決策過程。

中央控制單元包括個別消費者的變數，如記憶中的資訊與經驗，感知的屬性，對可行方案的態度及人格特質。所有的這些變數都是用以過濾進來的刺激，將部分保留，並將其他的予以忽略。

在資訊處理的部分，進來的刺激同樣的經由暴露、注意、瞭解及記憶等過程與中央控制單元進行持續的交互作用。

在決策過程的部分涉及了問題認知，內部搜尋，可行方案評估的操作，購買過程及其結果。而結果有二，一為購買後的評估，另一為進一步的行為。

2.模式架構重點

⑴輸出：主要是指廠商為達其行銷之目的而運用各種媒體，以達到其對消費者散播訊息之目的。

⑵資訊處理：在資訊處理上可以分為五個基本的步驟。這些步驟是依據 William McGuire 所發展的資訊處理模式而來的。其定義如下：

- 接觸：到達某刺激源附近，而使一個人的五官有被刺激的機會。
- 注意：對於存在刺激物的察覺能力。
- 瞭解：對於刺激所做的解譯。
- 接受：此刺激物對一個人知識或者態度的影響程度。
- 保留：將所解譯的刺激轉化為長期的記憶。

⑶決策過程：EKB 模式中消費者決策過程的五個階段為：問題認知，情報蒐集，方案評估，選擇，及購買結果。此模式強調在消費者實際購買前，購買程序早就開始了，且購買之後還有後續行為。這模式鼓勵行銷人員重視整個購買過程而非僅重視購買決策。

故消費行為在 EKB 模式中可解釋其定義為個人直接參與獲取及使用經濟性財貨勞務的行為。

3. EKB模式消費決策行為各程序的重點

⑴問題認知 (problem recognition)：當消費者心目中理想認知與實際現象有了差異之後，就會發生問題認知來源有外在的刺激與動機。

⑵情報的蒐集 (search)：當消費者認知問題後，便會去蒐集解決問題的情報。消費者會自問是否有充足的情報，如果情報充足他會根據訊息和自己的經驗，去評估可能的選擇方案。如果情報不足，消費者會透過大眾傳播媒體、朋友的意見和行銷

人員所操縱的因素，經過接觸、注意和接受後得到的訊息去選擇評估方案。

(3)方案的評估 (alternative evaluation)：當消費者蒐集了情報後，便要評估各種可能的方案，以達成購買決策。方案的評估有二個主要變數：a.評估準則：是消費者用以評估產品和品牌的標準，評估準則直接受到動機的影響。b.信仰：是連結產品和評估準則間的一種意識，產品試用是取得消費者信仰的重要途徑，因此信仰的型式和改變是行銷策略的最主要目標。

態度和意願亦是重要的變數，當信仰形成後態度也跟著改變了。態度是經由學習後對於一個給予方案，喜歡或厭惡的反應。而意願則是消費者選擇某一特殊產品或品牌的主觀機率。消費者購買某一產品的購買意願又受到二個外在環境變數的影響：a.規範性順從 (normative compliance)：如參考群體、家庭和社會的規範。b.預期情況 (anticipated circumstance)：如個人所得。

(4)選擇 (choice)：消費者評估了各種可能的方案後便會選擇一最適的方案，並採取購買行動。但當消費者遇到一些不可預期的環境變數如：所得的改變、家庭環境的改變、方案後來的不可行等因素，則消費者會保留原來的意願以後再購買或改採新的方案。

(5)結果 (outcomes)：當消費者做了選擇以後，有二種可能結果：a.滿意 (satisfaction)——由其先前的信仰和態度所導致滿意的結果，則此結果會導入其訊息和經驗，並影響將來的購買決策。b.決策後失調 (postdecision dissonance)，則消費者會懷疑過去的信仰，並明白其他方案可能具有符合他所需的產品屬性，因此他會繼續蒐集情報，以尋求最滿意的方案。

摘要

1. 前言——未來導向觀點探討消費者市場：①市場遊戲規則並非競爭導向而是顧客導向②未來生活型態趨勢 (*Marketing 2000 and Beyond*) ③未來消費環境的變化
2. 消費意識的時代性意義：①消費者導向的遊戲規則②傳統靜態消費行為理論，如何面對挑戰並提出解決之道a.傳統—現代—後現代，整體時空轉變如何解決消費者需要問題。b.不同的消費行為類型如何運用區隔角度提出解決方案。c.新產品消費者採用過程與消費者行為的關聯。d.消費者傳播理論如何與傳統的消費者行為理論連結。e.消費者生活型態轉變與消費趨勢關係。

3. 何謂消費者市場與消費者行為模式：①消費者市場。②消費者行為模式：a. 消費者市場的7 個前提要素。b. 化繁為簡的消費者行為模式優勢。c. 大規模的消費者行為模式系統（Howard-Sheth 模式；鮑爾的風險負擔論說）。
4. 影響消費者行為的主要變數：①文化因素：a. 文化（個人欲望與行為的最基本因素）。b. 次文化（國家、宗教、種族與地理背景）。c. 社會階層區隔式行銷。②社會因素：a. 參考群體影響力的重要性。b. 參考群體歷經產品生命週期的動態性。c. 意見領袖在行銷觀點的重要性。d. 家庭購買決策的角色影響力。e. 地位象徵的行銷思考。③個人因素：a. 生命週期概念區分目標市場與產品設計。b. 職業經濟及生活型態的不同區隔。c. 人口年齡結構改變帶動新需求市場。d. 人格型態與產品品牌的相關程度。e. 重視自我概念的市場區隔基礎。④心理因素：a. 佛洛依德動機理論。b. 馬斯洛動機理論：需求層級動態解釋人類需求。c. 赫茲伯格的二因素動機理論。d. 學習理論──驅力組合的行銷應用。e. 消費者行為的整體性認知。f. 選擇性注意、扭曲、記憶的消費者行為。g. 消費者信念的建立基礎。h. 消費者需求態度導向的行銷觀點。⑤消費者完型定律：a. 表層因素（接近律、相似律、共同運動律）。b. 中央因素（熟悉律、客觀動向律）。c. 增強因素（求全律、完成律、共同命運律、對稱律、簡單律）。
5. 消費行為類型與不同行銷策略：①複雜性購買的消費行為：a. 高涉入性與品牌差異顯著性。b. 外在環境的改變容易影響經營風險。c. 效果層面的消費者認知。d. 先勝而後求戰的行銷策略觀點。e. 行銷策略調整以面對競爭結構。f. 獨創性的銷售主張。g. 價格敏感度影響行銷推力。h. 意識型態的行銷策略。②尋求多樣變化的消費行為：a. 低涉入性與品牌差異顯著性。b. 市場領導品牌的消費者行為策略思維。c. 市場挑戰品牌的挑戰式行銷策略。③降低認知失調的消費行為：a. 高涉入性與品牌差異不顯著。b. 購前自我認同與購後認知的失調問題。④習慣性購買的消費行為：a. 低涉入性與品牌差異不顯著。b. 品牌熟悉度較品牌說明力重要。c. 古典制約理論的品牌認同。d. 運用差異化行銷動態調整消費者行為模式。
6. 消費者購買決策：①影響消費者購買決策的不同角色。②問題確認：動機──刺激──驅力──需求的消費者行為。③情報蒐集：a. 消費者的資訊來源與影響。b. 消費者選擇組合過程。④方案評估：a. 消費者評估準則的屬性市場區隔。b. 屬性的顯著性與重要性。⑤購買決策的影響因素：a. 他人的態度。b. 非預期情境因素。c. 認知風險。d. 購買次決策。⑥購後行為：a. 產品期望與產品認知績效的購後滿意函數。b. 購後滿意程度影響購後行為。

7. 市場調查方法：①市場調查的意義、範圍與目的：a. 市場調查與行銷研究的區別。b. 狹義與廣義的市場調查。c. 市場調查的目的。②市場調查的重要性：a. 行銷導向時代中市場調查的重要性。b. 市場調查的定量分析對行銷企劃人員的重要性。③市場調查的步驟：a. 如何確立調查的主題。b. 擬定所需蒐集的資料。c. 決定資料蒐集的方法。d. 資料蒐集的方法。e. 市場調查實施日期的安排。f. 市場調查預算的估計。g. 資料蒐集工作。h. 整理與分析資料。i. 準備研究報告書。④訪問法的種類與特性：a. 個人訪問法。b. 電話調查法。c. 郵寄問卷調查。d. 三種訪問法的比較。⑤抽樣方法的討論：a. 機率抽樣。b. 非機率抽樣。⑥如何設計問卷：a. 問卷設計的重要性。b. 問卷設計的步驟。c. 問卷設計量表的種類。⑦回收問卷之整理與分析。⑧統計檢定常用的名詞與套裝軟體。⑨如何撰寫市場調查報告書。⑩市場調查訪問員應有的態度與市調期間應注意的事項。⑪實例：a. 市場競爭策略。b. 消費者行為研究。
8. 專題討論㈠：生活型態對消費者行為的影響：① AIO 架構（態度、興趣、意見）。② VALS 架構（價值與生活方式）。③生活型態的衡量、分析與解釋。
9. 專題討論㈡：消費者對品牌評估的決策過程模式介紹：①抽樣訪問法找出消費者評估方式。②集群分析與因素分析的行銷運用。
10. 專題討論㈢：消費者創新事物決策過程模式：①模式過程與架構。②創新過程的考慮要素。③模式應用的注意要點。
11. 專題討論㈣：EKB 消費者購買決策行為模式——從 EKB 羅吉斯購買決策架構觀點來探討消費者購買決策：①知識、說服、決定和確認的決策過程。② EKB 決策行為各程序重點。

1. 試說明消費行為類型與行銷策略的運用。
2. 試說明臺灣消費者未來生活型態的轉變。
3. 何謂選擇性注意、選擇性扭曲、選擇性保留？
4. 試說明消費者購買決策過程。
5. 影響消費者行為的主要決策變數有哪些？
6. 解釋下列名詞：

(1)理想品牌決策分析

(2)品牌聯合性分析

(3)重點式分析

(4)逐步刪減模式分析

(5)決定式品牌分析

7.何謂消費者生活型態的定義？生活型態對消費者支出行為有何影響？

8.何謂 EKB 模式分析？

9.何謂消費者動機、認知、學習、信念與態度？

10.何謂品牌組合概念？並說明全體組合、知曉組合、考慮組合、選擇組合，決策如何分類？

第四章 市場區隔的劃分、選定及定位

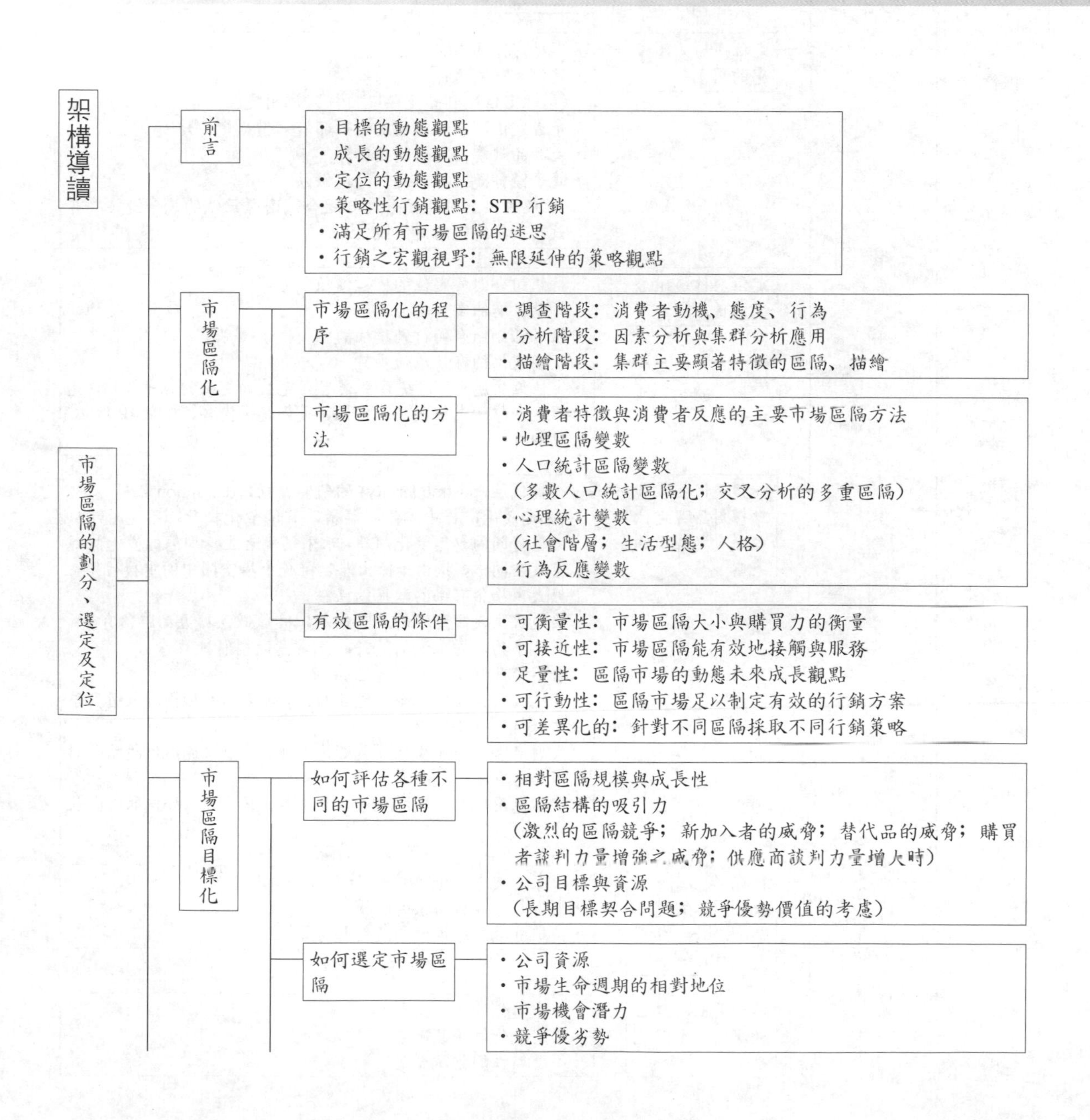

主題	子題	內容
	市場區隔說明無差異行銷、差異性行銷、集中化行銷的行銷策略	‧無差異行銷：市場整體共同性；成本之經濟性 ‧差異性行銷：消費忠誠度；重複性購買 ‧集中化行銷：局部市場佔有率；高風險性考量 ‧目標市場選擇型態 （單一區隔集中化；選擇性專業化；市場專業化；產品專業化；整體市場涵蓋）
市場定位化	何謂產品定位、品牌定位	‧產品策略的核心概念 ‧競爭優勢的品牌定位 ‧賴茲 (Al Ries) 及屈特 (Jack Trout) 的定位策略 ‧有形因素與無形因素的產品定位行為
	定位市場必須考慮的因素	‧市場定位的作業程序 ‧定位策略的選擇 （屬性定位；利益定位；使用／應用定位；使用者定位；競爭者定位；產品類別定位；品質／價格定位） ‧產品品牌重新定位問題與影響 ‧競爭優勢觀點探討定位階段做法 （確認可供利用的競爭優勢組合；選擇正確的競爭優勢；有效向市場傳達的定位觀念）
	定位與行銷組合的關係	‧行銷組合對於定位的核心價值 ‧行銷推廣的重要整合角色 ‧推廣活動組合的行銷積極觀點 ‧產品定位的有效溝通步驟 ‧定位個案應用：傳統百年老店郭元益如何面對競爭觀點，克服進入障礙與顛覆品牌定位，獲得競爭優勢，貫徹 4P 與 4C 目的
	從後現代主義觀點探討品牌定位之顛覆與解構的策略	‧後現代性 (postmodernity) 的研究架構：disruption 架構 （去定義化；去中心化；解構；質的變化提升；不連續性） ‧考慮時間的動態變化問題：未來消費者生活型態的變化問題 ‧重複空間中，找出一條出路：傳統市場空間中的重複行銷，擴大市場佔有率的顛覆做法 ‧後現代主義觀點下的鼓勵創新：嘗試做法擴大品牌佔有率 ‧新穎事物：對主流的批評，正常意識型態挑戰 ‧奮不顧身改變與顛覆自己 ‧傳統經驗無法確保企業成長目的，必須以更積極的風格與手法取得成長率 ‧反對品牌集中在少數菁英顧客身上，必須以通俗化觀點面對市場佔有率、成長率 ‧個案應用：後現代主義觀點探討傳統貿易公司如何取得成長率方式
專題討論：流行音樂的後現代主義	後現代女性主義：「不停的變成為她唯一的不變」瑪丹娜	‧形象的去中心化 ‧對宗教意義與價值的解構 ‧傳統意識型態挑戰的流行趨勢定位
	流行天王：黑白顛覆的麥克傑克森	‧去中心化的變形主題 ‧去定義化的產品訴求 ‧不連續性的意識型態

自由不一定會使我們快樂，教育也不一定會使我們成長，只有維持開放的心智才會使我們快樂，因為開放的心智使我們獲得自信走向康莊大道

電影長路將盡 (Iris)

將你的全部雞蛋放進一個籃子裡——切記小心那個籃子。 馬克吐溫 (Mark Twain)

必要時顛覆自己品牌定位，以獲得新的競爭優勢。 佚名

第一節 前 言

⑴目標的動態觀點：目標的增減與廠商對於市場區隔的選擇有息息的相關性，如 BMW 跑車型的市場開發、花王絲逸歡高價位市場區隔開發。

⑵成長的動態觀點：成長策略設計已不再是比例、直線性的思考，而是一種市場區隔細分化的動態性思考。在於成長策略選擇時，有較具體性基礎。

⑶定位的動態觀點：消費者對於品牌或產品的認知與偏好與市場區隔選擇有重要相關存在。

⑷策略性行銷 (strategic marketing) 觀點：亦即 STP，行銷區隔 (segmentation)，目標 (targeting)，定位 (positioning)。它的重點有：

區隔：瞭解市場區隔的變化，並確認市場區隔；描述各市場區隔的輪廓。

目標：評估每一市場區隔的吸引力；選擇目標市場。

定位：為每一目標區隔確認可行的市場定位；選擇、發展、表現出定位的觀點。

市場上幾乎不可能有一個品牌能滿足所有之市場區隔，區隔是指將廣泛的消費市場，根據共同的特徵、偏好等，以最低之成本能含括最大的銷售潛力，區分為可加以管理的幾個市場的選擇過程；經由有效之區隔可降低競爭壓力，尤其當競爭者不能提供適合該區隔需求之產品。

但是必須特別注意不能因過分強調市場分析所用之區隔方法，而影響行銷之宏觀視野，因為就行銷而言，無限的延伸是行銷者應有之策略觀點。

第二節　市場區隔化

市場區隔化的程序

公司不論其區隔之基礎為何，若要使市場區隔能有效地被發覺，可經由策略之程序來達成，此程序包括下列三步驟：

(1)調查階段 (survey stage)：對消費者做訪問與深度訪談，以取得消費者的動機、態度與行為。經由試訪後再整理出一份正式之問卷發給樣本消費者填答，以蒐集：a.產品之屬性及重要性評點。b.品牌知名度和品牌評點。c.產品使用型態。d.對產品類別的態度。e.受訪者之人口統計、心理統計及接觸媒體分析。

(2)分析階段 (analysis stage)：區隔化之分群可從第一階段所得之資料，應用因素分析等多變量之統計方法來消除資料中彼此高度相關之變數，再利用集群分析 (cluster analysis) 來產生最大之區隔數目，使每一區隔中之觀察值之內部一致性高，且與其他集群間有差異存在。

(3)描繪階段 (profiling stage)：根據第二階段所區隔出之集群之特有態度、行為、人口統計變數、心理統計變數，以及媒體習慣加以描述，並依各集群主要顯著特徵加以命名。例如流行性消費群、中性消費群、保守消費群。

市場區隔化的方法

一般採用兩種方法，一種為消費者特徵 (consumer characteristics) 來形成區隔，通常指地理區隔、人口統計、心理變數等，接著再考慮不同之區隔對產品之不同反應；另一方法為先由消費者反應 (consumer response) 區隔，例如所尋求的利益、使用時機和品牌忠誠度，一旦區隔分出後，再瞭解各區隔是否有不同的消費者特徵之差異點。主要之區隔變數有下列變數的選擇。

1. 地理區隔變數 (geographic segmentation)

將市場區分為不同的地理單位，食品飲料業經常以此作為市場區隔的基礎。例如

⑴行政區之分類：區、鎮、縣、省等。

⑵氣候之分類：北部、南部等。

⑶密度之分類：都市、郊區等。

⑷城市人口或面積之大小。

2. 人口統計區隔變數 (demographic segmentation)

依據一些基本的人口統計變數，將市場分成數個群體，可依下列變數區分：

⑴年齡：例如 12 歲以下、12 歲至 18 歲、18 歲以上……。

⑵性別：例如男，女。

⑶家庭人數多寡：例如 1 至 2 人之家庭、3 至 4 人之家庭、5 人以上之家庭……。

⑷家庭的生命週期：例如年輕單身、年輕已婚無小孩、年輕已婚最小小孩小於 6 歲……。

⑸所得：例如年所得 15 萬以下、15 萬至 30 萬……。

⑹職業：例如作業技術工、經理、農夫、店員、職員、學生……。

⑺教育程度：例如國中以下、高中畢業、大專畢業……。

⑻宗教：例如天主教、基督教、佛教、回教……。

⑼人種：例如白種人、黃種人、黑種人……。

⑽國籍：例如美國、中國、日本……。

大多數公司會同時採用兩個或更多的人口統計變數來區隔市場，即為多數人口統計變數區隔化 (multi-attribute demographic segmentation)。例如在流行服飾市場，廠商無法以年齡來界定流行消費群、中性消費群、保守消費群，必須以年齡與北、中、南進行交叉分析 (cross-tab analysis) 多重區隔來界定全省各區域的區隔市場。

3. 心理統計變數 (psychographic segmentation)

可依下列方式區分：

⑴社會階層 (social class)：例如下下階層、下上階層、工作階層、中等階層、上中階層、下上階層、上上階層……。

⑵生活型態 (life-style)：例如平淡無奇型、時髦型、感性浪漫型……。所謂生活型態，根據行銷學者 Lazer 定義是一種系統性觀點，它是某一社會或某一群體，在生活上所具有的特徵，這些特徵足以顯示出這一社會或群體與其他不同群體的差異點，而具體表現在動態的生活模式中。所以生活型態是文化、價值觀、資源、法律等力量所造成的結果，從行銷觀點來看消費者的購買及消費行為就反映出一個社會

生活型態。而根據 Kotler 定義：生活型態就是個人在真實世界中，表現個人活動、興趣、意見的生活模式。

(3)人格 (personality)：例如被動型、創造型、專斷型……。

4. 行為反應變數 (behavioral segmentation)

可依下列方式區分：

(1)時機：例如一般時機、特別時機……。

(2)利益：例如品質追求、服務要求、經濟合乎成本效益……。

(3)使用者狀況：例如不使用者、過去曾用者、潛在使用者、初次使用者、一般使用者……。

(4)使用率：例如輕度使用者、中度使用者、高度使用者……。

(5)忠誠度：例如低度、中度、高度……。

(6)準備階段：例如對產品完全不知、知曉、有興趣、對產品渴望、企圖買……。

(7)對產品之態度：例如對產品熱心、肯定、無差異、否定、敵意……。

有效區隔的條件

而一個要有效或具吸引力的區隔方法，先要注意其所考慮的變數與組合後的結構選擇，而這些變數得具備五條件：

(1)可衡量性 (measurability)：指特定購買者特性之資料數據易於獲得之程度，並可衡量所取得市場區隔大小和購買力。不過通常許多重要的特性或變數，不是很容易被衡量，例如汽車購買者其可能考慮的因素主要同時考慮經濟、地位和性能，較難衡量出各區隔市場大小，而最具可衡量的變數通常多為人口統計變數 (demographic)，例如年齡、所得、職業等。

(2)可接近性 (accessibility)：指公司能效集中力量所選定區隔之程度，所形成的市場區隔能有效地接觸與服務，並非所有區隔變數都能做到這一點。如果廣告能集中針對意見領袖，無疑其效果將會最大且成本最低，但問題是意見領袖的媒體習慣或其他特性可能與非意見領袖之消費者無顯著差異，故若以意見領袖當區隔變數，就大多數產品而言，在運用行銷組合時，執行上會有困難。

(3)足量性 (substantiality)：指經該區隔變數所區隔之各區隔市場之容量夠大或其獲利性夠高，而達到值得去考慮個別行銷開發之程度。一個區隔必須是實行個別行銷方案的最小單位，因此，必須有足夠大的市場及發展潛力，例如：在 10 年前老年人市場不具吸引力，但隨著人口之老化，平均壽命之延長，老年人市場便發展成具有足量性的市場。

(4)可行動性 (actionability)：指行銷計畫可以完成吸引與服務該區隔之程度，所區隔之市場足以制定有效的行銷方案來吸引並服務該市場。例如一家小飲食店將全世界各國皆列入其各個目標區隔，顯然不太具可行動性，因為其人手、經營 know-how、資金等都明顯不能支撐該區隔後所擬之行銷計畫。

(5)可差異化的 (differentiable)：可針對不同區隔採取不同行銷策略。如果已婚、未婚女性對衛生棉使用習慣不同，則她們是可差異化的市場區隔。

第三節 市場對象化（市場區隔目標化）

如何評估各種不同的市場區隔

廠商在決定選擇服務何種區隔之前，必先評估各種不同之市場區隔；其評估之方法必須注意三項因素，分述如下：

1. 區隔規模與成長

當公司在評估區隔大小規模之前必先考量本身之條件，故區隔規模指的是相對的概念，亦即大公司與小公司所選擇之規模相異，而區隔若具成長性則更具吸引力。

2. 區隔結構的吸引力

若區隔深具規模且有成長之趨勢，但可能並非埋想之區隔，因為該區隔可能不具獲利性，主要是因為該區隔具五種威脅：

(1)激烈的區隔競爭：一區隔可能包括了積極或強大之競爭者，或有競爭者進行大量產能之擴充、或固定成於過高退出困難、或競爭者在該區隔有高度之影響力等，都可能引發價格戰、促銷戰、新產品上市等，使公司之競爭成本提高。

(2)新加入者之威脅 (threat of new entrant)：若進入區隔之障礙高且廠商報復的企圖心強，則該區隔便不具吸引力。而進入容易，但退出困難之區隔亦容易使廠商產能過剩與利潤之壓低。

⑶替代品的威脅 (threat of substitute products)：一區隔若存在著實際或潛在的替代品，則此區隔便不具吸引力。

⑷購買者談判力量增強之威脅 (threat of growing bargaining power of buyers)：當區隔中之購買者容易集中或組織在一起、或購買成本很高、或產品無差異性、或購買者轉用其他品牌之轉換成本很低、或購買者對價格很敏感、或購買者可向後整合時，皆可造成購買者談判力之增強，則該區隔較不具吸引力。

⑸供應商談判力量增大時 (threat of growing bargaining power of suppliers)：若區隔中之供應商、工會、銀行、公共事業等集中組織一起或市場中僅有少數替代品可用、或公司重要原料被供應商控制、或供應商可向前整合時，該區隔便不具吸引力。

3. 公司目標與資源

公司在評估各市場區隔時可能會發現許多就成長上、規模上、或是結構吸引力皆具很好之條件，但是不能與公司之長期目標相契合或是可能將公司資源轉移遠離公司目標時，仍要放棄該區隔，即使符合公司目標，仍必須考慮自己是否具備必要的技巧與資源，以在該區隔中成功，如果公司要在該區隔成功，還得研究出某些比競爭者優越的優勢。企業絕不可跟風進入本身無法產生某種型態優秀價值的市場或市場區隔。

如何選定市場區隔

市場區隔的選定，其主要考慮因素如下所述：

⑴公司資源：公司所願或所能提供的資源，對於戰場的大小具有決定性的影響，也就是說公司所願意且能夠提供之資源愈多，則所選定之區隔便可愈多，反之則愈少。

⑵市場地位：即公司目前在整體市場所處之地位。公司處於市場進入階段，或是市場滲透階段或是市場成熟階段，其所選定之重點區隔會不一樣。

⑶市場潛力：在選定區隔之前，必須要比較各區隔之發展潛力，以瞭解機會最大之區隔。

⑷本公司與競爭者優劣勢：可盡量選擇能將公司優勢發揮到最大或避開競爭者強大優勢。

從市場區隔說明無差異行銷、差異性行銷、集中化行銷的行銷策略

(1)所謂之無差異行銷策略乃指企業推出一種產品且僅使用一種行銷策略，而打算吸引所有的消費者。在此策略之下，廠商並不想去辨認組成市場之各種市場區隔，企業視市場為一個整體，注重人們需求之共同處而非差異處。其使用大量之配銷通路、大量廣告媒體和一般性主題來迎合廣大之購買者。企業認為在人們心目中，創造對該產品的特別良好印象，並不會產生任何實質的差異。

無差異行銷策略主要是基於成本之經濟性，採用此策略，可用標準化與大量生產，降低許多營業成本。產品線狹窄可抑制生產、存貨、及運輸的成本，大量使用媒體可享受折扣，並可節省因為市場區隔投入之行銷研究成本，並可降低產品管理之費用。

(2)在差異性行銷策略之下，各企業推出多種產品且設立多個市場區隔，並為每一區隔分別設計不同之行銷方案。藉著不同的產品和行銷，希望得到更多的銷量，且於每一個市場區隔內有深入的地位，並能有更多忠實與重複性購買。本策略比無差異行銷更能創造出較高的銷售額，乃由於較多之產品線及配銷通路，但同時此策略會使產品改良成本、生產成本、管理成本、存貨成本、促銷成本增加，因而此策略之優勢，很難下定論。

(3)集中化行銷策略乃選擇一個細分市場或少數幾個市場為目標，集中全力經營，以爭取在部分市場中擁有很大的佔有率。當企業資源有限時，可應用此策略以取得局部優勢而建立特殊之聲譽與市場地位，由於它在生產、分配和促銷的專業化，因而可享有許多經營上的經濟。如果它能正確選擇市場區隔，定能得到很高之投資報酬率，但是此策略會具較高之風險性，因此一集中區，在競爭者突然投入時，利潤可能變壞。

目標市場選擇型態計有以下五種型態：

(1)單一區隔集中化 (single-segment concentration)：在最簡單的情況下，公司只選擇一個區隔。

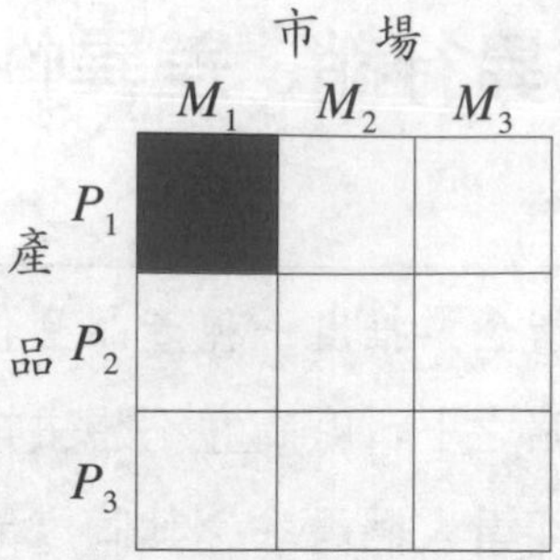

市 場
M_1 M_2 M_3
P_1
產
品 P_2
P_3

適合以生存或利潤考慮之廠商 (nicher)

⑵選擇性專業化 (selective specialization)：係指公司選擇許多區隔市場，而每個區隔皆甚具吸引力，且都能配合公司目標、資源。

市 場
M_1 M_2 M_3
P_1
產
品 P_2
P_3

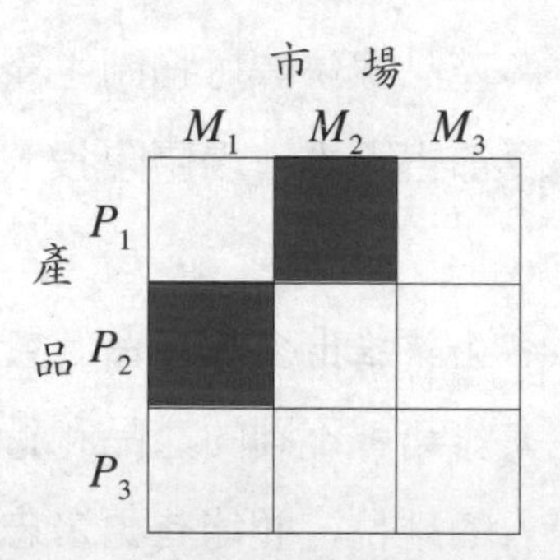

適合挑戰型、掠奪型之考慮廠商 (challenger)

⑶市場專業化 (market specialization)：指公司針對某一特定市場的服務，且需要各種產品線支援。

市 場
M_1 M_2 M_3
P_1
產
品 P_2
P_3

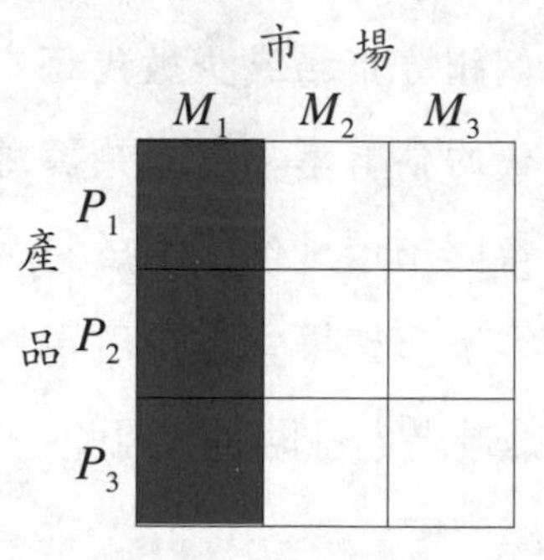

適合具有新產品開發專長的廠商考慮之 (new-product development)

⑷產品專業化 (product specialization)：係一種產品供應各不同區隔市場。

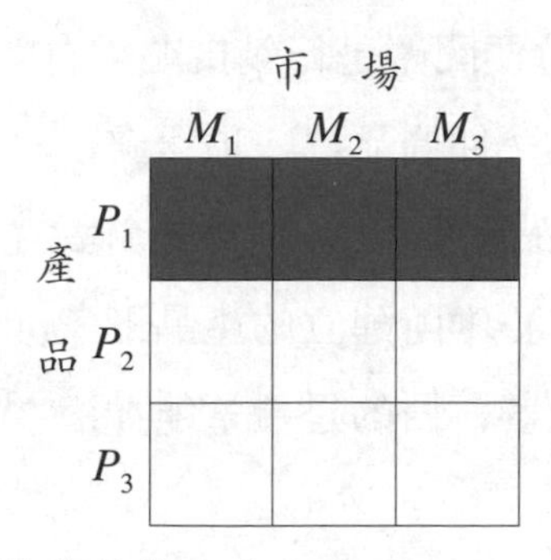

適合具有新市場開發專長的廠商考慮之 (new-market development)

(5)整體市場涵蓋 (full market coverage)：以所有產品來服務全部市場。

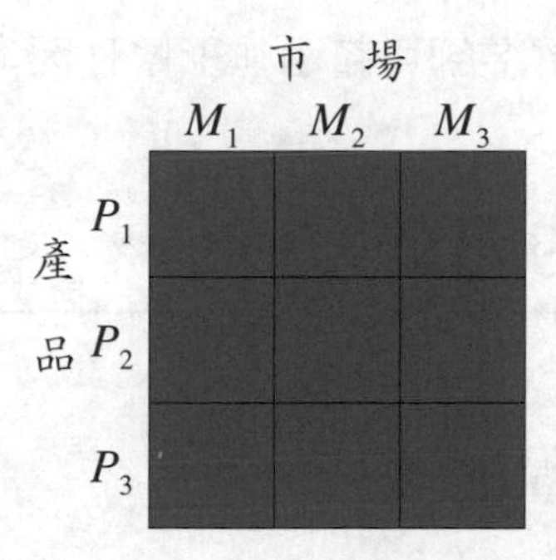

適合具有全方位市場觀點、多角化經營的廠商考慮之 (leader)

第四節　市場定位化

何謂產品定位？品牌定位？

產品定位是行銷策略中有關產品決策中最重要的課題，亦可說是產品策略之核心，尤其需將產品定位在所選定之區隔上，主要任務是觀察該公司之產品在市場上是否處於有利地位，亦即研究出公司產品在消費者心中之知覺。

而所謂品牌定位係指將本公司之產品特性和競爭者之品牌特性相較，而將其定位於較有利之位置。也就是將某一品牌置於能比競爭者品牌更被消費者喜愛接受之某一市場地位之活動。

不過產品定位的定義到目前仍相當分歧。而自從由利斯 (Al Ries) 及仇特 (Jack Trout) 兩位廣告行銷專家在 1969 年首度發表有關定位的文章，鼓吹所謂的「定位策略」

(positioning strategy)，產品定位便開始是行銷策略中有關產品決策的最重要課題，一般而言，定位始於產品，但舉凡一件商品，一項服務，一家公司，一所機構，甚至於個人，皆可以定位。但是「產品品牌定位」，並不是針對產品本身，而是針對潛在顧客內心的研究，也就是在潛在顧客心中所建立的產品形象。因此，產品品牌定位可能導致產品名稱、價格或包裝上的改善，目的是希望能在潛在顧客的心目中，佔據有利的形象地位。

產品定位應被定位在與競爭者分開之地位，定位可經由行銷組合變數，特別是經由設計及溝通，產品之差異化可經由定位更顯而易見。而有些產品定位可經由有形差異因素（如產品特性），而有許多卻可藉由無形屬性因素來完成。

市場定位必須考慮的因素

一、市場定位的作業程序

企業在市場區隔化之後才能制定產品定位策略，若尚未區隔市場則將會造成定位模糊，經過選定市場區隔後，才可進行產品定位，實際上產品定位作業程序大致可分為八大步驟。

1. 瞭解環境狀況，定位之前要先掌握及研究環境的變動

無論是經濟景氣或是不景氣，總是會造就出許多行銷機會及威脅，因此產品定位必須先配合環境作一基本之思考方向，經由此一步驟才能避免浪費時間及資源於企業無法改變的因素，且可產生一個大致之環境影響所可能對企業之衝擊，以使後續之定位程序能更實際。

2. 比較產品策略與企業策略之關係

第二步驟則為思考定位與企業整體策略之關係及預測相對之資源與限制，唯有經過此一步驟，定位才能與企業整體定位策略取得一致性，唯有如此，才能確保當產品定位策略成功時不至於對企業反而產生負面之影響，且可利用企業原有之優勢。

3. 瞭解目標顧客所關心之事項

定位所要重視的就是能打動目標顧客的心之事物，透過此一步驟之發展，往後之定位程序才有一具體方向，在開始時可能可列出一連串顧客所關心之屬性，此時可利用簡易之坐標圖來標示各屬性及各區隔市場之位置，甚至可利用多變量方法，例如因

素分析或多元尺度等計量方法，經由顧客問卷調查所得之資料取得定位知覺圖，可有利於往後定位之參考。

4.瞭解公司現有產品之定位

瞭解了顧客後，接下來就是要注意公司目前之定位是否需調整及有何優劣勢，以及是否需重定位等事項，此步驟可利用上一階段所產生之知覺圖（可經由數量方法、主觀判斷或憑空想像），如若仍無產生知覺圖，即可利用銷售人員或顧客口述之回饋及對競爭者之分析而得到公司現有產品之定位。

5.找出最佳之產品定位

在評估競爭者與顧客對公司產品之相對定位之後，企業可找出最佳之產品定位，此階段之方法要依市場情況之複雜性、企業可容許之經費及時間而定，之後企業可確認要如何在目標區隔心中之定位，例如描述定位之語文或圖形；不過要找出最佳之產品定位可能很複雜，因為這需要對市場結構之瞭解，對科技之認識，對通路配銷之掌握等等。

6.發展定位聲明 (positioning statement)

到此階段，企業可定義出產品要讓消費者心中產生何種之認知，以及主要之行銷目標是如何，例如是要以低價來定位，或是高品質來定位產品，通常是常被考慮的定位聲明。如果公司發展定位聲明不是靠靈感，則可透過六種方法來提出：(1)考慮目標區隔所可能被打動之訴求。(2)描述出待解決之問題點（例如需要對實地作調查分析之工作）。(3)描述佔有定位之具體行動方案。(4)描述對此定位聲明會關心之人員特性。(5)混合組合上列方法所提出來之結論。(6)將上列之結果再加以簡化。

7.找出產品定位上之缺點

到此階段，企業盡可能找出定位之弱點及競爭者可能之反應，可從競爭者之立場或挑剔之潛在消費者之立場來一一分析之。

8.測試產品定位聲明是否可以有效地被溝通

一、定位的策略選擇

產品定位有七種定位策略可供選擇，企業必須從下列七種策略選擇最具優勢之定位策略，茲分述如下：

(1)屬性定位 (attribute positioning)：以產品屬性作為市場區隔基礎。例如汽車之操作性能。

(2)利益定位 (benefit positioning)：以帶給消費者之利益作為定位。例如喜美汽車之省油性。

(3)使用／應用定位 (use/application positioning)：以消費者多重應用目的作為定位。例如商業車與小轎車之合併使用。

(4)使用者定位 (user positioning)：以顧客層作為定位。例如中產階級適合開喜美汽車。

(5)競爭者定位 (competitor positioning)：可宣稱比競爭品牌更好的競爭定位。例如Avls 宣稱是比 Hertz 服務更好的租車業。

(6)產品類別定位 (product/category positioning)：以產品類別之差異性定位。例如BMW 不僅是小型豪華車，也是一種跑車。

(7)品質／價格定位 (quality/price positioning)：例如高品質／高價位之市場定位與低品質／低價格之市場定位不一樣。

企業可依據經費之多寡依序進行下列測試：自我檢視；公司同事之檢試；銷售人員或通路成員之檢試；消費者集體意見測試；消費者購買行為模式化之模擬，此法花費可能不少；市場實際試銷。

經由以上之步驟，產品定位便可確立，除非特殊情況，否則定位最好保持一致性，不過一旦企業針對市場執行其定位策略之後，可能因為市場之競爭，新品牌之加入市場其定位可能正好與本公司之產品定位重疊，並對公司之市場佔有率及經營績效產生不利之影響；或是原市場區隔中之顧客對產品偏好產生變動；或是新顧客偏好群被發現；或是企業發現其原有之產品定位策略決策有重大缺失或偏差，此時便需要進行所謂之產品重定位。一般而言，對原有產品顧客群重定位乃在賦與產品新特質訴求，以配合產品、配合趨勢變化持續創新，以延長產品生命週期，若能發揮效果，則更可增加企業之投資報酬率。若對新的顧客群做重定位，其目的乃在於提供產品之多樣訴求，以吸引原先不偏好本公司之品牌之顧客，通常可利用階段性重定位之方式，常見到一些名牌階段性提出新品號即是利用此策略，例如洗髮精公司，可能剛推出時以治頭皮屑為定位訴求，但在被消費者接受後，便可重定位（此時應該是擴大定位）為不只能治頭皮屑，且質地溫和，不傷髮質。

以上係實務上之定位做法，若從理論上來分析，則可歸納成下列三階段：

1. 確認可供利用的可能競爭優勢組合

一個企業可經由集結競爭優勢而與競爭者有所區別，也就是定位基本精神之來源，通常由波特 (Porter) 之價值鏈來確認潛在之競爭優勢，亦即由廠商之五個主要活動及四個輔助活動來分析，主要活動指的是購入原料的後勤活動、營運作業、出售產品的後勤活動、行銷與銷售活動、服務活動等次序，輔助活動則是指廠商發生主要活動時皆會發生之活動，包含企業內部結構（企劃、管理、財務、會計、法律公關等）、人力資源管理、科技發展、採購等活動，廠商可由這些活動中找出其成本效益，並尋求改進，若比競爭者之成本效益高，則為該企業之一項競爭優勢，另外企業亦可從企業外部之供應商、配銷商、最終顧客的價值鏈處尋求競爭優勢，不過價值鏈之應用須注意產業之本質，例如圖 4–1：

圖 4–1　波特的價值鏈

⑴在量產型之產業通常只有降低成本為其最有效之優勢，因其造成優勢之來源有限，但一旦造成則可削價來打擊競爭者，形成很大之競爭優勢。

⑵專門化產業中，形成優勢的機會很多，因此可能小公司也和大公司一樣獲利，最主要之策略應防止競爭者達成同樣之競爭型態。

⑶受困型產業只能造成極小之競爭優勢。

⑷零碎型產業則有許多差異化之機會，可惜其優勢皆很小，故較可行之策略為將投資設法回收，保有原有之地位，小心擴充。

所以企業在確認競爭優勢之前，須瞭解產業本質，依序推出合適之競爭優勢策略，以達成企業目標。

通常企業除了可選擇低成本作為競爭優勢之外，仍有許多方法可供消費者或顧客順利分辨一個企業或其產品，例如：

⑴開發獨特的產品或服務，讓顧客、配銷商對產品有明顯之高質感。

⑵提供優良之服務或技術服務協助，對訂單快速處理或提供整體解決方案。

⑶利用強勢品牌，取得配銷通路或採購上之有利優勢。

⑷提供高品質之產品以強化顧客的忠誠度，並減低其對價格之敏感性。

⑸在具有一次採購特性的市場上提供全線 (full line) 產品，建立完整系列商品或服務之購買行為。

⑹運用廣大之銷售通路，使產品銷售到各地。

⑺利用新科技推出具創新性的商品。

以上觀之，並非所有競爭上之差異皆為競爭優勢，而是應以顧客的眼光來確認，是以外在之角度，不是企業內部來衡量的。

2. 選擇正確的競爭優勢

若企業發現具數個潛在競爭優勢待發展，則可運用一系統方法來評估並選擇，例如企業可先選出產業之 KSF (關鍵成功因素)，針對這些因素來評估公司本身地位、競爭者地位、可達到及負擔之速度與程度、需要改善之重要性、競爭改善之能力，最後可決定是繼續維持優勢或是保持觀察或是加強補強此一優勢等。

3. 有效向市場傳達廠商的定位觀念

有了上列二定位步驟之分析，公司的定位需要實際之行動，而不是空談，必須有具體之配合措施來建立並宣傳公司之產品定位，為了能有效向市場表現廠商之定位觀念，必須避免下列三種可能之定位錯誤：

⑴定位過低 (underpositioning)：定位不明顯，消費者印象不能感受到與競爭者之差異點。

⑵定位過高 (overpositioning)：定位太過狹窄，讓消費者以為公司所提供之產品僅是少數幾種。

⑶定位混淆 (confused positioning)：消費者對公司產品之印象，眾說紛紜，使得沒有一個具體之定位形象。

接下來便是針對企業如何透過行銷組合來向市場傳播產品定位。

定位與行銷組合的關係

行銷組合活動可顯著影響產業之競爭態勢，可表現出相對於現有產品之定位，是廠商對競爭環境所發出之市場信號之型式。

定位要能經由行銷溝通方案傳達至消費者心中才有意義，甚或經由產品本身、定價、廣告等方式來表現差異化。

McCarthy 認為 4P 可以有效地構成行銷組合，4P 乃指：產品 (product)、地點 (place)、推廣 (promotion)、價格 (price)，而這四者緊緊環繞著消費者身上，以 4P 來爭取目標市場，而推廣所要完成的工作是與消費者溝通，使其瞭解：好的產品以合理的價格在適當的地方出售。以經濟學理論來解釋，實施推廣活動的目的在於移動需求曲線，使其現存的需求曲線變得更沒有彈性 (more inelastic)，或者使需求曲線向右移動，甚而兩者同時發生，至此吾人可瞭解推廣在行銷組合中扮演著整合其他 3P 之角色，其重要性不言而喻。

公司之產品定位如何讓潛在顧客知道，則必須要依賴推廣活動組合。推廣活動所要達成之目的是企圖與消費者作好溝通工作，使得公司所要傳達的訊息能為消費者所接受到，而且也能傳遞消費者需求的訊息，作為公司生產的參考。許士軍（1983 年）認為：「市場上供需之間，存在有嚴重之溝通缺口。一方面，供給者不瞭解市場的需要；另一方面，顧客也不知廠商能供給他們怎樣的產品或勞務。行銷活動及其機構存在之價值，即包括有一項溝通功能，以彌補或解決此一缺口問題，這乃是有積極貢獻的。」

而產品定位必須透過有效行銷組合對消費者溝通，其步驟基本上如下所列：

⑴確認目標聽眾。

⑵決定溝通目標。

⑶設計溝通訊息。

⑷選擇溝通（媒體）通路。

⑸分配推廣促銷預算。

⑹決定推廣促銷組合。

⑺衡量推廣效果。

⑻管理與協調行銷溝通的過程。

例如在食品業臺灣本土化百年老店郭元益面對 1993 年當時市場領導品牌超群的市場定位，以中式、傳統百年老店市場定位要掠奪、滲透超群西式市場佔有率，必須思考如何克服進入市場障礙 (entry-barries) 與顛覆品牌定位 (disruption-positioning) 才能獲得競爭優勢 (competitive-advantage)，貫徹 4P 與 4C 目的。所謂 4P 是指：product（產品）、price（價格）、place（通路）、promotion（推廣）。所謂 4C 是指：consumer（顧客）、cost（成本）、convenience（方便）、communication（溝通），從定位的行銷組合到策略組合的行銷管理關係為：從重視產品的觀點進階到重視顧客的觀點，從重視價格的觀點進階到重視成本的觀點，從重視通路的觀點進階到重視更方便的觀點，從重視推廣的觀點進階到重視有效溝通的觀點。

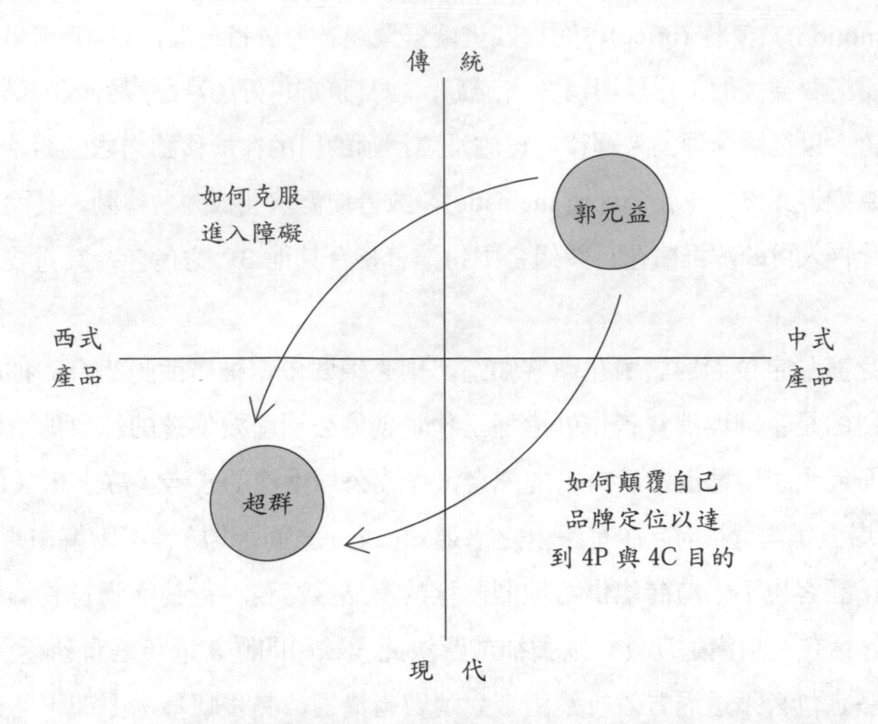

- 「中式產品 ↔ 西式產品」的構面：就郭元益的立場必須顛覆成為「dynamic↔not dynamic」以取得競爭優勢。並不需墨守成規。
- 「傳統 ↔ 現代」的構面：就郭元益的立場必須顛覆成為「good brand↔not good brand」以取得競爭優勢。並不需一直訴求百年老店。

從後現代觀點探討品牌定位之顛覆與解構的策略

企業品牌如果在原來市場定位與市場區隔無法取得市場做有率與市場成長率的極大化或持久性競爭優勢，以後現代主義 (postmodernism) 觀點必須顛覆原來市場定位與區隔，此研究架構如下。

1. 後現代性 (postmodernity) 的研究架構：disruption 架構

(1) de-definition（去定義化）：原來品牌、競爭優勢必須放棄重新選擇。

(2) decentrement（去中心化）：原來品牌市場定位、市場區隔必須改變、移動。

(3) deconstruction（解構）：原有品牌的核心價值必須重新加以定義。

(4) fundamental divide, basic fragmentation, qualitative leap：為了達到質的提升，必須與過去操作方式進行顛覆。

(5) discontinuity, disjunction：為了達到品牌成長可考慮在不同構面有不同的成長模式，不需在同一構面做連續性思考方式。

2. 考慮時間的變化問題 (temptations of temporality, death of the subject, sensibility of life-style)

為了達到品牌市場成長率目的，企業必須考慮過去所主張的主體訴求會死亡，必須考慮未來消費者生活型態變化。

3. 從傳統重複空間中，找出一條路來 (the way out of this closed repetitive space)

在傳統的市場空間中一直在重複行銷的產品、通路、推廣價格作法，無法擴大市場佔有率，必須重新找出一條活路。

4. Michael fried: the cinema is not even at its most experimental, a modernist art.

後現代主義的觀點必須鼓勵企業以更創新方式、嘗試的作法擴大品牌市場佔有率。

5. 新穎事物 (novelty)

對主流的批評 (dominant critical)，正常意識型態 (formal ideology) 挑戰。如果從舊的觀點無法取得新產品與新市場機會，則必須對主流的方式與意識型態進行批評與挑戰。

6. 奮不顧身改變與顛覆自己 (must seek desperately to renew it self)

企業為了佔有率與成長率應不斷顛覆與改變自己。

7. against realism and modernism (older experiencc and practice more acute)

從舊有的經驗無法確保企業成長之目的，必須以更積極的風格與手法取得成長率。

8. postmodernity (against modernity of elitist produced by isolated exiles, disaffected minorities, intransigent vanguards, in heroic mould, it was constitutively oppositional, hot simply flouting conventions of taste, but more difficult defying the solicitations of the markct)

反對品牌集中在少數菁英的顧客身上，必須以較通俗化的觀點來面對市場佔有率、成長率所需要的顧客與市場。

例如從後現代主義觀點探討傳統貿易公司如何取得成長率方式：此家貿易公司長期以「穩定經營」之經營屬性一直停留在 1.2 億規模，透過後現代主義觀點從原來市場定位（被動原物料供應廠商，傳統組織設計）顛覆品牌定位到（主動通路管理者、S.B.U. 組織設計）可以取得三年成長到 2.5 億的市場成長率，如圖 4-2。

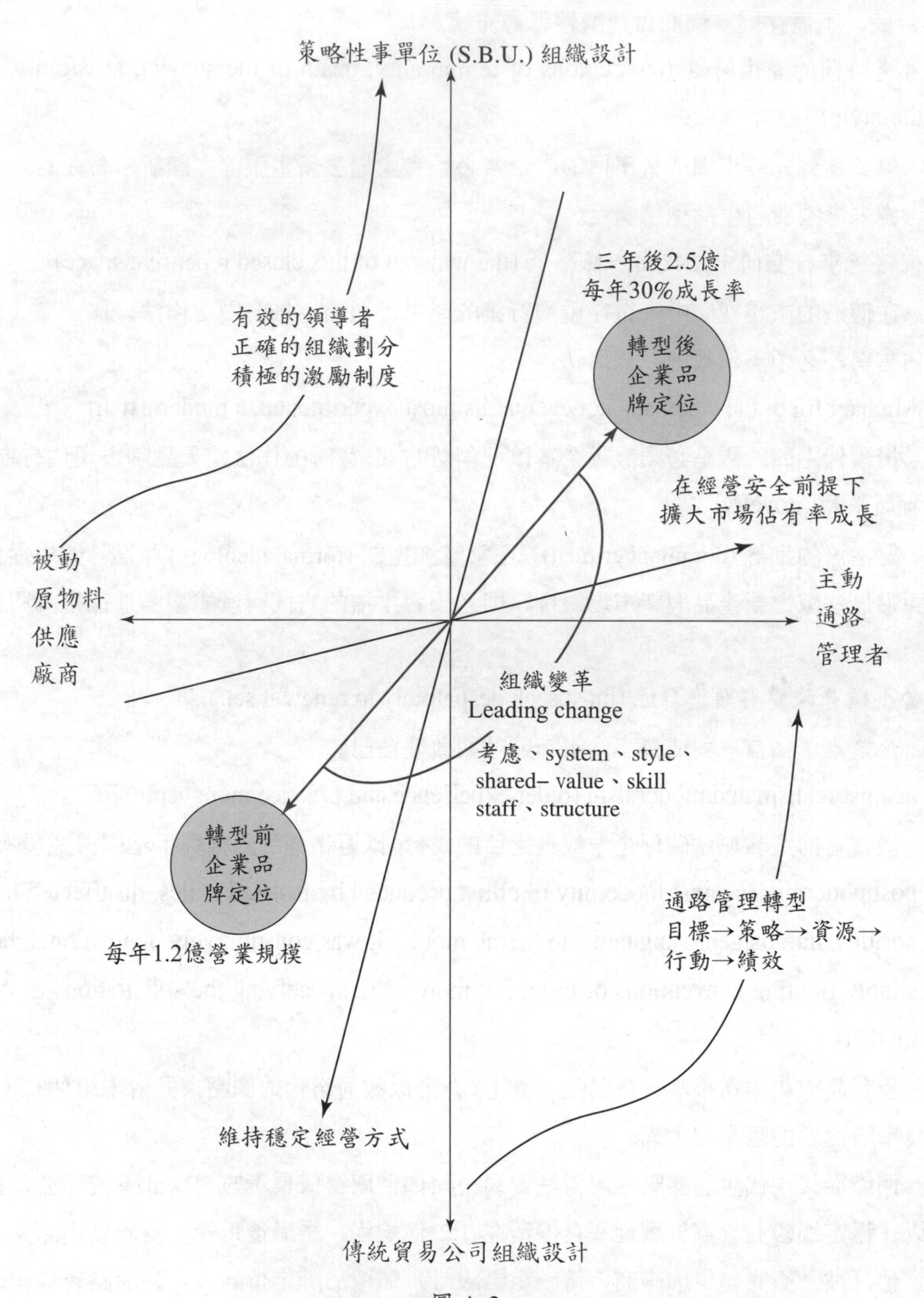
策略性事單位 (S.B.U.) 組織設計
三年後2.5億
每年30%成長率
有效的領導者
正確的組織劃分
積極的激勵制度
轉型後
企業品
牌定位
在經營安全前提下
擴大市場佔有率成長
被動
原物料
供應
廠商
主動
通路
管理者
組織變革
Leading change
考慮、system、style、
shared– value、skill
staff、structure
轉型前
企業品
牌定位
通路管理轉型
目標→策略→資源→
行動→績效
每年1.2億營業規模
維持穩定經營方式
傳統貿易公司組織設計

圖 4–2

專題討論：流行音樂的後現代主義

瑪丹娜「不停的變成為她唯一的不變」，黑白顛覆的麥可傑克森

一、後現代女性主義：瑪丹娜

唱片製作者針對美國消費聽眾從 1980～1990 時代趨勢轉變到後現代主義的主張：解構 (deconstruction)，差異 (difference)，不連續性 (discontinuity)，反總體性 (detotalization)，反中心化 (decentrement)，運用表象策略與符號遊戲將瑪丹娜塑造成為矛盾、複雜、曖昧、衝突的化身，我們可從「真實、大膽：與瑪丹娜共枕」、「宛如處女」、「宛如祈禱」等作品特色瞭解瑪丹娜後現代主義的風格：如

⑴瑪丹娜如變色龍永不停止轉換其外觀造型，頭髮忽黑忽黃，身材忽纖細忽剛健，從露臍短罩到鐵甲胸衣，決不拘泥窒礙於一點。

⑵在她的叛逆過程，流轉於舞臺上的神父、舞臺下的父親，象徵保守道德力量與梵蒂岡之間，用十字架當裝飾，拿佛經唸珠當腰帶，與其是要冒瀆神明，不如說是要掏空這些宗教所運載的意義與價值。

⑶為凸顯性幻想、權力的複雜糾葛，瑪丹娜扛著「藝術創造自由」的招牌，不擔心詆毀，堅持「性倒置」(inversion)、「性異常」(perversion)、「性顛覆」(subversion)。

從對傳統保守潛意識的挑戰，瑪丹娜運用她的美貌，遊走於欲望權力危險邊緣，遂使得她成為家喻戶曉的歌手，與流行趨勢的代表。

二、流行天王：Michael Jackson

搖滾巨星麥可傑克森擅長運用青少年反叛心態，標榜超越性別、階級、種族的變形主題而造成家喻戶曉的搖滾巨星，例如「黑或白」(Black or White)，「比利金」(Billie Jean)，「驚悚」(Thriller)，「鏡中男人」(Man in the Mirror)。運用後現代思潮與消費者溝通訴求重點為：

⑴例如他崇拜黛安娜羅絲 (Diana Ross)，在他的歌詞對愛的詮釋為「愛她就是要像她?」

⑵為探討後現代流動認同中的性別與種族政治。在「危險」專輯中以一中產階級家庭背景為始，小鬼麥考利金為了反抗父親對其聽搖滾樂的干涉，用巨型音響將父親轟出屋頂，飛降在非洲草原，鏡頭便轉接正與非洲土著共舞的麥可傑克森，只見他一下踏進印地安人群，一下舞進泰國女郎堆，又一下跑進俄國舞者圈，接下來更是電腦合成技術將「世界一家」種族大融合的文化理想視覺化：只見黑人變白人、男人變女人，各種臉型、膚色、輪廓的人都可自由轉換。結束更用後設手法，將鏡頭拉回攝影棚，凸顯一切皆為虛構之影像。

⑶ MTV 在早期美國一向以白種青少年為主要之訴求對象，在選播歌曲及歌手方面更充滿各種種族歧視，直到 1983 年「驚悚」專輯才打破，麥可造型打扮動作舞姿不僅黑人青年爭相模仿，連白種青年也趨之若鶩。在「黑或白」一曲更是強調流動式的種族融合，意圖消弭任何歧視或壓迫。

麥可傑克森唱片公司運用後資本主義社會創造出一種神話、一種傳奇。當他的身體在後現代遊樂中成為可透過科技而千變萬化、隨意捏塑的影像時，身體作為性別、種族、階級權力戰場的一面便相對地隱蓋不彰。他一方面似乎歌頌陰陽同體、流動性別的自在流暢，一方面卻強化由男孩到男人過渡階段的性及暴力啟蒙。在凸顯冒險、反叛的青少年次文化的同時，卻提供了主流市場意識型態中的性別規範。換句話說，他在父子權力階段上反父親，卻不能在男女權力階層上反父權，而他在陰陽同體的訴求必須時時迴歸男人、性及暴力的主流性別意識聯繫中。同樣地，當自在逍遙地大肆鼓吹種族融合、世界一家的理想時，似乎忘記了現存美國社會中的種種不公平以及跨越種族界限的各種如登天般的阻難。

摘要

1. 前言：①目標的動態觀點。②成長的動態觀點。③定位的動態觀點。④策略性行銷觀點：STP 行銷。⑤滿足所有市場區隔的迷思。⑥行銷之宏觀視野：無限延伸的策略觀點。
2. 市場區隔化：①市場區隔化的程序：a. 調查階段：消費者動機、態度、行為的探討。b. 分析階段：因素分析與集群分析的應用。c. 描繪階段：集群主要顯著特徵的區隔、描繪。②市場區隔化的方法：a. 消費者特徵與消費者反應的主要市場區隔方法。b. 地理區隔變數。c. 人口統計區隔變數（多數人口統計變數區隔化；交叉分析的多重區隔。）d. 心理統計變數（社會階層區隔；生活型態區隔的行銷觀點；人格特性區隔。）e. 行為反應變數。③有效區隔的條件：a.可衡量性：市場區隔大小與購買力的衡量。b.可接近性：市場區隔能有效地接觸與服務。c.足量性：區隔市場的動態未來成長觀點。d.可行動性：區隔市場足以制定有效的行銷方案。e.可差異化的：針對不同區隔採取不同行銷策略。

3.市場區隔目標化：①如何評估各種不同的市場區隔：a.區隔規模與成長。b.區隔結構的吸引力（激烈的區隔競爭；新加入者的威脅；替代品的威脅；購買者談判力量增強之威脅；供應商談判力量增大時。）c.公司目標與資源（長期目標契合問題；競爭優勢價值的考慮。）②如何選定市場區隔：a.公司資源。b.市場地位。c.市場潛力。d.競爭優劣勢。③從市場區隔說明無差異行銷、差異性行銷、集中化行銷的行銷策略：a.無差異行銷：市場整體共同性；成本之經濟性。b.差異性行銷：消費忠誠度；重複性購買。c.集中化行銷：局部市場佔有率；高風險性考量。④目標市場選擇型態：a.單一區隔集中化。b.選擇性專業化。c.市場專業化。d.產品專業化。e.整體市場涵蓋。

4.市場定位化：①何謂產品定位、品牌定位：a.產品策略的核心概念。b.競爭優勢的品牌定位。c.由利斯 (Al Ries) 及仇特 (Jack Trout) 的定位策略。d.有形因素與無形因素的產品定位。②市場定位必須考慮的因素：a.市場定位的作業程序。b.定位的策略選擇（屬性定位；利益定位；使用／應用定位；使用者定位；競爭者定位；產品類別定位；品質／價格定位。）c.產品或品牌重新定位問題與影響。③競爭優勢觀點探討定位階段做法：a.確認可供利用的可能競爭優勢組合（量產型產業：成本優勢；專門化產業：避免重複競爭型態；受困型產業：競爭優勢限制的威脅；零碎型產業：大中取小的競爭優勢；消費者外部觀點的競爭優勢創新。）b.選擇正確的競爭優勢（KSF 關鍵成功因素）。c.有效向市場傳達廠商的定位觀念（定位過低 (underpositioning)；定位過高 (overpositioning)；定位混淆 (confused positioning)。）④定位與行銷組合的關係：a.行銷組合對於定位的核心價值。b.行銷推廣的重要整合角色。c.推廣活動組合的行銷積極觀點。d.產品定位的有效溝通步驟。e.定位個案應用：傳統百年老店郭元益如何面對競爭觀點，克服進入障礙與顛覆品牌定位，獲得競爭優勢，貫徹 4P 與 4C 目的（「中式產品與西式產品」競爭構面的定位顛覆；「傳統與現代」競爭構面的定位顛覆。）

5.從後現代觀點探討品牌定位之顛覆與解構的策略：①後現代性 (postmodernity) 的研究架構：disruption 架構：a.去定義化：揚棄原有競爭優勢，必須從新選擇。b.去中心化：原有市場定位、市場區隔，必須改變移動。c.解構：原有品牌的核心價值，必須重新定義。d.質的變化與提升：顛覆過去的操作方式。e.不連續性：為達品牌成長目的，考慮不同構面的不同成長模式。②考慮時間的變化問題：未來消費者生活型態變化問題。③重複空間中，找出一條出路：傳統市場空間中的重複行銷，擴大市場佔有率的顛覆做法。④後現代主義觀點下的鼓勵創新：嘗試的作法擴大品牌佔有率。⑤新穎事物：對主流的批評，正常意識型態挑戰。⑥奮不顧身改變與顛覆自己。⑦舊經驗無法確保企業成長目的，必須以更積極的風格與手法取得成長率。⑧反對品牌集中在少數菁英顧客身上，必須以通俗化觀點面對市場佔有率、成長率。⑨個案應用：後現代主義觀點探討傳統貿易公司如何取得成長率方式：a.穩定經營無法突破市場規模。b.「被動原物料供應廠商與主動通路管理者」的定位顛覆。c.「傳統貿易公司組織設計與策略性事業單位 (S.B.U.) 組織設計」的定位顛覆。

6. 專題討論：流行音樂的後現代主義：瑪丹娜「不停的變成為她唯一的不變」，黑白顛覆的麥可傑克森：a.後現代女性主義：瑪丹娜（形象的去中心化；對宗教意義與價值的解構；傳統意識型態挑戰的流行趨勢定位。）b.流行天王：Michael Jackson（去中心化的變形主題；去定義化的產品訴求；不連續性的意識型態。）

習題

1. 請針對下列產品提出有效之區隔市場之方法：(1)茶飲料；(2)咖啡
2. 何謂產品定位？產品定位時應考慮哪些因素？品牌定位之意義又是什麼？
3. 何謂差異化行銷策略與無差異化行銷策略？其特徵為何？
4. 企業產品在何種情況之下，市場區隔變得不可行？
5. 企業是否會在應該改變其目標市場時，錯失良機？
6. 請問下列之產品較適合採用市場專業化或產品專業化之策略？(1)公車。(2)照相機。(3)橘子。(4)機車
7. 產品定位作業程序有何要項？
8. 市場區隔變數可大致區分為哪些？
9. 有效區隔之條件，請說明之。

第五章 產品策略

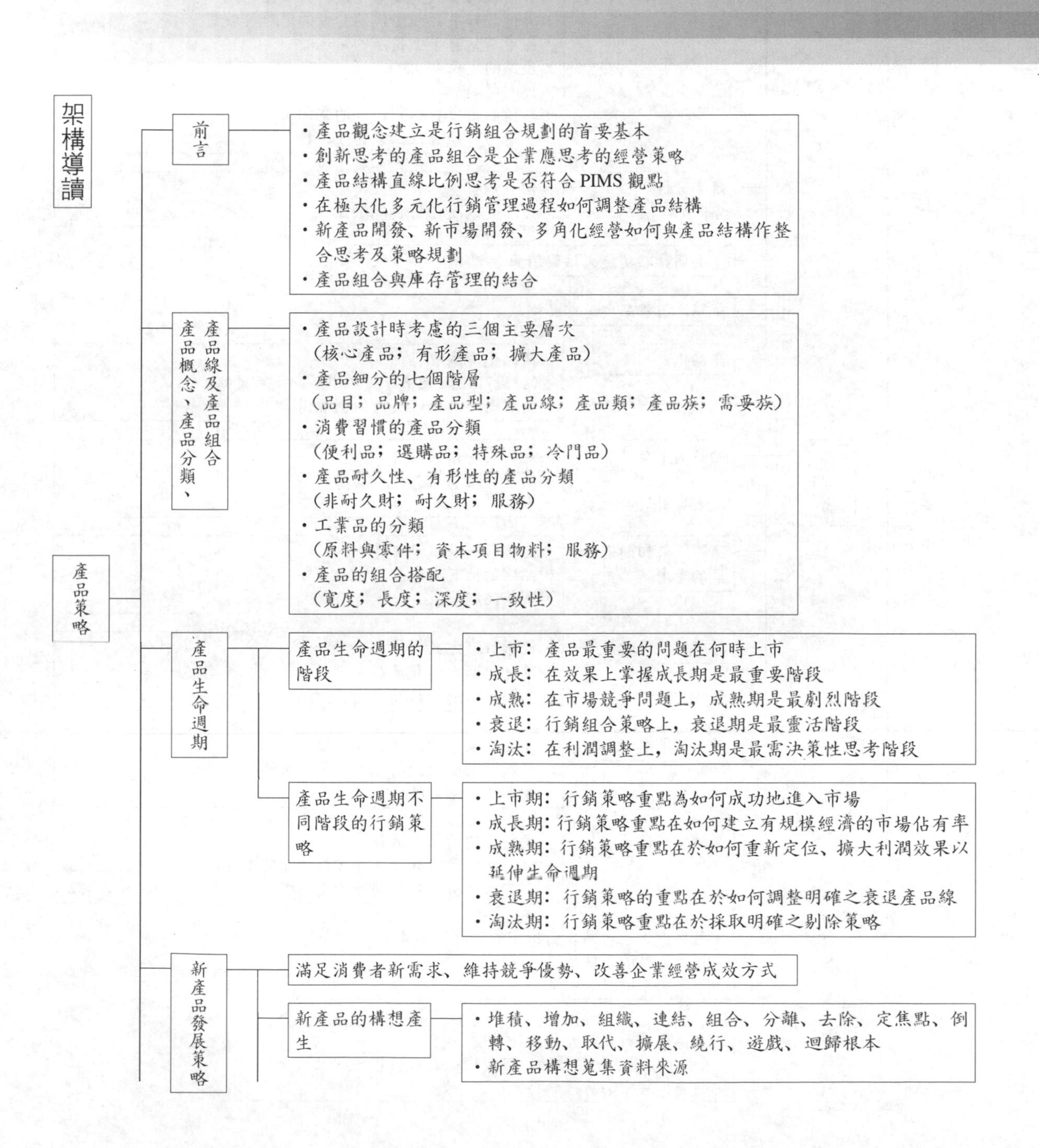

架構導讀
產品策略
前言
・產品觀念建立是行銷組合規劃的首要基本
・創新思考的產品組合是企業應思考的經營策略
・產品結構直線比例思考是否符合 PIMS 觀點
・在極大化多元化行銷管理過程如何調整產品結構
・新產品開發、新市場開發、多角化經營如何與產品結構作整合思考及策略規劃
・產品組合與庫存管理的結合
產品概念、產品分類、產品線及產品組合
・產品設計時考慮的三個主要層次
（核心產品；有形產品；擴大產品）
・產品細分的七個階層
（品目；品牌；產品型；產品線；產品類；產品族；需要族）
・消費習慣的產品分類
（便利品；選購品；特殊品；冷門品）
・產品耐久性、有形性的產品分類
（非耐久財；耐久財；服務）
・工業品的分類
（原料與零件；資本項目物料；服務）
・產品的組合搭配
（寬度；長度；深度；一致性）
產品生命週期
產品生命週期的階段
・上市：產品最重要的問題在何時上市
・成長：在效果上掌握成長期是最重要階段
・成熟：在市場競爭問題上，成熟期是最劇烈階段
・衰退：行銷組合策略上，衰退期是最靈活階段
・淘汰：在利潤調整上，淘汰期是最需決策性思考階段
產品生命週期不同階段的行銷策略
・上市期：行銷策略重點為如何成功地進入市場
・成長期：行銷策略重點在如何建立有規模經濟的市場佔有率
・成熟期：行銷策略重點在於如何重新定位、擴大利潤效果以延伸生命週期
・衰退期：行銷策略的重點在於如何調整明確之衰退產品線
・淘汰期：行銷策略重點在於採取明確之剔除策略
新產品發展策略
滿足消費者新需求、維持競爭優勢、改善企業經營成效方式
新產品的構想產生
・堆積、增加、組織、連結、組合、分離、去除、定焦點、倒轉、移動、取代、擴展、繞行、遊戲、迴歸根本
・新產品構想蒐集資料來源

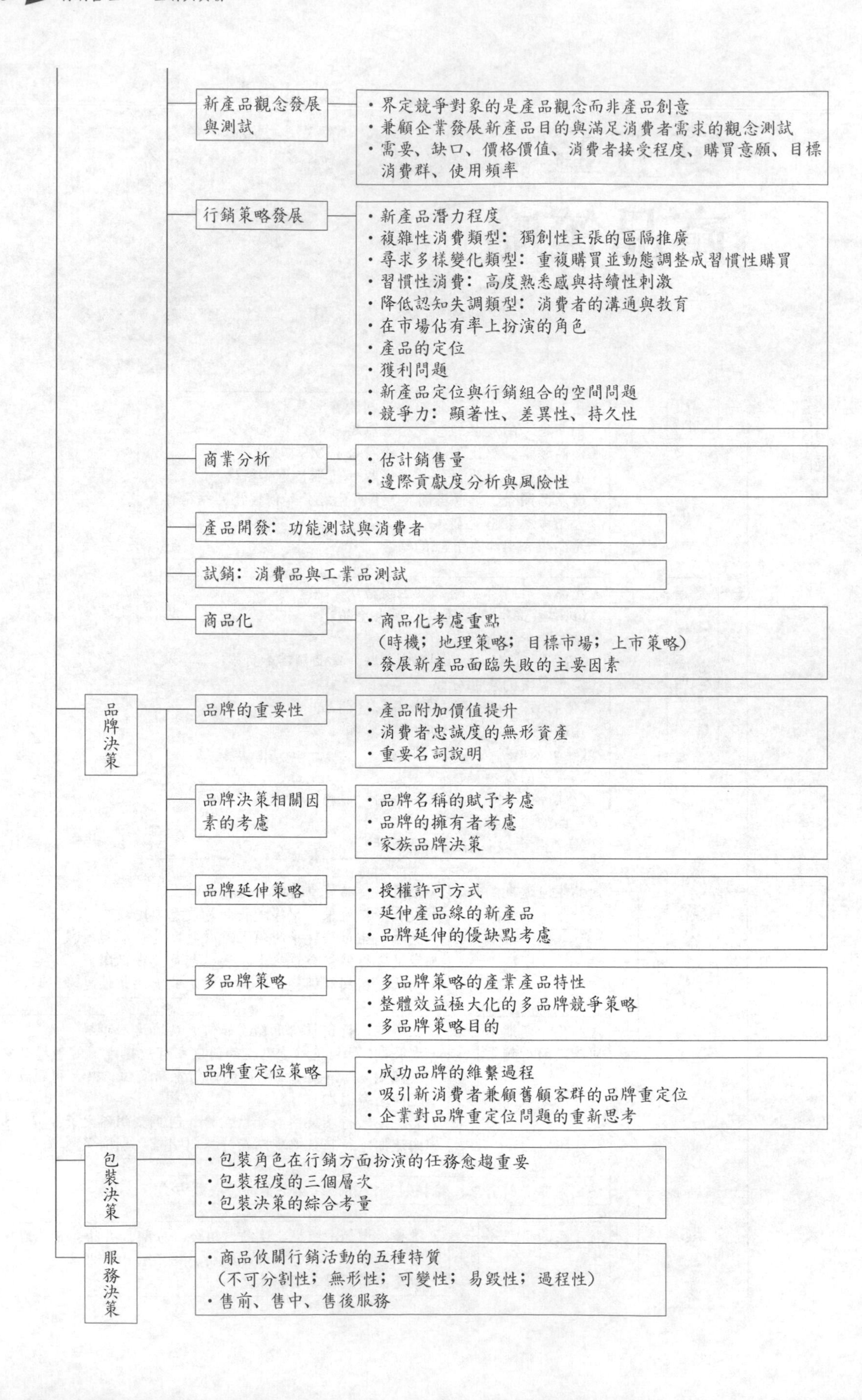
新產品觀念發展與測試
・界定競爭對象的是產品觀念而非產品創意
・兼顧企業發展新產品目的與滿足消費者需求的觀念測試
・需要、缺口、價格價值、消費者接受程度、購買意願、目標消費群、使用頻率
行銷策略發展
・新產品潛力程度
・複雜性消費類型：獨創性主張的區隔推廣
・尋求多樣變化類型：重複購買並動態調整成習慣性購買
・習慣性消費：高度熟悉感與持續性刺激
・降低認知失調類型：消費者的溝通與教育
・在市場佔有率上扮演的角色
・產品的定位
・獲利問題
・新產品定位與行銷組合的空間問題
・競爭力：顯著性、差異性、持久性
商業分析
・估計銷售量
・邊際貢獻度分析與風險性
產品開發：功能測試與消費者
試銷：消費品與工業品測試
商品化
・商品化考慮重點
（時機；地理策略；目標市場；上市策略）
・發展新產品面臨失敗的主要因素
品牌決策
品牌的重要性
・產品附加價值提升
・消費者忠誠度的無形資產
・重要名詞說明
品牌決策相關因素的考慮
・品牌名稱的賦予考慮
・品牌的擁有者考慮
・家族品牌決策
品牌延伸策略
・授權許可方式
・延伸產品線的新產品
・品牌延伸的優缺點考慮
多品牌策略
・多品牌策略的產業產品特性
・整體效益極大化的多品牌競爭策略
・多品牌策略目的
品牌重定位策略
・成功品牌的維繫過程
・吸引新消費者兼顧舊顧客群的品牌重定位
・企業對品牌重定位問題的重新思考
包裝決策
・包裝角色在行銷方面扮演的任務愈趨重要
・包裝程度的三個層次
・包裝決策的綜合考量
服務決策
・商品攸關行銷活動的五種特質
（不可分割性；無形性；可變性；易毀性；過程性）
・售前、售中、售後服務

誘使你的競爭對手，勿投資於你打算投入的產品市場及服務。是為經營策略的基本要義。

波士頓顧問群創辦人 (Bruce Henderson)

蘋果電腦公司不是遊樂事業或玩具事業，而是電腦事業……蘋果電腦公司的專長，在於能將「高成本的創意」，轉變成一種「低成本、高品質」的解決方案。

蘋果電腦 (John Sculley)

在工廠中，我們製造化妝品；在商店中，我們賣的是希望。

查理士・雷弗森 (Charles Revson)

第一節　前　言

產品是指能提供至市場上而被注意、取得、使用、消費，滿足需求或欲望的任何東西。產品觀念的建立是企業在進行行銷組合規劃方面首要基本的一環。凡是有能力滿足消費者需求者皆謂之產品。也因此，產品非僅單純局限於實體與服務方面，其亦涵蓋人、地方、組織、活動、理念等因素。本章將對產品逐一定義，並將不同分類下的產品特性與行銷規劃予以連結說明。企業處於不同的產品生命週期階段時，如何預應 (proactive) 並做相關助益的決策？企業如何考量產品線延伸、寬度與深度對企業的效益？或如何發展與評估新產品的可行性決策？而相關的品牌如何系統性思索？單一品牌或家族品牌、多品牌或品牌重定位的相關決策，將在本章有充分說明。例如：

⑴產品的組合與市場策略是息息相關，以 BCG (Boston Consulting Group) 而言，若公司原本之產品組合不符合市場佔有率與成長率極大化，則創新思考產品組合是企業經營應考慮的策略：

a.產品結構直線比例思考方式能否符合 PIMS（profit impact of marketing strategy，市場策略對利潤的影響）觀點。

b.要邁向極大化、多元化行銷管理過程 (maximum marketing)，各種不同類型產品結構如何調整才能兼具平衡市場佔有率與市場成長率。

⑵新產品開發 (new product development)、新市場開發 (new market development)、多角化經營 (diversification)、垂直、水平整合如何與產品結構調整做一整合性思考、

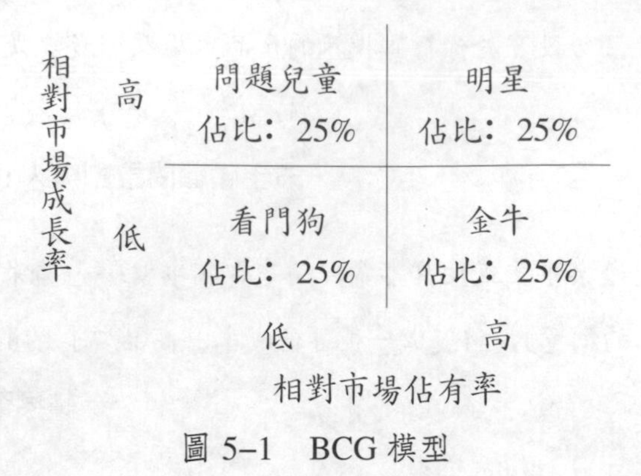

圖 5-1 BCG 模型

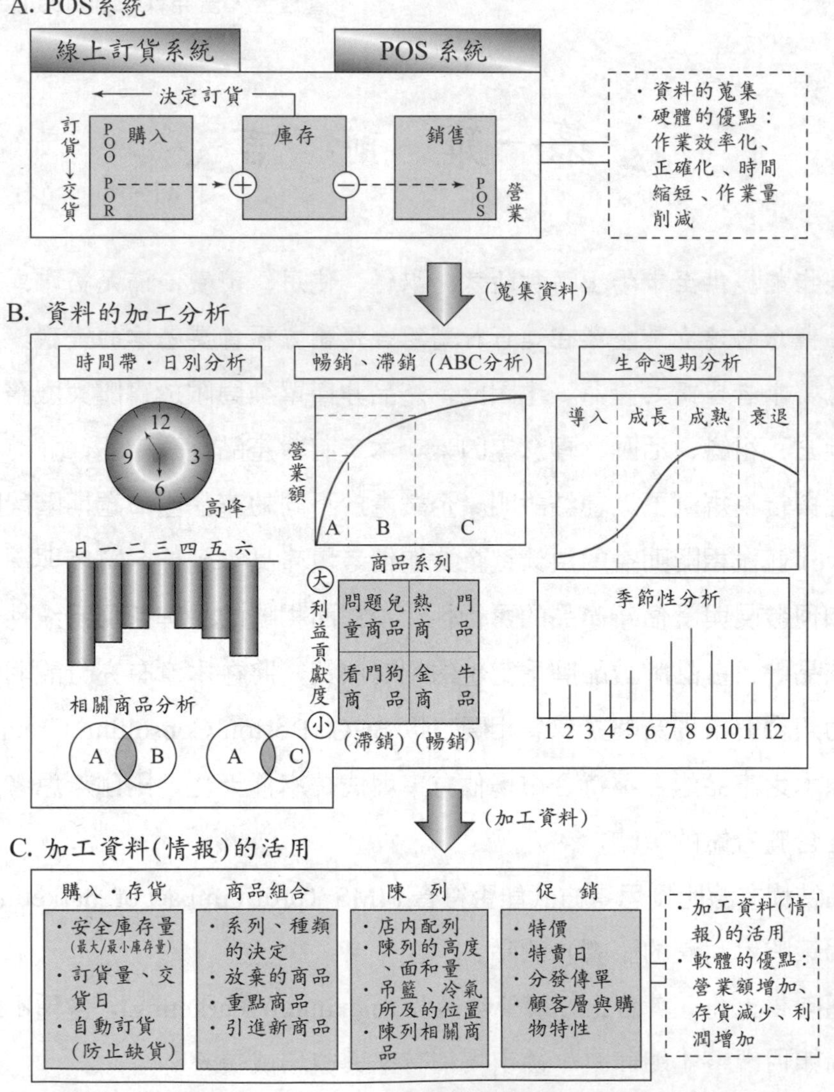

圖 5-2 產品通路之 MIS 系統

策略規劃。

(3)如果與通路、情報系統做一整合，如 POS (point of sale)，則如何運用 MIS (marketing management system) 觀念而有一系統規劃的管理系統，如圖 5–2。在所有之產品組合策略中，最重要也是最基本的因素便是產品，故而對於相關之產品定義必須先加以探討。

(4)產品組合可與庫存管理系統結合，例如下列為某家化妝品公司在百貨公司庫存管理系統步驟：

a.將每個百貨公司產品分成十一個系列。

b.計算十一個系列品項銷售量、銷售金額、庫存量、庫存金額、庫存周轉率。

c.將每個百貨公司按每個系列的銷售結構（銷售量佔比）與庫存周轉率（庫存量 / 銷售量）的坐標位置標定出，並以平均值為中位數，作為 BCG 矩陣策略規劃。

d.在 BCG 策略規劃架構中分成四個 S.B.U. (strategic business unit) 策略事業單位。

明星	→銷售佔比高	庫存周轉率低	並計算實際銷售佔比
金牛	→銷售佔比高	庫存周轉率高	並計算實際銷售佔比
問題兒童	→銷售佔比低	庫存周轉率低	並計算實際銷售佔比
看門狗	→銷售佔比低	庫存周轉率高	並計算實際銷售佔比

e.針對其他品項先放在看門狗，使得金牛佔 40%，明星佔 20%，問題兒童佔 30%，看門狗佔 10%，目標佔比進行每家百貨目標佔比與實際佔比差異的銷售管理整頓建議。

f.差異分析比較後，庫存管理者以動態化模擬降低 S.B.U. 不確定性，並設定以 S.B.U. 庫存為標準。

明星 / 金牛	→庫存周轉率為一個月
問題兒童 / 看門狗	→庫存周轉率為半個月

進行每家百貨公司目標周轉率與實際周轉率的庫存管理整頓建議

g.庫存管理預期成效：

將 A 級店目前現行庫存水準降低 15 萬～ 20 萬。

將 B 級店目前現行庫存水準降低 10 萬～ 15 萬。

h.並每月定期呈報各相關單位主管、Marketing、專櫃：固定按此分析結果 check 經此庫存管理整頓後，銷售業績水準每月是否比去年同期業績水準成長。

目標：A 級店成長 10% ～ 15%，B 級店成長 15% ～ 20%。

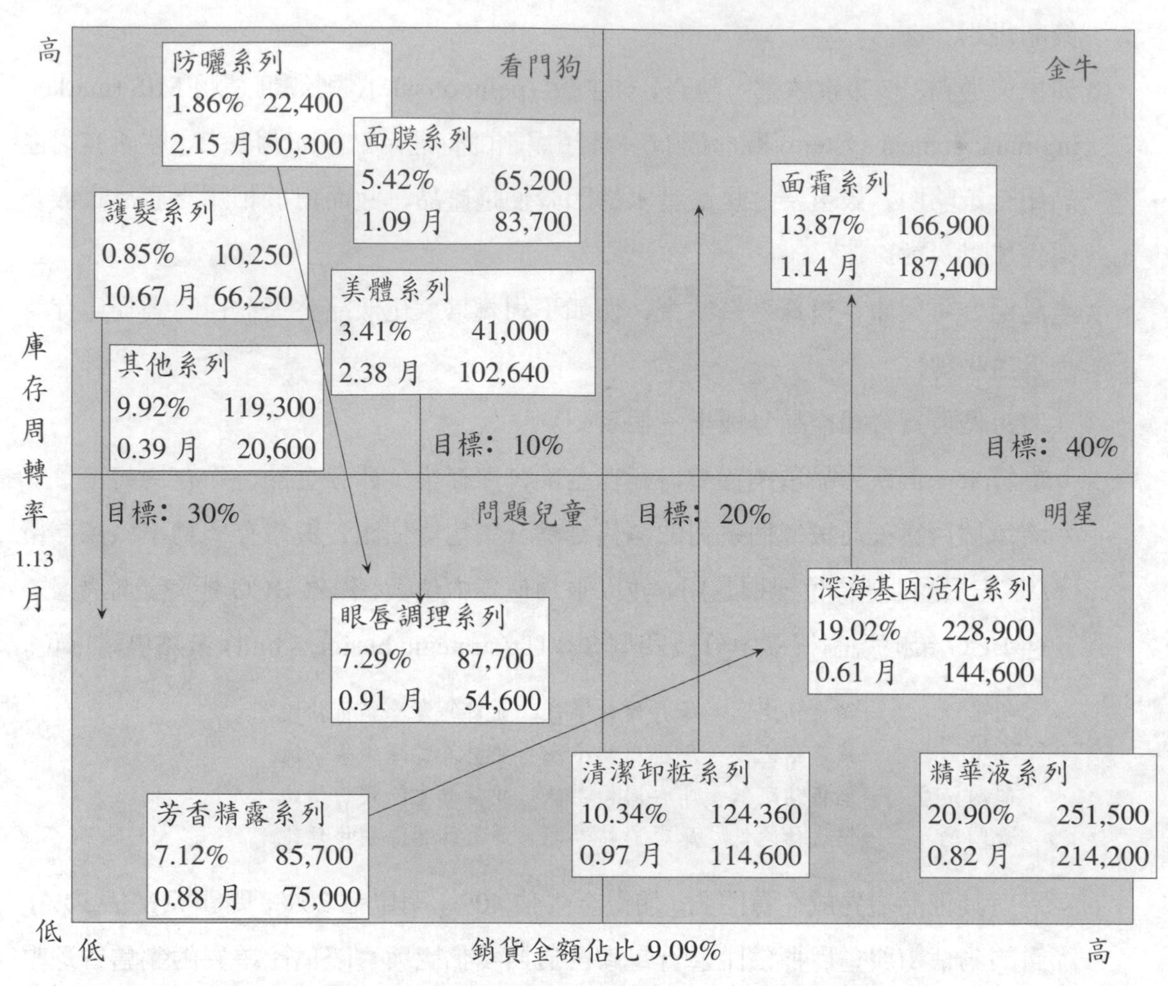

圖 5–3 新光三越店 BCG 圖——高庫存管理與銷售水準

系列	業績佔比	銷售金額	庫存周轉率	庫存金額
清潔卸粧系列	10.34%	124,360	0.97	114,600
眼唇調理系列	7.29%	87,700	0.91	54,600
芳香精露系列	7.12%	85,700	0.88	75,000
精華液系列	20.90%	251,500	0.82	214,200
面霜系列	13.87%	166,900	1.14	187,400
面膜系列	5.42%	65,200	1.09	83,700
深海基因活化系列	19.02%	228,900	0.61	144,600
美體系列	3.41%	41,000	2.38	102,640
防曬系列	1.86%	22,400	2.15	50,300
護髮系列	0.85%	10,250	10.67	66,250
其他	9.92%	119,300	0.39	20,600

【範例：新光三越店】

a.將百貨公司分十一個品項每月庫存量、與庫存金額結構統計表列出基本資料。

b.每個百貨作出 BCG 圖找出每個 S.B.U. 策略架構：

明星	→銷售佔比提高	庫存周轉率降低	銷售佔比 20%	商品周轉率標準一個月
金牛	→銷售佔比提高	庫存周轉率提高	銷售佔比 40%	商品周轉率標準一個月
問題兒童	→銷售佔比降低	庫存周轉率降低	銷售佔比 30%	商品周轉率標準半個月
看門狗	→銷售佔比低	庫存周轉率高	銷售佔比 10%	商品周轉率標準半個月

理想 stock average=20%×1+40%×1+30%×0.5+10%×0.5=0.8

以新光三越為例，平均庫存周轉率為 1.13（月），1.13−0.8=0.33（月），可減少約 30% 的庫存周轉率（庫存量 / 銷售量）。

相對性意義南西店有機會可以提升 15%～20% 業績，庫存可減少 15%～20%。

第二節　產品概念、產品分類、產品線及產品組合

一、產品的定義

係指可提供於市場上，以引起注意、取得、使用或消費，並滿足欲望或需要的任何東西。

若根據買賣雙方對產品特徵之瞭解，產品設計時必須考慮有三個主要之層次。

1. 核心產品

也就是消費者所真正想買的，亦即滿足消費者欲望的服務。如一個人購買電腦，可能要提升其工作效率，而提升工作效率便是核心產品。行銷人員便是要敏銳地洞悉到隱藏在產品背後的真正需求，滿足消費者此深層需求，讓消費者感受到產品所帶來的利益所在。例如化妝品賣的是「希望」。

2. 有形產品

行銷者應將核心產品設計轉變成有形的產品。亦即改成具體五項特性（品質水準、特色、式樣、品牌名稱及包裝）等有形產品。

3. 擴大產品

若產品再提供額外的服務和利益，如此就成了擴大產品。如安裝、售後服務、保

證、供運送和信用付款條件等，許多大型電腦公司賣給企業的不僅是電腦本身，甚至提供管理顧問諮詢等服務，這便是擴大產品，最終目的無非是提供顧客一個更優良之整體消費系統，進而提供更具優勢之產品。

以上係產品三個層次，但若從滿足基本需要延伸到能滿足各種需要的特殊項目，則可細分成七個階層，由下到上分別為：

⑴品目 (item)：是一品牌或產品線內之明確單位，可依價格、尺寸、外觀或其他屬性來區分，有時亦稱庫存單位或產品項目。

⑵品牌 (brand)：產品線上一種或多種品目的名稱，用來辨認這些品目的來源或特性。

⑶產品型 (product type)：一條產品線內可能有許多不同產品型式。

⑷產品線 (product line)：產品類中一群非常相似的產品，它們功能可能類似，售給相同顧客群或經由相同的行銷通路，或是相近之定價範圍。

⑸產品類 (product class)：指在產品族中有某些相似功能的產品群。

⑹產品族 (product family)：所有之產品類或多或少都能有效滿足一核心需要。

⑺需要族 (need family)：在產品族之核心需要，如安全。

茲以一例來說明以上七種階層之關係：由於對「美麗」的核心需要，便產生了化妝品之產品族，該族中有一產品類稱為美容化妝品類，其中有一產品線是唇膏，其又有許多產品型式，如筆式唇膏，筆式唇膏中有一品牌稱為「佳麗寶」，此品牌中又有許多不同顏色或價格之品目。

二、產品的分類

產品分類若依消費習慣則可分成：

1. 便利品 (convenience goods)

通常是經常地、立即地購買，並且不花精力去比較和選購，若再細分，則可分為⑴基本型便利品，指消費者例行性購買之產品，例如牙膏、衛生紙等。而⑵衝動性的產品則是事先沒計畫或花精神去尋找下所購買之產品，例如口香糖、飲料等。⑶緊急性便利品指當有緊急需要才會被購買之產品，例如一個人出門未帶傘，突遇大雨，則可能會去買一把傘，盡管家中已有許多傘了。

2. 選購品 (shopping goods)

此類型產品消費者在選購過程，會特別去比較各項功能價格、品質和產品型式，例如家電、傢俱、較正式服裝等，又可分為同質產品或異質產品，同質產品通常消費者重視的是價格，異質產品消費者重視的是多樣化選擇、更多的產品資訊及服務與建議。

3. 特殊品 (specialty goods)

指具有獨特之特性強勢產品或高知名度之產品，消費者要購買此類產品時，可能會不辭勞苦前往銷售地點購買，故而廠商為這類產品設通路時考慮重點在於通路地點之告知優先於通路便利性之提供。例如特殊型式的照相器材組件。

4. 冷門品 (unsought goods)

指一般消費者通常不知道或不會主動想去購買，例如人壽保險、百科全書等，廠商必須加以運用廣告與人員推銷來增加銷售，進而脫離冷門產品。

若依產品之耐久性、有形性，則產品可分成三類：

1. 非耐久財 (nondurable goods)

此類產品消耗快，且需時常購買（如肥皂、鞋子、糕餅等），其合適的策略是使消費者很方便可買到，利潤不宜太高，並以大量廣告引起消費者之採用與建立偏好。

2. 耐久財 (durable goods)

此類產品通常可使用多次，耐用年限長（如汽車、冰箱、電腦等），此類產品通常需較多之人員推銷與服務，毛利較高，且需要較多之售後服務。

3. 服務 (service)

包括可銷售之活動、利益或滿足（如理髮、餐飲、企管訓練等），它是無形、無法貯存、變動的、個人性的，因此需要更好的品質管制、商譽、及一致的水準。

若依工業品進入生產過程及相關成本性來分類，可分成三大類：

1. 原料與零件

係指完全進入製成品內的財貨，其中原料又可分成農產品及自然產品（如魚類、原油、木材等）。

2. 資本項目

指部分進入最終成品的財貨。包括設備和輔助裝備兩類。

3. 物料與服務

指完全不進入最終產品的項目，其中物料又分成作業物料（如潤滑劑、打字紙等）及維護修理項目（如油漆、釘子及掃帚等）。

三、產品線及產品組合

接下來介紹何謂產品組合，所謂產品組合又稱產品搭配，乃指銷售者提供給購買者所有產品線及項目的集合，一個公司之產品組合可建立在某一寬度、深度、長度和一致性上。

而產品之寬度 (width) 乃指企業所擁有之不同產品線。例如一家科技產品銷售公司可能涵蓋印表機 (printer)、數據機 (modem)、個人電腦 (PC)、迷你系統、大型電腦等不同產品線，則此公司之產品線寬度為五條產品線。

產品的長度 (length) 是指公司對品目之總數。例如某個人電腦公司所提供之產品可能從低階和高階的桌上型電腦到筆記型電腦皆銷售，此為公司產品線長度。公司可以有系統多種方式來擴大產品線長度：即產品線延伸及產品線填補；產品線延伸又可分為向上延伸（如統一速食麵向上延伸為滿漢系列）、向下延伸（如大型電腦之王 IBM 向下延伸至個人電腦市場）、雙向延伸（如 NISSAN 汽車原從中級車向上向下各推出高低價位之各型車）。而產品線填補決策 (line-filling decision) 則只在現有區間增加更多之品目而予以加長產品線。

產品組合之深度 (depth) 是指每一產品線中產品有多少之變體。例如某牙膏公司有三種尺寸之牙膏，每種尺寸都具有二種口味，則稱該產品線之深度為 6。

產品組合之一致性即指各產品線的最終用途、生產條件、分配通路及其他方面具有密切相關之程度。

以上四種產品組合之構面有助於公司訂定產品策略之發展方向，例如公司可考慮增加產品線，以加寬產品組合；公司可增長現有產品線，使公司成為完全產品線之公司；公司亦可增加更多之產品變種，以加深產品組合之深度；最後公司可決定產品組合之一致性。而產品線決策有下列之類型：

1. 產品線延伸決策

(1) 向下延伸 (down-ward stretch)：主要的目的是增加低等級一端的市場區隔可填補市場區隔的空隙，否則此空隙會吸引新的競爭者進入。

(2) 向上延伸 (upward stretch)：主要的目的是被較高的成長率、較高的邊際利潤所吸引，或只是想將自己定位成具有完整產品線公司。

(3) 雙向延伸 (two-way stretch)：主要的目的是為了市場上的領導地位與市場佔有率的考慮。

(4)產品線填補決策 (line-filling decision)：主要的目的是達到增加利潤的目的；設法滿足那些抱怨產品線缺少某些品項而損失銷售機會的中間商，想利用剩餘的產能，成為完整產品線的領導廠商，填滿空隙以避免競爭者有機可乘。

2. 產品線現代化決策

在快速變遷產品市場中，不斷從事產品現代化是不可或缺的。公司可規劃產品改良，以誘使顧客轉移至較高價值產品線，配合改良機會。

3. 產品特色化決策

在產品線中選擇一項或少數幾項品目作為號召。例如以較低價格作為來客數增加號召，或以較高價格以提升品牌形象。

4. 產品線刪減決策

產品線刪減的原因有下列考慮因素：(1)從銷貨收入與成本關係找出沒有希望的項目，或沒有利潤的項目。(2)當公司產能不符合需求時，可視邊際貢獻加以適當的調整。

第三節　產品生命週期

產品生命週期 (product life cycle, PLC) 乃是在產品銷售史上，所可能展現的各明顯階段 (distinct stages)，而在這些階段中，會產生各種有關行銷策略與利潤潛力之明顯的問題與機會。藉由觀察許多產品或產業發現產品正如動物，會有出生、成長期、成年期、老年期，最後是死亡之各種階段，而且各種階段各具特色，並有各種不同之銷售策略，以四個觀念來說明。

(1)產品的生命是有限的。

(2)產品的銷售歷經數個不同階段，而在每個階段均有銷售者所須克服的各種挑戰。

(3)在不同的產品生命週期階段，利潤有上升的時候，亦有滑落的時候。

(4)在不同的產品生命週期階段，須採用不同的行銷、財務、製造、採購及人事策略。

茲說明如下。

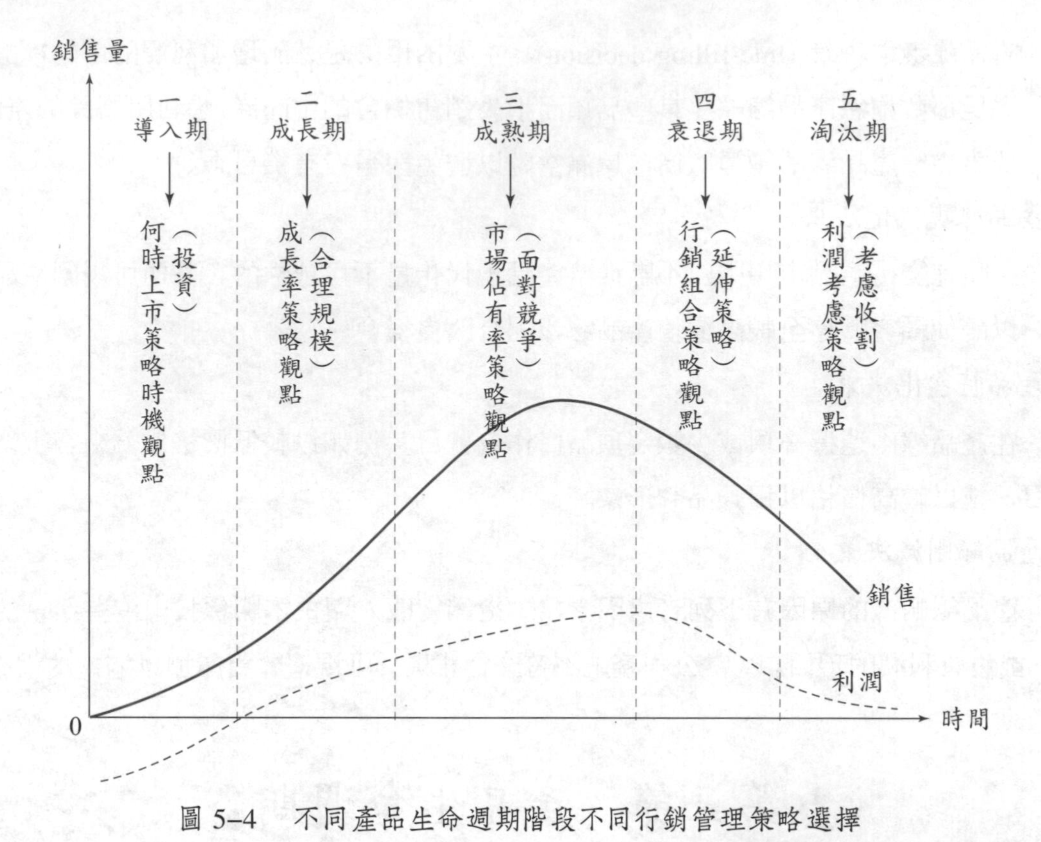

圖 5-4　不同產品生命週期階段不同行銷管理策略選擇

產品生命週期的階段

一、上市：產品最重要的問題是在何時上市

當新產品一次運送至通路給顧客採購時，便已進入上市期，此階段由於要用高水準之促銷努力來通知潛在消費者有此新產品，並誘使消費者試用產品以及取得通路，故低銷售額及高配銷及促銷費用使本階段之利潤很低，甚至為負數；再者因為新產品之產出率仍低使成本增高，而在生產上之技術可能尚未完全掌握；以及要高利潤來彌補高成本之特性，故此階段之價格偏高。

二、成長：在效果上掌握成長期是最重要階段

在此階段銷售快速上升，新競爭者開始陸續進入市場，並造成市場進一步之擴大，當需求快速成長時，價格維持原狀或降低，公司也會維持或稍提高促銷支出，以因應

競爭及教育市場，由於促銷費用佔比率之降低，故利潤上升，成本由於經驗曲線效果，亦會降低，公司此階段所要小心的是成長的速度此時會從遞增變成遞減之「轉曲點」。

三、成熟：在市場競爭問題上，成熟期是最劇烈階段

產品的銷售成長率到達某一點後會降下來，產品也會進入成熟期，大多的產品都屬於成熟期，所以大多數的行銷管理主要是處理成熟產品的問題，成熟期又可細分為三個期間，第一個期間為成長成熟期 (growth maturity)，銷售成長開始下降，雖然在此時仍有些新購買者加入，但是公司已無新通路需要開拓；第二個期間為穩定成熟期 (stable maturity)，由於市場已趨飽和，大多數的潛在消費者已試用過該產品，因此未來人口之成長衰退和替換需求程度決定其銷售走勢；第三個時期為衰退成熟期 (decaying maturity)，銷售水準開始下降，而顧客也開始轉向其他產品與替代品。

四、衰退：在行銷組合策略上，衰退期是最靈活階段

大多數產品的型式及品牌之銷售到最後終究會衰退，產品到此階段之特徵有：廠商數目減少、產品之附加價值降低，廠商甚至從較小之市場區隔撤退或放棄較弱之通路，並進而降低行銷預算與降價。而之所以會造成銷售退步之原因很多，例如新科技之出現，消費者口味之改變，以及國內外競爭之增加等都可能導致降價、利潤之減少或產能之過剩。

五、淘汰：在利潤調整上，淘汰期是最需決策性思考階段

當產品生命週期到達衰退期之後，若公司不能發展出一套良善之政策來扭轉其銷售狀況，且該產品可能花費管理者不成比例之時間，需做多次之調撥或存貨之調整，甚至產品之不合適會導致消費者之不安，並對公司產生不利之形象，則此時公司便可考慮淘汰該產品。

產品生命週期不同階段的行銷策略

可從下列消費者使用新產品的過程來說明產品生命週期的策略。

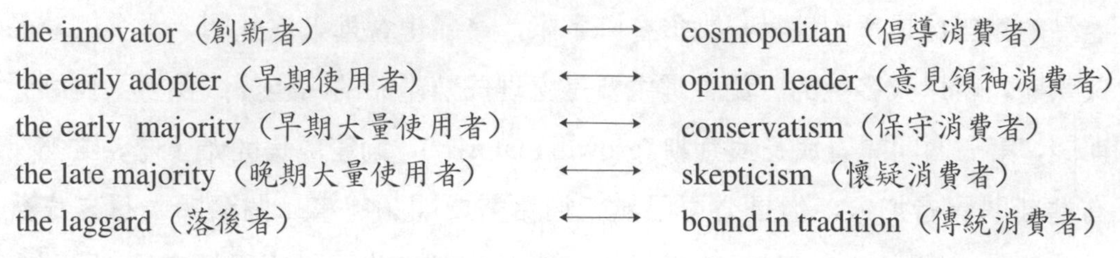

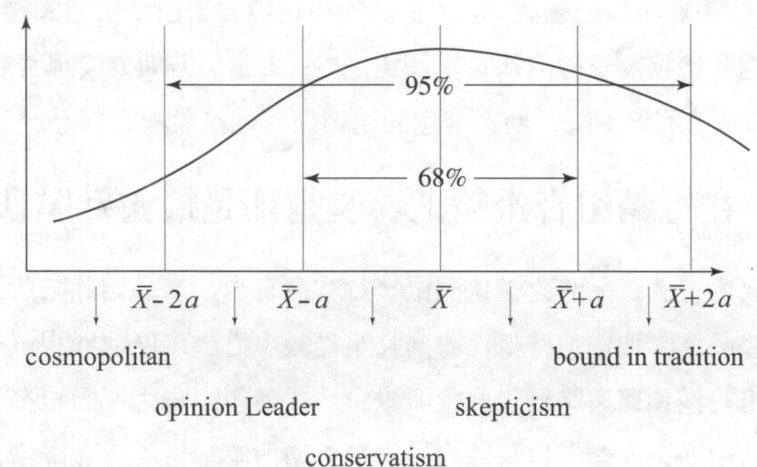

圖 5–5　消費者對新產品採用的過程（創新者→早期者→大量者→晚期者→落後者）

一、上市期：行銷策略的重點在於如何成功地進入市場

新產品在上市期之市場規模不大，成長緩慢，產品知名度低，競爭不激烈，利潤通常為負，因為上市期之業績不高，但要投資於促銷、上架、鋪貨、建立經銷網、鼓勵零售點進貨等，而本階段所要注重之控制問題乃在於對於產品之技術問題及區隔問題再度之確認，因此本階段之行銷策略可採二種方式：

1. 市場去脂定價策略 (market skimming pricing strategy)

去脂定價依促銷費用之高低，可分為：

(1)快速去脂策略 (rapid-skimming strategy)，是指以高價格與高促銷水準來推出新產品，高價格可使每單位之毛利提高，而高促銷費用主要是用來說服消費者接受該價格及加速市場之滲透，此策略適用於：a.潛在市場中大多數人不知道該產品。

b.若知道產品的人就會急於擁有並願意支付所定之價格。c.廠商面對潛在之競爭，要建立品牌偏好。

(2)緩慢去脂策略 (slow-skimming strategy)，則是以高價格與低促銷費用來推出新產品，此種組合希望能從市場得到大量的利潤，此策略適用於：a.市場的規模有限。b.市場的大多數人已知道該產品。c.購買者願意支付高價格。d.潛在之競爭並不激烈。

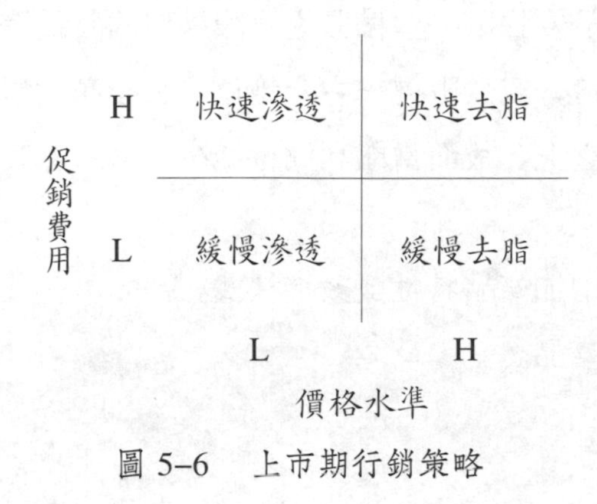

圖 5–6　上市期行銷策略

2. 市場滲透定價策略 (market penetration)

此策略依促銷費用之高低可分成二類：

(1)快速滲透策略 (rapid-penetration strategy)：以低價格與高促銷費用來推出新產品，當下列情況成立時，此策略可產生最大之市場佔有率及快速之市場滲透。a.市場很大。b.市場尚未知道該產品。c.大多數購買者對價格敏感。d.潛在競爭很激烈。e.公司的單位生產成本隨生產的規模與累積的生產經驗而降低。

(2)緩慢滲透策略 (slow-penetration strategy)：則以低價格及低促銷水準來推出新產品，此時是因為廠商認為市場之促銷彈性很小，對價格彈性很高，此策略適用在下列情況：a.市場很大。b.市場已非常熟悉該產品。c.市場對價格敏感。d.市場存在著一些潛在之競爭。

二、成長期：行銷策略的重點在於如何建立有規模經濟之市場佔有率

此階段之銷售量開始攀升；除了早期使用者之外，中間大眾消費者也開始跟隨採用，新競爭者受到大規模生產與利潤機會之吸引，亦開始進入市場。當需求快速增加

時，價格可能維持原來之水準或降低，而公司為因應競爭及教育市場，促銷費用可能增加或保持，但由於銷量之增加，故促銷對業績之佔比會降低，如此利潤會提高，尤其若由於經驗曲線 (experience curve)，單位製造成本下降之速度，可能會高於價格下降之損失，故利潤又可提升，但要注意的是成長之速度將由盛而衰，廠商必須注意到由遞增轉遞減之時機，以準備新策略來配合，本階段所要注意之控制問題乃在於對品牌定位、整體市場空隙、新的區隔市場及競爭性之定位之重點。

在此階段之廠商由於要採取一些擴張之手段來增強其競爭地位，故必須面臨利潤與市場佔有率取捨之困擾，若欲取得一主宰地位，必須花大量之金錢於產品之改良、促銷與配銷（如下列）之上，故而當期利潤會減少；通常廠商可採下列方式來維持市場成長：

⑴改良產品品質，並增加產品特性或改進樣式。

⑵增加新樣式或側翼產品。

⑶進入新的市場區隔。

⑷進入新通路。

⑸廣告重點可從產品知名度建立，轉移到有關產品說服及購買上。

三、成熟期：行銷策略的重點在於如何重新定位、擴大利潤效果以延伸生命週期

大多數的產品多處於本階段，此時銷售量成長率到達某一點後會下降；在此一時期競爭者通常從事低價或低折扣活動，提高廣告與促銷費用以獲取競爭優勢，所重視之控制問題在於消費者之重購率、產品之改良、市場之擴大及新促銷方法等。也就是說廠商所要注意的是透過組成市場調整 (market modification)、產品改善 (product modification) 及行銷組合之調整 (marketing mix modification) 等三大因素來為其品牌擴大市場佔有率。

1.組成市場調整

其中一種概念即為使 market modification 品牌使用者數目之擴增以延伸產品生命週期的成熟階段，共有三種方法：

⑴轉變未使用者成為使用者 (convert nonuser)：例如公共汽車公司會做一些廣告，希望將一些開自用車之上班族改變成為以公車為主要上班之交通工具。

⑵進入新的市場區隔 (enter new market segments)：公司可設法進入使用同類產品但不使用該公司品牌的新市場區隔，例如嬌生公司成功地促銷其嬰兒洗髮精給成人。

⑶贏得競爭者的顧客 (win competitors customers)：公司可設法吸引競爭者的顧客來試用或採用其品牌。例如妙管家清潔劑就使用原穩潔之廣告明星，並強調「現在我都改用妙管家」之訴求，就是希望將競爭者之顧客轉移到自己之品牌上。

另一種概念則是藉著鼓勵目前品牌使用者去增加其對品牌的使用量，同樣也可經由三種方法來達成：

⑴更頻繁的使用 (more frequent use)：亦即使顧客更頻繁使用產品。例如某果糖公司可能宣導消費者各種可以使用該產品之時機，因而增加對產品之使用頻度。

⑵在每個時機使用更多的分量 (more usage per occasion)：設法使顧客使用更多的分量，例如洗髮精廠商會告訴消費者，使用二次會比一次更有效去除頭皮屑。

⑶新且更多樣化的用途 (new and more varied uses)：公司可設法發現產品的新用途，並說服顧客對其產品更多樣化的使用。例如一家玉米罐頭公司，舉辦利用罐頭玉米之各種烹調方法之競賽，並進而提醒消費者來擴大消費者對其產品用途之認知。

2. 產品改善

產品改善透過吸引新使用者或使現有使用者更多地使用產品，故有以下數種方式：

⑴品質改進 (quality improvement)：主要是增加產品的功能效能，即其耐用性、可靠性、速度或口味等之更新或改良。

⑵特性改進 (feature improvement)：主要是增加產品新的特性（例如尺寸、重量、材質、添加物、附屬品），以擴大產品的多樣性、安全性或便利性。經由特性之改進，至少有以下之優點：新的特性可使公司建立進步與領導地位之形象。新特性可贏取某些市場區隔的忠誠度。新特性可為公司帶來免費的公共報導。新特性會激起銷售人員與配銷商的興趣。但特性之改進容易為人模仿，除非有專利，否則可能不值得。

⑶式樣改進 (style improvement)：主要在增加產品的美感訴求。本方式雖可得到某一市場之認同，但亦可能不為人所喜愛，故若同時停止舊樣式，可能會失去某些喜歡消費者之風險。

3. 行銷組合調整

公司應設法透過一個或多個行銷組合來刺激消費，例如可經由下列方式來調整：

⑴價格之調整：例如標價降低、特價、數量或預約折扣、寬鬆之付款條件或配送條

件等，有時甚至可調高價格以暗示高品質及高級感。

⑵配銷通路之調整：例如公司在現有通路可有更多之陳列機會或滲透更多之商店，甚至打入新型之通路。

⑶廣告之調整：例如廣告之支出是否增加，廣告訊息或文案是否改變，媒體組合是否變化，廣告規模、次數、時段甚或是合作之廣告商是否撤換等。

⑷銷售促進 (sales promotion) 之調整：例如對經銷商之激勵措施、特價、打折、保證、贈品及競賽等。

⑸人員推銷之調整：例如銷售人員之數量或素質是否提升，專業化之基礎是否改變，銷售推廣計畫是否調整，區域銷售計畫是否修正，銷售人員之誘因是否加以調整等。

⑹服務之調整：例如交貨之速度、付款之信用條件或提供客戶更多之諮詢或技術服務。

四、衰退期：行銷策略的重點在於如何調整明確之衰退產品線

在此階段，公司可考慮逐漸除去弱勢產品，例如廠商可增加投資來主宰或加強其競爭地位或是維持其投資水準直到不確定性已獲解決，刪減無前景之顧客群，同時維持有利利基甚至加強投資於有利之客戶群，另外廠商亦可選擇收割，也就是快速回收資本之法，而控制要點在於仔細觀察各產品衰退之徵象及充分之情報，以決定是否要從產品線中消除或放棄。

五、淘汰期：行銷策略的重點在於採取明確之剔除決策

在此階段如果產品仍有強勢之配銷或商譽，則可考慮將其賣給較小之廠商，否則只有放棄該產品。

第四節　新產品發展策略

由於經營環境的快速變遷，企業面臨到消費者需求的改變、或競爭結構之消長轉變的現象，抑是基於維持或擴大企業既有的市場佔有率、提高企業的利潤水準、資源運用的經濟規模等可能因素的考量時，企業發展新產品，是滿足消費者的新需求、維

持競爭優勢、改善企業經營成效的方式之一。

而獲得新產品的方式，一般企業不外是透過⑴外求：購併廠商、OEM 廠商合作模式、購買專利權。或是⑵內部研發：企業研究發展部門自行發展而成。所謂的新產品，乃是指企業的全新產品、改良產品、修正產品或新品牌。其可區分為六大類：

- 新問世之產品：乃指創造一全新之市場產品，對公司而言或對新市場新奇的程度都很高。
- 新產品線：公司進入現有市場的新產品。
- 增加現有的產品線：乃指可強化既有產品線的新產品。
- 改良或修正現有之產品：能改良現有產品之功能或提供更高之價值之產品。
- 重新定位之產品：以新市場或新區隔為目標市場的現有產品。
- 成本降低之產品：有同等性能但成本較低之新產品。

在新產品發展失敗率甚高的風險中、需投注巨額成本花費的負擔下，以及新產品構思與創意效果性難求下，企業進行新產品研發時更需有一套審慎縝密的系統評估流程與管理，能貫徹企業的經營政策與策略觀。另外，培養敏銳地洞悉競爭結構與消費者需求變換的敏感度，及切入核心解決問題的能力。若此，將使企業在發展新產品時的失敗風險趨減。

新產品發展過程，可分為八個步驟：構想產生、構想篩選、觀念發展與測試、行銷策略發展、商業分析、產品開發、市場試銷、商品化。

新產品構想產生 (idea generation)

新產品的誕生是奠基於豐厚、新穎的創意上，而創意乃是由眾多的構想中萃取、激盪、聯合形成。任一構想都可能與新產品發展產生關聯，然而，未經過重組、組織、串聯銜接、系統整合取捨處理的構想易流於龐雜、零散，無法形成有意義性、效果性、突破窠臼的創意。以下介紹十五種產生新創意的方式：

⑴堆積 PUP (pile up)：將各種要素逐步堆積到產生構想，盡量考慮所有可能要素，且各種要素需達一定水準。

⑵增加 ADD (add)：不夠要素必須增加足夠產生構想，尤其是在事實與條件的增加。

⑶組織 ORG (organization)：各種要素要能加以組織，適當的要素分群，透過接近、合併、類似群化定律改變認知結構。

⑷連結 CON (conjunction)：要素之間要能上下串聯，注意連結時，是否能超越常識

範圍、符合目的意識使用。

⑸組合 COM (combine)：不同東西互相組合產生新構想，透過消費者需求、願望。例如橡皮擦、原子筆。

⑹分離 DIV (divide)：將要素分離後可產生不同構想：可依要素附加價值高低、有否必要性而加以分離。

⑺去除 OMIT (omit)：將不需要的要素去除，看清所要的構想。

⑻定焦點 FOCUS (focus)：集中在問題點目的之相關要素。

⑼倒轉 REV (reverse)：將各種因果要素倒轉逆向思考，以產生新構想、新機會。

⑽移動 SLIDE (slide)：在不同時空要素的新構想：time lag、space lag。

⑾取代 IC (interchange)：有否其他替代要素。

⑿擴展 EXP (expand)：各種構想可否再展現新的構想：放大 (enlarge)、推廣 (spread out)，無限地腦力激盪 (endless brain stormming)。

⒀繞行 DET (detour)：主副要素位置互相調整，迂迴、嘗試的方式，先確認效果。

⒁遊戲 PLAY (play)：遊戲規則需要的要素：隨機 (random) 自由地思考。

⒂回歸根本 RTB (return to basic)：回歸到根本目的討論問題。

新產品尋求創意之過程並非毫無計畫或開放式的，最好高階主管能先界定產品開發之目的為提高現金流量、或是掌握市場佔有率以及資源投入之方向，之後，公司負責新產品開發相關部門便可依此而蒐集各種新產品構想之資料，其來源可來自：顧客、科學研究者、競爭者、銷售人員、中間商等通路成員和高階主管。

⑴顧客：行銷之主要目的便是滿足顧客（含潛在顧客）之需求，因此公司可經由直接調查法、投射法、集體討論法、顧客之客訴建議電話或信函來取得公司新產品開發之構想依據。

⑵科學研究者：許多科技公司產品因牽涉到高科技之技術問題，因此許多新產品構想，便需得自科學研究者或各研究機構。

⑶競爭者：公司必須隨時監控競爭者產品之動向並且觀察顧客之接受程度，必要時公司通常會購買競爭者產品做一深入研究，而許多新產品之構想便來自對競爭者產品之分析。

⑷銷售人員及中間商等通路成員：銷售人員及中間商因隨時接觸顧客，因此消費者之第一手需求資料及抱怨，常常是公司新產品開發構想的來源。

⑸高階主管：有些公司之高階主管因對產品技術之充分瞭解，甚而個人主導公司產

品技術創新之方向，但這種方式有時易導致另一種看法無法獲得其應有之重視，而使新產品構想可能與行銷環境不能緊密配合。

新產品構想篩選 (screening)

經過第一階段後，必須開始謹慎評估新產品的構想，篩選構想時需審慎考量構想是否與公司的目標政策方向、策略觀、可運用資源、公司定位、形象符合，另外，考慮其競爭狀況、目標市場情形、市場潛力、製造成本、預估發展的時間與成本在市場、企業自身能力得宜否、預期的報酬性如何後，依企業實際狀況對上列各因素設定權數比重，進行取捨。確認哪些構想應予保留，而避免有採納錯誤的情況發生。因採納錯誤，將導致企業龐大的損失、資金回收無期，甚至可能失去既有市場。另一方面，那些不宜的構想應盡早放棄，以避免隨新產品程序的進展，企業已投注的資金大幅提高而血本無歸，避免放棄錯誤的情況發生。

經篩選後漸萃取確立的新產品構想雛型，企業內部明顯地瞭解將可能推出怎樣的新產品至市場上。

新產品觀念發展與測試

1. 新產品觀念發展

界定競爭對象的是產品觀念，而非產品創意。

產品構想只是以廠商本身立場來看要提供何種產品給市場，但消費者不會去買產品構想，而是要買產品觀念，所以廠商就要將產品創意進一步發展成對消費者有意義的觀點，進而發展形成消費者要的實際或潛在的產品的特別形體。等公司完成產品觀念後，便需進行觀念測試。

2. 新產品觀念測試

在顧客導向的行銷趨勢下，並不是企業構思推出任一新產品至市場上，消費者便會全盤接受。新產品的成功應是要能同時兼顧達成(1)企業發展新產品的目的（可能是追求經濟規模降低平均成本、或是鞏固或擴張市場佔有率、或是希望能有助於企業經營利潤水準的提升……等考量目標）與(2)深入洞悉消費者的需求變化、能滿足消費者的需求、讓顧客滿意。若此方是互利雙惠。而所謂的測試，即是將產品觀念展示於目標市場的消費群中，在經過消費者一連串的測試後，觀察消費者的反應情況，是否如企業預期？企業可從這些處理後的訊息中瞭解新產品觀念對消費者的吸引力如何？有助於企業調整、選擇目標的市場。而其展示的方式可以是初步模擬的實體雛型、或語言文字、圖畫。一般而言，以實體的雛型其測試的明確度較高，因愈具體可避免雙方意會差異的問題。另外，企業考慮所需的時間性、資源投入、經費，及新產品類別，在測試方法上調整。

現在我們安排適當、適量的目標消費群進行測試，從企業與消費者這兩個主要方向對新產品觀念進行測試。

⑴需要 level：該產品觀念是否能觸及、符合消費者的需要？

⑵缺ロ (gap) level：該產品觀念是否能填補企業的既有的缺口？企業的缺口可能是：

a.基於市場補足的用意，在競爭者已發展出新產品、且該新產品在市場上已普遍為消費者接受。此時，企業會為了維持既有市場佔有率的狀況下，亦推出新產品，與競爭者競爭。 b.配銷通路的完備發展，有時是應中間商需求之故。 c.之前既有產品的邊際貢獻率、獲利率偏低，發展有助於升揚邊際貢獻率或利潤水準的新產品。 d.企業的平均成本仍高居不下，藉由資源可共用的新產品的推出，增加企業規模經濟效果。 e.發展一獨創性、新主張的全新產品。

⑶價格←→價值：即使產品投注的成本相仿，然而並不意謂著產品價格相當，有時會產生極大的差異。關鍵影響在於這些所謂有別於其他競爭者或創新的產品特質能否讓消費者深層感受到、且滿足其需求，這是一種消費者認知度的探索。消費者會衡量該產品所帶給的效益作為產品價值度考量。藉由此測試，企業可研判後作為定價的參考。

⑷消費者接受的程度如何？是否能激發消費者的購買意願？

⑸目標消費群及使用頻率 (target / frequency)：確立目標市場消費群及瞭解消費者使用頻度高低，作為預估市場、銷售量大小的參考。

行銷策略發展

在企業形成新產品觀念並予以測試調整後，企業對於先前規劃新產品發展的目標、信念更加堅定外，關於未來面臨的競爭對象、產品目標市場的消費群的接受程度、購買意願、消費者對產品價值與屬性的認知等有一整體輪廓式的概念。

接著，企業將針對新產品的可能上市，建構規劃一套詳整的行銷策略。我們從下列七個方向縝密地構思研討，將新產品目標市場消費群的多寡、消費行為及購買類型、產品定位、銷售量的大小、產品價位、銷售額的成長、計畫實現市場佔有率、潛在的獲利額、競爭優勢等逐一分析說明。讓企業資源的投注在運用效果、效率兼具下，達成企業發展新產品的目標。

1. 新產品潛力的程度 (potential)

在此部分，責任單位可以就新產品⑴商圈潛力程度。⑵消費者的潛力程度兩方面來界說新產品其目標市場的大小、目標市場消費者的結構，其可能創造的銷售量多少。

⑴商圈潛力程度：商圈中目標與潛在消費者量足夠性、腹地廣狹、與既有商圈重疊程度、及商圈中同業競爭結構等因素，皆是具有影響性的判斷因子。

⑵消費者的潛力程度：消費者的購買力、影響消費者購買決策因子的可掌握度、購買頻度的彈性、消費者觀點轉換的速度等因素皆是具有影響性的判斷因子。

2. 消費者的購買行為類型 (consumer buying behavior)

此外對於此新產品的目標消費群其購買行為類型的瞭解，有助於企業以有限的資源做最有效果效率的運用、促銷時拉力與推力著重的重點清楚、明確，使企業易收立竿見影之效。

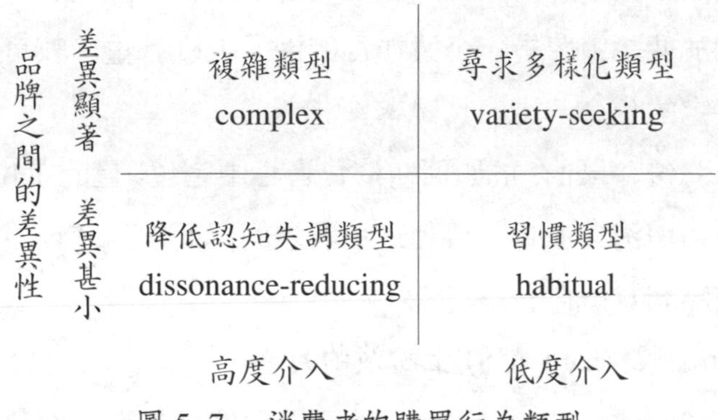

圖 5–7　消費者的購買行為類型

一般來說，消費者購買行為類型，有四種類型，分別是複雜類型（高度介入、明瞭現有品牌之間有顯著差異）、尋求多樣化類型（低度介入、明瞭現有品牌之間有顯著差異）、習慣類型（低度介入、不瞭解現有品牌之間有顯著差異）、降低認知失調類型（高度介入、不瞭解現有品牌之間有顯著差異）。若購買的產品屬於價格昂貴、購買決策風險性高、不須經常性購買、代表高度的自我表現，則稱為須消費者高度介入的產品，例如汽車、房子、電腦。反之，則稱為低度介入的產品，例如日常生活必需品牙膏、鹽或餅乾。

(1)若新產品的消費者購買行為屬於複雜類型：此類消費者購買前會做審慎的評估，於是企業在拉力方面，應著重於要告知消費者，讓其瞭解此新產品優於其他品牌的關鍵功能為何、及教育消費者相關產品功能的知識。此可透過雜誌、報紙長篇幅的文案與印象深刻的電視廣告共同運用。另外，發行產品功能詳盡解說的 DM 輔助。

(2)若新產品的消費者購買行為屬於尋求多樣化類型：此類消費者購買不會多做評估，轉換品牌僅是喜歡嚐新求變而已。企業在擬定的行銷策略會因在市場地位不同而策略有異。領導廠商要著重於供貨的連貫性、不斷提醒消費者重複購買的廣告刺激，讓消費者能轉換成習慣性購買。非領導者的廠商，則傾向於折扣、贈品、加強外包裝、免費試用等方式訴求。

(3)若新產品的消費者購買行為屬於習慣類型：此類消費者的購買，完全是基於高度熟悉感，而非有慎重的評估與訊息蒐尋，故企業在拉力方面，應朝向使消費者短期間印象深刻鮮明、容易記憶的訊息為主、與持續性地刺激。

(4)若新產品的消費者購買行為屬於降低認知失調類型：此高風險的購買決策，由於消費者沒意識到不同品牌間產品屬性功能的差異性，以至於時常有購買後發生後悔的情形。對於此類消費者，企業在行銷溝通上應著重於教育消費者如何相對評估、及予以堅定的信念，減輕其疑惑。

瞭解消費者行為後，重點在於如何在消費者心中定位，且此定位能較競爭者突出、有差異之處，及如何與消費者有一系列地接觸規劃，而能清楚地說服消費者，讓其感受到企業提供的產品利基所在。

3. 在市場佔有率 (market share, MS) 上扮演的角色

在 PIMS (profit impact of marketing strategy) 研究中，企業經營績效良窳受到企業行銷策略的關鍵性影響，企業行銷目標中市場佔有率與獲利率二者間有著顯著的關聯性。當市場佔有率每差距 10%，則企業間的稅前獲利水準就有近 5% 以上的落差，當市場佔有率超過 30% 以上，同業間稅前獲利水準差距拉大約 10%。

於是在企業推出新產品的經營目標確立下，所規劃的行銷策略將關係到其成敗。採取防守？或攻擊策略？企業目前經營的狀況可作為決策者的參考，一般企業在經營的利潤水準大於零、或處於成長階段時、或只要邊際貢獻為正的情形下，企業多採取

消費行為類型 / 消費者採用過程	habitual	variety-seeking	dissonance -reducing	complexity
attention	(√)	(√)		√
interest		(√)		√
desire			√	(√)
memory	(√)	(√)	(√)	√
action	√	√	√	(√)
	↓ snack	↓ 洗髮精	↓ 傢俱	↓ 冷氣機

圖 5-8 整合消費行為類型，消費者採用過程，新產品使用者的決策思考模式（打√部份代表不同消費行為類型所重視的消費者採用過程之階段性重點）

攻擊策略。在利潤水準高的經營情況下，多採防禦、鞏固既有市場佔有率為主。

4. 產品的定位 (position)

產品定位，即是消費者心中相對於競爭產品下，對公司產品的一種知覺、印象、感受的複雜組合。透過產品定位，讓消費者瞭解公司產品的意義與提供的利益所在，使消費者能容易地區隔辨別公司產品與競爭產品間的差異。讓公司產品的定位能較競爭者更易接觸到消費者需求、偏好的市場區隔上。

新產品該如何定位呢？可先瞭解消費者主要偏好的產品屬性為何，目前區隔市場上滿足消費者偏好的產品屬性其分佈態勢與空間為何，及分析目前競爭者產品的定位核心所在後，選擇可發揮公司競爭優勢、滿足消費者偏好、市場潛量大的空間為新產品定位重心，以達到企業經營成效極大。

5. 獲利問題 (profit)

新產品對企業邊際貢獻如何？是產生淨利呢？或僅有助於回收企業的固定成本而已？此外，在新產品加入後，對既有產品的發展與整體獲利是相抵或是相乘影響呢？是責任單位在規劃中須逐一分析，提供決策單位明瞭。

一般可運用波士頓顧問群 (BCG) 的成長一佔有率模型針對企業產品進行深入剖析，可以知道哪些產品屬於問題兒童產品（高成長率、低佔有率）、哪些屬於明星產品（高成長率、高佔有率）、哪些是金牛產品（低成長率、高佔有率）、哪些是看門狗產品（低成長率、低佔有率）。

瞭解企業產品在各產品類型的分佈情況後，(1)評估企業的金牛產品數是否多到足以產生充分的現金挹注於鞏固獲利性高的明星產品或提攜較有希望的問題兒童產品?或是適量資金用以維繫享有經濟規模、高利潤的金牛產品，以免金牛產品疏忽大意地轉成看門狗產品失去充分現金的供應力?或是將問題產品予以撤退?⑵評估需淘汰哪些產品、需將哪些產品扶植至其他產品類型、或是企業需再開發新產品，而加入新產品後，新產品扮演的角色如何?對公司利潤水準的貢獻期許?須有一目標計畫。

6. 行銷組合 (marketing mix)

當新產品定位確立後，公司用此定位來指導行銷組合策略，如此規劃上有較大的行銷空間，與消費者溝通的理念與表達層面不致於受局限漸行漸窄而阻礙公司成長。

7. 競爭力 (competitive)

企業在規劃新產品時，應分析外在競爭者狀況、環境趨勢、消費者需求最新狀況，找出新產品推出時的機會點與問題。衡量企業內部組織力、資源、行銷人才、成本結構，發掘新產品的競爭優劣勢。而能事先系統規劃問題以預應減緩劣勢的威脅，明確勾勒出新產品的不敗持久的競爭力。而其關鍵是讓消費者能夠認知感受到公司新產品不同於競爭廠商優勢為何?如何去維繫此優勢不受環境態勢變遷而消逝，是行銷人員的要務。

⑴顯著性 (significant) 競爭力：即此新產品須具備此同類產品領域中重要的成功關鍵的特性，是同業廠商所不及或很難達成的。

⑵差異性 (differential) 競爭力：即是企業發展出有別於競爭者的產品，形成與眾不同、差異之處，是競爭者望塵莫及的。然需特別留意的是此差異性須是消費者能認知到的，否則亦是徒勞無功、不具影響力。

⑶持久的 (sustainable) 競爭力：此優勢須是持久的，非競爭者短期間可模仿取代的。

商業分析

一旦新產品之行銷策略發展出來之後，便可評估該提案之吸引力。若是該提案之未來銷售額、成本及利潤以及邊際貢獻分析與風險分析等因素評估後，能符合公司之目標才可以進入開發之階段。

⑴估計銷售量：公司可檢視相似之產品過去之銷售歷史，再因應市場調查之結果，估計最大及最小之銷售量，以得知風險之大小。

⑵邊際貢獻度分析與風險性分析：考慮研發部門、製造部門及行銷部門對新產品所

預期投入之成本及財務部門之現金流量預測及相對公司其他產品之互補或替代性之補償性貢獻、淨貢獻、或是評估損益兩平點或是風險模擬等分析與估計。

衡量所推出新產品的成本方面，若與公司既有的生產設備規模能夠共用下，能協助分攤公司已投入的沉沒成本，則在評估新產品值得投資面與否時，可考量與公司其他產品間變動邊際貢獻度，作為公司內替代性產品評估。此外，若為與公司為互補性產品，可將增加此新產品所致的產能規模經濟效益綜合評估，以瞭解此新產品對公司成本結構、利潤、損益兩平的影響，並由安全經營結構中分析，企業推出新產品的負荷度、風險性為何，讓企業有一經營全面性考量。

產品開發

前面之階段僅是分析而已，到此階段才能把產品具體化，也就是發展出一符合下列標準之原型：⑴可將消費者所關心之關鍵性產品屬性表現出來。⑵在正常使用及情況下操作安全。⑶可在預算下之成本生產。

有了原型不夠，尚必須經過嚴格之功能測試 (functional testing)，經由實驗室而現場實際使用，以確定操作是否安全及有效地運作。另外也需經過消費者測試 (consumer testing)，可將消費者帶至實驗室試用產品或給消費者在家實驗試用，例如室內產品設置測試 (in-home product-placement tests) 常被用於家電、地毯等新產品開發上。

試　銷

公司為了要知道消費者及經銷商對新產品如何處理，使用及重複購買一市場規模及潛量等訊息，經由對產品加上品牌名稱、包裝及相關之行銷方案，以在更具體之情況下測試。而試銷會根據工業品或消費品而其重點有所不同：

1. 消費品試銷

重點在得知試用反應、第一次重購行為、採用行為及購買頻率，而其方法依所花費，由少到多，依次為：

⑴銷售波動研究：提供給最初免費使用該產品之消費者，可依競爭者價格或更低收費來供應，但要注意其再次買公司產品之數量及滿意程度，有時亦可注意廣告對重複購買之影響有多大，此法可快速進行，並藉此法得知不同促銷誘因下之試用

率及從銷售商得到配銷及有利貨架地位之各品牌地位權力之大小。

⑵模擬商店技術（亦稱實驗室試銷、購貨實驗室或加速試銷）：邀請 30 至 40 位消費者，先請他們觀看一些涵蓋各種不同產品著名之商業廣告片及新完成之影片（其中亦包括新產品廣告，但不能提醒或暗示），再給消費者一些金錢，請他們購買產品或保留金錢，之後再調查這些人不買或購買產品之理由，此法可瞭解新產品廣告及競爭品牌廣告的相對效果，數週後再以電話訪問消費者，調查對產品態度、使用情形、滿意程度、再次購買之意願。

⑶控制式試銷（又稱迷你市場試銷）：選定一些可控制之商店樣本來賣新產品，可依據控制貨架位置、商店地點位置、接觸面積、展示及購買點促銷、定價等來研究商店內因素對新產品之影響。

⑷市場測試：公司可選定一些代表性之城市，試著將產品推銷給經銷商，並進行全面之廣告與促銷活動，此法之價值不在於銷售預測，而是學習瞭解與新產品有關的未考慮的問題與機會，並可預試各種行銷方案之效果。

2. 工業品試銷

可經由下列方式進行：

⑴產品使用測試：選擇一些潛在客戶，同意在有限期限內使用新產品，技術人員觀察顧客如何使用新產品，測試後再要求客戶表達其購買意願及其他反應。

⑵商展：可看出顧客對新產品之興趣及對各樣式及條件的反應是如何，及多少人表達願意購買之意願或下訂單。此外亦可在配銷商的展示室測試，放於競爭者產品旁，測試正常銷售情境下，顧客偏好及情報，缺點是上門之客戶不能代表整個目標市場。

⑶控制式或測試行銷：生產有限之產品交給銷售力有限之地理區域銷售，公司亦給予促銷支援、產品目錄等。

商品化

經由上一階段之測試，公司便可決定是否商品化，通常商品化時主要考慮之重點為：

⑴時機：例如是要率先進入，以建立商譽之領先地位，或是與競爭者同時進入，以降低促銷成本，或是延後進入市場，以減少教育消費者之成本及瞭解市場規模，

或是等公司舊產品出清以後再引入市場，或是配合季節引入。

(2)地理策略：決定在單一地理區域或是全國性區域，甚至是國際性區域為銷售市場。

(3)目標市場：將配銷及促銷源瞄準目標客戶，例如早期採用者或是重度使用者或是意見領袖等。

(4)上市策略：公司需發展一系列行銷計畫將產品引入市場，因此須將行銷源分配至各行銷組合並排列各活動之順序。

經由以上之新產品開發程序並不能保證新產品就能被市場接受，有許多企業發展新產品卻面臨失敗，其可能之主要原因有如下數項：

(1)市場分析失當：包括高估市場潛力、對買者之購買動機及習慣無法測定，市場產品需求型態的誤判。

(2)產品本身不良：例如不良之品質或所提供之功能不足，尤其是新產品無法提供勝過競爭者現有產品的好處。

(3)缺乏有效的行銷工作：不能在提供介紹性之行銷方案後續加以跟催後續動作，以致於未能把握商機，或有為新產品訓練行銷人員。

(4)超出預期之成本，導致必須提高價格，而提高價格又可能降低需求量。

(5)競爭者之攻勢及反應之行動：新產品一推出便被模仿，於是市場馬上充斥，造成被掠奪的現象。

(6)引入新產品之時機錯誤：例如太晚介紹新產品給市場。

(7)技術或生產方面之問題：無法生產足量之新產品以應付市場之需求，以致於使得競爭者趁機而入。

第五節　品牌決策

品牌之於產品的重要性就好比是姓名之於人一般，品牌（姓名）它代表著產品（個人），兩者間劃上等號。它是消費大眾（別人）辨識、瞭解產品（個人）時溝通的共同代名詞。品牌將企業其不同於競爭者產品的特質屬性、品質、價值等理念做一完整的代言與傳達，無形中將產品定位傳遞予消費者、與消費者溝通。所以品牌的重要與建立的不易，使得企業對品牌莫不竭力的維護與鞏固，並積極於創造品牌的魅力。因為產品將因品牌魅力的締造成功，而引發創造出更大的產品附加價值。另一方面隨著品牌形象深刻烙印於消費者記憶中，讓消費者對產品的支持忠誠度加強與根深柢固。因此，品牌在企業永續經營下，已形成企業的一寶貴無形資產，品牌決策在行銷領域中已扮演著重要角色是無庸置疑。

在討論品牌決策之前，先要定義一些重要名詞：

(1)品牌 (brand)：用來確認一個銷售者或一群銷售者的財貨或服務，且能與競爭者區分出來，其可以是一個名字、一個名詞、標誌、符號、設計或以上幾種的混合使用。

(2)品名 (brand name)：品牌中可發音之部分，例如黑松、白蘭等。

(3)品標 (brand mark)：品牌中可辨認但不能發音之部分，例如一個符號、字母、設計或特殊之顏色等，例如米高梅之獅子、花花公子之兔子等。

(4)商標 (trade mark)：可能是一個品牌的全部或其一部分，已有專用權，並受到法律保護。

(5)版權 (copy right)：是再售製、出版、銷售有關音樂、文藝、藝術作品與型式之獨家權。

品牌決策相關因素的考慮

企業是以無品牌方式上市呢？或是引用下游知名廠商、中間零售商的品牌上市？或是自行為其產品發展一品牌呢？若是企業自行建立品牌，則如何命名？後續的新產品是採品牌延伸方式或採多品牌方式等，或是捨棄新品牌發展，僅需對既有品牌予以重新定位即可？皆是企業在進行品牌決策時須考慮到的。並不時地環顧企業既有資源、企業的目標與政策、市場環境變遷與消費趨勢的最新動態，以求適切地調整讓品牌價值發揮最大效益。

品牌可增加產品的極大價值，故品牌決策之建立要考慮下列因素：

(1)首先要決定的是公司是否要賦予產品品名，雖有時無印良品 (generic line) 競爭力頗大，但有自己之品牌仍有許多優點，例如使銷售者易處理訂單及追蹤問題，可具專利及法律之保護，避免被模仿，可規劃控制行銷組合及使消費者產生忠誠度，品牌建立可區隔市場並建立公司形象及打廣告。

(2)而品牌擁有者可為製造商本身，亦可以別人特許之品牌 (licensed name brand) 或是有私有品牌之中間商或是混合使用。

(3)家族品牌決策：當企業決定自創品牌時，其可有四種發展空間：

a.個別品名 (individual brand names)，採此方式係因公司不必將它的聲譽與顧客對產品的接受性連在一起，且產品不良或失敗時，不會損及公司。

b.全產品家族品名 (a blanket family names)，用此法係因上市成本可利用原有之知名度而降低，尤其當原品牌已樹立良好口碑與形象時，對此引介的產品助益更大。

c.全產品個別家族品名 (separate family names)，當公司產品類別相當不同時可考慮用此方法，以避免混淆。

d.公司名稱結合個別產品名稱 (company trade name combined with individual product name)，例如桂格超脆燕麥片、福特天王星轎車等例子，主要考慮是因公司名稱使產品正統化，個別名稱又可使產品個性化。

品牌延伸策略 (brand extension strategy)

品牌延伸就是運用企業既有已經成功的品牌，推出修正改良過的產品或新增產品。其方式可以是授權許可 (licensing)，即是經過企業篩選後，准許他人使用企業既有的品牌或商標，而被授權的對象通常是與企業既有品牌完全不同的產業或產品類型。此方式以「迪士尼製片公司」進行地最為成功，全世界數百的製造廠商向「迪士尼製片公司」買到特許權，可自生活周遭常接觸使用到的用品中可窺得，譬如：在襯衫、傢俱、書籍、唱片、鞋子、食品、電視臺、睡衣、床單、玩具、杯組等產品上有「迪斯耐」的名字、造型或人物。此外麥當勞、可口可樂、*PLAYBOY* 成功地引用此模式。另一方式，是自企業原有的品牌延伸出一條產品線的新產品。而延伸的產品若與核心產品有連帶的關係將較易成功。可口可樂公司推出的「健怡」可口可樂（低糖不含酒精飲料）即是一成功例子。

品牌延伸對企業的好處，即是可節省新產品推出時的龐大促銷、廣告費用，並可使消費者對新產品快速熟悉。擔憂之處，是唯恐新產品不受歡迎，連帶的對原品牌產生負面影響。

多品牌策略 (multibrand strategy)

多品牌策略是指公司在同一種類產品項目中，同時擁有兩個或多個以上的品牌。

而採多品牌策略的產業產品特性，可能是該產品係同業間產品差異性低、新產品或新廠商進入障礙低，基於防禦與鞏固市場佔有率的領先，企業會傾向於多品牌的方式，追求整體效益極大化。即使原品牌銷售因此稍受影響，但整體銷售情況來說是提升，仍有利於企業。例如寶鹼 (P&G) 公司，之前在洗潔劑市場推出 Cheer 品牌與 Tide 品牌，及目前在洗髮精市場上陸續推出飛柔品牌與沙宣品牌，皆是多品牌策略的成功運用者，成功地瓜分到競爭者的市場。

企業採取多品牌策略目的，主要是藉由不同的產品來滿足不同市場區隔，以追求企業整體經營的成長，使整體銷售額不致變動幅度過劇的同時，並可避免單一品牌遭受競爭廠商威脅，而提升市場佔有率與獲利率。其餘採行的原因可能如下：(1)在市場區隔明顯下，單一產品品牌想吸引足夠數量的消費者，已是無法達到。為了要掌握住足夠的消費者，採多品牌是一方法。(2)掌握週期中品牌轉換的消費者。(3)希望能掌握更多的陳列架空間的優勢。但要注意的是，若原品牌較具強勢，則效果將更佳。反之則否，企業得投注較多成本。(4)激發出內部良性、高度競爭的士氣。

不過企業採行多品牌策略時，對於產品市場區隔範圍的界定方面，須審慎周延以避免企業內各品牌間相互競爭，市場相吞食，而缺乏綜效。因此各品牌間的產品設計與行銷訴求，應予以特性化，盡量不要重疊。

品牌重定位策略

要維繫一成功的品牌，須不斷地檢視市場經營環境的變化、注意消費者的需求偏好改變的動向、競爭結構的消長變化、競爭者與企業品牌的形象認知距離，以瞭解是否對企業品牌需求有負面影響，而且能不時地調整甚至重新定位。若消費者偏好改變或是競爭者推出接近公司品牌定位之產品，搶走市場，則公司要考慮重定位。尤其在發展新產品之前，需對此部分詳盡評估，市場上有否發展新產品之需？或是針對原有產品品牌及賦予新生命的定位。若有品牌重定位之需，應要確保在吸引新消費者外，仍能保有舊的顧客群。

在品牌重定位時，學者 Joe Marconir 建議企業對以下進行問題重新思索一番，分別如下：

(1)分析當初這個品牌從無到有的突破點為何？或是當初機緣使然碰上的消費者需求是什麼？它們顯然已消失了，是什麼改變所致？

⑵重新審視行銷計畫，使其能與市場環境脈動相連結。

⑶實際地行動！進行市場調查，分別就有無競爭者狀況下，找出消費者是否對企業產品態度已改？是否認為企業品牌已代表著一過去年代？

⑷維持高的曝光率，尤其在時機與業績不佳之際更應持續。

⑸切勿假設企業品牌既已在市場上銷售相當長期間，而理所當然的認為目標消費者一定知道企業的存在與企業提供產品特性為何？企業必須時時重新評估產品的售價／品質／形象，若結果尚稱滿意，則應予以持續。反之，則重新界定品牌的價值，並將努力加強結果傳達給消費者。

⑹切記企業產品的獨特銷售主張（unique selling proposition, USP），因為此是消費者想購買企業產品的關鍵。

⑺擁有積極的態度、成功的欲望、良好的行銷計畫與強而有力的財務支援決心，將能使高品質的品牌存續下去。

第六節　包裝決策

包裝即是指設計或製造產品的容器與包材材料的一系列相關活動。隨著自助式超市與量販店經營型式的快速擴增，包裝在行銷方面扮演任務愈趨重要。該如何吸引消費者的注意與影響其購買意願、或是藉由包裝來凸顯企業形象、或提升產品附加價值，是企業進行包裝決策時須一一考量。而就包裝程度而言，其可分為三種層次：

⑴基本包裝：即產品的直接容器，例如盛裝香水的外瓶。

⑵次級包裝：用以保護產品基本包裝，裝飾美化的用途。

⑶裝運包裝：用以運送、辨識用的。例如配送時對精緻易碎的香水往往加一保麗龍等材質予以保護。

一般來說，優勢產品（即所得彈性大於一的產品）與奢侈品的包裝較慎重與講究，其包裝所創造的附加價值高，然帶給企業的利潤貢獻度則會受包材成本高低幅度而呈非規律性的關係。故企業在包裝決策階段時，須將包裝在此產品的任務、企業因此所需付出的成本、社會環境、市場上對包裝的反應要求予以綜合考量。

第七節　服務決策

一、商品的五種特質

商品之轉移並非其主要功能，其具有下列五種特質與行銷活動有關：

1. 不可分割性

即服務的產品與服務的提供者間具有不可分割性。服務通常是隨作隨買，不能與銷售者分離。例如美容師理髮洗燙，出售勞務時，顧客亦同時購買其勞務，此暗指「直接銷售」為其唯一之配銷方式，也就是說，每一個出售勞務的人不可能在許多市場同時出售其勞務，甚至同一市場都難將其勞務分售給不同之主顧。

2. 無形性

即消費者在消費之前，看不到產品的效益。無法在被購買之前讓人見到、嚐到、感覺到、聽到或聞到。例如病人在治療之前很難預測到結果，因此消費者在購買前為了降低不確定性，會根據所看到之有形事物，如地點、人員、設備、價格等來推論該項服務之品質。

3. 可變性

服務產品的品質缺乏一致性，易受外界環境、服務提供者的變化而異。例如同是外科醫師，每次之手術是否成功，決定於由何人操刀，及其時間與地點，一旦這些因素有所改變時，服務品質通常也會跟著變化。所以服務廠商可透過優良人員之選擇與教育訓練，以及透過建議與抱怨系統、顧客調查、比較參觀來比較顧客之滿意度，以期能查覺及改正不良之服務。

4. 易毀性

由於服務不能儲存，例如空公車之載客量之服務不能留到上班尖峰期再用，冷清電影院等，均為服務業之損失，尤其是需求不穩定時更會遇上難題，因此許多廠商為了克服此一問題點，在需求方面以差別取價、培養離峰需求、附加性服務（complementary services）、預約系統等方式來管理需求水準。在供給方面則以兼差人員、在尖峰期間使工作進行更有效率、增加消費者之參與共享服務、預留將來擴充之用的設施。

5. 過程性

服務產品是由隨時間推進的過程累積組合而成的，是生產與消費同步發生，過程的管控得當與否，關係到服務產品的品質。經歷整個過程，方能領會到完整的產品效果。

由以上可知人員的素質決定了服務行銷的品質，企業內高階主管對服務行銷理念的看法與支持度影響著企業服務行銷的層次，服務人員對產品本身的意義、範疇、定位的瞭解透徹與否將關係著服務行銷的成敗，服務行銷的有形面會影響消費者對該定位的判斷。是而人員在服務行銷中扮演著關鍵因素，人員的教育訓練更是不容等閒忽視。

二、售前、售中、售後服務

1. 售前服務

找出顧客重視的服務項目及其相對性，並設計其設備及服務以符合顧客之期望，當然要提供到何種程度，端視競爭情況與廠商願意且能夠提供之水準而定。

2. 售中服務

乃指顧客開始與公司接洽至交易完成之期間，廠商對顧客所提供之服務。

3. 售後服務

包含維修、訓練服務及相關之慰問賀卡等。

摘要

1. 前言：①產品觀念的建立是行銷組合規劃的首要基本。②創新思考的產品組合是企業應思考的經營策略。③產品結構直線比例思考是否符合 PIMS 觀點。④在極大化多元化行銷管理過程如何調整產品結構。⑤新產品開發、新市場開發、多角化經營如何與產品結構作整合思考及策略規劃。⑥產品組合與庫存管理的結合：a. 產品組合 BCG 矩陣策略規劃。b. 銷售量佔比與庫存周轉率的 S.B.U. 策略事業單位。c. 各 S.B.U. 策略事業單位的策略佔比。d. 目標佔比與實際佔比差異的銷售管理整頓。e. 庫存管理預期成效。f. 目標銷售提升的庫存管理追蹤檢視。
2. 產品概念、產品分類、產品線及產品組合：①產品設計時考慮的三個主要層次：a. 核心產品：滿足消費者真正需求的行銷觀點。b. 有形產品：具體化核心概念。c. 擴大產品：提供整體消費系統的附加價值。②產品細分的七個階層：品目、品牌、產品型、產品線、產品類、產品族、需要族。③消費習慣的產品分類：便利品、選購品、特殊品、冷門品。④產品耐久性、有形性的產品分類：非耐久財、耐久財、服務。⑤工業品的分類：原料與零件、資本項目、物料與服務。⑥產品的組合搭配：寬度、長度、深度、一致性：a.產品線延伸決策。b.產品線現代化決策。c.產品特色化決策。d.產品線刪減決策。

3.產品生命週期：①產品生命週期的階段：a.上市：產品最重要的問題是在何時上市。b.成長：在效果上掌握成長期是最重要階段。c.成熟：在市場競爭問題上，成熟期是最劇烈階段。d.衰退：在行銷組合策略上，衰退期是最靈活階段。e.淘汰：在利潤調整上，淘汰期是最需決策性思考階段。②產品生命週期不同階段的行銷策略：a.上市期：行銷策略的重點在於如何成功地進入市場（市場去脂定價策略；市場滲透定價策略。）b.成長期：行銷策略的重點在於如何建立有規模經濟之市場佔有率（大規模生產與利潤機會吸引新競爭者加入；經驗曲線的成本降低；成長速度由盛轉衰的轉曲點思考；維持市場成長的考慮作法。）c.成熟期：行銷策略的重點在於如何重新定位、擴大利潤效果以延伸生命週期（品牌使用者數目之擴增；產品改善以吸引新使用者或現有使用者使用更多；行銷組合調整。）d.衰退期：行銷策略的重點在於如何調整明確之衰退產品線（刪減弱勢產品或收割；仔細觀察產品衰退徵象及充分情報。）e.淘汰期：行銷策略的重點在於採取明確之剔除策略。③新產品發展策略：a.滿足消費者新需求、維持競爭優勢、改善企業經營成效的方式。b.新產品的構想產生（堆積、增加、組織、連結、組合、分離、去除、定焦點、倒轉、移動、取代、擴展、繞行、遊戲、回歸根本；新產品構想蒐集資料來源。）c.新產品觀念發展與測試（界定競爭對象的是產品觀念，而非產品創意；兼顧企業發展新產品目的與滿足消費者需求的觀念測試；需要、缺口、價格↔價值、消費者接受的程度、購買意願；目標消費群、使用頻率。）d.行銷策略發展（新產品潛力的程度；複雜性消費類型：獨創性主張的區隔推廣；尋求多樣變化類型：重複購買並動態調整成習慣性購買；習慣性消費類型：高度熟悉感與持續性刺激；降低認知失調類型：消費者的溝通與教育；在市場佔有率扮演的角色；產品的定位；獲利問題；新產品定位與行銷組合的空間問題；競爭力：顯著性、差異性、持久的。）e.商業分析（估計銷售量；邊際貢獻度分析與風險性分析；f.產品開發：功能測試與消費者測試。g.試銷：消費品試銷與工業品試銷。h.商品化（商品化考慮重點：時機、地理策略、目標市場、上市策略；發展新產品面臨失敗的主要因素。）

4.品牌決策：①品牌的重要性：a.產品附加價值提升。b.消費者忠誠度的無形資產。c.重要名詞說明。②品牌決策相關因素的考慮：a.品牌名稱的賦予考慮。b.品牌的擁有者考慮。c.家族品牌決策。③品牌延伸策略：a.授權許可方式。b.延伸產品線的新產品。c.品牌延伸的優缺點考慮。④多品牌策略：a.採多品牌策略的產業產品特性。b.整體效益極大化的多品牌競爭策略。c.多品牌策略目的（足夠的消費者；掌握週期中轉換的消費者；更多的通路陳列空間；內部組織高度、良性競爭士氣。）d.品牌重定位策略（成功品牌的維繫過程；吸引新消費者兼顧舊顧客群的品牌重定位；企業對品牌重定位問題的重新思考。）

5.包裝決策：①包裝角色在行銷方面扮演的任務愈趨重要。②包裝程度的三個層次。③包裝決策的綜合考量。

6.服務決策：①商品攸關行銷活動的五種特質：a.不可分割性。b.無形性。c.可變性。d.易毀性。e.過程性。②售前、售中、售後服務。

1.產品策略性規劃思考架構。

2.新產品構想有何主要來源?

3.何謂產品改良？何以廠商要進行產品改良？又其策略為何?

4.請分析各產品生命週期之行銷組合策略之差異點。

5.何謂服務？它有哪些特質與行銷活動有關?

6.請考慮除了利潤因素而要刪除某條產品線外，是否還有其他可能之理由，請討論之。

7.一個企業在何種情況之下及本身應具何種條件，才較適合採用多品牌策略?

8.請思考企業新產品發展策略適合採用主動出擊，或採被動式之時機?請從其市場之競爭態勢面、市場成長機會面、市場規模面、創新保護程度等層面來探討。

9.新產品發展的程序為何及其可能失敗之原因有哪些?

10.請討論一個處於成熟期的產業中之廠商，其各品牌之競爭策略。

11.新產品在試銷時所考慮目標市場因素時，如何結合消費者採用過程、消費行為類型，做一整合性思考。

第六章 價格策略

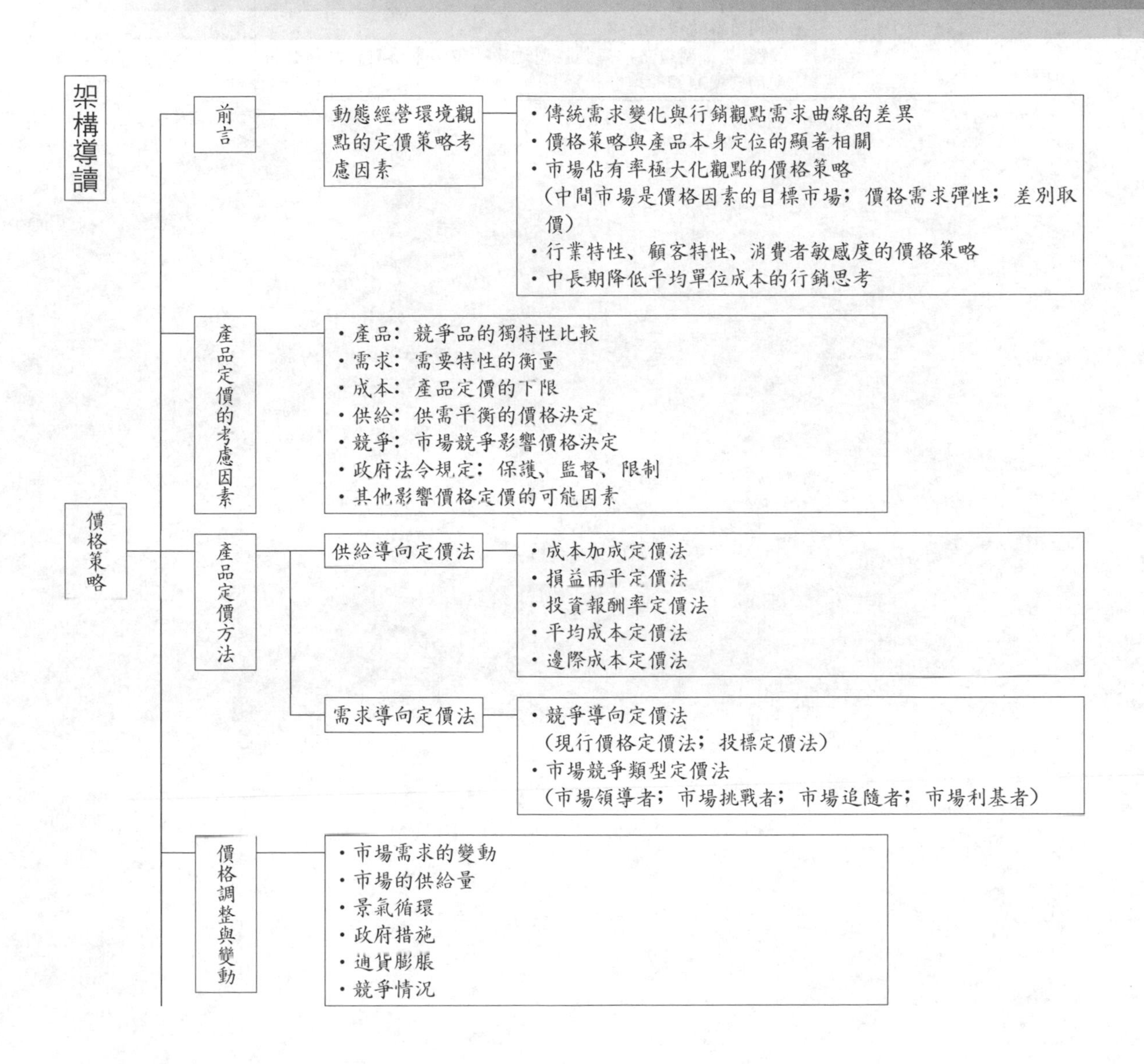

架構導讀
價格策略
前言
動態經營環境觀點的定價策略考慮因素
・傳統需求變化與行銷觀點需求曲線的差異
・價格策略與產品本身定位的顯著相關
・市場佔有率極大化觀點的價格策略
（中間市場是價格因素的目標市場；價格需求彈性；差別取價）
・行業特性、顧客特性、消費者敏感度的價格策略
・中長期降低平均單位成本的行銷思考
產品定價的考慮因素
・產品：競爭品的獨特性比較
・需求：需要特性的衡量
・成本：產品定價的下限
・供給：供需平衡的價格決定
・競爭：市場競爭影響價格決定
・政府法令規定：保護、監督、限制
・其他影響價格定價的可能因素
產品定價方法
供給導向定價法
・成本加成定價法
・損益兩平定價法
・投資報酬率定價法
・平均成本定價法
・邊際成本定價法
需求導向定價法
・競爭導向定價法
（現行價格定價法；投標定價法）
・市場競爭類型定價法
（市場領導者；市場挑戰者；市場追隨者；市場利基者）
價格調整與變動
・市場需求的變動
・市場的供給量
・景氣循環
・政府措施
・通貨膨脹
・競爭情況

價格策略的動態化管理模式	・數據規模管理 ・差別定價 ・企業定價目標商 ・價格策略的組織動員能力 ・產品生命週期的價格策略 （導入期；成長成熟期；衰退期） ・不同產品組合的定價策略 ・面對價格戰的策略 （差異化策略；低成本策略；均衡的產品組合、客戶組合、市場組合；競爭資訊） ・不同通路的價格策略 （超商超市型通路；經銷商型通路；價格策略與行銷組合搭配的數據迴歸管理分析）

每一個企業機構對其本身的產業均應有一項概念……不同的企業機構對產業的概念不同，正表示其在業界中的決定性的競爭力量。回顧1921年的汽車工業，情況正是如此。在福特先生的概念中，汽車工業是一種靜態的車型，於市場中的價格應為最低；是為其T型車，應可風行市場。其他的業者則有其他的概念；其中約二十餘家業者皆認為產量不大，則價格偏高。此外還有部分業者，認知的則是價格居中的各式車型。 Alfred P. Sloan, Jr.（通用汽車公司）

一股強大的力量，驅使整個世界步向日益集中的共同點；這力量便是科技……其結果，一種新興的商業現實因而出現——那是標準化消費者產品以亙古未見的巨大規模，出現於全球性的市場。企業機構配合此一新的事實，從有關生產、配銷、行銷，及管理的巨大規模經濟中，獲得了利益。這些企業機構再將其所取得的利益，還之於價格降低的型態，遂所向披靡，沒有競爭對手。 Theodore Levitt

第一節　前　言

價格的訂定是企業經營上的重要步驟之一，傳統的價格決定，是在於買賣雙方討價還價的結果。在整個行銷策略上，價格的高低，則對於產品的設計、分配的通路、推銷的方法，有著密不可分的關係。

不過，定價並不是一件很容易的工作，它必須考慮市場需求、競爭情形、消費習性，甚至於政府法令、規章等因素；所以欲決定一個具體的價格，並無一定的模式可循，而是必須配合企業本身的條件，隨時注意環境的變化，而加以調整改變。例如考慮定價策略時以今日動態經營環境，必須考慮的因素有：

⑴傳統的定價觀念會思考價格與數量在一條需求曲線上變化，而今天動態性定價會考慮兩種結構上價格策略變化：a.因消費者需求偏好改變而使得價格與數量變化如圖6–1。b.考慮經營結構損益平衡下價格策略運用如圖6–2。

行銷人員主要著眼點在於如何運用差別化行銷策略改變需求曲線，而達到價格可提高，銷售數量可增加的雙贏策略。

BEP (break even point) 損益平衡點，今天行銷人員不僅需瞭解市場面相關問題，也需瞭解財務經營結構面。每個公司均有其經營結構，公司必須超出損益平

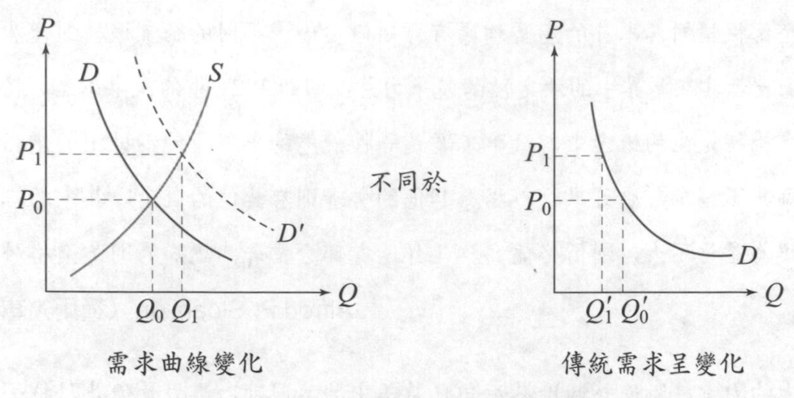

圖 6–1 消費者需求改變的影響

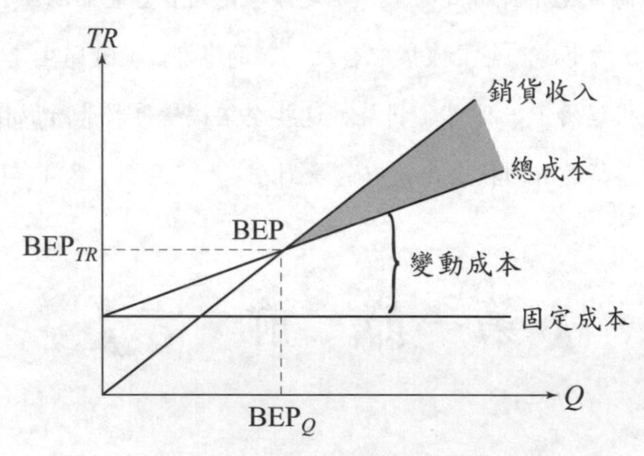

圖 6–2 損益平衡下的價格策略

衡以上的銷貨收入才有可能產生對利潤正面貢獻。而價格就扮演關鍵角色，$TR=P\times Q$價格調整。

- 如果在價格需求彈性小於 1 時，則價格提升對於利潤將有正面增加性，反之則為負面影響。
- 如果銷售數量在 BEP 之下，則所運用的價格策略需比較保守（例如採中低價格），使得 Q 較有彈性增加到 BEP 機會，這個時候若提高價格或採高價格策略，對於經營水準均較有幫助。

(2)價格策略與產品本身的定位有顯著的相關，如 BCG 的分群分類明星產品，金牛產品、問題兒童與看門狗產品。對於金牛性產品價格策略宜採提高收入價格策略。對於問題兒童產品宜採提升業績佔比的價格策略。對於明星產品宜採穩定與成長的價格策略。對於看門狗產品宜採重定位的提升價值或改變產品生命週期觀點的價格策略。

(3)市場佔有率策略：如果為擴充市場佔有率滲透如常態分配的中間市場，在早期宜採中低價位的價格策略，待消費者使用人數有達一定的成熟水準後，再逐步的提升價格，並配合差別取價提升利潤水準。

a.從市場佔有率極大化觀點，中間市場是企業考慮價格因素的目標市場，如圖 6–3。也是影響價格需求彈性也重要的因素。

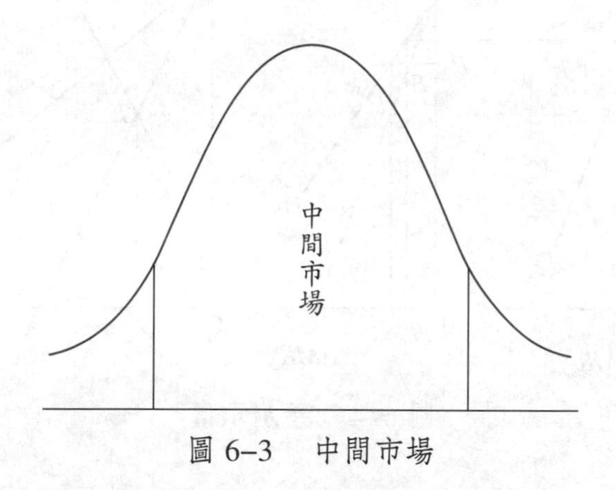

圖 6–3　中間市場

b.價格需求彈性：若需求彈性小於 1，則隨價格的上升，收益會因而增加，即 $|\epsilon_d|<1$，$P\uparrow \Rightarrow TR\uparrow$，$|\epsilon_d| = \dfrac{\Delta Q/Q}{\Delta P/P}$，因 Q（市場較大），受價格調整影響較少。

c.差別取價 (price discrimination)：不同市場需求彈性，有不同的價格策略，如圖 6–4。差別取價的數學步驟：(a)先建立 TR 函數 ($TR=P_1q_1+P_2q_2$)。(b)次建立 TC 函數，(如 $TC=a+bQ+cQ^2=a+b(q_1+q_2)+c(q_1+q_2)^2$)。(c)再建立總利潤函數 ($\pi=TR-TC$)。(d)次建立每一市場的邊際利潤函數 ($\dfrac{\partial \pi}{\partial q_1}=0, \dfrac{\partial \pi}{\partial q_2}=0$)。(e)由此而得到最大利潤下 q_1、q_2，P_1、P_2，運用 Lagrangian multiplier 求 q_1，q_2 與 π。

$$MR=P\left(1+\frac{1}{\epsilon_d}\right)=P\left(1-\frac{1}{|\epsilon_d|}\right)$$

$$MR_1=MR_2，\text{即 } P_1\left(1-\frac{1}{|\epsilon_{d_1}|}\right)=P_2\left(1-\frac{1}{|\epsilon_{d_2}|}\right)$$

如果 $|\epsilon_{d_2}|>|\epsilon_{d_1}|$，則 $P_2<P_1$。亦即若需求彈性大（小），則應定出較低（高）的價格，以求取最大利潤。

(4)行業特性、顧客特性、消費者敏感度：某些行業如汽車、喜餅、家電市場、傢俱市場、債券股票行業，消費者對於價格敏感度很高，有些行業如 snaker 與餅乾市場消費者對於價格敏感性不高，則價格策略選擇必須能針對不同行業特性消費行

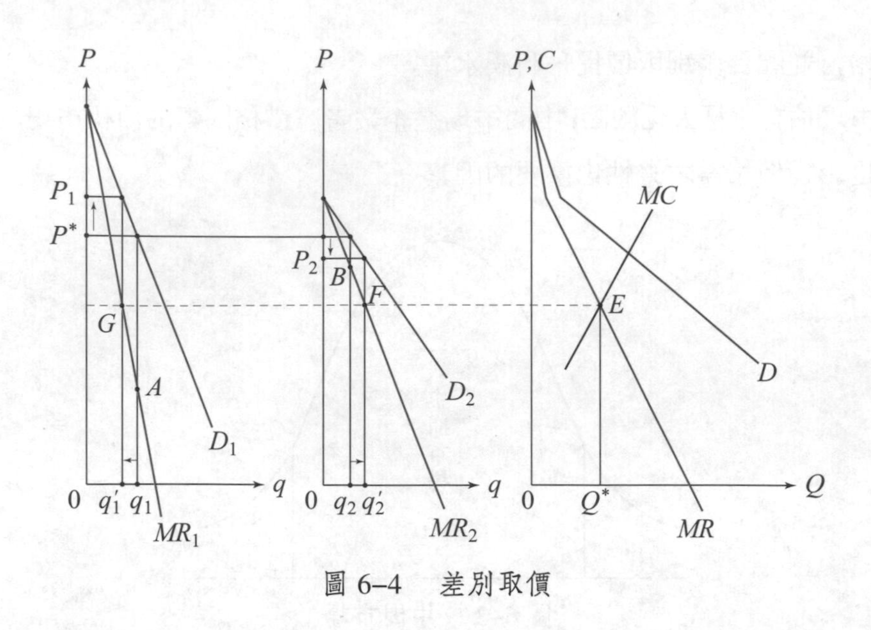

圖 6–4　差別取價

為。有些顧客如高所得、高身分地位、有特殊需要的消費者對於價格較不敏感，有些顧客如中低所得、上班族、消費者，對於價格較敏感，則價格策略運用必須因對象不同而能考慮不同市場價格策略。

(5)價格與成本之間的關係：價格策略尤其是想透過提高價格來提升業績、提升利潤的作法要特別注意「水能載舟也能覆舟」的兩面想法，價格策略基本上是屬於中長期性作法，在短期中不宜經常使用，好的行銷人員在理論與實務較紮實後，則運用價格策略較容易成功。因為價格策略運用成功，不僅可使業績、利潤能成比例或函數的變動，且可使生產部門降低平均單位成本或總成本。

在本章中，我們將探討產品定價時，所需要考慮的因素為何、產品定價的各種方法、價格的調整與變動所可能產生之種種情況，及價格策略的動態化管理模式。

第二節　產品定價的考慮因素

一般廠商要決定一產品價格時，通常都會考慮下列各項因素：

1. 產　品

產品的獨特與否，往往是決定價格的重要因素。如果該產品並沒有任何特別性質存在，即與其他競爭品相比較之下，毫無特色可言，那麼企業所能定價的空間便受到限制，恐怕只能做價格的接受者 (price-taker) 而非價格的決定者了。故公司對於產品的塑造時必須能考慮品牌形象所附加的價值與產品特性獨創性銷售主張 (unique selling proposition)。

2.需　求

對於既有產品，估計其需要特性是比較容易，因為我們可以利用歷史資料來加以估計；而對於新上市的產品，則顯得比較困難。

不過，一般消費者若對於某一產品的需求強烈時，價格的考慮已非必要，或由於促銷成果而造成需求增加，而使定價時，已具有很好的優勢地位。主要公司在思考的問題點是很不容易跳脫出需求量變動方式的思考。

3.成　本

成本和價格的關係，究竟是什麼？的確很難予以界定。基本上，成本是指公司為產品定價所設的下限，公司希望此價格能回收製造、配送、出售此產品所需的成本，並包括正常的投資報酬率在內，所以公司必須看緊其成本，如果企業所生產的產品較同類產品在成本上來得高，則該公司必須訂定較高的價格，如此一來此產品便居於競爭的劣勢了。而成本對於價格策略的影響必須要特別注意沉沒成本的思考：不能因為投資在設備、折舊等產生的沉沒成本一直轉嫁到產品的價格上；機會成本的思考：替代方案的選擇可使競爭力相對性提升。

4.供　給

由於價格的決定，通常是藉著市場的供需達成均衡時所產生，因此供給和需求在定價時，同樣都需要去考量。不過先前曾提到需求的估計，是很難準確地評估出來，所以企業要提供適量的供給量也不是很簡單；如果企業過度膨脹市場需求，將會造成生產過剩，不僅失去價格的主控權，還得多出許多成本負擔（如倉儲費用之類），實在不是一種好現象，反之，低估市場需求，將會造成供不應求，雖然會擁有價格的決定權，但生產成本及其他成本（加班費、運費等）也會增加。因此唯有適度的市場供給與需求，方能讓價格得以穩定。

5.競　爭

在價格的訂定時，市場的競爭狀況不同會有不同的情況發生。

(1)完全競爭市場：由於買方和賣方都很多且產品的性質都相同，因此廠商和消費者都是價格的接受者，而非價格的決定者。所以在這市場中，賣方的售價不能比一般市價來得高，因為買方可以市價在別處買到他們所需要的數量；同時，賣方也不必要以低於市價的價格來出售，因為他們可以市價將所有產品銷售完。所以只要市場存有完全競爭的情況,價格策略便無任何作用。因為市場情報有充分流通性。

⑵壟斷競爭市場：基本上壟斷競爭和完全競爭很類似，不同的地方在於市場產品並非同質，所以買方會因對該產品的感覺不同，而願意支付不同的價格。因此賣方只要能提供不同於競爭廠商的產品，便可獲得高於平均水準的利潤。

⑶寡佔競爭市場：這類型市場，除賣方人數少之外，產品可為同質或為異質，寡佔廠商對於彼此間的定價策略相當敏感：一旦有廠商因降價而獲利，其他廠商必定馬上跟進；反之，如果有廠商提高價格時，其他廠商絕對不會跟進，以免失去原有的市場。這是市場相互依存度的問題思考。因此處於寡佔市場的廠商在擬定價格策略時，要隨時注意消費者及競爭者的行為。

⑷獨佔競爭市場：獨佔廠商可能是國家經營或者民間企業獨佔，基本上，廠商對於其產品之產量，具有完全之控制權；至於價格的訂定，可能基於買方無力負擔所有的成本而該項產品對買方又十分重要，故將產品的價格定在成本之下，也可能依成本或加上相當的利潤定價；在不同的情況下，其定價的原則也會有所不同。

6. 政府法令規定

世界各國目前對於價格，大都有某種程度的規定。有的是保護性質、有的是監督性質、有的是限制性質。以美國為例，聯邦法律有所謂 Clayton Act, Robinson-Pactman Act 取締造成獨佔之價格歧視❶。除此之外，類似關稅徵收、配額及其他管制措施，也都會對價格的訂定產生影響，務必要加以注意。臺灣政府為維持交易的公平性，目前行政院也推出公平交易法與成立公平交易委員會。

7. 其他影響價格定價可能因素

⑴獨特價值效果 (unique value effect)：產品獨特性愈高則價格的敏感度愈低。

⑵替代性知曉效果 (substitute awareness effect)：購買者對替代性產品愈不知曉，則其價格敏感度愈低。

⑶不易比較效果 (difficult comparison effect)：當產品品質不易相互比較時，則價格敏感度愈低。

⑷總支出效果 (total expenditure effect)：當購買產品的費用佔購買收入的比率愈小，則價格敏感度愈低。

⑸最終利益效果 (end benefit effect)：如果費用支出佔購買者最終使用產品成本的比率愈小，價格敏感度愈低。

---

❶ 許士軍,《現代行銷管理》。

(6)分攤成本效果 (shared cast effect)：如果產品部分成本能以其他名目計入，則價格敏感度愈低。

(7)沉入投資效果 (sunk investment effect)：如果產品為配合原有資產使用，則價格敏感度愈低。

(8)價格品質效果 (price quality effect)：如果產品被認定應該是高品質、高貴象徵或炫耀性時，則購買價格敏感度愈低。

(9)存貨效果 (inventory effect)：如果購買者愈無法儲存產品時，則其價格敏感度愈低。

第三節　產品定價方法

目前定價方法大致可以分成供給導向及需求導向定價法兩種。

供給導向定價法

1. 成本加成定價法 (cost-plus pricing method)

最基本的一種定價方法，它是根據產品的成本加上毛利的一定成數，然後除以同期所生產的產品數，即為該產品的價格。例如某一機器的進貨成本為 20 萬元，而以 30 萬的價格出售，這就是 50% 的成本加成，通常加成的成數常會因貨品的性質不同而有所不同。

至於加成定價法是否合理？一般來說是不合理。因為定價如不考慮當時的競爭狀況和市場需求時，將難以定出合理的價格。

加成定價法之所以會盛行，主要的原因有以下幾點。

(1)產品成本總比產品需求來的確定，若將價格釘住成本，則可簡化定價過程，如此銷售者可不必因需求的改變而常常調整價格。

(2)同行若亦採相同的定價方式時，只要他們的成本及加成成數相同，他們所定的價格必然相似，如此彼此間的競爭程度必然會減到最低；反之，如果廠商依其需求的變動來制定其個別的價格時，必定會引起激烈的價格競爭。

(3)加成定價法會使銷售者和消費者皆感到比較公平，當消費者有強烈需求，銷售者不會佔到什麼便宜，但卻能獲得適當的投資報酬率。

2. 損益兩平定價法 (break-even pricing method)

此種方法，係假定在某一價格時，廠商必須達到一定的銷售單位，方能使收支平衡；若不及此銷售水準時，將會發生虧損，反之則會產生利潤。此一銷售水準即所謂的損益兩平點，公式如下：

$$損益兩平點 = \frac{固定總成本}{單價 - 單位變動成本}$$

現舉例說明之：假定價格為 \$1.5，固定總成本為 \$30,000，變動成本為 \$0.9；所以每銷售一單位，將對於固定成本有 \$0.6 的貢獻。依上列公式：

$$損益兩平點 = \frac{\$30,000}{\$1.5-\$0.9} = 50,000（單位）$$

3. 投資報酬率定價法 (target-return pricing method)

廠商根據某一目標利潤來訂定其價格，這種方法是將所預期的投資報酬率視為成本的一部分。

現以一例來說明：

・固定成本 =\$500,000。

・投資總額 =\$300,000。

・預期報酬率 =10%，即 \$30,000。

・因此固定總成本 =\$530,000。

・假定本年度銷售量 =20,000 單位。

・則包括投資報酬在內之平均固定成本為 \$26.5。

・如單位變動成本為 \$30，則價格可定為 \$56.5。

4. 平均成本定價法 (average-cost pricing method)

此種定價方法，先將各種數量下之平均成本曲線求出，在此平均成本中，將利潤視為固定總成本的一部分，或視為單位變動成本中的一部分。然後廠商決定所擬銷售之單位數，根據此一曲線，發現在此數量上之價格。如採取此一價格，則不但可收回成本，而且也能獲得一定的利潤。

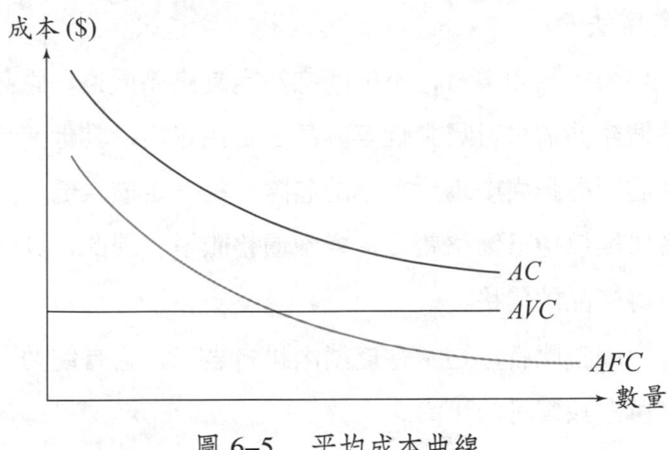

圖 6–5　平均成本曲線

5. 邊際成本定價法 (marginal-cost pricing method)

所謂邊際成本，乃指每增加一單位的產出所增加的成本。另一方面，邊際收入則指每增加一單位的產出所能增加之銷售收入；因此唯有在邊際收入超過邊際成本時，廠商生產才有利潤可尋。所以這種方法常用於短期價格戰爭之上。

以上所舉之各種成本定價法，都有其缺點，即忽略市場對於價格的可能反應。

需求導向定價法

1. 競爭導向定價法

當公司主要以競爭者之定價為基礎而設定價格時，這種定價方式便稱之。

(1)現行價格定價法 (going-rate pricing method)：這種定價法是廠商將其價格釘住產業之平均價格水準，主要的原因在於：

- 當成本不易衡量時，現行價格可代表集體產業的智慧，同時能產生合理的報酬。
- 比較不會破壞產業之和諧。

這種定價方式主要應用於同質產品市場，因為在同質產品市場中，廠商很難自定價格，而是藉由大多數的消費者與銷售者共同來決定。

(2)投標定價法 (sales-bid pricing method)：這種定價方式是指廠商為了獲得合約，只考慮競爭對手的價格高低，而不考慮成本或市場需求。因為廠商的主要目的在於是否能取得合約，所以其價格必須比競爭者低，但是價格也不能低於某一水準（邊際成本），因為會有損公司的利益；然而從另一方面來看，若是價格報得比成本高，雖然可以增加利潤，但無形中卻削弱了獲取合同的機會。

2. 市場競爭類型定價法

⑴市場領導者：身為市場領導者，不能隨意決定其產品價格。它必須詳細分析本身成本結構和整個產業需求量及彈性等。萬一定價過高，其他競爭者並不跟進，則此一價格領袖將冒有損失市場佔有率的危險。萬一定價太低，威脅其他競爭者之生存，則後者可能以更低價格報復，導致價格戰爭。因此，身為市場領導者必須謹慎地決定本身產品的價格。

⑵市場挑戰者：市場挑戰者，通常在產業內排名老二，它有能力發動正面攻擊的策略。例如百事可樂攻擊可口可樂。

⑶市場追隨者：市場地位不如第二名的廠商，可能不願採取正面攻擊的策略，因為本身力量不夠強大，或恐怕市場領導者採強烈報復。所以盡量追隨領導者的定價，並非謂其定價必須和市場領導者完全相同，而是保持一定之相對地位。

⑷市場利基者：在產業裡的小廠商，發掘一個易於防守的小市場，避免與大廠商發生衝突，通常市場利基者會以低價吸引消費者，並利用其專業化的知識針對大廠商所忽略的市場提供有效的服務。

第四節　價格調整與變動

通常廠商在定價之後，會因以下不同情況的產生而有所謂價格的變動。

1. 市場需求的變動

一般貨品需求增加，價格會上漲；需求減少，價格會下跌。如果換個角度來看，若貨品價格上漲，則會減少需求，若下降，則會增加需求。由以上的因果關係可知，調整定價可調節供需，亦可抑低非常之需求。

2. 市場的供給量

在市場需求量不變之假定下，供給增加，則價格會下跌，供給減少，則價格會上升。

3. 景氣循環

貨品價格遇到經濟景氣時，可能供不應求，而價格上漲。反之，遇到景氣蕭條時，一般購買力弱，則必須降低價格方能刺激市場。

4. 政府措施

民間企業的定價，常會因政府所採的財經政策變動而調整，如政府公營事業費率提高，常使民間企業成本提高，因而不得不調價，以維持合理的利潤。

5. 通貨膨脹

由於各種生產因素價格提高而使成本大幅提高，若維持原來價格，可能會產生損失，故只有調整價格。

6. 競爭情況

若遇到競爭者在同類產品上削價求售，廠商若不降價，通常會失去許多銷售量。當然這種跟進式的降價，要看是否能與成本互相配合。否則不要輕易跟進，以免遭受損失。

由以上的結果，我們不難發現：價格若調高，則產品的數量銷售將會減少。反之，則銷售會增加。不過，價格的調整對於產品數量的變動，其真正的影響程度端視該產品的價格需求彈性大小。

價格需求彈性愈大者，對於價格調整的敏感度較為強烈；另一方面，價格需求彈性愈小者，則對於價格調整的敏感度便不是那麼強烈。因此，廠商在考慮價格調整時，除了本身的成本是否能配合，以及競爭者與消費者的反應之外，該產品的需求彈性特質亦應納入考慮。

第五節　價格策略的動態化管理模式❷

價格的調整是否會有利潤產生？一般而言，若數量的增加能彌補價格的損失或者是價格的增加能彌補數量的損失（在成本固定的前提之下），廠商會有利潤出現。而價格策略會因下列動態性管理考慮有不同的價格策略：數據規模管理、差別定價考慮、企業本身之定價目標、組織動員的能力、不同產品生命週期的考慮、不同產品組合策略定價的考慮、有價格競爭時的價格策略、不同通路類型的價格策略。

1. 數據規模管理（從數據動態性變化擬定合適的價格策略）

定價實務上應盡可能地運用數據分析來輔助，平常應對報價、成交價格、訂單客戶、訂單數量等交易資料留下紀錄，俾便能精確而有系統地進行研究分析，形成定價決策的數據管理的依據。其價格反應曲線：

❷ 第五節動態化管理模式是由林俊昌先生所提供的數據資料加以分析。

⑴依據成交價格及銷售量做出價格反應分佈，利用線性迴歸法可以算出反應曲線。下表為某原物料公司某貨品類別的銷貨紀錄，則可輕易作出價格反應分佈（圖 6–6）及歷史價量圖（圖 6–7）。

年／月	總出貨數量（個）	出貨金額（元）	單價（元）
01/09	3,961,640	1,236,238.00	0.31
01/10	3,659,200	931,941.00	0.25
01/11	1,388,425	609,236.50	0.44
01/12	1,656,750	671,775.24	0.41
02/01	2,105,918	1,120,462.07	0.53
02/02	919,923	532,720.10	0.58
02/03	1,479,848	811,504.78	0.55
02/04	829,415	475,819.02	0.57
02/05	1,017,295	583,747.85	0.57
02/06	580,655	474,021.40	0.82
02/07	815,890	342,550.11	0.42
02/08	1,687,270	555,964.22	0.33

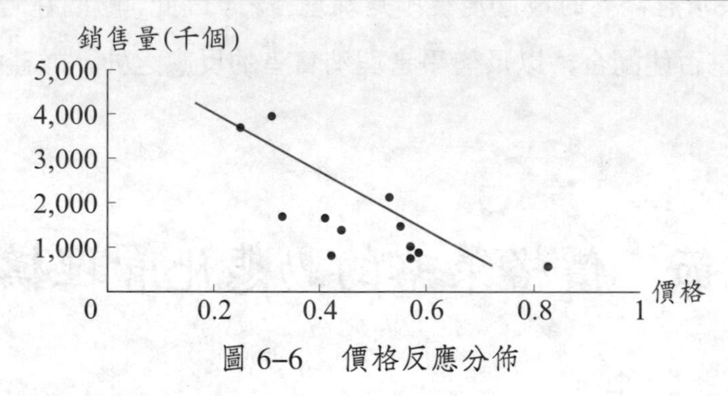

圖 6–6　價格反應分佈

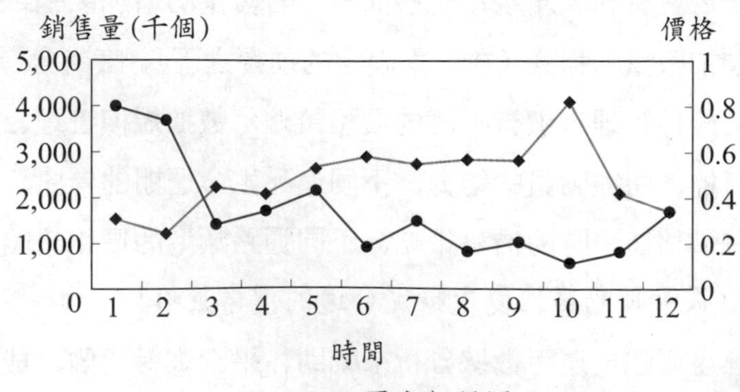

圖 6–7　歷史價量圖

⑵從價格反應曲線求出斜率，即為該貨品類別的價格彈性。若價格彈性小於 1，表

示該項產品的銷售不因價格調整而大幅波動，產品的替代性低。這樣的產品可強化差別化戰略，嘗試調高定價，提高整體收益。相對的，若價格彈性大於 1，表示該產品的銷售與價格間有較高的依存，產品替代性高，處於價格競爭的環境。這樣的產品，公司應考慮降低固定成本，創造規模需求。

(3)如果能從財會部門或生產部門取得該項產品的固定成本及單位變動成本，則價格反應曲線能進一步計算出該項產品對於公司的利潤曲線。利潤曲線的最大值即為最大利潤，其相對應的價格即為該產品的最適價格，該產品若以此最適價格定價則能為公司貢獻最大利潤。但要注意，短期的最大收益不見得就是公司整體最大利益，產品定價需同時考慮公司經營策略、產品發展階段及市場競爭態勢等因素，應衡量短中長期目標，在利潤與市佔之間做策略性的考量。

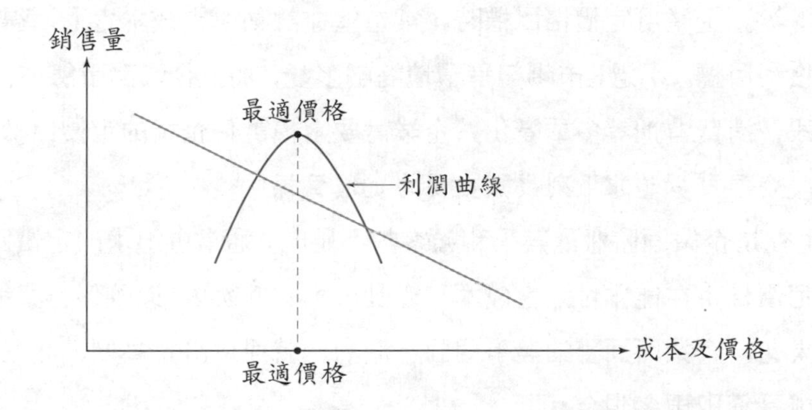

2. 差別定價（根據不同市場區隔需求彈性擬定合適的價格策略）

單一定價會嚴重局限企業的獲利潛能，定價是行銷組合 4P 的四項要素之一，定價 (price) 須與產品 (product)、通路 (place) 及促銷 (promotion) 作配合考量，而形成差別定價的作法。

差別定價幾乎是天天都在執行的，主要是依據下列區隔條件以區分顧客：

(1)依產品線區分：建立一條產品線，讓顧客依本身偏好及條件，在不同產品中做選擇；例如航空公司將票價分為頭等艙、商務艙、經濟艙三類，頭等艙價格 10 倍於經濟艙價格；微軟公司的 Office 套裝軟體區分為學生版、商業版、企業版。

(2)依產品取得區分：運用行銷通路提供特定顧客不同的定價；例如便利超商的盒裝鮮奶定價 20 元，在學校福利社則只賣 10 元，在福利中心或量販店則以桶裝形式販售。

(3)依購買數量區分：顧客的購買價格視購買數量而定，通常是指當購買數量增加時給予價格折扣優惠的情形，稱之為非線性定價 (nonlinear pricing)。現實中，非線性定價相當常見，而且有許多不同型式，例如量販店的大包裝但平均單價便宜、量販店因銷量大能向供應商爭取相當大的折扣價格、多人同行優惠、華納威秀電影套票……。但是也有些不鼓勵大量用戶的案例，例如隨水費徵收的污水處理費會隨著用水量增加而升高。

3. 企業定價目標（根據不同市場定位行銷組合方案擬定合適的價格策略）

定價是行銷組合中相當獨特的要素，因為只有價格會讓企業獲利，其他的行銷組合要素都只會製造企業成本。

價格直接影響到企業的營收，企業必須考量到營收時附帶產生的成本，比如固定成本（房租、房屋稅、管理階層薪資等）、原物料成本、人力成本、銷售成本、運送成本和促銷成本等。企業訂定價格目標時，常希望在評估所需成本之上，得到最大的銷售額並達成獲利目標。不過，市場競爭環境詭譎多變，加上企業競爭態勢、科技發展、產品生命階段、消費習慣等多重變化，企業需要審慎評估企業的定價目標。行銷大師柯特勒認為，企業可以追求下列幾類主要的定價目標：

(1)生存：生存是企業面臨激烈競爭和顧客數不足時，通常會追求的定價目標。此時，企業會把價格定在能支付固定成本和變動成本的範圍內，以確保企業能繼續營運。

(2)獲利最大化：企業所面臨的競爭局面不激烈，就可以訂定高價，讓投資報酬率最大化，或是獲取更多現金。

(3)營收最大化：企業追求營收最大化，在定價時考量單位銷售額乘上單位價格這項數字。此時，企業以不同價格點來推估需求。

(4)追求銷售成長：企業採取低價策略已達成較多的銷售數量，藉以提高市場佔有，並因規模經濟，而能以更低的單位成本，在長期獲得更多利益，這種做法稱為「市場滲透的定價」。

(5)成為產品品質領導者：企業以提供市場上最佳品質產品為目標，因此定價比競爭對手的訂價高。這類企業常是市場領導者。

4. 價格策略的組織動員能力（價格策略必須透過組織充分溝通才能達到動態執行效果）

企業在考量定價範圍時，都應把下列要素列入考慮：目標市場客戶、競爭態勢、行銷目標、行銷策略、市場定位、行銷組合、成本、利潤、損益平衡點等等。其考量範圍廣泛，牽涉到跨部門的資訊整合，技術上相當困難。雖然如此，許多企業卻沒有對價格進行研究，或者沒有建立定價的機制或組織。

定價通常牽涉到生產、財會、行銷、業務幾個部門代表；生產人員熟悉產品的技術、品質和生產成本；財會人員對產品的整體成本有整體的掌握，但不瞭解市場變化；行銷人員清楚企業目標，熟悉定價要素；業務人員熟悉市場，但不瞭解各項成本，不瞭解公司財務規劃。這些部門的立場常常是截然不同的，因此需要建立一個管理溝通的機制，協調達成下列幾項功能：

⑴整合資訊：擁有良好的資訊是執行定價策略的科學根據，包含跨部門的成本、財會、交易價格、交易數量、顧客反應回報等。

⑵協調各部門立場：避免各部門各行其是，避免定價權力分散，藉此機制充分瞭解整個情境，讓各部門建議價格的爭議立足於建設性的基礎上，最終能整合以達成企業之整體利益。

⑶建立定價策略：包括產品定價範圍、折扣授權、賒銷信用期限、議價核定層級、資訊建檔、以及相對的獎懲規定等。

⑷動態檢討調整：除了例行性的檢討調整，企業應有監控機制，能隨時掌握競爭者售價、經銷商利潤，並作出反應。在企業整體行銷目標有所變動時，也要做定價策略上的修正。

5. 產品生命週期的價格策略（不同的產品生命週期有不同的價格策略）

一般而言，產品或服務的生命週期可區分為導入、成長、成熟、衰退、和可能的再現成長階段。對特定的產品或服務而言，可依所處的產品生命週期而有不同的定價策略。定價策略可以具防禦性或攻擊性，在不同產品生命週期，運用定價策略配合其他行銷組合要素一起發揮功效。

產品剛上市時，企業通常會採用吸脂定價策略。企業採取吸脂定價策略，產品訂定高價，吸引對產品好奇但價格不敏感的顧客，願意付出高價購買產品，在推銷創新產品或是新科技產品時，可以發揮甚佳的功效。如果競爭態勢強勁，企業會採用快速擠乳，以高價位搭配強力促銷，建構進入障礙以對抗競爭對手，迅速攻佔市場佔有率。

當產品進入成長、成熟期時，價格策略就須依顧客反應和競爭態勢等市場狀況作改變。通常需要對顧客心理進行研究，看看價格如何影響顧客認知、態度、動機及購買行為。必須針對生活型態推出差異化產品或服務，價格策略則須搭配進行各種型式的差別定價。

當企業企圖進入大市場時，通常採用滲透 (penetration) 定價策略。以低價位作訴求，以求快速獲得主要市場佔有率。經驗曲線效應加上邊際定價 (marginal pricing) 則可提供企業長期獲利，並成為抵抗競爭對手的防禦戰略。

當產品已經處於衰退期，則應採取收割策略，逐漸降低變動成本，在維持價格的同時獲取較大利潤；或者採取撤守策略，在維持品質形象及獲利能力的狀況下，尋求機會把這部分的生意賣給別的企業。

市場地位	產品生命週期	行銷目標	行銷重點與價格策略
領導廠商（高佔有率）	導入期	創新知名度與試用	‧若無有力競爭者，可採成本加成，或採用吸脂定價策略，以較高價位吸引對價格不敏感的早期使用顧客 ‧若有強力競爭者，可採滲透定價策略，以低價作訴求迅速獲得主要市場佔有率，同時抑制競爭對手 ‧運用廣告在早期使用者及銷售商間建立知名度，建構高進入門檻 ‧用促銷吸引消費者試用
	成長期	佔有率最大化	‧拓展產品廣度、服務與保證 ‧建立密集配銷 ‧配合或攻擊競爭者價格，應求確保市場佔有率，縱使獲利能力稍遜，亦不必過於重視 ‧建立大量市場間的知名度
	成熟期	利潤最大化 同時保持佔有率	‧品牌與樣式多樣化 ‧建立差別定價策略，替不同消費型態、不同市場區隔、不同地理區域，訂定不同價格 ‧強調品牌差異性與顧客利益
	衰退期	減少支出搾乾品牌	‧逐漸去除弱項產品 ‧減低廣告至維持品牌中等水準，促銷亦降至最低水準，使現金流量最大 ‧降價以求搾乾品牌
競爭廠商（次高佔有率）	導入期	–	–
	成長期	投資以增加佔有率	‧滲透市場價格，以低價策略搶攻佔有率，縱使獲利能力稍遜，亦審慎之下，不必過於重視 ‧價格與成本須保持低於領導廠商 ‧考量公司風險承受能力

	成熟期	榨乾或保持佔有率	・產品差別化 ・價格彈性
	衰退期	撤退	–
跟隨廠商 (低佔有率)	導入期	–	–
	成長期	投資以增加佔有率	・保持價格與成本低於領導廠商
	成熟期	集中火力投入利基市場榨乾市場	・產品差別化 ・價格彈性
	衰退期	撤退	–

6.不同產品組合的定價策略（考慮市場佔有率、成長率的觀點）

從波士頓顧問群 (BCG) 的成長率對佔有率的矩陣分析，矩陣的四個象限各代表不同的策略事業單位或產品服務，分別有其基本策略及意義。企業機構的策略應該是從金牛產品取得資金，投注於研究發展，俾其開拓未來新的策略產品，並投注於某些具有提升市場佔有率潛力的問題兒童產品，以使其能轉變為明星產品。

金牛產品是經營於低成長的市場，但享有高市場佔有率。此類產品的市場定位甚佳，產生資金的能力甚大，同時由於市場已臻於成熟期，這類產品的資金需求較為有限。針對金牛產品的定價策略（應如「產品生命週期的價格策略」之領導廠商的成熟期）：

⑴既然產品已被消費大眾接受，有甚高的市場佔有率，能領導產品價格；企業又期望旗下的金牛產品確能產生資金，因此價格須有一定的獲利能力。但當競爭者降價競爭時，就應該保持彈性的價格，以保持市場佔有率。

⑵金牛產品生命週期已臻於市場成熟期，市場上有眾多競爭者，而且消費者已經具有良好消費經驗或知識，應該替不同消費型態、不同市場區隔、不同地理區域，訂定不同價格，建立差別定價策略。

問題兒童產品乃位於高成長市場但市場佔有率低，這類產品一方面需要大量資金，始能支持其成長；另一方面是該產品幾乎沒有自行產生資金的能力。企業需審查各項問題兒童產品，選出少數幾個將來堪成大器者，投以資金促使改善其市場佔有率，使成明星產品。其餘不堪造就或競爭力不足的產品，則應考慮出售、撤資、或採行擠乳策略，盡量擠出可能的資金。針對問題兒童產品的定價策略：

⑴問題兒童產品的市場成長率高，既經評估有甚佳潛能，則應擴大市場佔有率，挑戰市場領導者。在價格策略上應採滲透策略，以低價策略搶攻佔有率，縱使獲利

能力稍遜，亦在審慎態度之下，不必過於重視。(類同「產品生命週期的價格策略」之競爭廠商或跟隨廠商的成長期)

⑵企業對不堪造就或競爭力不足的產品，遂行出售、撤資、或採行擠乳策略，主要目的在於迅速收回資金，主要手段為降低該產品的工廠設備、研究發展等長期投資，同時對於有關行銷和服務等營業費用，亦作緩慢減少。價格上則應跟隨市場價格，有時若市場競爭激烈，為收回資金甚至可犧牲獲利。

明星產品是經營於高成長的市場，且享有高市場佔有率。此類產品由於成長性高，資金的需求也大；又因其市場佔有率高，產生資金的能力也大。明星產品在資金上有能力自給自足，但如果為維持長期市場佔有率，企業應有再行增資的必要，而不能取用其產生的資金。針對明星產品的定價策略應力保既有的市場佔有率，縱使獲利力稍遜，亦應堅持。

7.面對價格戰的策略（不同競爭策略有不同動態價格策略）

調降價格是一項攻擊性的競爭方法，而且是一支兩面刀，要砍價競爭就要有足夠的資源，撐得住營收減少。如果是市場領導者，產品的價格高可以創造高收益高利潤，卻可能犧牲市場佔有率；價格低可能加強市場佔有率，但卻可能傷害企業之長期利潤。如果是價格跟隨者，當市場價格隨領導者調漲時，一切都沒問題；可是當市場領導者開始調降價格時，大企業通常承受得起砍價競爭，但小企業不見得能撐多久。

企業要不計一切代價避免打價格戰。價格一旦調降就很難再調高，如果情況惡化成為價格戰時，長期下來的結果，強者倖存，弱者就只好歇業。價格戰不只是為了加強競爭，更是要消滅對手的殘忍方法。

然則，價格戰的危機總是存在的。例如當產品進入成長期，競爭廠商總會調降價格以求取擴大市場佔有率。企業應該積極確立下列幾項策略，建立一個深厚的承受力，當價戰開打時，能比競爭者有更多籌碼承受傷害：

⑴差異化策略：差異化策略本來就是一種企業不敗的競爭優勢策略。這可經由產品品質差異化、產品可靠度差異化、周邊服務差異化、產品創新差異化，或是品牌地位來達到目的。顧客對於產品的價值認知與偏好，乃是市場盈餘的有效基礎，也是抵擋價格戰的有效策略。

⑵低成本策略：低成本策略是另一種企業不敗的競爭優勢策略。這可經由經驗曲線的低成本策略、陽春產品的低成本策略、產品設計的低成本策略、控制原物料的低成本策略、人工成本的低成本策略、政府補助的低成本策略、行銷優勢的低成

本策略、生產創新及自動化的低成本策略等手段來達到目的。因為成本低，而能有更大的利潤承受空間，更強的行銷反彈空間。

(3)均衡的產品組合、客戶組合、市場組合：如果企業的收益太過倚重某一項產品、某幾個客戶或某個市場，當受到價格的競爭時，所受到的衝擊力道可能造成無法承受的傷害。相反的，當企業有來自另外的產品、客戶或市場的收益，自然對價格戰有較大的緩衝作用。因此，企業應該有均衡的產品組合、客戶組合、市場組合，並應建立日常的監督機制，由行銷人作動態性的審視或調整。

(4)競爭資訊：企業應對市場上的動態瞭若指掌，競爭對手提供產品的貨色、服務的方式、價值、價格（包括牌價、交易價格等），消費者的生活型態、思考與趨勢，產品生命週期，市場消長遞嬗，科技發展現況與趨勢等，都可作為日常定價以及反應價格戰的戰略參考。

8.不同通路類型的價格策略（不同的通路類型有不同的價格策略考慮）

在行銷組合當中，通路亦影響價格的策略。一個完整的產品導入過程約分為五個階段，包含先導期、推廣期、早期大量、晚期大量、及保守期，各階段使用者有不同的消費習慣與不同的生活型態，廠商應該針對其個別特性，設計不同的行銷組合。

當廠商在各種通路導入新產品時，因為產品導入階段而有不同的行銷組合重點（包含價格），以下表列舉例超商超市型通路與量販店型通路的行銷組合重點。

(1)超商超市型通路：

超商超市型通路的先導期使用者多，消費者大多為非預先決定之購買行為，新產品導入者應規劃上市推廣活動，並以廣告塑造品牌形象。輔助消費者於貨架前下決定購買。產品本身要強調獨特性，及對消費者的價值。以試賣活動強力推廣，如此才能引起話題，吸引其他類型消費者參與購買。

廠商努力重點在於上市前之先導期市調，找出具有市場潛力的新產品，同時規劃系列推廣活動與宣傳廣告，引爆話題。行銷人員則應在品牌活動上多努力。超商超市型通路各時期之行銷組合重點表列如下：

	所需時間	產品	促銷	價格	地點
先導期	一個月	・先期市調 ・規劃推廣活動與廣告 ・具獨特性	試賣活動	・採用促銷價格，減低消費者猶豫心理	・於熱門地段搭配推廣活動

推廣期	二個月	・舉辦活動炒熱產品話題性 ・塑造產品口碑，利用口耳相傳建立基本顧客群	試賣活動	・零售價格不降以維持產品形象 ・合約價格則可彈性調整	・產品佈及所有通路點
早期大量	四個月	・名人代言 ・雜誌報紙刊登報導	特賣活動	・零售價格不降以維持產品形象 ・合約價格則可彈性調整	・產品佈及所有通路點
晚期大量	三個月	・強調與競爭產品之差異性 ・考量產品繁殖	利用促銷提升市佔	・金牛產品應保持價格。在超級戰區可以價格促銷 ・戰鬥品牌或產品出現	・產品佈及所有通路點
保守期	二個月	・強調產品差異性 ・考慮品牌重定位	以價格促銷提升市佔	・考慮獲利率	・收縮戰線至A 級點通路

⑵經銷商型通路：

經銷商型通路的使用者多為保守型，重視店老闆情感因素，除了產品的品牌與廣告印象，尚須強調搭贈活動與廠商間之關係維繫。

廠商的產品須有良好口碑才可順利切入，否則平日需要與經銷商做好關係維繫，以情感因素為切入點。行銷人員應以經銷點的商圈活動為重點。

經銷商型通路各時期之行銷組合重點表列如下：

	所需時間	產品	促銷	價格	地點
先導期	三個月	・採用人情攻勢與經銷商建立關係 ・介紹產品、公司、品牌及形象	・激勵活動，如佈點獎金、回收獎金等	・提高經銷毛利，促使經銷意願	・舉辦說明會 ・選擇適合經銷商
推廣期	三個月	・確認經銷商類型（獨家代理、混合代理、部分產品代理等）	・對經銷商實施規模促銷 ・回收獎金	・搭配價格彈性，聯合促銷	・擴大經銷點

早期大量	六個月	・維持產品合理獲利平衡	・搭配公司廣告等拉力推力共同促銷活動	・維持價格一致性與穩定度	・確認區域之合理經銷商數目與素質
晚期大量	六個月	・要求經銷商鋪貨水準，區域市佔在二成以上	・以競爭為考量的促銷	・妥善運用差別價格維持合理利潤	・掠奪競爭者的市場
保守期	六個月	・重新思考未來經銷範圍	・嚴謹的利潤水準	・考慮獲利率	・區域範圍縮小

另外，有經驗的通路管理者會發現，對通路點的每日銷售額進行迴歸分析會得到方程式：

$y=a+bx$

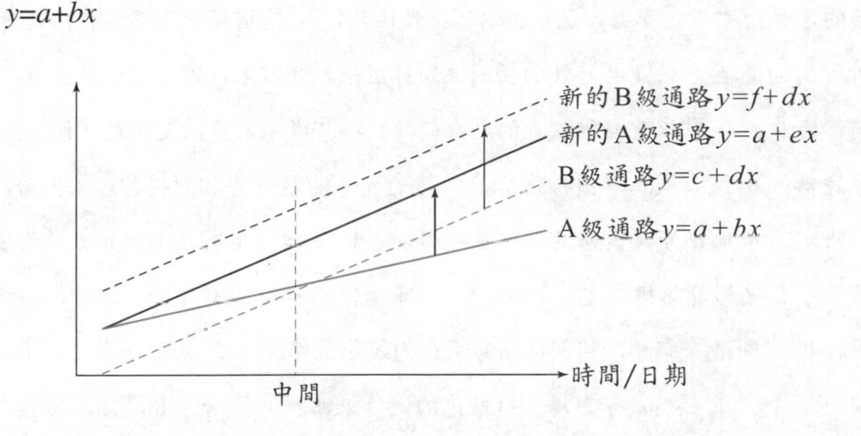

・截距 a 的管理意義代表該通路點對公司政策或促銷專案的配合度與爆發力

・斜率 b 則表示該點的成長力，跟公司的促銷發動與商圈活動有關

假設某通路的 A 級店和 B 級店，其營業額迴歸分析如上圖，則在通路管理上，應在中間點之前努力提升 B 級店的業績水準，中間點之後則應刺激 A 級店的成長率水準。例如，在行銷的組合上，在中間點之前應先行管理 B 級店進貨水準，要求店長進行各種促銷活動，價格可以有彈性的調降，目的在提高 B 級店的業績水準（即為上圖中迴歸方程式 $y= c + dx$ 的截距 c）；而在中間點之後，可以價格促銷或買一送一等促銷活動，努力刺激 A 級店的成長率水準（即為上圖中迴歸方程式 $y= a + bx$ 的斜率 b）。

經過這樣在價格策略及其他行銷組合的搭配下，營業額迴歸分析將如上圖中的：

A 級通路迴歸方程式 $y = a + bx$ 將改變為較大成長率 e 的新方程式 $y = a + ex$。

B 級通路迴歸方程式 $y = c + dx$ 將改變為較具爆發力 f 的新方程式 $y = f + dx$。

此亦為藉由數據分析提供價格策略與其他行銷組合的搭配，以達成企業最大利潤的目的。

摘要

1. 前言：①動態經營環境觀點的定價策略考慮因素。②傳統需求變化與行銷觀點需求曲線的差異：a.如何運用差別化行銷策略改變需求曲線，達到價格提高銷售數量增加的雙贏策略。b.價格需求彈性高低對價格和經營利潤的影響，不同的損益兩平點，差異化的價格策略。③價格策略與產品本身定位的顯著相關。④市場佔有率極大化觀點的價格策略：a.中間市場是價格因素的目標市場。b.市場佔有率與價格需求彈性的相關性。c.差別取價與利潤極大的數學函數。⑤行業特性顧客特性消費者敏感度的價格策略。⑥中長期降低平均單位成本的行銷思考。
2. 產品定價的考慮因素：①產品，競爭品的獨特性比較：a.價格接受者或價格決定者。b.產品形象所附加的價值。c.產品特性的獨創性銷售主張。②需求，需要特性的衡量：a.需求導向的價格考慮。b.需求量變動方式的思考問題點。③成本，產品定價的下限：a.成本定價的競爭評估。b.沉沒成本與價格策略。c.機會成本的競爭力相對提升。④供給，供需平衡的價格決定：a.膨脹市場需求的價格策略影響。b.低估市場需求的價格策略影響。⑤競爭，市場競爭狀況影響價格決定：a.完全競爭市場：市場情報有充分流通性，價格策略無任何作用。b.壟斷競爭市場：獨創性銷售主張的競爭策略。c.寡佔競爭市場：市場相互依存度的問題思考。d.獨佔競爭市場：特殊化的定價策略。⑥政府法令規定、保護、監督、限制：⑦其他影響價格定價的可能因素：a.獨特價值效果。b.替代性知曉效果。c.不易比較效果。d.總支出效果。e.最終利益效果。f.分攤成本效果。g.沉入投資效果。h.價格品質效果。i.存貨效果。
3. 產品定價方法：①供給導向定價法：a.成本加成定價法 (cost-plus pricing method)：簡化定價過程、避免同行激烈價格競爭、供應者和需求者的平衡做法。b.損益兩平定價法 (break-even pricing method)：損益兩平點 = 固定總成本 / (單價 − 單位變動成本)。c.投資報酬率定價法 (target-return pricing method)：將預期的投資報酬率視為成本的一部分。d.平均成本定價法 (average-cost pricing method)：平均成本觀點下，將利潤視為部分成本。②需求導向定價法：a.競爭導向定價法（現行價格定價法：同質產品市場應用；投標定價法：主要考量競爭對手的價格。）b.市場競爭類型定價法（市場領導者：價格策略的風險性；市場挑戰者：市場佔有率的價格挑戰觀點；市場追隨者：平衡與領導者的相對地位；市場利基者：

低價專業化服務潛在市場。）

4. 價格調整與變動：①市場需求的變動。②市場的供給量。③景氣循環。④政府措施。⑤通貨膨脹。⑥競爭情況。⑦價格需求彈性影響價格變動的重要性。

5. 價格策略的動態化管理模式：①數據規模管理：a. 價格反應分佈與線性迴歸法的反應曲線。b. 價格反應曲線的價格彈性應用。c. 短中長期目標觀點對利潤曲線與市佔的策略思考。②差別定價：a. 行銷組合的整體性差別定價。b. 顧客分類的區隔條件差別定價（產品線、產品取得、購買數量）。③企業定價目標：a. 生存。b. 獲利最大化。c. 營收最大化。d. 追求銷售成長的滲透定價。e. 品質領導者。④價格策略的組織動員能力：a. 整合資訊。b. 協調各部門立場。c. 建立定價策略。d. 動態檢討調整。⑤產品生命週期的價格策略：a. 導入期（市場競爭不強時的吸脂定價策略；市場競爭激烈的快速擠乳策略。）b. 成長、成熟期（顧客反應和競爭態勢影響的價格策略；差別定價的價格策略；大市場的滲透定價策略；經驗曲線效應加上邊際定價。）c. 衰退期：收割策略（撤守策略。）⑥不同產品組合的定價策略：a. 金牛產品的定價策略（具獲利能力與競爭彈性的價格策略；不同區隔的差別定價策略。）b. 問題兒童的定價策略（市場極大化觀點的滲透策略；淘汰產品的出售撤資擠乳策略。）c. 明星產品的定價策略（市場佔有率極大的增資策略；市場佔有率極大的彈性定價策略。）⑦面對價格戰的策略：a. 雙面刀的攻擊性價格競爭方法。b. 高利潤與高市佔的矛盾。c. 易降難升的價格特性。d. 面對價格戰不確定性的積極策略（差異化策略：強調顧客對產品的價值認知與偏好；低成本策略：加強利潤承受與行銷反彈空間；均衡的產品組合、客戶組合、市場組合；競爭資訊：日常定價與反應價格戰的戰略情報。）⑧不同通路類型的價格策略：a. 超商超市型通路（上市前的先期市調找出具市場潛力產品；先導期以推廣促銷策略鼓勵消費者採用。）b. 經銷商型通路（先導期的情感因素關係行銷；經銷商的商圈活動為行銷重點；推廣期的搭配價格彈性、聯合促銷。）c. 價格策略與行銷組合搭配的數據迴歸管理分析（截距 a 的管理意義應用；斜率 b 成長力提升目的的價格策略。）

1. 請說明價格與需求曲線 (demand curve) 之間的關係，並說明有何種行銷策略可以提高價格，亦可刺激需求量。

2. 試評論下列兩種定價方式的思考：

⑴依產品的成本評估後再按各公司的經營結構轉換成為價格，請市場部門加以推廣。

⑵市場部門依照顧客需要擬定產品開發建議案，經設計部門依照市場需求 tone 與特性，交給財務部門擬定成本與售價。

3. 沉沒成本 (sunk cost) 與機會成本 (opportunity cost) 對於成本與價格策略影響度。請加以分析。

4. 廠商使用提高價格策略或降低價格策略時考慮的因素有何不同？對市場佔有率與獲利率兩種策略有何不同的影響？

5. 以行銷組合觀點 (marketing mix) 將價格、通路、產品、促銷做組合式的思考，下列問題可加以討論：

⑴為何低價格的品牌其市場佔有率並不一定較好？

⑵波爾休閒茶與 Mr. Brown 均為休閒式的定位，為何波爾休閒茶市場佔有率遠差於 Mr. Brown？

6. 試說明定價的計量分析程式，並以下列模式說明假設一家廠商生產三種產品 A、B、C，而廠商的利潤公式 $=(P_A-C_A)Q_A+(P_B-C_B)Q_B+(P_C-C_C)Q_C-f$，其中 P_i 是價格，C_i 是變動成本，Q_i 是價格在 P_i 時的銷售量，f 是固定成本。試說明如果廠商想增加利潤，能改變的項目是什麼？試將所有可能列舉出來。

第七章
配銷通路

架構導讀

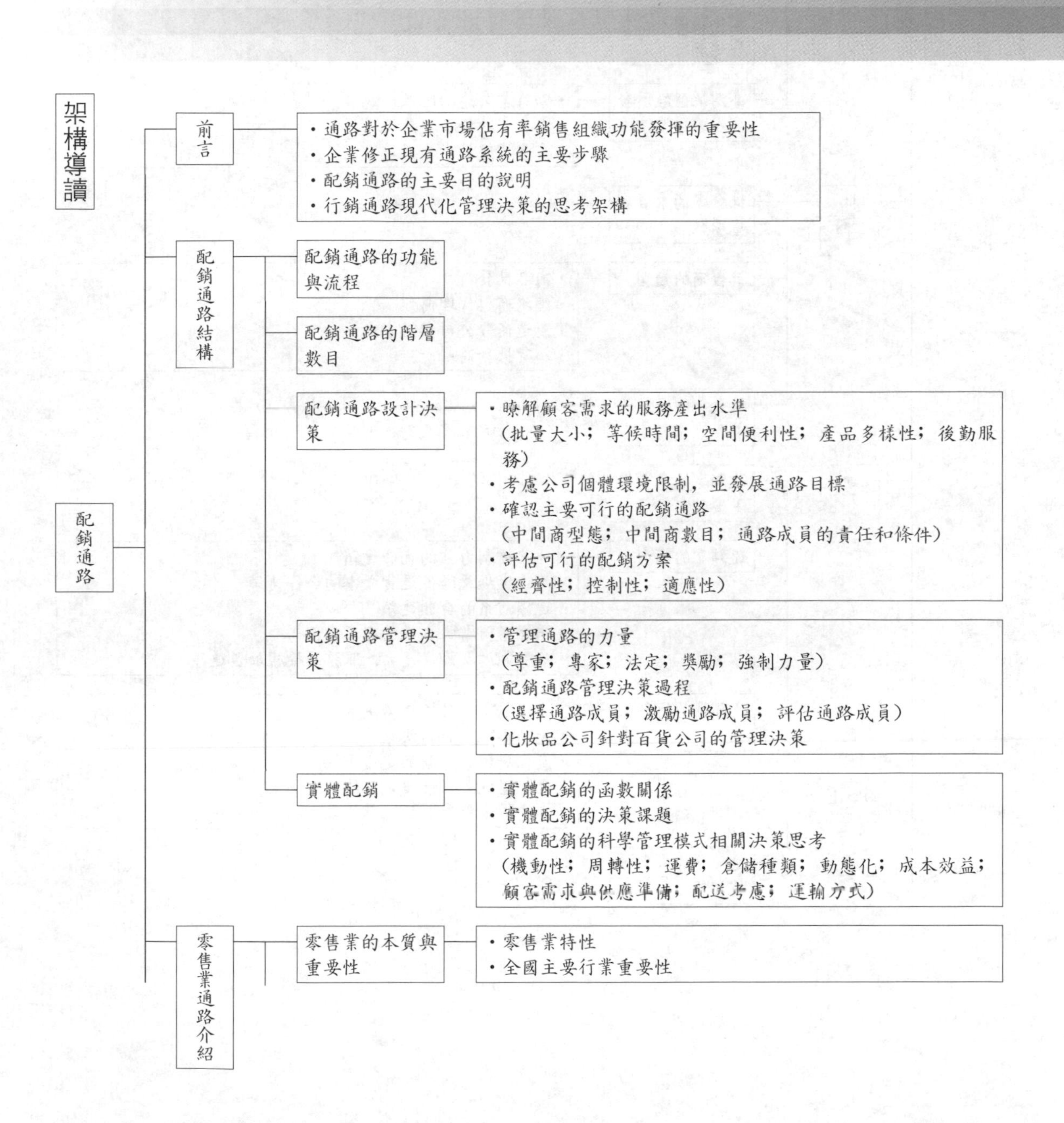

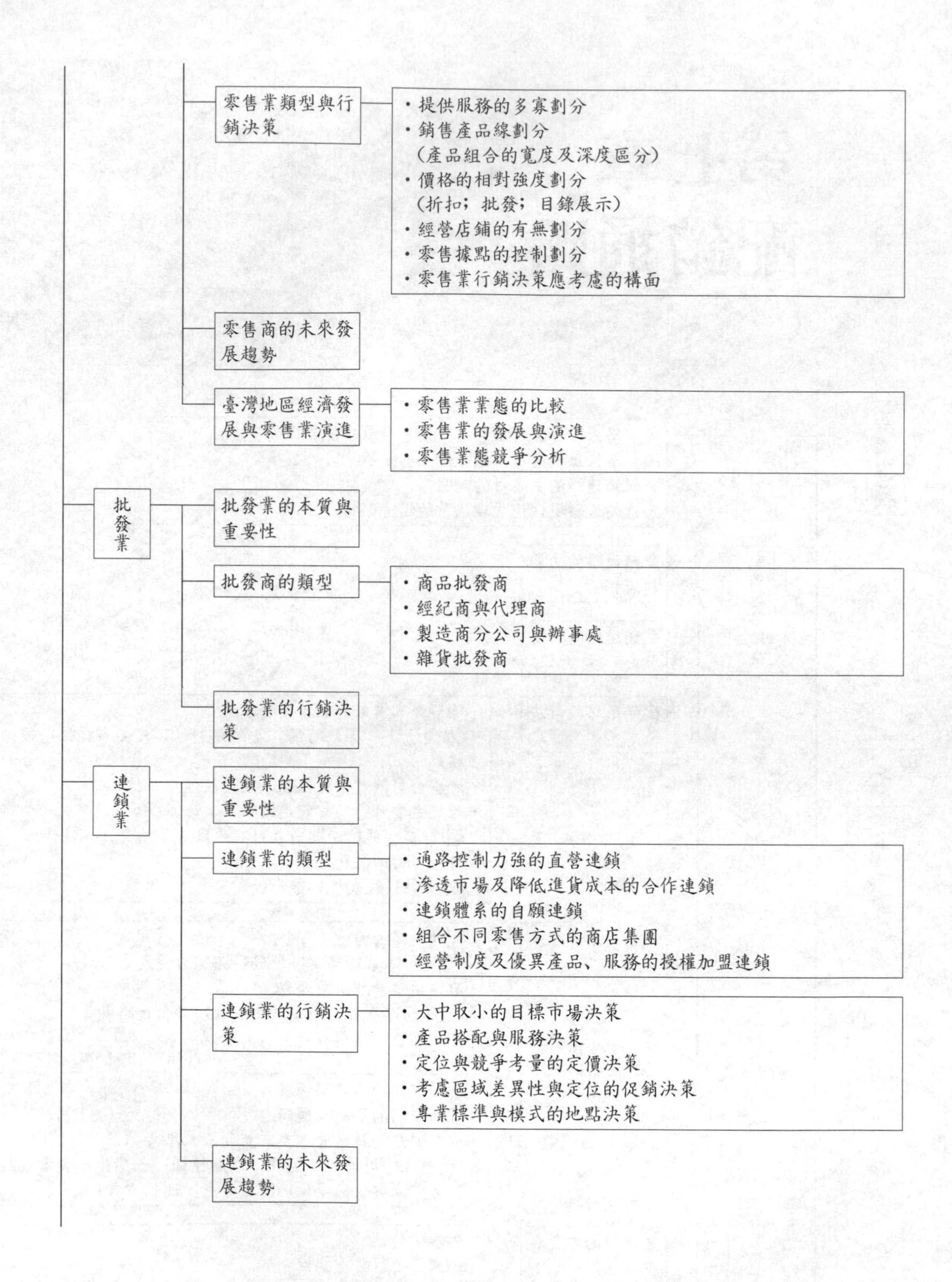
零售業類型與行銷決策
・提供服務的多寡劃分
・銷售產品線劃分
（產品組合的寬度及深度區分）
・價格的相對強度劃分
（折扣；批發；目錄展示）
・經營店鋪的有無劃分
・零售據點的控制劃分
・零售業行銷決策應考慮的構面
零售商的未來發展趨勢
臺灣地區經濟發展與零售業演進
・零售業業態的比較
・零售業的發展與演進
・零售業態競爭分析
批發業
批發業的本質與重要性
批發商的類型
・商品批發商
・經紀商與代理商
・製造商分公司與辦事處
・雜貨批發商
批發業的行銷決策
連鎖業
連鎖業的本質與重要性
連鎖業的類型
・通路控制力強的直營連鎖
・滲透市場及降低進貨成本的合作連鎖
・連鎖體系的自願連鎖
・組合不同零售方式的商店集團
・經營制度及優異產品、服務的授權加盟連鎖
連鎖業的行銷決策
・大中取小的目標市場決策
・產品搭配與服務決策
・定位與競爭考量的定價決策
・考慮區域差異性與定位的促銷決策
・專業標準與模式的地點決策
連鎖業的未來發展趨勢

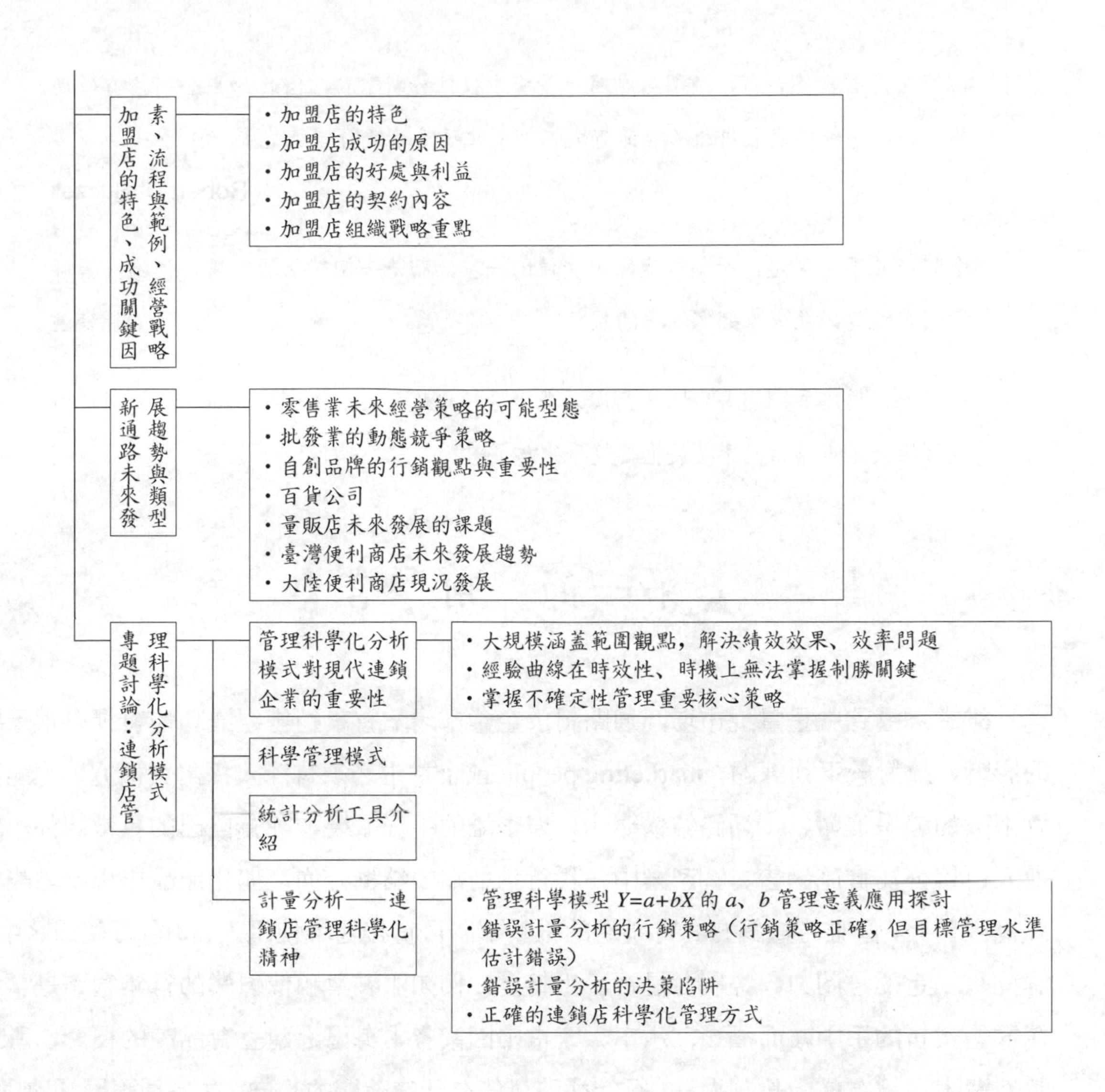
加盟店的特色、成功關鍵因素、流程與範例、經營戰略
・加盟店的特色
・加盟店成功的原因
・加盟店的好處與利益
・加盟店的契約內容
・加盟店組織戰略重點
新通路未來發展趨勢與類型
・零售業未來經營策略的可能型態
・批發業的動態競爭策略
・自創品牌的行銷觀點與重要性
・百貨公司
・量販店未來發展的課題
・臺灣便利商店未來發展趨勢
・大陸便利商店現況發展
專題討論：連鎖店管理科學化分析模式
管理科學化分析模式對現代連鎖企業的重要性
・大規模涵蓋範圍觀點，解決績效效果、效率問題
・經驗曲線在時效性、時機上無法掌握制勝關鍵
・掌握不確定性管理重要核心策略
科學管理模式
統計分析工具介紹
計量分析——連鎖店管理科學化精神
・管理科學模型 Y=a+bX 的 a、b 管理意義應用探討
・錯誤計量分析的行銷策略（行銷策略正確，但目標管理水準估計錯誤）
・錯誤計量分析的決策陷阱
・正確的連鎖店科學化管理方式

由於採行垂直整合時，經理人應將大量資本投注於新業務，因此如果公司沒有確切的把握，不能確定收併後必能節省成本，則此項策略便將一無是處。

Robert D. Buzzell

中間商並不是製造商所創造連鎖中受僱的一環，而是一個獨立的市場，他為一大群的顧客進貨，並成為顧客注意的焦點。

菲力浦麥威

新的配銷通路管理趨勢：結合商圈消費者分析與競爭對手競爭態勢研究。並對商圈進行極大化市場佔有率是最重要競爭態勢策略。

佚名

第一節　前　言

誰掌握通路就是掌握市場，通路對於企業市場佔有率銷售組織功能發揮有很重要的影響，故對於下列課題，marketing people 或企業主必須有深入探討與研究，才能建立不敗的競爭優勢。(1)通路結構變化，如李維的牛仔服裝，除有自己的專賣店外，更邁入百貨公司實施銷售。(2)產業中各種行銷通路的結構分佈，如化妝品市場中除設有專櫃經營外，像雅芳直銷方式有所謂的推銷部隊可直接售予使用人。(3)在行銷通路中，誰擁有一定的控制力，控制力是否發生轉變，例如服裝業和傢俱業的行銷通路是掌握在零售業者的手中，而酒類、汽車、家電則因業者本身已經建立有品牌的概念，所以製造業本身擁有較大控制力。(4)行銷通路可能有什麼改變的趨向，在各種不同通路中，有哪些主要通路的重要性可能逐漸增大，已經有什麼新的通路出現，或可能出現。

1987 年美國著名的商管學報 *Harvard Business Review* 曾提出一篇名為〈顧客導向行銷配送系統〉(Customer-Driver Distribution System)，作者為 Louis W. Stern & Frederick D. Sturdivant，內容主要為企業如何修正現有通路系統，使其邁向更理想境界，有七個主要的步驟：(1)在沒有限制條件下，尋找目標顧客所需要的通路服務。(2)設計出能提供此種服務之配銷系統。(3)評估一個理想配銷系統之可行性與其成本。(4)蒐集公司高級主管對配銷系統的看法與目標。(5)在管理當局的標準及顧客的理想配銷系統兩者之間，就公司的可行方案進行比較。(6)要求管理當局面對現有與理想系統之間所存在的差距事實，在必要時可加以改變。(7)準備可行的計畫案。

企業掌握通路就是掌握市場。通路結構的變化可從臺灣目前行銷零售通路結構變化而加以瞭解。2000 年 10 月經濟部統計資料，商業公司家數為 180,818 家，綜合零售商為 1,500 家，零售業為 165,438 家，批發業為 13,880 家，總家數較 1999 年成長 15%，其中綜合零售業較去年同期減少了 25%。經營體質不佳，逐漸被淘汰，經營體質較佳，仍能創造營業的佳績，以 2000 年 7 月份之營業額而言為 230 億。

本章主要的目的在說明：

⑴行銷通路意義、轉變、管理決策。

⑵百貨公司的品牌定位、競爭優勢、消費行為分析。

⑶連鎖業的分類與未來發展趨勢。

⑷批發業的分類、功能、動態的經營策略。

⑸零售業的分類、行銷決策、未來發展趨勢。

⑹加盟店的關鍵成功要素、契約內容討論、戰略討論。

1. 行銷通路現代化管理決策的思考架構

行銷通路決策已經是二十一世紀企業最重要的決策之一，在未介紹本章內容前，目前通路趨勢管理決策演變已逐漸走向下列模式：連鎖店管理科學化分析模式。目前連鎖店發展已成為重要趨勢，為達到管理科學化的標準，可考慮各連鎖店成長率與階段達成率，利用管理科學分析方法如迴歸分析 (regression analysis) 與相關分析 (correlation analysis) 而達到策略性控制目的。

⑴如圖 7–1，總公司 Y =A1+A2+A3+A4+A5+A6。

a.目前總公司達成值截距為 0.175，成長趨勢為 0.1308（表斜率），資料分析為從

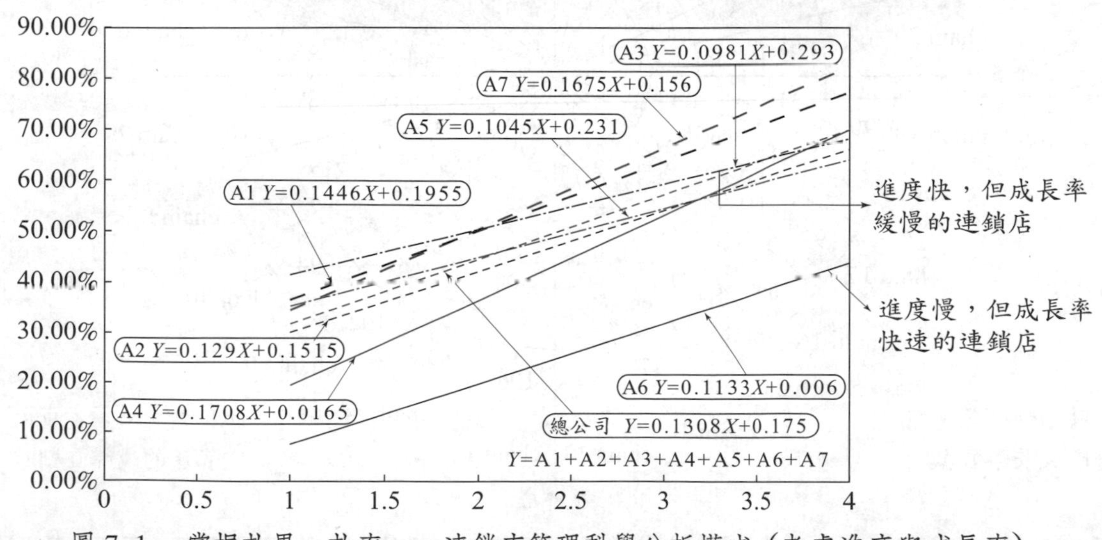

圖 7–1 掌握效果、效率——連鎖店管理科學分析模式（考慮進度與成長率）

連續半個月每日業績的觀察樣本，我們可用每一時期的觀察值而建立迴歸表統計分析如圖 7–1。

b.連鎖店掌握效果、效率的管理模式。

- 在目前進度落後總公司的連鎖店為 A3, A4, A6，則連鎖母公司應採取提升成長率之行銷策略。
- 在目前成長趨勢落後總公司的連鎖店有 A2, A3, A5, A6，則連鎖母公司應採取提升成長率之行銷策略。

⑵圖 7–2 為 26 家連鎖店透過定位分析結合損益分析而得到之圓形圖分析：從中可得知：

- 高業績高費用之連鎖店管理重點。
- 高業績低費用之連鎖店管理重點。
- 低業績高費用之連鎖店管理重點。
- 低業績低費用之連鎖店管理重點。

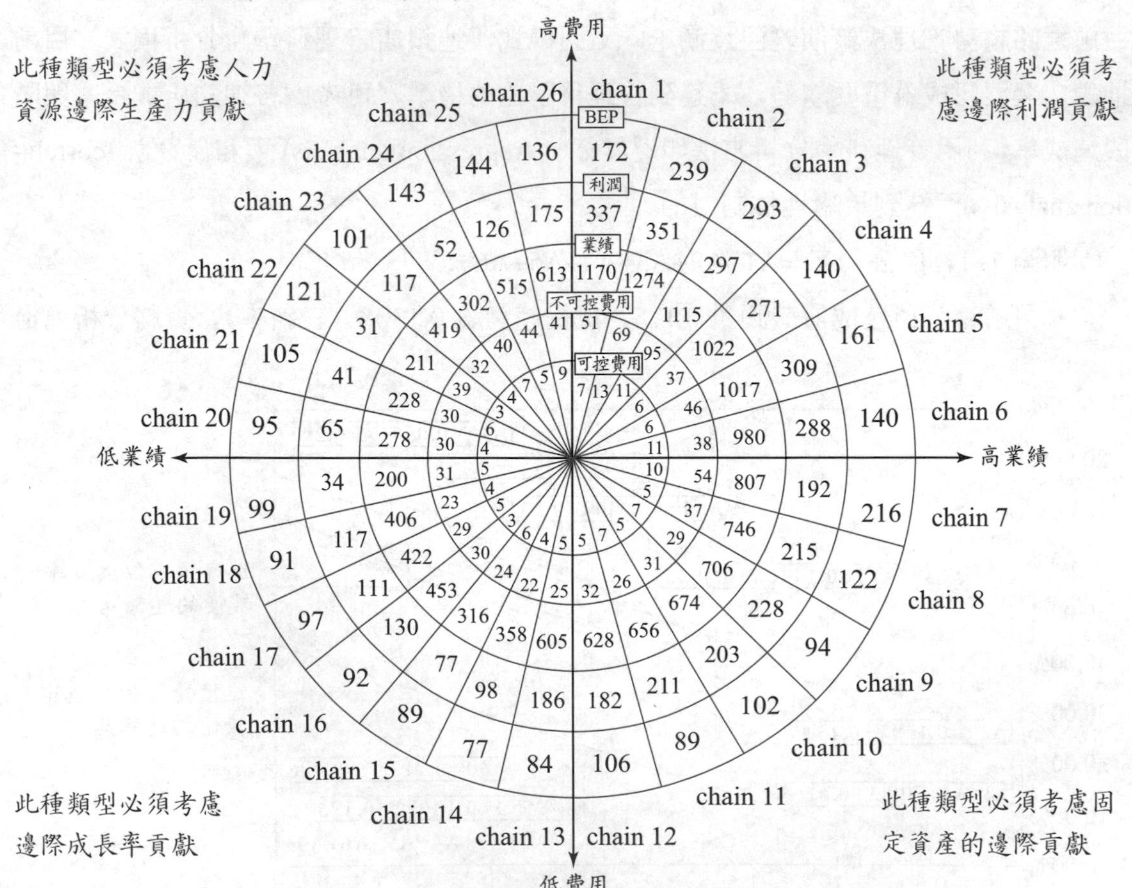

圖 7–2 連鎖店利潤結構統計分析（考慮相關指標：BEP、業績、利潤、可控費用、不可控費用）

⑶表 7–1 根據美國通路管理學者 Rowland T. Moriarty and Ursula Moran 將各種行銷通路的方法與企業需求的任務做交叉式組合分析，建立一套行銷與銷售生產力系統 (marketing & sales productivity system, MSP)，此系統的建立乃以行銷資料庫為中心，它含有許多與顧客、潛在顧客、產品、行銷方案等有關的資訊。依此方式，那麼公司便可成功地結合混合矩陣通路架構與管理系統，而在成本、涵蓋面、顧客化衝突及控制等方面，達到最佳化的地步。

⑷圖 7–3 為美國學者 Miland M. Lee 倡導，依產品的不同的產品生命週期演變而改變其行銷通路，產品生命週期在：a.導入期，可藉由特殊通路吸引早期消費者。b.成長階段，大量通路便可逐漸開始。c.成熟階段，將產品逐漸轉移到較低成本的行銷通路。d.衰退階段，成本更低的通路（如郵購公司、減價商店）便開始出現。

表 7–1 創造需求的任務

行銷通路與方法／經銷商 → 顧客

	領先創意產生	合格的銷售	銷售前服務	完成銷售	售後服務	客戶管理
全國性客戶管理				整合性服務觀念		
直接銷售			大型的顧客			
電話行銷	意見領袖消費者		中型的顧客			
直接郵購					避免認知失調	
零售商店						重視 C.R.M.
配銷商		小型顧客與非顧客				
經銷商與附加價值的零售商		晚期大量使用者				

混合矩陣

資料來源：Rowland T. Moriarty and Ursula Moran, "Marketing Hybrid Marketing Systems," *Harvard Business Review*, November-December 1990, p. 150.

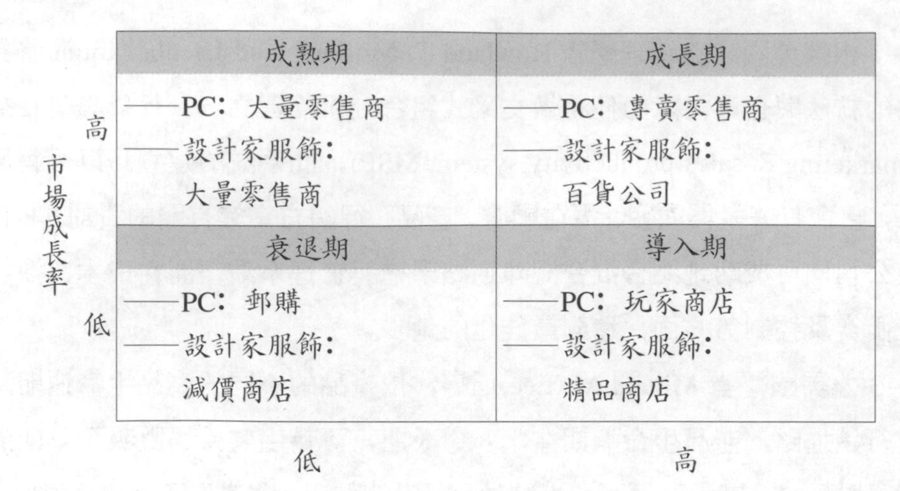

資料來源：Miland M. Lee, "Change Channels During Your Product's Life Cycle," *Business Marketing*, December 1986, p. 64.

圖 7–3　通路的附加價值

⑸圖 7–4 為多重通路與成本結合考慮，透過通路邊界 (channel boundaries) 的確立，可以利用最具成本效益的通路，以接觸不同類型的目標購買者區隔，亦可透過通路邊界的確立來避免各種行銷通路衝突 (channel conflict)。

⑹圖 7–5 為通路設計時考慮的標準經濟性標準 (economic criteria)，控制性標準

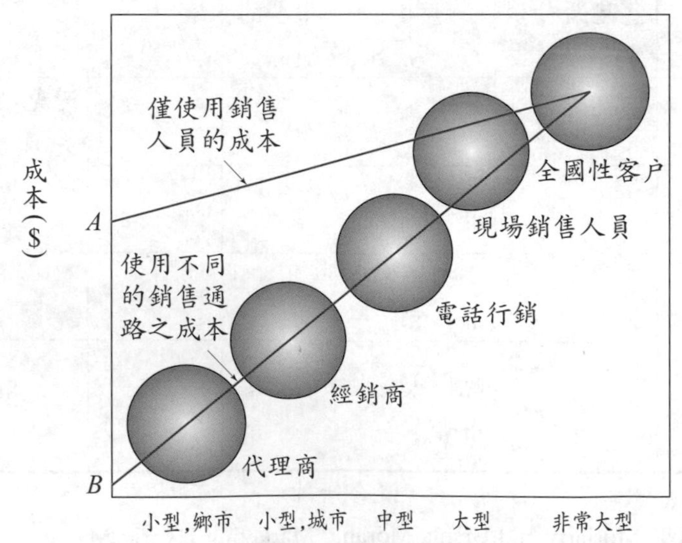

資料來源：Frank V. Cespedes and E. Raymond Corey. "Managing Multiple Channels"*Business Horizons*, July–August 1990, pp.67–77.

圖 7–4　顧客規模大小

(control criteria)，適應性標準 (adaptive criteria)，各種不同行銷通路的成本效益分析，若銷售水準低於 S_B 時，則銷售代理商將是較佳的通路方案，若銷售水準高於 S_B 時，則以成立公司的營業處的方案較優。通常，大廠商或小廠商在較小的銷售區域銷售產品時，因為銷售水準、空間較小，故會採用銷售代理商較為合適。

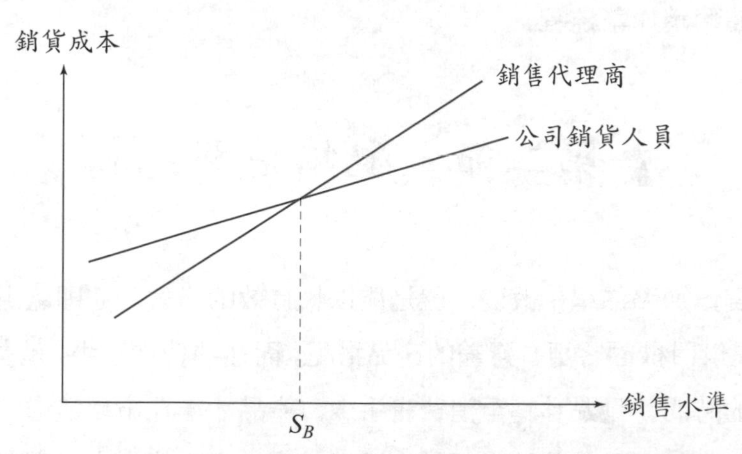

圖 7–5　在公司銷售人員與代理商間做損益平衡點分析

2. 通路變革

行銷通路決策是管理當局所面對的重要決策之一。公司所選定的通路，對於其他行銷決策會有密切的影響。所以，管理人員在選擇通路時，不僅需注意到目前的銷售環境同時也需注意到未來之銷售環境之可能變化。

近年來，經濟快速發展，國人所得提高，消費者的消費習慣逐漸轉變，通路系統也跟著發生許多變革。超級市場逐漸為國人接受，業者以連鎖經營的方式，迅速增加銷售點，並由城市擴展至鄉鎮地區，有取代傳統市場的趨勢。

大型百貨公司相繼成立，開設地點也遍及各大都市，業者並邀請日本百貨業者入股，成為投資伙伴，使得市場瀰漫著火藥味，一場爭奪戰似一觸即發。

便利商店由統一食品與美國南方公司引進，並開設統一超商 7– ELEVEN，接著味全安賓 AM/PM、國產全家福 Family mart、豐群富群 Circle mart、萬海航運日光 Nice mart（後為泰山企業購併改名為福客多）等便利商店系統，陸續進入臺灣，一時熱鬧非凡。

萬客隆批發公司、高峰批發世界 1989 年底陸續開幕，引起批發業的恐慌，其他企業也相繼計畫加入批發陣容，似乎批發業的變革在即。

無店鋪行銷逐漸興起，各大企業陸續投入經營。

事實上，在競爭日益激烈的行銷環境中，消費趨勢逐漸醞釀變化，各企業均欲掌握趨勢，領先同業，而通路的變革，正顯示其重要性，掌握通路，便有助於企業競爭力的提升，以佔取更大的市場。對於行銷通路之特性，可從配銷通路結構之相關要素加以分析配銷通路功能與流程、配銷通路階層數目、配銷通路設計決策、配銷通路管理決策、實體配銷作業流程。

第二節　配銷通路結構

大體而言，通路結構的改變，就是能以較有效的方式，亦即能由經濟活動的組合與分離，來提供目標顧客更有意義的產品搭配。而在消費過程中，消費者需求的產品，必須在適當的時間、地點移轉至消費者手中，產品才能在市場流通，企業才能持續經營；因此生產者無不希望能結合行銷中間機構或者由生產者本身獨自建立——產品的配銷通路，所以，我們將「配銷通路」定義為「將特定產品或服務從生產者移轉至消費者過程中，所有取得產品所有權或協助所有權移轉的機構和個人」。

配銷通路的功能與流程

產品經由配銷通路成員移轉至消費者，可減少生產者與消費者兩者之間在時間、地點……等等的各種差距；因此，配銷通路的成員具有某些功能：

1. 提供市場資訊

消費者對產品的反應，產品的需求變化，價格的動向，流行的趨勢，競爭品牌的資訊……等等，生產者除了以市場調查取得外，可輕易的由通路成員獲得上述資訊。

2. 集中歸類

產品經由配銷通路成員蒐集、歸類、整理、組合，可消弭生產者與消費者對產品需求數量、種類、時間及地點的差距。

⑴蒐集：指通路成員（中間商或批發商）向各個生產相同產品的生產者購買產品，藉以達到大宗購買者的需求。如穀物的大宗市場，須透過通路成員向農民逐家蒐集購買，才能在市場供應大量的穀物。

⑵歸類：是指通路成員（批發商或零售商）因應各個不同的消費市場需求，將蒐集

的大批產品，分裝為小數量的產品，以便適合消費市場。

⑶整理：是指通路成員（批發商或零售商）將其歸類的產品，再按等級、色澤或大小的不同，更進一步的分類，以符合各種不同消費者的需求。

⑷組合：是屬於零售商的功能，是指依消費者的需要分別購進各種不同的分類產品，以便消費者可依不同的品牌、價格或產品式樣等等來購買所需要的產品。

3. 減少總交易次數

通路成員的介入，不僅可減少交易次數，且可降低分配費用。例如 3 家不同的生產者，要將其產品賣給五個消費者，若無零售商，則生產者必須與消費者直接交易，則交易次數為十五次 (5×3=15)，若零售商介入，生產者只須與零售商交易，消費者也只須與零售商交易即可，故交易次數僅為八次 (3+5=8)。

4. 資金融通

對生產者而言，若無通路成員的介入，可能會因為生產過程及銷售過程中所需資金的積壓，使他無法繼續從事生產的工作，所以在整個交易活動中，由於各階段通路成員的介入，來分擔生產與銷售過程中的資金積壓。

5. 產品儲存與配送

通路成員的介入，可增加產品儲存量，與配送區域的廣度，以達到適時提供產品的目的。

6. 風險的分擔

產品由生產者移轉到消費者的過程中，可能會產生破損、腐敗、變質的損失風險，也可能因價格下降、過時、倒帳而導致損失，但隨著通路成員介入，成員級數越長，風險轉移至通路成員便愈大。

構成配銷通路的中間機構可形成幾種不同類型的通路流程，重要的有實體流程，所有權流程，付款流程，訊息流程和促銷流程。

⑴「實體流程」：指由原料至最終顧客的實體產品流通過程。

⑵「所有權流程」：指產品所有權，由某一通路成員至另一通路成員的流通過程。

⑶「付款流程」：指顧客透過銀行或其他財務機構付款給通路成員的流程。

⑷「訊息流程」：指在通路組織中訊息的交流過程。

⑸「促銷流程」：指通路系統上促銷影響力的傳送過程。

以普銷市場的製造商為例；如圖 7–6，在整個流程中，通常是一個個階層的逐級傳送，但仍有並行的狀況產生；如在促銷流程中，製造商可向經銷商促銷，也可直接對顧客做促銷，來影響經銷商。

圖 7–6　普銷市場不同行銷通路流程

配銷通路的階層數目

配銷通路可依成員層數加以區分。每一個成員都負責執行某些通路工作，因此凡是使產品及所有權更接近最終消費者的成員，都構成一個通路階層。另外，生產者與最終消費者都有執行某些通路工作，所以他們均屬於通路的一部分。我們依據通路成員的階層級數來決定通路的長度。

(1)零階通路：又稱為直接行銷通路，由製造商與消費者構成。例如自來水公司直接銷售給家庭用戶或工業用戶，銀行將其服務直接銷售給顧客。

(2)一階通路：包含一個中間機構，在消費市場通常是零售商，在工業品市場通常是代理商或經紀商。

(3)二階通路：包括了二個中間機構，在消費品市場通常是批發商和零售商，在工業品市場通常是代理商與經銷商。

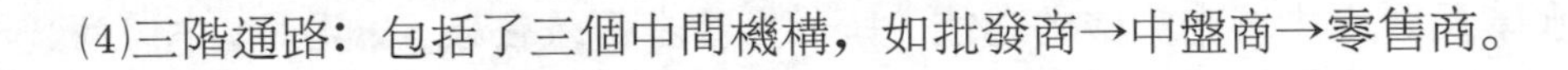
(4)三階通路：包括了三個中間機構，如批發商→中盤商→零售商。

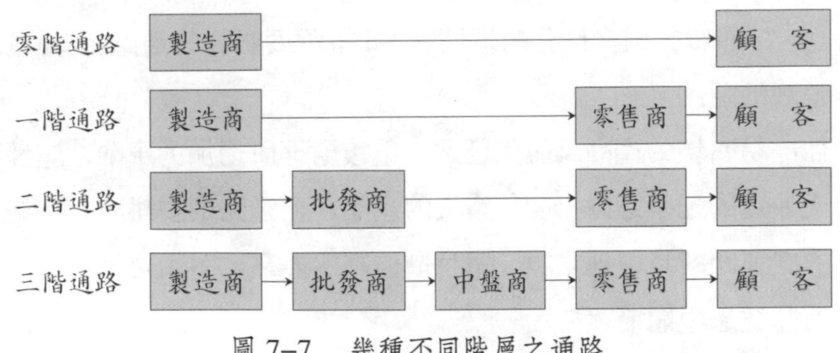

圖 7–7 幾種不同階層之通路

此外，還有更高階的通路，但比較不常見，從製造商的觀點來看，通路的控制問題會隨著階層數目之增加而升高，製造商通常只能顧慮到較接近他本身的通路階層。

配銷通路設計決策

設計行銷通路的首要步驟必須要先瞭解目標市場顧客購買什麼 (what)，如何購買 (how)，何處購買 (where)，何時購買 (when)，為何購買 (why)，亦就是要瞭解顧客需求的服務產出水準 (service output level)，大抵要思考下列項目：批量大小 (lot size)，等候時間 (waiting time)，空間便利性 (spatial convenience)，產品多樣性 (product variety)，後勤服務 (service backup)。

通常企業開始經營時，多從當地或地區性市場切入，因資本有限，所以大都利用現有的中間商，這時最佳的行銷通路可能已不是問題，而是如何說服現有的中間商願意銷售你的產品。

如果你的企業經營成功了，它將延伸至其他新市場，可能使用不同型態的行銷通路；在規模較大的市場，可能要透過經銷商；在鄉鎮地區，可能透過雜貨店；在另一地區，可能透過所有願意銷售該產品的中間商。因此，生產者的通路系統必須能適切地反應當地的狀況及機會。

所以，通路設計除了須建立通路的目標及限制，確認主要可行的配銷通路外，對於各通路成員亦須加以評估。

1. 建立通路的目標和限制

有效的通路規劃，首先須決定公司所欲達到的市場及目標，這些目標包括所欲達到的顧客服務水準及要由中間商完成的功能。每一生產者都須在顧客、產品、中間商、競爭者、公司政策以及環境的限制下發展其通路目標。

⑴顧客特性：當顧客數目多且分配區域廣大時，需要較長的通路。顧客數目不多時，可使用較短的通路。

⑵產品特性：易腐壞的產品為避免延遲、重複處理所增加的風險，應採取直接行銷的方向或較短的配銷通路。體積龐大的產品，在通路的安排時，應減少生產者至消費者的搬運距離及處理次數。單位價值高的產品，多由企業自己的銷售人員來銷售，而非透過中間商。

⑶中間商的特性：通常中間商在處理促銷、儲存、連繫和資金融通上，各具有不同的能力，所以，通路設計時要能因應各種任務執行，中間商所需的優缺點，而去思考通路目標的設定。

⑷競爭者特性：競爭者的通路特性，會影響公司的競爭策略擬定，通路的設計須與公司的競爭策略緊密結合；是採取與競爭者相同的通路且是在緊臨的貨架上；抑或是採取完全不同的通路，以便滲透市場或直接攻擊市場。

⑸公司特性：公司特性在選擇通路時扮演了極重要的角色。公司的規模決定了目標市場的大小和獲得理想經銷商的能力。企業的財務狀況決定了哪些配銷功能由公司本身來做，哪些交給經銷商去執行。公司的政策更是直接影響到通路的設計，如一項為顧客快速運送的政策，將影響到生產者要中間商承擔的功能，以及最終階段通路出口的數目、存貨量及選擇的運輸工具。

⑹環境特性：當經濟蕭條時，生產者希望運用最經濟的方式將產品送到市場上，可能採取較短的通路，並減少不必要的服務。

2.確認主要可行的配銷通路

公司若已經確定其目標市場及所期望的市場定位，再來就是確認幾個主要可行的配銷通路。一個可行的配銷通路，首先要確定中間商的型態，其次決定中間商的數目，最後擬定通路成員間的責任與條件。

⑴中間商的型態：公司首先得確定需要哪些型態的中間商來完成通路工作；如在工業品市場，生產者可以由公司人員直接銷售、代理商或經銷商來銷售產品。

⑵中間商的數目：因應公司的競爭策略及通路目標，公司必須決定每一階層的中間商數目，其可行策略有：

a.密集性配銷：指盡可能將產品置於通路出口，使產品具有地點效用；通常便利品或一般原料的生產者會採用此種配銷方式，如香煙，從一般便利商店、雜貨店，以至檳榔攤都可見到香煙的販售，可見它擁有的中間商數目是多大。

b.獨家性配銷：指少數經銷商，在各自的銷售地區內被保證擁有獨家銷售該公司產品的權利，生產者同樣地也會要求經銷商不得銷售其他競爭者的產品。例如汽車、家電、某些品牌的服裝，都可見到這種獨家配銷的方式。獨家配銷的方式，經銷商在銷售較積極用心，生產者在定價、促銷、融資以及服務政策有較大的控制力，另外獨家配銷可加強產品的形象，並且獲得較高的毛利。

c.選擇性配銷：是介於獨家配銷與密集配銷之間的配銷方式，指利用一個以上但非全部願意銷售公司產品的中間商。有條件的選擇中間商，一方面有助於雙方面的工作關係，另一方面在銷售努力程度上，也會高於一般水準。選擇性配銷方式能夠使產品具有適當的涵蓋面，也有較大的控制力，而且比密集配銷的成本更少。

⑶通路成員間的責任和條件：生產者必須決定通路成員間的相互條件及責任，在通路運作中，最重要的因素有價格政策、銷售條件、地區配銷權及每一成員應履行的特定服務。

3.評估可行的配銷通路

生產者若已確認幾個可行的通路後，須對這幾個通路進行評估，並選出一個最能滿足公司長期目標的配銷通路。然在評估可行的配銷通路時，須考慮以下因素：

⑴經濟性 (economic criteria)：每一可行的配銷通路都將產生不同水準的銷售量及成本，應在銷售量及成本間，在考慮過長期目標後，選擇一最佳銷售量及成本組合的可行通路。

⑵控制性 (control criteria)：對幾個可行之配銷通路的控制層面，也應加以考量。因為中間商在以自己利潤極大化下，可能忽略了某特定製造的重要顧客，或者不願意積極配合製造商的行銷策略。

⑶適應性 (adaptive criteria)：每一種通路在合約上都有銷售期間的約定，因而失去某些彈性；在合約期間內若其他的銷售方式較為有效，但由於合約的限制，卻不能捨棄原有的中間商不用。所以，如果行銷通路受長期合約之約束，那麼它在經濟性與控制性的標準，必須特別優於其他可行的配銷通路。

配銷通路管理決策

力量 (power) 是指通路中某一成員促使另一成員執行一些原本未做好之能力。而製造商必須倚賴某些力量來源，以獲得中間商的合作。這些力量包括：尊重力量 (referent power)，專家力量 (expert power)，法定力量 (legitimate power)，獎勵力量 (reward power)，強制力量 (coercive power)。對公司而言，中間商大都是屬於公司外部的法人組織，故在配銷通路中，匯合了一群有別的組織體，為相互的利益結合為一體，依公司的行銷策略來滿足消費者的需求。所以，公司必須對配銷通路作有效的管理，例如圖 7-8 為化妝品公司針對百貨公司的通路管理決策，包括如何選擇、激勵、評估通路管理的作法。如針對業績達成率高、商品迴轉低的百貨通路，其管理重點為確實達成業績目標率，針對業績達成率低、商品迴轉高的百貨通路，其管理重點為強化成長率與提高產品組合正確性。

配銷通路管理決策過程如下：

1. 選擇 (selected) 通路成員

製造商吸收合格的中間商作為通路成員的能力不一，有些廠商不費吹灰之力就可找到中間商。有些廠商得費盡心血，才能找到所期望的中間商數目。例如生產食品的小廠商常會發現它很難在食品店的陳列架上佔得一席之地。

不論生產者徵求中間商難易與否，他們都必須分辨中間商的優劣。例如中間商歷史的長短、銷售的產品項目、成長及獲利記錄、償債能力、合作性及聲譽等等都可作為評估的準繩。若公司準備給予獨家配銷權時，必須評估其店址適當與否？未來的潛力如何？以及顧客的型態如何？

2. 激勵 (motivated) 通路成員

生產者與中間商為兩個不同法人組織，各為其相互利益而結合，但雙方的立場卻非完全一致。例如生產者經常批評中間商「無法專注於某一品牌，銷售人員產品知識欠佳，忽視某些顧客，沒有善用製造商的廣告……等等」，而中間商卻是「並非受僱於製造商，他自己決定經營方式，進行為達到自己目標的功能，對於顧客要購買的任何產品，中間商都有興趣銷售……等等」。

所以，各生產者在處理和中間商的關係上並不相同，主要可區分為三種：

(1)合作：由製造商對中間商提出各種激勵手段，例如較高的利潤、贈品、合作廣告

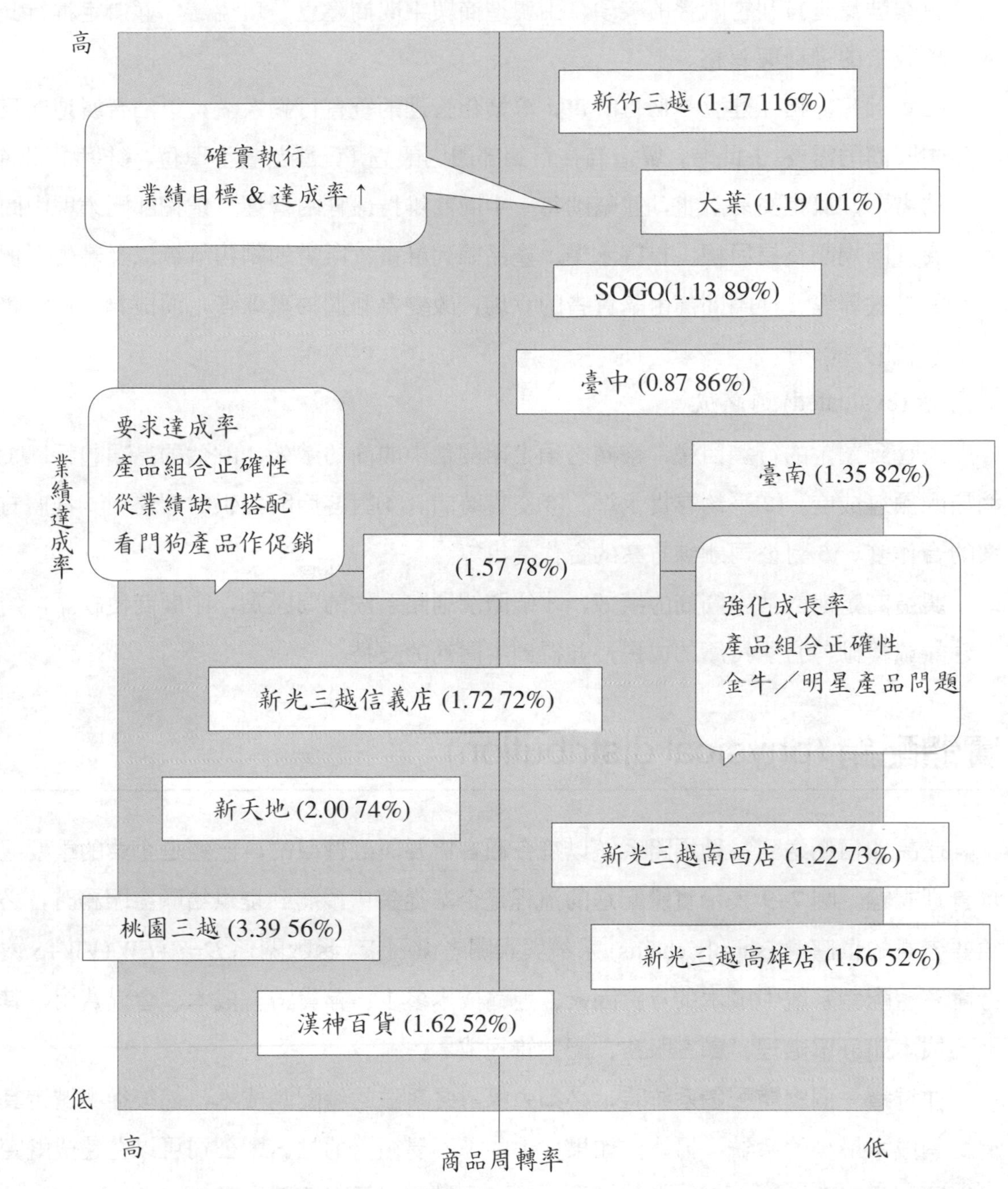

圖 7–8　2003 年化妝品公司針對百貨公司的通路管理決策（各櫃商週率比較分析圖）考慮業績達成率高低情形與商品周轉率高低（庫存／銷售）

津貼、陳列津貼及銷售競賽等等；如果正面的激勵手段不能收到效果，製造商會採取一些制裁手段。例如降低銷售利潤，削減服務或終止契約關係等等。

⑵合夥：針對經銷範圍、產品供應、市場開發、爭取客戶、服務提供及技術指導等

有關涉及雙方利害關係的事項，由製造商與中間商建立一項協議，並擬定推行此項政策的權利與義務。

(3)配銷計畫：指「建立一個有計畫、專業化管理的垂直行銷系統，以結合製造商及中間商的需要。」此時，製造商在行銷部門內設立「配銷計畫」單位，針對中間商的需要，擬定交易計畫，並幫助每一中間商維持最佳的營運。這個部門須與中間商共同規劃交易目標、存貨水準、產品陳列計畫、所需的銷售訓練以及廣告、促銷計畫等等。使中間商由購買者的立場，改變為利潤的贏取者，而成為垂直行銷系統的一部分。

3. 評估 (evaluated) 通路成員

為達到預定的行銷目標，廠商必須定期評估中間商的績效，評估的品項包括：(1)銷售配額達成度。(2)平均存貨水準。(3)交貨時間。(4)對客戶所提供的服務。(5)推廣方案的合作度。(6)對公司訓練方案的合作度等等。

製造商定期評估中間商的績效，才能瞭解通路系統的問題點，中間商優缺點，給予建議或獎勵，方能持續的成長，並得到中間商的支持。

實體配銷 (physical distribution)

產品如何配送到各種通路系統以符合顧客需要與經營目的，已經是企業的重要經營管理課題。圖 7–9 表示實體配送的流程是企業從銷售預測到提供給顧客服務時，必須要考慮的供應鏈 (supply chains) 系統與相關考慮因素。函數關係 $D=T+FW+VW+S$ 為考慮實體配銷系統中成本的考慮因素、運輸成本多少、存貨持有成本、倉儲費用，其他的成本如訂單處理、顧客服務、配銷管理成本。

在選擇一個實體配銷系統時，必須先探討各系統的總配銷成本，然後從中選定其總配銷成本最少的系統。另外，如果式中的 S 不易衡量的話，則公司可以在達成既定目標顧客的服務水準之下，求配銷成本 $T+FW+VW$ 之最小值。

以下我們將分別探討下列幾個主要的決策課題：(1)如何處理訂單（訂單處理決策）？(2)存貨應存放在何處（倉儲決策）？(3)應保持多少的存貨水準（存貨決策）？以及(4)貨品如何裝運（運輸決策）？而這些決策考慮因素可由企業實體配銷如圖來考慮其目標。

最適訂購量的考慮因素可由訂單處理成本與存貨持有成本在各種不同的訂購水準，求其總和最低者而決定。

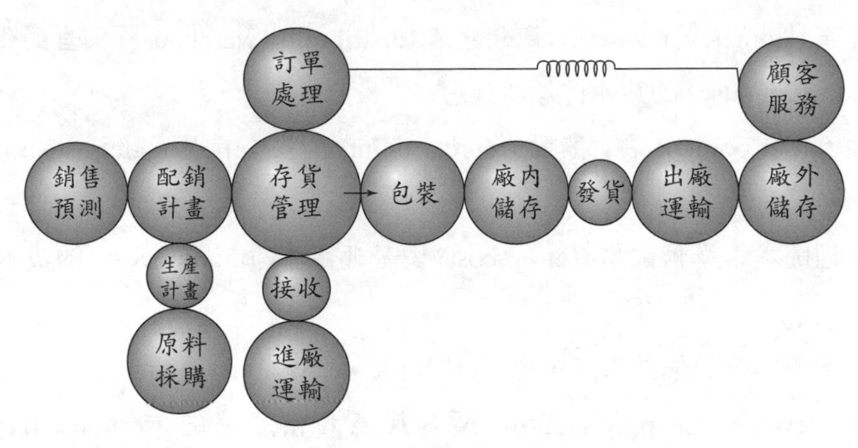

圖 7–9　實體配銷

$D=T+FW+VW+S$

D= 該系統的總配銷成本

T= 該系統的總運輸成本

FW= 該系統的總固定倉儲成本

VW= 該系統的總變動倉儲成本（包括存貨）

S= 在該系統下，因平均運送延遲所造成的銷售損失之總成本

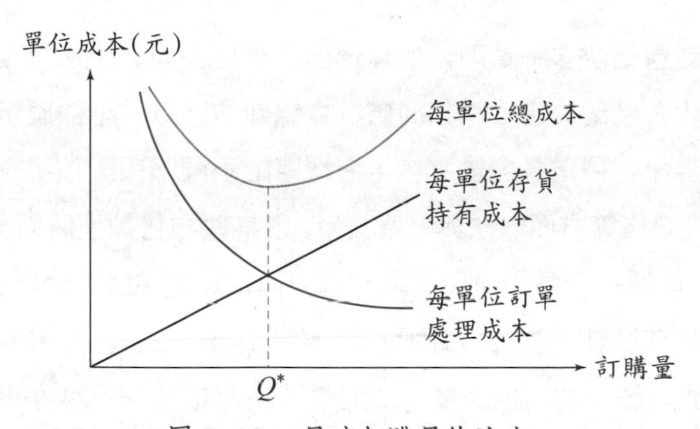

圖 7–10　最適訂購量的決定

實體配銷的科學管理模式相關決策思考，另可由下列構面做延伸性研讀：

(1)廠內配銷 (inbound distribution) 與廠外配銷 (outbound distribution) 機動性的決策思考。

(2)訂單匯款周轉率週期思考 (order-to-remittance cycle)。

(3)私人倉庫 (private warehouse) 與公共倉庫 (public warehouse) 運費決策思考。

(4)儲存倉庫 (storage warehouse), 配銷倉庫 (distribution warehouse) 與自動化倉庫 (automated warehouse) 的倉庫種類決策思考。

(5)訂單點 (order point), 再訂購點 (reorder point) 與安全存量 (safety stock) 的動態化決策思考。

(6)訂單處理成本, 準備成本 (set-up cost) 與營運成本 (running cost) 的成本效益決策思考。

(7)顧客需求與供應準備的決策思考, 如即時生產方式 (just in time), 預測式供應系統 (anticipatory-based supply chain), 顧客反應式供應系統 (response-based supply chain) 與快速回應系統 (quick response system)。

(8)選擇產品配送考慮的決策思考如速度 (speed), 頻率 (frequency), 可靠性 (dependability), 運輸能力 (capability), 可及性 (availability) 與成本 (cost)。

(9)運輸方式的決策思考, 如契約式承運 (contract carrier) 與一般承運 (common carrier)。

第三節 零售業通路介紹

商店式零售商包括許多種類型, 如專賣店、百貨公司、超級市場、便利商店、超級商店、綜合商店、特約商店、折扣商店、倉儲商店, 以及型錄展示店等。這些商店型態各有不同的壽命, 目前各處於零售生命週期的不同階段。依據零售輪迴說法, 如果在品質、服務或價格等方面無法與同業競爭, 則某些零售類型將面臨被淘汰的階段。

臺灣自 1979 年統一食品公司與美國南方公司, 以 7–ELEVEN 便利商店在臺灣經營, 經過持續數年的虧損; 隨著經濟的發展, 國人在所得提高下, 夜間活動逐漸增加, 消費時間隨著變動, 統一超商也改變它的經營策略與定位——24 小時營業, 全年無休的經營型態, 並快速增加它的銷售點, 正好提供了時間與地點的便利性; 於是, 統一超商轉虧為盈, 成為零售業的巨無霸, 引起一般雜貨鋪的恐慌, 更吸引其他產業介入便利商店的經營——國產汽車的全家福 Family mart、味全安賓 AM/PM、萬海航運日光 Nice mart (後為泰山企業購併改為福客多)、豐群富群 Circle mart 等, 形成便利商店的戰國時代。

零售業的本質與重要性

零售指「包括所有直接銷售產品或服務給予最終顧客，作為個人或非營利用途的各種活動。」消費品是零售業的標的物，工業用品的銷售不包括在零售的範圍之內；消費品是指產品與服務而言；例如汽車、冰箱、食品、服飾、家電修理、人壽保險、醫生的診療等等。零售的銷售方式包含店鋪銷售與無店鋪銷售，後者係指利用自動販賣機、挨家挨戶、或郵購等等的銷售方式。

一般零售業具有下列特性：(1)直接與消費者接觸。(2)提供時間便利性。(3)購買少量、頻度高。(4)提供地點便利性。(5)投資僅須少量資金。

零售業是全國主要的行業，它所僱用的員工總數，它的銷售總值，都佔有重要地位與影響力；試想遠東百貨、統一超商、麥當勞、旅館業，它們的僱用員工數、銷售值，以及它們在你生活中所提供的產品與服務，即可知它們的重要性了。

零售業的類型與行銷決策

零售商數目極多，型式及規模不一，且由於零售所承擔的配銷功能可經由不同方式的組合，而產生新型的零售機構。例如金石堂經營型態由書籍文具，又再加入服飾的販售。

零售商的分類可依據：(1)所提供服務的多寡。(2)所銷售的產品線。(3)價格的相對強調度。(4)經營店鋪的有無。(5)銷售據點的控制程度。如表 7-2。

1. 依所提供服務多寡劃分

不同的產品需要不同的服務，而不同的顧客所偏好的服務程度也有差異。

(1)自助服務：顧客為了價格因素願意以自助方式來完成「尋找→比較→選擇」的購買程序，採取這種服務的方式，特別是用在便利品、全國性品牌、或快速流動的選購品上。

(2)有限度服務：它能提供較多的服務協助，這是因為消費者需要更多的資訊去選購產品，例如家電、服飾，當然隨著服務增加、營運成本跟著增加，售價自然也較高。

(3)完全服務：顧客在「尋找→比較→選擇」的過程中，銷售人員隨時準備提供必要

表 7–2　零售商店的幾種分類型態

依所提供服務之多寡	依銷售之產品線	依價格之相對強調程度
完全自助 有限度服務 完全服務	專賣店 百貨公司 超級市場 便利商店 混合商店、超級商店與特級商店 服務零售業	折扣商店 批發商店 目錄展示商店
依經營之店面有無	**依零售據點之控制**	**依商店聚集之型式**
郵購與電話訂貨零售 自動販賣 購貨服務 到府零售	所有權連鎖 自願連鎖與零售商合作社 消費合作社 特許加盟組織 商店集團	中心商業區 購物中心區 社區購物中心 鄰近購物中心

的服務，例如專賣店或高級百貨公司，這種商店營運成本高，零售價也高，但近年來這種零售業已日漸式微。

2.依銷售產品線劃分

根據產品組合的寬度及深度可區分幾種主要的商店型態，其中最主要的有：(1)專賣店。(2)百貨公司。(3)超級市場。(4)便利商店。

(1)專賣店：產品線窄而長，例如服飾店、運動器材店、傢俱店等。由於市場區隔細分化，目標市場的選擇以及產品專門化的採行日廣，專賣店將日漸增加。

(2)百貨公司：百貨公司是以部門化為組織架構的大型零售業，它銷售許多的產品線，且各產品線互為獨立營運，如服飾、家用產品、化妝品等等，提供消費者多樣的選擇，且提供一次購足所需要產品的便利性，隨著經濟的發展及百貨公司增多，競爭日益激烈，及其他類型的零售商出現，百貨公司的經營型態也跟著轉變，如食品街的出現、超級市場加入百貨公司等等；盡管如此，百貨公司仍繼續尋求更佳途徑，來提升它的競爭力，以維持它的成長。

(3)超級市場：指一個大型、低成本、薄利多銷、採自助方式販售的零售業，其主要在「提供消費者所需要的食品、清潔用品及家用器具等」，在經濟成長發展下，有逐漸取代傳統市場的趨勢。而且超級市場經營的品項也逐漸增多，並以連鎖經營，擴大經營店面，強化服務及提供設備，以提升競爭力。此種食品零售業已擴及其他產品，如藥品和玩具。

⑷便利商店：指以出售周轉率高的便利品，且營業時間較其他零售店長的商店。如統一超商、全家、萊爾富、福客多等等。這種商店提供了時間及地點的便利性，目前便利商店設點位置，逐漸轉移至鄉鎮區中心，並與加油站結合，提供服務，如代客傳真、郵寄等等，以取得「你的好鄰居」的企業形象。

3.依價格的相對強度劃分

以低成本、低服務，並以低於正常價格來銷售其產品，主要的商店型態有：折扣商店、批發商店、目錄展示店。

其特徵：經常以較低的價格銷售產品，強調全國性品牌，採取完全自助式經營，租用較低廉地段的零售店。其差異點主要是在販售方式的差異；目錄展示店——除了樣品展示外，還採取郵寄目錄方式經營；批發商店——以倉庫為經營地點，以量制價；折扣商店——與一般商店類似，只是價格較低，服務較少。

以上三種零售店，在臺灣步入成長階段，經營特徵並不完全一致，如全國電子、上新聯晴、和高電器、泰一電器等家電量販店有類似而已，另外，三商行經營之目錄郵寄也是進入成熟時期。

4.依經營店鋪的有無劃分

絕大多數的產品和服務是透過店鋪銷售出去的，而近年來「無店鋪銷售」正在快速成長當中；無店鋪銷售之銷售型態有：郵購、電話訂購、自動販賣機、到府零售及家庭銷售會等等。

⑴郵寄目錄：係指銷售者將目錄郵寄給事先挑選的顧客。目前各大百貨公司均致力開發郵寄業務，以提供更有效時間便利；另外，其他產業也逐漸採取郵寄目錄的銷售方式，以增加銷售量；例如畫廊、服飾業等等。

⑵自動販賣：係指利用自動販賣機，投入特定的交易媒介（如硬幣或電腦記錄卡），而完成產品或服務的銷售；例如自助洗衣、電動遊樂器、自動計時停車器均屬之。在國內，自動販賣機仍以飲料為大宗，但由於「道路管理規則」的規定，擺設不當，往往會慘遭沒收，所以業者先以休閒遊樂場所及公共場所等作為經營重點；未來，自動販賣在法律規定制定完成後，將快速成長，成為零售業的重要一環。

⑶家庭銷售會：係指利用社區或團體裡的意見領袖出面邀請，舉行聚會或派對來銷售產品。藉由輕鬆愉快的氣氛，來推薦或示範產品，較不會形成銷售壓力，比較適合隱密性、複雜性須要示範講解的商品，如內衣、健康食品等。

5.依零售據點的控制劃分

零售店依據點控制可劃分為：連鎖店及獨立經營的商店。連鎖店──我們將在第五節中再作詳細說明。至於獨立經營的商店指零售店的所有權及經營控制權均屬一個人所有，在國內幾乎大多數的零售店都是獨立經營的零售店，如雜貨店、服飾店、食品店等等。

6.零售業的行銷決策應考慮的構面

零售商是面對最後消費者的通路成員，其主要的行銷策略有：⑴目標市場。⑵產品搭配與服務。⑶定價。⑷促銷。⑸地點。以下逐一說明：

⑴目標市場決策：零售商首先必須剖析目標市場，並決定其在目標市場應如何定位；而它的產品搭配、服務、定價、廣告、店面裝潢以及其他決策，都必須一致支持零售商在其區隔市場的定位。例如麥當勞速食店──兒童是其主要市場，它便塑造了麥當勞叔叔及快樂氣氛的企業形象，在店內裝潢中加設兒童遊樂區，它的廣告及促銷皆以麥當勞叔叔與兒童愉快興奮的食用它的產品。

⑵產品搭配與服務決策：零售商須決定三種主要的產品變數──產品搭配、服務組合及商店氣氛。

零售店的產品搭配必須配合其目標市場的需求，它必須決定產品搭配的寬度與深度及產品品質的高低；以及要提供顧客什麼樣的服務組合；最後，它必須決定塑造怎樣的商店氣氛。例如自助餐廳──寬而淺的產品搭配，僅給予少量的服務或完全自助，在商店氣氛上以明亮、乾淨、簡潔、快速，在餐飲業中別樹一格。

⑶定價決策：零售商的價格是一重要因素，它反應出其產品品質與服務水準。零售價的高低係取決於產品的成本，因此採購是零售成功的重要因素，除此之外它們謹慎的決定價格。例如統一麵包加盟店，即是為了達到以量制價，來降低進貨成本，所結合而成的。

⑷促銷決策：零售商常使用廣告、人員銷售、銷售推廣及公共報導等一般促銷工具來接觸消費者。零售商利用報紙、雜誌、廣播及電視，也時常使用直接信函或散發傳單；人員推廣需要妥善的訓練銷售人員，使其瞭解如何接待顧客，滿足顧客的需求，並處理疑問與抱怨；銷售推廣包括了展示活動、點券贈送、摸獎……等等；公共報導通常以提升企業形象或告知促銷活動為主。

⑸地點決策：零售地點的選擇是零售吸引顧客的主要競爭武器，而且建造或租賃店面所花費的成本對該店的利潤也有很大的影響；因此地點決策是零售商的重大決

策之一。小型零售商可能自行評估選擇地點，大型零售商則可能聘用專家進行開店地點的評估與選擇。

零售商的未來發展趨勢

人口成長與經濟發展的趨緩，表示零售商不能再依靠現有或新市場的自然擴張而達到銷貨與利潤的成長，成長必須來自市場佔有率的增加。但是來自新零售商及新零售方式的競爭，將會使零售商不易維持現有的市場佔有率。消費者的人口統計變數、生活型態和購物態度變化迅速，同時零售市場愈分愈細，零售商必須審慎選擇目標市場及定位，才能成功。

資金、人工、能源和商品研究發展的不斷提高，使得有效率的作業和優良的採購成為成功零售的基礎。另外，電腦化結帳和存貨控制等新科技發展，將提高零售業的效率，並提供更新、更好的服務顧客方式。而「公平交易法」的實施，使得零售商在經營時必須注意消費者的福利。

在追求提高零售業的生產力時，產生了許多零售的創新，以解決零售業高成本與高價格的問題，這種創新有如「零售業輪迴」一般。許多新型的零售業採取低利潤、低價格的低姿態經營方式，向成立已久的零售商挑戰，後者因多年來成本與利潤不斷的增加而變得遲鈍。新零售的成功使其逐漸增加設備並提供額外服務，結果導致成本增加與價格上漲，最後新零售商取代原先的傳統零售商。

臺灣地區經濟發展與零售業演進

臺灣近年來因所得提高，消費增加以及資訊科技的日新月異，使得消費者偏好轉移、購買行為調整、零售業面臨通路革命等。在傳統行銷組合裡，通路的重要性與日俱增，通路的掌握能力是企業致勝的關鍵性策略要素。就行銷觀點而言：「企業經營繫於行銷通路之掌握；誰能掌握通路，誰就能掌握市場；誰能掌握市場，誰就能創造競爭優勢。」面對通路變革，朝向結構整合化、多樣化、經營國際化、流通資訊化、服務生活化及管理專業化，已成為發展之趨勢。

1. 零售業的發展與演進

臺灣批發零售業的發展，除了銷售商品種類日趨多樣化之外，各種新的業態不斷隨之興起（如表 7–3）。

表 7–3　零售業創新、成長期暨消費特性

業態別	創新期	成長期	平均各國成長期時每人 GNP	臺灣地區成長期時每人 GNP	消費特性	領導業者
百貨公司	1958 年	70～80年代	1,000美元	1975年：956美元	喜愛多品質、高品質商品	遠東、SOGO
超級市場	1969 年	80年代	3,000美元	1984年：3,046美元	注重便利及快速	頂好惠康
家電量販店	1974 年	1986年以後	–	1987年：4,991美元	以特定商品為經營主題，提供商品亦提供資訊	全國電子
量販店	1976 年	90年代初期	10,000美元	1992年：10,196美元	追求低價格商品	萬客隆
便利商店	1979 年	1989年以後	6,000美元	1988年：6,379美元	要求方便、時效	7–ELEVEN
購物中心	1999 年	90 年代	12,000美元	1999年：14,000美元	休閒、餐飲與購物一次滿足	台茂購物中心

資料來源：①臺北銀行經濟研究室，1994。②《中華民國統計月報》。③《服務業經營活動報告》，1988。④賴杉桂 (1995)，〈民國商業發展現況與趨勢（上）〉，《商業現代化》第 9 期，頁 7。⑤本研究整理。

依臺灣經濟研究院 (1992) 出版之《我國批發零售業發展之研究》認為所謂零售業，主要乃指「銷售貨物及服務給最終消費者的營利事業體而言」，在整個經濟活動中，零售業者扮演著聯結生產、配銷與消費活動的重要角色，且由於零售業在整個行銷系統上，乃屬最後一個銷售階段，因而其具有現金銷售為主、勞動密集度較高、商品周轉率較快、消費者導向程度較高之特性。

我國零售業的發展上，除了銷售商品種類日趨多樣化之外，主要的變遷乃是在業態 (type of operation) 上的演進。過去，國內的零售市場乃指傳統市場、雜貨店、五金行、服飾店等而言，不但在經營上屬傳統式的家庭經營，且規模小，區分上僅以其陳列的主要商品來識別，因此，尚談不上明顯的業態之區隔，由圖 7–10 可說明臺灣地區批發零售業經營之演進。

2. 零售業態的比較

超級市場過去是零售市場經營的時髦名詞，如今卻是現代高度工商業化、都市化

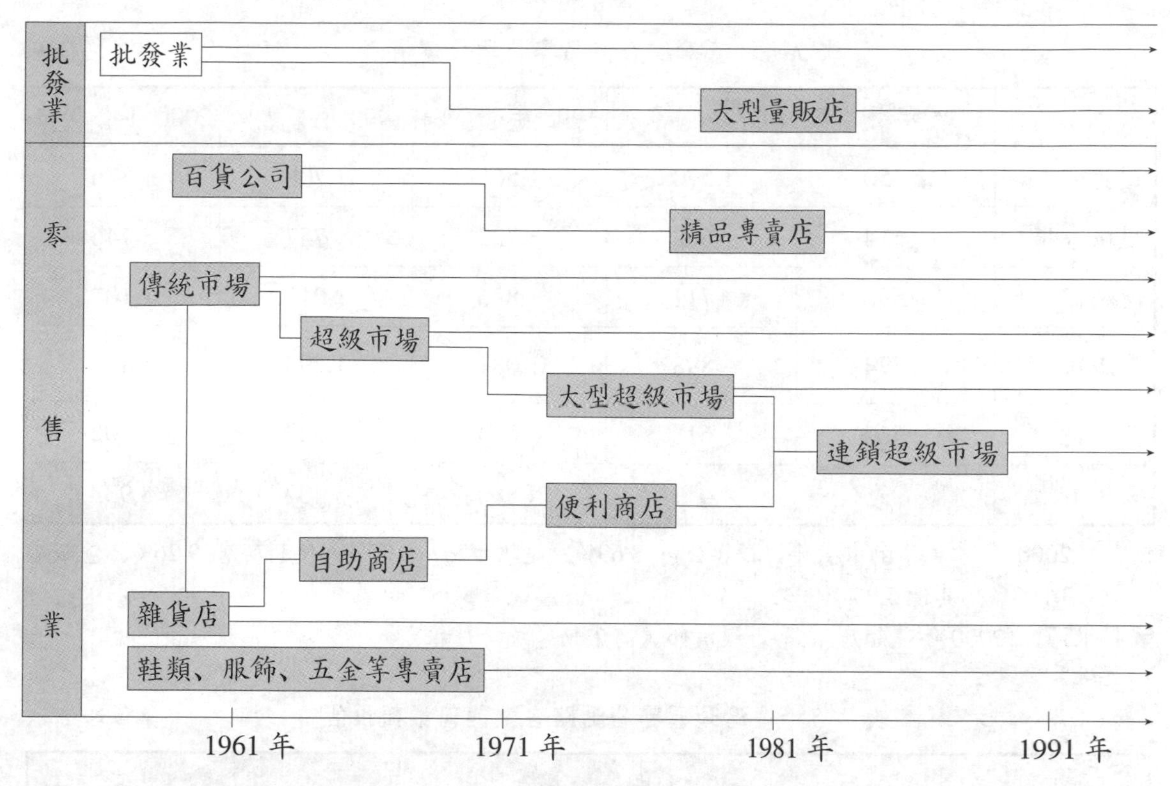

資料來源：經濟部商業局 (1994),《全國零售通路現代化研討會論文集》。

圖 7–10 臺灣地區批發零售業經營型態之演進

生活中，不可或缺的消費站。從零售學的觀點，超級市場是指大型，多種產品線及部門化的商品，提供種類眾多的雜貨、日常用品、水果蔬菜、魚蝦、肉類、清潔劑、紙類用品，和其他的家庭設備，超級市場肇始於低成本、大量進貨、大量陳列、低價銷售的經營理念，滿足顧客每日生活所需，與不同業態滿足顧客需求的特質有別，而生鮮蔬果的提供更為其一大特色。對超級市場與其他零售業別營運情形（如表 7–4）與營業額預估（如表 7–5）之差異整理如後。

(1)超級市場：

a.定義：100 坪以上的營業面積（迷你超級市場為 50 坪～100 坪），販賣日常生活所需的民生必需品，尤其強調生鮮食品之特色。

b.目標客群：職業婦女小家庭、單身者、社區內住戶（迷你超級市場）。

c.販賣商品：生鮮食品、民生必需品（規格化食品、日用品）、熟食類食品。商品項目約六千五百至七千五百項。

d.行銷策略：

・商品：品項齊全、小家庭包裝容量、強調新鮮、生鮮比重高。營業額構成比食品與非食

表 7–4　臺灣綜合商品零售業營運情形　　　單位：億元

	1996 年營業額	1997 年營業額	1998 年營業額	1999 年營業額	2000 年營業額
百貨公司	1,450	1,570	1,566	1,708	1,876
超級市場	614	662	722	757	746
便利商店	596	711	846	1,011	1,102
量販店	774	898	1,081	1,293	1,484
其　他	562	618	643	663	702
合　計	3,996	4,459	4,860	5,432	5,933

附註：2000 年零售業的成長率，百貨公司 8.69%、超級市場 –0.05%、便利商店 9.26%、量販店 16.93%、其他 5.8%。

資料來源：〈2000 年連鎖店年鑑〉，經濟部《商業動態統計月報》。

表 7–5　臺灣地區零售通路各業態營業額預估　　　單位：億元

業態	年營業總額	備註
百貨公司	1,300～1,500	
大型店	1,100～1,200	
超級市場	1,000～1,200	
便利商店	850～900	
聯社	250～270	含全聯實業福利總處福利站
傳統市場及攤販集中區	2,100～2,200	經濟部統計資料
全臺攤商（含流動攤販）	4,000 以上	行政院主計處資料

說明 1：《零售市場雜誌》之預估額，係以其專業雜誌對目前之環境狀況所做之估算。

2：在政府政策推動及國民所得不斷提高下，現代化賣場將取代傳統的通路，就現代化賣場而言總市場應會逐步擴大。

3：臺灣目前很多的現代化賣場仍屬於虧損狀態，以店鋪數來說，百貨公司、量販店、便利商店都已達飽和，故其營業額會比預估額高，將來會走上整合的路。

資料來源：《零售市場雜誌》，頁 337。

品的比例大約在 80%:20%。

・價格：生鮮加工品除外，一般採中低價位，毛利率設定在 15%～18%。

・促銷：每月、每週甚至每天都有促銷活動，促銷手法五花八門，不斷創新。

・通路：設點在住商混合區及住宅區（迷你超級市場），有往郊區發展之趨勢。

e.強弱勢分析：

強勢	弱勢
・日常必需品品項齊全，一次購足 ・生鮮食品購買頻度高，集客力強 ・購物環境舒適愉快 ・促銷活動頻繁，吸引顧客上門	・消費者仍習於傳統市場互動式購買行為，尤其非大都市地區更顯著 ・鮮度處理之品質，尚未建立信心 ・都市內之超級市場，停車不便

f.發展潛力：

・隨消費習慣之轉變，注重衛生、便利與購物環境，超級市場取代傳統市場是必然之趨勢。

・初期在大都市發展之超級市場將趨飽和，而走向郊區或社區型。

・中大型超級市場投資額大，地點不易找尋，且回收慢，故成長趨緩，而小型超級市場或迷你超級市場發展潛力較大。

・可朝多功能之服務項目發展。

⑵量販店（倉庫型商店、特級市場）：

a.定義：以大面積之賣場（1,000 坪以上），用價廉及大量販賣之方式，販賣日常生活所需之家電、衣服及大包裝之食品、用品。

b.目標客群：零售業者、公司機關行號、追求低價格之家庭。

c.販賣商品：大包裝之食品、用品、家電產品、衣服用品、運動器材、文具、玩具。商品項目約一萬二千至二萬項。

d.行銷策略：

營業額構成比食品與非食品的比例大約在 40%:60% 但大賣場則為 60%:40%。

・商品：品項齊全、大包裝、非第一品牌。

・價格：低價策略，毛利率設定在 8%～12%。

・促銷：一般較少採用促銷活動（萬客隆除外）。

・通路：考慮地價之成本，大都設在郊區，且備有停車位。

e.強弱勢分析：

強勢	弱勢
・品質齊全，一次購足 ・價格吸引力強 ・停車方便 ・賣場寬廣，兼具逛街之功能 ・商品整理容易、人員效率佳	・地點遠離市場，須自備交通工具 ・大包裝容量，不易消耗 ・角色衝突（兼具批發、零售）

f.發展潛力：

・投資額龐大，毛利率低，回收慢。

・大賣場地點不易找尋，且商圈須擴大至 5～10 km。

・在商圈內競爭力超強。

・店數成長速度慢。

・角色扮演衝突，易受抵制。（廠商及零售商）

(3)便利商店：

a.定義：30 坪以下之賣場，長時間營業方式，提供顧客暢銷商品及立即可使用之商品。

b.目標客群：單身者、青少年學生、過路客、夜生活者。

c.販賣商品：休閒食品、飲料、速食、熟食類、煙酒、刊物、民生必需日用品、服務性商品（如郵票、休閒活動入場券、電話卡、影印、DHL ……等）。商品項目約二千三百至二千五百項。

d.行銷策略：

・商品：可立即食用或使用之便利性商品、個人包裝容量之商品、只販賣暢銷品牌或連鎖店品牌、服務性商品多。

・價格：採高價策略，毛利率設定在 25%～28%。

・促銷：較少辦促銷活動。

・通路：設點於商業區、住商混合區及住宅區。

e.強弱勢分析：

強勢	弱勢
・距離的方便 ・長時間營業的方便 ・立即使用的方便	・品項不齊全 ・價格競爭力弱

f.發展潛力評估：

・投資額小，回收較快，故易於投入。

・商圈不必太大，故易於生存。

・加盟連鎖系統，發展快速，加盟者可快速學習經營管理技術。

・單店競爭力較弱，故連鎖店之比重愈來愈大。

(4)傳統零售市場：

a.定義：依臺北市零售市場管理規則第四條所稱市場：係指經核准集中零售農產品、雜貨、百貨或飲食等之交易場所。

b.目標客群：市場附近社區的家庭主婦等婦女為主，且每個攤位皆有固定消費者。

c.販賣商品：蔬菜、青果、獸肉、漁產、家禽、糧食、花卉、雜貨、百貨、飲食、其他經建設局核准販賣者，且同類商品多人銷售，商品重複且競爭。

d.行銷策略：

・商品：農產品、雜貨、百貨、飲食等品項齊全，生鮮未處理的食材比重高，通常可達70%左右。

・價格：大多不標價，依成本及固定利潤計價，各同類攤商間有定價默契，避免惡性競爭之情形，顧客可以討價還價。依行政院主計處調查平均毛利設定30.85%、畜產類25.45%、蔬菜類 26.57%、水果類 27.74%、小吃食品及飲料類 33.84%、服飾類 31.39%、其他33.77%。

・促銷：較少辦促銷活動。

・通路：依政府都市計畫用地規劃的市場用地蓋有商業區、住商混合區、住宅區。

e.強弱勢分析：

強勢	弱勢
・富有人情味 ・品質新鮮 ・居家附近方便購買 ・提供送貨到府金額設限低	・環境髒亂 ・品質容易受環境影響 ・購物空間有機動車輛進出 ・價格容易有爭議

f.發展潛力：

・經營型態必須朝向超級化、現代化經營以降低銷售物品的營運成本。

・改善購物環境、避免髒亂、濕滑。

・改善物品品質、商品標價、誠實交易。

・縮短購物與購回後處理時間。

・減少政府管理經費支出，故傳統市場民營化及超級化是未來發展大勢所趨。

3.零售業態競爭分析

超級市場所販賣的是生鮮食品及一般雜貨，故與其他業態量販店、便利商店及傳統市場的商品重疊性很高，亦即，消費者在業態之間亦會進行替代選擇，就超級市場而言，有時量販店或傳統市場業其之競爭威脅，甚至高於同業競爭。以下僅分析上述三業態對超級市場的競爭優劣勢。

表 7–6　零售業態優劣勢分析

	優勢	劣勢
量販店	1.品類、品項豐富齊全，可一次購足且可選擇比較 2.價格便宜，在不景氣時吸引力更大 3.停車方便 4.賣場寬敞，兼具休閒逛街之功能 5.銷售量大，供貨商願配合促銷活動更能吸引買氣 6.可供全家人一起購物 7.熟食類品項齊全 8.多為大財團經營，消費者較安心	1.品質較差 2.產品品牌不具知名度者居多 3.地點較遠，需自備交通工具 4.對忙碌的人，耗時太久 5.對小家庭而言，大包裝容量，不易使用（食用）完畢
傳統市場	1.多年惠顧關係，買賣雙方建立友情 2.較有人情味 3.攤販對商品知識熟悉，會介紹商品 4.傳統食品、小吃仍對中老年人有吸引力 5.瞭解老顧客的喜好 6.會送貨到家 7.蔬果新鮮度高	1.販賣環境氣味、清潔、衛生不佳 2.營業時間較短，對職業婦女不方便 3.生鮮食品保鮮設施不足 4.賣場無法整體規劃，空攤率高，影響形象，年輕人不喜歡進入 5.沒有整體促銷活動，較無法吸引衝動性購買 6.年輕人擔心被騙
便利商店	1.地點近，24 小時可方便購買 2.年輕人喜歡流行、時髦的感覺 3.熟食產品可滿足三餐的需要 4.提供多項生活服務項目，增加入店機會 5.提供立即食用的方便性 6.多為全國性連鎖系統，使消費者較安心	1.品項不齊全 2.價格無競爭力

	7. 商品迴轉快，新鮮度佳	

資料來源：①臺北農產運銷公司，「超級市場經營診斷計畫」，2001 年 6 月。
②本研究整理。

第四節　批發業

批發業的本質與重要性

1. 本　質

所謂批發業 (wholesaling) 是指銷售產品或服務給某些對象，以供其再銷售或商業使用的所有活動而言。批發 (wholesaling) 與零售 (retailing) 有下列幾點的差異：

(1)批發商的銷售對象主要是商業客戶而非最終消費者，對於促銷活動、商店氣氛、地點選擇較不重視。

(2)批發商的交易數量通常比零售商大得多，且涵蓋的地區比零售商來得廣。

(3)政府在法律與課稅的措施上，對批發與零售有不同課稅基礎。

2. 重要性

(1)銷售與促銷 (selling and promotion)：比製造商較低的成本接觸顧客，與顧客距離可以縮短，較容易獲得顧客信任。

(2)購買和產品搭配的建立 (buying and assortment building)：為零售店與顧客選擇產品項目與搭配，省了中間零售商或顧客不少時間。

(3)整買零賣 (bulk-breaking)：產品購入打散可為顧客節省購買成本。

(4)倉儲功能 (warehousing)：減低顧客與供應商的倉儲費用與風險。

(5)運輸功能 (transportation)：通常距離較近的製造商，可以快速運送貨物給顧客。

(6)融資 (financing)：可供顧客融資，並給供應商融資。

(7)風險承擔 (risk bearing)：承擔存貨被偷竊、損毀、腐敗、陳舊所支付的成本。

(8)行銷資訊 (marketing information)：供應商與同業競爭者、產品、活動、價格等資訊。

(9)管理服務與諮詢 (management service and counseling)：訓練零售商店員，店頭設計與佈置陳列，建立會計制度，存貨控制，提高營運效率。

批發商的類型

批發商可分為四類：⑴商品批發商。⑵經紀商與代理商。⑶製造商與零售商的分公司與辦事處。⑷雜項批發商。如圖 7–11。

商品批發商
完全服務批發商： 　批發商人（廣泛商品、縱深產品線、專門產品線） 　工業產品配銷商 有限服務批發商： 　現金交易運輸自理批發商 　承訂商 　貨架中盤商 　生產合作社 　郵購批發商
經紀商與代理商
經紀商 代理商（製造代理商、銷售代理商、採購代理商、佣金代理商）
製造商與零售商的分公司或辦事處
銷售分公司或辦事處 採購辦事處
雜項批發商
農產品集散商 石油產品分裝場與末梢站 拍賣公司

圖 7–11　批發商的分類

1. 商品批發商

商品批發商係擁有產品所有權的獨立經營企業，在所有批發商中為數最多；依提供服務程度，可再細分為：⑴完全服務批發商。⑵有限服務批發商。

⑴完全服務批發商：它提供一套完整的服務，包括囤積存貨、運用銷售人員、提供融資、負責送貨及提供管理協助。它又可分為：批發商人及工業產品配銷商。

a.批發商人：主要銷貨給零售商並提供完全服務。依所批發的產品線寬度可分為：(a)廣泛商品批發商——其產品線眾多，以迎合多線產品零售商與單線產品零售商的需要。(b)縱深產品線批發商——擁有一條或兩條產品搭配極深的產品線，例如五金批發商、服飾批發商。(c)專門產品線批發商——只持有某產品線的一部分，但其項目卻很多，例如健康食品批發商、汽車零件批發商。

b.工業產品配銷商：主要銷貨給製造商而非零售商的批發商人，他們提供囤積貨品、信用融資及運送貨物的服務。其可能經銷多類產品或一條縱深的產品線、或專門的產品線。例如有些工業產品配銷商集中於經銷維修產品，有些集中於經銷零件設備（如滾珠軸承、馬達），有些集中於經銷機具設備（如手工具、堆高機）。

(2)有限服務批發商：為供應商及顧客所提供的服務較少，又可分為幾種型態：現金交易運輸自理批發商、承訂商、貨架中盤商、生產合作社及郵購批發商。

a.現金交易運輸自理批發商：其產品線有限，多為周轉迅速的產品，交易對象為小零售商，一律現金交易，不提供融資，也不替顧客送貨。例如小魚販駕車至魚貨批發商買幾箱魚，立刻付現，並載回店內銷售；如萬客隆、高峰所展現的是產品線寬廣，銷售對象以會員為主（零售商、餐廳、旅館業），也是屬於此類。

b.承訂商：大都是大宗產品業，如煤、木材或重型設備；承訂商並沒有實際握存或處理產品，若有人訂貨，只要找到製造商，並使製造商依約定的條件和時間，將產品直接送給顧客，承訂商只須承擔從接獲訂單起至貨物送到客戶中間的所有權及轉移風險。

c.貨架中盤商：主要是為雜貨及藥品零售商服務，產品項目多非食品類。這些零售商不願訂購產品，貨架中盤商就將產品運送至零售商處，配合貨架，將產品陳列標價，並作好存貨記錄。貨架中盤商多為寄銷性質，仍保有產品的所有權，在零售商將產品銷售後，才向零售商收款。在臺灣，服飾業常以此種方式銷售。

d.生產合作社：如臺灣之農產運銷社，將農產品集中後，銷售到地區性市場。

e.郵購批發商：將產品目錄送給零售商、工業產品用戶及機關團體等，以進行銷售活動。郵購批發商不用銷售人員拜訪顧客。顧客在收到目錄後，利用信件或電話訂購，產品大都以郵包寄送給顧客。

2.經紀商與代理商

經紀商及代理商與一般批發商有兩點不同：(1)不擁有產品所有權，所提供的服務比有限服務批發商還少。(2)其主要的功能在促進產品的交易，藉此賺取 2% 至 6% 的佣金。

(1)經紀商：其主要功能是撮合買方與賣方，協助雙方議價並完成交易，向僱用者收取佣金。經紀商不持有產品，不涉及融資或負擔風險。常見之經紀商如：不動產經紀商、保險經紀商、證券經紀商等等。

(2)代理商：代理商比較長久性的代表買方或賣方，但其也是不持有產品所有權，僅提供少許的服務，其又可分為：

a.製造代理商：其通常代理兩三家產品線互補的製造商，並與製造商訂有正式的書面合約，內容包括：定價政策、營業區域、訂單處理程序、送貨服務及保證以及佣金比例。大多數製造代理商是屬於擁有少數銷售人員的小型企業；但他們在特定區域內，有良好的顧客關係及銷售經驗，製造商仍然需要製造代理商來打開新市場，或者製造商無力僱用全職的銷售人員，而須委託製造代理商來銷售產品。

b.銷售代理商：係指製造商授權銷售代理商來銷售該公司所有產品的代理商。此時，銷售代理商在價格、付款及其他交易條件有較大的影響力，通常也沒有營業地區的限制，多用於紡織、機器設備、煤、化學藥品等產業。目前臺灣有許多代理商均逐步轉型為通路管理商，請參考圖 7-12 為某家中國代理商為面對劇烈競爭環境，逐步調整客戶體質與結構。

c.採購代理商：通常與購買者有長期契約關係，代其購買產品，並包括收貨、驗貨、倉儲及運輸的服務。

d.佣金代理商：係實際擁有產品，並進行買賣交易的代理商，其與顧客通常沒有長期契約關係。此種代理商在美國多見於農產品市場，農民透過佣金代理商以卡車運送產品至市場上，以一適當價格出售，扣除佣金及費用後，將餘款交還農民。

3.製造商分公司與辦事處

此類的批發商是由製造商或銷售者自己進行批發作業，而不透過獨立的批發商。其可分為：

(1)銷售分公司與辦事處：製造商自行設立分公司或辦事處，以改善存貨控制、銷售與促銷作業。銷售分公司通常擁有存貨，如文化用紙或工業用紙的銷售。辦事處並不儲存貨品，在美國多見於衣料雜貨或縫紉有關的行業。

(2)採購辦事處：以美國為例，許多零售商在主要交易中心如紐約、芝加哥設立採購辦事處，這種採購辦事處的功能與經紀商或代理商類似，所不同的是其屬於購買

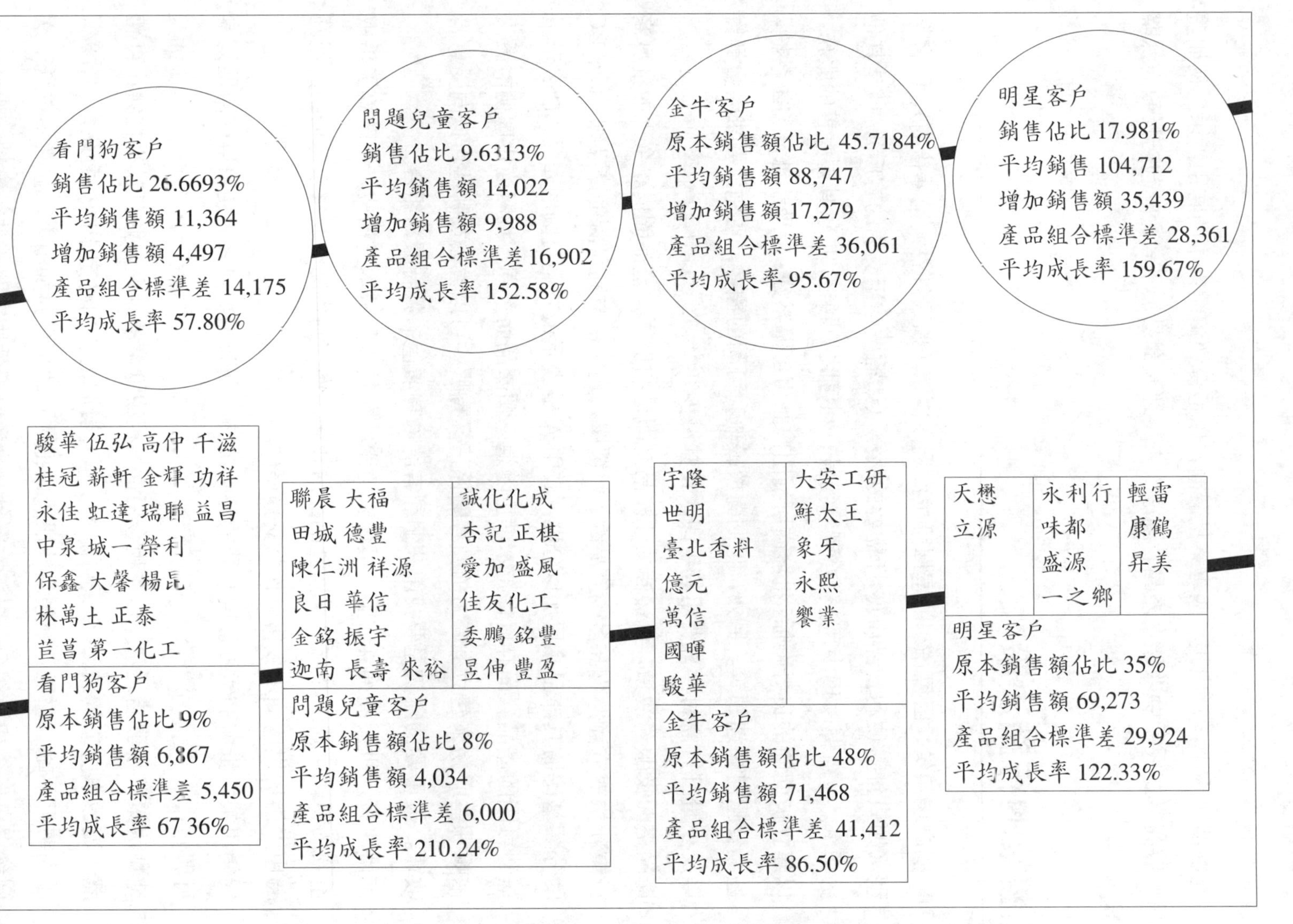

圖 7–12　中間商通路管理決策：如何透過客戶結構調整投資報酬率、成長率

者的組織中。

4.雜貨批發商

在經濟體系中，常出現一些專業批發商，以迎合經濟體系中的特別需求。例如農產品集散商從農民手中收購農產品，匯成大宗轉運給食品加工者、麵包店及政府採購機構。

批發業的行銷決策

(1)目標市場決策：目標市場的選擇可根據規模標準（如只針對大型零售商）、顧客類型（如只針對便利食品店）、所需要的服務（如需要信用交易的客戶），或是其他的標準。在目標市場中，批發商可尋找最有利可圖的顧客，提供其更完善的服務，以建立彼此間的良好關係。批發商可提出自動再訂購系統、管理訓練及諮詢系統，甚至發起自願連鎖等。另外，他們對於較無利可圖的顧客，可施以要求大量訂貨以及少量訂貨需付額外費用等手段，使其減少。

(2)產品搭配及服務決策：批發商的「產品」即是指他們的產品配備。今天的批發商正重新檢討究竟應保持多少產品線，並選擇只銷售最有利可圖的產品線。以 ABC 的分類基礎將其產品項目加以分群，其中 A 是表示最有利可圖的產品，C 表示最無利可圖的產品。而存貨保持水準也隨這三類產品而不同。批發商也應檢討最需依賴哪些服務來建立強有力的顧客關係，又有哪些可以省去或哪些可以向受惠者收費。最重要的關鍵是要找出一個顧客認為有價值的獨特服務組合。

(3)定價決策：批發商通常依照一般傳統的比率在其貨品成本上加成。有時為了爭取重要的新顧客，不惜犧牲某些產品線的利潤，例如向供應商要求優惠價格，但同時也以增加供應商的銷售量作為交換條件。

(4)促銷決策：批發商需要發展整體的促銷策略，同時也需要大量使用供應商促銷素材與方案。

(5)地點決策：批發店通常座落在租金便宜，租稅低廉的地區，並且甚少花錢作實體擺設與辦事處所的裝修(今天可能不一樣)。發展的方向必定走向自動化倉儲作業。首先將訂單輸入電腦，然後由機器設備把需要的項目挑揀出來，並利用輸送帶送到發貨月臺後加以組合。目前大部分批發商已經使用電腦來執行會計、帳務、存貨控制，以及銷售預測等工作。

(6)必須不斷地提高服務或降低成本。

(7)必須不斷提高批發店的形象。

第五節　連鎖業

觀察我們的日常生活，從買報紙、服飾、一日三餐、配副眼鏡、美髮……等等，都可以發現——這些商店在全省都有，而且數目還不少；這就是連鎖店，是末端通路的大躍進。

連鎖業的本質與重要性

所謂的連鎖店乃是指「兩家或兩家以上的零售店，將所有權或控制權合而為一，銷售類似的產品線，採取統一的採購和銷售方式，商店的裝潢也採取同一格調，如此的企業組織，稱之。」

連鎖店在各類型的零售業都可見到，如超級市場、百貨公司、便利商店、餐飲業、服飾業、藥品業……等；在美國，連鎖店的銷售額，如在百貨公司方面佔 94%，藥品方面佔 50%，鞋店方面佔 48%，女裝店 37%。在臺灣雖無明確的統計，但以百貨公司而言，早期百貨公司如遠東百貨、來來百貨、永琦百貨、中興百貨、大統百貨系列、崇光百貨、力霸百貨（現改為衣蝶）、大亞百貨等等，遍及全省各大都市，其銷售額已超過該業 50% 以上；而且連鎖店也在其他類型的零售業，逐漸發揚光大。

連鎖店比獨立經營商店優越的地方是——效率。a.規模經濟——透過統一採購(將批發與零售功能結合在一起)，可降低進貨成本。藉由規模的擴大，連鎖店較有能力聘請專家做整體的定價、促銷、存貨控制……等規劃來提升競爭力。b.分散風險，單店經營所面對的風險是百分之百，而連鎖經營則可由多店的設立來分散風險，避免將所有的雞蛋，全放在一個籃子裡。c.較經濟的促銷方式，因為其廣告成本，可經由多店來分攤；且較容易透過廣告及多店與消費者接觸，來建立鮮明而一致的形象。

連鎖業的類型

國內連鎖業在1970年代，社會經濟結構的轉變下，連鎖式的經營陸續出現，如寶島鐘錶眼鏡、海霸王餐廳、三商百貨等；至1980年代，連鎖經營蓬勃發展，且國外連鎖體系紛紛跨海來臺，如速食業之麥當勞、肯德基，日本之百貨業，八百伴、崇光等。至此，各類型連鎖紛沓而來，其主要有：

1. 直營連鎖（又名所有權連鎖）

其特性是所有權與控制權皆為總公司所擁有，且販售產品線趨於一致。由總公司集中負責採購、人事、經營管理、廣告促銷等，並整體承擔各店的盈虧。由於所有權統一，所以控制力強，執行力佳，具有統一的形象，對分店的管理與約束能力也較強。但是，直營連鎖都是由同一企業經營，則開店的腳步受企業財務的限制無法加速，且公司必須投入大量資本，形成財務負擔。這類型的連鎖店，例如三商巧福、金石堂書局等。

2. 合作連鎖

是由性質相同的獨立商店共同組成，並投資設立「管理公司」，負責聯合採購、促銷等工作。其興起的原因是基於強大的連鎖體系侵入市場或為降低進貨成本，乃攜手合作，建立連鎖體系，如家電業的優盟、租車業的世界聯合。

合作連鎖其優點在於能迅速建立起龐大的連鎖體系，降低進貨成本。但缺點是經營主權及營業利益全在各店本身，「管理公司」的控制、約束、執行能力較弱，所以其連鎖形象也不鮮明。

3. 自願連鎖

是經營能力較弱的獨立商店，加入中大型企業或已具知名度的連鎖體系所發起的加盟徵召行動，並接受其輔導或資助，訂立契約，來銷售該企業總部所提供的產品或服務，所形成之連鎖店。

自願加盟連鎖體系的優點在於經營投資較少，發展迅速，風險較低，其形象較合作連鎖鮮明。缺點是企業總部對加盟店的約束力有限，對加盟店主的素質也較難要求，且容易因利益衝突導致各自發展，失去整體效益。

4. 商店集團

是組合數個不同零售方式，在統一的所有權下，配銷及管理也有部分整合。如遠東百貨系列、大統百貨系列、三商系列、寶島系列等。

商店集團的優點是擁有所有權，控制、約束、執行能力較強。缺點是零售方式不同，在整合的過程中，容易造成顧此失彼，難以周全；且資源容易分散，規模擴展更為不易。

5. 授權加盟連鎖

授權者擁有一套完整的經營管理制度，以及一種經過市場考驗的優異產品或服務；加盟者則須支付加盟金及保證金，與授權者簽訂合作契約，接受其經營 know-how，訓練與指導，並定期支付權利金。如麥當勞、必勝客、統一超商。

授權加盟連鎖其優點是總部（授權者）可藉由連鎖店的擴張，來延伸自己的勢力與利益（加盟金、保證金及權利金的取得），並透過契約的約束力，控制連鎖體系的營運。缺點是消費趨勢轉變時，連鎖體系的轉變成本偏高。

連鎖業的行銷決策

連鎖業考量的行銷決策，主要有：⑴目標市場決策。⑵產品搭配與服務決策。⑶定價決策。⑷促銷決策。⑸地點決策。

1. 目標市場決策

連鎖業雖是多店經營，它仍須慎重剖析市場，選擇市場區隔，決定目標市場與定位，以進一步發展產品搭配、定價、促銷及店面裝潢等等。獨立商店選擇目標市場與定位，僅須在小區域中區隔市場，尋找利基；而連鎖業就不能從小區域中去區隔市場，因為它銷售的產品線是相類似，它必須由大區域中切入，甚至是由全國的角度來區隔市場，進而選擇目標市場與定位。

例如統一超商的店面位於各種地理區域內，早期即因定位不明，如商業區與住宅區即產生衝突，產品結構無法滿足消費者需求，而進展不順利；後來，統一超商調整做法——24 小時經營，全年無休，是你方便的好鄰居的定位，並調整產品結構，從此進入佳境。

2. 產品搭配與服務決策

連鎖業仍須決定其產品搭配的寬度與深度及服務組合。但由於是多店經營，且須維持統一的形象，所以其人員須有一貫同樣的教育訓練及統一的規範，或工作說明書，來維持其對外的一致形象；另外，它必須能因應各區域的差異，修正其產品搭配，滿足消費者需求。

3. 定價決策

連鎖店的服務水準及市場定位，是影響其定價的主要因素。部分連鎖店的興起即為了聯合採購以降低進貨成本，提升競爭力及利潤率。事實上，達到經濟規模即是連鎖業的特色之一，而最後的定價決策仍須取決於定位與競爭的考量。

4.促銷決策

連鎖業在利用廣告、銷售推廣及宣傳報導等一般促銷工具來接觸消費者，較獨立商店使用促銷工具，其成本相對之下較為低廉；甚者，獨立商店無法負擔之媒體，如電視廣告，透過連鎖的結合，電視廣告可能成為其媒體主力。另外，連鎖業在做促銷決策時，仍須考慮區域的差異及定位決策，並做適當的取捨。

5.地點決策

地點的選擇對連鎖業而言，仍是一重要的決策，其關係著入店人數、建造或租賃店面所需的成本及該店的成長與獲利；通常連鎖業都聘用專家進行設店評估與找尋，且訂有地點選擇的標準與模式。

連鎖業的未來發展趨勢

在前面零售業的未來發展趨勢的介紹中，我們曾提到人口成長與經濟成長的趨緩，使得零售業不能再藉現有或新市場的自然擴張而達到銷售額與利潤的成長，而必須透過市場佔有率來增加。連鎖業也是屬於零售業的一支，同樣地，也受其限制；但連鎖業的特質——由多店的聯合達到經濟規模，降低成本，分散風險；使得連鎖業在這樣的限制之下，展現它的競爭力，成功的提升市場佔有率，而成為零售業的主流。

連鎖店數目快速地成長，並使得更多的零售類型商店引進或加入連鎖體系；隨著連鎖店數目的增加，其逐漸有壟斷市場的能力；因此，以連鎖店為品牌的產品在市場中陸續出現，與製造商品牌互相競爭。

由於連鎖店的擴張，漸漸地，取得市場優勢，且足以左右市場的價格，有可能使消費者及生產者的權益受損。因此，有關連鎖業的立法（如公平交易法）會加以建立，以規範連鎖業的經營。

連鎖店較獨立商店優越的地方是其效率，但隨著電腦結帳系統、存貨控制系統及物流配送系統等科技不斷的進步下，高效率的批發商將隨之出現，進而提升獨立商店的競爭力，威脅連鎖業的生存；而且更有效率的連鎖體系也將逐漸淘汰低效率的連鎖體系。整個零售業即在這不斷淘汰、遞補的過程中，演化新的零售方式與零售商店。

第六節　加盟店的特色與成功關鍵因素、流程與範例、經營戰略

1.加盟店的特色

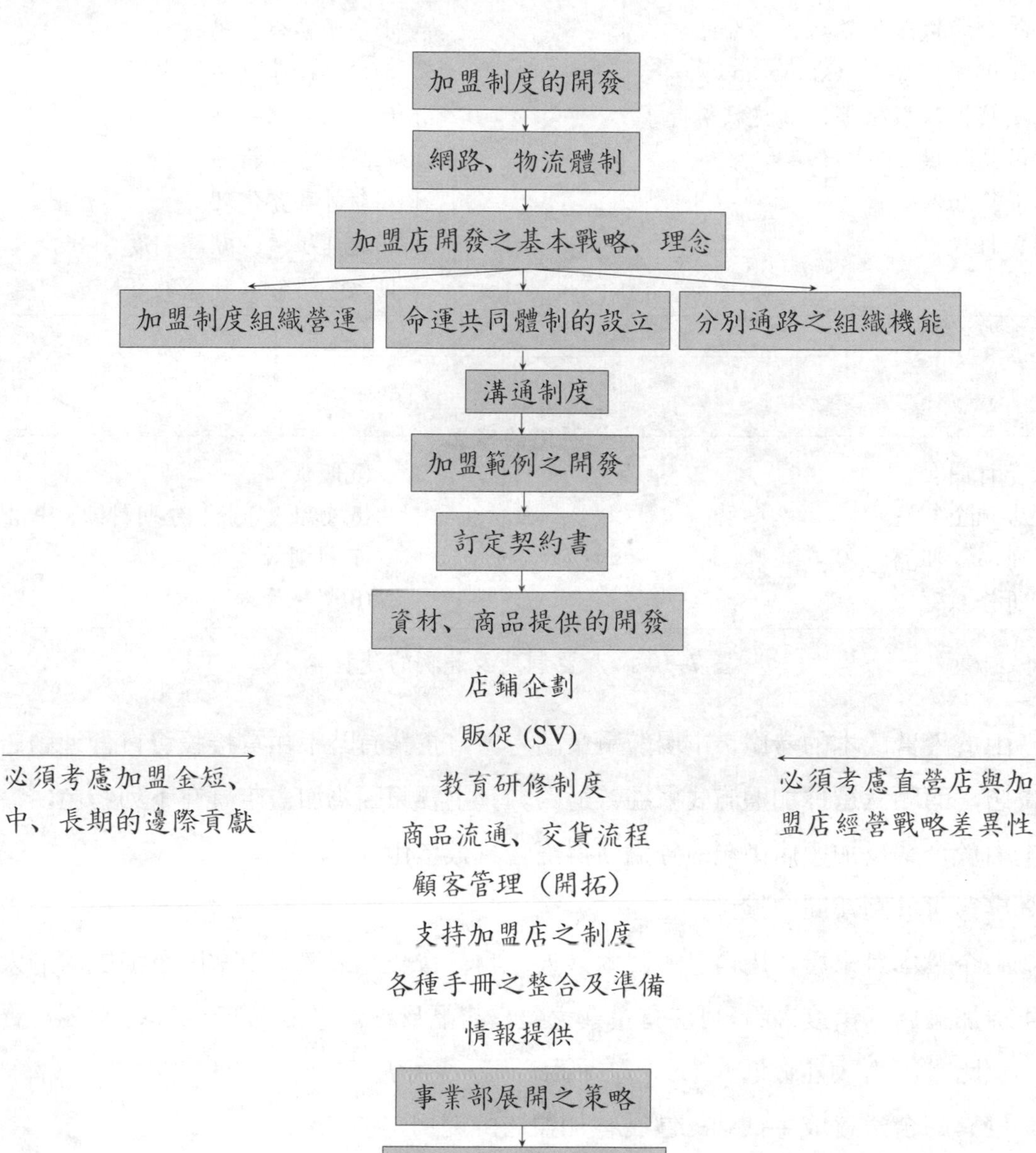

圖 7–13　加盟制度及範例的流程(一)

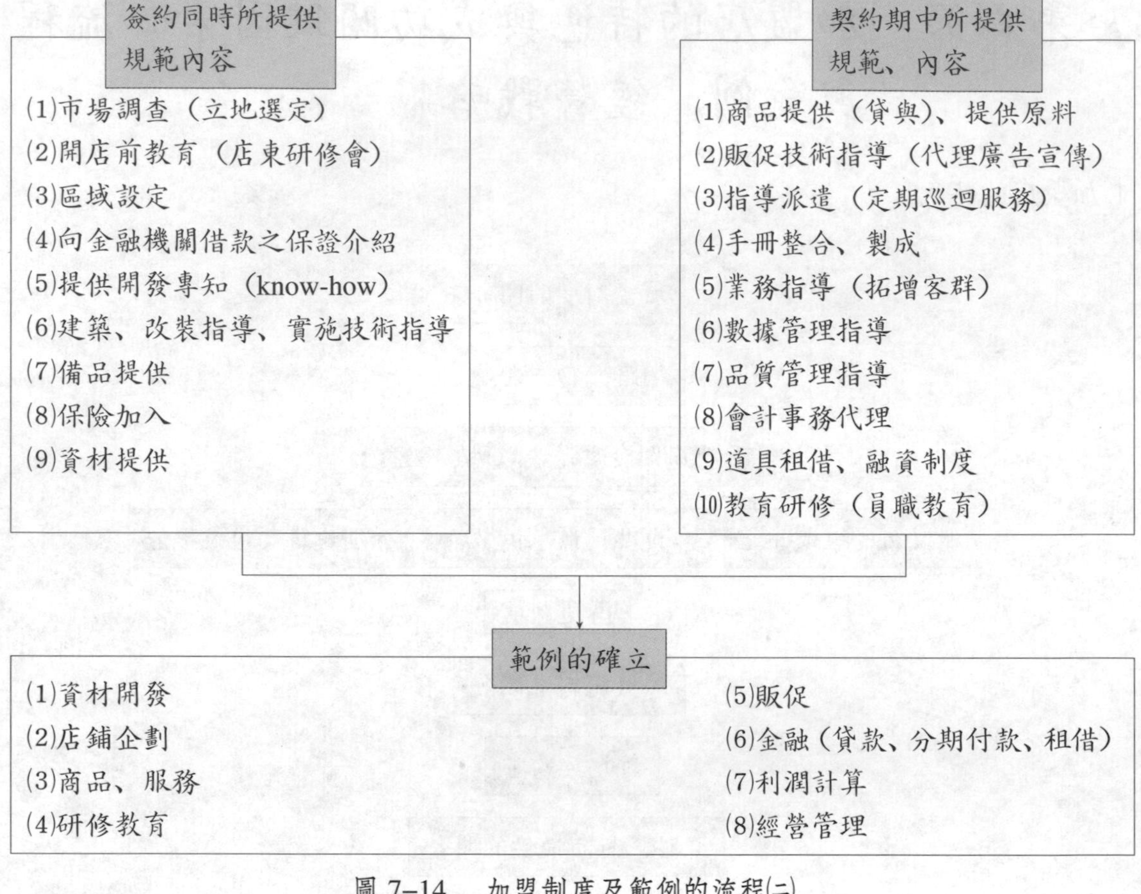

圖 7–14　加盟制度及範例的流程(二)

由於經營成本的考慮、市場競爭策略考慮，企業有時不願直接投資直營連鎖店與專賣店，而願意選擇加盟方式來經營通路。其主要原因為加盟店具有下列特色：

(1)由於企業及加盟店角色的分擔使得經營具效率化。

(2)事業可於短期間內擴大。

(3)由企業本身來看，用自己的資本（人、物、資金）來擴大事業所承擔風險過大。

(4)從加盟店的角度來看，可享有企業之優良產品及經營專知 (know-how) 和獨立經營相比較，失敗性較低。

(5)優異的企業達成 + 成功的包裝 = 加盟店的範例。

(6)規模經濟可以分擔一些經營成本。

2. 加盟店成功的原因

(1)垂直網路的強化。

(2)企業與加盟店的命運是共同體。

⑶商品的獨特性及具有制度化，滿足廣大市場。

⑷加盟店不斷增加。

⑸密切配合區域需要。

⑹制度化（時間的限制、品質統一化、人員教育）。

⑺加盟店業績的持續（由提供賺錢的制度繼續經營意願）。

3.加盟店之好處與利益

表 7–7 加盟店的好處及利益

加盟店（企業）	加盟化（加盟店）	消費者益處
⑴短期間內全國規模的店鋪網擴增（規模經濟及連鎖經營的效果） ⑵確立企業加盟制度形象提升（給消費者店鋪型式、及制服等統一形象的感覺） ⑶由於連鎖之展開，彼此產生競爭力 ⑷於通路戰略上，取有主導權 ⑸有效應用他人之經營資源，減少投資額 ⑹確立資材、商品流通等有關之通路（銷售網） ⑺安定收益（加盟金、保證金、權利金） ⑻將來全國性、區域性分別的展開，易有柔軟性組織對應	⑴可使用商號、商標等其他經營專知（know-how）（已成功之經營方法） ⑵以統一形象為根本經營加盟店（極具知名度的經營） ⑶繼續性的指導及援助，由企業派遣專家支持 ⑷加盟店規劃下產生競爭力 ⑸有關商品經由企業指示而進貨，持有安定價格，完整的供給體制（效率提升） ⑹小額投資、可利用融資及貸款的制度 ⑺可適用由企業主控經營環境（市場變化） ⑻有利的廣告宣傳、販促等活動 ⑼由剛開始的事業處理等管理制度至經營體制完整整合 ⑽加盟店的立場而言，專心致力於銷售即可 ⑾可以得到全國的綜合情報（高度情報的技術活用） ⑿事業的繼續性 ⒀以整體來看，可增加收益 ⒁將來事業擴大亦有可能	⑴由於優異的經營制度，使得商品開發、服務及情報提供等水準向上 ⑵標準化、齊平的商品服務等簡單利用（由於統一形象容易被接受） ⑶由於制度化、組織化，有關商品的服務方面可以提供適當的價格

4.加盟店的契約內容

⑴商標、服務、標誌等允許使用。

⑵ know-how 的提供。

⑶商品以及其他物品的調配。

⑷品質管理。

⑸立地和區域。

⑹店鋪的內外裝潢、制服等。

⑺販賣促進。

⑻加盟金、權利金等。

⑼契約的期間、更新、解約。

⑽其他。

5.加盟店組織之戰略重點

可從下列構面探討加盟店組織管理重點：企業戰略、商品開發、對應、組織如何擴充、情報如何管理、建立物流制度、資金管理等構面。

表 7–8　加盟店組織之戰略重點

	重　點	專知（know-how）
企業戰略	・整體專知（total know-how） ・商標、商號等專利法制	・構想制度化　・設計化 ・CI 化　・法律常識
商品對應	・範例化 ・總合化	衣、食、住＋服務、休閒、文化、情報、教育
商品開發	・獨特開發　・高品質 ・主力商品　・特許	商品開發專知（know-how）制度（商品機能）
組織擴大	・連鎖經營 ・網路經營	・經營 know-how ・行銷 know-how ・店鋪指導的能力 ・共同（情報）資訊的累積
情報管理	・商品管理（情報）資訊制度 ・顧客（情報）資訊制度 ・庫存（情報）資訊制度	・信用制度　・會員制營運制度 ・POS 制度　・電腦 know-how
物流制度	・合理的物品流通制度 ・無論何地，24 小時的體制	・零星送貨 ・送貨 know-how
金融制度	・資金調轉 ・稅務	–

加盟企業 → 加盟店 → 消費者

第七節　新通路未來發展趨勢與類型

(一)零售業

新的零售型態還會不斷地出現，以迎合新的消費者需求和新的環境。而零售商也不能依靠原先成功的策略，而長久佔有市場，他們必須不斷地配合新零售環境來調整變化，才能繼續擁有市場。

零售業未來經營策略可能有下列十一種的型態出現：

(1)新的零售型式 (new retail forms)：許多新式零售型態如雨後春筍般的出現，造成對現有的零售商很大的威脅。零售店由於較無法像百貨公司，超級市場的規模經濟，定位策略可加以運用，可有很大的競爭空間如折扣商店，型錄展示店等新的零售經營型式不斷出現。

(2)零售生命週期的縮短 (shortening retail life cycles)：由於創新的速度加快，使得零售生命週期有逐漸縮短的趨勢。

(3)無店鋪零售 (nostore retailing)：過去十年來，郵購銷售的成長速率約為店內銷售成長率的 2 倍。由於電子科技的發展，更使得無店鋪銷售愈顯著地增加。消費者可在電視、收音機、電腦或是電話中接收到銷售的訊息，只要立即撥免費電話，即可完成商品交易。

(4)同業間的競爭愈趨激烈 (increasing intertype competition)：不論是同類型的商店，抑或不同類型的商店，彼此之間的競爭愈來愈激烈。因此，我們除了可發現無店鋪零售與商店式零售之間的競爭外，更可發現折扣商店、型錄展示店、及百貨公司之間，亦都在為相同的顧客而彼此競爭。

(5)零售業的兩極化 (polarity of retailing)：由於同業間的競爭愈演愈烈，使得零售商不得不把自己定位在所銷售的產品數目上趨於極端化。

(6)巨型的零售商 (giant retailers)：超強實力的零售商日漸興起，他們擁有優越的資訊系統及購買力，能夠為顧客提供很大且實質的價格節省之產品，目前正引起其供應商與敵對的零售商之間的一片混戰。

(7)一次購足定義的改變 (changing definition of one-stop shopping)：在購物中心的專賣店因為提供「一次購足」的便利性，所以對大型百貨公司愈來愈構成競爭威脅。

顧客可以只停車一次，便能到不同專賣店購貨。

⑻垂直行銷系統的成長 (growth of vertical marketingsystem)：行銷通路的管理與規劃，已日趨專業化。當大型公司逐漸擴展其對行銷通路的控制時，小型的獨立商店便可能難以生存。

⑼投資組合的方法 (portofolio approach)：零售組織逐漸趨向針對不同生活型態的顧客設計不同類型的商店；亦即，他們不再僅限於某一種型態的零售方式，只要對公司有利便願意採組合方式來經營。

⑽零售技術的日趨重要 (growing importance of retail technology)：零售技術已逐漸成為一項非常重要的競爭工具。較積極的零售業者有使用電腦來產生較佳的預測，控制存貨成本、下訂單給供應商、以及各分店間採用電傳傳送訊息，甚至在店內便可將產品銷給顧客。此外，他們也開始使用光學掃描儀、電子轉帳系統、商店內閉路電視系統、以及改良過的商品處理系統等。

⑾大型的零售商之全球性擴展 (global expansion of major retailer)：擁有獨特風格與強勢品牌定位的零售商，正逐漸地進軍其他國家的市場。

㈡批發業

奧克拉荷馬大學教授 McCammon, Lusch 與其研究伙伴對 97 家表現傑出的批發商與配銷商進行研究，以期瞭解這些公司取得長久競爭優勢所採用的核心策略。結果，此項研究確認出十二項能夠將配銷結構脫胎換骨的核心策略，茲分別說明如下：

⑴合併與購併 (mergers and acquisitions)：在所研究的樣本公司中，至少有三分之一的批發商，購併了其他的廠家，其目標在進入新市場，加強其在現有市場的地位，或採取多角化或垂直整合的經營方式。

⑵重新分派資產 (asset redeployment)：在所研究的 97 家中，至少有 20 家批發商不是賣掉就是清理掉一個或以上的邊際事業，以強化其核心事業。

⑶公司多角化經營 (corporate diversification)：許多批發商將其事業的投資組合採取多角化經營的方式，以期降低公司循環性的風險。

⑷向前與向後整合 (forward and backward integration)：許多批發商增加其垂直整合程度，以期改善其利潤邊際。例如 Super Valu 採向前整合，增加了零售業務；另外，Genuine Parts 則採向後整合，從事製造活動。

⑸私有品牌 (proprietary brands)：約有三分之一左右的公司增加了其私有品牌的項目。可使顧客較有忠誠歸屬的觀點，從而強化判別作用、提高忠誠度。

⑹開拓國際市場 (expansion into international market)：至少有 26 家批發商係以多國籍企業的基礎來經營，他們已計畫向西歐與東亞市場滲透。

⑺附加價值的服務 (value-added services)：大部分的批發商皆增加具有附加價值的服務，包括：「限時」專送服務、顧客化的包裝作業、以及電腦化的管理資訊系統等。茲以最後一項服務為例，McKesson 是大規模的藥品批發商，它已建立電腦化系統，直接與 32 家藥廠連線；且發展出藥房的應收帳款程式；以及發展出可讓商品直接訂購的電腦終端設備。

⑻系統推銷 (system selling)：很多批發商提供「轉動鑰匙即可」(turnkey) 的販賣計畫給其購買者，此舉對尚停留在從貨架依單取貨之批發供應商，構成很大的威脅。

⑼新的競爭策略 (new game strategy)：有些批發商不斷地發掘出新顧客群，然後便為他們開發出新的「轉動鑰匙即可」的商品販賣計畫。

⑽利基行銷 (niche marketing)：有些批發商專精於一種或少數幾種產品種類，持有廣泛的存貨，並提供高品質的服務水準與迅速送貨，以滿足較大規模的競爭者所忽略的特別市場。

⑾多重行銷 (multiplex marketing)：當一個廠商能以具有成本效益與競爭優勢的方式同時為多個市場提供服務，則稱之為多重行銷。許多批發商在其核心市場區隔外，又增加了一些新的區隔，以期達到更大的經濟規模與競爭強勢。例如會員倉儲俱樂部除銷售產品給中、小型企業顧客外，亦銷售給最終消費者，以求銷售額的提高。另外，有些藥品批發商除了銷售產品給醫院外，它們也開始建立銷售給診所、藥房與保健機構等的商品販賣計畫。

⑿配銷的新科技 (new technologies)：表現卓越的批發商在電腦化的訂購、存貨控制、以及自動化倉儲等方面，皆已有很大的改進。除此之外，他們也愈來愈多使用直接反應行銷與電話行銷。

㈢自創品牌

1 為何需要品牌

⑴自產品規劃來說：

品牌屬於產品的一部分，有助於產品印象，較易使顧客獲得消費滿足。

⑵自分配方面觀之：具有 identification 藉以和其他廠商產品有區別。

自行鑑別作用——統合實體配送流程較大規模所致。

客戶鑑別作用——提高顧客重複購買。

⑶自定價方面言：產品差別化 (differentiation)→創造差別取價效果。

⑷自推廣方面而論：品牌是廣告基礎→促銷 (promotional) 效果。

2.重要性

⑴品質水準能夠保持一致，不會忽好忽壞。

⑵產品本身無法具體辨別，給予品牌也無意義。

⑶廠商不準備投下足夠力量以推銷某一產品時，賦予品牌也沒有多大意義。

⑷產品如屬瑕疵品或次級品，也避免使用品牌，以免使這個品牌反而成為低劣之標誌。

㈣百貨公司

百貨公司為一重視個性與調性的大型賣場，商品組合複雜、多變化，新產品，新潮流，市場脈動結合頻繁，為喜歡尋寶，瞭解流行，尋求多樣化消費者的購物天地與跟隨時尚的資訊站。

百貨公司為一企業化經營的通路市場，對商品的品質有嚴格的要求，相對商品價位較一般傳統市場為高，為了減少消費者購買後的認知失調，百貨公司在功能上的多元化，要更加強調，例如賣場人性化的管理，服務品質的提升，附加價值的創造，幼兒休息區，減少攜幼兒購物的不便，或設立兒童圖書區，有專人負責說故事……等。

百貨公司屬於開放性新式零售業，採取企業化的方式來經營的商品市場。促銷活動的多彩多姿，使其成為商流活動最動感的一環。

而企業化的特質，使百貨公司更重視企業形象，例如公益活動的參與，像道路認養，美化環境，或是環保運動的參與等。雖然其為避免折扣戰的惡性競爭，造成損失，對於週年慶的活動，加以協調，但在促銷活動上，則各憑本事。而促銷活動是百貨公司的生存命脈，它不是指價格上的競爭，而是吸引人群方法的運作，對於節日的熱情參與，更是其他零售市場望塵莫及的，甚至創造節日，帶動流行，以強化業績空間。

1.百貨公司的消費行為特性

百貨公司提供多樣化、品味化的商品種類，其高品質的商品與服務，使其消費者為屬於尋求多樣化的一群，而且對金錢的價值觀，重視其所提供的效用與滿足感，而非累積其數量。因此其對新產品，新品牌的接受度高，重視市場趨勢與生活品質。

其個性化的生活方式，對資訊情報的蒐集更主動，而重視實事求是的態度，對各家百貨公司的忠誠度，決定於百貨公司是否精益求精，因此在廣告與情報的傳達，百貨公司要自發性的提供，精緻化與感性的訴求，較易打動這群追求人性化的群體。例如便利性、環保觀念、消費主權的尊重、流行色彩的豐富，皆很重要。

2.百貨公司的消費行為分析

(1)購物動機：

a.認知：例如折扣、抽獎活動，吸引消費者的注意。

b.信念：例如日系對顧客的服務品質一流，而使其認為商品的品質，更加有保障。

c.態度：寬敞的購物環境，情緒性感覺佳，而引發行動的傾向。

(2)選擇因素：

a.區位的便利性：購物方便，商圈大，或交通、或嬰兒車的提供等。

b.商品組合所表達的調性與個性，定位明確。

c.藝文活動、服裝秀等，流行資訊的情報站。

d.完全的服務：標示清楚，賣場規劃完整，避免逛迷宮的印象，服務員親切的服務，聽取顧客的意見……等。

e.其他需求的服務：美食街、遊樂設施、咖啡廳、藝文館等的提供。

f.貴賓卡、折扣券、禮券的使用，享有會員式的優惠等。

早期百貨公司著重產品導向，以符合消費者對商品品質及機能的理性消費觀，如今隨著經濟成長，所得水準提高，消費行為兩極化，強烈主張個人特色，可購地攤貨，也可買上萬元的服飾，因此百貨公司走向行銷導向，採大眾化路線，以符合消費者重視商品流行性及方便性的感性需求。

隨著國際化的腳步，商品貿易頻繁，百貨公司可透過自行採買，來建立獨特的商品組合，使其定位以及市場區隔更明確，使目前專櫃方式，各家品牌同質性高的狀況，獲得改善。

此外百貨公司為企業化的經營，未來分店家數上升，使其成本下降，例如遠東百貨，其大額的採買數量，獲得更高的折扣，使其商品競爭力更強，甚而開發出自創品牌，比傳統單店面的經營更有效率，而政府土地利用開發，成立購物中心，百貨公司在明確的定位與區隔中，在零售業中可獨樹一格，其發展空間大，而其活潑的促銷活動，更加帶動商品交易，經濟功能強，例如節日，感性的活動，親子同樂，觸動人心，使僵硬的錢對物交易，帶來溫馨與歡樂。

3.百貨公司未來發展的機會與威脅

(1)市場威脅：

a.零售業出現不同的業態——例如萬客隆、家樂福這種業態的出現，有許多名品或品牌的代理很簡單，它可以自創一家專門店，有別於巴而可等的大型服飾店，對於名品整個內容的掌握，它的訊息來源有時會比百貨公司還快。故新業態的出現加上生活環境的千變萬化，社會朝向一個多元化的發展，現代人強調個性及調性的不同，多半會到個性化專門店去消費：因為它提供這一層特殊消費群的流行訊息，這也漸漸地分割了百貨公司是流行前哨站的角色；現代休閒的風氣鼎盛，大家只要花費幾萬元就可到倫敦、巴黎走一趟，以很少的代價在很短時間內就可以取得自己想要的資訊或商品，故百貨公司不似以往獨佔鰲頭。

b.市場區隔化──整個市場的區隔化使得市場資訊整個都變得擴散，市場資訊不再是百貨公司的權利了。雖然百貨公司的使命，基本上仍是在提供流行與資訊的前端。

c.公平交易法的管制──公交法在確保公平競爭，對於獨佔、結合、聯合及不公平競爭皆有禁止或限制的規定，如聯合提高價位等，值得百貨業者留意。

⑵市場機會：

a.未來都市發展呈甜甜圈式，人口擴散至郊區，都心將空洞化，因此區域型百貨極有發展潛力。

b.國際百貨業帶動新的消費觀。

c.市場競爭下，提高百貨公司的水準，使百貨公司為商品市場的主流市場。

d.提高休閒功能，迴歸家庭生活觀。

⑶未來發展方向：

a.朝兩極化發展：

(a)大型化經營：大型購物中心、地下街、郊區型的百貨公司等陸續出現，此乃因人口逐漸向郊外擴散，大眾捷運系統的完成也使交通問題得以改善，且地價問題亦較易解決。大型的百貨公司不僅是購物場所，也能提供休閒、娛樂、社交、文化、科技等機能。

(b)中小型百貨專門化經營：都市內中小型百貨由於賣場不夠大，無法容納所有商品，提供一次購足，必須要改變業態、業種，改為有特色的大型專門店，區隔商圈及顧客對象。

b.服務項目擴大：提供文化、生活性多角化服務。

(a)各種特殊服務如無店鋪販賣、通訊、金融服務等都將進入其所提供的服務組合中。

(b)以顧客為導向，實施顧客滿意為方向。

c.策略聯盟：可使百貨公司更豐富化其產品；something new, something better, something different（更新、更好、更與眾不同）。

4.綜合百貨市場機會威脅與未來百貨公司商圈競爭分析

臺北市一直以來是領導臺灣流行和商業發展的城市，其零售市場競爭的程度也是全臺之冠，目前臺北市共有20幾家百貨公司，眾多商業街，如太平洋SOGO百貨公司為首的忠孝東路商圈最著名。另外，也有主打年輕人消費群的西門町重新規劃商業區域，和以臺北車站為主的新光三越商業區域與新興信義商圈等等。

百貨公司、平價商店或一般消費用品、仍是主要的集客商店，這也是新型百貨公司如京華城應該考慮引進的主力商店，但其可行性容待下文供給面分析中再提及。另外，也有一些具有一定集客力的商店，可以作為京華城日後業種的參考，如電腦賣場、連鎖書店、藥品連鎖店、漫畫出租店等，因為該地區居民對於這些商店的消費需求程度明顯較高。

京華城商圈居民多利用機車或是公共交通工具出門，因此購物地點的交通方便度越高，將越容易吸引消費者前往，而此點京華城明顯是處於一個優勢位置。以訴求對象及業種組合來看，忠孝商業區域為京華城最應注意的一個競爭區塊，因為其提供的業種最多樣，且個個集客力十足，如數家百貨公司、電影院、服飾專賣店、餐飲店等。之前所提的電腦賣場、書店、漫畫出租店在該區塊中卻較為少見。顯示，雖然商圈內供給很多，但仍有值得加強的地方，這就是京華城可以加以融合的部分。

另外，信義計畫區對於京華城而言，是最具有互補性與競爭性，因為信義計畫區距離京華城最近，信義計畫區的繁盛一方面會帶來購物中心的人潮，一方面也是該購物中心最直接的競爭區域如新興信義區的新光三越與最高 101 百貨公司綜合購物中心。因此如何與該商業區域維持一競合的狀態，是一大關鍵，京華城可以引進該商業區域的熱門業種（如大型電影院、百貨公司、觀光級旅館）和與該區域互補的業種（如有觀光價值的市集小吃、資訊廣場），如此一來可以延展該商業區域的範圍，更凸顯整個購物中心的國際性、觀光性與商業性。

(1)現有競爭者：

由於臺北市的居民所得居全省之冠，因此其消費支出足以支持十幾家百貨公司存活，而且其市場發展以東區與西區合佔68%為最大，發展算是相當集中。以下分別介紹四個區塊的競爭分析：

- 臺北東區的百貨公司群：整個臺北東區百貨公司共七家，其中太平洋崇光百貨處於領導性品牌，市場佔有率達所有百貨公司的19.6%左右，結合其附近商業區域（從捷運忠孝復興站到敦化南路左右），是臺北市最主要的逛街消費地帶，加上這一帶百貨公司集中，有統領、明曜和ATT，儼然像一個室外但卻不具整體規劃性的購物中心，也是鄰此個案最近的大型商業區域之一。
- 臺北中區的百貨公司群：臺北中區的百貨公司共有四家，是近年來成長最快的地區，成長率達20.7%，尤其是力霸南京店於1995年重新開幕更名衣蝶，定位為女人的專屬百貨公司，改走流行、利基型的路線，營業額大幅增加。但是因為百貨公司數較少，集客力較不足，但是隨著捷運在其附近設點，情況改善不少。
- 臺北西區的百貨公司群：臺北西區由於地處交通要地，以臺北火車站為中心，臨近有六家百貨公司，加上新光三越（18,008坪）與大亞百貨（現因競爭結果已關閉）比鄰而居，集客力十足，其市場佔有率達25%左右，最近隨著臺北捷運臺北車站站興建完成，此地區成為另一個重要的交通轉運站，易達性更高，透過捷運，淡水、南勢角地區的居民在30分鐘左右皆可到達，更彰顯此地區為一個不可忽視的商業區塊。
- 臺北郊區的百貨公司群：臺北近郊的百貨公司，多發展為社區型百貨公司，其定位與經營內容隨著社區居民的特性而有所不同。其中的大葉高島屋由於面積大，經營內容隨著商圈鄰近天母，配合天母居民所得偏高，走高品質的路線，商店營造的特色相當鮮明，走日本風味，因此經營績效良好。但是由於這些百貨公司的屬性以服務當地居民為主，在經營規劃上較欠缺宏觀，集客力明顯較不足，因此長期來看，並非京華城之主要競爭對手。

⑵未來競爭者：新型百貨公司如京華城之未來競爭對手，為臺北縣市境內預計成立之購物中心，與京華城開幕時間最為接近者，為黑松企業與三僑公司合力經營開發之微風廣場購物中心 (Breeze Center)，其在2001年與京華城一起開幕。該購物中心佔地6,000餘坪，開發單位為三僑實業公司，三僑實業係為三僑關係企業與飲料業黑松公司合作成立。該基地位於市民大道與復興南路口（原黑松汽水臺北舊廠），同時也是捷運木柵線與南港線的轉接站，顯示其交通狀況非常便利。另外，其地近忠孝商圈的 SOGO 百貨與中興百貨，剛好可以與忠孝商圈的繁榮相輔相成，在地理區位上有優於京華城的情勢。但是，面對兩條交通要道未來如何解決購物中心引來的人車潮擁擠的現象，這將決定消費者前往該購物中心的意願。

微風廣場目前定位為休閒娛樂中心，提供購物、餐飲、休閒、文化、藝術、生活、醫療等機能。開發的總樓板面積為23,000坪，總營業面積12,700坪，業種組合包括百貨公司 2,750 坪、精品店 6,950 坪、娛樂 1,300 坪、餐飲店與美食街 1,700坪、汽車停車場 700 位、機車停車場 800 位。

微風廣場與京華城位置相當接近，商圈可以說是完全重疊，其主訴求的對象，也將是同一批青年族群（15～40 歲），但是在經營面積上京華城優於微風廣場，微風廣場囿於土地的規定，面對市民大道的那一面將設計成低樓層長達 400 尺的商業街道，與都會區的高樓層的百貨公司相較之下，將呈現另一種的逛街風貌。

由於訴求為相同的都會年輕新貴，加上商圈幾乎完全重疊，京華城應致力於經營內容的規劃與微風廣場做出明顯的區隔。微風廣場由於鄰近忠孝商圈，其所經營的理念主以沿襲忠孝商圈的購物機能，輔以更多樣的休閒娛樂選擇，因此將主力商店設計為百貨公司、美國知名影城，另外加入文化的機能，引進藝廊成為該購物中心的特色。

⑶小結：綜合以上的競爭者分析，新型百貨公司京華城在未來最大競爭者——微風廣場與既有主力商業區域的聯合威脅下，應結合與信義商圈鄰近的區位優勢，將信義商圈的行政、商業、住宿、國際化、娛樂、購物等機能加以發揮，並融入一些互補的功能如世界級的餐飲、更新潮的休閒娛樂方式等，希望結合信義計畫區的國際金融中心、世貿展覽中心、凱悅國際大飯店、華納威秀影城、新光三越百貨公司、101 購物中心，成為一個更廣更蓬勃的新商圈。

結合之前的消費行為分析與商業區塊的分析，百貨公司、電影城仍是主要的休閒購物的熱門業態，因此建議新型百貨公司京華城仍以百貨公司、影城為主力商店，另外引入具有國際聲望的觀光商業旅館、有外國風味的餐飲名店、電子專賣廣場、連鎖書店等，作為該購物中心的次級商店。另外，為求達到充分發揮其社區型購物中心的功能，仍應將生活機能的超市、金融服務機構，或是目的性強的業種如漫畫出租店、相片沖洗店等納入。❶

㈤量販店未來發展的課題

⑴分析倉儲型量販店對於傳統市場、超市、百貨公司等通路的衝擊，以確認其市場空間。

⑵探討倉儲型量販店所面臨的目標顧客群之消費行為特性，以確立目標市場觀點。

⑶探討各顧客群市場從倉儲型量販店獲得什麼利益，及顧客群間是否有差異，而進行顧客分析、分類。

❶ 百貨公司商圈結構分析參考諮群企業管理顧問公司所作之商圈調查分析資料。

⑷分析臺灣流通業各項產品間,「質」與「量」之市場區隔,以達到市場區隔效果。

⑸瞭解倉儲型量販店所銷售產品的定位,以及是否應自創研發新產品,提高消費者偏好程度。

⑹探討倉儲型量販店競爭優勢是否具有持久性,該如何多角化經營,達到規模經濟效果。

量販店 (warehouse) 係以低價、成本優勢、品項多、完整、賣場面積大,並透過大量採購、低成本優勢,結合連鎖經營的優點,達到行銷差別化、顯著化的目的。

自 1989 年底,臺灣開始出現量販店,它們以商品價格的破壞者出現,並提供大規模賣場及大面積停車場,使得傳統的零售業及現代化的超商、超市倍受壓力,營業額衰退,而不得不設法調適,由此可見,消費者的需求已不是傳統的零售業所能滿足,零售業的競爭也愈趨激烈。

為因應大型購物中心、批發倉庫及貨運轉運站發展潮流,內政部營建署於 1991 年 4 月 29 日決定,透過都市計畫作業,擬建設適當使用分區提供設置大型購物中心,經建會更在 1991 年至 1996 年的國家建設六年計畫中,明確指出在臺灣劃分成十八個都會生活圈或一般生活圈後,將於每個生活圈內,配合當地發展需要,設置大型購物中心,可見得銷售市場已朝向大賣場發展,它所提供的功能也更趨多元化。

從萬客隆、高峰、家樂福和愛買陸續在國內成立倉儲型量販店以來,傳統零售業受到新型流通業的衝擊,因而開始整合,顯示傳統流通管道已面臨考驗,也反映未來倉儲型量販店市場競爭將更激烈,而有一番淘汰。因此,做好市場區隔,並將適當的目標市場,分別發展不同的行銷策略予以配合,以獲得最大的行銷效果,乃是刻不容緩的當務之急。

表 7–9 為 2000 年臺灣營業額最高的兩大量販店經營結構,如果再加上全年無休的 7-ELEVEN 便利商店營業額 240 億,則此三家通路營業額的總和為 620 億,佔國內零售業營業額總和的三分之一強,對臺灣通路造成震撼性影響。

㈥臺灣便利店未來發展趨勢

佔臺灣通路市場 50% 的便利店近幾年來可說是蓬勃發展,7–ELEVEN 約 3,200 家、全家約 1,600 家、萊爾富約 800 家,綜合連鎖加盟協會資料,經濟商業司等相關資料未來發展之趨勢如下:

⑴趨勢一:約佔 50% 市場佔有率的連鎖店發展銳不可當:便利商店的發展,係經由獨立店的單打獨鬥局面,逐漸形成連鎖型態,其「1 加 1 大於 2」的效應,使得連

表 7–9　早期與現今兩大流通業之經營結構

流通業二強各具特色		
	萬客隆（現已關閉）	家樂福（目前最大量販店）
營業額	200 億元新臺幣	180 億元新臺幣
合作伙伴	豐群投資 35%	統一企業 40%
員工人數	2,024	4,500
定位	量販店	超大型賣場
消費者	60 萬名會員	自由進入
家數	6 家	10 家（三家綠店屬於量販，七家藍店是零售）
管理	中央採購，地方營業	地方同時負責採購及營業
品項	10,000 種	3,000～4,000 種
產品	大包裝	小包裝

資料來源：《天下雜誌》178 期。

鎖店成長活絡，大有取代獨立店之態勢。以日本便利商店連鎖店與獨立店來看，1984 年連鎖店就已蓬勃發展，佔有便利商店市場的半壁江山，並且逐年擴大佔有率。日本情形如此，臺灣亦然，連鎖店正以穩健成長之姿淩駕獨立店之上，連鎖店發展已然成為時勢所趨。

便利商店是屬於小型店的經營，獨立店若欠缺「強人領導」的特質，且兼具強勢的開發以及管理能力，在面對競爭時，必然遭到迅速淘汰的命運。獨立店為求生存，應尋求更具效率化的運作方式，加入連鎖，善用其資源是最佳途徑。近年來，許多獨立店紛紛選擇加入連鎖行列，正好印證了此一趨勢之演變。

⑵趨勢二：市場佔有率極大與商圈極小的二極化分野：臺灣便利商店的發展空間雖仍大有可為，但競爭日趨白熱化，現階段只有兩個方向可做選擇：其一是朝向極大的連鎖發展，其二是走向極小的個別連鎖。

目前國內極大的連鎖如 7-ELEVEN、OK 以及全家等，本部皆擁有一套完整的經營技術，後勤資源強大，欲在極大陣線中稱王，必須要超越他們才有更多契機。若沒有條件成為極大，不妨選擇加入連鎖陣線聯盟，充分運用傘系下的資源，發展屬於自己的小連鎖王國，創造利益。

以國內現行的環境而言，可說已無極大連鎖的發展空間，畢竟 7-ELEVEN、OK 或是全家等大連鎖，經過數年的深耕已奠定穩固磐石，超越不易。然而卻有一現象已愈見普及：加入大連鎖發展小連鎖，1 家、2 家甚至擁有 6、7 家者已屢見不鮮。

(3)趨勢三：由直營→加盟→到修正加盟（自願加盟）：在整個的連鎖運作模式中，國人對於連鎖的概念相當模糊。何謂加盟？何謂連鎖？常混淆不清，在此特做說明。一般來說，連鎖分為三種，即一般人所稱的 RC、VC、FC。然而在文字解說上，以美式的說法較切合精髓（請見表 7–10）。

其實嚴格說起來，由公司直營者方能稱為連鎖 (RC)，否則皆不能以連鎖自居，例如遠東百貨以及 7-ELEVEN 大部分門市皆屬於直營 (RC)。除了直營之外，加盟部分又分為授權加盟 (FC) 與自願加盟 (VC)。全然不同的型態，在概念上自然也迥異。然而國人常混為一談，積非成是之下，難免無法嚴格區分了。

表 7–10 連鎖與加盟之概念

RC	直營連鎖 regular chain ☆公司直營 corporate chain（天線店）
FC	授權加盟（技術產業，縱的管理）franchise chain ☆ franchise operation（加盟金）
VC	自願加盟（思想產業，橫的溝通）voluntary chain ☆ voluntary group（共同理念）

☆：代表美式說法。

何謂授權加盟？它是屬於技術的產業，例如 7-ELEVEN 在臺灣推動授權加盟系統，就是靠技術來運作。加盟店必須依照總部指導的方法以及所提供的技術來營運，各店之間並無關聯性，如此型態屬於授權加盟。

至於自願加盟的精神所在，則是各個想法不一致的加入者，大家必須一體同心，資源互相結合、運用，擁有共存共榮的使命感，同舟共濟朝向一致的目標努力，能將自願加盟精神發揮得淋漓盡致，誠屬不易。

要在加盟的領域裡奠基，繼而往連鎖的道路上發揚光大，基本上有 3 個條件：

a.累積成功的經營模式，尋求適合本土化產業的運作方式。便利商店是進口產業，因為國情的不同，並不適合全盤移植到國內，而且在產品結構、開發、導入等方面，有賴不斷地修正及嘗試錯誤後，找到一條適合本土產業發展的方向，這些皆須靠經驗的累積。

b.建立效率化的後勤支援系統。在邁向極大連鎖發展時，若無強而有力的後勤部隊支援，那麼經濟規模勢必無法擴展，造成某些地區不能開店、不敢開店的狹隘格局。

c.為求可長可久，須具備強勢的研究發展能力。便利商店在勇往直前、開疆闢土之際，研發能力必須迎頭趕上，永遠比別人快一步、搶得機先，面對競爭時，方能立於不敗之地。

近年來，7-ELEVEN、全家、福客多等便利商店大力開發加盟市場，使得有心開店卻全無經驗者也可駕輕就熟，造就授權加盟一片榮景。然而在擁有經營技術，不需假手他人之時，重視團隊精神、自己就是主宰的自願加盟方式，亦不失為一股潮流，成長空間頗為看好。

(4)趨勢四：從重點到全面化，都會→衛星城市→鄉鎮：開一家便利商店不僅是投入資金即可，尚須面臨尋找人力以及競爭的風險，因此開店前立地條件的評估益形重要。以往開店的戰火皆圍繞在消費水準高、人潮稠密的都會區，在店數漸趨飽和、獲利有限的影響下，近年來開店的戰場已移轉至都會區周邊的衛星城鎮，如桃園、中壢等地區。此一趨勢顯示：鄉鎮地區處女地發展潛力十足。

早年進駐宜蘭、羅東的便利商店業者，蔚為當地的店王，獨領風騷，不僅房租便宜，業績也拉開長紅，相較都會區毫不遜色。在都會區、衛星城市相繼飽和之際，鄉鎮地區的捷報頻傳，不啻為開店者打開一線生機。

(5)趨勢五：考慮複合式經營需要，營業坪數愈來愈大：由 25 坪 ，30 坪→ 35 坪→ 40 坪→ 50 坪。目前國外許多便利商店皆由一人當班，而整體效率亦相當不錯。精簡人力的結果，並非使店的品質低落，而是思考創造坪效率的因應做法。國內便利商店在滿足消費者即刻需求方面的產品過於薄弱，未來在此仍有極大的發展空間，但是放眼目前便利商店的坪數普遍不大，可以擺設新產品處自然不多，於是四處陳列以致於犧牲店外觀，使走道充滿壓迫感，殊不知如此將於無形中流失顧客群。

營業坪數愈大者所創造的生產力也愈高，因此在適當的時機，經營者要逐步增加坪數，為消費者營造愉悅的購物情境。而坪數加入後更須掌握商圈的特性，瞭解消費者之所需，調整商品結構，使其更具競爭力。基本上坪數低於 30 坪並不算理想的便利商店，充其量只能稱為迷你型便利商店。以國內環境而言，便利商店的標準以 35 坪較為合適，低於此者，不妨思考如何增加坪數以開創格局。

(6)趨勢六：考慮整合性行銷管理觀點，商店效率化刻不容緩：商店效率化的過程：標價紙→貨架卡→盤點 EOS → POS → LOG。

為使商店運作更具效率化，而且又能精簡人力，商店自動化是必然的趨勢。目前許多業者一窩蜂的亟欲導入銷售時點情報管理系統 (POS)，其實在自動化之前有幾個步驟是必須建立的，首先是使用標價紙做好商品管理，以不同的顏色作為回轉之識別，予以汰舊換新，這是最簡單及可行的方法。

便利商店的商品品項約二千種至三千種，有了貨架卡可幫助商家掌握缺貨的正確性。做好標價紙以及貨架卡的動作，方可進行盤點。一般而言，便利商店做到盤點步驟已極具競爭力，盤點是 POS 的前置作業，如果盤點沒有做，遑論導入 POS 了。POS 做得好，則可進步到更高一層的 LOGICAL 境界（邏輯化的空間帳規劃），商品應擺在哪個位置最好賣，要放置幾行效率最好，皆可瞭若指掌。

(7)趨勢七：考慮外部行銷觀點，策略聯盟方興未艾：由同業至異業，國內至國際，策略聯盟已蔚為一股熱潮，方興未艾。

國內便利商店市場想要走極大路線，超越既有的系統，以期異軍突起，基本上可說是困難重重，即使是 7-ELEVEN，將來的發展也絕不可能僅憑藉本部的力量運作即可，它必須靠許多人集思廣益，共同開發，共同努力，因此異業的合作發展或協力廠商之配合，其重要性不言而喻。未來無論同業或異業，彼此不是自相殘殺，而是更為密切的攜手合作，集結在一起努力運作，共享發展成果。在國際化潮流的主導下，策略聯盟之風席捲全球，中外皆然，已是一股擋不住的趨勢。

(8)趨勢八：考慮競爭需要，複合店應運而生：國內近年來標榜複合店的業態紛紛出籠，然而許多人對於何謂複合店仍感困惑不已。所謂的複合店即是客層相近，可一起使用相同資源運作的兩個不同行業，典型的複合店，如加油站結合便利商店即屬之。利用相同人力資源運作兩個不同行業，創造出來的毛利額自然十分可觀，這也就是複合店在未來競爭的環境中，會大行其道的原因。政府開放加油站民營，可以預見的是加油站與便利商店的結合將快速發展，而錄影帶租售店將來也極有可能與便利商店合作，頗值得業者多加留意。

(9)趨勢九：考慮高市場佔有率的便利商店於都會出現：盡管都會地區因房租飆漲，競爭激烈，導致獲利率降低，使得都會地區便利商店運作益形困難，但這並不代表都心地區已無法再開設便利商店；相反的，便利商店業者改弦更張，針對都會地區的商圈特色以及消費潮流，開發出高附加價值的便利商店，與傳統便利商店走平實、通俗的商品結構迥然有別。

臺灣社會已出現愈來愈多屆適婚年齡者卻不急著結婚的現象，這些「單身貴族」的共通特色是收入不錯，且注重生活品味。如果要吸引這群「貴」客光臨，顯然地在商品結構上要有所調整。他們並不在乎商品價格的高低，而注重提供服務的滿意度，開發附加價值高的商品是一個可行方向。

掌握都會區上班族的消費型態，提供實用且經常會使用的物品，例如女性的手帕、耳環、口紅、男性的領帶、鞋襪、錄音帶、CD、鮮花、現烤麵包等之需求日殷；太過簡陋的速食品也無法滿足其需求，必須開發更為精緻、高級的速食品，才能符合其高標準的要求。

提供高附加價值的商品，毛利方面自然也相對地調高，在都會地區便利商店競爭白熱化之際，高附加價值便利商店的發展潛力與前瞻性，十分看好。

⑽趨勢十：3K 現象亟待克服：在整個便利商店的運作中，出現所謂的 3K（K 為日語簡稱）現象：きたない（髒）、きつい（累）、きけん（危險）。

便利商店由於長時間營業，店職員須隨時清掃賣場、擦拭貨架以維護整潔，大夜班甚且要面臨搶劫的風險，可謂既累又危險，基於此種現象，未來便利商店的人力荒恐怕會更形嚴重，即使薪資比其他行業優越，恐怕也不易招募到人員。將來大夜班可能要分為二班，一班 4 小時才可能招募到人力。面對 3K 現象的特性，便利商店經營者得從長計議，及早擬定因應的對策。

⑾趨勢十一：考慮社會責任之環保意識抬頭：在消費者環保意識逐漸抬頭之際，每每有身體力行的環保活動出現。如果反對聲浪高漲，消費者常會不明就裡一窩蜂地為反對而反對。假設主張環保的意見領袖盯上便利商店，謂其供給顧客購物的塑膠袋有違環保之虞，或是使用發票的數量過多，造成資源浪費，販賣的食品過度包裝污染環境……等，諸如此類問題一旦爆發，則會憑添便利商店經營上頗多困擾。既然環保意識自覺是時勢所趨，便利商店得先未雨綢繆，擬定變革的方案以防患未然，不致屆時亂了陣腳。因此，開發具有環保意識的產品，似乎是便利商店業者當務之急。

⑿趨勢十二：重視各店的市調、商圈服務以及 event：一些小型商店仍停留在廠商進什麼貨就賣什麼貨的「被動銷售」階段，貨架上到底有哪些商品是顧客所需要的，經營者一知半解，如此的心態勢必無法面對競爭激烈的環境。要瞭解顧客需要什麼，不能僅憑臆測，簡單的市調必須經常進行。店裡在運作上有許多「盲點」是經營者看不到的，透過市調瞭解顧客真正需要什麼，設法開發這些商品來滿足他們，使商品結構更具彈性。

便利商店的競爭非常激烈，已不可能停留在以往被動等待消費者光臨的靜態運作模式。店頭簡易的事件 (event) 行銷或活動已不可避免。event 的造勢成功，是吸引顧客的焦點所在，其背後存有非常多與顧客溝通的環境，推動時可讓顧客在無形中受到吸引，如何將它巧妙運用，有賴經營者多加深思。

同樣是大量陳列，加上促銷話題，可塑造賣場活絡的氣氛。例如週年慶時，將罐裝可樂故意歪歪斜斜的陳列，請顧客猜猜到底有多少罐可樂，答對者贈送獎品一份，相信以這樣的一個活動做訴求，商店與顧客的關係將會更加親近。

⒀趨勢十三：文化出版品成長快速：在國民所得愈高的國家裡，文化需求的重視程度亦愈高。因此，便利商店日後在雜誌、書籍、錄音帶或錄影帶等方面的成長會相當快速。目前書架勢必不夠，加以擴充是必然的趨勢。

⒁趨勢十四：未來速食前景看好：臺灣目前的外食人口一天約有 500 萬人，相當於總人口數的四分之一，這些人肚子餓或口渴時的即刻需求如何解決，對便利商店有重大的影響，可謂是一個生存的轉捩點。雖然現在攤販隨處可見，但在國民所得愈高的國家，攤販會自然被淘汰，由便利商店取而代之，偌大的外食市場頗值得開發。屬於高毛利、回轉快、滿足顧客即刻需求的速食 (food service) 前景一片璀璨。

美國一年外食有 2,600 億美元，是臺灣六年國建所需的經費；日本一年外食市場則相當於新臺幣 5.8 兆元，日本便利商店販賣的便當、熱食，一天可做到相當於新臺幣 3 億元的業績。以美、日的數字來看，顯示臺灣仍有相當大的空間可以發展。速食類成長快速，將為便利商店帶來可觀利潤。

⒂趨勢十五：便利即刻需求品增加：便利商店開發即刻需求商品的重要性，前面已多次提及，經營者都知道即刻需求商品仍存在非常大的發展空間，例如停電時找不到保險絲，或是水龍頭漏水等，與人類生活息息相關的商品都值得動腦筋開發，考慮導入的可行性。須注意的是，即刻需求商品仍須考量季節性的變化，以適當應對與調整。

⒃趨勢十六：定點式有線電視臺帶動服務性商品大躍進：除販賣食用的商品不敷所需外，便利商店服務性商品也有不斷增加的趨勢。在有線電視臺搶灘之後，更推波助瀾服務性商品的成長空間。透過魅力十足的有線電視臺，便利商店可以考慮運用媒體展現什麼樣的廣告，或是思考尋求廠商透過有線電視臺共同合作的可行性，結合商品、媒體與通路三方面資源，將服務性商品的魅力推向最高點。

⒄趨勢十七：從便利店到迷你超市的轉型發展：盡管在大型量販店以及便利商店的夾擊下，迷你超市仍有其發展利基，大型超市則大受影響。如果所經營之便利商店實在無法與別人競爭，不妨思考轉業經營迷你超市的可行性，或許是個轉型發

展的契機。

㈦大陸便利商店的現況與發展

美國著名的教授群 William Lazer 及 Priscilla La Barbera 等人在其聯合研究著作之經典名書《*Market 2000 and Beyond*》一書中闡述:「展望未來的新興市場，應注意臺灣及中國大陸……」，足見中國大陸在即將到來的下一個世紀，將是最受全世界所矚目的新興市場。中國大陸不僅有眾多的人口，廣袤的土地，而其過去因受體制及政策所影響的流通事業，正處在發軔之期，國際間各大企業莫不虎視眈眈用心謀這一塊市場之大餅，臺商因有同文同種之同質化的優勢，因此較外國業者更易瞭解市場及其生活型態，假若能掌握先機選擇適當之項目切入市場則成功之機率甚大。

流通事業因為具有：大型化（連鎖化）、效率化、標準化及自動化之特性及要求，因此必須要到達經濟規模，才有盈餘的可能，不過樂觀的一面則是：⑴大陸市場相當於臺灣的 60 倍，發展空間大，相對競爭力道較低。⑵大陸的人工、租金、生財設備成本較低，有利於提升投資之報酬率，也使得達到經濟規模的 size 較小。⑶目前法令對外資企業諸多限制，因此反使吾人可以彈性變通之方式取得先機，領先卡位。除了上述的優點外，「將來性」更是這個市場值得重視之處。

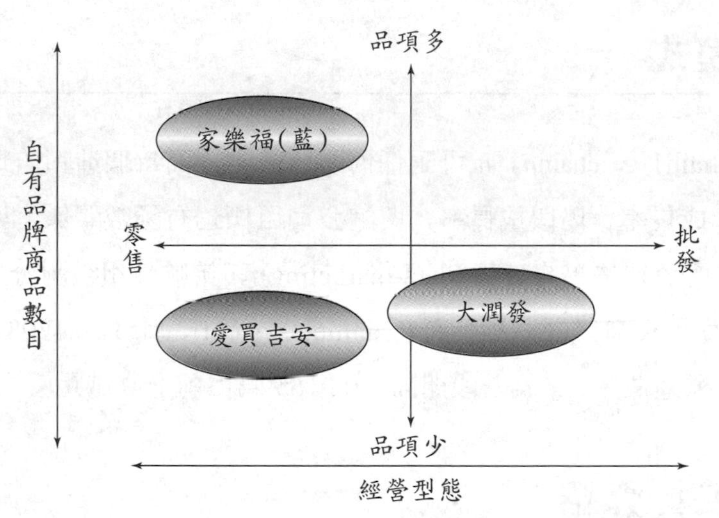

圖 7-15　未來現代化社會零售業業態定位圖：自有品牌項目將在量販店佔有率愈來愈大。

專題討論：連鎖店管理科學化分析模式❷

管理科學化分析模式對現代連鎖企業的重要性：

(1)連鎖店的特性因涵蓋範圍非局部性而為全省性或大商圈，故一個管理科學化分析模式，將有助於解決績效效果、效率問題。

(2)就管理經驗曲線 (experience-curve) 在動態性與時間性因素的考慮下，管理者無法從每個連鎖店採逐步、個別瞭解特性後，才能掌握管理的關鍵點，在時效性、時機上無法掌握致勝關鍵。

(3)就目標管理策略管理互動，為了掌握資源運用與策略正確性，並進行連鎖店管理階段性調整建立連鎖店科學化管理模式是掌握不確定性管理 (Managing uncertainty) 重要核心策略。

故如何建立一管理科學化分析模式，從正確的架構、方向、效果來處理龐大的連鎖體系就成為現代化連鎖企業的重要課題。

科學管理模式

連鎖企業 chain1 … chain$n$，n 可到任何開店數字，而每個連鎖店均有業績目標、階段業績目標、成長率、階段成長率，與總公司目標均有函數關係，如線性迴歸、線性相關。則企業可透過資料庫行銷 (data-marketing) 與策略性組織劃分（店→區→部管理幅度），而建立觀察與掃瞄分析模式 (scanning system)，如 $Y=0.1708x+0.0165$，其中 Y 為估計階段目標達成率、x 為階段期間，0.0165 為目前進度截距。

統計分析工具介紹

在進行行銷的相關活動企劃時，往往需對消費群的特性、偏好趨勢、影響銷售額

❷ 個案提供：東吳大學經濟系，廠商決策理論與應用，郭振鶴老師指導。參加學生研究人員如下：陳儀嘉、朱立暐、林怡慧、許玟婷、范愷玲、陳冬華、鄭怡潔、彭怡婷、孫旭芳、吳靜怡、黃珮詩、林新哲。

變化因素的掌握與影響程度的瞭解、促銷效果的研究分析、未來的銷售趨勢的預估……等能清晰地、敏銳地洞悉瞭解，以使企劃案能具效果，而這些蒐集不易的資料，如何轉換為有效的資訊，端視審慎架構去蕪存菁與運用適宜的統計分析形成有效資訊。

現在介紹五種統計分析上常用的統計量與分析方法，透過此五種基本統計分析觀點，明確地掌握消費訊息特性的脈動、銷售變化影響因子，而對行銷活動企劃適時地調整。

1. 平均數

在同一群體中各個體的某種特性有共同的趨勢存在，表示此種共同趨勢的量數，即稱為集中趨勢量數 (measures of central tendency)，因它是代表該特性的平均水準，故通常稱為平均數 (averages)，又它也是反映該資料數值集中的位置，故又叫做位置量數 (measures of location)。

平均數有三個重要的性質（或作用），即⑴簡化作用。⑵代表作用。⑶比較作用。

在統計學中最常用、最簡單，且最易瞭解的集中趨勢量數，一般如無特別說明，所謂平均數即指算術平均數。

$\mu=\frac{\sum_{i=1}^{N}x_i}{N}$（全部樣本觀測值總和的平均水準）

N 為母體所包含的個體數（即母體大小）

x 為各觀測值

2. 標準差

一群數值與其算術平均數之差異平方和的平均數，即為變異數，又稱變方或均方。變異數的方根即為標準差，此二者是用途最廣的離勢量數。一分配的標準差小，則大部分數值應集中於平均數附近，平均數的代表性強；若標準差大，則大部分數值不能如前者的集中而比較分散，平均數的代表性弱。變異數和標準差其定義分別如下：

變異數　$\sigma^2=\frac{\sum_{i=1}^{N}(x_{i-\mu})^2}{N}$（誤差總和的平均水準）

標準差　$\sigma=\sqrt{變異數}$（與平均值離勢的水準大小）

3. 變異數分析

正如其名，變異數分析就是分析一因變數之變異並分別找出此變異之原因而將之分派到各組自變數上。因為有未知自變數之變異才導致因變數之變動，通常實驗者不可能將所有會影響其因變數值之變數都包括於其模型中，故即使所有自變數都保持為不變之常數，因變數之值仍會產生隨機之變動。變異數分析之目標就是要找出與實驗有關之重要自變數，並決定它們相互間之關係以及因變數之影響。

以下將說明變異數分析的原理，並以一例說明如何實際從事變異數分析。

變異數分析將此離差平方和稱之為總離差平方和 (total sum of deviations) 分割成許多部分，每一部分都對應於此實驗之一自變數因子，然後再加上一項與隨機誤差有關之餘數 (remainder)。圖 7–16 表出具有三個自變數時的情況，對此因變數寫出一多元線性模型，則總離差平方和的誤差部分即為 *SSE*。對於以上這個例子，若自變數與因變數無關，則經過分割後的總離差平方和的每一部分除上一適當的常數後，都是對此實驗誤差之變異數 σ^2 的獨立而且不偏之估計式。但是若某一自變數與因變數有很密切的關係，則對應於此變數之離差平方和之部分（稱為對此變數之「平方和」）將會增大。比較某一特殊變數所求對 σ^2 的估計值和由 *SSE* 所求對 σ^2 的估計值，可用 F 檢定，將以上的性質檢查出來。自變數所求對 σ^2 的估計值相當大，則由 F 檢定之結果將會擯棄「此自變數對因變數無影響」的假設，而導出此自變數與因變數間存在有相當關係的結論。

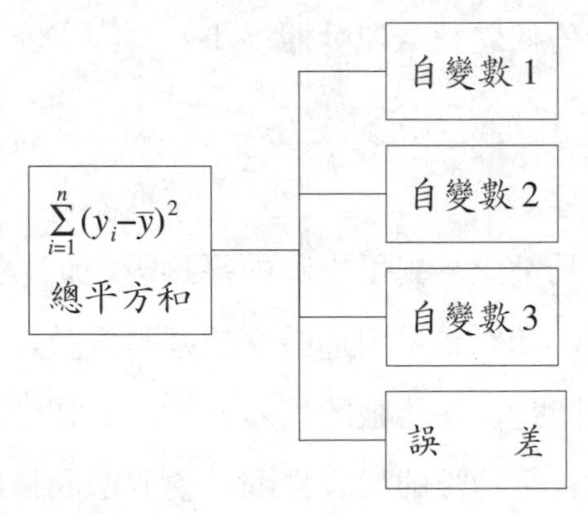

圖 7–16 分割總離差平方和

在變異數分析中所使用之技巧可用一很普通的例題加以說明。此例題為 $n_1=n_2$ 時，在未配對實驗下，對兩平均數之比較。以往用 t 分配來分析此實驗，現在將從另一觀點來研究此問題。這兩個樣本因變測量值對其平均數的總變異為

$$SST=\sum_{j=1}^{n}\sum_{i=1}^{n}(y_{ij}-\bar{y})^2$$

其中 y_{ij} 代表第 i 個樣本的第 j 個觀察值，$\bar{y}$ 代表所有 $2n_1=n$ 個觀察值的平均數。上式可分割成兩部分，即

$$SST=\sum_{i=1}^{2}\sum_{j=1}^{n_1}(y_{ij}-\bar{y})^2$$

$$=\underbrace{n_i\sum_{i=1}(\bar{y}_i-\bar{y})^2}_{SSR}+\underbrace{\sum_{i=1}^{2}\sum_{j=1}^{n_i}(y_{ij}-\bar{y}_i)^2}_{SSE}$$

其中 SSR：表示可解釋誤差或迴歸誤差

其中 SSE：表示隨機誤差

變異數分析是利用 F 統計量作檢定，其應用是基於母體為常態分配的基本假定，並假定各小母體的變異數都相等。事實上，只要母體分配不呈極端偏斜，不是雙峰分配，不是 U 型分配，各小母體變異數相去不遠，樣本大小盡可能相等，則 F 檢定的結果會相當合理且有效率的。

表 7-11　一因子分類變異數分析

變異來源	平方和 SS	自由度 df	變異數 MS	F	決　策
處　理	SSR	$k-1$	MSR	$\frac{MSR}{MSE}$	當 $F>F_{(1-\alpha,\ k-1,\ \Sigma n_i-k)}$ 拒絕 H_0
誤　差	SSE	$\sum_{i=1}^{k}n_i-k$	MSE		
總　和	SST	$\sum_{i=1}^{k}n_i-1$			

$$MSR=\frac{SSR}{k-1}$$

$$MSE=\frac{SSE}{\sum_{i=1}^{K}n_i-k}$$

4. 相關分析

僅在表現變數間是否有關係以及相關的方向與程度者，稱為相關分析 (analysis of correlation)。

存在於自然現象或社會現象間的各種關係，可分為：

(1)因果相關 (causation) 與共變 (covariation)：相關可以是因果的或直接的，例如商品

價格與供給量；也可以是共變的或間接的，例如兄弟的身高是繫於父母遺傳。

⑵簡相關 (simple correlation) 與複相關 (multiple correlation)：只測算兩變數的變動關係而不計入其他因素者為簡相關或簡單相關；自變數在兩個以上，即一個因變數 (dependent variable) 與多個自變數 (independent variable) 的相關，稱為複相關或多元相關。

⑶直線相關 (linear correlation) 與非直線相關 (nonlinear correlation)：凡兩變數的變動有直線關係者，如自變數 X 變動時，因變數 Y 作比例的或近於比例的變動者，是為直線相關；又若 X 與 Y 的關係在某一段有比例的變化，到某一數值後，Y 的變化即不與 X 成直線比例，此為非直線相關。

⑷正相關 (positive correlation) 與負相關 (negativecorrelation)：就直線相關而言，X 增加 Y 亦增加，X 減少 Y 亦減少的同方向相關，稱為正相關；當 X 增加 Y 減少或 X 減少 Y 反而增加的反方向相關，稱為負相關。

⑸函數關係 (functional relationship)、統計關係 (statistical relationship) 與零相關 (zero correlation)：以直線關係為例，如 X 與 Y 兩變數的變動亦步亦趨的，相關程度最高，相關係數為 +1 或 −1 者，稱為函數關係或完全相關 (perfect correlation)；若 X 與 Y 兩變數各自獨立，渺無關係者，稱為零相關，相關係數為 0；相關係數不正好為 +1、−1 或 0 者，稱為統計關係，一般社會現象的相關皆為此種關係。

5. 迴　歸

凡是著手研究一組自變數 $X_1, X_2, \cdots, X_i$ 和反應值 Y 間的關係時，幾乎都要用到最小平方法。其乃將 Y 看成 $X_1, X_2, \cdots, X_k$ 的函數，以數學術語而言，稱 Y 為依變數 (dependent variable)，$X_1, X_2, \cdots, X_k$ 為自變數 (independent variable)。例如某實驗者欲推測某海岸高潮的高度 Y 與風向、風速、時間、氣壓等自變數間的函數關係；或某生物學家想研究以某種方法製造之抗生素，其效力 Y 與培養時間、培養器皿、溫度等自變數間的關係等皆屬迴歸問題。

有許多不同的數學函數可用來作為一反應值的模型，即 Y 為一個或多個自變數之函數的模型。模型分成決定型 (deterministic) 和機率型 (probabilistic) 兩種，例如要決定反應值 Y 和變數 X 間的關係，根據有關資料建議將 Y 和 X 寫成如下的線性關係：

$$Y=\beta_0+\beta_1 X$$

其中 β_0 和 β_1 是未知數，這就是一個決定型的數學模型。

計量分析——連鎖店管理科學化精神

通路管理科學化分析，假設有一連鎖蛋糕店未按管理科學化精神進行，則不僅未能達成母親節目標管理五千個蛋糕目標，也未能擬定未來行銷調整策略，此計量分析分成兩個例子說明：

⑴錯誤計量分析未按管理科學化精神，降低不確定性，提高 $y=a+bx$ 迴歸模式預測 R^2 水準所進行的分析所犯的決策錯誤。

⑵正確的管理科學化精神：以下列中正店為例，假設目標二千五百個。

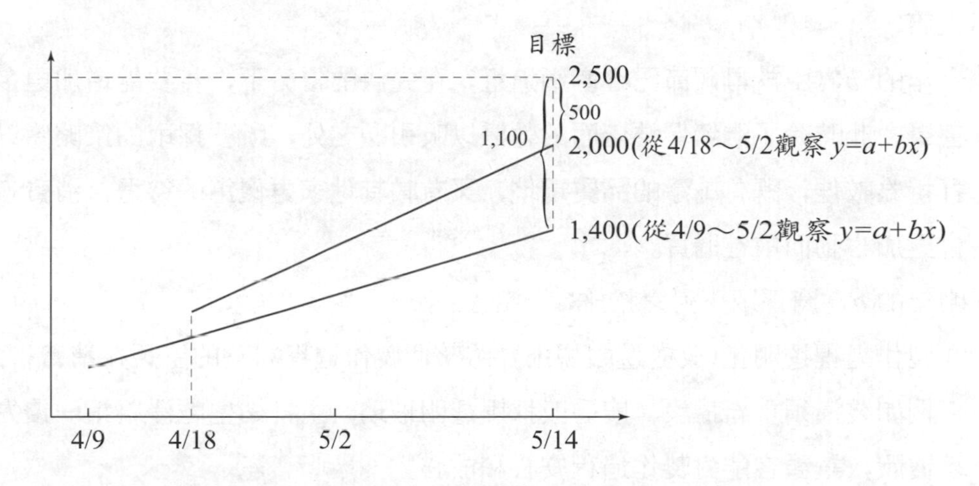

假設 4 月 9 日～5 月 2 日為已知的銷售期間，中正、光復、西大、大潤發銷售數量分配如上表：則連鎖店要解決的問題：

a.到今年 5 月 13 日止廠商可賣多少個，各家店應賣多少個?

b.如何根據計量化結果，擬定行銷策略?

㈠錯誤計量分析的行銷策略（行銷策略正確，但目標管理水準估計錯誤）

1.地理環境

⑴中正店：（規模和區位優勢最佳）

地理環境：位於車站的鬧區、交通便利、本身極具潛力，且來往的人潮眾多，故有較大的消費群。

⑵光復店：（規模和區位優勢僅次中正店）

地理環境：位居交通要道，車潮很多、學生較多、較偏向文教區。

⑶西大店：

地理環境：交通要道，車潮多；過往的行人不多。

(4)大潤發店：

地理環境：位居量販店內，所以主要的消費群皆以量販店的顧客為主；處於許多產品相互競爭的環境中；假日和非假日時的顧客人數相距甚大，主要的銷售量來自假日。

從 4 月 9 日～5 月 2 日的資料中，我們可以清楚的預估 5 月 3 日～5 月 13 日的蛋糕銷售量，然後與既定的目標之差額做適當性的調整。(即調整今年的 b 和根據資料決定明年的 a 和 b)。

2. 探討四家店今年的 b、明年的 a 和 b

(1)中正店：

a.今年的 b：由於母親節已經漸漸逼近，在先決的優勢下，若要能增加更多的銷售量，此時除了繼續保持店面的乾淨以吸引顧客外，所要採取的策略應以降價打折為較佳，既有乾淨的品質環境，又有較其他家更優惠的待遇，消費者自然會更加心動而前往購買。

b.明年的 a，應採取下列之措施：

(a)製作過程透明化(改變遊戲規則)：將整個製作過程完整的呈現在消費者面前，例如裝潢須重新擺設、廚房改採用透明玻璃，主打衛生乾淨為第一優先的品質戰，讓顧客能對製作過程安心和放心。

(b)員工定期職業訓練（降低不確定性）：由於主打品質戰，因此需確保員工素質的水準，以避免有良莠不齊的現象產生，而造成整個品質的下滑。

c.明年的 b：

(a)相片蛋糕（重視手段面的代價）：透明化的製作過程可拉近顧客與產品間的距離，且顧客可依照自己想要的圖案設計在蛋糕上，不僅看得窩心，吃起來更是開心。

(b)定時出爐：規定在每天 AM10:00 和 PM5:00 時段定時出爐，且可利用麵包剛出爐時的香味吸引顧客前往購買，增加購買數。

(c)推出一小時限量搶購的特價商品：例如泡芙（一組二個，限定三十組），利用消費者搶購商品的心態刺激買氣。

(d)凡購買麵包達一定之金額時，即免費贈送蛋糕。

(2)光復店：

a.今年的 b：距離母親節只剩短短幾天，由於今年能改變的只有 b，且光復店所具的爆發力稍嫌不夠，所以我們就採取和中正店相似的打折方法以刺激購買欲。

b.明年的 a，應採取下列之措施：

(a)管理者作風：應具有高深的遠見，不在乎現在付出的成本，重要的是有沒有達到預定的目標。要有積極的態度，不要一味的認為銷售量的壓力由中正店承擔就行，自己位於中正店之下是正常的。

(b)員工管理方面：店員要穿著整齊一致的制服，服務態度應以親切、耐心為首要條件，還要隨時保持禮貌，盡管是面對囉唆或較難溝通的客人都得要用心服務。

(c)店面維持方面：注意店面的整潔，例如玻璃要明亮整潔，托盤、夾子要常清洗，保持乾淨，地板要常常拖。

(d)策略：設置意見表讓顧客填寫，並給員工有業績上的壓力，可藉此提高銷售量。

c.明年的 b，分成兩部分：

(a)重視手段面的代價：5 月 2 日以前，大量租下大樓看板做廣告，並在百貨公司和各交通要道發廣告傳單，DM 上印各式蛋糕種類及價錢，而且截角的印花可兌換神祕好禮。

(b)大中取小：5 月 2 日以後，一開始先打九折，若沒達到預定的銷售量時再降成七五折。

(3)西大店：

a.今年的 b：

(a)重視手段面的代價：用打折的方式來吸引買氣。

(b)大中取小：一開始先打九折，然後再打八折，視情況而定。

b.明年的 a：應採取下列之措施：

(a)建立一套與餐廳合作的配送網，增加通路人員的僱用，減少門市人員的僱用。

(b)積極擴展與餐廳的通路。

c.明年的 b：

(a)打破進入障礙：積極與餐廳合作，改善蛋糕的配送方式，建構一個無存貨的流通通路。

(b)改變遊戲規則：把原本著重於零售的蛋糕店，發展成一個大量配送的蛋糕配送通路。

(4)大潤發店：

a.今年的 b：今年的大潤發從 4/9～5/2 的資料中可得知，其顯然出現了平均銷售量偏低的趨勢，故我們可利用一些銷售手法來突破。

(a)大中取小：量販店的客人是大潤發主要的顧客來源，且大多集中在假日，產生一股假日的購物潮，平常時間則顯得甚為冷清，為了提高非假日的銷售量，故分成假日和非假日兩個時段，假日蛋糕一律八五折，非假日時以七五折優待，帶動平時的買氣，使接近母親節的倒數階段裡不至於有走下坡的憂慮。

(b)改變遊戲規則：舉行抽獎對對碰的活動吸引消費族群。

b.明年的 a：應採取下列之措施：

(a)對員工做促銷期間的戰鬥力訓練，以增加對顧客的親和力和對商品的更深層瞭解，藉此吸引顧客。

(b)為增加員工對公司的向心力，給予業績紅利以茲鼓勵。

(c)因大潤發假日與非假日的來客數相差甚遠且不穩定，其需求量亦難掌握，故應加強店長對店裡供給量與進貨量的掌控技巧，以免產生供不應求或供過於求的現象產生。

c.明年的 b：即改善去年的缺失，拉高一開始的爆發力：

(a)重視手段面的代價：與量販店配合在，其 DM 上做廣告並附贈折價券。

(b)重視手段面的代價：因量販店的消費者很多皆非附近住家，若預定或訂購後領取較不方便，可另外增加外送服務。

(c)改變遊戲規則：因量販店內消費者的目標物甚多，故店員應採取主動出擊的策略以留住顧客群。

(d)動態性：來量販店購買東西的人通常都是對價格較敏感的，因此可推出幾款價格較低的蛋糕以吸引顧客。

3.四家店所採取的相同策略

(1)職訓：培育一群具有專業技能之人才，且真誠友善的服務並應對進退得宜。

(2)業績：給予員工適當的業績壓力以有效提高銷售量，當業績達到一定之水準時，即給予紅利以茲獎勵。

(3)透明化：整個店面的佈局應以明亮為主軸，使顧客可清楚看見產品的擺設為何及其新鮮蓬鬆的程度。

4.成長目標

以今年 4 月的銷售量為基礎擬定一個明年 4 月所應達到的目標，同樣地，以今年 5 月的銷售量為基礎擬定一個明年 5 月所應達到的目標。

5.表　單

表 7–12　原計今年表單

X	日期	目標	中正	光復	西大	大潤發	總數
1	4月 9日	30	6	2	1	5	14
2	4月10日	30	7	5	1	3	16
3	4月11日	30	12	0	2	3	17
4	4月12日	30	13	2	3	0	18
5	4月13日	30	7	6	2	14	29
6	4月14日	32	25	3	4	2	34
7	4月15日	32	31	3	3	4	41
8	4月16日	32	19	3	2	7	31
9	4月17日	41	21	13	4	0	38
10	4月18日	88	12	1	6	0	19
11	4月19日	101	25	17	15	0	57
12	4月20日	101	28	19	6	2	55
13	4月21日	101	27	8	5	3	43
14	4月22日	101	40	13	15	6	74
15	4月23日	112	19	5	7	4	35
16	4月24日	125	20	8	8	7	43
17	4月25日	125	46	8	8	4	66
18	4月26日	125	48	16	14	17	95
19	4月27日	142	40	20	10	10	80
20	4月28日	144	52	15	21	18	106
21	4月29日	152	46	13	15	18	92
22	4月30日	157	58	21	27	30	136
23	5月 1日	208	49	10	11	12	82
24	5月 2日	208	54	47	18	22	141
25	5月 3日	222	56	23	19	18	116
26	5月 4日	222	58	24	20	18	120
27	5月 5日	222	60	25	20	19	124
28	5月 6日	216	62	26	21	20	129
29	5月 7日	229	64	27	22	21	134
30	5月 8日	228	66	28	23	22	139
31	5月 9日	246	68	29	24	22	143
32	5月10日	246	70	30	24	23	147
33	5月11日	258	72	31	25	24	152
34	5月12日	270	75	32	26	25	158
35	5月13日	285	77	33	27	25	162
	total	4,921	1,433	566	459	428	2,886

表 7–13　預估明年

X	日期	中正	光復	西大	大潤發
1	4月 9日	21	6	6	9
2	4月10日	23	7	7	10
3	4月11日	26	8	8	11
4	4月12日	28	10	9	12
5	4月13日	30	11	10	13
6	4月14日	32	12	11	13
7	4月15日	35	13	11	14
8	4月16日	37	14	12	15
9	4月17日	39	15	13	16
10	4月18日	41	16	14	16
11	4月19日	44	17	15	17
12	4月20日	46	19	16	18
13	4月21日	48	20	17	19
14	4月22日	51	21	17	20
15	4月23日	53	22	18	20
16	4月24日	55	23	19	21
17	4月25日	57	24	20	22
18	4月26日	60	25	21	23
19	4月27日	62	27	22	24
20	4月28日	64	28	22	24
21	4月29日	66	29	23	25
22	4月30日	69	30	24	26
23	5月 1日	71	31	25	27
24	5月 2日	73	32	26	28
25	5月 3日	75	33	27	28
26	5月 4日	78	35	28	29
27	5月 5日	80	36	28	30
28	5月 6日	82	37	29	31
29	5月 7日	84	38	30	32
30	5月 8日	87	39	31	32
31	5月 9日	89	40	32	33
32	5月10日	91	41	33	34
33	5月11日	93	43	34	35
34	5月12日	96	44	34	35
35	5月13日	98	45	35	36
	total	2,084	891	727	798
	goal	1,906	810	702	714

6. 分析四家店今年的趨勢圖

中正：

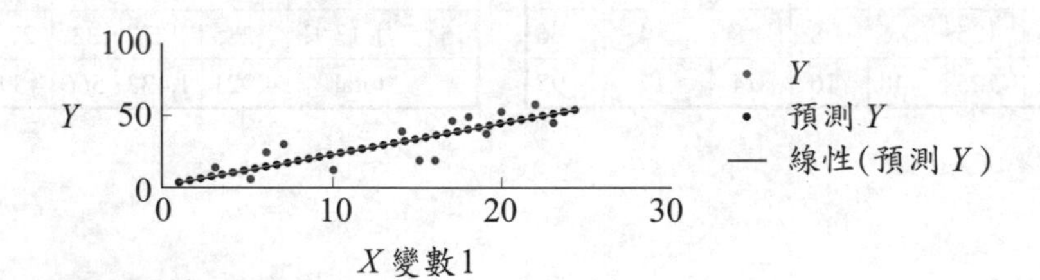

光復：

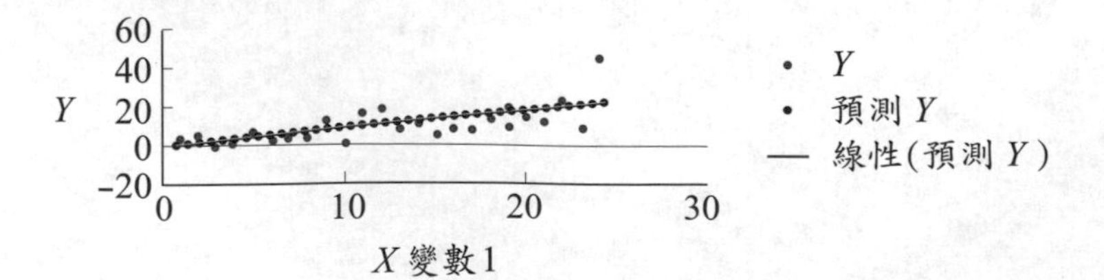

西大:

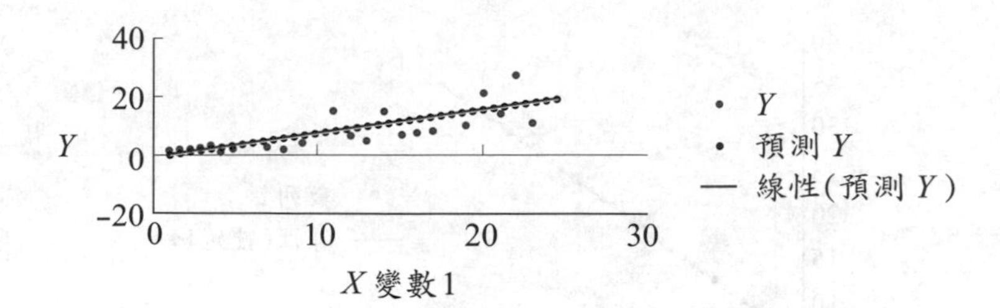

大潤發:

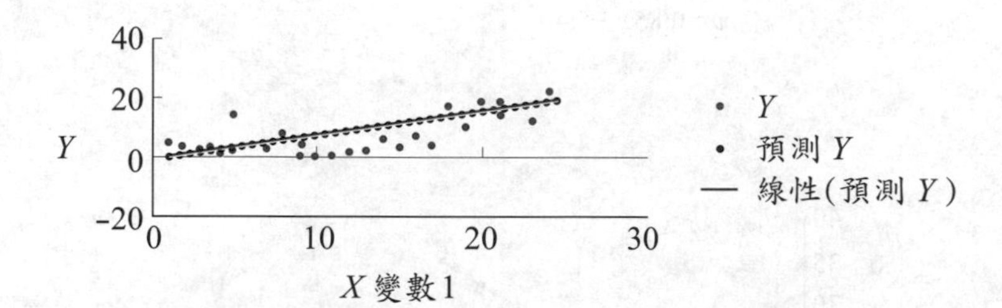

7. 分析四家店明年的趨勢圖

中正:

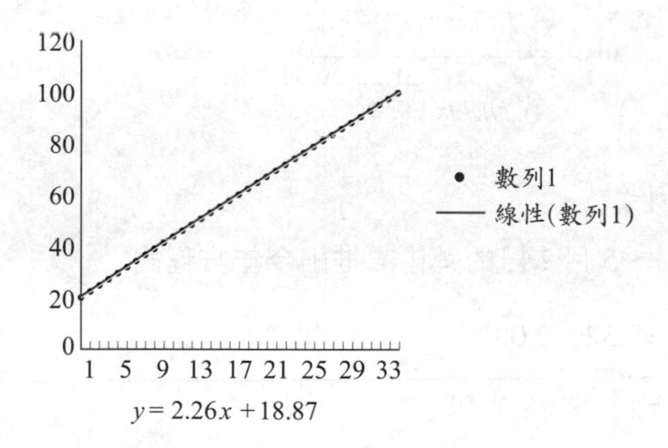

$y = 2.26x + 18.87$

光復:

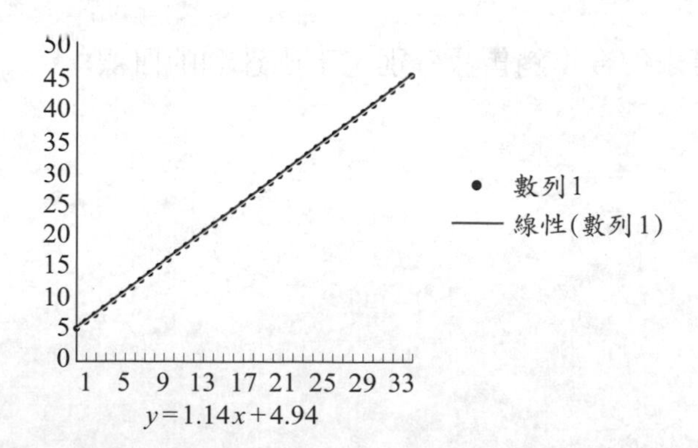

$y = 1.14x + 4.94$

西大：

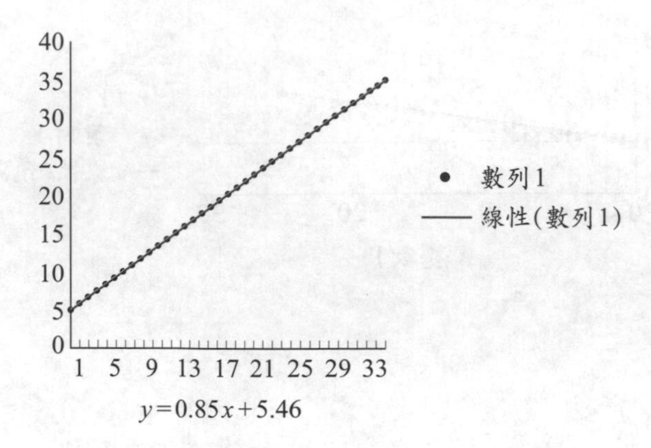

大潤發：

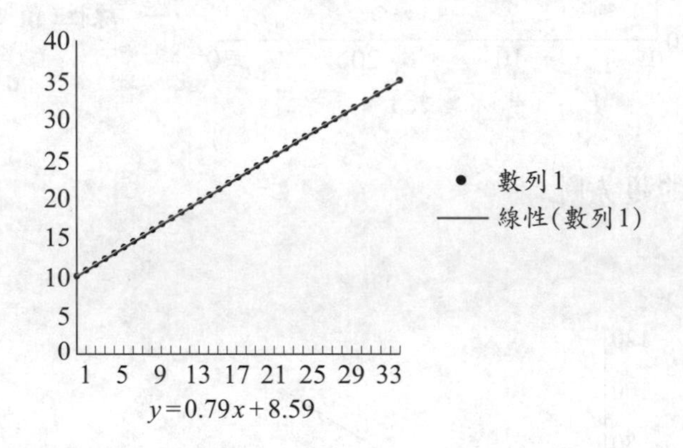

8. 錯誤的計量分析例子

由今年 4 月 9 日～5 月 2 日的銷售額推出今年方程式：

中正店：$y=3.326+2.083x$

光復店：$y=-1.380+0.976x$

西大店：$y=-1.387+0.8043x$

大潤發店：$y=-1.644+0.7682x$

依此方程式，可求得今年銷售並分別定下應達到的目標：

	中正店	光復店	西大店	大潤發店
由方程式求得	1,433	566	459	428
目 標	2,443	965	782	729
差 額	1,010	399	323	301

表 7–14 4 月 9 日～5 月 2 日接單資料迴歸方程式（原計今年表單）

X	日期	目標	中正	光復	西大	大潤發	總數
1	4 月 9 日	30	6	2	1	5	14
2	4 月 10 日	30	7	5	1	3	16
3	4 月 11 日	30	12	0	2	3	17
4	4 月 12 日	30	13	2	3	0	18
5	4 月 13 日	30	7	6	2	14	29
6	4 月 14 日	32	25	3	4	2	34
7	4 月 15 日	32	31	3	3	4	41
8	4 月 16 日	32	19	3	2	7	31
9	4 月 17 日	41	21	13	4	0	38
10	4 月 18 日	88	12	1	6	0	19
11	4 月 19 日	101	25	17	15	0	57
12	4 月 20 日	101	28	19	6	2	55
13	4 月 21 日	101	27	8	5	3	43
14	4 月 22 日	101	40	13	15	6	74
15	4 月 23 日	112	19	5	7	4	35
16	4 月 24 日	125	20	8	8	7	43
17	4 月 25 日	125	46	8	8	4	66
18	4 月 26 日	125	48	16	14	17	95
19	4 月 27 日	142	40	20	10	10	80
20	4 月 28 日	144	52	15	21	18	106
21	4 月 29 日	152	46	13	15	18	92
22	4 月 30 日	157	58	21	27	30	136
23	5 月 1 日	208	49	10	11	12	82
24	5 月 2 日	208	54	47	18	22	141
25	5 月 3 日	222	55	23	19	18	125
26	5 月 4 日	222	58	24	20	18	119
27	5 月 5 日	222	60	25	20	19	124
28	5 月 6 日	216	62	25	21	20	124
29	5 月 7 日	229	64	27	22	21	133
30	5 月 8 日	228	66	28	23	21	138
31	5 月 9 日	246	68	29	24	22	142
32	5 月 10 日	246	70	30	24	23	147
33	5 月 11 日	258	72	31	25	24	152

㈡錯誤計量分析的決策陷阱

1. 中正店

⑴關於製作過程透明化：

a.決策陷阱：「貿然投入。」

這個決策將為我們帶來損失或是益處，我們並未做全盤的考慮即貿然投入，為此決策的缺失。

b.水平思考：「思考有沒有其他看事情的方法，換個角度思考」、「什麼是不同的？」

製作過程透明化這個提案，我們採跳脫一般傳統的思考模式去做決策。不同的思考模式將提供不同氣象的結果，對於地理位置佔優勢然面對強大競爭的外在因素的中正店而言，這樣的決策方式應會比傳統思考模式來得好。

c.垂直思考：「調性：穩定。」

透明化的過程需要資本的投入，而資本在投入之後，在短期來說無法任意做變動，因此此決策的調性偏向穩定的長期決策。

「開放思考過程，雖然會加得到一個最大成果的機會，但不保證一定有結果。」

透明化提供我們一個改變的契機，這個轉變是很大的。雖然我們無法預知其實施後所能得到的確切結果，但它至少提供了一個轉型的好機會。

⑵關於員工定期職業訓練：

a.決策陷阱：「短視的抄小路。」

我們深信給予員工訓練必可提升其素質，但我們可能忽略了在訓練中或有怠惰之情事發生，而使職訓的功效大打折扣。

b.水平思考：「注重創意的啟發性。」

我們對員工進行職業訓練，不僅是為了提升其專業能力，更是希望在我們這類以創意為主要號召的店家中，能夠培養出一批具有創意思考能力的員工，此為職訓之最終目標。

c.垂直思考：「判斷什麼是對的，然後專心投入於此。」

在我們的認知中，我們認為職訓對員工是好的、是對的，故我們提供這樣的機會給員工，以提升店家的競爭力。

⑶相片蛋糕：

a.決策陷阱：「輕舉妄動。」

我們並未把市場上的資訊整理清楚，只是想以製作相片蛋糕的新穎花樣來吸引客戶，事實上並不保證此法會受歡迎。

b.垂直思考：「對於一個想法從何產生而感到興趣。」

對一般蛋糕店的普通蛋糕而言，顧客對於相片蛋糕會比較感興趣，把自己的照片印在蛋糕上是個很新的點子。

c.水平思考：「注重創意啟發性。」

以美麗的外型吸引客戶，倒不如讓客戶看到自己的相片在蛋糕上而產生新奇感，進而對蛋糕店有信心，造成口碑。

「鼓勵歡迎一些非法入侵、令人驚喜的機會，因為它可以產生新的想法模型。」

這類跳脫傳統模式的思考，鼓勵各類型的想法產生，有助於我們在做決策時產生不同的思維，對於我們所號召的「創意蛋糕」是有益的。

⑷每日定時出爐兩次：

a.決策陷阱：「短視的抄小路。」

對於用麵包的香味就可以吸引過往逛街下班的人潮過度自信，覺得這是個輕易可見的事實。

b.垂直思考：「是封閉思考過程，它至少承諾會有一個最小的成果。」

改成定時出爐二次，利用其香味吸引較多人潮，進而來店購買。雖然我們無法確定顧客一定會因為該誘因而來店消費，但至少我們提供了可以增加買氣的誘因。

c.水平思考：「結論可以先於證據出現。」

在 PM5:00 出爐，剛好是下班下課的時段，中正店位於鬧區的優越地理環境正好提供了顧客前來的商機。

(5)一小時限量搶購：

a.決策陷阱：「框架的盲點。」

以限量的泡芙吸引過往人群，顧客會對泡芙產生興趣，但不一定會購買蛋糕，失去限量搶購、刺激蛋糕買氣的用意。

b.垂直思考：「對於一個想法從何產生而感到興趣。」

因為本身常被泡芙的香味所吸引，相信路人也會有同樣的感受。

c.水平思考：「調性：改變、移動。」

不一定要賣泡芙，我們可有多樣化的商品組合，也可以賣一些能散發出香味吸引過往路人的食品。

「所運用到的資訊和垂直思考完全不同，在此，是／非二分法不會產生，他會廣泛運用到也許每個人甚至自己認為是錯誤的想法，使用這個想法並不是他最終會被證明是對的，在水平思考裡，是對是錯沒有關係。」

「一小時限量搶購。」

並沒有所謂的對或錯，只是針對人性的心理層面來做考量。是一種強力推銷的形式，激起另一種購買欲望。

(6)贈送小蛋糕：

a.決策陷阱：「短視的抄小路。」

覺得消費者一定會為了贈送的小蛋糕而多買一些麵包，對於無意購買那麼多麵包的顧客是不管用的，因為對那些消費者而言，多買麵包吃不完則是丟棄浪費。

b.垂直思考：「重視的是何者是有關聯的。」

購買到一定金額即贈送小蛋糕試吃，進而讓顧客瞭解我們蛋糕的口味，喜歡我們蛋糕風味的顧客則會再來購買大蛋糕作為母親節的蛋糕，也會對我們的蛋糕產生信心。

c.水平思考：「感興趣的是『對於一個想法會引導出什麼?』」

此決策將引導出顧客購買蛋糕的欲望，進而刺激銷售量。

2.光復店

(1)打折：

a.決策陷阱：「短視的抄小路。」

認為只要打折就可以賣更多的蛋糕。

「在你的判斷上過於自信。」

我們一開始就很肯定打折一定可以為光復店帶來很大的業績，對於我們的假設過於自信以致於沒有去蒐集必備的事實性資訊，如：觀察光復店的地理環境及人潮聚集的時間。

b.垂直思考：「在下結論之前是一定要有證據。」

沒有足夠的資訊證明此決策所帶來的結果。

c.水平思考：「沒有新的想法。」

策略及想法都過於保守，沒有創新。

「未尋求替代方案。」

今年的b只有打折這一項，完全沒去考慮如果打折這個方法被別家店跟進該怎麼應對。

(2)員工管理方面：

a.決策陷阱：「貿然投入。」

未事先花幾分鐘來思考光復店所面對問題的癥結。

b.水平思考：「未去尋求問題的癥結。」

沒有去探討光復店蛋糕賣不好的原因，只是一味的對員工及工讀生加強訓練。

3.西大店

(1)打折：

a.決策陷阱：「短視的抄小路。」

只是一味的運用以前的手法來促銷，而無創新。

「在你的判斷上過於自信。」

覺得在今年的策略上應運用母親節前的打折方案，認為這是看事情的最好角度。

「未尋求替代方案。」

認為在今年只能用打折的方法，而屏除了除了打折以外的可行方法。

「輕舉妄動。」

明年所運用的策略並沒有依照一定的實證數據來做決策。

「不做追蹤。」

在思考的過程中，承諾了至少會使西大店的銷售量有所成長，但卻沒有做施行策略後數量變化的比較。

b.垂直思考：「在下結論之前是一定要有證據。」

所運用的策略並沒有依照一定的實證數據來做決策。

⑵和餐廳或機關建立起合作關係，以大量且低價的行銷手法獲得穩定客源：

a.決策陷阱：「在判斷上過於自信。」

此方法畢竟是我們的想法，結論先於證據出現，尚無數據輔佐，犯了對自己的假設和意見過於肯定。首先我們並不確定地理環境如我們所假設，是位於車潮多人潮少的地方，就過於自信做餐廳配銷制度。

「為回饋而自我愚弄。」

乍看下好像客源穩定，一切沒問題，但忽略餐廳或機關會有大量蛋糕需求只是在節慶或重大事情發生時，也許只能在母親節當日或前一兩天，需求量會激增，但平日無法建立起如此有規模的訂單需求，而且就算是母親節當日，蛋糕需求一樣會基於餐廳大小而有限。

4.大潤發

⑴以非假日時七五折的優待帶動買氣：

a.決策陷阱：「在你的判斷上過於自信。」

在做決策時，依一些策略來提高銷售量，但未曾考慮一些比較現實層面的問題以致使在做銷售量分配時產生不合理或有偏高的情形。

「短視的抄小路。」

對現成的資訊太過相信，且對於可見的事實又過於拘泥其中，導致對於其他的問題未去發掘，以致使策略未能有新意且太過僵固。

「不做追蹤。」

對於所做的決策都是就其當時的情形尋求適當的解決措施，但真正的解決情形是如何卻未曾加以追蹤，所以不知成效為何。

b.水平思考：「尋求替代方案。」

因為假日是量販店的購物潮，所以為了吸引買氣故採假日八五折、非假日七五折的方案。

「令人驚喜的機會。」

舉行抽獎活動。

⑵加強員工的戰鬥力訓練並增加對商品更深的瞭解：

a.垂直思考：「建立連貫性且依邏輯順序前進」

加強員工的戰鬥力訓練並增加對商品更深的瞭解。

「注重邏輯分析性」

來量販店買東西的人通常對價格敏感，故推出幾款價格較低的蛋糕吸引顧客。

b.水平思考：「增加得到最大成果的機會」

但並不表示一定有結果量販店的目標物多，採主動出擊以留住顧客。

㈢正確的連鎖店科學化管理方式

1.中正店

以中正店為例詳細說明，其餘各店只提供數據資料參考。從4月9日銷售6粒到5月2日54粒為實際銷售數據，而廠商預計銷售目標為2,456粒而4月9日到5月2日已銷售705粒。科學化管理方式為如何在5月3日～5月13日調整銷售策略才能達成銷售目標。

原始資料

日期	業績	日期	業績	日期	業績
4月09日	6	4月21日	27	5月03日	
4月10日	7	4月22日	40	5月04日	
4月11日	12	4月23日	19	5月05日	
4月12日	13	4月24日	20	5月06日	
4月13日	7	4月25日	46	5月07日	
4月14日	25	4月26日	48	5月08日	
4月15日	31	4月27日	40	5月09日	
4月16日	19	4月28日	52	5月10日	
4月17日	21	4月29日	46	5月11日	
4月18日	12	4月30日	58	5月12日	
4月19日	25	5月01日	49	5月13日	
4月20日	28	5月02日	54	total	705
廠商預期設定目標				total	2,456

⑴原迴歸方程式（採用資料為4月9日至5月2日）：

得到數值如下：

$y = Bx + A$, $y = 3.33 + 2.08x$

$A = 3.33$, $B = 2.08$，相關係數 $= 0.79$

推估最後一期狀況：

日期	推估業績			
5月03日	56			
5月04日	58			
5月05日	60			
5月06日	62			
5月07日	64			
5月08日	66			
5月09日	68			
5月10日	70	4月9日～5月2日	total	705
5月11日	72	5月3日～5月13日	total	727
5月12日	75	實際值＋推估值 (A)	total	1,432
5月13日	77	廠商預期設定目標 (B)	total	2,456
total	727	$(A)-(B)$	1,024	

⑵新迴歸方程式（採用資料為4月18日至5月2日）：

假設商家促銷活動分為四期，每一期約為一禮拜，而且促銷活動越到後期越強烈，加上大多數消費者也會有相同認知而選在最後一期購買商品，所以所推估最後一期的銷售業績應該會比前幾期暴增許多。

原迴歸方程式採計資料為4月9日～5月2日，其中包含4月9日～4月17日，這段期間是店家促銷程度最低的時期，業績自然不高，但是由於線性迴歸估計法，是在採計所有資料中尋找一條最能代表所有資料分佈狀況的線性方程式，若採計資料中有數值過低的資料，將會大大的降拉低迴歸方程式的斜率（成長力）、截距（爆發力），因而低估了最後一期的銷售業績。

所以新迴歸方程式將採計資料捨棄4月9日～4月17日業績最低的幾期，改為4月18日～5月2日，以避免低估最後一期銷售業績。

得到數值如下：

$y = C + Dx$, $y = 15.6 + 2.75x$

$C = 15.6$, $D = 2.75$，相關係數 $= 0.71$

推估最後一期狀況：

日期	推估業績			
5月03日	84			
5月04日	87			
5月05日	90			
5月06日	93			
5月07日	95			
5月08日	98			
5月09日	101			
5月10日	104	4月9日～5月2日	total	705
5月11日	106	5月3日～5月13日	total	1,079
5月12日	109	實際值+推估值 (*A*)	total	1,784
5月13日	112	廠商預期設定目標 (*B*)	total	2,456
total	1,079	(*A*)–(*B*)	672	

(3)原迴歸方程式與新迴歸方程式比較：

斜率（成長力）比較：$D-B=2.75-2.08=0.67$

截距（爆發力）比較：$C-A=15.6-3.33=12.3$

相關係數（迴歸方程式推估實際狀況值得信賴程度）比較：0.71–0.79=–0.08

最後一期推估總業績差額：1,079–727=252

由上述的比較可明顯發現，當去除了4月9日～4月17日業績最低的一期資料後，新迴歸方程式的斜率（成長力）上升0.67、截距（爆發力）增加近4倍為12.3，相關係數（迴歸方程式推估實際狀況值得信賴程度）僅下降–0.08，最後一期推估總業績上升 252。從以上比較可知去除了業績最低的前期，使得新迴歸方程式推估更接近廠商預期設定目標。

(4)採用A級店管理模式來推估：

從原迴歸方程式 $y=A+Bx$, $y=3.33+2.08x$, $A=3.33$, $B=2.08$ 與新迴歸方程式 $y=C+Dx$, $y=15.6+2.75x$, $C=15.6$, $D=2.75$ 可以發現，中正店是屬於低成長力，高爆發力的店家，可以用A級店管理模式來推估使中正店達成廠商預期設定目標。A級店管理模式是假設低成長力，高爆發力的店家，將所推估商家整體期間分為兩大期（前期與後期），如此特色若提升其後期爆發力對店家較難以達成，但是從提升前期成長力作來達成目標對店家而言較容易完成目標。

由於新迴歸方程式推估最後一期狀況比原迴歸方程式佳，因此採用新迴歸方

程式 $y=15.6+2.75x$ 作為基礎來使用 A 級店管理模式。

$y=C+Dx$, $y=15.6+2.75x$

$C=15.6$, $D=2.75$，相關係數 =0.71

日期	推估業績			
5 月 03 日	84			
5 月 04 日	87			
5 月 05 日	90			
5 月 06 日	93			
5 月 07 日	95			
5 月 08 日	98			
5 月 09 日	101			
5 月 10 日	104	4 月 9 日～5 月 2 日	total	705
5 月 11 日	106	5 月 3 日～5 月 13 日	total	1,079
5 月 12 日	109	實際值＋推估值 (A)	total	1,784
5 月 13 日	112	廠商預期設定目標 (B)	total	2,456
total	1,079	(A)−(B)	672	

為了使中正店完成廠商預期目標，因此將與預期目標差額 672 除以 330（前期天數：$x=23, 24, \cdots, 33, 34, 35$ 相加），來求得中正店成長力應該增加多少，以本例來說要提高 2.04。新迴歸方程式要由 $y=15.6+2.75x$ 改變為 $y=15.6+4.79x$。（透過行銷策略改變迴歸方程式斜率）

由改變後的迴歸方程式 $y=4.79x+15.6$ 推估：

日期	推估業績
5 月 03 日	135

迴歸／日期	中正（原）	中正（新）	中正（改）	天數	中正（原）	中正（新）	中正（改）
4 月 09 日	6	6	6	1	5	5	5
4 月 10 日	7	7	7	2	7	7	7
4 月 11 日	12	12	12	3	10	10	10
4 月 12 日	13	13	13	4	12	12	12
4 月 13 日	7	7	7	5	14	14	14
4 月 14 日	25	25	25	6	16	16	16
4 月 15 日	31	31	31	7	18	18	18
4 月 16 日	19	19	19	8	20	20	20

4月17日	21	21	21	9	22	22	22
4月18日	12	12	12	10	24	24	24
4月19日	25	25	25	11	26	26	26
4月20日	28	28	28	12	28	28	28
4月21日	27	27	27	13	30	30	30
4月22日	40	40	40	14	32	32	32
4月23日	19	19	19	15	35	35	35
4月24日	20	20	20	16	37	37	37
4月25日	46	46	46	17	39	39	39
4月26日	48	48	48	18	41	41	41
4月27日	40	40	40	19	43	43	43
4月28日	52	52	52	20	45	45	45
4月29日	46	46	46	21	47	47	47
4月30日	58	58	58	22	49	49	49
5月01日	49	49	49	23	51	51	51
5月02日	54	54	54	24	53	53	53
5月03日	55	84	135	25	55	84	135
5月04日	57	87	140	26	57	87	140
5月05日	59	90	145	27	59	90	145
5月06日	62	93	150	28	62	93	150
5月07日	64	95	155	29	64	95	155
5月08日	66	98	159	30	66	98	159
5月09日	68	101	164	31	68	101	164
5月10日	70	104	169	32	70	104	169
5月11日	72	106	174	33	72	106	174
5月12日	74	109	178	34	74	109	178
5月13日	76	112	183	35	76	112	183
A	1,428	1,784	2,457	合計			
B	2,456	2,456	2,456	廠商目標需求			
B–A	1,028	672	(1)	差值			

中正（原）	$y=3.33+2.08x$
中正（新）	$y=15.6+2.75x$
中正（改）	$y=15.6+4.79x$

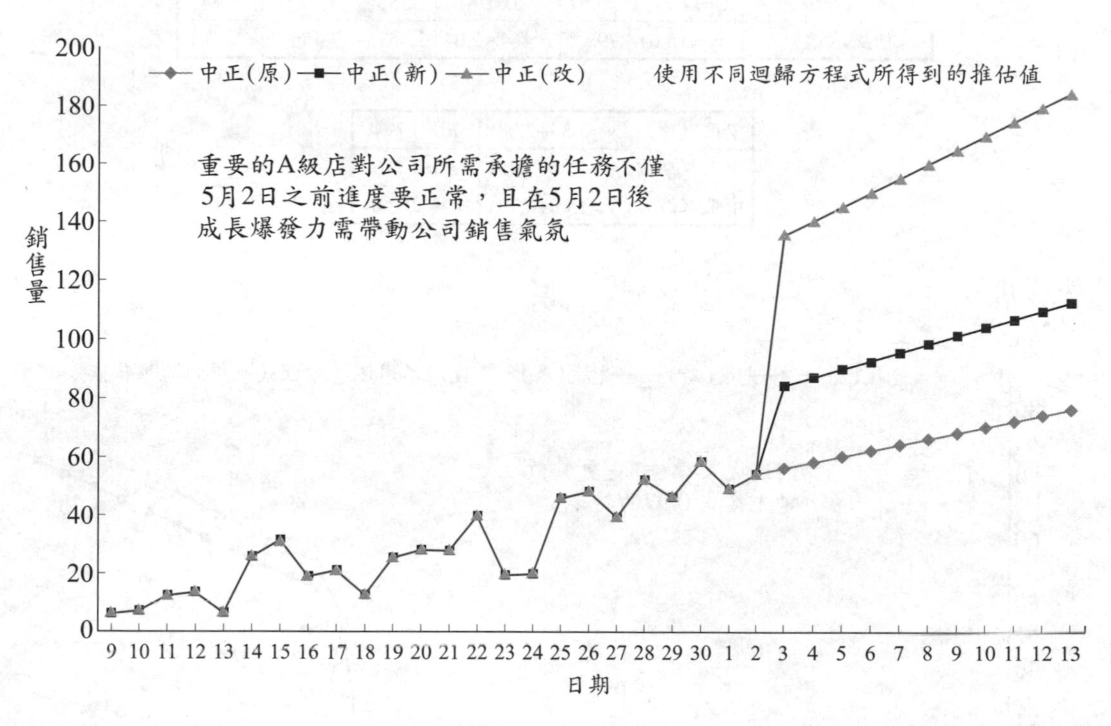

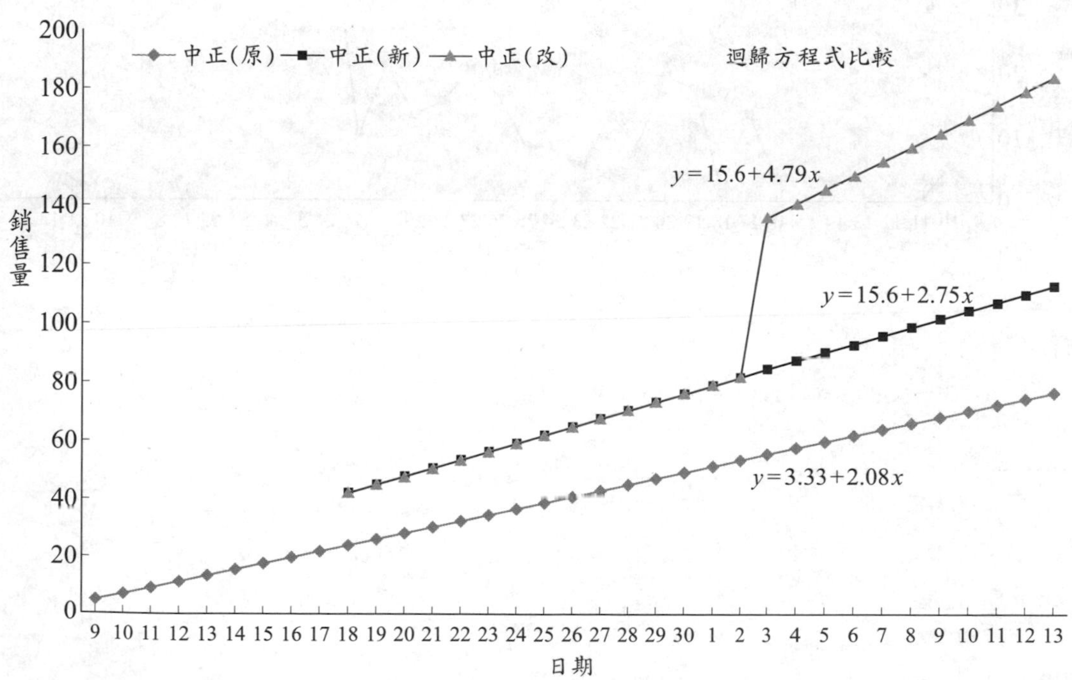

	迴歸方程式	相關係數	合計	廠商目標	差異值
中正（原）	$y=3.33+2.08x$	0.794	1,428	2,456	1,208
中正（新）	$y=15.6+2.75x$	0.716	1,784	2,456	672
（新）（原）差異	$A=12.27$, $B=0.67$	−0.078	356	–	343
中正（改）	$y=15.6+4.79x$	B 提高 2.04	2,457	2,456	−1

中正（原）	$y=3.33+2.08x$	$R^2=0.794$
中正（新）	$y=15.6+2.75x$	$R^2=0.716$
中正（改）	$y=15.6+4.79x$	B 提高 2.04

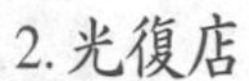

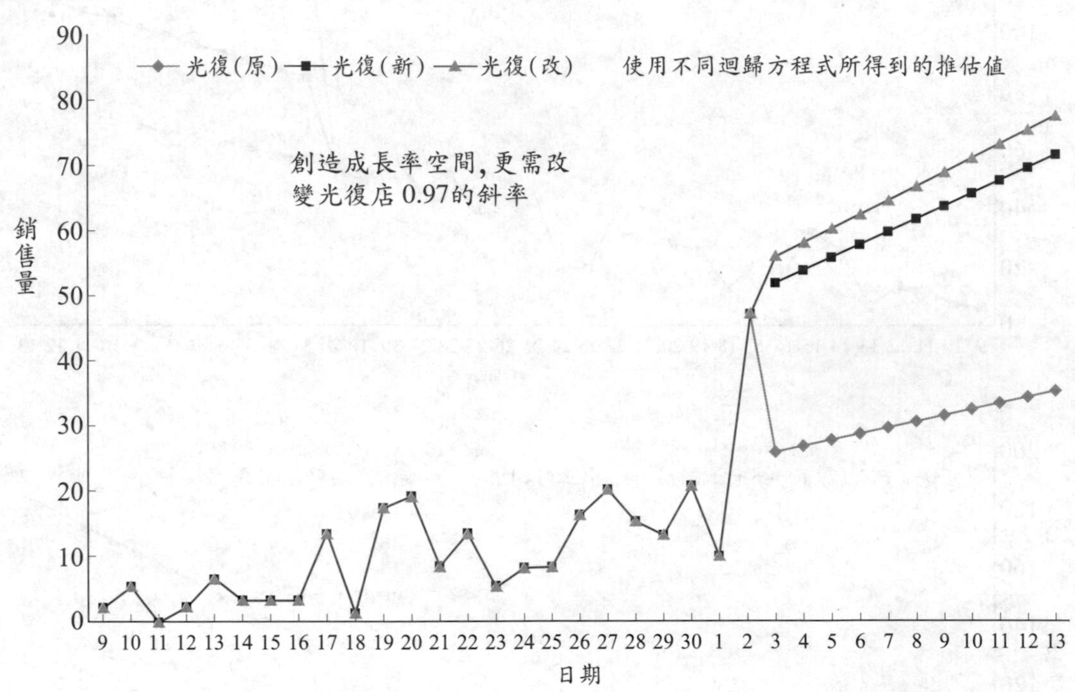

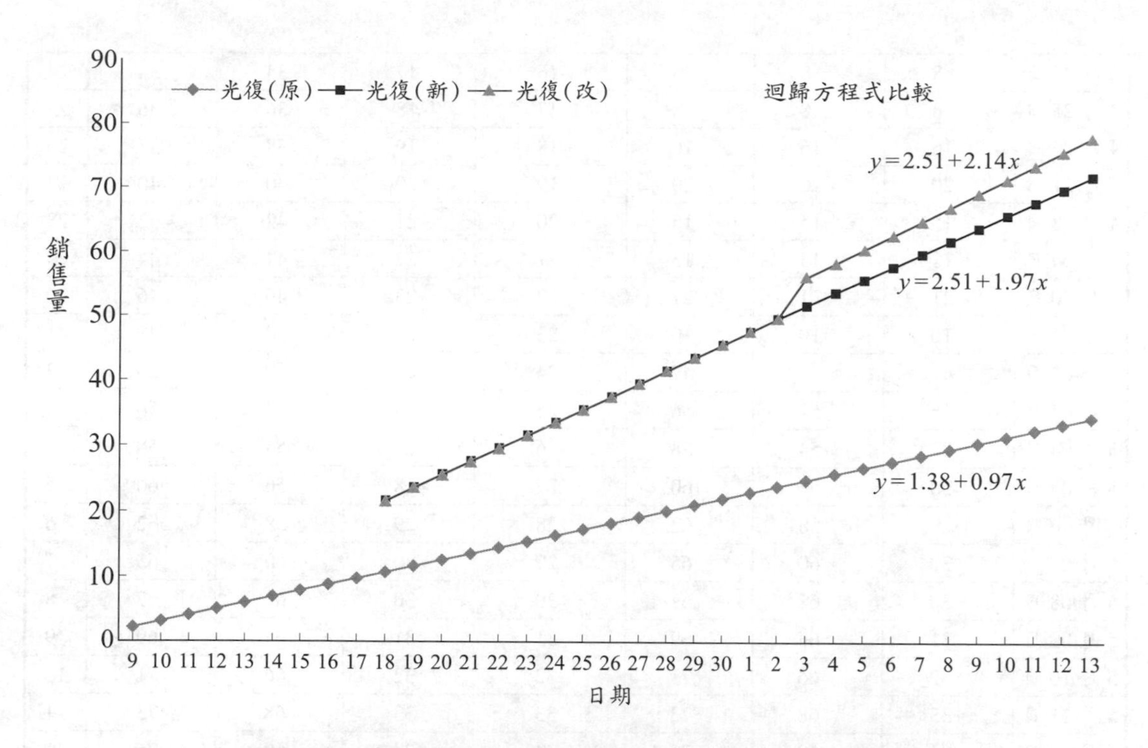

	迴歸方程式	相關係數	合計	廠商目標	差異值
光復（原）	$y=1.38+0.97x$	0.4651	593	993	400
光復（新）	$y=2.51+1.97x$	0.4075	936	993	57
（新）（原）差異	$A=1.13$, $B=1$	−0.0576	343	–	343
光復（改）	$y=2.51+2.14x$	B 提高 0.17	992	993	1

迴歸 / 日期	光復（原）	光復（新）	光復（改）	天數	光復（原）	光復（新）	光復（改）	日期
4月09日	2	2	2	1	2			9
4月10日	5	5	5	2	3			10
4月11日	0	0	0	3	4			11
4月12日	2	2	2	4	5			12
4月13日	6	6	6	5	6			13
4月14日	3	3	3	6	7			14
4月15日	3	3	3	7	8			15
4月16日	3	3	3	8	9			16
4月17日	13	13	13	9	10			17
4月18日	1	1	1	10	11	22	22	18
4月19日	17	17	17	11	12	24	24	19
4月20日	19	19	19	12	13	26	26	20
4月21日	8	8	8	13	14	28	28	21
4月22日	13	13	13	14	15	30	30	22
4月23日	5	5	5	15	16	32	32	23

4月24日	8	8	8	16	17	34	34	24
4月25日	8	8	8	17	18	36	36	25
4月26日	16	16	16	18	19	38	38	26
4月27日	20	20	20	19	20	40	40	27
4月28日	15	15	15	20	21	42	42	28
4月29日	13	13	13	21	22	44	44	29
4月30日	21	21	21	22	23	46	46	30
5月01日	10	10	10	23	24	48	48	1
5月02日	47	47	47	24	25	50	50	2
5月03日	26	52	56	25	26	52	56	3
5月04日	27	54	58	26	27	54	58	4
5月05日	28	56	60	27	28	56	60	5
5月06日	29	58	62	28	29	58	62	6
5月07日	30	60	65	29	30	60	65	7
5月08日	30	62	67	30	30	62	67	8
5月09日	31	64	69	31	31	64	69	9
5月10日	32	66	71	32	32	66	71	10
5月11日	33	68	73	33	33	68	73	11
5月12日	34	69	75	34	34	69	75	12
5月13日	35	71	77	35	35	71	77	13
A	593	936	992	合計				
B	993	993	993	廠商目標需求				
$B-A$	400	57	1	差值				

光復（原）	$y=1.38+0.97x$
光復（新）	$y=2.51+1.97x$
光復（改）	$y=2.51+2.14x$

3. 西大店

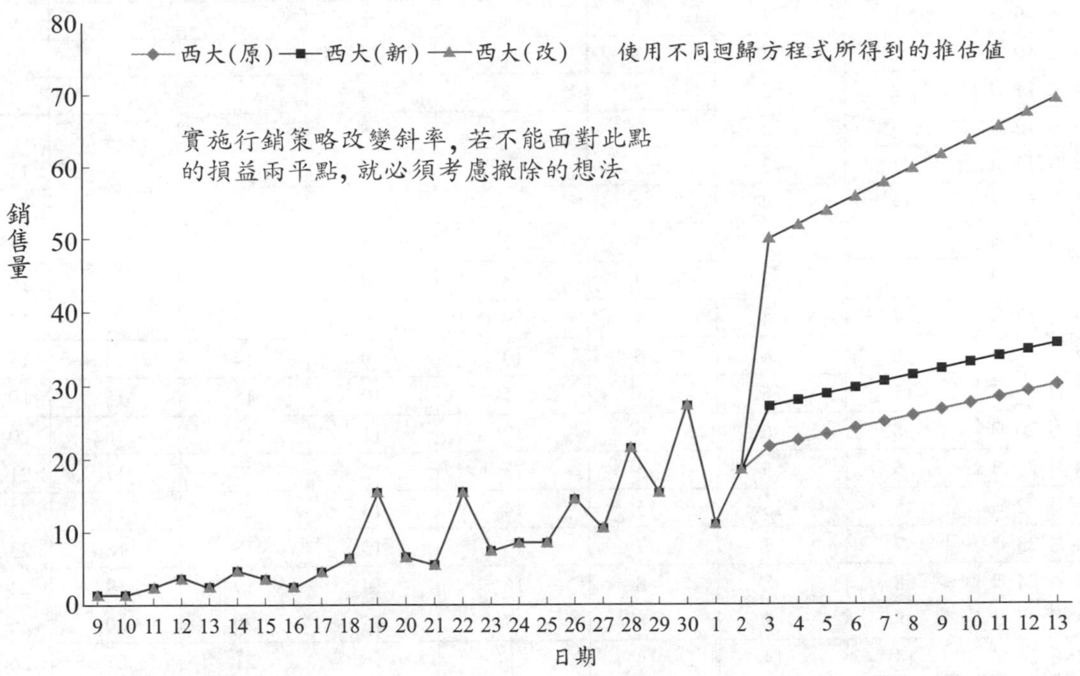

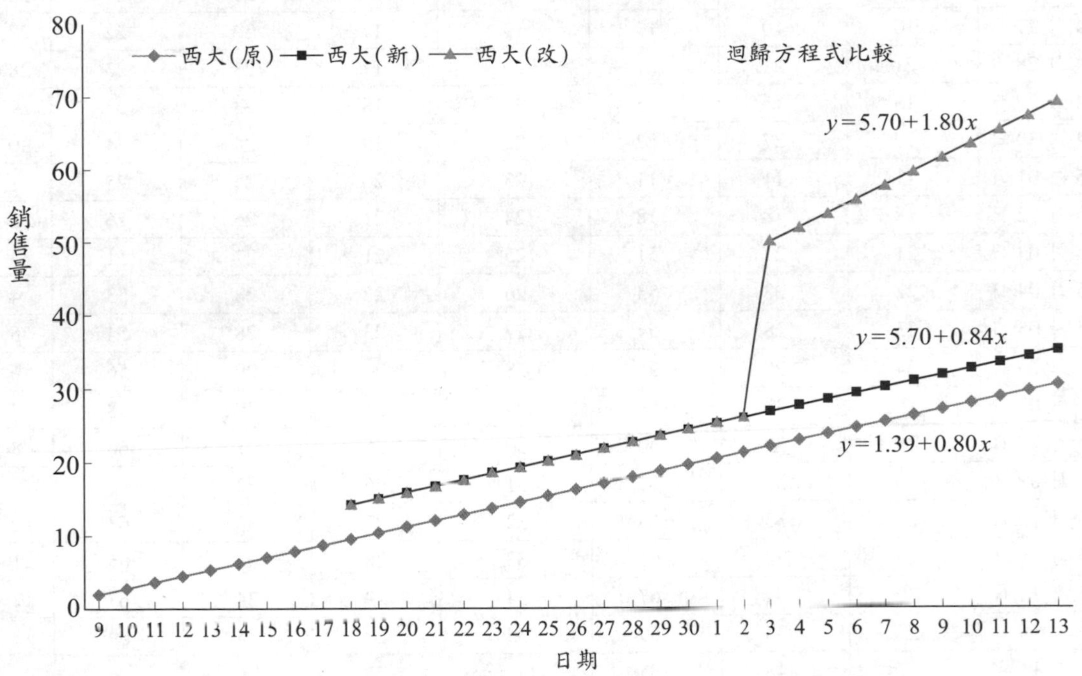

	迴歸方程式	相關係數	合計	廠商目標	差異值
西大（原）	y =1.39+0.80x	0.6635	487	865	378
西大（新）	y =5.70+0.84x	0.8879	548	865	317
（新）（原）差異	A =4.31, B =0.04	0.2244	61		−61
西大（改）	y =5.70+1.80x	B 提高 0.96	865	865	0

迴歸／日期	西大（原）	西大（新）	西大（改）	天數	西大（原）	西大（新）	西大（改）	日期
4月09日	1	1	1	1	2			9
4月10日	1	1	1	2	3			10
4月11日	2	2	2	3	4			11
4月12日	3	3	3	4	5			12
4月13日	2	2	2	5	5			13
4月14日	4	4	4	6	6			14
4月15日	3	3	3	7	7			15
4月16日	2	2	2	8	8			16
4月17日	4	4	4	9	9			17
4月18日	6	6	6	10	9	14	14	18
4月19日	15	15	15	11	10	15	15	19
4月20日	6	6	6	12	11	16	16	20
4月21日	5	5	5	13	12	17	17	21
4月22日	15	15	15	14	13	17	17	22
4月23日	7	7	7	15	13	18	18	23
4月24日	8	8	8	16	14	19	19	24
4月25日	8	8	8	17	15	20	20	25
4月26日	14	14	14	18	16	21	21	26
4月27日	10	10	10	19	17	22	22	27
4月28日	21	21	21	20	17	23	23	28
4月29日	15	15	15	21	18	23	23	29
4月30日	27	27	27	22	19	24	24	30
5月01日	11	11	11	23	20	25	25	1
5月02日	18	18	18	24	21	26	26	2
5月03日	21	27	51	25	21	27	51	3
5月04日	22	28	53	26	22	28	53	4
5月05日	23	28	54	27	23	28	54	5
5月06日	24	29	56	28	24	29	56	6
5月07日	25	30	58	29	25	30	58	7
5月08日	25	31	60	30	25	31	60	8
5月09日	26	32	62	31	26	32	62	9
5月10日	27	33	63	32	27	33	63	10
5月11日	28	33	65	33	28	33	65	11
5月12日	29	34	67	34	29	34	67	12
5月13日	29	35	69	35	29	35	69	13
A	487	548	865	合計				
B	865	865	865	廠商目標需求				
$B-A$	378	317	0	差值				

西大（原）	$y=1.39+0.80x$
西大（新）	$y=5.70+0.84x$
西大（改）	$y=5.70+1.80x$

4. 大潤發

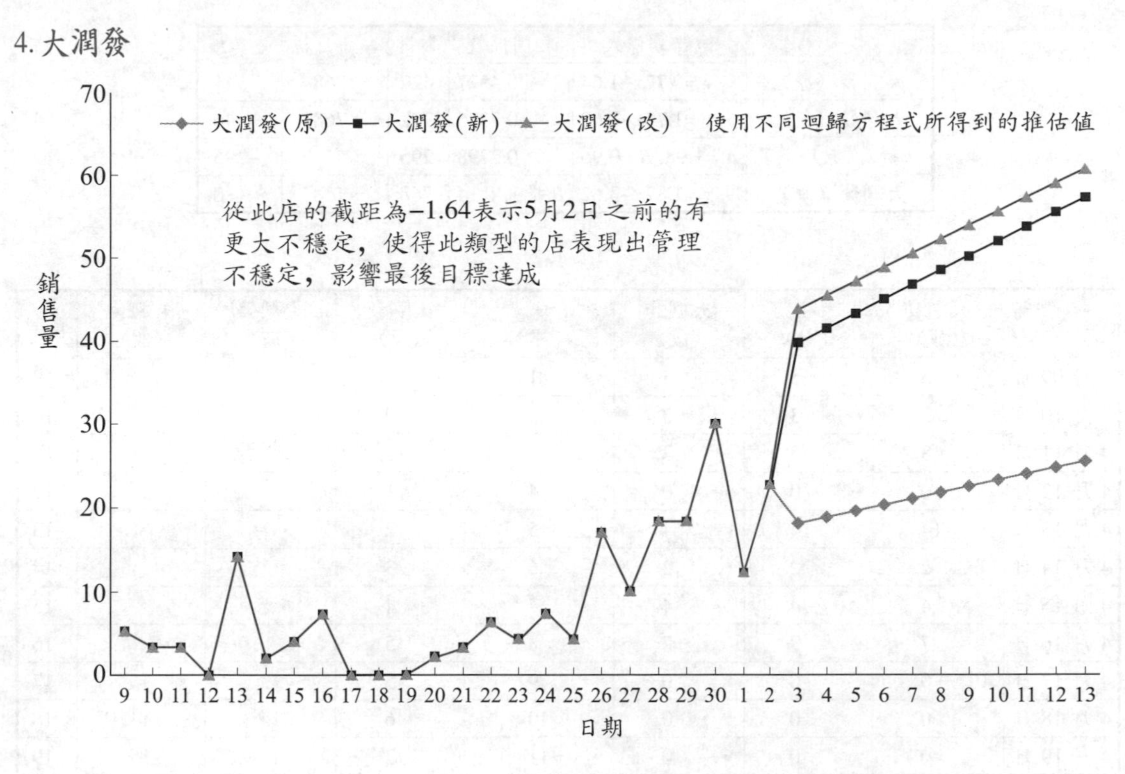
大潤發(原)
大潤發(新)
大潤發(改)
使用不同迴歸方程式所得到的推估值
從此店的截距為−1.64表示5月2日之前的有更大不穩定，使得此類型的店表現出管理不穩定，影響最後目標達成
銷售量
日期

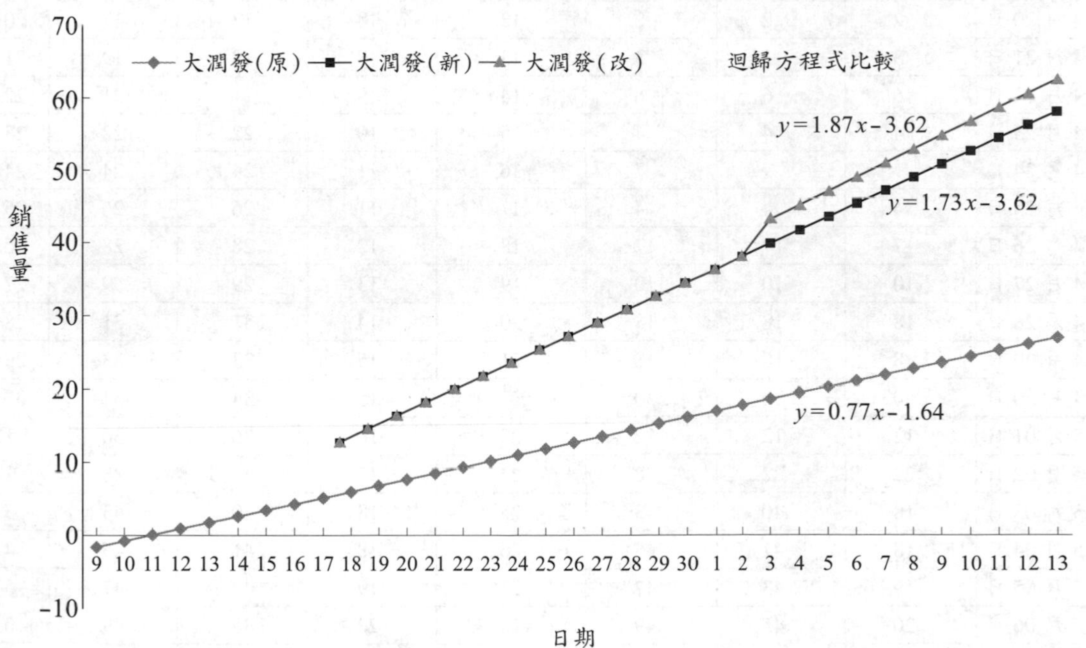
大潤發(原)
大潤發(新)
大潤發(改)
迴歸方程式比較
y=1.87x-3.62
y=1.73x-3.62
y=0.77x-1.64
銷售量
日期

	迴歸方程式	相關係數	合計	廠商目標	差異值
大潤發（原）	$y=0.77x-1.64$	0.4577	427	768	341
大潤發（新）	$y=1.73x-3.62$	0.7375	722	768	46
（新）（原）差異	$A=1.98, B=0.96$	0.2798	295		–295
大潤發（改）	$y=1.87x-3.62$	B 提高 0.14	768	768	0

迴歸 日期	大潤發（原）	大潤發（新）	大潤發（改）	天數	大潤發（原）	大潤發（新）	大潤發（改）	日期
4月09日	5	5	5	1	–1			9
4月10日	3	3	3	2	0			10
4月11日	3	3	3	3	1			11
4月12日	0	0	0	4	1			12
4月13日	14	14	14	5	2			13
4月14日	2	2	2	6	3			14
4月15日	4	4	4	7	4			15
4月16日	7	7	7	8	5			16
4月17日	0	0	0	9	5			17
4月18日	0	0	0	10	6	14	14	18
4月19日	0	0	0	11	7	15	15	19
4月20日	2	2	2	12	8	17	17	20
4月21日	3	3	3	13	8	19	19	21
4月22日	6	6	6	14	9	21	21	22
4月23日	4	4	4	15	10	22	22	23
4月24日	7	7	7	16	11	24	24	24
4月25日	4	4	4	17	11	26	26	25
4月26日	17	17	17	18	12	28	28	26
4月27日	10	10	10	19	13	29	29	27
4月28日	18	18	18	20	14	31	31	28
4月29日	18	18	18	21	15	33	33	29
4月30日	30	30	30	22	15	34	34	30
5月01日	12	12	12	23	16	36	36	1
5月02日	22	22	22	24	17	38	38	2
5月03日	18	40	43	25	18	40	43	3
5月04日	18	41	45	26	18	41	45	4
5月05日	19	43	47	27	19	43	47	5
5月06日	20	45	49	28	20	45	49	6
5月07日	21	47	51	29	21	47	51	7
5月08日	21	48	52	30	21	48	52	8
5月09日	22	50	54	31	22	50	54	9
5月10日	23	52	56	32	23	52	56	10
5月11日	24	53	58	33	24	53	58	11
5月12日	25	55	60	34	25	55	60	12

5月13日	25	57	62	35	25	57	62	13
A	427	722	768	合計				
B	768	768	768	廠商目標需求				
B − *A*	341	46	0	差值				

大潤發（原）	$y = 0.77x - 1.64$
大潤發（新）	$y = 1.73x - 3.62$
大潤發（改）	$y = 1.87x - 3.62$

5. 各店摘要輸出

中正店 ANOVA

迴歸統計	
R 的倍數	0.893875
R 平方	0.799012
調整的 *R* 平方	0.789877
標準誤	7.695314
觀察值個數	24

ANOVA

	自由度	SS	MS	*F*	顯著值
迴歸	1	5,179.165	5,179.165	87.45952	4.03E−09
殘差	22	1,302.793	59.21786		
總和	23	6,481.958			

	係數	標準誤	*t* 統計	*P* − 值	下限 95%	上限 95%
截距	3.014493	3.242424	0.929703	0.362614	−3.70989	9.738876
X 變數 1	2.122174	0.226922	9.351979	4.03E−09	1.651565	2.592783

光復店 ANOVA

迴歸統計	
R 的倍數	0.730692
R 平方	0.533911
調整的 *R* 平方	0.512725
標準誤	4.467236
觀察值個數	24

ANOVA

	自由度	SS	MS	*F*	顯著值
迴歸	1	502.922	502.922	25.20129	5.02E−05
殘差	22	439.0364	19.9562		
總和	23	941.9583			

	係數	標準誤	*t* 統計	*P* − 值	下限 95%	上限 95%
截距	1.192029	1.882272	0.633293	0.533071	−2.71157	5.095627
X 變數 1	0.661304	0.131732	5.020089	5.02E−05	0.388109	0.934499

西大店 ANOVA

迴歸統計	
R 的倍數	0.832027
R 平方	0.692269
調整的 R 平方	0.678281
標準誤	3.594366
觀察值個數	24

ANOVA

	自由度	SS	MS	F	顯著值
迴歸	1	639.3967	639.3967	49.49096	4.65E–07
殘差	22	284.2283	12.91947		
總和	23	923.625			

	係數	標準誤	t 統計	P – 值	下限 95%	上限 95%
截距	–0.94565	1.514488	–0.6244	0.538784	–4.08651	2.195207
X 變數 1	0.745652	0.105992	7.034981	4.65E–07	0.525838	0.965467

大潤發店 ANOVA

迴歸統計	
R 的倍數	0.666964
R 平方	0.444841
調整的 R 平方	0.419606
標準誤	5.415024
觀察值個數	24

ANOVA

	自由度	SS	MS	F	顯著值
迴歸	1	516.9052	516.9052	17.62829	0.000371
殘差	22	645.0948	29.32249		
總和	23	1,162			

	係數	標準誤	t 統計	P – 值	下限 95%	上限 95%
截距	–0.88043	2.281623	–0.38588	0.703291	–5.61224	3.851367
X 變數 1	0.670435	0.15968	4.198605	0.000371	0.339278	1.001592

摘要

1. 前言：①通路對於企業市場佔有率銷售組織功能發揮的重要性：a.通路結構變化。b.產業行銷通路的結構分佈。c.行銷通路的控制力結構。d.行銷通路的未來改變趨向。②企業修正現有通路系統的主要步驟。③配銷通路的主要目的說明：a.行銷通路意義、轉變、管理決策。b.百貨公司的品牌定位、競爭優勢、消費行為分析。c.連鎖業的分類與未來發展趨勢。d.批發業的分類、功能、動態的經營策略。e.零售業的分類、行銷決策、未來發展趨勢。f.加盟店的關鍵成功要素、契約內容討論、戰略討論。④行銷通路現代化管理決策的思考架構：a.運用管理科學分析方法（迴歸分析、相關分析）的策略性控制目的。b.面對進度或成長趨勢落後的成長率提升策略。c.業績與費用構面的連鎖店管理重點。d.行銷與銷售生產力系統(MSP)。e.產品生命週期的通路附加價值。f.目標顧客規模極大化與通路成本最小的通路邊界分析。g.考慮經濟性、控制性、適應性標準的通路設計。h.通路變革的重要性在於掌握消費趨勢及提升企業競爭力。
2. 配銷通路結構：①配銷通路的功能與流程：a.提供市場資訊。b.集中歸類。c.減少總交易次數。d.資金融通。e.產品儲存與配送。f.風險的分擔。②配銷通路的階層數目。③配銷通路設計決策：a.瞭解顧客需求的服務產出水準：（批量大小、等候時間、空間便利性、產品多樣性、後勤服務）。b.考慮公司個體環境限制，並發展通路目標。c.確認主要可行的配銷通路（中間商型態；中間商數目：（密集性、獨家性、選擇性配銷）；通路成員的責任和條件。）d.評估可行的配銷通路（經濟性：長期目標下的最佳銷售量及成本組合；控制性：評估可行配銷通路的控制層面；適應性：長期合約需有經濟性與控制性的高標準。）④配銷通路管理決策：a.管理通路的力量：（尊重、專家、法定、獎勵、強制力量）。b.化妝品公司針對百貨公司的通路管理決策（考慮業績達成與商品周轉兩構面的分析：業績達成高、商品周轉低的目標業績確實達成作法；業績達成低、商品周轉高的成長率加強策略作法。）c.配銷通路管理決策過程（選擇通路成員的優劣分辨；激勵通路成員：合作、合夥、配銷計畫；評估通路成員的項目及激勵效果。）⑤實體配銷：a.實體配銷的函數關係。b.實體配銷的主要決策課題。c.實體配銷的科學管理模式相關決策思考：（機動性、周轉性、運費、倉儲種類、動態化、成本效益、顧客需求與供應準備、配送考慮、運輸方式）。
3. 零售業通路介紹：①零售業的本質與重要性：a.零售業特性（直接與消費者接觸；時間便利性；購買少量頻度高；地點便利性；投資金額低。）b.全國主要行業的重要性。②零售業的類型與行銷決策：a.依提供服務的多寡劃分。b.依銷售產品線劃分：產品組合的寬度及深度區分（市場區隔細分化的專賣店；一次購足便利性的百貨公司；大型化低成本自助方式的超級市場；周轉率高及營業時間長的便利商店。）c.依價格的相對強度劃分：折扣、批發、目錄展示。d.依經營店鋪的有無劃分。e.依零售據點的控制劃分。f.零售業的行銷決策應考慮的構面（考慮區隔市場定位的目標市場決策；產品寬度深度組合及服務組合；定價決策是零售成功的重要因素；如何接觸消費者的促銷決策；地點決策是吸引顧客的主要競爭力。）③零售商的未來發展趨勢：a.市場佔有率增加的成長方式日趨重要。b.目標市場選擇及定位的關鍵成功要素。c.「零售業輪迴」的創新模式。④臺灣地區經濟發展與零售業演進：a.零售業的發展與演進（零售業創新、成長期暨消費特性；商品種類多樣與業態變遷的零售發展。）b.零售業業態的比較。c.零售業態競爭分析。

4.批發業：①批發業的本質與重要性。②批發商的類型：a.商品批發商。b.經紀商與代理商。c.製造商分公司與辦事處。d.雜貨批發商。③批發商的行銷決策。

5.連鎖業：①連鎖業的本質與重要性：a.連鎖業對於獨立商店的優勢是效率。b.統一採購的規模經濟。c.多店設立的分散風險。d.多店分攤成本及宣傳效果的經濟促銷方式。②連鎖業的類型：a.通路控制力強的直營連鎖。b.侵入市場及降低進貨成本的合作連鎖。c.連鎖體系的自願連鎖。d.組合不同零售方式的商店集團。e.經營制度及優異產品服務的授權加盟連鎖。③連鎖業的行銷決策：a.大中取小的目標市場決策。b.產品搭配與服務決策。c.定位與競爭考量的定價決策。d.考慮區域差異性與定位的促銷決策。e.專業標準與模式的地點決策。④連鎖業的未來發展趨勢：a.成為零售業主流的市場佔有率提升策略。b.高市場佔有率的壟斷市場趨勢。c.高效率批發商的競爭力威脅。

6.加盟店的特色與成功關鍵因素、流程與範例、經營戰略：①加盟店的特色：a.經營具效率化的角色分擔。b.短期擴大的潛力。c.降低擴大事業的風險。d.享有企業優良產品及經營專知。e.加盟店範例＝優異的企業達成＋成功包裝。f.規模經濟分擔經濟成本。②加盟店成功的原因：a.垂直網路的強化。b.命運共同體。c.滿足廣大市場的商品獨特性和制度化。d.不斷增加加盟店。e.區域需要的密切配合。f.時間限制、品質統一、人員教育的制度化。g.業績持續激勵經營意願。③加盟店的好處與利益。④加盟店的契約內容。⑤加盟店組織之戰略重點。

7.新通路未來發展趨勢與類型：①零售業未來經營策略的可能型態（新的零售形式、零售生命週期縮短、無店鋪零售、同業競爭激烈、零售業的兩極化、巨型的零售商、一次購足定義的改變、垂直行銷系統的成長、投資組合的方法、零售技術的日趨重要、大型的零售商之全球性擴展。）②批發業的動態競爭策略（合併與購併、重新分派資產、公司多角化經營、向前與向後整合、私有品牌、開拓國際市場、附加價值的服務、系統推銷、新的競爭優勢、利基行銷、多重行銷、配銷的新科技。）③自創品牌的行銷觀點與重要性。④百貨公司：a.百貨公司的消費行為特性。b.百貨公司的消費行為分析。c.百貨公司未來發展的機會與威脅。d.未來百貨公司商圈競爭分析。⑤量販店未來發展的課題：a.對於傳統市場、超市、百貨公司等通路的衝擊分析；b.探討目標顧客群之消費行為的目標市場觀點；c.流通業各項產品，質與量的市場區隔；d.瞭解市場定位考慮自創品牌的決策；e.競爭優勢持久性、多角化經營、規模經濟。）⑥台灣便利商店未來發展趨勢：a.連鎖店發展為時勢所趨；b.極大與極小的兩極化分野；c.直營連鎖、授權加盟及自願加盟的發展趨勢；d.都會——衛星城市——鄉鎮的擴展方向；e.營業坪數的增加趨勢；f.商店效率化：盤點→POS→LOGICAL；g.策略聯盟盛行；h.複合店的應運而生；i.高附加價值便利店於都會出現；j.3K現象亟待克服；k.社會責任之環保意識抬頭；l.重視各店市調、商圈服務及event；m.文化出版品成長快速；n.速食的外食市場規模發掘；o.便利即刻需求品增加；p.商品、媒體、通路的有線電視推廣運用；q.迷你超市的轉型發展。）⑦大陸便利商店現況發展。

8.專題討論：連鎖店管理科學化分析模式：①管理科學化分析模式對現代連鎖企業的重要性：a.大規模涵蓋範圍觀點，解決績效效果、效率問題。b.經驗曲線在時效性、時機上無法掌握制勝關鍵。c.掌握不確定性管理重要核心策略。②透過資料庫行銷與策略性組織劃分，建立觀察與掃描分析模式。③統計分析工具介紹（平均數、標準差、變異數分析、相關分析、迴歸)。④計量分析——連鎖店管理科學化精神：a.錯誤計量分析的行銷策略（行銷策略正確，但目標管理水準估計錯誤)。b.錯誤計量分析的決策陷阱。c.正確的連鎖店科學化管理方式。

1.試說明下列通路的特性：

(1)直營店；(2)經銷商；(3)代理商；(4)批發商；(5)直接行銷；(6)自動販賣；(7)無店鋪零售 (nostore)；

⑻百貨公司；⑼專賣店；⑽超級市場；⑾便利商店。

2. 未來零售業的發展趨勢，請加以說明：

⑴新的零售型式；⑵零售生命週期縮短；⑶無店鋪零售；⑷同業間的競爭愈趨劇烈；⑸零售業的兩極化；⑹巨型的零售商；⑺一次購足定義的改變；⑻垂直行銷系統的成長；⑼投資組合的方法；⑽零售技術的日趨重要；⑾大型零售商規模經濟

3. 何謂實體配銷 (physical distribution)，與供應鍊 (supply chains)？實體配銷最低成本與決策如何思考（運輸成本，倉儲成本，存貨成本，成本)？

4. 何謂垂直行銷系統，水平行銷，多重通路行銷系統？

5. 試做通路設計決策：

⑴分析顧客需求內容。

⑵建立通路的目標與限制。

⑶確認主要的通路方案：

①中間機構的類型。

②中間機構的數目。

③通路成員的條件與責任。

⑷評估主要的通路方案：

①經濟性標準。

②控制性標準。

③適應性標準。

6. 試比較本章所說明連鎖店、加盟店、批發業、百貨公司。

⑴在行銷通路本質上的差異點。

⑵未來行銷通路特質的轉變。

⑶如何為此四種行銷通路建立經營績效的評估？

第八章
推廣策略(一)：廣告

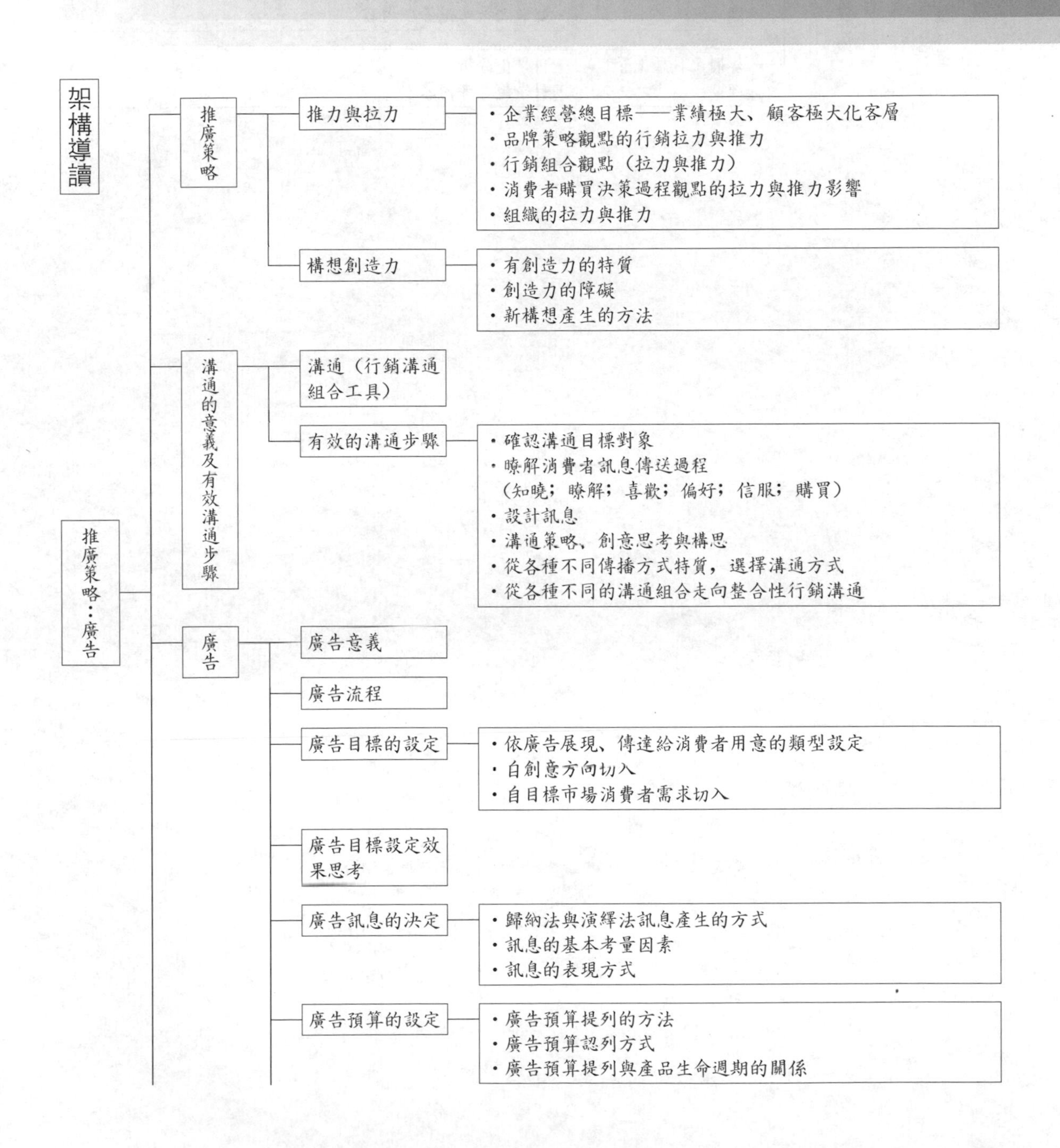

架構導讀
推廣策略：廣告
推廣策略
推力與拉力
・企業經營總目標——業績極大、顧客極大化客層
・品牌策略觀點的行銷拉力與推力
・行銷組合觀點（拉力與推力）
・消費者購買決策過程觀點的拉力與推力影響
・組織的拉力與推力
構想創造力
・有創造力的特質
・創造力的障礙
・新構想產生的方法
溝通的意義及有效溝通步驟
溝通（行銷溝通組合工具）
有效的溝通步驟
・確認溝通目標對象
・瞭解消費者訊息傳送過程
（知曉；瞭解；喜歡；偏好；信服；購買）
・設計訊息
・溝通策略、創意思考與構思
・從各種不同傳播方式特質，選擇溝通方式
・從各種不同的溝通組合走向整合性行銷溝通
廣告
廣告意義
廣告流程
廣告目標的設定
・依廣告展現、傳達給消費者用意的類型設定
・自創意方向切入
・自目標市場消費者需求切入
廣告目標設定效果思考
廣告訊息的決定
・歸納法與演繹法訊息產生的方式
・訊息的基本考量因素
・訊息的表現方式
廣告預算的設定
・廣告預算提列的方法
・廣告預算認列方式
・廣告預算提列與產品生命週期的關係

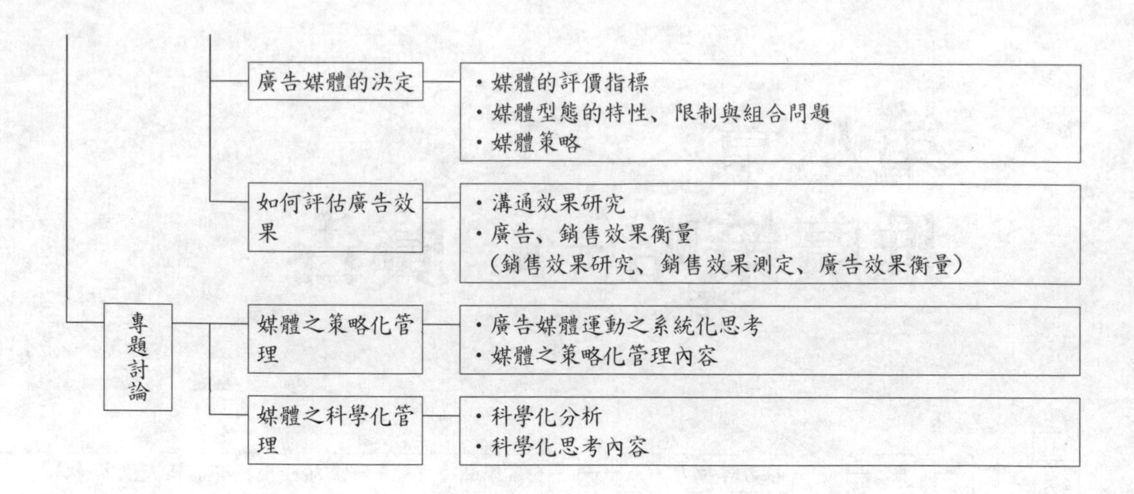
廣告媒體的決定
・媒體的評價指標
・媒體型態的特性、限制與組合問題
・媒體策略
如何評估廣告效果
・溝通效果研究
・廣告、銷售效果衡量
（銷售效果研究、銷售效果測定、廣告效果衡量）
專題討論
媒體之策略化管理
・廣告媒體運動之系統化思考
・媒體之策略化管理內容
媒體之科學化管理
・科學化分析
・科學化思考內容

創意調查就像冰山一樣，要做得好必須通盤瞭解廣告的發展過程和其所處的環境，尤其是要瞭解廣告本身的功能。

唐考利 (Don Cowley)

Slay Maker Cowley White

廣告代理商創意總監

廣告代理商在用人時，有時不妨以不同於常規的構想及觀念來採用職員，往往會有意想不到的收穫。

大衛・奧格威

(David Ogilvy)

奧美廣告公司創辦人

第一節　推廣策略

本章在目前外面行銷環境、行銷工作內容來講，最具實戰性，由於牽涉層面在短、中、長期影響與行銷預算費用龐大，推廣策略行銷人員做得好不好，影響企業體經營績效頗大，故希望要學習本章的同學、社會人士必須要有下列基本理念與道德觀點。

(1)對於整體行銷效果的評估與建議是否客觀、誠實，避免因沽名釣譽，與利益觀點來對公司建議行銷推廣方案。有些行銷人員由於配合的上、下游廠商以利而誘之，使得行銷人員為使預算空間變得較大，對於市場可行目標虛報，誇大其市場空間以達不法取得不當之財。或由於行銷人員服務的工作理念，並無健全的人生觀為依據，自己在社會上的知名度透過所服務的公司猛打知名度，而忘了組織或公司的存在。

(2)做對的事而非只有要求做事，行銷主要的重點在於效果大於效率，事前性大於事後性。不僅著重績效，亦講究在合理預算、成本觀念前提下運作。這個利潤中心觀點已經在其他章節說明過，不再重述。但是行銷人員如果理論不夠紮實，方法不夠正確，同樣的結果，必須要付出比別人更高的代價，或結果與所付出的不成比例。都非正確的行銷推廣關係。

推廣策略既然有相當重要性內容啟發，故本書特分兩章來說明：(1)廣告。(2)促銷、人員銷售、公共關係。

希望透過推廣策略學習，可使讀者瞭解下列相關重點：

⑴如何進行溝通，有效溝通方式如何進行。

⑵廣告的分類與策略，廣告的方案與媒體計畫。

⑶廣告的成本效率分析、收視率、收視成本的探討。

⑷人員推銷之重點與管理。

⑸促銷的研擬程序與企劃步驟。

⑹公共關係的成敗因素。

而在介紹廣告策略、促銷策略、人員銷售、公共關係相關內容前，我們先針對行銷的拉力、推力、組織拉力、推力來做概念性說明，避免讓讀者產生廣告、促銷、銷售是獨立於行銷之外，或另外的管理社會科學領域。其實無論是廣告、促銷、銷售、公共關係均是在行銷理念下運作，也是涵蓋在行銷理論討論範圍內，我們在第一章已向讀者提醒避免行銷近視病、行銷遠視病的產生。

拉力與推力

㈠行銷的拉力與推力 (pull and push)

行銷的拉力與推力，是企業為縮短商品與消費者的心理與實體距離所投入的力量（包括財力及人力）。藉達到消費者對企業及商品的認知、情感認同，並實際發生購買行動以達成企業經營的總目標——業績極大、顧客極大化客層。⑴拉力是將消費者拉向商品，也就是如何吸引消費者的注意、興趣、欲望。⑵推力則是將商品推向消費者，即如何推動整個購買行為。⑶行銷組合策略性思考是指拉、推力的強弱決定於企業所選擇的策略及時機，推力與拉力並行，以推力補充拉力之不足，並結合本身的商品力，行銷力，達成營業目標。下頁圖 8–1 為從一個品牌策略來看行銷的拉力與推力。

1. 從行銷組合來看

⑴拉力的部分：

a.廣告：因媒體的高度發展，廣告可快速且廣泛的傳達商品情報，藉由廣告的表現和傳播力，促進消費者在進入店頭門市前的認知、情感認同，甚至產生興趣和欲求，可說是拉力的代表手段。廣告可分為平面：報紙、雜誌、DM、POP；立體：電視、廣播、video、店面陳列、宣傳車。

b.公共關係：透過活動及社會參與和消費者溝通，主要為關係與形象的建立，形成下次購買的記憶。

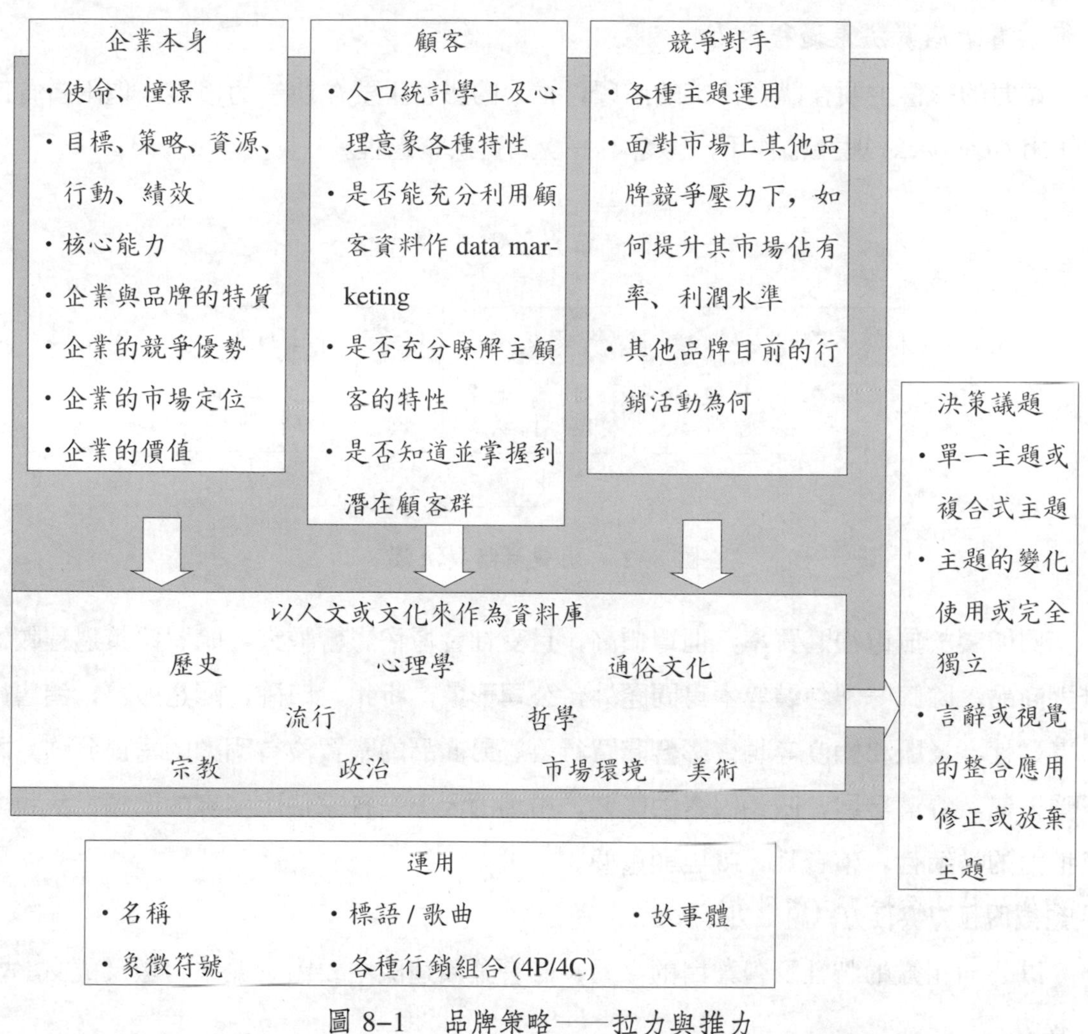

圖 8–1 品牌策略——拉力與推力

c.口碑：口碑為消費者良性的回饋效果，其基礎是消費者滿意的服務和商品，是企業無形的資產。

(2)推力的部分：

a.銷售：包括銷售前、銷售過程、購後的服務項目及態度。

b.促銷：

・提供產品資訊及促銷情報的廣告。

・試吃、展示會等促使消費者直接接觸商品，以產生好感。

・直接促進銷售的行銷方式，例如折扣、贈品等。

c.通路：可以縮短商品與消費者的實際距離，決定購買行動的最後關鍵因素。通路的多寡、便利性等除影響原本拉力的效果並直接影響購買行動。

2. 從消費者購買決策過程來看

拉力的影響主要在購買決策的前段，推力的影響主要在決策的後段，但兩者有回饋作用 (feedback) 與互補作用，影響下一次購買決策過程。

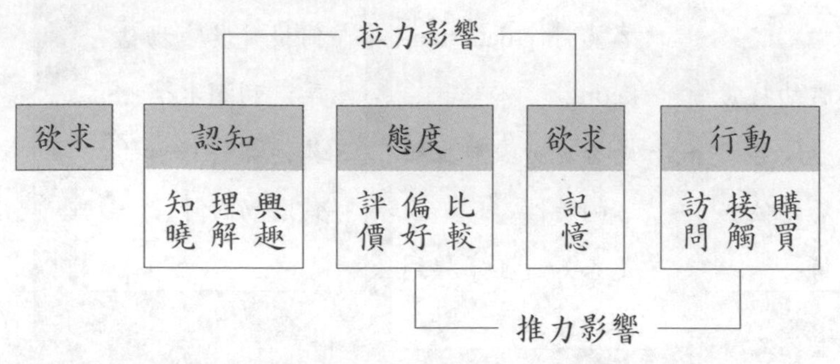

圖 8–2　消費者購買決策

例如屬於無重複購買率，但單價高，且受社會習俗影響較大，購買決策過程較複雜之商品，除口味，包裝等本身問題外，公司形象，折扣，口碑，配送服務，銷售員的專業性，及服務態度等均會影響購買行為。另商品的購買沒有明顯的季節分佈，即不受天氣，經濟發展，政治因素的影響，市場的大小是各家佔比多寡的問題，故拉力及推力的持續性，整合性，就更顯重要。

㈡組織的拉力與推力 (組織力)

以公司組織的特性及營業目的來看，影響業績達成主要因素為來客數及成交率：

1. 拉力

吸引來客以增加來客數。

⑴廣告（電視、平面媒體的運用）。

⑵促銷訊息告知（折扣辦法，贈品的誘因，如何與競爭者產生區隔，擁有獨特的銷售賣點）。

⑶門市海報／POP 陳列／DM。

⑷口碑（知名度及企業形象……，借助的手段為廣告訴求及商品力）。

2. 推力

促進一次成交或跟催成交以提高成交率。

⑴折扣辦法／定價。

⑵贈品：以贈品代替現金折扣，可增加業績，並避免價格折扣混亂。

⑶接單彈性／主管彈性：針對區域特性及特殊大宗訂單的彈性空間。

⑷特殊品項促銷：因競爭優勢或利潤的考量或介紹新產品，針對特定品項設計的促銷辦法。

⑸服務（態度、話術及資訊提供……，借助的手段為銷售人員的競賽獎勵，話術訓練等)。

構想創造力

新構想產生的方法在新產品構想中有提到，共有十五種方式：堆積、增加、組織、連接、組合、分離、去除、定焦點、倒轉、移動、取代、擴展、繞行、遊戲、回歸根本，但產生新構想必須要注意：創意人的特質為何？創造力的障礙為何？

1.有創造力者的特質

⑴勇氣，對未知充滿好奇，不畏懼新的挑戰，勇於冒失敗的風險。

⑵表達性，忠於自己，能夠表達自己的想法及感受。

⑶幽默感，當我們做一種奇特、難以預期及不調和的組合時，總少不了幽默感。一種新而有用的組合便產生創造力。

⑷直覺，直覺為個性的一部分。

⑸能由雜亂中理出頭緒。

⑹能發掘不尋常的問題及解答。

⑺能創造新的組合，向傳統挑戰。

⑻能不斷嘗試並判斷自己的構想。

⑼有超越競爭的企圖心。

⑽受到工作或任務所驅策，而不受外在的獎勵，如金錢、升遷所惑。

2.創造力的障礙

⑴標準答案：我們習慣遵循「標準答案」，很少有機會思考其他的應變方法。

⑵不合邏輯：太早應用邏輯，使許多突破性的意見沒有機會產生。

⑶遵守規則：規則是很重要，但有時也該留點空間，讓不守規則的意見有發揮的機會。

⑷實事求是：實事求是具有批判性，過早批判會扼殺思想。許多愚蠢的想法都有機會成大器，不應過早定論。

⑸避免含糊籠統：當觀念或事實含糊不清時，思考更加吃力，也許能產生新的組合

或型態，造就創意及新發現。

⑹不該犯錯：害怕犯錯，就不敢冒險。唯有進入經常可能失敗的未知空間，才能產生創造力。

⑺玩樂是輕浮的：打破事物或思路的原有秩序，是創造力的基本程序。

⑻不干我的事：許多偉大的發明，常發生在對新領域的探索。

⑼別傻了：不要怕作傻子，這是暫時的。你自然會再找回邏輯。

⑽我沒有創造力：你怎麼知道呢？你的創造力與生俱來，取之不盡。

第二節　溝通的意義及有效的溝通步驟

溝通 (communication)

現代行銷的任務不僅是研發優良的產品、訂定具有競爭力、吸引力的價格水準，建立有效果、效率的行銷通路，讓顧客可以接觸到所提供的產品與服務。同時必須與現有或潛在的顧客進行溝通。這是很重要且慎重的事，公司必須聘請志同道合相同理念的廣告公司製作吸引人的廣告，僱用專業人員的銷售促銷計畫來實施促銷活動，委託公關公司或設立公關部門來塑造公司產品形象。本身也透過訓練專長的業務人員接近顧客達到直接推廣目的。其公司思考溝通的重點在「要溝通什麼」、「要與誰溝通」、「溝通的次數」。

而行銷溝通組合（促銷組合），有下列四種工具：

⑴廣告 (advertising)：由客戶以付費的方式，藉各種傳播媒體將他們的理念、產品、服務、促銷方式以立體/平面的表達方式從事溝通的活動。

⑵促銷 (sales promotion)：提供購買誘因，以鼓勵消費者購買其產品或服務。而能與競爭對手有差別的行銷活動。

⑶人員推銷 (personal selling)：由公司訓練銷售人員向一個或一個以上的潛在購買者或組織做產品說明與服務以達成銷售目的。

⑷公共關係 (public relations)：透過特定部門設計各種不同的計畫，以改進、維護、保護公司的產品、形象、異常危機狀況。

有效的溝通步驟

1. 確認溝通目標對象

行銷人員必須透過有效的工具來瞭解誰是目標消費者、潛在使用者、目前的使用者、決定者、影響者，參考群體在統計的多變量分析經常透過「判別分析」(discrimination analysis) 來判斷是否為目標市場的消費者，喜歡與否，會不會購買等區別問題。

除此之外，公司必須透過某些研究方法來瞭解目前消費者對於公司產品知覺 (perception) 與偏好 (preference)，而經常運用下列統計方法來解決：

(1)多元尺度分析法 (multi-dimensional scaling)：運用因素分析 (factor analysis) 找出重要性、顯著性變數來作為解釋消費者認知因素。例如以價格、品質來作為汽車市場定位之主要因素，從而可得知 BMW 在消費者心目中的認知為高品質高價格。

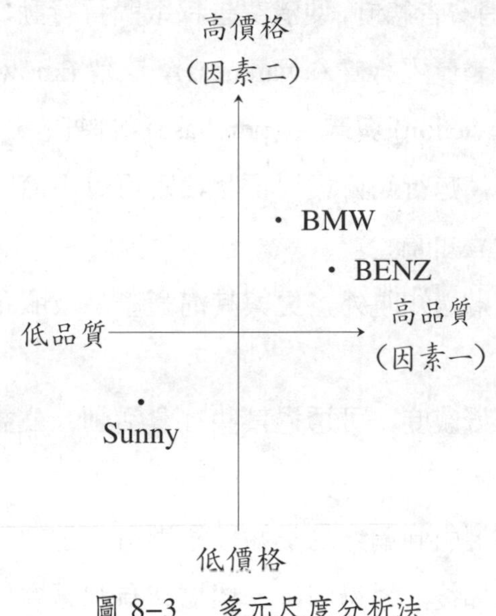

圖 8–3　多元尺度分析法

(2)語意差別量表法 (semantic differential) 配合偏好量表法 (favorability scale) 來作為偏好衡量基礎：

a.語意差別量表係努力找到一對稱性屬性，例如「熟悉—不熟悉」，「喜歡—不喜歡」，「知道—不知道」，「專業化—多元化」，「設備老舊—設備現代化」，「小規模—大規模」。

b.量表法係將如「喜歡—不喜歡」用區間、不同程度輕重，再將其較細分化衡量消費者偏好程度，如：

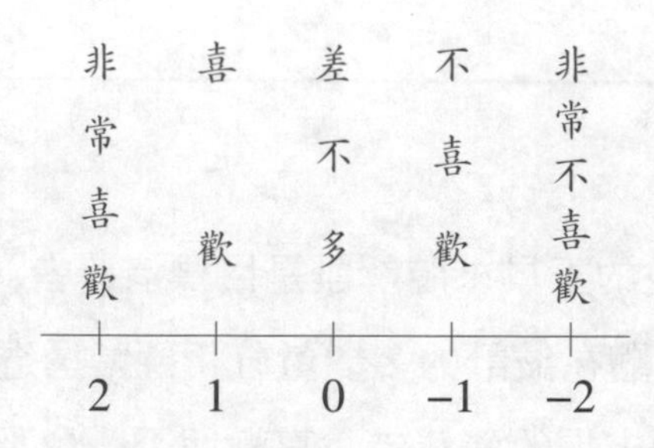

再將每一區間賦予不同權數分數，如 +2, +1, 0, −1, −2。

此步驟的主要重點在尋找公司與消費者在需求與供給之間可能缺口，如「何種策略可加以彌補」,「需花多少時間與成本」,「用哪一種方式來執行，會產生多少貢獻」。

2. 瞭解消費者訊息傳送過程

如果目標市場確立後，行銷人員必須要瞭解消費者訊息傳送過程，來將有效的訊息傳入消費者心中、改變消費者態度，使消費者採取購買行動：效果層級模式 (hierarchy of effects model) 顯示購買者歷經知曉 (awareness)，瞭解 (knowledge)，喜歡 (liking)，偏好 (preference)，信服 (conviction) 與購買 (purchase) 等階段。

(1)知曉：如果消費者不清楚行銷公司目標物，則可以用簡單的訊息提供給消費者瞭解。溝通任務就是建立知曉。

(2)瞭解：除使消費者有聽過知曉外，更與其溝通產品或服務的內容，使消費者更瞭解訊息內容。

(3)喜歡：使消費者建立好感度，可透過某些社會活動、公益活動來增加好感度，達到使消費者喜歡的目的。

(4)偏好：從喜歡的興趣導引到偏好的認知，逐漸有定位的溝通。

(5)信服：當有偏好的認知後，透過口碑、證據、有利報導使消費者能對公司產品產生信服。

(6)購買：當消費者實際付出購買行動時，效果層級模式即告完成。

3. 設計訊息

要設計有效的訊息必須解決下列問題：

(1)訊息內容 (message content)：行銷人員必須在下列重點思考訊息內容：訴求 (appeal)、主題 (theme)、觀念 (idea)、銷售主張 (unique selling proposition, USP)。

(2)訊息結構 (message structure)：行銷人員可採用下列方式來表達溝通訊息：

a.先入效果 (primacy effect)：直接在開始就把想表達的訊息用正面論點直接說明出來。

b.漸進表達方式 (climactic presentation)：用感性、間接問候語句先切入再將想溝通的訊息表達。

c.嶄新方式 (recency effect)：先對負面的觀點加以陳述，解除消費者心理武裝後，再以強調的語氣切入正題。

(3)訊息格式 (message format)：

a.在 DM 中溝通者要注意標題、文案、顏色。

b.在收音機中要注意用詞、音質、發聲。

c.在人員態度中要注意表情、手勢、服飾、肢體。

d.在廣告中要注意行銷主題、音樂、氣氛。

(4)訊息來源 (message source)：溝通訊息必須考慮到訊息來源的專業性 (expertise)、信賴程度 (trust worthiness) 與受人喜愛程度 (likability)。

4. 溝通策略、創意思考與構思

溝通策略指與消費者之間有效的溝通方法，在行銷人員確定溝通對象與訊息傳達方式、如何設計訊息方式後，必須確實掌握與消費者進行溝通下列八個要點，是行銷人員必須很清楚能與消費者進行溝通的要點：

(1) segmentation（精確地）根據消費者行為與產品需求進行區隔。

(2)根據消費者購買誘因 (TBI) 提供一個具有競爭力的利基點。

(3)確認目前消費者如何在心中進行品牌定位。

(4)建立一個突出、整體的品牌個性，以使消費者能夠區別本品牌與競爭品牌之別。

(5)確立真實而清楚的理由來說服消費者相信我們品牌提供的利基點。

(6)發掘關鍵接觸點，瞭解如何才能更有效率接觸消費者。

(7)為策略的失敗或成功建立一套責任評估準則。

(8)確認未來市調與研究的需要，以後作為策略修正的參考。

針對溝通策略提出後，行銷人員必須針對溝通架構進行創意性思考，下列為創意性思考應把握之要點。

其中針對各種創意性思考過程中各種要素組合後產生新構想的方式如下：

(1)準確地抓住問題關鍵。

(2)在思考放鬆、再思考過程中產生創造。

(3)只有將產生的主意付諸實施才是真正的主意。

(4)平時以有意識地發現問題的意識蒐集資料。

(5)以不受既成概念與框框束縛為創意基礎。

(6)平時練成柔韌性和集中注意力的能力。

(7)重要的是解決問題的積極願望。

5. 從各種不同傳播溝通方式特質選擇溝通方法

(1)廣告溝通方式：公眾表達 (public presentation)、普及性 (pervasiveness)、誇張效果 (amplified expressiveness)、非人格化 (impersonality)、獨白 (monologue)。

(2)促銷溝通方式：獲得注意溝通 (communication)、誘因 (incentive)、邀請 (invitation)。

(3)人員推銷溝通方式：面對面 (personal confrontation)、人際關係培養 (cultivation)、反應 (response)。

(4)公共關係溝通方式：高可信度 (high credibility)、解除防衛 (off-guard)、戲劇化 (dramatization)。

6. 從各種不同的溝通組合走向整合性行銷溝通

整合性行銷溝通 (integrated marketing communication)，此溝通觀念要求：

(1)指派一名行銷主管，負責公司的說服性溝通工作。

(2)建立一套規範，使得各種促銷工具能扮演其角色與範圍。

(3)將促銷經費分別依產品、促銷工具、產品生命週期、階段、獲得的成效詳細記錄分析，以作為將來運用時參考。

(4)當舉辦促銷活動時，必需加以協調活動內容與時機。

第三節　廣　告

廣告意義

什麼是廣告？廣告是公司用來說服目標市場的消費者與公眾的訊息傳達工具之一，可將其定義為：「在標示有資助者的名稱並透過有償媒體 (paid media) 從事的各種非人員或單向形式的溝通」。

1937 年負責可口可樂廣告的麥肯廣告公司 (McCann Erickson) 的創造人員跑到義大利山頭，聘請了數百個不同國籍的年輕人，以真誠友愛及悅耳動聽的旋律唱出和平之歌：

我要教世人唱歌　唱出完美和諧

我要為世人建造家園　並用愛來佈置

我要為世人買瓶可口可樂　然後結伴為朋

這首歌曲之廣告使可口可樂產品暢銷世界各地。

在執行廣告溝通時，必須要先 check 廣告 5M 決策：

(1)廣告的目標為何（使命，mission）。

(2)廣告能花費多少支出（金錢，money）。

(3)應傳達何種訊息（訊息，message）。

(4)該使用何種媒體（媒體，media）。

(5)廣告效果如何評估（衡量，measurement）。

透過 5M 決策相關考慮因素選擇所需的廣告內容與所要的效果。

1. 有關廣告乘數效果

廣告成功之關鍵，在於以最少廣告投資產生最大的銷售金額。主要的原因在於能對市場上的顧客及潛在顧客傳播銷售資訊。這些資訊的目標則是產生在態度上或行為上能夠使顧客購買態度改變，從而導致購買所廣告的品牌，而使廣告主因廣告乘數效果而有額外增加的銷售收入。

2. 廣告不一定能做什麼

(1)廣告無一定的組織力或行銷推力的搭配，不一定能產生效果。

(2)廣告量佔有率不一定等於市場佔有率。好的行銷策略、行銷組織，廣告量佔有率可能是市場佔有率的二分之一至三分之二。不好的行銷策略、行銷組織，廣告量佔有率可能是市場佔有率的 1.5～2 倍。

廣告流程

廣告首先考慮的是消費者 (consumers)，基本目的在向消費者傳播 (communication)

相關的產品、服務或意念。廣告主還必須在某些限制條件 (constraints) 下運作，例如政府法規，它們有時限制廣告可以說什麼，什麼不可以說，其次是創意 (creative)。

工作要開始籌備廣告，也就是針對某產品或服務的適當目標群，規劃及撰寫報告、廣告內容。還必須選擇適當的媒體 (channels)，以確使這些目標消費群能接受到這些創意廣告訊息。這一完整的流程得經歷一段時間，稱之為廣告活動 (campaign)。

希望同學與讀者在學習廣告內容時，多注意日常生活息息相關的事項、媒體有接觸過的內容加以串聯思考，將使學習廣告內容可更加瞭解、興趣更加提高。

廣告目標的設定

廣告是行銷策略中促銷方式的一環，故在擬定廣告目標時應確保其能支援行銷目標，要與行銷目標有系統性、一致性的關聯，如圖 8–4。若此，將可使整個廣告方案決策與執行的前提目標能與公司實際經營之需、未來方向結合，這樣的廣告目標才有意義性。

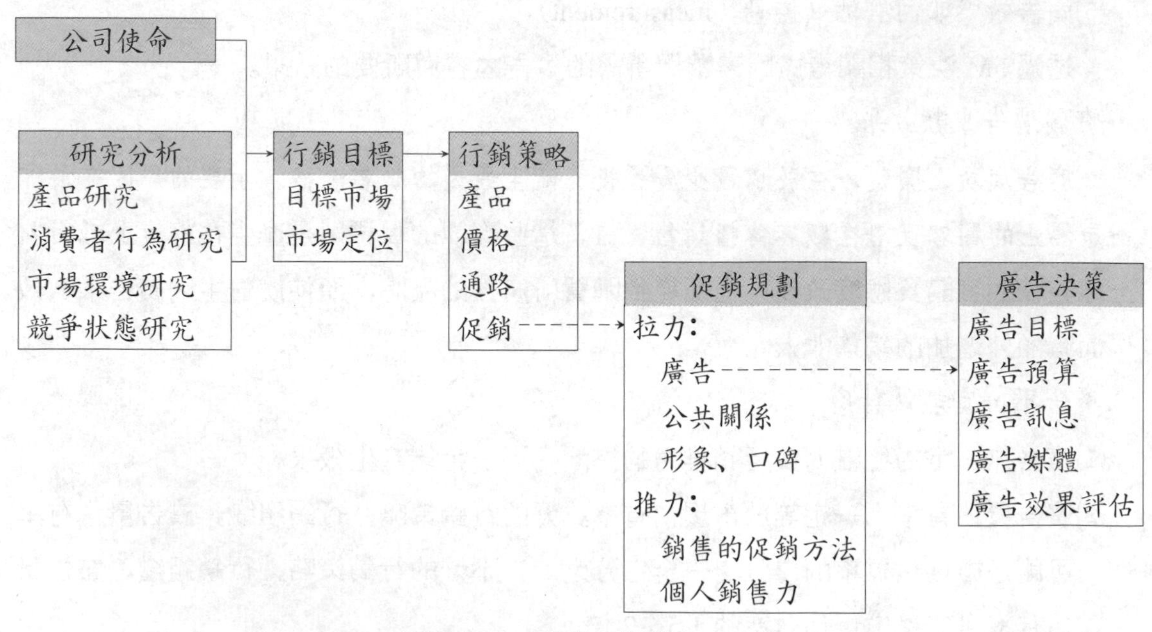

圖 8–4　廣告目標的設定

設定廣告目標有助於企業進行廣告效果性的評估，而對後續的廣告方案的執行有調整、事中、事後控制的效益存在。廣告目標的設定可從不同的角度切入，其可以從廣告展現、傳達給消費者的類型切入，或是由廣告創意、訴求、創意上需要予以切入，或是產品在廣告中呈現類型。

1. 依廣告展現、傳達給消費者用意的類型設定

廣告展現用意的類型大致可分為 5 種：

(1)告知性廣告 (informative advertising)：此類型廣告主要用意在「建立消費者的基本需求」。由此延伸出的可能廣告目標為：告訴消費者市場有新產品出現、或是提出產品的新用途、教育消費者如何使用產品、或更正消費者既有的刻板、錯誤印象等等。例如最佳女主角的瘦身廣告，告知消費者提供瘦身的相關功能服務的廣告即是一例。

(2)說服性廣告 (persuasive advertising)：這類型廣告主要訴求在「建立特定品牌的選擇性需求」。在市場競爭較劇烈的行業中，企業要樹立消費者對其品牌鮮明、偏好的印象時，可選擇此類型的廣告。

由此發展出來的廣告目標可能有下列用意：建立顧客對其品牌的偏好、改變顧客對其產品的屬性認知、或是說服消費者立即購買、或是建議消費者轉用本公司品牌等等。例如歌林家電推出的「心動不如馬上行動」的廣告。競爭戰國化的洗髮精業者推出的廣告多屬此類。

(3)提醒性廣告 (reminder advertising)：這類型廣告主要在「恢復消費者對該品牌的認知印象」，需要時能聯想到該品牌，維持品牌較高的知曉程度。

由此形成的可能廣告目標：提醒消費者購買該產品的通路所在、季節性產品在淡季上廣告使消費者記得該品牌的產品，或不久的未來可能需要該產品等等。例如冬季末端上冷氣廣告、義美冬季上冰棒廣告。

(4)比較性廣告 (comparison advertising)：此類廣告主要是要在消費者心中「建立自己品牌的專長性、優越性」，其手法是藉由自己品牌與其他同業品牌某特定項目比較來凸顯自己品牌之優異處。例如維力清香油針對油的穩定度於電視媒體或報紙上，與競爭品牌直接明顯比較的廣告即是。

(5)增強性廣告 (reinforcement advertising)：這類廣告的主要用意在讓消費者「確信自己做了正確的選擇」，無形中要建立消費者對該品牌形成忠誠度。

例如信義房屋仲介的廣告方式透過客戶受服務後的證言、媚登峰美容瘦身的廣告亦藉由瘦身成功者的心境訴說及直接外在變化來作為產品見證 “Trust me, you can make it.” 廣告。

2. 自目標市場消費者需求切入

廣告目標亦可以涵蓋到產品在廣告中所表現的方式。如依目標群內消費者生活方式、潛在消費者生活型態、個性、心理狀態等特徵來加以區隔。

3. 自創意方向切入

廣告目標亦可自創意要求、特別的創意需要，如色澤、聲音、地點、動作表現等組合、限制方面來切入。對後續廣告方案的訊息呈現手法有密集的關聯性影響。

愈能規範出明確廣告的目標，則企業愈能掌握如何在有限的資源與預算下來推動廣告計畫、愈能切入廣告訊息呈現的核心關鍵、愈能有效地選擇安排廣告媒體類型。廣告目標愈明確，則在效果評估分析上將愈能具有行動回饋、修正效益。

廣告目標設定效果思考

廣告目標正確與否深遠影響日後廣告效果的問題，奧美廣告公司創辦人大衛・奧格威曾認為好的廣告目標應能包括下列重點，而達到 3S，即 strategy（策略）、simple（單純）、speed（速度）以面對行銷挑戰：

- 你是否正持續創造全國最優秀的廣告？
- 你的廣告，不管是在公司內部或外界，是否都被公認為是傑出的廣告？
- 面對新的廣告客戶，你是否能當場提出至少四個能令對方震撼而心動的宣傳構想？
- 你是否能停止過度依賴電視廣告影片？
- 你是否能夠不再過度利用商業廣告歌曲來傳達銷售重點？
- 你所創造的電視廣告，是否皆在一開始即採用強烈的視覺訴求？
- 你是否已逐漸不再用卡通式的廣告來宣傳成人用品？
- 你是否在創作的電視廣告片中重複好幾次品牌名稱？
- 你是否已停止利用名人作電視廣告？
- 你是否列有一張其他廣告公司的優秀創意人員名單，以備有朝一日僱用他們？
- 你所設計的廣告宣傳活動，是否都依據統一的「定位」策略來執行？
- 你所設計的廣告宣傳活動，是否向消費者承諾一個經調查測試過的利益點？
- 你是否在廣告影片中以字幕打出至少兩次的商品優點？
- 在過去的半年裡，你是否至少構想出三個大創意？
- 你是否一向都使產品成為廣告片中的主角？
- 今年，你是否希望比其他廣告代理商贏得更多創意獎？

- 你是否使用下列的創意技巧來促銷產品：問題解決法、表現幽默、利用與廣告有關的人物、生活片段手法？
- 你是否避免利用言之無物的生活型態來作廣告表現？
- 你部門的人是否樂意在夜晚或週末加班？
- 你是否擅長在廣告宣傳活動中增添新聞性的消息？
- 你是否經常在廣告中表現正在被使用的產品？
- 你府上是否蒐集著一些極具魅力的電視廣告影片？
- 你是否都以包裝好的產品作為廣告影片的結尾？
- 你是否已停止使用陳腔濫調的視覺畫面？譬如夕陽西下，一家人快樂地吃晚餐？
- 你設計的平面廣告的畫面，是否具有故事性的訴求力量？
- 你是否已逐漸淘汰平面廣告上廣告化的版面設計，而改採類似雜誌內文的編輯方式？
- 你是否有時候會使用視覺對比的表現手法？
- 你的宣傳標語中是否都帶有品牌名稱與利益承諾點？
- 你的廣告畫面是否都是用照片？
- 你的英文稿是否已經不再使用左右兩邊不整齊的字體來編排？
- 你是否設法使文案中的每一行都不超過四十個字？
- 你是否已經不再採用小於十級及大於十二級的字體？（指英文稿，中文則為十級與二十級）
- 在你通過一篇稿子之前，你是否將之貼在報紙或雜誌上實地感覺一下？
- 在你的英文稿的文案字體中，是否已經停止使用方體字？
- 你是否不曾對妻子撒過謊？

廣告訊息的決定

當廣告主對產品進行整體分析後，設定了與企業經營發展規劃、市場競爭狀況、產品生命週期狀態相映的廣告目標與方向後，也清晰界定我們主要訴求的目標市場的消費者輪廓時，接下來便是決定該向訴求的對象「說什麼」、「怎麼說」，讓企業藉由有效的廣告傳達訊息予目標消費者，使目標消費者接收該訊息後由認知、印象、產生興趣、引發動機、產生購買行動。

無疑地，一個好的創造力策略對廣告與否具有重要性影響，而廣告主經由三個步驟來決定其創造力策略 (creative strategy)：訊息的產生、訊息評估與選擇、訊息推行。

1. 訊息產生的方式有二種：一為歸納法，一為演繹法

⑴人員的靈感往往得自於消費者、經銷商、專家、以及競爭者，並加以「歸納」(inductively) 而得。這其中消費者是最主要的良好創意之來源，他們對於現有品牌的優點與缺點之感受，乃是創造力策略的重要線索。行銷人員必須經常深入瞭解顧客需求與想法轉變的趨勢。

⑵有些具有創造力的人則使用演繹法 (deductive) 的架構來產生廣告訊息。Maloney 曾提出一個分析架構：

表 8–1　十二種廣告訴求的範例

產品使用之可能的報償經驗之型態	可能的報償之型態			
	理性的	感官的	社會的	自我滿足
使用結果的經驗	1. 使衣服更潔白	2. 徹底消除胃部之不適感	3. 當你重視享受最佳的服務時	4. 給你渴望所擁有的肌膚
使用中的經驗	5. 不須篩選的麵粉	6. 享受真正清涼啤酒的風味	7. 保證被社會所接受的除臭劑	8. 年輕主管所經營的商店
偶然使用的經驗	9. 使香煙永保清新的塑膠盒	10. 輕便的手提式電視機	11. 能表現現代化家庭的傢俱	12. 專為知音設計的音響

資料來源：摘自 John C. Maloney, *Marketing Decisions and Attitude Research, in Effective Marketing Coordination*, ed., George L. Baker, Jr. (Chicago: American Marketing Association, 1961), pp. 595–618.

無論是歸納法或演繹法都必須在創意上與行銷的問題及需要結合在一起。

2. 訊息的考量與評估：說什麼

⑴訊息的基本考量因素：

a. 此產業產品的共通屬性。例如洗衣粉對布料的洗淨能力。

b. 該產品的本身特性。例如該洗衣粉的「漂白」洗淨力特強、或是「快速」洗淨力。

c. 產品所屬生命週期的階段為何。當產品處於產品生命週期初期時，為一新產品。廣告內容應著重於產品可滿足消費者的需求方面。當處於產品生命週期的中期階段時，應將產品功能特性凸顯出有別於其他品牌產品之處。到了末期階段，則應以產品的附加價值、新功能喚起消費者新的需求。例如推出的中國信託信用卡。

d.消費者對產品關心、參與度的高低。若是高度參與關心的類型，則廣告傳達的內容須具專業性知識的內容、加強和目標消費者現有需求相稱的產品特性說明……等。關於此方面，日本的柏木重秋有分析如表 8–2。

e.產品對消費者的功用性。

f.同業其他競爭品牌產品特性及差異點。

g.公司的市場定位與形象。

h.品牌。

表 8–2　廣告傳達

接受者＼效果		喚起注目	傳　達	說　服	事　後
對關心度高的階層訴求法	善意者	・高潮型 (climax) ・提示商品型 ・懸疑型 (teaser) （掩蓋商品特性）	・提示商品類 ・列舉特徵型 ・產品 ・論理訴求	・直接說服 ・一面的說服 ・證言型 ・聽任結論型 ・肯定接近型 ・說服型 (reason-why)	・意見領袖型 (opinion leader) ・論理的訴求
	抵抗者	・懸疑型 （掩蓋商品特性）	・諷刺型 (parody) ・情緒訴求	・間接說服 ・證實型 ・兩面的說服 ・挑戰的 ・否定接近型 ・深層訴求	・明示結論型 ・睡眠效果 (sleeper effect)
對關心度低的階層訴求法		・懸疑型 （掩蓋商品特性） ・提供節目型 ・逆高潮型	・提示商品使用狀況型 ・強調單一特徵 ・映像 (image) 訴求	・直接說服 ・恐怖訴求 ・威望型 ・誇張訴求 ・明示結論型	・利用口頭傳播 ・廣告歌型 (CM song)

資料來源：柏木重秋著，《廣告機能論》，p. 99。

針對以上幾項要點瞭解權衡後，對於廣告傳達內容要傳達什麼較有實際性、重點性的獨特展現。

⑵訊息的評估準則：好的廣告是能切合目標消費者的需求、重點式且集中性地表達，而不提供過於廣泛的產品訊息削弱注意力。於是在決定廣告傳達的內容時 Twedt

曾提出三項評估準則供廣告主拿捏：a.意願性 (desirability)，即傳達的內容應將產品所具備的特性、功能表達；且其表達的是能切合目標消費者的需求。b.獨特性 (exclusiveness)，傳達的內容應該凸顯此產品優於其他品牌產品之效能或是此產品獨具的功能。c.可信性 (believability)，即是傳達的內容須是誠實可驗證，不杜撰虛擬產品的特性。

3. 訊息的表現方式：怎麼說

廣告企劃人員在明瞭廣告的目標、訴求的對象、敲定傳達的內容時，依此基礎輔以各種表現管道（動態立體的電視、廣播電臺，靜態平面的看板、報紙、雜誌……等）的效果、特色，建立一有效傳達訊息的風格、聲調、語句、格式、主題。並考量是以理性直接地訴求說明產品功能、效益，或是以感性間接地情境式訴求來傳達。

(1)電視廣告訊息的表現方式：

a.科學證據證明型式：此是提出調查結果或科學實驗證據，證明該品牌優於其他品牌。例如好自在超薄衛生棉實證說明其吸收力。純潔衛生紙以實際火化衛生紙過程，強調其紙漿之優。

b.證言 (testimonial evidence) 型式：此是藉由一些較可靠、受信賴的人物為產品作見證。例如信義房屋仲介公司藉由其顧客生活化實際地說明受信義仲介服務的感受，來傳達信義仲介誠信、周到、提供顧客完善服務的形象。

c.個性的象徵 (personality symbol) 型式：此即在創造個性化的特徵。例如奇濛子飲料為掌握青少年叛逆期、尊重其自我主張的年輕消費群，用「只要我喜歡有什麼不可以」的個性明顯訴求性飲料。

d.技術專家推薦型式：此是藉由該產品製造技術上或研究上的專家引薦來支持該產品特性、功效之實證。例如普騰電視廠商曾聘邀科技專家黑幼龍為其產品作推薦。

e.生活片段與產品結合的型式：此是表現消費者在日常生活中使用該產品的情景。例如黑松烏龍茶以為家中每一張嘴解渴的訴求，運用幽默的生活片段來表達。

f.氣氛或形象的型式：此乃是喚起對產品的美、愛或安詳的感覺。例如福特汽車推出新款 Liata，用張學友「你愛她」歌曲來烘托輝映其新款車名，兼以溫馨婚禮相稱。

g.名人推薦型式：此是藉由消費者普遍欣賞的名人來推薦產品，使消費者與產品間距離縮短。此方式的廣告易留下深刻的印象，形成對產品或企業信賴、親切之感。例如張小燕推薦歌林電器或是賴聲川、丁乃竺夫婦搭配廣告的龍鳳珍饌水餃。

h.音樂型式：這是藉由一個人或眾人或卡通人物唱著與產品有關聯的歌曲為主。例如可口可樂世界一家廣告片中世界各族齊聚合唱的溫馨融合畫面。或是金蜜蜂冬瓜露廣告片中白冰冰唱著與產品相映的歌曲。

i.新奇幻想、虛構故事的型式：在創造與產品本身或其用法相關的新奇、虛構的故事。例如國際牌冷氣推出一大一小分離式冷氣且凸顯可隨環境空間、人數自動調整溫度特性的廣告片即是。片中鄧智鴻擔心其2位胖瘦兒子媳婦居住的冷氣問題，而分離式機動調溫的冷氣解決其困擾。

(2)廣播電臺的表現方式：

a.直接型式：即播音員直接將廣告的旁白或主體詞唸臺，此是電臺最基本的表現形態。

b.對話型式：即是將日常生活對話轉移為廣告詞的方式表達，此方式較上述直接式效果為佳。

c.訪問型式：即是依照一定的主題，將消費者錄下導入廣告片中。

(3)平面文案的表現方式：

a.對話型式。b.漫畫型式。c.象徵人物型式。d.消費者證明型式。e.消費者、企業本身宣言型式。f.質疑答問型式。g.記事型式（流水日常生活習慣）。h.調理食譜型式（重要、不重要主題互動方式）。i.連環圖型式（故事、表現劇情）。j.命令型式。k.斷定型式。l.譬喻型式（間接方式）。m.新聞型式（發燒新聞）。n.商品名型式。o.暗示型式。p.經濟型式（成本考慮）。q.感情型式（內心訴求）。

廣告預算的設定

廣告預算因經營方向、產業、產品類別、產品生命週期的不同而有不同的廣告經費需求。例如消費性產品的廣告預算往往比工業性產品為多。在本小節將介紹企業間對於廣告預算的提列方法，及廣告預算在會計上的處理方式。

1.廣告預算提列的方法

(1)銷售百分比法 (percentage-of-sales method)：此法是企業依該年的目標銷售額為基準，提列某一固定百分比作為廣告預算基礎。並非以潛在的市場機會為著眼點，且忽略環境的動態性影響因素，而且無法提供較合理的、最適的提列百分比。企業界基於提列方法的便易性，大多企業多採此方法提列廣告預算。

(2)競爭對等法 (competitive-parity method)：此法是以達到與其主要競爭對手較勁為基礎的一種廣告預算提列方式。此法較少運用或是具市場行銷策略的企業能因競爭者投注的廣告經費而洞悉對手行銷策略意向，併入自己企業決策的考量點。輔以對競爭企業的資源、形象、市場機會、地位、目標各有基本瞭解度，則企業反而可掌握同業脈動、防患未然。

(3)目標任務法 (objective-and-task method)：目標任務法要求行銷人員根據特定的目標來發展促銷預算。即決定達成這些目標所必須完成的任務，再估計執行這些任務所需的成本，而這些成本的加總即可視為促銷預算。

(4)市場佔有率法：廣告主明確地訂定預期的市場佔有率，而廣告量投資的多寡則取決於市場佔有率的高低，此方法尤其適用於新產品上市與市場競爭劇烈時。廣告主此時會蒐集類似產品(含競爭品牌在內)上市時，市場佔有率 (share of marketing, SOM)、廣告量佔有率 (SOV) 及整個市場媒體投資量等相關資料，來幫助其編列年度廣告預算。

(5)最低廣告量法：廣告投資的重點在維持一定品牌知名度。簡言之，就是維持基本 GRP (gross rating point)，對成熟期的商品常態性需求而言，這是相當常採用的方法。

(6)隨心所欲法：廣告主對商品廣告預算的編列，取決於個人直覺、經驗判斷，較不參考市場資料。

2.廣告預算認列方式

一般企業多將發生的廣告預算提列為當期的費用，而忽略廣告具有遞延性。基於該廣告效果會延續一段時間 (即是廣告的效果持續一段期間)，故有些企業將廣告預算視為一種「投資」觀點處理之，而逐期提列。

3.廣告預算提列與產品生命週期的關係

(1)產品為新上市，且產品競爭激烈的產業時：此階段的廣告預算常需投注較多經費購買相當多廣告量，以建立品牌的知名度並激發別品牌消費者轉移。此可由 1995 年成人洗髮精市場中花王 Sifone 伊佳伊名字改為絲逸歡時，廣告預算於當年八個月內投注 5,300 萬元的預算可印證。

(2)成長階段的產品：此階段的廣告預算可減少些，透過口碑、形象即可建立消費者需求。

(3)成熟階段的產品：當商品進入成熟期，廣告的投資著眼點可能在於保持品牌知名度及提醒消費者再次購買。廣告量就不似導入期及成長期般積極，此時廠商對商品的期望在於回饋而非付出。

當然，也有例外，一切端視商品本身策略及內外在環境是否有所變更而有所不同。例如嬌生嬰兒油，產品位於成熟期，以往的定位所強調的是「多樣用途」——卸粧及保養；但由於此方法無法增加使用量，再加上臺灣冬季愈來愈不冷的趨勢，嬌生遂在三年前決定以教導消費者新的使用方法「油和水——全身保養」，來增加使用量，並藉此新使用方法減少嬰兒油使用後的油膩感。為了「上市」此一新方法，廣告量投資也較以往高。

(4)衰退階段的產品：廣告主可決定漸漸減少廣告預算，將資源轉移至新產品或有潛力的產品上。

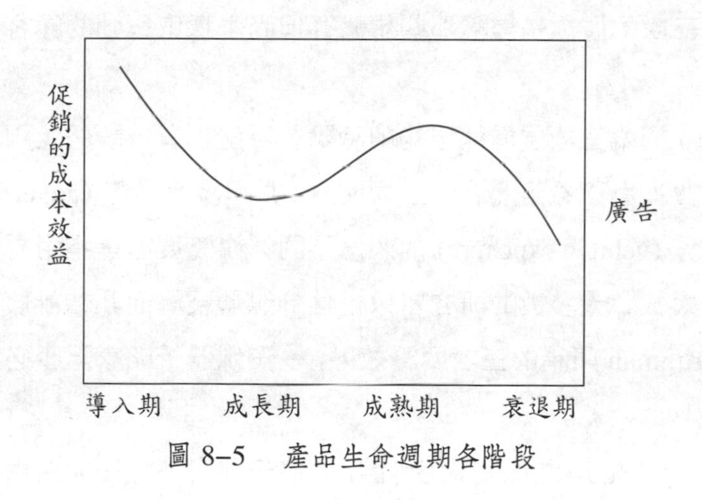

圖 8–5　產品生命週期各階段

廣告媒體的決定

在廣告的日標、訊息、預算決定後，廣告主需決定廣告藉由何種主要的媒體型態 (type of media)、媒體工具 (vehicle)、時機，將廣告訊息有效地傳達給市場的目標群。

1. 媒體的評價指標

選擇媒體的目的，在於尋求一最符合成本效益的媒體，以傳達所預期總閱聽率給目標閱聽眾。而總閱聽率之高低則受到達率、頻率與效果影響。

(1)到達率 (reach)：是指在某一特定期間內，廣告傳達到目標市場的人數或家計單位數。它是一種涵蓋面廣度指標。它可以用接收到此訊息的人數佔目標群的百分比來表示，或用接收到此訊息的人數表達。如某促銷廣告的到達率為500,000人次，或 80%。

(2)頻率 (frequency)：是指在某一特定期間內，廣告傳達到目標市場中每一人或一家計單位的平均次數。它是一種深度指標。惟此指標的最適次數為何較宜？是較難拿捏，因為次數太少，無法讓消費者對該廣告訊息累積認知與記憶。次數偏高，消費者疲乏而使原效果趨弱，且浪費廣告費。

究竟最適頻率為何，1972 年，Krugman 研究中提出最適為三次。Krugman 曾做過這類相關的研究，他認為三次的展露便已足夠：第一次的展露是以獨特的定義展現出來。產生「它是什麼?」的認知反應，這將主宰著往後的行動。第二次的展露是產生刺激，產生許多結果以評估性的「它有什麼?」來取代「它是什麼?」的反應。第三次的展露是提醒那些想購買但尚未採取行動的顧客，激勵其立即採取購買行動。

Krugman 認為三次展露即足夠的論點，可能仍有待驗證。因為他所稱的展露三次是指消費者真正看到此廣告三次而言，亦即廣告展露 (advertising exposure)，此與媒體展露 (vehicle exposure) 的觀念不同。媒體展露是指附有廣告的媒介物對聽眾展露的次數。大多數的研究皆只是估計媒體展露而非估計廣告展露。因此，為了達到 Krugman 所稱的三次展露效果，一個媒體策略家至少必須購買三次以上的媒體展露。

(3)衝擊力 (impact)：是指透過某既定媒體，該廣告訊息傳達一次給目標群其前印象的強度或定性價值度。

(4)總收視聽率評點 (gross rating point, GRP)：是指在廣告播出期間內，目標群接觸到此廣告訊息的總次數。而總收視聽率評點 = 到達率 × 頻率。

另在使用此指標時，要能區辨出「總值」與「淨值」的觀點。「總值」(gross) 一詞意指每一種媒體工具被閱聽者個人接觸的度量，然而不重複讀者群（即讀者群成員未接觸重複訊息的顯露度）是選擇大小的一個重要戰略。因此當你處理收視聽率時，必須知道其為「總值」(gross) 或「淨值」(net)。

(5)每一收視聽點的成本 (cost per rating point, CPRP)：即廣告費用 /GRP。在使用同一媒體型態下，各競爭廠商彼此間運用媒體工具 (vehicle) 及時機安排優劣的評比指標。

(6)加權的總收視聽率評點 (weight gross rating points)：

加權的總收視聽率評點＝到達率×頻率×衝擊力

2. 媒體型態的特性、限制與組合問題

在決定主要的廣告媒體型態時，應對於各種媒體型態所具備的到達率、頻率、效益的效力，以及媒體本身的優勢與限制有深入瞭解。並將目標群的屬性、廣告目標、廣告訊息與預算綜合衡量，選擇適當的媒體型態或採取媒體組合的方式 (media mix)；媒體組合可使廣告到達至不同的人群、不同的地區、不同的市場，如此可增加媒體的頻率與到達率，使廣告媒體規劃在有限的預算下產生較大的效果。

(1)一般的媒體型態：一般的媒體型態有廣播媒體（電視、收音機）、印刷媒體（報紙、雜誌、直接郵寄信函、車廂廣告、海報）、戶外看板等。現在對一些常使用的媒體型態說明其優勢與運用限制如表 8–3。

表 8–3 一般的媒體型態

媒體類型	使用量（億）	運用的百分比	運用的優勢	運用的限制
報紙	277	37%	・彈性 ・立即性 ・廣泛涵蓋地區性市場 ・廣泛被接受 ・可信度高	・時間較短 ・再生品質差 ・轉閱讀情形低
電視	250	33.4%	・結合視聽與動作的效果 ・感性訴求 ・引人注意 ・接觸率高	・絕對成本高 ・易受干擾 ・展露瞬間消逝 ・對觀眾的選擇性低
直接郵寄信函	44.5	5.95%	・可對大眾加以篩選 ・彈性 ・在相同媒體中無競爭者 ・個人化	・成本相當高 ・會產生濫寄的印象
收音機	31.6	4.23%	・可大量使用 ・有較高的地區性與人口變數選擇性 ・低成本	・只有聲音效果 ・注意力比電視差 ・非標準化的比例結構 ・展露瞬間消逝
雜誌	46.9	6.27%	・有較高的地區性與人口變數選擇性	・購買者的前置時間長 ・某些發行全屬浪費

			·可靠性且具信譽 ·再生品質較佳 ·時效長 ·轉閱讀者多	·刊登的版面未受保障
戶外廣告	16	2.14%	·彈性 ·展露的重複性高 ·低成本 ·競爭性低 ·轉閱讀者多	·對聽眾不具選擇性 ·創造力受限
其他媒體	82	10.9%		
總計	748	100%		

資料來源：第2、3欄資料源自於《廣告業年報》，1994年，p. 21。

(2)媒體組合 (media mix)：媒體組合方面，需考慮：a.依主要媒體組合型態為何？例如電視、報紙、廣播、雜誌、戶外看板、DM 選擇哪幾樣組合，決定後此主、次之別分配預算。b.決定媒體型態後，接著是媒體工具的決定，譬如：選定媒體為電視時，在臺視新聞上廣告或中視晚間新聞……等。在各媒體工具間預算分配多少亦應先衡量。c.在各媒體工具中決定廣告單位 (unit)，譬如：當決定臺視新聞時上廣告，決定上檔秒數。媒體型態、媒體工具、單位 (unit) 三者間的關係，藉由例子解說如下：

媒體型態	媒體工具 (vehicle)	單位 (unit)
電視	臺視新聞	15 秒廣告
報紙	《中國時報》	全十彩色版
電臺	中廣 FM 1500 調幅	30 秒的播詞
雜誌	《突破雜誌》	彩色全頁

媒體組合是否得當，對廣告效果影響相當大，其是廣告作業中相當重要的一環。一般擬定媒體計畫時，須決定的事項如下：

(1)確立訴求的目標消費群對象，並依此進行媒體分配計畫。

一般訴求的目標消費群對象是按照性別、年齡、職業、收入等變數加以區別，勾勒出市場輪廓 (market profile)。

界定目標消費群對象，並針對該目標消費群對象擁有最多的視聽眾媒體、與廣告成本依序加以選擇、安排，此即是按目標消費群對象所作媒體分配。

(2)廣告要投注的地區與時期分配。

(3)廣告訴求內容及廣告表現的政策。

(4)媒體選擇。其需考量媒體分佈、媒體聽眾、廣告聽眾、到達及頻率、媒體效果與其他相關效果、各媒體是否容易獲得、有否折扣、競爭關係等因素。

3. 媒體策略

(1)媒體的評價指標、媒體型態與產品類別、產品生命週期的關係：當廣告方案進行到媒體計畫階段時，往往會面臨到取捨 (trade-off)。因為在既定的廣告預算下，到達率與頻率是相抵換。很難同時有高到達率與高頻率，故廣告主要權衡經營環境、結合使命，以做適當的決定。另外於既定資源下，媒體時機切入適宜否，亦會影響效果。

a.強調到達率的狀況：當廣告主推出新產品上市、或是對產品重新定位時、或是屬於較不穩定的品牌時、抑是其追求的目標市場界定模糊，不確定其潛在的顧客時，廣告主的廣告媒體計畫將傾向於高到達率，讓廣告訊息能接觸到更多潛在消費者。

配合的媒體型態，則較建議：電視，尤其以內容趨多樣化的節目、黃金時段與其他差異大的時段組合安排，可涵蓋較廣的消費者。雜誌，使用發刊量最大、內容涉獵主題範圍愈廣的雜誌，其一次可接觸非重複的消費者愈多。另海報或戶外看板亦有此效果。

b.強調頻率的狀況：當廣告主所要傳達的訊息複雜、或是其產品本身處於競爭激烈的市場情勢、或者屬於經常性購買的產品、或者產品市場的消費者阻抗力較高的類型時，廣告主將傾向於高頻率的展露方式，來加深接受者的認知與記憶，甚而驅策其行動力。此外若品牌、產品或傳達的訊息是偏向易被遺忘型，則需偏重頻率的提高。

(2)媒體時機 (timing) 的決定：負責媒體時機安排的人，將會依據產品的銷售狀況、消費型態、季節性、更新產品、促銷計畫、競爭者活動等眾考慮因素，決定媒體時機。而適當的媒體時機必需考慮長期性與短期性問題。廣告學者 Kuehn 認為：

a.長期性媒體方式安排須視廣告延續力 (degree of advertising carryover) 及顧客選擇品牌時的習慣性行為 (amount of habitual behavior in customer brand choice) 而定。廣告的延續力是指廣告支出之效果隨著時間經過而下降的衰退率。例如每月 0.75 的廣告延續力，意指上個月的廣告支出效果約有 75% 延續到這個月。習慣性行為是指受廣告水準的影響下，會有多少品牌持續購買的現象發生。例如，高度習慣行為 0.9，是指有 90% 的購買者無視於行銷活動的刺激，而重複對原來品牌的購買行為。

Kuehn 亦發現，在沒有廣告延續力與習慣性行為的情況下，此時，最佳的廣告支出時機將會與產業銷售的季節性型態相互配合。但是，當廣告延續力與習慣性行為存在時，在這種情況下，廣告支出的時機曲線最好能領先預期的銷售曲線，也就是說，廣告支出的頂峰與谷底都應該領先銷售的頂峰與谷底。廣告延續力愈高者，則領先的時距便應愈長。但是，習慣性購買的程度愈高者，則廣告支出也應該愈趨穩定。

b.短期媒體時機的安排有幾種方式，廣告主要考量廣告目的、產品性質、目標群、配銷通路方式等行銷因素決定一較適型態。

- 溝通目的：廣告之目的是在建立形象、認知，或促銷訊息告知，新產品推出，均會影響傳播方向、方式、方法的選擇。
- 產品性質：同質化市場具有 USP 市場，其廣告傳播方式不一樣。具 USP 市場形象，連續性廣告可能是重要選擇。
- 目標顧客：各種人口統計特質不一樣，如何區隔與其溝通。所選擇傳播方式不一樣（如年齡、性別、職業、地區）。
- 配銷通路：專賣連鎖店與普銷市場對於廣告預算提撥有不同之方式。專賣店、連鎖店以競爭預算法提撥廣告費，較具策略性。普銷方式：Sales 百分比法較能掌握普銷市場量的特質。

在推出一項新產品時，廣告主必須決定採連續型、集中型、瞬間型、或脈動型的廣告。⑴連續型 (continuity) 是藉著在某一特定期間內，平均地安排廣告的展露。⑵集中型 (concentration) 係指在一段時間內，投入全部的廣告預算。⑶瞬間型 (flashing) 係指在某一期間內進行，然後中斷一段時間後，再進行第二波的廣告攻勢。⑷脈動型 (pulsing) 係指連續以少量的廣告，維持消費者對產品的印象，並藉著偶爾幾次較強勢的廣告活動來定期的強化。脈動型廣告兼具有連續型與瞬間型廣告的長處。

而廣告媒體時機型態的選擇考慮因素：

⑴購買者流動率 (buyer turnover)：周轉流動快、銷售機會的掌握比較適用特定期連續型與集中型廣告。

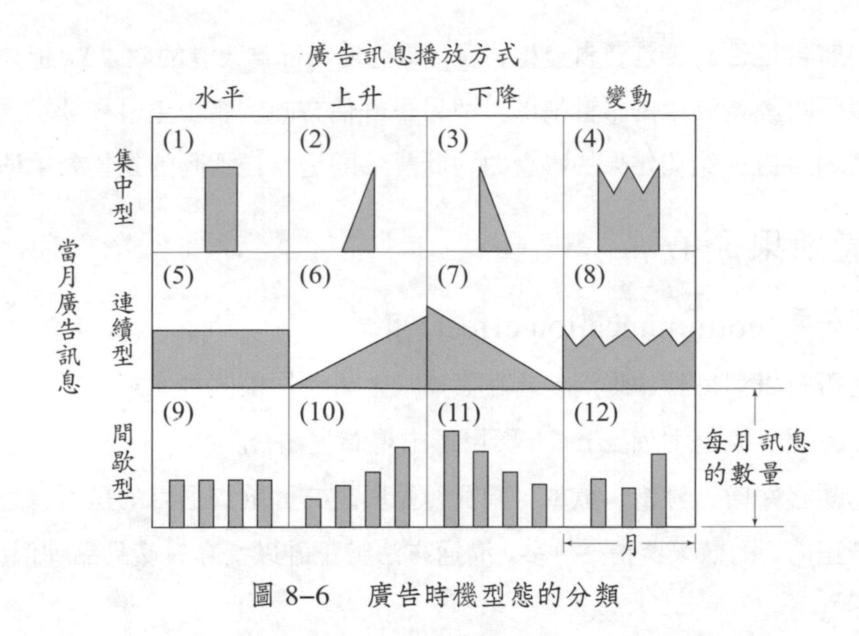

圖 8–6 廣告時機型態的分類

⑵購買頻率 (purchase frequency): 頻率高、產品的拉力夠, 如果客層能持續擴大, 克服淡旺季因素, 則廣告可採連續性方式出現。

⑶遺忘率 (forgetting rate): 遺忘快則適用瞬間型提醒式廣告。

⑷消費行為 (consumer behavior): 較複雜性消費行為適用連續性。減少認知失調適用集中型配合促銷。尋求多樣變化適用脈動型, 習慣性適用瞬間型。

⑸廣告預算: 預算多適用連續性。預算少適用集中、脈動、瞬間型。

⑹淡旺季: 旺季時適用集中型。淡季適用脈動、瞬間型。連續性較適用淡旺季不明顯行業。

如何評估廣告效果

marketing 雖然較屬於事前性做法, 但執行過後如果能做一適當調整, 對於未來策略選擇與應用將有很大的幫助, 廣告效果如果能在事前性策略思考, 事後性進行評估, 則對於龐人廣告經費風險性較少, 效率較大。

目前關於廣告效果評估分為兩個方向: 一是衡量廣告對於消費者接觸訊息時心理轉換各階段 (知曉、產生興趣、偏好) 的影響力, 也就是廣告活動的溝通效果研究。例如廣告主多會想知道進行中的產品廣告活動是否引起消費者的注意 (即媒體接觸效果)、或是消費者接收到的是否與我們要傳達給消費者的意念相同 (即訊息接收效果)、或是我們的廣告是否有讓消費者產生行動（即態度、行為改變的效果）。但是溝通效果研究無法說明對銷售結果的影響情形。故另一評估方向，廣告主最極欲掌握、關切的也就是我們的廣告對銷售結果的影響力，此評估即是廣告活動的銷售效果研究。

一、溝通效果研究

㈠衡量溝通效果 (communication effect) 前提

⑴廣告是否有針對目標市場消費者在做溝通，臺灣目前收視率調查數據依據這個問題是需克服。應努力做到 reach 與目標市場確實結合。

⑵在引起顧客知曉、注意、欲望、購買行動興趣方面的溝通目的是否有達成。溝通方式若正確，則效果將提高許多，溝通方法應正確以提高對產品品牌偏好、理解、知曉。

㈡溝通效果的衡量

⑴媒體接觸效果：所謂媒體接觸效果，包含了「對特定媒體之接觸」以及「對其中特定廣告作品之接觸」兩個階段。

就電視而言，媒體接觸效果是指藉用 a.機械性測定法，如收視記錄器 (rating meter)。b.日記法。c.記憶法來測定收視狀況。測定的方法經常因媒體接觸之意義不同而有所改變。機械性測定法是用來測定電視機的開機及轉臺的情形，日記法是用來測定消費者自己的視聽狀況，記憶法則是用來測定消費者對所收視之節目內容的記憶。

其中日記法乃收視率調查公司依所需的人口統計變數（年齡、性別、職業、婚嫁否……）區隔出的類型，徵詢符合條件的戶數，定期合作，由合作的消費者每日將自己收視聽情形記載，隔日一早收視率調查公司派員收取進行彙總分析。收視率調查公司往往每隔一定期間會替換合作對象，以求資料之客觀性。

⑵訊息接受效果：訊息接受的效果受二個因素：媒體、廣告作品本身的影響。我們可藉由下列二種方法來調查其效果：

a.媒體間比較方式：即是在同一時間下，於各種不同媒體間播出或刊登出同一種廣告作品，而後針對所用的各種媒體間訊息傳達給目標消費者的效果差異情形來評估即可知。

例如某一天同時於不同報紙（《聯合報》、《中國時報》、《自由時報》）刊登同一則廣告於相似的版位。而可自各類報紙讀者接觸效果調查，即可知媒體所形成的效果差異性。

b.分割測定方式 (splitrun test)：即是就同一類媒體的接觸者，隨機抽取分組；另將A、B 兩種廣告刊於該類媒體上，同時讓各組接受此不同的廣告作品。最後由組間的效果差異得到廣告作品效果的差異。

例如預先安排好二組人員，且將 A、B 廣告片安排於臺視新聞的第一檔廣告時間，將其錄成二卷帶子。於同一時間予第一組人員看新聞後 A 廣告片，予第二組人員看新聞後 B 廣告片。最後由二組人員接觸後反應的差異即為 A、B 二片子的作品效果差異。

(3)態度改變、行為改變效果：關於此效果的調查方式，可藉由廣告「事前」、「事後」其態度、行為差異的效果得知。或是僅廣告事後調查，但依照「接觸到」、「沒接觸到」此廣告片的態度、行為差異得知態度改變效果與行為改變效果。例如新產品上市，必無廣告事前調查機會時，即可用後者的調查方式測之。

二、廣告、銷售效果衡量

(一)銷售效果研究 (sale effect)

(1)考慮實質廣告是否有提升業績助益，且具有乘數效果，而非只有比例關係或直線關係。多思考業績成長率增加率與廣告費之間的關係。

(2)廣告支出佔有率 = 聲音佔有率 (share of voice)

≠ 心目中的佔有率 (share of mind & heart)

= 市場佔有率

聲音佔有率 (SOV) 一般而言以廣告金額為依據，先前之銷售歷史，在消費者心目中佔有率高，則 SOV 支出相對性付出就比心目中佔有率小的品牌少。故衡量仍需考慮 share of mind 而非 market share。

(二)銷售效果測定

根據消費者 panel 調查所做的銷售效果測定。消費者固定樣本連續調查，是研究消費者購買行為的基本方式之一。根據此種調查，能盡早獲知消費市場最新的變化趨勢，讓企業的決策者能掌握最新脈動，而得以適時調整行銷策略，滿足消費者需求。

這種調查方法，乃是運用簡單隨機抽樣原理，抽出所要調查之人或家庭，而後分配購物日記簿給被抽出來的人或家庭，請他們定期從事調查。

對被選中的家庭主婦，分發購物日記簿，請他們依下列項目加以記錄。

⑴對每日所購買之日用品，依照品牌、包裝單位、數量、價格、購買點、附贈的贈品明細一一詳載。

⑵對所接觸的媒體，例如電視、廣播電臺、雜誌、報紙為何，亦予以記錄。

調查員定期訪問被調查之家庭，收回所記錄的日記簿，收齊所有日記簿後，予以進行資料統計分析。

消費者固定樣本連續調查之效益，能指出各種商品之消費者市場動向、需要量、長短期態勢、季節變動趨勢，或是消費者主要接觸的媒體為何，以瞭解商品運用何種媒體廣告效果較佳。此外，可由該資料瞭解消費者購買品牌的變化狀況、產品品牌使用率、市場佔有率、品牌忠誠度。

由於影響產品市場銷售結果的因素除廣告外，其他如產品的價格、品質、特性、包裝、行銷通路、促銷方法、競爭者行動等亦會影響銷售。也唯有深入瞭解公司、產品自身的優劣，盱衡外部環境下，分析公司產品的機會點、策略性規劃，讓既有資源之間搭配相映效益趨於極大。故有些會藉由電腦程式模擬，模擬出相關因素與銷售結果間的對應狀況供業者參考。

㈢廣告效果衡量

⑴效果衡量重要性：由於廣告的投資影響層面，關係到公司龐大費用預算的投注成果、廣告訴求是否能接觸到目標消費群市場，與其溝通、甚而刺激購買、進而達到公司最終增加銷售額的目的，這是公司決策者最關注的。所以廣告推出前的試播反應預試、播出後定期地追蹤評估廣告對銷售量變化影響，以適時地調整修正廣告媒體安排、或時段安排、或廣告訴求訊息等。

⑵重要效果指數建議：

a.對使用吸引力指數 (usage pull, UP)：看過該廣告所有人數中產生購買行為的佔比，扣除沒看過廣告而購買該產品的佔比後，即表示廣告的拉力效果。

$$UP=\frac{\text{看過廣告而購買的人數}}{\text{(看過廣告而購買+看過廣告後未購買的人數)}}-\frac{\text{沒看過廣告而購買的人數}}{\text{(沒看過廣告而購買+沒看過廣告亦未購買的人數)}}$$

b.廣告效果指數 (advertising effectiveness index, AEI)：即是自看廣告而購買的人數中，扣除因廣告以外其他因素影響所致的購買人數後，就是真正純受廣告吸引的購買效力，將此除以總人數即為廣告效果指數。

$$\text{AEI}=\frac{\left[\begin{array}{l}\text{看過廣告而購買的人數}-(\text{看過廣告而購買}+\text{看過廣}\\\text{告後未購買的人數})\times\text{沒看過廣告而購買的人數}\end{array}\right]}{(\text{沒看過廣告而購買}+\text{沒看過廣告亦未購買的人數})}\times\frac{1}{\text{全體人數}}$$

c.因廣告實質的銷售額 (net AD produced purchases, NETAPPS)：此法是由美國 Daniel Starch 設計出的評估廣告銷售效果的方法。是以銷售額作為衡量廣告效果的指標。是在廣告播出後一段期間，針對某一時間階段內抽測調查：(I) 購買本產品中哪些是因廣告因素，(II) 哪些是因廣告以外其他因素而購買，(III) 哪些是看到廣告未購買，(IV) 哪些未看到廣告亦未購買等四種訊息。

自看廣告而購買的人數中 (I)，扣除因廣告以外其他因素影響所致的購買人數 (I+III)×II/(II+IV) 後，就是真正純粹因廣告的成效所吸引購買的消費人數。將該人數除以此產品的購買人數 (I+II) 後的佔比，即為因廣告實質產生的銷售額指標。

由於看過廣告而購買的人數中，可能是看過廣告且受廣告刺激而購買，但也有可能是看過廣告但並非受廣告刺激而購買，故此法前提假設：「看過廣告但不受廣告刺激而購買的佔比」與「沒看過廣告而購買的佔比」相同下，簡化處理之。

d.檢定計量分析：在產品廣告播出後，藉由市場調查瞭解購買我們產品消費者中哪些是感受、認同到廣告的訴求而購買（假設有 x 人），哪些是沒看到廣告、因其他因素而購買的（假設有 y 人），哪些是看到廣告未購買的（假設有 w 人），哪些是沒看到廣告且未購買的（假設有 z 人）等四類型來瞭解。

表 8–4　檢定計量分析

	看過廣告	沒看過廣告	小　計
購　買	x 人	y 人	$(x+y)$ 人
沒購買	w 人	z 人	$(w+z)$ 人
小　計	$(x+w)$ 人	$(y+z)$ 人	$w+x+y+z=N$ 人

⑶NETAPPS 廣告效果測定步驟說明：美國斯塔齊 (Daniel Starch) 所創始的廣告銷售效果測定法，有所謂 NETAPPS 法。它是以銷售量作為效果測定的指標，將商品的銷售量與廣告的接觸關係，用數學加以分析。本法是由下列四個階段而測定的：

・看到廣告者之購買。

・未看到廣告者之購買。

・看到廣告者之購買當中，非因廣告刺激而購買。

・看到廣告者之購買當中，因廣告之直接刺激而購買。

這是在廣告揭露後，定某一時間，對看到廣告和未看到廣告之樣本，測定廣告之實質的銷售效果。

本法之問題焦點，在於看到廣告和購買之間，不能認定單純的因果關係。譬如有的回答者，因記憶程度關係，可能回答得不夠正確。

由於閱讀過廣告且購買廣告商品的人中，有的受廣告的刺激而購買，也有不受廣告的刺激而購買。關於這一點，NETAPPS 法，以「閱讀廣告而不受廣告刺激購買者之比率和無閱讀廣告而購買者之比率相同」為前提，而進行 NETAPPS 分數的計算。

以下即是計算 NETAPPS 分數的四個步驟：

第一個步驟：

a.廣告刊載後的一定期間，對該媒體接觸的人中，有百分之幾的人閱讀過該廣告……… 30%

b.廣告刊載後的同期間，閱讀過該廣告的人中，有百分之幾的人購買該廣告的商品……… 15%

c.廣告刊載後的同期間，對該媒體接觸的人中，有百分之幾的人未閱讀過該廣告……… 70%

d.廣告刊載後的同期間，未閱讀過該廣告的人中，有百分之幾的人購買該商品……… 10%

第二個步驟：

a.× b.（即 30%×15%）……… 4.5%

c.× d.（即 70%×10%）……… +7.0%

以上二式相加……… 11.5%

第三個步驟：

a.× b.（即 30%×15%）……… 4.5%

c.× d.（即 30%×10%）……… −3.0%

以上二式相減……… 1.5%

第四個步驟：

1.5%/11.5%×100%……… 13%

此 13% 即 NETAPPS 分數（即純粹受廣告刺激而購買的消費者之百分比）。

專題討論：媒體之策略化、科學化管理

媒體之策略化管理

1. 廣告媒體運動之系統化思考

廣告媒體運動之思考內容：一般而言廣告運動思考之內容包括環境分析、行銷目標分析、整體傳播預算思考、預算組合思考、整體運動之控制與評估。

(1)環境分析：包括企業競爭優勢，強、弱點評估目標／產品特性與價格購買階層分析。競爭力分析，交易、經銷條件分析，拉力、推力運用方法分析。

(2)行銷目標分析：整體目標分析，不同區隔市場分析，時間、地點分析。

(3)整體傳播策略、預算分析：

- 預算組合分析：各類傳播預算工具之預算比例分析（包括銷售、廣告、刊物、公關活動、銷售資助物、包裝整體、立體／平面預算分析）。
- 傳播策略分析：傳播目標、訊息策略、媒體策略、預算估計、行動方案。

(4)控制及評估：如何建立資訊系統，整體區域各個區域媒體傳播效果與銷售效果的掌握。

故一位好的 Marketing People 在企劃廣告或執行媒體作業時必須有下列的系統化思考：

(1)以行銷策略、目的來進行廣告運動前提。

(2)廣告運動是一種多元化思考的學科，如：

- 不僅是藝術也是科學化、策略化。
- 不僅是表達型式也是二種預算、溝通觀點。
- 不只是點、線的問題，也是時空面、立體的思考、表達方式。

2. 媒體之策略化管理內容

⑴媒體預算影響企業利潤頗大：好的 marketing people 要能透過有效到達率 (reach)、策略性次數分配 (frequency) 之思考，以強化企業競爭力與獲利力。正常水準為業績之 3%～10%，與企業獲利比率相差不多。

⑵在拉力方面，媒體所扮演的角色舉足輕重、影響成敗：廣告並非只有藝術化表現，而是科學化競爭策略，而媒體組合策略就是一種戰略 / 目的、戰術 / 手段。

⑶就市場攻防觀點可積極表現行銷策略之意義：媒體可表現企業進退、企圖、謀略觀點，市場佔有率低企業與市場佔有率高企業，可透過媒體之時間發展角度，而改變相對競爭結構。

⑷就短、中、長而言，媒體必須有不同時期發展策略，並考慮播出時機的運用：結合短、中期廣告行動發展策略，而採用不同播出時機作法，如持續性廣告法、集中廣告法、脈動法、閃動法。

⑸市場策略（區隔、定位）：透過媒體組合、區隔、多元化策略，而達到企業所要的區隔、成長、定位的積極性意義。

⑹就傳播角度：品牌發展指數 (brand development index) 指品牌發展潛力大小空間，產品類別發展指數則指產品類別發展潛力大小。而媒體經費可結合此兩種類別發展指數，提出具有效果 / 效率的傳播策略。

⑺而到達率 (reach) 與平均頻次 (frequency) 更會影響傳播效果：

強調到達率之情況　　強調平均頻次之情況

・新產品　　・競爭者強大時

品牌發展程度	類別發展程度：低	類別發展程度：高
高	・品牌強但消費者花費低 ・增加的花費無效果 ・尋求建立類別購買頻次	・品牌銷售與類別銷售已達飽和 ・增加花費是浪費的 ・防衛的花費 ・保持需求的廣告
低	・對銷售旺季限制廣告 ・需要廣告嗎？銷售無潛力；品牌疲軟 ・支援推廣活動以避免配銷損失	・競爭強烈；品牌相對的疲軟 ・花費投資可能有效果 ・在主要期間（銷售旺季）建立頻次 ・尋求密集的活動或交互安排輕重檔次的活動

圖 8–5　媒體策略：品牌發展指數與類別發展指數體系

・擴展中的類別	・說明複雜時
・副品牌 (Flanker Brand)	・常常購買之類別
・品牌的加盟	・品牌忠誠度弱時
・不限定的目標市場	・目標市場狹窄時
・難得買的品類	・消費者對品牌或類別抗拒時

(8)媒體播出時機策略:

・持續性廣告法 (continuous advertising): 是在整個廣告期間都安排廣告。適用於擴展市場之情況, 經常購買的產品項目, 嚴密界定購買者的類別。

・集中廣告法 (flighted advertising): 定期性波動由有一段時間廣告、一段時間不廣告, 交叉安排廣告檔次。適用於有限的廣告經費, 比較要經過一段時間才會買的產品, 有季節性的產品項目, 建立市場佔有率的計畫。

・脈動法 (pulsing): 是持續以低比重程度使廣告未有中斷。然後再週期性增強廣告活動比重。

・閃動法 (blinkering): 在短期內將廣告分成全部投入期與全部停止期之方法。

(9)媒體組合 (media mix) 要點:

・多使用幾種媒體能減少對目標視聽眾的暴露度, 與避免對某單一部分視聽眾的集中強度。

・經由媒體組合能對廣告記憶或廣告知名度產生相輔相成的協同效果 (synergistic effect)。

・第一個媒體的輕度使用者, 通常可透過第二個媒體增加其到達率。

・只有在資源較充分時, 增加第二種、第三種媒體的情況下, 媒體組合才有價值。

媒體之科學化管理

媒體由於表現的代價相當昂貴, 在短短的幾十秒內, 或許就必須付出幾十萬的代價, 是一種風險性頗高的行銷表現方式, 而透過科學化之統計分析, 可提高正確率, 節省不少廣告成本的付出, 這是廣告運動的另一個重點。

科學化之思考內容包括:

(1) MS(market share): 市場佔有率幾個百分比與廣告經費合理的百分比。

(2) SOV (share of voice): 聲音佔有率, 至少應到幾個百分比, 才有機會調整市場佔有率。

(3) GRP (gross rating point): 總累積收視率。收視率提高端視目標市場顧客收看節目需求的掌握。

(4) CPRP (cost per rating percentage)：GRP 總預算，累積收視率所需支付的成本。能否達到合理 GRP 且較低之 CPRP。

(5) reach：廣告可接觸到各種不同客層的到達率。是否能達到目標市場的 80%，其穩定性夠不夠。

(6) frequency：媒體表現顧客所看到的次數。目標市場顧客收看到的媒體能否維持在三至六次。

(7) spot：檔次 10"、15"、30"、60" 短秒數、長秒數如何結合消費行為、競爭結構進行綜合性運用。

各種要素之科學化組合方式：廣告經費運作可透過上述各種變數組合、整合，以下列模式進行科學化分析。

(1)銷售模式 (sales model)：廣告預算與銷售業績以一種比例方式來進行思考。

(2)動態模式 (dynamic models)：大力推廣促銷方式廣告預算的動態性變化。

(3)競爭性模式 (competitive model)：此模式大多基於某種形式的競賽理論 (game theory)，假定全體競賽者都是互相依賴的，並且由於不知道別人會作什麼而產生不確定，於是經由此一模式制定減少及控制此種不確定的策略。

(4)模擬模式 (simulation)：將幾種不同廣告方式在運用之前進行模擬，而選擇最具回收效果的方法。

(5)隨機模式 (stochastic models)：運用馬爾可夫鏈 (Markov chain)、學習模式 (learning model) 找出廣告預算趨勢。

摘要

1. 推廣策略：①對於整體行銷效果的評估與建議是否客觀、誠實。②利潤中心觀點的行銷基本理念。③推力與拉力：a.企業經營總目標——業績極大、顧客極大化客層。b.品牌策略觀點的行銷拉力與推力。c.行銷組合觀點（拉力：廣告、公共關係、口碑；推力：銷售、促銷。）d.消費者購買決策過程觀點的拉力、推力影響。e.購買行為觀點的拉力推力持續性與整合性。f.組織的拉力與推力。④構想創造力：a.新構想產生的方法。b.有創造力的特質。c.創造力的障礙。

2. 溝通的意義及有效溝通的步驟：①溝通：行銷溝通組合工具（廣告、促銷、人員推銷、公共關係）。②有效的溝通步驟：a.確認溝通目標對象（運用判別分析判斷目標市場消費者；

消費者對公司產品的知覺與偏好；多元尺度分析法；語意差別量表法配合偏好量表法。）b. 瞭解消費者訊息傳送過程：知曉、瞭解、喜歡、偏好、信服、購買。c. 設計訊息（訊息內容；訊息結構；訊息格式；訊息來源。）d. 溝通策略、創意思考與構思（與消費者溝通的八個要點；創意性思考應把握的要點。）e. 從各種不同傳播方式特質選擇溝通方法。f. 從各種不同的溝通組合走向整合性行銷溝通。

3. 廣告：①廣告意義：a. 最少投資金額產生最大銷售金額的廣告乘數效果。b. 無一定組織力或行銷推力搭配，不一定能產生效果。c. 廣告量佔有率不一定等於市場佔有率。②廣告流程。③廣告目標的設定要與行銷目標有系統性一致性的關聯：a. 依廣告展現、傳達給消費者用意的類型設定（建立消費者基本需求的告知性廣告；建立特定品牌選擇性需求的說服性廣告；恢復消費者對該品牌認知印象的提醒性廣告；建立自己品牌的專長性、優越性的比較性廣告；建立消費者品牌忠誠度的增強性廣告。）b. 自目標市場消費者需求切入。c. 自創意方向切入。④廣告目標設定效果思考：好的廣告目標應能達到 3S，strategy、simple、speed 以面對行銷挑戰。⑤廣告訊息的決定：a. 歸納法與演繹法訊息產生的方式。b. 訊息的考量與評估（訊息的基本考量因素：共通屬性、產品特性、生命週期為何、消費者對產品關心程度、功用、競爭品牌特性及差異點、定位與形象、品牌。）c. 訊息的表現方式（電視廣告訊息的表現方式；廣播電台的表現方式；平面文案的表現方式。）⑥廣告預算的設定：a. 廣告預算提列的方法。b. 廣告預算認列方式。c. 廣告預算提列與產品生命週期的關係（新上市且競爭激烈：高廣告量以建立品牌知名度與激發別品牌消費者轉移；成長階段的產品：廣告預算可減少，以口碑、形象建立消費者需求；成熟階段的產品：保持品牌知名度及提醒消費者再次購買。）⑦廣告媒體的決定：a. 媒體的評價指標（到達率；頻率；衝擊力；總收視聽率評點；每一收視聽點的成本；加權的總收視聽率評點。）b. 媒體型態的特性、限制與組合問題。c. 媒體策略（媒體的評價指標、媒體型態與產品類別、生命週期的關係：強調到達率或強調頻率的取捨狀況；媒體時機的決定：視廣告延續力及習慣性行為的長期媒體方式；短期媒體時機安排。）d. 媒體組合觀點的策略思考。e. 媒體時機考慮因素（購買者流動率；購買頻率；遺忘率；消費行為；廣告預算；淡旺季。）⑧如何評估廣告效果：a. 溝通效果研究（衡量溝通效果前提；溝通效果的衡量。）b. 廣告、銷售效果衡量（銷售效果研究：提升業績的乘數效果；聲音佔有率 (SOV) 衡量；銷售效果測定；廣告效果衡量：對使用吸引力指數 (UP)；廣告效果指數 (AEI)；因廣告實質銷售額 (NETAPPS)；檢定計量分析。）

4. 專題討論：①媒體之策略化管理：a. 廣告媒體運動之系統化思考（環境分析；行銷目標分析；整體傳播策略、預算分析；控制及評估；Marketing People 的系統思考：以行銷策略、目的來進行廣告運動；多元化思考的廣告運動。）b. 媒體之策略化管理內容（影響企業利潤大；媒體組合策略的戰略／目的、戰術／手段觀點；市場攻防角度觀點積極表現行銷策略意義；考慮不同時期不同時機的廣告運用；市場策略（區隔、定位）；傳播角度：品牌發展指數與產品類別發展指數體系；到達率與平均頻次的傳播效果影響；媒體播出時機策略：持續法、集中法、脈動法、閃動法；媒體組合要點。）②媒體之科學化管理：a. 科學化思考內容（MS：市佔率與廣告經費百分比；SOV：聲音佔有率如何影響市佔率；GRP：目標市場顧客收看節目需求；CPRP：合理 GRP，較低的總預算；reach：目標市場的 80% 及穩定度思考；frequency：目標市場顧客維持接收 3–6 次；spot：檔次長短結合消費行為、競爭結構。）b. 科學化分析（銷售模式；動態模式；競爭性模式；模擬模式；隨機模式。

1. 1994 年某市場電視評估（TTV、CTV、CTS）：

品牌	廣告量（萬元）	總檔數（檔）	材料（秒）	總收視率點 GRP	CPRP	GRP（based on 10"）	CPRP（based on 10"）	節目型態主線 * 表示含 TVBS（佔 25% 以上）
A	295	94	10"×81 15"×12 25"×1	619	4,760	653	4,512	綜藝、新聞性
B	425	76	20"×76	646	6,581	1,291	3,293	*註
C	1,065	200	10"×31 20"×169	1,920	5,547	3,522	3,024	*劇集、新聞
D	330	123	10"×122 30"×1	724	4,564	749	4,415	劇集、新聞
E	537	100	20"×100	921	5,827	1,843	2,912	新聞
F	190	66	10"×66	560	3,396	560	3,396	*劇集
G	1,259	233	10"×88 30"×145	1,290	9,758	3,035	4,148	

H	284	89	10"×89	858	3,312	858	3,312	綜藝
I	206	43	15"×43	535	3,844	803	2,561	新聞
J	370	49	20"×29 30"×20	464	7,961	1,149	3,218	綜藝、影集
K	226	45	20"×45	282	8,019	564	4,010	*新聞

試討論下列問題：

(1)從此表可瞭解廣告量與 GRP 之間的關係。

(2)材料組合會影響 GRP 與 CPRP。

(3)各品牌所偏好節目型態不一樣。對於 GRP，CPRP 之間的關係。

(4)是否可從此個案探討每個品牌行銷策略企圖？

2. 行銷人員在本章中特別有提供道德與良知，就一個剛畢業的學生，面對廣告較多采多姿的世界中，如果有機會接觸，自己在心理上準備如何，才能成為良好的廣告概念行銷人才，在操守上又能具有一流管理人才的水準。你個人認為這件事重要性如何？

3. 在研讀本章之後：

(1)你個人覺得傑出廣告行銷人員應具備有哪些特質？

(2)你對周杰倫主唱的純喫茶飲料廣告內容有什麼想法嗎？是否能進一步延伸探討此品牌的行銷策略企圖？

(3)你覺得目前三臺在中午節目，晚上 7:00～9:00 節目，與 10:00 之後的節目較適合哪些行銷企劃的廣告片播放？試加以討論之。

4. 廣告主與廣告公司面臨的問題：

(1)在需要上廣告主希望不增加預算前提下，GRP 能提高，CPRP 能下降，而廣告公司卻希望透過預算增加來增加此目的，對這樣不同的立場，你的看法如何？

(2)在需要與供給上，廣告主希望廣告公司能有專人 AE 負責廣告主公司的事，而廣告公司則希望基於成本效率考慮能一位 AE 負責 2～3 家公司業務。

5. 從下列廣告角度可否說明廣告主即客户行銷目的、企圖？

(1)以製作水準與製作品味而言，斯斯感冒藥並非上乘之作，但基於與康德 600 感冒藥之競爭而推出此廣告片，你個人覺得它背後之行銷目的為何？

(2)你個人覺得波爾休閒茶的廣告片水準如何？為何波爾休閒茶銷售量與伯朗咖啡銷售量差異如此大？

6. 促銷的廣告與企業形象廣告、新產品上市廣告在行銷策略上思考有何不同重點？

第九章 推廣策略(二)：促銷、人員銷售、公共關係

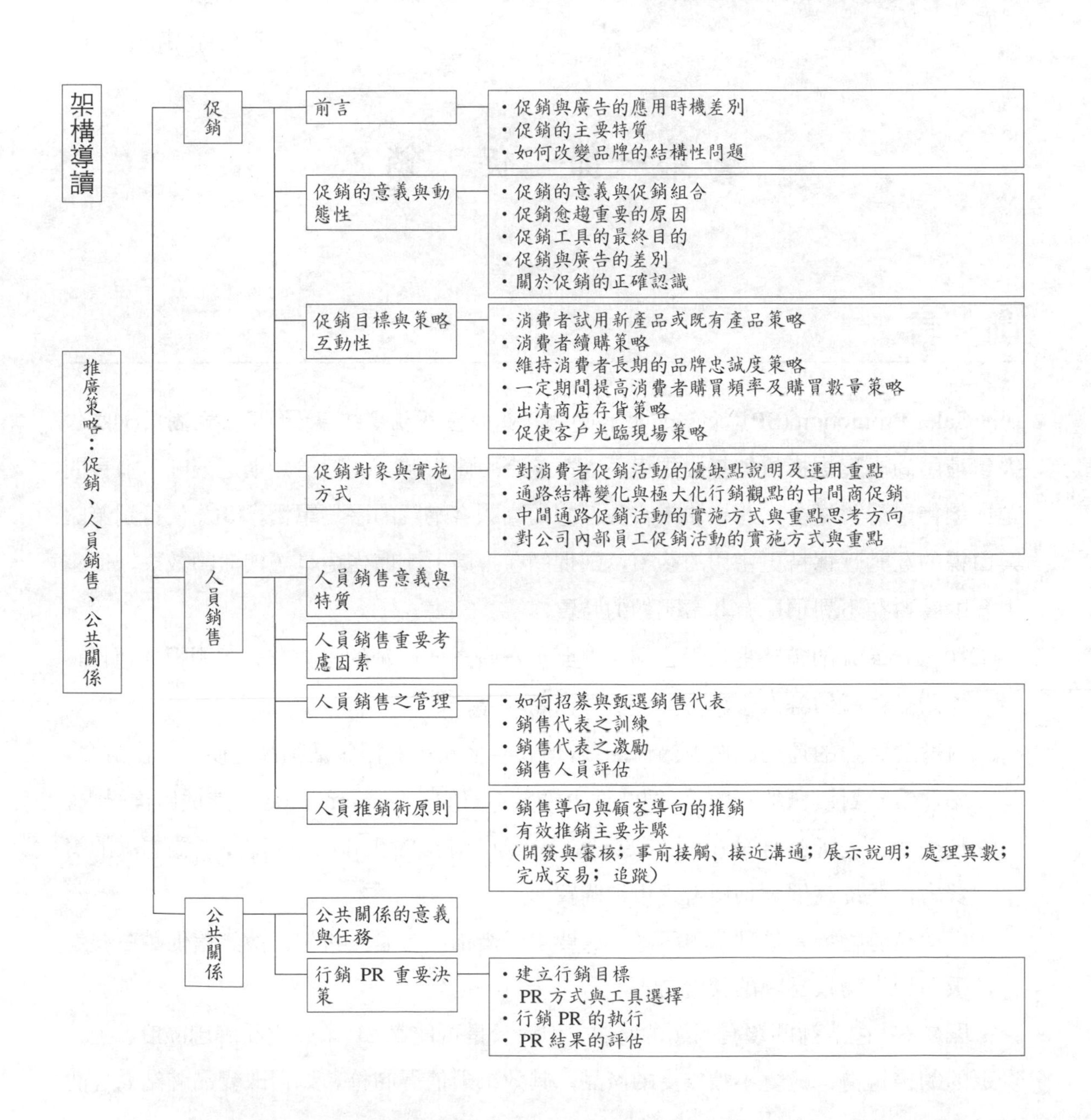

解決問題，不能產生成果；利用機會，才能產生成果。 彼得・杜拉克

企業機構的成功與失敗，其區別往往在於組織是否能善用其員工的能力和才幹。企業機構如何協助其員工，找出彼此共同的工作方向？……須知一個組織的基本哲學、精神、和動力所能達成的成就，往往遠勝於其擁有的科技能力、經濟資源、組織結構、創新、及時機等等因素所能達成的成就。 Thomas Watson, Jr. (IBM)

行銷是場文明化的戰爭，大部分的戰役是贏在字語、構想與訓練有素的思想上。

亞伯特恩瑪利

第一節 促 銷

前 言

Sales Promotion (SP)：促銷與廣告均為行銷的重要推廣工具，如果公司對於⑴廣告經費運用尚未達規模優勢基礎規模不大未適合用廣告時。⑵對於短期之淡旺季消長問題或銷售量忽然減少、想增加來客數、想提高顧客購買的平均單價。⑶為使行銷策略與目標的互動性保持更密切的觀察，則促銷在推廣上比廣告更具短期激勵效果。促銷主要的特質在下列項目有非常明顯的特質：

⑴在推 (push) 的策略上：從公司一直到消費者透過促銷的推力有非常明顯的運作，如贈品、折價券、優惠方式、禮券、點券等。

⑵對於費用上的運用比廣告節省許多，但講究多元化的促銷活動卻比廣告多出許多，站在策略對目標的互動，可同時推出許多不同的 sales promotion 來達成目標要求。

⑶使用誘因性促銷活動 (incentive-type promotion) 以吸引新的試用者，獎勵忠誠的消費者，並提高偶爾使用者之重複購買率。

⑷由於品牌轉換者往往為利所趨，只要求低價格或者贈品折扣，故銷售促銷主要是吸引經常轉換品牌的使用者。

雖然 SP 在上述四項有明顯的特質，但對於是否能靠 SP 來建立品牌忠誠度、扳回衰退的銷售趨勢、改變不被接受的產品，其效果則值得商榷。如何改變品牌結構性問

題，必須思考如何與消費者建立加盟的關係 (consumer franchise building, CFB)。行銷人員必須在下列方向上努力：

(1)一個品牌在長期中產生利潤，就一定要建立堅強的消費者加盟。此一品牌，一定要在消費者心目中建立重要並持久的依賴感。

(2)消費者怎樣得到他們對品牌價值的認知？很明顯大部分靠產品所獨見的性質，品牌能與其他品牌建立差別性。而這些差異性是由品牌名稱、產品定位與如何在消費者心目中建立具有獨特性概念產生。

促銷的意義與動態性

廠商為使(1)消費者試用新產品、新品牌。(2)產品的使用量、使用率。(3)出清庫存產品。(4)加強重點區域、策略產品。(5)防禦市場佔有率。而用與原來不同的銷售方式、或與消費者不同的溝通方式稱為促銷。

通常我們將人員銷售 (personal selling)、廣告 (advertising)、公關 (publicity)、銷售促進 (promotion) 稱為促銷組合 (promotion mix)。促銷是由提供消費者各式各樣的誘因，以激發消費者在短時間對特定產品或服務產生購買行為，如樣本、優待券、現金折扣、贈品、抽獎、惠顧獎勵、免費試用、展示陳列、購買折讓、獎金與競賽。

促銷活動逐漸被重視的原因有：

(1)有效的銷售工具，對於增加銷售量有其正面性幫助。

(2)類似品牌、同質性產品使得廠商尋求差異化促銷方式。

(3)競爭品牌促銷方式是競爭策略之一。

(4)廣告成本上漲，促銷成本如果兼具效果，則在經費上考慮兩者之差別，較廣告費用省。

故每種促銷工具都有特殊用意及目的，例如免費樣品用來刺激消費者試用；換季折扣，對清除庫存有幫助，不管你採取何種方法，最終目的都是：(1)在吸引新嘗試者。(2)刺激消費者使用更多的量、使用更多次數。(3)針對忠實客戶給予獎勵性質的促銷。如積點贈品，能維持既有客戶，也有其必要性。

而促銷活動費用均屬於營業之廣告費用，其格式如表 9-1。

促銷與廣告之間的差別，均屬於推廣活動，但在運用上仍有些差別性考慮：

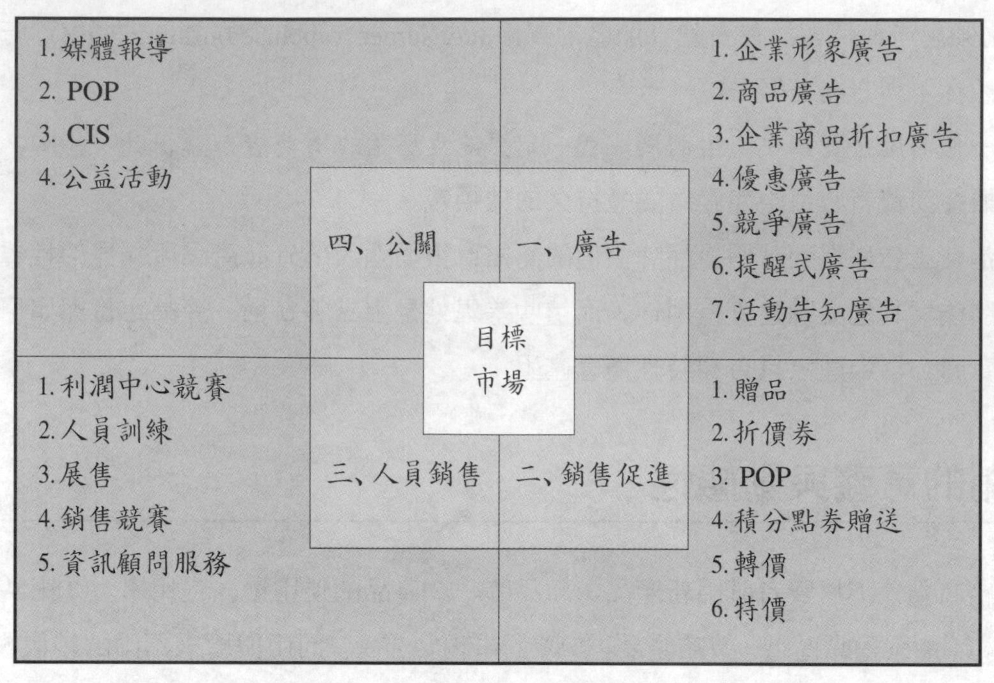

圖 9–1　促銷組合圖

表 9–1　行銷活動預算（能歸屬於各別產品）

廣告費用	行銷活動	預估費用	佔銷售額佔比
促銷費	折價券 樣　品 贈　品 抽　獎 展示會 型　錄 其他活動	促銷費佔比小	約 3%
媒體費	電　視 報　紙 雜　誌 D.M.	媒體費佔比大	約 10%
製作費	電　視 雜　誌 DM 報　紙 型　錄	製作費佔比大	約 5%
推銷費	推銷獎金 銷售競賽	推銷費佔比小	約 2%
研究費	市場調查 市場研究	研究費佔比小	約 2%
配銷費用	—	配銷費用佔比小	約 5%

(1)廣告提供消費者一種產品，並附帶購買的「理由」，促銷則提供產品，並附帶購買的「鼓勵」，通常此一鼓勵或為金錢、或為商品、或為一項附加服務，而這些都是在平常購買此一產品時所沒有的。

(2)促銷活動能吸引新嘗試者，故能發揮瓦解它品牌忠誠度的效力，廣告活動是建立一個品牌忠誠度的長期性的投資與集中化目的。

- 銷售業績而言，促銷比廣告更能快速反應。
- 促銷在成熟的市場上很難爭取到新的購買者，它只能吸引不具品牌忠誠度的消費者。
- 品牌間相互競爭性促銷的結果，很難使品牌忠誠者更換品牌。
- 廣告能強化某種品牌的忠誠度與重要歸屬感 (prime franchise)。
- 廣告通常對品牌都會增加某些知覺上的價值，而 SP 則企圖在創造銷售上增加實質價值。
- 廣告通常用之於為某產品創造一種形象，或賦予那些使用此一品牌的消費者一種情調、氣氛或認同。然而 SP 則是行動導向，其目標為立即的銷售。

(3)因此，你對促銷活動 (sales promotion) 須有下面的正確認識：

- 促銷是催促 (push & urge) 的推廣手段，而為完全的手段。
- 促銷並非萬靈丹，仍必須有一定的行銷基礎。
- 促銷有如特效藥，短期間有效果，但副作用也大，中長期的效果會有逐步遞減現象。必須有促銷波段的計畫，效果才能維持。
- 促銷有如強心針，但絕對不是補藥，治標而非治本。
- 促銷必須謹慎的規劃，用來解決特定的行銷問題。一般性問題必須用行銷組合來思考。

促銷目標與策略互動性

促銷目標不一樣策略選擇就不一樣，下列為各種促銷目標可供選擇策略之思考重點，針對下列不同促銷目標討論。

1. 第一種促銷目標：讓消費者試用新產品或既有產品的策略

(1)可思考促銷策略：a.隨貨附送贈品。b.折價券。c.現場展示說明。d.降價或打折。e.樣品／試用品免費發送。

(2)較重要的思考方向：地區性有明顯差別偏好的衡量很重要。

2. 第二種促銷目標：促使消費者續購策略

(1)可思考促銷策略：a.積分累積贈獎。b.贈獎。c.貴賓卡。d.寄回空盒兌換。e.會員制。f.隨貨附彩券。g.拼圖、賓果遊戲。

⑵較重要的思考方向：消費者信心與認知很重要。

3. 第三種促銷目標：維持消費者長期的品牌忠誠度策略

⑴可思考促銷策略：a.持續廣告。b.寄回空盒兌獎。c.公關。d.積分券兌換券。

⑵較重要的思考方向：競爭方式、動態性很重要。

4. 第四種促銷目標：一定期間提高消費者購買頻率及購買數量策略

⑴可思考促銷策略：a.隨貨附送贈品。b.寄回空盒兌換。c.折扣出售。d.在賣點促銷活動。

⑵較重要的思考方向：中獎機會機率高很重要。

5. 第五種促銷目標：出清商店存貨策略

⑴可思考促銷策略：a.買一送一，隨貨贈送。b.寄回空盒兌換。c.在賣點促銷活動。

⑵較重要的思考方向：機會成本評估很重要。

6. 第六種促銷目標：促使客户光臨現場策略

⑴可思考促銷策略：a.贈品、紀念品。b.折扣出售。c.折價券。d.展示會。

⑵較重要的思考方向：促銷氣氛很重要。

促銷對象與實施方式

1. 對消費者的促銷活動共可分下列十種促銷方式

⑴免費樣品：

・定義：公司派人分發試用品給消費者；或附於其他商品贈送。

・優點：(a)迅速讓消費者接近商品並試用。(b)消費者可立即獲得商品，而不需任何花費。

・缺點：(a)銷售效果無法立竿見影。(b)迷你試用品包裝成本有時比正常包裝貴。(c)產品要有特色。

・運用重點：(a)必須是優良產品。(b)分送效率必須確實掌握。(c)收到樣品者必須樂於試用。

・預計費用：(a)樣品費用。(b)樣品包裝費用。(c)分送費用。(d)商品化費用。(e)人員費用。

・使用時機：新產品剛上市時最有效。

⑵隨貨贈送貨品：

・定義：隨著購買的商品贈送新奇實用的贈品，通常包裝在商品內。

・優點：(a)能讓消費者採取立即購買行動。(b)顧客不必費力即可輕易獲得贈品。(c)換季品、過時品之降低庫存壓力幫助甚大。

- 缺點：(a)必須事先周詳計畫，數量不易估計，往往超出。(b)如果長期實施，會造成麻痺。(c)包裝成本高。(d)運送、陳列易生困擾。(e)必須取得零售店合作。
- 運用重點：(a)贈品必須新奇、吸引人。(b)必須考慮運送及陳列問題。(c)必須付酬勞給商店。(d)運送路程要短。
- 預計費用：(a)贈品費用。(b)包裝費用。(c)廣告費用。(d)人事管理費用。
- 使用時機：為提高購買單價最有效。

(3)寄回空盒等兌換贈品：

- 定義：消費者在蒐集若干個空盒後，寄回廠商兌換贈品。
- 優點：(a)需要者才函索，可避免浪費。(b)贈品選擇的範圍較廣。(c)不需另外處理包裝印刷。(d)可用來刺激續購。(e)不必靠零售店合作。(f)處理程序簡易。
- 缺點：(a)預算難以掌握。(b)消費者會覺得麻煩。
- 運用重點：(a)贈品要實用吸引人。(b)要有廣告配合。(c)活動時間不宜太長。
- 預計費用：(a)贈品費用。(b)贈品包裝郵寄費用。(c)廣告費用。(d)人員費用。(e)管理費用。
- 使用時機：為提高重複購買率最有效。

(4)積分點券贈送：

- 定義：在產品包裝中附積分券，客戶累積積分券達一定數額時，可兌換贈品。
- 優點：可以促使續購。
- 缺點：(a)費用高。(b)處理上較瑣碎。(c)期間較長。
- 運用重點：(a)大量廣告配合。(b)贈品種類要多。
- 預計費用：(a)贈品費用。(b)廣告費用。(c)信件處理費用。(d)郵寄費用。(e)管理費用。
- 使用時機：為增加使用量很有效。

(5)折價券贈送：

- 定義：在DM中附折價券，使消費者在指定的期間獲得優待價格。
- 優點：(a)適用於新產品，可促使初次試用。(b)辦法簡單。(c)隨時可舉辦。
- 缺點：(a)會造成零售店的困擾。(b)期間拖太久。
- 運用重點：(a)產品要有吸引力。(b)要付零售店津貼。(c)企業信賴感要夠。(d)廣告配合。
- 預計費用：(a)coupon印製費。(b)零售店貼補費。(c)折扣費。
- 使用時機：在DM直接行銷中很有效。

(6)贈獎活動：

- 定義：附彩券於產品包裝中或摸獎。
- 優點：(a)直接有效。(b)可掌握贈品預算。(c)能製造促銷高潮。
- 缺點：(a)消費者往往不信任。(b)必須配合大量廣告。
- 運用重點：(a)獎品必須被認為有可能獲得。(b)大量廣告配合。(c)廣告避免喧賓奪主。
- 預計費用：(a)獎品廣告。(b)廣告費用。(c)印製費用。(d)抽獎處理費用。(e)管理費用。
- 使用時機：造成話題事件很有效。

(7)降價優待：

- 定義：以折扣價格吸引消費者前來購買。
- 優點：(a)方式最簡單直接。(b)可在淡季及換季時創造銷售業績。
- 缺點：(a)會影響產品形象。(b)會帶給零售店困擾。
- 運用重點：(a)要掌握時機實施。(b)期間不宜太長。
- 預計費用：(a)成本費用。(b)零售店津貼。
- 使用時機：對抗競爭很有效。

(8)產品展示發表：

- 定義：在消費者聚集的定點展示商品並現場說明及操作產品。
- 優點：(a)能讓消費者充分認識商品。(b)能刺激市場需要。
- 缺點：需要大量人力配合。
- 運用重點：(a)品牌信賴度要夠。(b)展示者要有說服力。
- 預計費用：人力費用。
- 使用時機：吸引人潮很有效。

(9)分期付款：

- 定義：將付款方式輕鬆化，先享受後付款。
- 優點：可大量銷售。
- 缺點：有倒帳呆帳風險。
- 運用重點：手續要簡便。
- 使用時機：刺激購買欲很有效。

(10)意見抱怨處理：

- 定義：設置專職單位處理顧客的抱怨。
- 優點：(a)建立良好公共關係。(b)提高顧客信賴感。(c)提升企業形象。
- 運用重點：(a)態度要親切。(b)要追蹤結果。(c)要立即答覆。

・預計費用：人事費用。

・使用時機：形象維護很有效。

2. 對中間商促銷活動

隨著通路結構的變化與極大化行銷觀點，公司已無法在有限的通路自營結構中接觸到消費者，為使層面更廣，接觸機會更多，透過中間商或經銷商已經是一個趨勢，而對於經銷商相關性支援項目如下：

(1)實施經營管理支援（對經銷商的支援活動較重要）：

・收益目標、銷售目標或經營計畫的指導。

・指導經營分析的實施與作法。

・對經銷商的改革方案提供意見及指導。

・對經營者、管理者實施教育訓練。

・協助指導經銷商內部組織及職掌劃分職務。

・公司派員駐在指導。

・電腦化作業指導。

(2)實施銷售活動輔導（配合經銷商）：

・商品知識與銷售的教育訓練。

・舉辦業務員教育訓練。

・指導商品的管理方式。

・提供介紹銷售。

・支援建立客戶情報管理系統。

・支援新客戶的開拓。

・協助改善客戶管理。

・協助制定業務員獎金辦法。

・支援編訂推銷指引。

(3)商店裝潢，商品陳列改善（適合加盟經銷商）：

・協助規劃招牌、標示牌。

・協助規劃展示窗、陳列室。

・提供 POP 活動廣告等用具。

・提供字幕、旗子等宣傳標誌。

(4)輔導促銷活動（配合利潤中心制度運用）：

- 提供宣傳海報 (poster)。
- 提供公司的廣告影片。
- 輔助經銷商廣告費。
- 在電視、新聞廣告上經常提及經銷商及刊登住址聯絡地電話。

(5)情報獲取支援（適合加盟經銷商）：

- 提供同業動態、廠商動向等有關情報。
- 經銷區域的市場分析及客戶分析的指導。
- 提供未來的產品趨勢資料。

3.對中間通路的促銷活動共可分下列十種

(1)銷售競賽：

- 實施方式：制定一套競賽獎勵辦法，鼓勵批發商、零售店在一定的期間內，全力衝刺，銷售成績越高者給予越多的獎金。
- 重點思考方向：區域合理劃分。具有激勵效果的競賽方式。

(2)隨貨贈送：

- 實施方法：零售店購進一定數量的商品，可獲得一定數量的免費貨品，例如「買十個，送二個」，經銷商或零售店只需付十個的價錢，即可得到十二個貨品。
- 重點思考方向：推力與搭配其他非明星化產品。

(3)特價津貼：

- 實施方法：新產品上市，為早日讓消費者選購，以特別的優惠價格鼓勵經銷商早日進貨並陳列。
- 重點思考方向：區域選定。銷售目標建立。

(4)陳列競賽：

- 實施方法：鼓勵特約經銷商或零售店，改善店面佈置，而舉辦商品陳列競賽，在一定期間會同評審，對成績優良者頒給獎金或獎品。
- 重點思考方向：陳列地點的選定。氣氛建立。

(5)觀光旅遊：

- 實施方法：經銷商的銷貨或進貨的業績，達到一定數額時，招待觀光旅遊。
- 重點思考方向：適當分配不宜過多或太少百分比。

(6)廣告配合：

- 實施方式：由廠商貼補經銷商一定金額的廣告費。

・重點思考方向：拉力配合與利潤回饋。

(7)聯誼活動：

・實施方式：招待經銷商及眷屬舉辦餐會或晚會，聯誼活動的進行可交換經銷經驗，及連絡感情。

・重點思考方向：感情的維繫與共識建立。

(8)教育訓練：

・實施方式：針對產品特性及推銷技巧，邀請經銷商加入訓練。

・重點思考方向：伙伴觀念建立。

(9)商圈輔助：

・實施方式：協助經銷商對其商圈的經營，如舉辦展售活動、製作DM、調查商圈內競爭者的狀況。

・重點思考方向：促銷方式擴大與極大化行銷的概念。

(10)組合銷售：

・實施方式：以搭配及組合的方式，讓經銷商出清存貨。

・重點思考方向：促銷組合搭配的效果選擇。

4.對公司內部員工的促銷活動

(1)獎金佣金：

・實施方式：推銷員除固定薪水外，另外制定獎金規劃，推銷員可依據獎金規則領取目標。

・重點：估計獎金方法與合理基礎計算。

(2)業績競賽：

・實施方式：針對業務代表在一定的期間內舉辦銷售競賽，成績優良者予以表揚，發給獎金。

・重點：必須有競賽氣氛與明確目標。

(3)教育訓練：

・實施方式：召集公司業務代表，實施在職推銷技巧訓練及介紹新產品，以提升業務代表的士氣及能力。

・重點：實質實戰教育訓練方式。

第二節　人員銷售

人員銷售意義與特質

在某些傳統行業（如南北貨）或較高單價市場（如汽車、房屋市場）或利基導向經營（如雅芳化妝品、保險業、書商），目前仍使用人員銷售來做產品/市場推廣，雖然所面臨方式遭到目前的連鎖店、整體式銷售組織、專賣店、便利店、量販店等行銷方式的挑戰，但因有下列特質，目前仍持續在市場有一定的定位與市場空間。

⑴對於減少認知失調的消費行為（消費者關心程度高，但市場上品牌並無明顯之差別）與複雜性消費行為（消費者關心程度高，且市場上品牌之間有明顯差別），無論市場品牌提供產品是否有明顯差異，消費者均有一定的涉入關心程度，對於購買安全性、價值性，透過人員適當的解說與服務有其一定的價值。相對性在廠商必須要有良好的溝通者，銷售代表將產品特性、價值做充分性說明。

⑵對於某些新產品剛進入市場時，由於消費者並非能完全熟悉，且早期創新使用者、早期使用者所佔的比例並未超過20%，必須透過人員適度的推廣與溝通，才能使大眾使用者、晚期使用者早點接觸到新產品，這些可透過人員銷售做市場滲透與市場開發。

⑶有些通路最終使用者廠商並非全部能接觸到，必須透過意見領袖或團體代表或承辦人、中間人的引介或規範，則透過適當的人員安排、介紹，較能達事半功倍的效果。如學校通路、公司的採購部門、中心。

⑷有些廠商於市場面對新市場顧客需要、特性並非能用原來行銷組合（產品、價格、通路、促銷、定位）來滲透或切入，這時必需組成特販隊、人員銷售組合，來進行技術上、口碑上溝通與運作。

人員銷售重要考慮因素

人員推銷的效果 = 銷售人員的質 × 銷售人員努力度。所謂銷售人員的質為銷售人員專門知識、推銷技巧。所謂銷售人員努力度就是拜訪次數、停留時間、新顧客開發數。

(1)所謂銷售人員的質較屬於中、長期性效果的考慮，因為這牽涉到銷售人員資質、個性、特質、公司教育訓練的方向與內容，短期間並無法看到立竿見影之效。但行銷組織也必須有某種訓練方式、專責單位來提升中、長期水平發展。

(2)而所謂銷售人員努力度，也就是俗稱銷售人員攻擊量，重要因素有：

a.銷售人員如何有效管理時間，而非只在延長工作時間，例如克服交通阻塞的問題，對於拜訪顧客前準備事項。

b.對顧客訪問時停留的平均時間與訪問次數，乘數既非形式上拜訪一下而已，也非無效率停留閒聊，且對於熟悉度與信任度強化能透過拜訪次數的靈活運用。

c.公司或單位的總攻擊量＝在一顧客平均的停留時間×一天平均訪問的總件數。可將公司全體之銷售代表的顧客訪問時間與拜訪次數、件數做加權平均。

人員銷售之管理

1.如何招募與甄選銷售代表

良好的銷售人員代表對於：(1)行銷或銷售的結果有非常重要影響。(2)可減少流動率、減少營運成本。(3)可提高邊際貢獻力、創造較高的附加價值。而招募與甄選銷售代表，必須盡量克服靜態方式(如書面考試)、經驗習慣(只是在瞭解申請人員的經驗)。必須慎重考慮下列特質：

(1)個性：是否精力充沛，充滿自信，勤奮向上，具有挑戰精神，面對挫折勇往直前的態度。這種個性是銷售代表重要性人格特質。

(2)能符合組織文化：有能力的銷售人員也必須要能符合組織文化，否則容易形成個人主義、本位主義，而與組織整體性立場產生不協調現象，並非組織之福。這是招募銷售代表很重要的考慮點。

(3)感動力(empathy)：對於顧客的溝通，不一定好的口才定能產生良好的溝通效果，必須要有能讓顧客感到誠意、接近、信賴、信任的感動力，才能產生良好的無形效果，除了產品有形介紹外。

(4)自我驅力(ego drive)：今天績效良好的銷售人員未必日後定是績效良好，除非經常鞭策自己、激勵自己，尤其是在40歲以前能維持成長的自我驅力。

(5)動態性：競爭的問題、產品需求問題、機會的變遷問題，都是動態性變化而非靜止不變。良好的銷售代表其作業方式、思考必須有動態性作業與特質。

(6)中長期潛力：好的銷售代表在理念、特質上如果有經過慎重的選擇，則應具備中、長期發展的潛力。而非只有短期充足人員數目，有人上線即可。

2. 銷售代表之訓練

銷售代表為能保持良好的新知、企圖、活力的延續，除了個人可經常參加某些訓練活動外，也可由組織做正式與非正式的安排。目前這種人力資源教育訓練工作，在企業間已經逐漸被重視。

(1)銷售人員銷售技巧訓練（適合剛進來不久的銷售人員）：銷售人員銷售技巧訓練除了推銷技巧訓練外，還須注意提升銷售人員的銷售意願，並可藉著成功案例發表會以提升銷售人員的實戰經驗。

(2)產品研討會（定期式舉辦）：產品研討會內容有商品知識、使用技巧、銷售標語或口號、產品背景資料、鋪貨技巧、店面陳列方式、參觀生產流程、品質管制標準等。

(3)競爭研討會（定期式舉辦）：舉辦競爭研討會以對主要競爭產品的售價、性能、長處、缺點做深入的瞭解。

(4)銷售競賽（人員推力競賽）：以銷售人員個人或團體為對象，舉辦銷售競賽，一方面刺激銷售人員的榮譽心，全力衝刺，另一面也可經由競賽規則的設計誘導銷售人員銷售公司的重點商品。

(5)銷售手冊製作（人員銷售話術）：所謂「銷售手冊」是銷售人員推銷商品參考的手冊，能幫助銷售人員向客戶提供有系統、美觀又具說服力的資料，並對銷售人員進行推銷時給予重點的指導，也附上一些公司的規定，提醒銷售人員注意。

(6)銷售獎金規則（責任中心制度應用）：銷售獎金規則是銷售人員在正常薪津外，另依銷售業績的好壞所得到的獎勵。

銷售獎勵可分為個人業績或團體業績，特定期間或季為單位計算業績，給予獎勵。

3. 銷售代表之激勵

1971 年《財星雜誌》以全美五百大中之 257 家公司做一調查發現：有 54% 之公司未對業務人員時間運用作一有系統的研究，有 25% 之公司銷售人員未依發展潛力將客戶做適當分類，有 30% 之公司未能為其銷售安排訪問行程，有 51% 之公司未定出每個客戶最經濟訪問次數，有 83% 之公司未定出每次訪問大約停留多少時間，有 51% 的公司未事前籌劃好產品的介紹方式，有 24% 未設定客戶的銷售目標，有 19% 未要求業務人員撰寫訪問報告，有 63% 未規定業務人員訪問路線，有 77% 未實施電腦管理時間與實施責任區。故銷售代表之激勵亦可透過知識管理、銷售管理訓練。如上例，銷售代表激勵考慮因素有：

(1)工作性質 (the nature of the job)：銷售代表之工作性質由於深具績效壓力動態的變化，而非例行不變之工作性質，故經常有有形無形的激勵措施，以增加其持續力。

(2)人性 (human nature)：揚善去惡，在功利社會一切講求實際、績效的市場競爭下，銷售代表有些人員有時可能定性不堅、操守變質而喪失良好的前程，故應多激勵之正面人性看法。

(3)私人困擾 (personal problems)：碰到銷售代表其個人家庭、環境因素影響，有時會產生工作內容不協調或失衡現象，這時管理者必須要有激勵之正面措施作法，協助其度過低潮時期。

(4)組織氣候：良好的銷售代表在組織中，並非百分比很少，站在管理角度，必須要能形成組織氣候，而使其百分比能維持 80% 的良好正常水準。管理者必須要能塑造下列組織氣候，例如：

a.使銷售人員相信，只要他們更努力工作，便可使銷售有更好的績效，接受一定的訓練，可使銷售成績更加出色。

b.使銷售人員相信，為求更佳績效以獲得更多的獎賞，更努力的付出是值得的。

(5)銷售配額：銷售配額關係到銷售代表責任目標，這是管理者、銷售代表的重要的決策執行思考，配額方式有下列三種：

a.高配額學派 (high-quota school)：高配額會刺激額外努力。

b.適量配額學派 (modest-quota school)：銷售人員對於接受公平合理配額可增加其信心。

c.變動配額學派 (variable quota school)：有人適用高配額，有人適用低配額。合適配額分配會對銷售代表與組織產生良性循環。

(6)正面激勵措施：正面激勵措施，給予銷售代表是直接的感覺，下列三種方式管理者可靈活運用之：

a.定期性銷售會議 (sales meeting)：透過公司經營者、高階管理者在公司定期性銷售會議，對於銷售代表做理念性、意見性溝通，而使銷售代表更具正面性積極觀點。

b.銷售競賽 (sales contest)：在客觀的基礎下，使各銷售代表有良性競爭、競賽方式，對於銷售人員汽車、旅遊、金錢、表揚，在有形激勵與無形（士氣）方面正面加以激勵。

c.升遷 (promotion)、成就感 (sense of accomplishment)：表現良好的銷售代表，可透過升遷成就其人生，提高其工作成就感。

4.銷售人員評估

對於銷售代表可透過績效評估與定性評估 (非績效面)，以使銷售代表自己與組織能修正相關之問題點。

(1)績效評估：可將業務代表的責任銷售區，各種產品銷售業績、拜訪顧客情形、銷售費用運用情形做一績效分析，透過合適損益、經營報表格式如表 9-2。來做好績效評估

(2)定性評估：有些銷售代表其營運情形仍須考慮下列定性因素才具客觀性。

a.工作計畫 (work plan)：每日工作計畫是否確實在實施。

b.區域行銷計畫 (territory marketing plan)：極大化行銷思考前提，能針對責任區域特性擬定短、中、長期行銷計畫。

c.銷售訪問報告 (call reports)：訪問報告是銷售代表重要工作，對於新顧客開發與主顧客維繫，交易完成追蹤事項有重要記載。對公司產品、顧客、競爭者、地區、責任、瞭解度、動機、知識、態度、外表、談吐、氣質的表現情形。

表 9-2 評估業務人員績效之格式

地區：中部　業務代表：	2001	2002	2003	2004
1.銷售淨額：A 產品				
2.銷售淨額：B 產品				
3.總銷售淨額				
4.配額百分比：A 產品				
5.配額百分比：B 產品				
6.毛利：A 產品				
7.毛利：B 產品				
8.毛利總額				
9.銷售費用				
10.銷售費用佔總銷售額百分比				
11.訪問次數				
12.每次訪問成本				
13.平均顧客人數				
14.新增顧客人數				
15.喪失顧客人數				
16.平均每一顧客銷售額				
17.平均每一顧客毛利				

(3)如何結合公司損益結構、費用結構進行銷售人員績效評估。

人員推銷術原則

1. 推銷術 (salesmanship)

指銷售人員推銷產品的方法與藝術，有兩種方式：

(1)銷售導向法 (sales-oriented approach)：較適用於新顧客。對於目標市場顧客採取較推力式、壓迫式的推銷方法，以完成交易為最重要的考慮點，所以在話術上的選擇較無一定的原則思考，強調其靈活性。

(2)顧客導向法 (customer problem solution)：較適用於主顧客。對於目標市場顧客採取較軟式銷售方法，多與顧客在產品、價格、需要上溝通其意見。並非一定要在短期馬上完成交易，而屬於顧客確實在忠誠上、偏好上有一定基礎，在合理下進行交易。

2. 有效推銷主要步驟

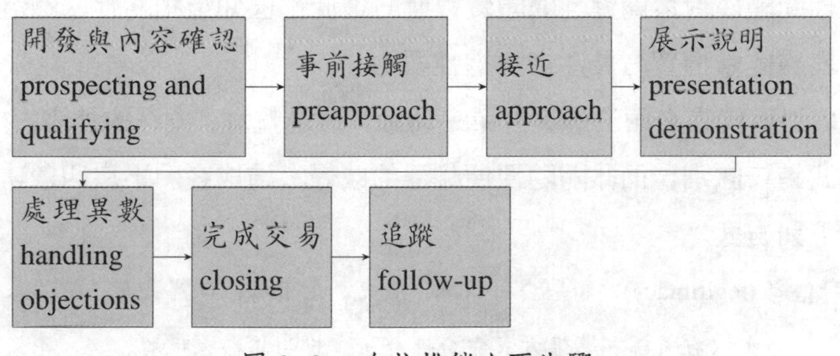

圖 9–2　有效推銷主要步驟

(1)開發與內容確認：

a.組織團體：有哪些組織團體其開發潛力是銷售人員可以注意到，目前有些疏忽，對於進入此團體銷售代表要進行哪些關係。

b.門市產品顧客：對於現行顧客其使用量、使用潛力有否評估清楚，還有哪些方面需要值得開發。

c.供應商：目前有哪些供應機構、中間機構，可加以運用其現行之基礎而進行市場開發。

d.電話／郵寄：銷售人員並非全部市場均要透過親自拜訪，有些市場可透過開發信函、問候函、或電話問候進行成交方式。

e.商圈附近：由透過商圈分析、責任區域分析，找尋有市場潛力，而目前尚未接觸的街、道、路來進行開發。

(2)事前接觸：

a.訪問目標 (call object)：在進行事前接觸時，對於所要拜訪目標，必須盡量予以具體化，使目標市場更具特質明確化，如 3 萬元以上訂單，對方需要產品規格，對於原來供應產品不滿意。

b.最佳的接觸方式 (approach)：拜訪目標的接觸方式，必須要妥善瞭解，有些需要直接拜訪，有些需要先預約時間，有些需要先寄相關資料。

c.時機 (timing)：等接觸方式決定後，也覺得時機成熟才進行正式的拜訪，而所謂時機成熟是指拜訪後成交的機會有超過二分之一主觀機率。

d.全面性策略考慮 (overall sales strategy)：全面性組合思考是將相關因素皆予考慮過後，擬定最佳接觸方式。這是成功銷售人員所必須要準備。

(3)接近：面對面進行交易溝通：

a.關鍵性問題：對於關鍵性問題買賣雙方彼此都已知道相關性、關鍵性重點。銷售代表應能掌握買方最注意關鍵性要點。

b.印象：銷售代表必須給予良好第一印象，透過整齊、乾淨的外表，或有 CI 管理文化式銷售識別，而非隨隨便便輕浮的感覺。造成客戶不良印象，培養良好印象有下列方式：

- 公司信譽 (legitimacy)：如果公司信譽、歷史，在市場、口碑上有一定的基礎，則必需要在接近顧客以有系統有準備方式充分性分析、說明讓顧客瞭解。
- 專業式 (expert)：對於產品、市場如果有專業式瞭解、客觀的數據分析，對於顧客說明力有重要性幫助。
- 親和力 (referent power)：好的銷售方式，不需給顧客太多的成交壓力，在氣質與態度上應展現其良好親和力，使顧客戒心減輕。
- 迎合對方 (ingration)：對於對方需要，為使洽談氣氛較融洽，可在初期多迎合對方需要，後再理性進行交易。
- 印象管理 (impression management)：表現出最好的一面，使顧客樂於接觸。

(4)展示說明：

a.罐頭式 (canned approach)：熟記一些銷售重點，利用適當文字、圖片、措辭來引導使顧客付諸購買行動。

b.公式化 (formulated): 對於顧客在產品說明上的話術採取標準系列話術, 在事前先將顧客加以分類, 每一種類顧客一套銷售方式。

c.滿足需要 (need satisfaction): 對於顧客需要加以掌握, 並適時推出、介紹、展示重要性產品。需有傾聽解決問題的技術與耐心。

d.商業顧問 (business consultant): 對於顧客的立場、需要、情況加以充分瞭解後, 配合自己專業性知識作為客戶相關性產業、產品顧問。

(5)處理異數:

a.心理抗拒 (psychological resistance): 在推銷話術過程中, 由於有時只注意到對顧客表銷售人員、公司的立場, 而忽略顧客立場會比較自私、本位想法, 產生了顧客心理的抗拒。

b.邏輯的抗拒 (logical resistance): 對於原本設定好交易過程、產品特性、顧客需要的推銷組合話術, 常會因某些條件改變、環境變遷、時空因素而改變原來對的經驗法則。

(6)完成交易:

a.下單優惠: 運用現在或提前下單, 可享較優惠方式提早完成交易。

b.特別誘因: 對於主顧客或重大性交易可運用特別誘因之技巧, 促使顧客提早下單。

(7)追蹤: 為確保信譽, 銷售人員必須針對交貨時間、地點、方式等細節問題進行追蹤, 以確保交易完成後, 可使重複購買率提高。

第三節 公共關係

公共關係之意義與任務

公共關係 (PR) 過去經常稱為公共報導 (publicity), 公共報導其主要內容為取得社論空間或版面, 將消息刊登在所有顧客或潛在顧客可能讀到、看到或聽到的媒體上, 藉此協助銷售目標的順利達成。如今公共報導已不僅只是簡單的公共報導而已, 其對下列任務將有所貢獻:

(1)客訴與品質異常處理窗口: 這種牽涉頗大的危機處理, 有時必須透過 PR 專案解決。

⑵藉由建立公司形象使產品更受歡迎：PR 強化品牌形象，而使公司所推出的產品，更讓消費者信賴與放心。

⑶影響特定目標群：例如麥當勞、柯達相片等公司經常透過關懷兒童生活型態而使品牌形象更形提高。

⑷協助新產品上市：良好品牌公關報導，使產品切入市場成功的機會較大，克服早期使用者的不安心理。

⑸協助成熟產品的重新定位：某些品牌或公司透過 PR 活動後而使產品形象重新定位，讓更大客層接受，產品生命週期結構改變。

⑹建立消費者對產品使用的興趣：透過 PR 使消費者產生興趣而提高產品的使用量與使用次數，使重複購買率提高。

⑺與新聞界關係：透過 PR 與新聞界建立良好關係，可使新聞界對公司或品牌採取較友好態度。

⑻與公司溝通：在勞資不和諧的過程中，可透過公司 PR 機構互動性協調，促進勞資更和諧。

⑼遊說：與政府、民意機構的溝通、打交道可透過 PR 單位執行。

行銷 PR 重要決策

1. 建立行銷目標

雖然 PR 是關係行銷運作方式，其功能方針仍需建立在某些行銷目標基礎下，將使 PR 更具體化。

⑴建立知名度 (build awareness)：PR 能藉建立適當故事內容來吸引社會大眾對產品、服務、人物、組織或新構想的注意。

⑵建立可信度 (build credibility)：建立社論，來增加可信度，則 PR 方式比直接用銷售部門、財務部門更適合運作。

⑶鼓舞銷售人員與經銷商 (stimulate the salesforce & dealers)：例如新產品推出前的消息報導，可幫助零售商較有意願進貨，使前線銷售人員產生較好士氣。

⑷降低促銷成本 (hold down promotion cost)：如果公司預算少，則愈需用 PR 來贏得消費者注意，以減少實質支付廣告促銷成本。

2. PR 方式與工具選擇

與消費者溝通，透過公共關係來運作時，可透過下列工具。

(1)事件 (events)：例如召開記者會、研討會、旅遊、展覽、競賽、週年慶，這些都有助於提高與目標大眾的接觸層面。行銷人員必須要特別創造出事件話題 (event-marketing)。

(2)新聞 (news)：找出或創造出有利於公司或產品或人物等的新聞素材，一個優秀 PR 媒體主管須深知新聞特性之趣味性、時效性與新聞性，以及撰寫吸引人的文案，以便新聞界發佈。最後與新聞界所建立的關係愈好，則對他們報導愈趨於有利一面。

(3)出版刊物 (publications)：年報、月報、週報、宣傳小冊子、文章、視聽教材、公司新聞報刊與夾報影響目標市場之消費大眾，其時間性在 PR 中是最具持久性。

(4)演說 (speeches)：企業領袖或高級幹部經常透過公關演講、演說來提醒、吸引消費者注意企業名稱、品牌名稱、產品名稱，最具有形象力、影響力，且愈具知名度，其效果將愈大。

(5)公共服務活動 (public service activities)：贊助社區活動，提撥消費者購買額特定百分比，來贊助社會公益活動以影響消費者對企業形象，如 7–ELEVEN、柯達，經常舉辦這種活動。

(6)識別媒體 (identity media)：在資訊爆炸 (over communicated) 的社會，公司必須盡可能爭取注意力，製造一個可供大眾識別的標誌，持久性的媒體 (permanent media) 與 CIS（企業識別系統），如信紙、宣傳小冊、表格、名片、建築物、制服、車輛，可提高企業知名度與指名度。

3. 行銷 PR 的執行

公共報導執行必須十分慎重。題材愈具價值，則刊登的機會愈大。一般性事件，企業會用消息稿方式處理，但有重大性事件或特殊性事件，企業均會以專刊方式處理，或專人處理，或舉行記者會。

4. PR 結果的評估

(1)展露度 (exposures)：透過此指標可使 PR 單位較具體 check PR 成效。例如總共有 100 分鐘電視播映時機，出現在 6 家的電視頻道，估計有 100 萬名觀眾。300 分鐘廣播時間，分別在 10 家廣播電臺，估計有 1 萬名聽眾。有 600 片 POP 與 100 片帆布旗，估計有 2 萬名消費者看到。

(2)知曉／理解／態度 (awareness/comprehension/attitude)：另外一種較佳的衡量方法

是在 PR 活動之後，調查聽眾對產品的知曉／理解／態度等變化的情況。例如有多少人記得所聽到的消息？有多少人奔相走告（口碑相傳）？聽過後有多少人改變看法？這些消費者的態度與認知層面的改變是 PR 主要目的。

(3)銷售與利潤貢獻 (sales-and-profit contribution)：倘若能取得以下相關資料，則以銷售與利潤成果來衡量將是很直接客觀的衡量。

- 總銷售額增加。
- 估計由 PR 引起增加銷售。
- 產品銷售的邊際貢獻。
- PR 方案的總直接成本。
- PR 投資所增加的邊際貢獻。
- PR 投資報酬率。

這種利潤貢獻衡量方式將使 PR 單位更具責任中心意義。

摘要

1.促銷：①前言：a.促銷與廣告的應用時機差別（廣告經費未達規模優勢；短期銷售的激勵；提升行銷策略與目標的互動性。）b.促銷的主要特質（在推的策略上；費用較廣告低，目標達成的多元性較高；誘因性促銷活動如何影響消費者；銷售促銷主要是吸引經常轉換品牌者。）c.如何改變品牌的結構性問題（堅強的消費者加盟，重要且持久的消費者依賴感；品牌名稱與產品定位在消費者心中的獨特概念。）②促銷的意義與動態性：a.促銷的意義與促銷組合；b.促銷越趨重要的原因（有效的銷售工具；同質產品尋求差異化促銷；競爭品牌促銷方式是競爭策略；促銷成本若兼具效果，較廣告費用省。）c.促銷工具的最終目的（吸引新嚐試者；刺激消費者使用量及使用頻率；針對忠實客戶給予獎勵性質促銷。）d.促銷與廣告的差別（廣告提供消費者產品並附帶購買的理由，促銷則附帶購買的鼓勵；廣告重視品牌忠誠度的長期性投資與集中化目的；促銷則能吸引新嚐試者發揮瓦解品牌忠誠度的效力。）e.關於促銷的正確認識（催促的推廣手段；非萬靈丹需有一定行銷基礎；需有促銷波段的計畫效果才能維持；治標而非治本；謹慎規劃以解決特定行銷問題。）③促銷目標與策略互動性：a.消費者試用新產品或既有產品策略。b.消費者續購策略。c.維持消費者長期的品牌忠誠度策略。d.一定期間提高消費者購買頻率及購買數量策略。e.出清商店存貨策略。f.促使客戶光臨現場策略。④促銷對象與實施方式：a.對消費者促銷活動的優缺點說明及運用重點。b.通路結構變化與極大化行銷觀點的中間商促銷活動。c.中間通路促銷活動的實施方式與重點思考方向。d.對公司內部員工促銷活動的實施方式與重點。

2.人員銷售：①人員銷售意義與特質：a.應用人員銷售結構產業的競爭挑戰。b.佔有一定市場空間的特質（高關心程度的消費行為類型產品需透過人員解說的價值；新產品的市場滲透及市場開發；通路的接觸獨特性需中間人引介；面對新市場顧客需要、特性。）②人員銷售重要考慮因素：a.人員推銷效果＝銷售人員的質×銷售人員努力度。b.銷售人員素質的中長期性效果考慮。c.銷售人員努力度（有效管理時間；顧客訪問平均時間與拜訪次數；公司或單位的總攻擊量。）③人員銷售之管理：a.如何招募與甄選銷售代表：銷售代表特質。b.銷售代表之訓練。c.銷售代表之激勵（績效壓力動態的工作性質；揚善去惡的正面人性激勵；組織氣候的正面激勵；銷售配額決策思考；銷售會議銷售競賽及升遷成就感的正面激勵。）d.銷售人員評估：（績效評估；定性評估；結合公司損益費用結構進行評估。）④人員推銷術原則：a.銷售導向與顧客導向的推銷。b.有效推銷主要步驟（開發與審核；事前接觸；接近溝通；展示說明；處理異數；完成交易；追蹤。）

3.公共關係：①公共關係之意義與任務。②行銷PR重要決策：a.建立行銷目標（建立知名度；建立可信度鼓舞銷售人員及經銷商；降低促銷成本。）b.PR方式與工具選擇（創造出事件話題；有利的新聞素材創造；具持久性的出版刊物；演說；公共服務活動；識別媒體與CIS。）c.行銷PR的執行。d.PR結果的評估（展露度；知曉／理解／態度；銷售與利潤貢獻。）

習題

1.促銷與廣告在拉力、推力、行銷力的運用上有何不同？在預算、費用上的考慮點有何不一樣？在長、短期策略上運用觀點有何不同？

2.促銷目標的方式、方向有哪些？每一種促銷目標思考之策略重點有何特色？你在研讀本章後覺得對消費者促銷活動哪一種方式最有效？對中間商促銷哪種方式最有效？其原因為何？

3.為何有些市場推廣活動不選擇用廣告或促銷，而選擇人員銷售來實施推廣活動？人員銷售在質與量考慮因素重點何在？

4.如何進行銷售人員訓練？如果你是行銷單位主管，奉公司指示進行對業務代表訓練，你如何進行？你如何對銷售人員進行激勵？

5. 如果你是某公司在 A 地區的銷售代表，有下列三種競爭結構狀況，你如何進行市場開發？

(1)當地市場消費者尚未普及所要推廣的產品。

(2)當地領導品牌產品已經佔據有 30% 市場佔有率。

(3)當地領導品牌產品佔有 10% 市場佔有率。

並對公司回饋你的區域行銷計畫。

6. 在進行人員推銷時，有時顧客在推銷過程會產生抗拒，銷售人員如何避免、克服此抗拒？

7. PR 工具選擇，並說明組織在資源較缺之時較適合運用 PR 工具。

8. 如何評估公共報導關係有形、無形方面的貢獻？

9. 試解釋下列人員推銷話術的相關名詞：

(1)銷售導向法與顧客導向法。

(2)罐頭式、公式化、需要式、顧問式說明。

(3)心理抗拒與邏輯抗拒。

10. 試擬定冬天促銷冰棒的相關性思考。

第十章
行銷之責任中心制度

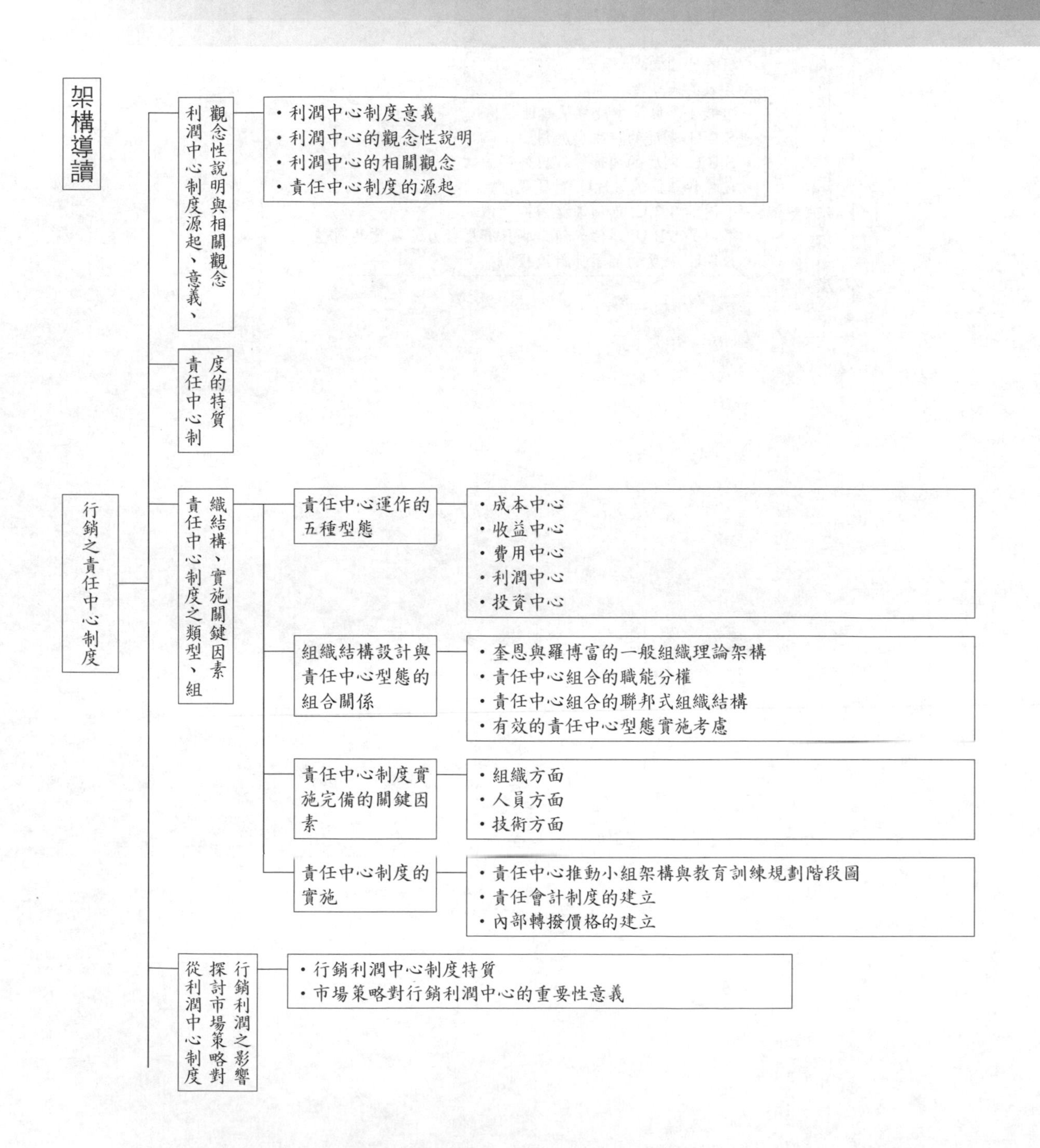

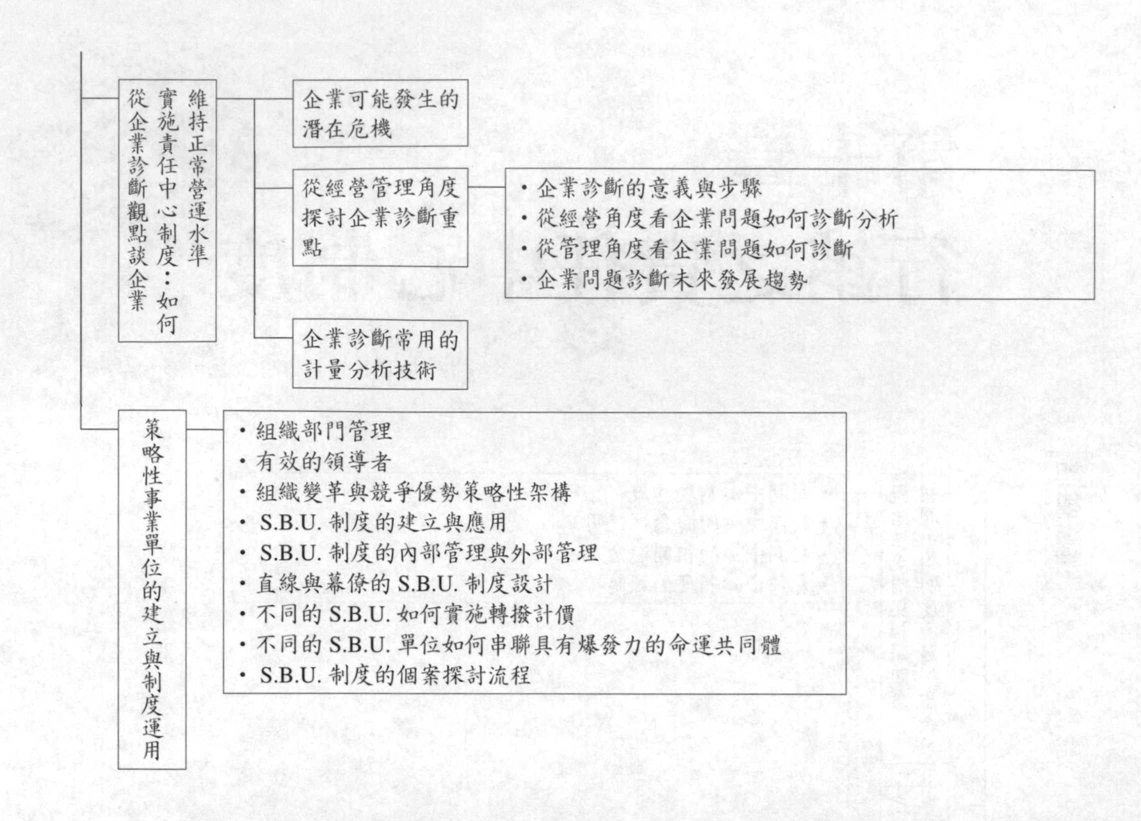
維持正常營運水準實施責任中心制度：如何從企業診斷觀點談企業
企業可能發生的潛在危機
從經營管理角度探討企業診斷重點
・企業診斷的意義與步驟
・從經營角度看企業問題如何診斷分析
・從管理角度看企業問題如何診斷
・企業問題診斷未來發展趨勢
企業診斷常用的計量分析技術
策略性事業單位的建立與制度運用
・組織部門管理
・有效的領導者
・組織變革與競爭優勢策略性架構
・S.B.U. 制度的建立與應用
・S.B.U. 制度的內部管理與外部管理
・直線與幕僚的 S.B.U. 制度設計
・不同的 S.B.U. 如何實施轉撥計價
・不同的 S.B.U. 單位如何串聯具有爆發力的命運共同體
・S.B.U. 制度的個案探討流程

從優越到成熟，須經歷一段漫長歲月。　Publilius Syms

大凡優秀的公司，似乎均有一個極為有力的服務主旨與中心，並為整個組織所共知，不論其為金屬的、高科技的、或製造漢堡事業，均能認為他們的事業為一中心服務的事業。

Thomas J. Peters & Robert H. Waterman, Jr.

一個公司規模水準長期未能改變，主要的原因是未實施 S.B.U. 制度。以致組織文化、價值，未能改造為具有戰鬥力、責化制度的轉型公司。　佚名

第一節　利潤中心制度源起、意義、觀念性說明與相關觀念

由於行銷人員所承擔之責任、壓力、業績目標與公司活力、績效有很大的關係，而對於動態行銷人員除了公司必須透過良好的企業文化、組織文化、教育訓練的精神面管理措施外，為延長行銷人員在公司工作時間（避免工作壓力或被同業挖角因素造成離職），激勵行銷人員工作意願（採變動薪資制度與業績、績效好壞可能產生關聯性），提升行銷人員對公司的向心力（必須有好的實質獎勵制度），則公司必須能對行銷人員提供有良性循環對公司好、對行銷人員也好的一種穩健、長期性的管理制度，而利潤中心制度目前是最普及化的良性獎勵制度，對行銷理念、理論的正面影響、行銷人員的良性誘因有很重要的影響，此部分必須兼具有理論與實務的基礎，一般而言行銷學書籍很少提到，本書特針對此部分做一完整性說明。希望同學在學習完本章後，能正確地瞭解公司經營者、管理者如何有效的運用利潤中心概念來強化公司行銷競爭力。

1. 利潤中心制度意義

利潤中心制度為責任中心種類之一，係認為每個組織係由分權化各小單位所組成，其範圍可大可小，小至某一個人，大至整個公司、某一事業分公司、某一事業部門、某一產品線，但每一單位必須有權責控制其成本與收益的產生，採取最適當的營運政策求取利潤最佳化，以達企業經營目的。因此利潤中心又稱為「利潤分權制度」，一企業是否適宜採取利潤中心制度，端視公司的策略與組織結構而定：怎樣的利潤中心制

度才能發揮其功能，實施利潤中心制度有哪些限制與障礙、應注意的事項，都是必須討論的。

2.利潤中心的觀念性說明

實施利潤中心單位必須有權責控制其成本與收入的產生，採取最適當的營運政策，求取利潤最佳化，實施單位應有正確的目標、策略與組織結構。

3.利潤中心的相關觀念

⑴是一種責任中心 (responsibility center) 制度。

⑵必要組織管理制度。

⑶事前指引與事後控制（配合總公司經營目標）。

⑷良好組織內在環境（接受激勵、學習成長、全員經營）。

⑸培養階段性高階主管（面臨達到目標之決策與評估磨鍊機會）。

⑹利潤中心部門有獨立、控制、管理能力，達到經營目標並有某些彈性控制其目標。

⑺利潤貢獻分配是實施利潤中心的誘因與持續性之必要因素。

⑻會計費用與期間認定具有成本與收入配合原則之標準化作業。

4.責任中心制度的源起

由於利潤中心為責任中心的一種，故先簡介責任中心。責任中心有成本中心、支出中心、收入中心、利潤中心、投資中心。責任中心制度自 1960 年代以來漸為企業採行，相較之前局部管理制度（成本控制、產能效率提升、員工態度……等）而言，其提供了企業「全面性的管理」控制制度。讓各部主管不再本位主義，提供企業一「機動調整策略之機會，讓資源發揮最高經濟效率下，達到整體目標」的管理制度，也解決目前企業常面臨的問題，如下：

⑴透過責任中心制度培育獨當一面的經營人才：組織規模擴大、或多角化經營發展趨勢下，極需儲備、培育經營決策人才。

⑵透過責任中心制度激勵因素可解決人員流動率過高：透過組織有計畫、有制度的施行目標管理、激發同仁自主成就潛力，對其表現予合理的獎懲激勵。良性運作形成一學習組織空間，在留才方面有助力。

⑶透過責任中心制度權責相稱的授權、分權理念，高階決策者管理效力的再生之需。高階決策者隨著組織成長、規模擴大、市場競爭情勢瞬息萬變，高階決策者需要更多時間投注在擬定正確的經營方向、調整經營策略、組織及成員未來發展。在有限的時間資源下，兼顧之前親自管理組織的運作的水準，則需要能依「決策重

要影響度」分級而予以授權。但是高階管理決策者的授權，並非意謂著即可維持組織應有的經營成效。尚要能予被授權者明確的責任範圍、目標，及反應真實績效、具激勵性的獎懲辦法。如此，授權的效果才落實，各級主管善盡其責，讓高階決策者管理效力再生，企業利益極大的創造，有利企業與部屬雙方。而責任中心制度運轉可達到此需求。

第二節　責任中心制度的特質

控制是管理程序中最重要的環扣，而責任中心制度又是最有效的管理控制模式之一。而責任中心制度其能消弭人員對組織的「依賴性」與「無目標性」，從而激發出同仁自主發展的潛力，提振組織士氣，有助於目標管理的推動與提升部門績效，在於其具備下列特質：

⑴明確的權責劃分，及與績效相對應。

⑵兼顧企業間整體利益與個體利益。即各部門追求本身績效時，規範以不犧牲、不抵消企業整體利益為前提。

⑶具回饋性。可進行定期性評估，以供機動調整。

⑷有著具體明確的會計衡量資料，降低主觀判斷。

⑸與獎懲制度結合運作。對成員的表現與貢獻有回饋性，滿足同仁的成就需求動機。

由上述責任中心制度的特質，因為要結合正確的財務報表劃分，擬定合適的目標管理水準，建立正確的組織文化，管理幹部的組織作風，行為修正，統計正確的經營績效，獎勵方式，並以資訊系統建立快速的計算經營數據。可知本制度是一項結合管理學、組織行為學、組織心理學、管理會計、目標管理、應用統計學、資訊管理等綜合性實務。企業如能有效實施責任中心制度，將可使各部門主管及員工在權責內努力達成目標，進而達成公司整體目標。然而責任中心絕非萬靈丹，也非提升企業競爭力唯一利器，以目前國內絕大多數國營企業皆已導入責任中心制度，但經營績效仍不彰，可知管理制度的導入，必須融入企業現有的組織、制度與企業文化中，並確實的加以落實及靈活的彈性運用，方能強化企業競爭力。

第三節　責任中心制度之類型、組織結構、實施關鍵因素

隨著企業組織結構的不同、企業賦予各部門責任範圍之異，相對的各責任中心有著不同的責任目標、不同的考核重點，如此使得績效評估更具管理意義。而責任中心有哪些型態、組織與責任中心型態較適的組合為何？是公司在施行責任中心前需瞭解。如此，在參酌企業經營的使命與目標的前提下，透過策略性安排，讓組織既有資源的運用、調度切合經營目標。

責任中心運作的五種型態

⑴成本中心（管理高層能計算產出，了解成本功能，也能設定最理想的產量和適當獎勵）。
⑵收益中心（管理高層知道如何選擇最理想產品組合，最正確的價格或數量）。
⑶費用中心（管理高層知道如何在固定服務水準下，總成本最小化，固定預算下，服務最大化）。
⑷利潤中心（利潤中心經理人知道如何建立最理想的獲利水準下顧客組合）。
⑸投資中心（投資中心經理人能看出最佳投資機會，最高投資報酬率，最佳附加價值）。

「收益中心」、「利潤中心」與「投資中心」三者間之異同：「收益中心」、「利潤中心」與「投資中心」三者皆是一種廣義的利潤考量型態，因其績效評估基準都是收入與成本相抵後利益的觀點。差異在於「收益中心」的利益是部門藉由節省而獲得，「利潤中心」利益是由部門創造出的，因為「利潤中心」較「收益中心」多了採購的主控權限。而「利潤中心」與「投資中心」相較下，兩者皆具有創造經營的利潤外，「投資中心」又較前者多了資金、財務的自主運用權限。三者之異於並非相抵，而是隨著權限範圍、層次的不同，呈漸層式的涵蓋。

各類型責任中心之意義、設立條件及績效衡量重點整理如下：

表 10-1　不同類型的責任中心制度

類　型	意　義	設立條件	績效衡量
成本中心 (Cost center)	部門主管不必也無法對收入或利潤負責，而僅能對其所能控制之支出加以負責。	・產出可明確定義 ・投入與產出間有一定比率比例關係 ・對於產品價格與銷售量無權決定	可控成本
收益中心 (Revenue center)	部門主管在既定之銷貨成本與費用預算內，爭取最大之收益。	・對於產品價格及成本無權決定 ・對於產品銷售量及銷售費用有一定控制權	可控收入
費用中心 (Expense center)	部門主管僅能對其所能控制之費用的發生加以負責。	・產出無法明確定義 ・投入與產出間無一定比率 ・無法以貨幣單位衡量產出	可控費用
利潤中心 (Profit center)	部門主管有權控制成本及收入發生，以爭取最大之利潤。	・具備經營的獨立性 ・對原料及市場有選擇權力 ・對成本與銷售面有一定控制權	利潤
投資中心 (Investment center)	部門主管不但能控制成本與收入的發生，且有權作投資決策，追求利潤最大化與資金之最有效運用。	・具備設立利潤中心之條件 ・主管具有投資決策權 ・部門投資基礎與利潤關係密切	利潤 投資報酬率

組織結構設計與責任中心型態的組合關係

1988 年奎恩與羅博富博士 (R. Quinn & J. Rohrbagh) 曾請眾多組織論者針對一些效能標準異同程度做判斷，並以 MDS (multi dimensional scaling) 技術分析資料，根據分析的結果，歸納出一般組織理論者的一套理論架構 (implict theoretical frame work)，亦可稱之為認知圖 (cognitive map)，而將組織文化的類型分為四種：

⑴理性目標模型（以理性主導的文化），責任中心組織以目標達成為主要考慮，其領導角色為趨向指導性與目標取向的領導。

⑵開放系統模式（以成長調適的文化），責任中心組合以成長擴充為主要考慮，其領導角色為趨向創新勇於冒險的領導。

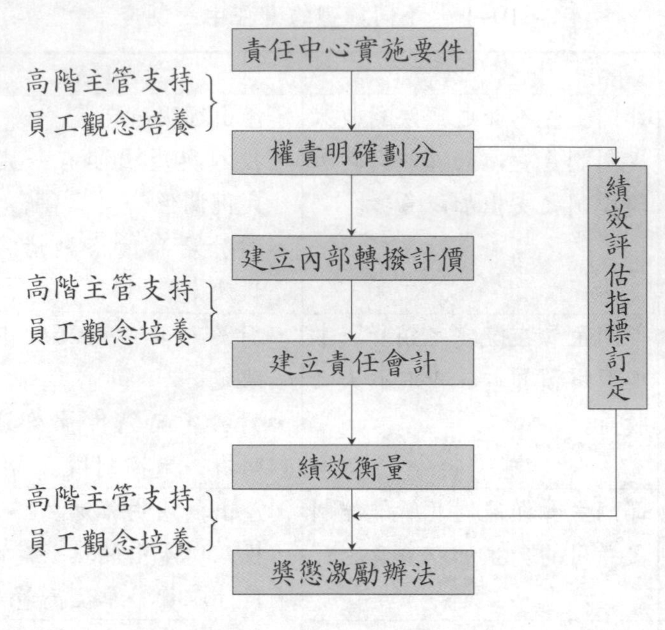

圖 10–1 責任中心實施要件

(3)內部過程模式(以層級節制的文化),責任中心組合以各部門協調整合為主要考慮,其領導角色為墨守成規與拘謹的領導。

(4)人群關係模型(以凝聚共識的文化),責任中心組合以提高人力資源素質為主要考慮,其領導角色為趨向體恤支持的領導。

企業在思考責任中心制度時,必須要考慮不同組織文化、領導角色的類型而加以適度調整。

彼得杜拉克 (Peter F. Drucker) 也將一般組織結構分為兩種型式,一是職能式分權制 (functional decentralization),一是聯邦式分權制 (federal decentralization)。

「職能式」的組織結構,是在每一經營過程的主要階段,設置專職單位並賦予最大的責任,一般可分為生產部、營業部、管理部、研究發展部。此制度在於提升專業化、工作經濟效率。故各部門僅是企業經營過程作業相連的階段之一,而非涵蓋整個經營流程,所以可依階段責任之不同,選擇一適當責任中心型態施行政。傳統上,生產部採成本中心制、營業部採收益中心制、行政幕僚等服務性質的部門採費用中心制,研究發展部門亦可施行投資中心制。

「聯邦式」的組織結構,可依產品別或區域別加以劃分後,各形成獨立經營的事業部,似一子公司負責整個經營過程。故各事業部適用「利潤中心」或「投資中心」來運作。但是在評估各事業部績效時,須將當時產業環境動態變化併入考量,以求相

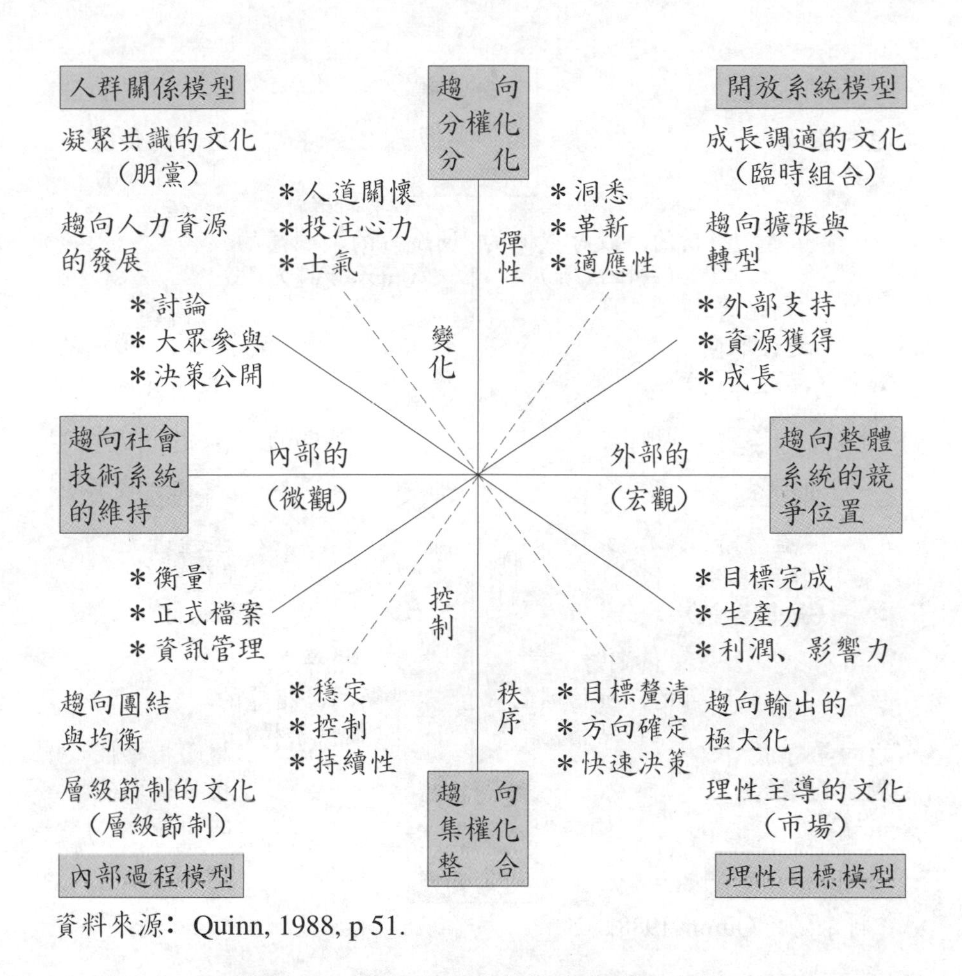

資料來源：Quinn, 1988, p 51.

圖 10–2　責任中心之組織文化模型分析

對評估時的客觀性。例如企業內 A 產品事業部利潤率 14%，B 產品事業部利潤率 9%，似乎 A 產品事業部經營效果佳，但若加上產業環境考量，資料顯示 A 產品產業利潤率在 20%，而 B 產品產業利潤率衰退為 1%，則企業應予 B 產品事業部較高的獎勵才對。

而企業實施何種責任中心型態為宜呢？須將企業的組織結構、行業特性、環境變化、管理理念共同斟酌規劃，確保所施行的責任中心型態與授予該部門的權責範圍規模、層次相若，則效果較佳。

責任中心制度實施完備的關鍵因素

責任中心制度是管理控制中最有效的方式，而要達到其效果，須賴下列三個構面完備的配合。

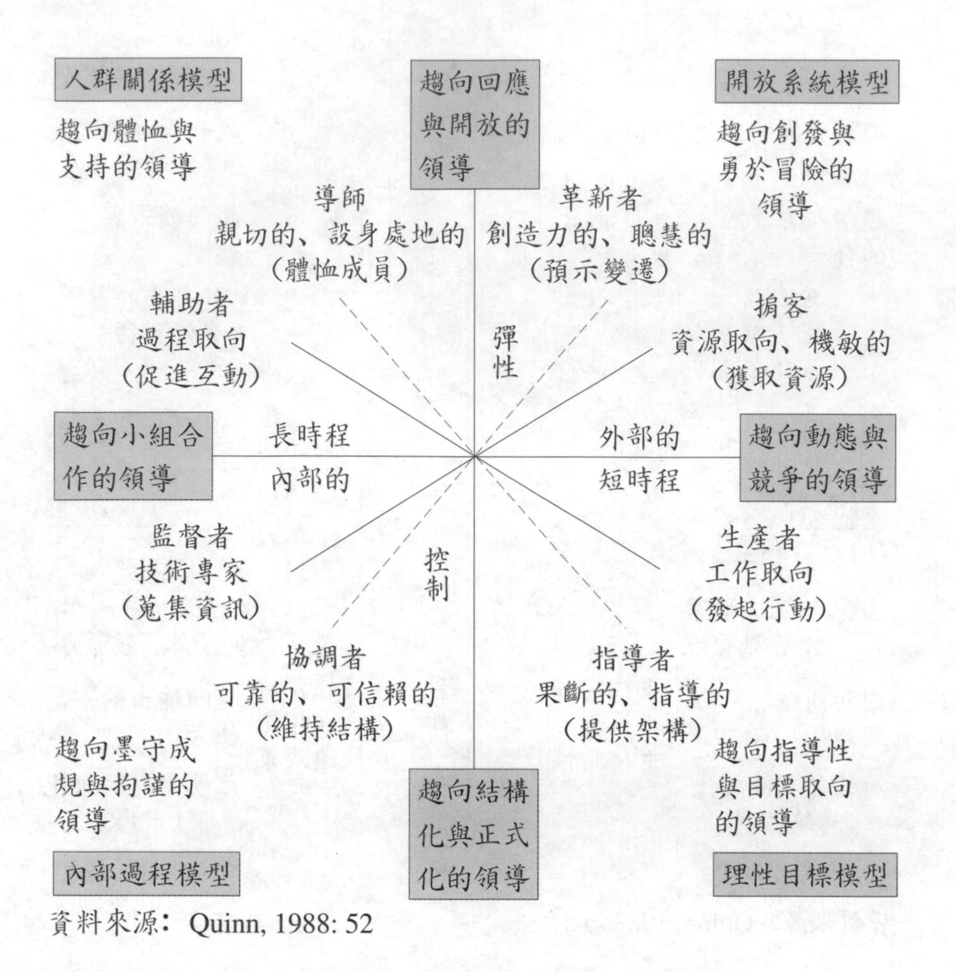

資料來源：Quinn, 1988: 52

圖 10–3　責任中心之領導角色模型分析

1. 組織方面

(1)組織須有明確的職掌、權限、責任範圍劃分：如此之下的組織具有獨立、自主的管理能力。這自主管理的授權，使得責任歸屬與利益分配可清楚反映各部門實際經營狀態，其結果能提供有效力的管理意義，不致於發生部門間相涵蓋、重疊的現象，使部門利益失去獨立性，結果失真。

(2)充分的溝通，使責任中心理念深植與貫徹、共識形成：形成組織的共識與文化，讓此制度的施行不致於成為一種包袱與應付式的被動執行，而是形成一種自發的全員經營、學習、成長互動的環境。

2. 人員方面

(1)企業決策階層的支持：此因素將影響組織能否充分授權、組織利益分享同仁的確實度、責任中心獎勵辦法是否具鞭策、激發性。

(2)部屬的認同：經由認同、產生成就需求動機，在參與過程中，組織漸漸培養出明日的高階經營人才。

3.技術方面

績效評估基準：

(1)績效評估基準的決定：一般用以績效評估的基準，除較常用的預算基礎下利潤達成率、或投資與利潤合併的衡量基準外，還可依據公司經營政策、責任中心部門的特質、產業特性、組織的機會點、與未來的企圖性綜合考量來設立績效評估基準。如市場地位、產品領導能力、人員發展、員工態度、長短期目標平衡度、公共責任……等衡量因子。

(2)績效評估基準的特質：

a.可衡量性、數據化：評估的項目需可衡量性，使評估結果較客觀。

b.可控性：評估基準僅包含責任單位其權責範圍內可掌控的，如此方可顯示責任單位自治的經營成效。而進口關稅升降、物價波動等因責任單位不可控制的因素所致的利潤效果影響不應計入。

c.被理解度：評估的項目、指標、方法應具體說明，讓責任單位知其目標與方向，如此較具行動驅策力。

d.有順序性或權數觀點：譬如對於業績已達高業績目標，成長已達上限的責任單位，應予其達成獎勵權數較高，才具有激勵性。

e.有激勵性：使組織受此誘因，而有持續施行的動力。

f.回饋、修正性：因評估的積極用意在於未達最後定局前仍有調整之動態性控制效果。

責任中心制度的實施

責任中心施行成功必須在組織面與制度面配合。在組織面必須建立責任中心推動小組架構，並實施教育訓練規劃以達到漸進性與適應性目標，在制度面必須建立內部會計可由電腦取得這些收入、支出、成本、存貨資訊以利管理高階做好決策控制（核可與監督）、決策管理（發想和執行）。

1.責任中心推行小組架構與教育訓練規劃階段圖

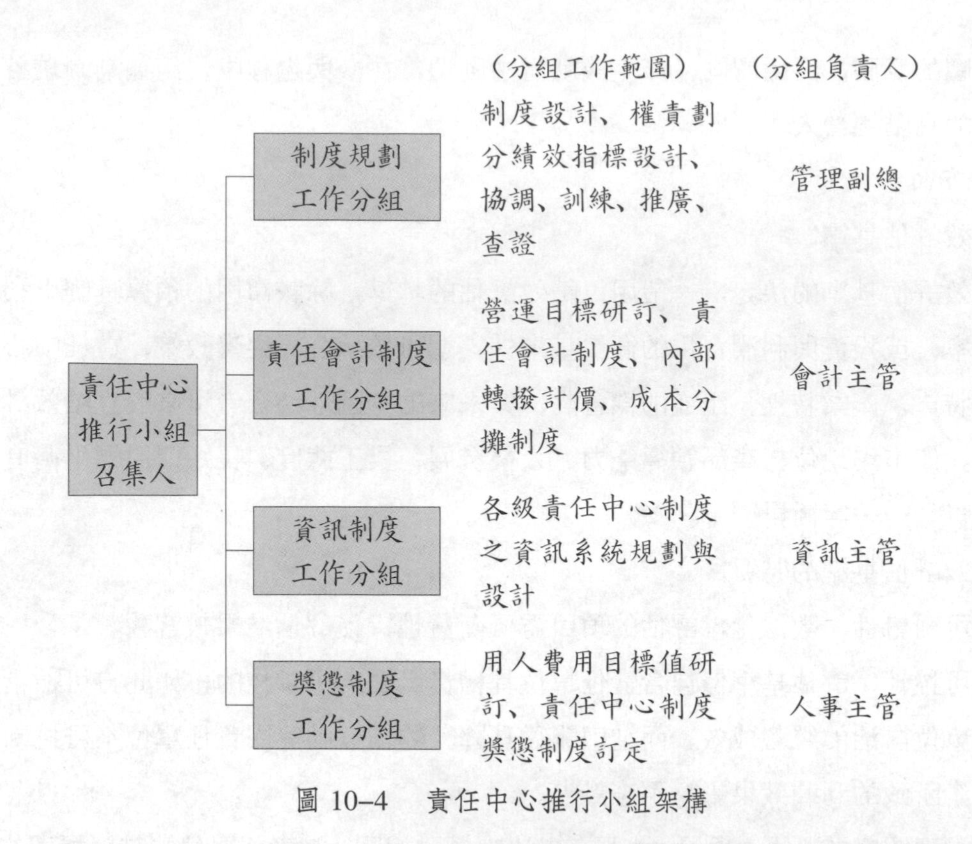

圖 10–4　責任中心推行小組架構

教育訓練規劃階段如圖 10–5 所示。

2. 責任會計制度的建立

責任會計制度與一般傳統會計制度之區別見表 10–2。

表 10–2

	一般傳統會計制度	責任會計制度
類別	財務會計	管理會計（即是財務會計與營業會計的結合）
目的	決算性質	績效評估為最終目的
特性	(1)資料精確，但有決策、修正時效的落後性 (2)訊息提供，多需一個月	(1)資料精確度稍低些，但具備決策、回饋、調整的時效性 (2)訊息提供可具立即性

責任會計制度並非將原先的會計制度重新修正，僅需對原先的傳統會計制度下多加入有責任歸屬的會計資料，如銷售日報表、費用使用狀況表、收款日報表，並予以責任歸屬，如依「部門化」、「可控項目」、「不可控項目」等類別的區分。如此責任會計制度的報表，除可反映「平行各部門的績效」外，亦可依需要反映出各「責任層次」的訊息。

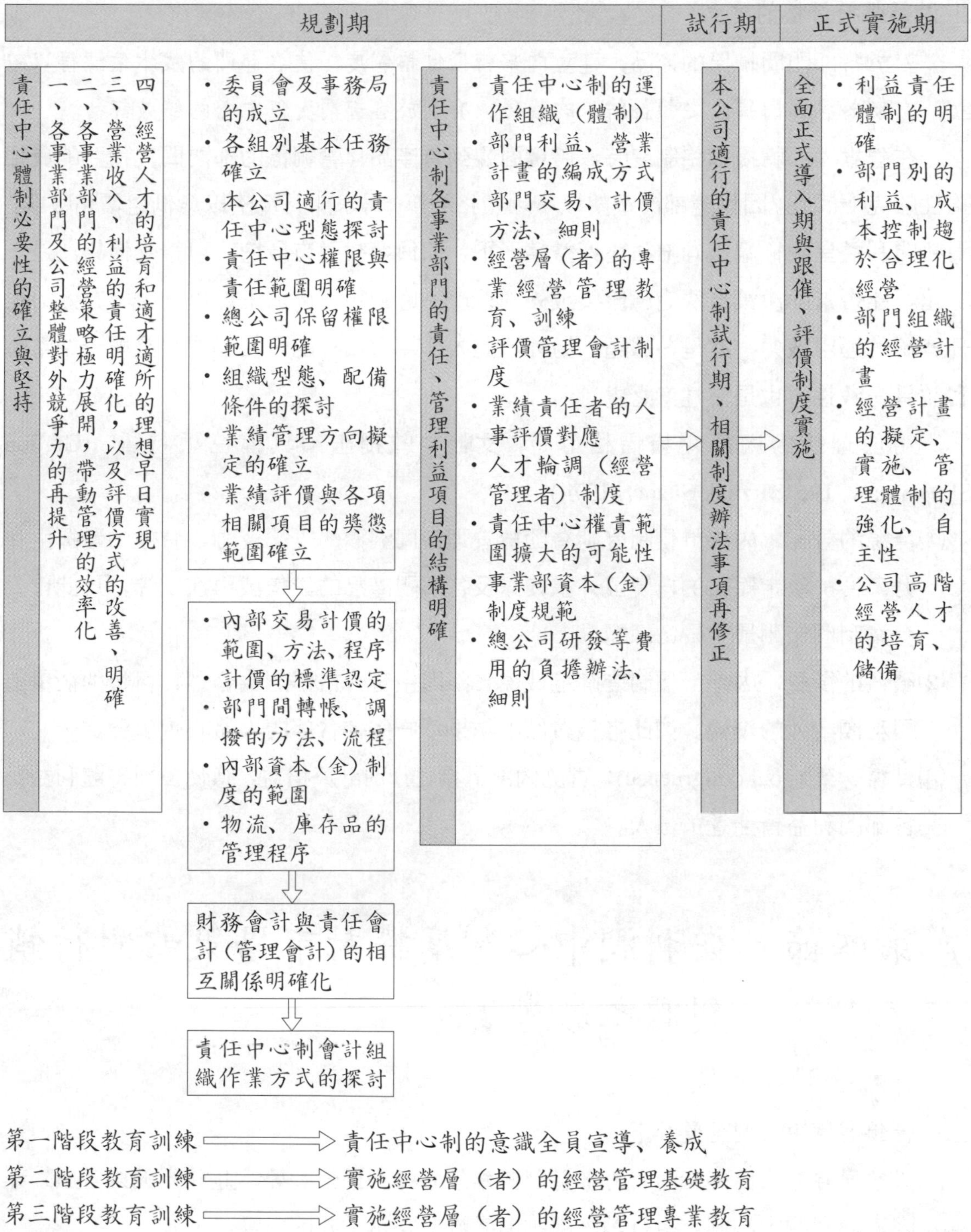

規劃期	試行期	正式實施期

責任中心體制必要性的確立與堅持

一、各事業部門及公司整體對外競爭力的再提升

二、各事業部門的經營策略極力展開，帶動管理的效率化

三、營業收入、利益的責任明確化，以及評價方式的改善、明確

四、經營人才的培育和適才適所的理想早日實現

- 委員會及事務局的成立
- 各組別基本任務確立
- 本公司適行的責任中心型態探討
- 責任中心權限與責任範圍明確
- 總公司保留權限範圍明確
- 組織型態、配備條件的探討
- 業績管理方向擬定的確立
- 業績評價與各項相關項目的獎懲範圍確立

↓

- 內部交易計價的範圍、方法、程序
- 計價的標準認定
- 部門間轉帳、調撥的方法、流程
- 內部資本（金）制度的範圍
- 物流、庫存品的管理程序

↓

財務會計與責任會計（管理會計）的相互關係明確化

↓

責任中心制會計組織作業方式的探討

責任中心制各事業部門的責任、管理利益項目的結構明確

- 責任中心制的運作組織（體制）
- 部門利益、營業計畫的編成方式
- 部門交易、計價方法、細則
- 經營層（者）的專業經營管理教育、訓練
- 評價管理會計制度
- 業績責任者的人事評價對應
- 人才輪調（經營管理者）制度
- 責任中心權責範圍擴大的可能性
- 事業部資本（金）制度規範
- 總公司研發等費用的負擔辦法、細則

⇒

本公司適行的責任中心制試行期、相關制度辦法事項再修正

⇒

全面正式導入期與跟催、評價制度實施

- 利益責任體制的明確
- 部門別的利益、成本控制趨於合理化經營
- 部門組織的經營計畫
- 經營計畫的擬定、實施、管理體制的強化、自主性
- 公司高階經營人才的培育、儲備

第一階段教育訓練 ⇒ 責任中心制的意識全員宣導、養成

第二階段教育訓練 ⇒ 實施經營層（者）的經營管理基礎教育

第三階段教育訓練 ⇒ 實施經營層（者）的經營管理專業教育

圖 10–5　配合責任中心制教育訓練規劃階段圖

3. 內部轉撥價格的建立

對於各部門間轉撥的產品，建立內部轉撥價格制度，使各部門的成本依據得以確立，有助於各部門獨立之損益結果的獲得、有利於各部門責任中心的績效評估。

在建立內部轉撥價格制度時，將會面臨到有產品移轉關係的部門間其損益的負相關性的克服問題。因供應部門希望以市場價格計算，需求部門希望以愈低之價格吸收，兩部門利益呈兩極端走向無法雙獲益情形下，如何尋找雙方最適、可接受價格，是一課題。能否幫助決策者決定應自製或外購？產品應銷售或再加工？以使企業有效的提升資源的運用效力，亦是一課題。另外，此內部轉撥價格能否使部門利益與企業整體利益具一致性，也是需注意之處。

關於理想的內部轉撥價格訂定，文獻中曾提出須具備三項特質：(Gordon Shillinglaw, 1961; Itzhak Sharav, 1974)

⑴資源的分配：內部計價制度應有助於管理當局經濟的支配資源，有效的發揮生產力，便於決定原料的自製或外購，以及各部門產品的銷售或再加工等，凡此皆為企業利潤策劃最主要的課題。

⑵績效的衡量：內部計價制度應能成為各部門主管人員都認為合理、可行的衡量部門利潤績效的準繩。如此考核業績的結果，方能使各部門人員心悅誠服。

⑶目標一致 (goal congruence)：實施內部計價，分別計算損益，應使公司整體利益及各部門利益皆能達於最大。

第四節　從利潤中心制度探討市場策略對行銷利潤之影響

行銷利潤中心制特質如下：

⑴必須同時考慮內部行銷與外部行銷對業績目標互動性影響，並非行銷只考慮外部因素。利潤中心制度對行銷內部推力激勵有非常重要的影響。

⑵事前性利潤中心制度精神是行銷部門推動此責任中心制度必須要有先投入付出的精神意義。因為行銷功能而言，事前性意義大於事後意義，與其他管理、生產部門特質不一樣。

(3)市場佔有率觀點與利潤極大化採取適當的短、中、長期均衡點與平衡點是行銷部門利潤中心制度實施與其他功能部門重要的差異性。

(4)成長率的觀點對行銷部門非常重要，有時遠比達成率重要。行銷部門動態性重點是掌握成長率，而成長率的估計比達成率的估計困難許多。這是很多行銷部門在國內目前未來實施利潤中心制度的重要因素。但如果數量估計方式與建立模擬擬定者有雄厚的理論與實務基礎，則行銷部門實施利潤中心效果性可能遠大於其他部門。

(5)若以簡易的損益表角度來看行銷利潤中心制度利潤因素，所需考慮的其他關鍵因素：

	業　績
減：	折扣與退貨
	銷貨收入
減：	銷貨成本
	銷貨毛利
減：	營業費用
減：	管理費用
未分攤前銷貨淨利	
減：	分攤費用
	分攤後銷貨淨利

a.折扣率：折扣率運用的好壞，有時在利潤中心制度最終審核時，作為彈性調整的參考因素。折扣率牽涉到的市場策略直接、間接目的，如滲透或建立形象選擇或防衛性措施。

b.銷貨成本：銷貨成本須能與業績的變化有一函數關係，否則很難有利潤中心的精神鼓勵。故而行銷部門多提升業績，以降低銷貨成本，這是管理部門較易疏忽的地方。

c.營業費用、管理費用：營業費用、管理費用目標預算的擬定必須多考慮從利潤中心結構前提下多少利潤水準參考行銷部門損益平衡結構，並考慮短中期行銷目標，而去編擬營業費用預算與管理費用預算才具前瞻性、策略性。

d.分攤費用為共同費用的科目：是行銷部門與其他部門對所組成的公司如聯合辦公室水費、餐費、股東、董事之薪資水準等共同費用，與其他部門利潤中心間平均分攤或比例分攤，可按平均數的觀念平均分攤、或依費用結構、人數佔比的比例調整、設定預算。

e.退貨直接對利潤產生影響：為避免產品需求過於浮濫，設定標準做適度管制是必要的。

若從上述說明可瞭解，市場策略對行銷利潤中心有重要性意義 (profit impact of marketing strategy)，業績高低會影響市場佔有率高低，並對利潤產生有規模經濟、規模報酬遞增效果，簡述說明如下。

(1)市場地位短中長期變化性與穩定性有很大的關係。市場佔有率超過 20%，對行銷利潤有不同結構解釋。因為超過 20%，市場佔有率有顯著性領先挑戰品牌的競爭距離。

(2)對於市場策略在於行銷組合的運用下與利潤中心多元化會計科目屬性不一而合。可將其關係、關聯性、互助性多加綜合思考。

(3)費用與成本觀點，透過規模經濟必能隨業績上升而達到降低目的，否則將無法成為報酬遞增的產業。

(4) S.B.U. 策略事業單位，如區域、市場、產品的觀念與 PIMS 做結合性思考。在整個成長性思考、中長期性思考，可使利潤中心更達激勵效果。

(5)最適市場佔有率與最適獲利率必須做結合性思考。

(6)必須特別注意高市場佔有率，只有在下列條件成立時，才能產生較高利潤。

a.單位成本隨著市場佔有率增加而下降。

b.改良品質所產生收入要大於所支付成本。

(7)市場佔有率提升時，必須特別注意消費者、消費意識的問題。避免與民爭利或榨取利潤的不良企業形象。對於反獨佔或寡佔行為，在美國有反托拉斯法、在臺灣有公平交易法。

(8)市場導向策略規劃 (market-oriented strategic planning)：市場導向策略規劃是指在發展與維持組織目標、資源及其在變動的市場機會間，取得有效整合的管理程序。策略規劃程序如圖 10–6 所示。在規劃階段，公司層次規劃由公司的總管理處負責擬定公司策略計畫，以引導整個企業經營方向，並決定資源的配置，決定哪些事業值得投入，以及成立哪些事業部。事業部規劃階段，每一事業部 (S.B.U.) 規劃其資金之配置等。

在執行階段，就各 S.B.U. 而言，應考慮為達成 S.B.U. 既定的目標，事業部組織因應環境與市場變化而動態性改變，利用 Mckinsey “7S” 架構可瞭解組織構成之軟體與硬體因素，軟體因素包括 staff、skills、style、shared values，硬體因素包括 strategy、structure、systems。

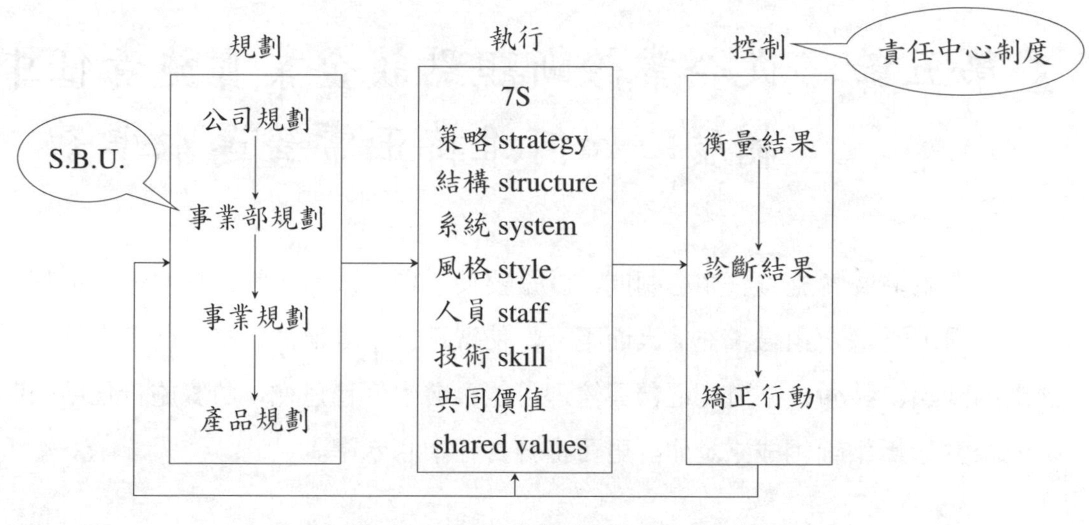

圖 10–6　策略規劃程序

(9)策略管理觀點：策略管理觀點之邏輯架構如下：

策略管理→各部門 S.B.U. 化→ BCG+life cycle →以決定各 S.B.U. 角色（star、cash cow、dog、問題兒童）→各 S.B.U. 採取適合之責任中心制度→ PIMS →資源配置策略→產生行動方案→創造良好績效，而 BCG 規劃如下：

- build →大量投資 star 即有潛力的？兒童→投資中心。
- hold → cash cow →收益中心或利潤中心。
- harvest → dog 或有風險的問題兒童→成本中心→降低損失→收益中心→短期最多現金。

a.各事業部 S.B.U. 化：企業先將公司的部門或事業體區分為幾個策略事業單位 (S.B.U.)，S.B.U. 是功能式組織如生產、人事、行銷、工廠等，也可以是各分公司或子公司，各事業部。

b.利用 BCG 及 life cycle 模式決定各 S.B.U. 角色。

c.各 S.B.U. 採行合適的責任中心制度。

d.PIMS。(profit impact of marketing strategy)

e.資源配置策略。

第五節　從企業診斷觀點談企業實施責任中心制度：如何維持正常營運水準

企業為何要實施責任中心制度，就是要使目標達成有正常營運水準，但實際上由於外在環境變遷，組織擴充後大而不當，使得正常水準無法保持，此時必須透過企業診斷的觀點、技術、來確認經營與管理可能會發生何種危機，故實施責任中心制度必須與企業診斷相輔相成來運作，更可提升責任中心水準。

企業可能發生的潛在危機

⑴企業所提供有形、無形之服務及產品，無法滿足市場消費者之多樣化、多變化之需求。

⑵市場成長機會與空間有逐步衰退、遞減之現象。

⑶產品生命週期逐漸縮短，企業無相對應之差異化策略。

⑷財務結構不健全：赤字經營、短期資金與長期資金分配不協調，無法兼顧收益性、安全性、風險性情況。

⑸經營體質調整能力日趨薄弱。

⑹總體經營環境變動，企業無相對之預應、因應方法。

⑺組織缺乏活水化、活性化之衝擊（素質無法提升，劣幣驅逐良幣）。

⑻經營風險，不可預測因素增多。

⑼經營觀念囿於己見，無法隨著組織變遷、成長的需要，做適度的調整。

⑽經營結構老化，不能創新、革新。

⑾企業內部供、需無法妥善協調，造成產銷不順暢，影響對外經營之競爭力與一致性。

⑿企業各部門無法協調、整合、配合，經營效率不佳，與組織無法產生綜合效果。

⒀高級幹部無法隨著組織成長的腳步，做適度的調整，而成為組織成長與發展之瓶頸。

⒁對於負債與業主（股東）權益、資產的比率評估過於樂觀或保守，而產生「財務槓桿」失衡的現象。

⒂由於對外部財源、應收帳款、應付帳款、成本分析、速動資產轉換能力之預測及評估不準確，而產生現金流量控制失衡，影響企業運轉基礎。

⒃固定資產投資無法兼顧公司短、中、長期發展之預算目標，而使「損益平衡」經營觀念無法反映公司政策需要。

⒄成本結構無法隨著銷售量與產量增加產生規模經濟，或因平均成本的上升而使企業成為遞減報酬的產業。

⒅資源與策略無法達成一致性，造成投資報酬率遞減、邊際收入遞減等不合理現象。

⒆勞工意識高漲，企業無法有效加以管理，造成勞工短缺、勞資不和諧。

⒇因小失大的機會損失：有爭取顧客的機會卻放棄掉，有應開發的產品卻未開發，可獲得資訊未能妥善加以利用。

從經營管理角度探討企業診斷重點

1. 企業診斷的意義與步驟

⑴企業診斷的意義：從內外環境的分析、評估企業經營的實際狀況，發現其性質、特點及存在的問題，最後提出合理經營的改善方案。

⑵企業診斷的步驟：

- 建立診斷所需之經營指標。
- 針對缺口、缺失進行經營分析。
- 針對診斷問題進行瞭解、調查。
- 歸納診斷問題之重點與方向。
- 付諸行動。
- 產生績效。

2. 從經營角度看企業問題如何診斷分析

⑴何謂經營問題：

- 企業會思考如何讓消費者購買到本公司的產品，是要透過中間商或直營店才能滿足公司之短中長期發展需要。
- 市場競爭結構改變，原本的獲利水準低於預算目標，是否須要調整經營政策（例如原本公司價格政策不能低於 8 折，但競爭品牌推出 75 折，此種價格政策是否需思考策略性、彈性調整問題）。

⑵經營問題的特質：

・較屬於決策性的特質（判斷性質）。

・較著重於方針、效果的性質（從哪個方向、角度去解決才是正確的）。

・較屬於事前性策略規劃性質。

⑶如何有效的診斷經營問題：

・觀點、角度：應以見樹又見林的觀點來診斷經營的問題，而尤須避免患了見樹不見林狹隘的判斷角度。

・思考方式：診斷經營問題，經常必須考慮內外環境、優缺點問題，所以水平思考方式（寬度思考）以產生「波定效果」（事實問題認定上）應是較正確的思考方式。

・診斷方法：應能具有持久性（解決問題不僅須兼顧短期，亦能兼顧中長期）、顯著性（診斷後應確實能顯著提高經營績效）。

3.從管理角度看企業問題如何診斷

⑴何謂管理問題：

・應收帳款如何透過控制制度、管理方法，將七日之應收帳款，縮減為五日之應收帳款（前提是採應收帳款的方法仍然不變）。

・原本公司規定政策只能到折扣八折，但某些銷售人員為爭取較佳的業績，竟實施與公司政策或其他門市不一樣的折扣方式，且未報備（前提是公司政策八折仍未改變）。

・薪資結構由於企業各部門標準不一，亦無制定合理差異範圍，造成同樣條件人員在各部門薪資差異性頗大（前提是公司亦有成立人事部門，但未加有效的制定標準、合理分配）。

⑵管理問題特質：

・較著重於效率的性質（在既有的方向效果下提高投入產出報酬率）。

・較著重於事中、事後之控制（如何修正、提升、督導、糾正、稽核）。

⑶如何有效的診斷管理問題：

・觀點角度：應有「好還要更好」、「防微杜漸」、「減少經營風險」的觀點，來診斷管理問題，但應避免用管理「部分」的角度去看經營「整體」的角度，這樣很容易造成管理的紛爭。

・思考的方式：診斷管理問題，經常思考在既定政策、既有方針的前提下，如何透過執行注意來提高效率，所以其思考方式較偏向於「垂直思考方式」。

・診斷方法：管理問題的診斷必須兼顧兩種要領——

(a)標準如何設定：這個步驟可能是管理最困難的地方，必須兼顧客觀、科學、合理。

(b)如何彌補缺口：標準設定完成後，只要與此標準有差異，就必須透過組織的運作、改善的意識來彌補標準的缺口。

4. 企業問題診斷未來發展趨勢

(1)外部問題診斷的重點：3C (change, competition, complexity)。

(2)內部問題診斷的重點：

・經營指標：重視預應式觀點。

・經營分析：創造並維持競爭優勢。

・問題調查：定量定性分析並重。

・診斷重點：重視線上決策應用。

・行動投入：持續漸進。

・績效產出：企業需有診斷文化。

企業診斷常用的計量分析技術

簡介企業診斷常用的分析技術：

1. 行銷診斷分析技術

技術 1	S.B.U.	——如何衡量策略事業單位貢獻
技術 2	PIMS	——如何衡量市場佔有率對利潤的貢獻
技術 3	STP	——如何避免犯行銷近視病、行銷遠視病的區隔—目標—定位觀念
技術 4	BCG	——如何衡量多角化、多事業、多銷售點市場佔有率、市場成長率、相對性比較與貢獻
技術 5	AIDMA	——如何衡量消費者購買行動的過程
技術 6	AIO	——如何衡量消費者的生活型態、活動、興趣、意見
技術 7	GRP	——如何衡量消費者對於廣告的深度、寬度認知
技術 8	GAP	——如何衡量行銷目標的缺口分析
技術 9	CLUSTER	——如何衡量企業品牌產品競爭問題
技術 10	P&P	——如何衡量消費者認知與偏好問題

2. 財務診斷分析技術

技術 11　BEP　——如何衡量企業經營損益平衡狀況
技術 12　CVP　——如何衡量企業成本—數量—利潤狀況
技術 13　ROI　——如何衡量企業投資報酬狀況
技術 14　RC　——如何衡量企業責任經營目標
技術 15　LEVERAGE　——如何衡量企業經營安全，風險狀況

3. 生產診斷分析技術

技術 16　PERT　——如何衡量生產作業進度控制
技術 17　MRP　——如何衡量生產物料需求規劃
技術 18　EOQ　——如何衡量存貨控制問題
技術 19　TQC　——如何衡量生產之品管問題

4. 研究發展診斷分析技術

技術 20　DEMON　——如何對新產品開發進行決策
技術 21　NEWS　——如何衡量新產品上市成功機會
技術 22　DELPHI　——如何預測企業未來發展趨勢

第六節　策略性事業單位的建立與制度運用❶

企業要實施責任中心制度，其成敗與組織架構是否能建立具有戰鬥力、爆發力的策略性事業單位息息相關，唯有建立 S.B.U. 制度才能與經營者、理念、願景保持一致，各部門才能達到協調、整合目的，故為建立 S.B.U.。本節特說明與之相關各種因素，包括：組織部門如何管理、組織如何分權與援助、管理幅度的選擇、矩陣式組織與專案組織如何應用、權變式組織設計、有效領導作用類型、S.B.U. 制度如何建立與應用。

1. 組織部門管理

(1)組織部門劃分 (function; product; territorial)：

組織部門的劃分一般有以職能、產品、地區等三種方式劃分。職能區隔是以基本業務為主，例如製造業就可以行銷、生產及管理作為區分，優點為易於劃分，但是缺點為部門人員會過分把目光集中在其所屬的專業領域，視線過於狹窄。以產品作為區分對於大公司實際專業分工最為有效，而且由於各部門或事業需有多

❶ 有關於策略性事業單位的建立中的文字敘述部分，係郭振鶴老師輔導連接器廠商 ARC 所介紹之經理 David 所協助整理，在此向其致意。

項職能，所以視線不至於過分局限。不過部門所擁有的過度自主的權利，卻可能對高階管理帶來困擾，而且部門和部門以及部門和組織高層次間的設施重複問題也是一大浪費。大型企業中，採行地區別部門的方式則時常見到，此方式的優點是便於地區性的營運，但是由於高層不易管理控制，故業務設施可能有重複的現象。

部門區別法	優　點	缺　點
以職能劃分	・強調組織必須實現的功能 ・使計畫、組織、激勵與控制的過程更為順利 ・可以訓練和培養人力的有效架構	・組織成員對組織的觀點過於狹窄 ・抑制跨越功能領域的溝通及不同活動的整合
以產品劃分	・強調公司產品線，簡化各部門間的協調 ・每產品部門皆為責任中心，獲利與虧損的責任得以細分 ・可有效培養經理人	・需要更多人力、營業成本比職能劃分部門組織更高 ・部門獨力作戰，抑制公司整體層級活動整合 ・不同部門經理易因爭奪公司資源而發生衝突
以地區劃分	・產品或服務設計更符合特定地區的獨特需求 ・藉由不同地點生產或配送產品，增加競爭優勢 ・有利獲利及虧損責任的歸屬	・需要更多人力、營業成本比職能劃分部門組織更高 ・部門獨力作戰，抑制公司整體層級活動整合 ・不同部門經理易因爭奪公司資源而發生衝突

除此三種以外，組織劃分也有以人數、時間、顧客、裝備和製程等方式。由於純粹的職能別、產品別或地區別組織在實際情況中極少見，大部分的企業都是採行混合式設計。

⑵組織的分權與授權 (decentralization & delegation)：

組織的分權化乃是指管理階層將何種決策權交付下層以及將何種決策權保留於頂層的一種哲學。透過分權，資訊並不一定完全需要傳送至組織高層去作決策，所以管理者可以節省官僚成本並避免溝通協調上的問題。由於並沒有「絕對集權」的存在，而且任何一個組織或多或少程度的分權，所以分權化乃是有程度高低的相對性概念，而不是絕對性的概念。

實施組織分權化的主要優點有三：ａ.高階領導人在將作業決策權授予中下階層主管後，可以有更多的時間作更有效率的策略決策制定。ｂ.低階經理人因為被賦予更大的決策權而受到激勵與責任感的提升，組織因此而變的更有彈性。ｃ.由於低階員工被賦予決策權，所以並不需要太多的管理人監督他們的行為，故官僚成本也隨之下降。

影響組織分權化程度的主要因素有成本金額高低、政策的一致性、公司規模、頂層管理的哲學、下屬經理人哲學及職能類別等因素。在劇烈變動的環境中，組織必須較分權化，讓各種決策由最熟悉的人迅速做出決定。而在變動相對緩慢且可預測的環境中，集權化組織由於其所須執行策略的協調活動較為簡單而且大部分決策的程序都遵行例行模式，所以反而更為有效率。

和分權不同的是，授權指的除了是管理者決定把某種職責指派給某一部屬擔當以外，更是經理人如何分配工作給部屬的程序。該程序分別為 a.指派部屬職責。b.授予部屬履行職責所須的職權。c.激勵部屬以便圓滿完成任務。一個好的經理人必須學習並且樂於授權給底下，否則部屬會以為主管不信任他們。故除了需讓下屬明白他們的職務、上級的期待和給予職權外，一旦有任何問題發生，採取開門政策隨時予以協助。並且實施「寬闊控制」(broad-control) 以利掌握事情的進度，把注意力放在重大而非瑣碎的偏差上。最後，如有良好的結果產生，則不吝給予屬下讚賞。

(3)管理幅度結構與扁平式組織結構 (span of control & flat structure)：

管理（轄）幅度指的是在一管理者直接管理的部屬數目。如果一家公司採行較窄的管理幅度則組織會劃分成較多層級，由於其組織表看起來好似金字塔所以稱為「高架式結構」(tall structure)。而採取較寬管理幅度的企業，由於其層級較少，所以組織被稱為「扁平式結構」(flat structure)。

高架式組織由於管理幅度狹小，所以便利經理人實施較嚴密的控制，清楚掌握屬下的行動。但是組織層級太多會讓策略執行較為困難，不僅降低效率而且無法滿足顧客的需求與期望。扁平式結構便是透過組織層級減少，將決策權下放到組織的基層。對於上面的層級來說，較少的層級會導致較大的控制幅度，所以必須把某些重要的決策權下放給更接近顧客的下階主管來決定。而下層也因為被適當的授權，進而提高士氣和工作績效。

雖然管理大師杜拉克以企業必須盡量減少管理層次並且鑄造最短的指揮鏈條，所以特別推崇扁平式結構。不過也有許多學者對於何為適當的管理幅度提出不同的見解，他們認為最適的管理幅度當視經理人、部屬和工作的本身而定。一般而言，有較少層級與較大管理幅度的扁平化組織，會比高架式組織來得適合於動態且變動快速的產業環境。相對的，擁有較多組織層級和比較狹窄管理幅度的高架型組織，可能會比扁平化組織還要適合穩定且可預測的環境。

⑷正式組織與非正式組織的應用：

非正式組織是由在正式組織結構中的成員依照個人所需而組成。由於職權乃是包含由上級所授予的正式職權，再加上來自於個人的經驗、內驅力、教育甚至是宗教、政治等個人權利所構成，所以組織成員之間的非正式關係是可以成為正式職權之輔。而且非正式組織乃是組織成員獲得滿足的一種來源，所以往往較其他的方式更能激發高昂的士氣。

一個領導者除非知道非正式組織的成立目標與正式組織的目標互相衝突，否則應該努力培養兩者間的關係，創立一個有利的組織氣氛，以使兩者均能達到目標與期望。

⑸矩陣式組織與專案組織的應用 (matrix & project)：

專案式組織主要是針對某一特定及複雜的目的，集中最佳的人才並在一定的時間、成本或品質條件下完成任務（圖 10–7）。其與一般的直線及幕僚組織最大的不同在於由於其為臨時性質，所以一旦專案完成後，組織便予以撤銷。

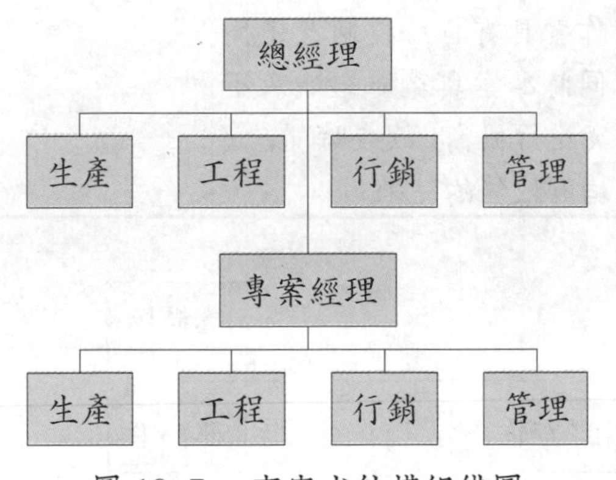

圖 10–7　專案式結構組織圖

專案組織的其他特性尚還包括該組織 a.有特定的目的；b.其任務為現行組織所不熟悉；c.各項活動的相互依存關係甚為複雜；d.盈餘或虧損影響巨大。專案式結構的主要優點是專案經理人及其工作團隊可以專心致力於特定的任務，但是缺點為專案組織中所設的各部門與職能式組織往往沒有差別，所以易造成資源的浪費。

矩陣式組織是一種結合了專案結構與職能結構的混合型態，其和專案式結構最大的不同在於矩陣式組織並未有專職人員，所有成員皆是由職能組織中借來，當專案完成後，各職能部門的人員歸建到原單位。專案小組成員除需對專案經理（專案職權）負責以外，還須對原來的職能部門主管負責（職能職權）。這種結合了專案與職能職權的設計，產生了既為垂直式又水平式的組織結構。垂直式的結構是指職能部門主管對屬下還擁有直線職權，而水平式結構則是因為此設計已打破組織層級和指標統一的原則。矩陣式組織的最大優點在於便利管理階層能夠對市場及技術的變化作出迅速回應，其他的優缺點則列於下表：

組織型態	優　點	缺　點
矩陣式組織	・人員及資源的組合可因專案需要而隨時改變，人力運用具有相當彈性 ・專案小組的設立可以把注意力集中在專案，而一旦專案結束時，小組的成員能夠馬上回到原屬的職能部門 ・於決策點較為集中，可以對專案需求及客戶期待做出快速反應 ・專案與職能功能並存，處理衝突有一定解決方式，故專案與專案間的管理較具一致性 ・由於專案作業具有自行控制及平衡的機能，同時專案與職能組織又不斷的就衝突進行協商。故在時間、成本及績效均有較佳的結果	・矩陣組織所造成的雙層領導，導致相關經理人的權力爭奪 ・專案結構有賴群體合作，但是群體決策的達成太過費時 ・同一組織如有太多專案同時推行，反而會因經理人互相爭奪資源導致組織效率大幅滑落 ・矩陣組織建立初期因為雙層指揮鏈而提高成本

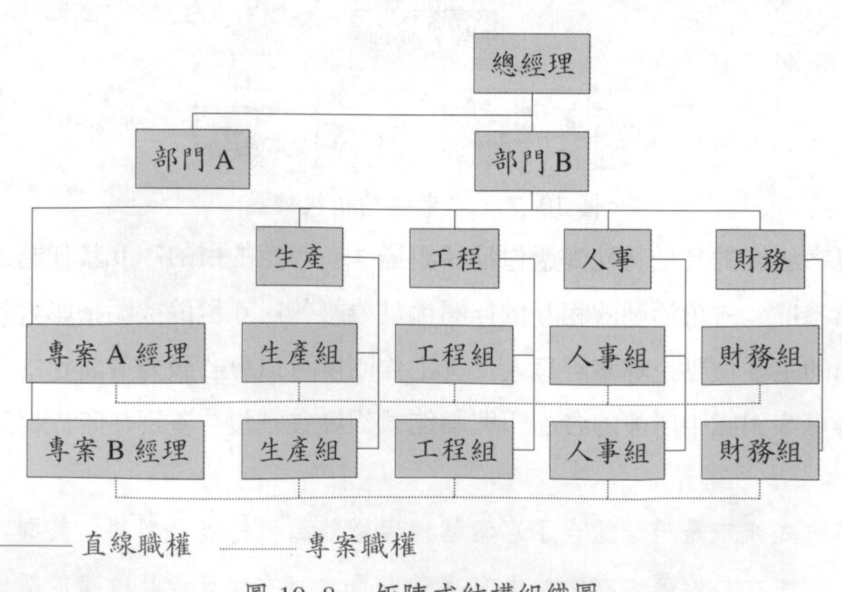

圖 10–8　矩陣式結構組織圖

(6)適應式組織與權變的組織設計 (adaptive & contingency)

適應式組織結構是一種富適應性與彈性，讓一個企業組織能夠運用有效的激勵和領導技術，以面對來自於外在與內在的變動因素的設計。在此種結構中，經理人除了發現彼此相互間有更頻繁的交流外，更必須改變過去所注重的垂直溝通而改以水平溝通，同時修改其原有的直線幕僚關係以保持更大的靈活度。這種設計係以若干假定為基礎 a.組織是一個開放系統而且營運於動態的環境中。b.人員、任務及環境均有關聯，所以必須有適當的配合，才能有最佳的結構與產出。

	適應性組織特性
外在環境	動盪、不定性高、環境對組織影響力高
整體組織系統	以解決問題為主、行動可預知度甚為不定、決策過程難以規劃
價　值	效果、可適應度、冒險度
目標設定過程	包括頂層與基層的廣度參與
所需技術	高度通才化、各項任務依存度高
結　構	少結構層級、職責為個人認知、職權主要來自個人的知識
領導作風	民主式
管理方法	溝通是「由上而下」、「由下而上」雙向、注重建議和資訊

除了專案式與矩陣式以外，適應性的組織尚包括自由型式結構。自由型式的結構主要是拋棄或減輕各項管理原則（例如傳統的統一指揮和層級關係），代替的是所謂的情勢管理，鼓勵成員彼此間的合作，特別強調自制，並且在成本中心的概念下共同努力。自由式結構的主要目標為幫助最高主持人面對「變動」的管理。最大優點是便於經理人處理變動或革新的課題，這也是為什麼許多高科技公司採用，而對於傳統製造業卻不見得適用的原因。

	優　點	缺　點
自由型式組織	•組織不受部門劃分及職位說明之組織層級束縛，有助於企業團隊的共識及運作 •「集中控管、分權營運」，策略計畫雖由頂層決定並分配資源，但各事業部擁有相當自主權。各部門、單位、輔助機構同心協力，發揮總體效果比個體單獨作業總和的協力作用	•經理人如果不具動態性和成熟度不足，無法面對外在環境快速變化的衝擊 •對於環境相對穩定的產業不見得適用

權變的組織設計除了強調最佳的結構端賴情勢而定外，組織設計還必須考慮經理人的影響力、部屬的影響力、任務的影響力和環境的影響力等四者的交互作用。唯有當組織內部職能設計與組織任務需求、科技、外在環境要求和成員需要相符時才能成為有效的動態性組織。

表 10–3　權變設計原則

組織目標、規模，環境穩定性	最適的權變組織設計原則
1. 目標為降低成本與提高效率	以職能劃分部門
2. 環境複雜、目標為按時產出	矩陣式組織
3. 組織規模龐大、經營環境穩定	正式組織結構型態
4. 同業競爭激烈	分權化組織
5. 組織與環境越多變	分權化及彈性組織
6. 組織策略與作風	採用適當的、並配合企業策略的組織作風的效能，比採用不適當作風的組織更大

2. 有效的領導者

企業在實施責任中心制度時除了建立正確的組織架構，必須找到有效果的 (effectiveness) 領導者，以確保 S.B.U. 制度經過適當的人才，通才通所後，發揮更大的效果，故針對有效領導者的特質與對人、對事的關心有很多管理學者討論，本段就是在提供此方面架構以利研讀者，使用者能為組織在實施 S.B.U. 制度選擇到有效領導者。

⑴性格與情勢對領導者的影響 (trait & situational)：

領導乃是一種影響他人之程序，是故一般成功領導人所必須具有的如智慧、瞭解、認知、高層次激勵及對有關人群關係態度的掌握度都和性格有極大關係。不過這種單從性格作為出發的做法並沒有考慮到總體環境的變數，所以影響領導人的因素尚包括任務、技術、目標和結構等多種不同的來自外在情勢變化的因子。換言之，在某種特定的情勢下，領導人可以採取某些型態的領導行動以達到最大的效能。

⑵考慮人情與制度兩構面領導模式 (consideration & initiating)：

重視人情的領導人的行為主要是在建立其與員工間的友誼、互信及尊重等關係，而重視制度的領導人則把重點擺在如何建立組織型態、溝通管道和程序方法。不過完全是以人情或制度為導向的領導人乃極為少見，是故 Ohio State University 以此兩層面把領導人分為四類，分別為「重制度輕人情」、「重人情輕制度」、「重制度重人情」及「輕制度輕人情」。「重制度輕人情」的領導人最關心的是職位的工作面，如達成任務所須的工作計畫；一位「重人情輕制度」的人把重心放在和部屬間的合作關係；「重制度重人情」的領導人對於員工職位的工作面和人性面皆非常關心；而「輕制度輕人情」則不加干預和過問員工的工作。而到底何種方式為最佳，則需視實際情況而定。

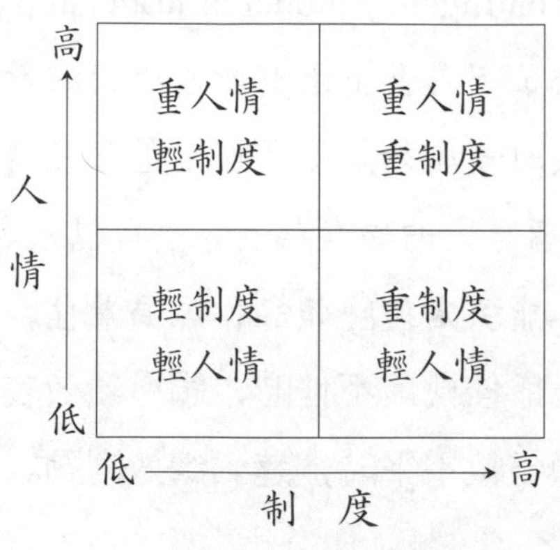

圖 10–9 制度與人情領導象限圖

⑶考慮對人的關心度與對事關心度的領導模式 (concern for people & concern for production)：

布萊克 (R. Blake) 及莫頓 (J. Moutton) 在其所提的管理格矩 (managerial grid) 中把領導人的特性依據其對人及對事的關心程度，用縱橫軸的方式，以 1 到 9 代表關心程度的大小，把領導人分為 (1.1) 到 (9.9) 等共八十一種區隔。如 (1.1) 的經

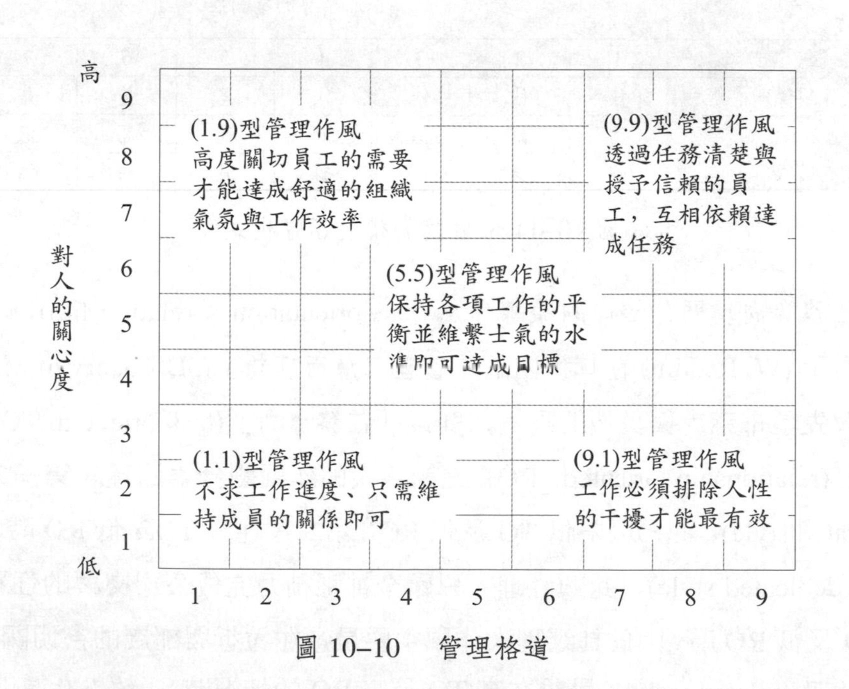

圖 10–10 管理格道

理人對人及事均漠不關心，(5.5) 則對人及事雖並不非常重視但大致平衡，(9.9) 的經理人則同時注重兩者。雖然布萊克和莫頓都一致認為 (9.9) 型的領導方式為最佳，不過主張權變理論 (Contingency Theory) 的學者卻認為視情況而定的方式較佳，所以也提出強而有力的反駁。

⑷領導效能的權變模式 (contingency model of leadership effectiveness)：

費德勒 (Fiedler) 除了認為世上沒有所謂絕對的最佳領導作風外，並在其提出的權變模式中強調有效的領導效能除了需考量三項情勢變數：a.領導人與從屬的關係。b.任務結構。c.領導人的職位權力，並需視領導人的激勵方式是以「任務」或「關係」為主後，才能決定何種領導作風為最佳。譬如說，以任務為激勵的領導人，是在三項變數為最佳或最不佳時，領導績效表現得最佳，但是以關係為激勵的領導人則是在三項變數平平時，達到績效高點。

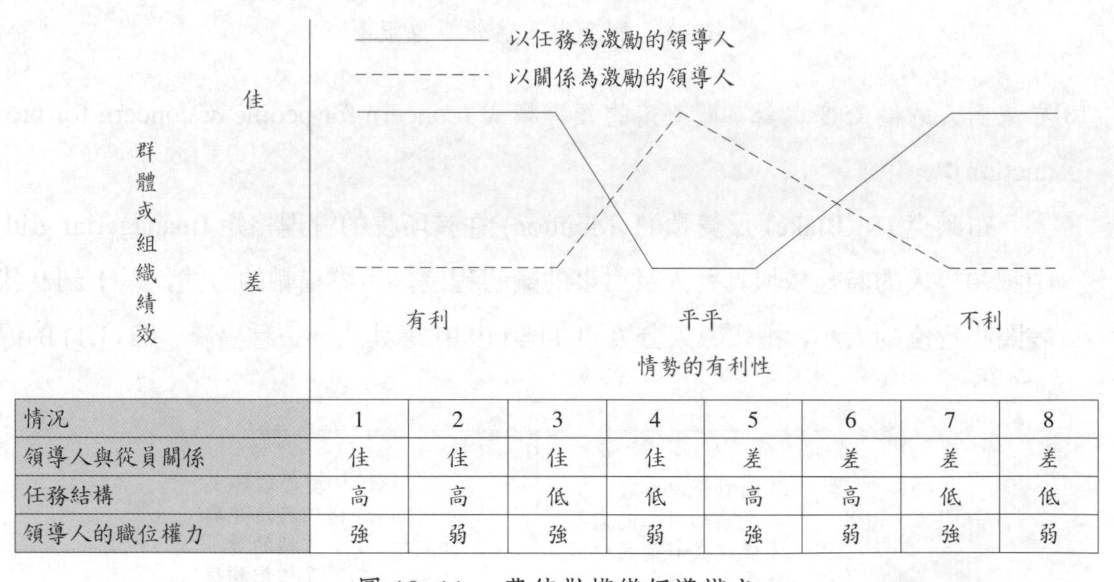

情況	1	2	3	4	5	6	7	8
領導人與從員關係	佳	佳	佳	佳	差	差	差	差
任務結構	高	高	低	低	高	高	低	低
領導人的職位權力	強	弱	強	弱	強	弱	強	弱

圖 10–11　費德勒權變領導模式

⑸考慮任務導向與關係導向的領導作風 (task orientation & relationship)：

雷丁 (W. Reddin) 在其提出的「管理三層面理論」(3D Theory of Management) 中修改先前布萊克與莫頓的理論，並以「任務導向」(task oriented, TO) 及「關係導向」(relationship oriented, RO) 把領導人的作風劃分為四種。第一為隔離作風 (separated style)，此乃因為低 TO 及低 RO；第二是在高 TO& 低 RO 時，採取奉獻作風 (dedicated style)，此類經理人只顧全神把精力完成公司交與的任務；第三在高 TO 及低 RO 時，由於其經理人作風主要是意在拉近與部屬的密切關係，所以採關聯作風 (related style)；最後在高 TO 及高 RO 的情況時，「統合作風」(integrated style) 的經理人則採兼具任務與關係的管理行為。

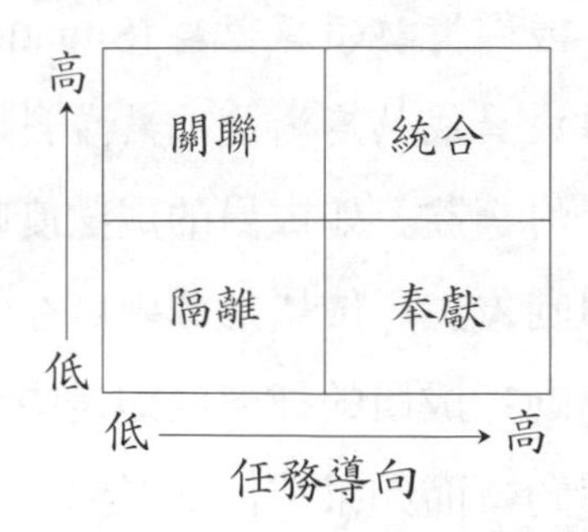

圖 10–12　雷丁的三層面領導作風

⑹效能較高的領導作風 (bureaucrat; benevolent; developer; executive)：

雷丁認為領導作風可適用於某一情勢，但換了另一情勢則不然。換句話說，效能是取決於情勢。而高效能的領導人則有四種 a.當情勢正適合用隔離作風時，高效能的領導人稱為官場人 (bureaucrat)，此種領導人重視規章制度。 b.當情勢適合用奉獻作風時，高效能的領導人為仁慈的獨裁人 (benevolent autocrat)，此種人不僅瞭解自己的欲望，並且知道如何滿足其需求。 c.當情勢適合用關聯作風時，高效能的領導人稱為執行人 (executive)，該者除了擅長於激勵員工外，並且喜愛「團隊管理」。 d.當情勢適合用統合作風時，高效能的領導人稱為發展人 (developer)，此類型的領導人不但非常信任員工，並且關心員工的發展。

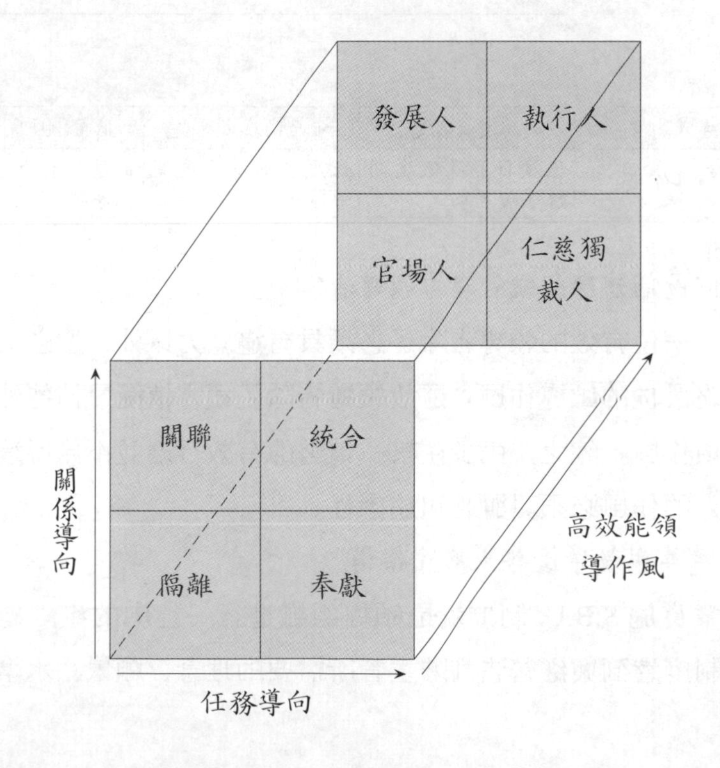

⑺領導壽命循環理論 (The Life Cycle Theory of Leadership)：

領導壽命循環理論，或稱情勢領導理論 (Situational Leadership Theory)，主要是主張當領導人所領導的成員成熟度漸趨成熟階段時，其領導行為的任務導向及關係導向也應有不同程度的調整。如成員的成熟度較低時，則領導人的作風就應以高任務導向和低關係導向為主；成員的成熟度在低至中度時，領導人作風應採取高任務導向及高關係導向；成員的成熟度如是中至高度的話，領導人的作風則採低任務導向和高關係導向；而如果成員的成熟度為高度的話，領導人的作風則以「無為而治」的低任務及低關係導向即可。

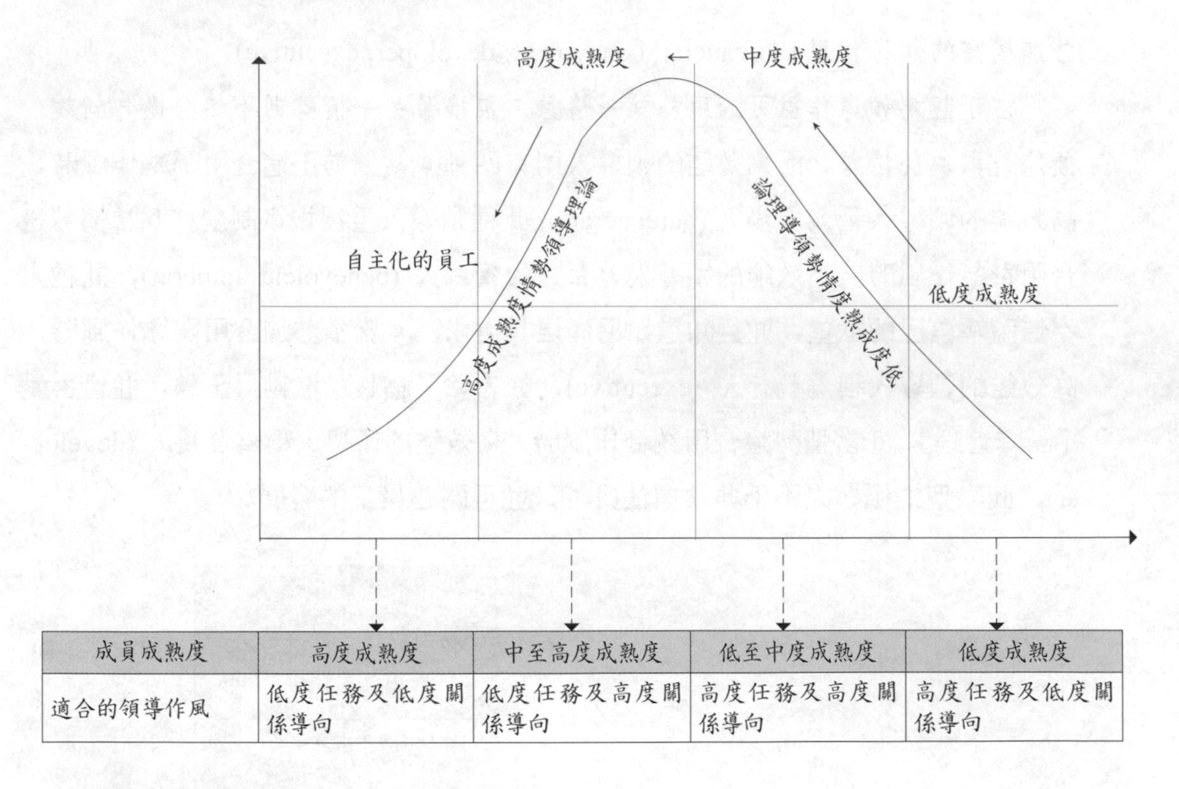

成員成熟度	高度成熟度	中至高度成熟度	低至中度成熟度	低度成熟度
適合的領導作風	低度任務及低度關係導向	低度任務及高度關係導向	高度任務及高度關係導向	高度任務及低度關係導向

⑻如何做個適應組織管理的領導者：

一位有效的領導者除了必須具有適應力以外，還必須能夠評估情勢，決定何者為最佳的領導作風。是故領導者除了須審慎衡量情勢外，還必須適當的表現出該項作風。總之，由於在某一情勢的有效行為並不見得適用於另一情勢，是故領導人的作風必須具彈性和適應性。

3. 組織變革與競爭優勢策略性架構

企業實施 S.B.U. 制度就是領導組織進行一連串的組織變革 (leading change)，使 S.B.U. 制度達到與經營者高階主管所需要的理念、願景、水準一致，也會使企業重新思索卓越水準所需的創業家精神、核心競爭力、策略性思考與選擇等問題。

圖 10–3 就是在說明考慮市場吸引力高、中、低與企業競爭優勢強、中、弱後，S.B.U. 組織變革如何擬訂正確的目標方向以利 S.B.U. 制度配合。

市場吸引力＼企業競爭優勢	強	中	弱
高	【保護競爭地位】 ・在最大可能範圍內投資以求成長 ・集中力量維持地位	【投資以建立優勢】 ・向領導者挑戰 ・建立選擇性優勢 ・強化弱勢領域	【選擇性建立】 ・在有限的強勢中選擇專精的領域 ・退出無發展潛力之領域 ・尋求克服弱勢的方法
中	【選擇性建立】 ・大量投資於最具吸引力市場區隔 ・培植競爭實力 ・提高生產力／加強獲利率	【選擇性管理盈餘狀況】 ・保護現行計畫 ・集中投資在獲利高而風險低的市場區隔	【有限度的擴張或收割】 ・尋找風險低的擴展機會，否則減少投資並強化作業合理化
低	【保護並加強集中力量】 ・維持目前盈餘狀況 ・集中力量於具吸引力之市場區隔 ・加強防衛力量	【維持盈餘狀況】 ・保護在最具獲利力之市場區隔地位 ・提升產品線水準 ・減少投資	【撤資】 ・趁早結束，以最高現金價值出售 ・裁減固定成本且避免投資

圖 10–13　市場吸引力、競爭地位投資組合分類與策略圖

4. S.B.U. 制度的建立與應用

(1)所謂 S.B.U. 制度：S.B.U. 乃是指企業機構中的一個組織單位，本身有一定的事業策略並且有一位負責銷貨及利潤的經理人負責。除了目標策略以外，S.B.U. 還具有以下特性：a.責任中心。b.完整的組織型態。c.激勵制度。d.能提供合理的業績目標與競爭策略。e.從成長率與達成率來提供績效獎金基礎。f.運用行銷與資訊強化公司競爭力與競爭優勢。g.大幅減輕部門主管日常運作的管理時間。h.績效的衡量基礎必須具客觀統計目標。實施 S.B.U. 制度講求的是如何透過清楚的組織目標、有效的激勵、充分的資訊進而提升組織戰鬥體的動能，達成量變到質變的目的。另外，一個公司也可視為若干由不同部門的小 S.B.U. 所組成的大 S.B.U.。

(2)如何考慮組織結構、員工特質、領導作風，建立具有戰鬥力團隊的 S.B.U. 制度。

要建立具戰鬥力的 S.B.U. 所必須的條件有:

a.在組織結構方面,必須有清楚的職權、權限和責任範圍劃分,並且落實充分溝通與組織文化的建立,使各小組成員間能形成全員經營、學習與成長的共識。

b.在員工特質方面,是否有考慮激勵制度能符合員工的期待?是否有充分授權讓員工參與決策過程,進而對公司產生認同感?

c.經理人是否樂於授權給員工,培養明日的高階層領導,並且就員工的成熟度,採取不同程度的領導作風,而不單只是過度注重以「任務」或「關係」為導向的作法。

(3)如何運用統計分析模式建立合理客觀的激勵模式:

a.二因素激勵理論的因素:

衛生因素(環境)	激勵因素(工作本身)
·金錢 ·督導 ·地位 ·保障 ·工作環境 ·政策與行政 ·人際關係	·工作本身 ·賞識 ·進步 ·成長的可能性 ·責任 ·成就

赫茲柏格在其發展的二因素理論認為員工對工作產生不滿的原因主要和工作環境有關,而滿意的原因多數和工作本身有關。他稱那些可以預防不滿的因素為「衛生因素」,帶來滿足的因素為「激勵因素」。衛生因素雖不能使員工產量增加,但是可預防因工作自限產量所帶來的績效損失,而激勵因素對於員工在職位上的滿足感有正效果,能促使產量增加。

b.期望理論:

佛羅姆 (Vroom) 在其期望理論中 (expectancy-valence theory) 認為激勵是來自於員工在完成目標後所獲得的報償或自覺可能獲得的報償。用數學關係代表,激勵為期望價、期望及媒具的相乘總和:

激勵 =Σ 期望價 × 期望 × 媒具

期望價 (valence):最後報償對於員工的吸引力

期望 (expectancy):對於達到目標所需付出的努力

媒具 (instrumentality)：對於所付出的努力與最後的報償之間的認知係數

換言之，一個員工能否得到激勵，主要是要看他對於所付出的努力會有何種結果，以及此結果所產生的報償對於該員工的吸引力高低而定。

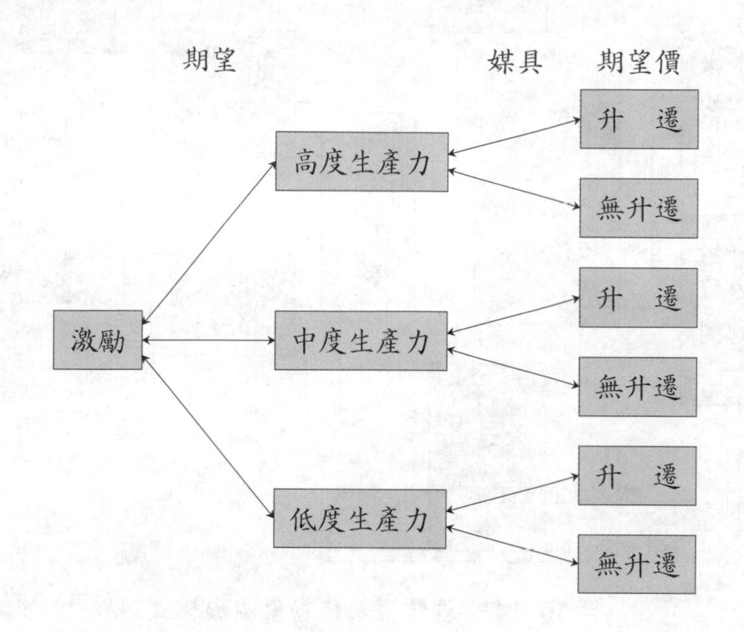

c.波特爾 (Porter) 及羅勒爾 (Lawler) 的激勵模式：

波特爾及羅勒爾在其所提出的激勵模式中認為員工是否受到激勵乃為：(a)當事人對於努力和績效之間關係的認知（係數 $E \rightarrow P$）。(b)當事人對於績效與結果間關係的認知（係數 $P \rightarrow O$）。(c)當事人對於結果的期望值 (valence) 等三種因素的交互結果。此三者所形成的激勵指數 ($=E \rightarrow P \times P \rightarrow O \times$ 期望值) 的高低代表員工個人的滿足乃為其所獲得報償的函數，而報償則是要先有績效才能獲得。

對於不同的 S.B.U. 單位，激勵方式有所不同。一個有效的激勵模式所用的績效評估基礎必須具備幾種特點：(a)可衡量性與數據化，使評估結果客觀化。(b)評估的基準必須是在責任單位可控制的範圍內。譬如說，如果是起因於外在環境的，如天災人禍等不可控制因素所導致的利潤損失則不應計入。(c)評估的項目、指標及方法應具備說明。(d)有順序性及權數觀點，對於業績或成長達成率已達上限的單位，給予更高的獎勵權數。(e)具激勵、回饋等性質，鼓勵員工不斷激發潛能。(f)具修正性，以利經理人在最後結果前仍有調整的空間。

5. S.B.U. 制度的內部管理與外部管理

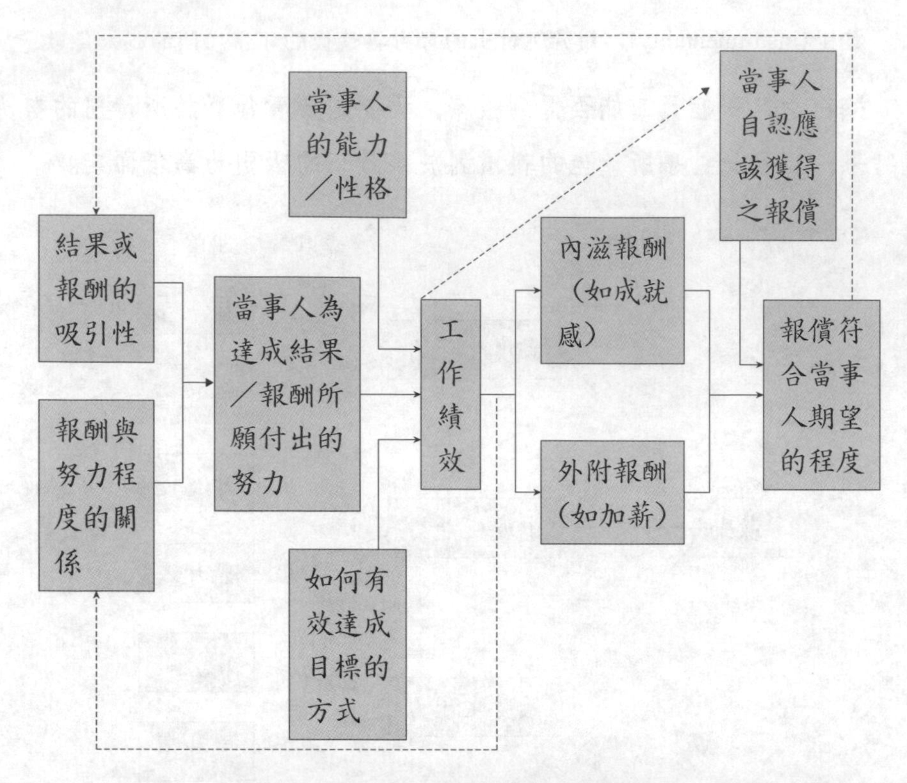

圖 10–14　波特爾及羅勒爾激勵模式

S.B.U. 的內部管理必須考量到組織內部的包括架構 (structure)、作業系統 (system)、競爭策略 (strategy)、組織技能 (skill)、組織作風 (style)、組織價值 (shared value) 及員工素質 (staff) 等七種因素。內部管理是一種透過組織目標與策略清楚、部門作業協調順暢、領導人與員工對於企業文化一致化，進而激勵員工表現更佳的管理方式。其所產生的結果不僅是企業的營運基準，並且是如何面對外來不確定因素中所能夠持續成長的主因。外在管理主要是如何能夠控制由包括不確定性 (uncertainty)、賽局 (game theory)、代價 (pay-off)、進入障礙 (entry barrier)、動態性 (dynamic) 及極大化 (maximize) 等外部變動因子所產生的衝擊。

6. 直線與幕僚的 S.B.U. 制度設計

一線（業務）S.B.U. 單位制度的設計主要是考量業績與效果並重，並且慢慢的從「業績導向」走入「業績與經營管理並重導向」,「效果導向」移向「效果效率並重導向」。經理人的主要任務是先以增加市場佔有率、達成業績目標為主，然後再將管理的重點放在如何有效的運用組織資源達成效果效率並重的最終目的。

雖然幕僚（行政）單位主要的任務為提供分析資料及諮詢給直線主管下決策或指

揮之用，不過 S.B.U. 的設計方式卻可以水平責任的配合度予以考核。譬如說，業務助理雖然不須承擔業績的壓力但卻可以承辦業務金額的某個百分比計算業績。採購部門以外購品佔出貨量的比率，會計部門則可用降低成本的多寡作為計算的基準。

7. 不同的 S.B.U. 如何實施轉撥計價

不同部門間的轉撥計價制度雖然有利各 S.B.U. 的獨立績效評估，但是卻需克服損益的負相關性。譬如說，採購部門希望是以市場價格計算，但是業務部門卻希望成本越低越好。是故，雙方必須就如何是可接受的價格協商，並且決定產品到底是要外購還是自製。理想的內部轉撥計價還需具有三項特質：

- 內部轉撥計價應有助於管理高層對於資源的分配利用，以此達到企業利潤最大化的目標。
- 內部計價必須是能讓各部門認為是一種合理並且可行的績效衡量基準。
- 實行轉撥計價應使企業及部門的利益皆達成最大化。

8. 不同的 S.B.U. 單位如何串聯具有爆發力的命運共同體

不同的 S.B.U. 單位雖然背負不同優先順序任務，但是如果把一間公司視為一個大的 S.B.U.，各部門主管除需要時常溝通、協調以外，高層領導人並需以組織的策略目標做出資源的平衡運用。如果企業的短期目標是以市場佔有率最大化為考量，則實行利潤導向的做法便不適。換言之，各部門主管除了必須保持部門與公司目標的一致化外，並需就隨時可能因為外在因素而改變的目標扮演其職權賦予的更大角色。

9. S.B.U. 制度的個案探討流程

(1)生產部、行銷部、工程部、管理部 S.B.U. 組織管理架構建立。

(2)責任中心、利潤中心如何導入各大部門。

(3)在 GM 領導下，S.B.U. 制度下，各大部門如何分工合作。

摘要

1. 利潤中心制度源起、意義、觀念性說明與相關觀念：①利潤中心制度意義：a. 責任中心種類之一。b. 利潤最佳化考量。c. 公司策略與組織結構的配合。②利潤中心的觀念性說明：③利潤中心的相關觀念：a. 責任中心制度。b. 必要組織管理制度。c. 總公司經營目標導向的事前指引、事後控制。d. 接受激勵、學習成長、全員經營的組織環境。e. 以目標決策及磨練機會過程，培養階段性高階主管。f. 利潤中心部門有獨立控制管理能力，以達到經營目標並彈性控制。g. 利潤貢獻分配的必要誘因與持續性。h. 會計費用與期間認定具成本與收入配合原則。④責任中心制度的源起：a.全面性的管理控制制度。b.機動調整策略之機會、資源發揮最高經濟效率、整體目標。c.組織規模擴大或多角化經營發展的經營決策人才需求。d.解決人才流動率過高的學習組織空間。e.透過權責相稱的授權分權理念，高階決策者的管理效力再生。f.創造企業利益極大的責任中心制度運轉。

2.責任中心制度的特質：人員對組織的依賴性及無目標性的消弭；明確的權責劃分及與績效相對應；不抵銷企業整體利益為前提下，追求部門本身績效極大化；可定期性評估以供機動調整的回饋性；降低主觀判斷的會計衡量制度；與獎懲制度結合運作，以滿足部門的成就需求動機；結合管理學、組織行為學、組織心理學、管理會計、目標管理、應用統計學、資訊管理等綜合性實務；強化企業競爭力：融入、落實、彈性。

3.責任中心制度之類型、組織結構、實施關鍵因素：①責任中心運作的五種型態：a.成本中心：成本功能、理想產量、適當獎勵。b.收益中心：理想的產品組合、正確的價格數量。c.費用中心：固定服務的成本最小化；固定預算的服務最大化。d.利潤中心：建立理想獲利水準下的顧客組合。e.投資中心：最佳投資組合、最高投資報酬率、最好附加價值。②組織結構設計與責任中心型態的組合關係：a.奎恩與羅博富的一般組織理論架構（理性目標模型：責任中心組合以目標達成為主要考慮；開放系統模式：責任中心組合以成長擴充為主要考慮；內部過程模式：責任中心組合以各部門協調為主要考慮；人群關係模型：責任中心組合以提高人力資源為主要考慮。）b.責任中心組合的職能分權（提升專業化、工作經濟效率；部門僅是企業經營過程相連的階段之一；生產部的成本中心，營業部的收益中心，行政部的費用中心考量。）c.責任中心組合的聯邦式組織結構（產品別或地域別的獨立經營事業部；利潤中心或投資中心的經營事業部；客觀性績效評估需併入環境動態性。）d.有效的責任中心型態實施考慮（組織結構、行業特性、環境變化、管理理念；部門權責範圍、規範、層次。）③責任中心制度實施完備的關鍵因素：a.組織方面（獨立、自主的管理能力：明確的職掌、權限、責任劃分；責任歸屬與利益分配可反應部門實際經營的管理意義；充分的溝通以深植責任中心理念於組織共識理念；自發的全員經營、學習、互動成長組織環境。）b.人員方面（企業決策階層的支持：充分授權、激發性的獎勵制度；部屬的認同：成就需求動機的產生。）c.技術方面（績效評估基準決定：以組織的特質、機會點、未來的企圖性等，做多元化考量；績效評估基準的特質：可衡量性、數據化、可控性、被理解性、有順序性或權數觀點、有激勵性、回饋與修正性。）④責任中心制度的實施：a.責任中心推動小組的建立架構與教育訓練規劃階段圖（責任中心推動小組組織架構；漸進性與適應性目標的教育訓練規劃階段。）b.責任會計制度的建立（責任會計制度與一般傳統會計制度的區別；具備決策、回饋、調整的時效性；依部門化、可控項目、不可控項目的類別區分；反映平行各部門及各責任層次績效。）c.內部轉撥價格的建立（損益負相關性的問題克服；資源的分配：企業利潤策劃的主要問題；績效的衡量：各部門主管人員的合理性可行性認知；目標一致：整體利益最大下的部門利益極大。）

4. 從利潤中心制度探討市場策略對行銷之利潤影響：①考慮內部行銷與外部行銷對業績目標互動性影響。②事前性意義大於事後意義的行銷功能。③市場佔有率觀點與利潤極大化的短中長期均衡點、平衡點。④成長率的觀點大於達成率觀點的行銷部門效果角度。⑤簡易損益表角度的行銷利潤中心利潤因素：a.折扣率：市場策略的直接、間接目的。b.銷貨成本與業績變化的函數關係觀點。c.具前瞻性策略性的營業費用、管理費用目標預算。d.分攤費用可運用平均數、費用結構、人數佔比等考慮。e.設定退貨標準，適度管制。⑥市場策略對行銷利潤中心的重要性意義：a.市場地位短中長期變化性與穩定性的重要關係。b.綜合思考市場策略在行銷組合與利潤中心制度的關係、關聯性、互動性。c.費用與成本觀點：規模經濟的報酬遞增觀點。d.利潤中心 S.B.U. 與 PIMS 的結合思考。e.最適市場佔有率與最適獲利率必須做結合性思考。f.高市佔與高利潤的產生條件（單位成本隨市佔增加而下降；改良產品的收入大於支出。）g.市場佔有率提升時，必須特別注意消費者、消費意識的問題。h.市場導向策略規劃：有效整合組織目標、資源、變動市場機會的管理程序（規劃階段：策略計畫、資源配置、策略事業單位規劃；執行階段：運用 Mckinsey“7S”架構瞭解組織環境與市場變化的動態性改變；控制階段：責任中心制度觀念的控制。）i.策略管理觀點（各事業部 S.B.U. 化；BCG 與 life cycle 的 S.B.U. 角色定義；合適的責任中心制度；PIMS 觀點；資源配置策略。）

5. 從企業診斷觀點談企業實施責任中心制度，如何維持正常營運水準：①企業可能發生的潛在危機：a.產品服務無法滿足消費者多樣需求。b.市場成長機會與空間逐步衰退遞減。c.產品生命週期縮短無相對應差異化策略。d.財務結構無法兼顧收益性、安全性、風險性。e.經營體質調整能力日趨薄弱。f.總體經營環境變動無相對之預應方法。g.組織素質無法提升，劣幣驅逐良幣。h.經營風險，不可預測因素增多。i.經營觀念囿於己見，無法隨組織變遷、成長需要而調整。j.經營結構老化，不能創新、革新。k.企業內部供、需不協調，影響對外經營競爭力。l.各部門無法整合協調配合，無法產生綜合效果。m.高級幹部無法隨組織成長而調整，成為發展瓶頸。n.負債、股東權益、資產比率評估過於樂觀或保守的財務槓桿失衡。o.收益與成本的預測與評估不準確，影響企業運轉基礎。p.損益平衡經營觀念無法反映公司政策需要。q.成本結構無規模經濟效果或平均成本上升，造成報酬遞減。r.資源與策略無一致性，造成投資報酬率或邊際收入遞減。s.勞工意識高漲，企業無法有效加以管理。t.因小失大的機會損失，爭取顧客的機會卻放棄掉等問題。②從經營管理角度探討企業診斷重點：a.企業診斷的意義與步驟（建立診斷所需之經營指標；針對缺口、缺失進行經營分析；針對診斷問題進行瞭解、調查；歸納診斷問題之重點與方向；付諸行動；產生績效。）b.從經營角度看企業問題如何診斷分析（何謂經營問題：短中長期的未來發展；根據外在環境的動態發展調整經營策略；經營問題的特質：決策性的特質、方針、效果性質、事前性策略規劃；如何有效的診斷經營問題：建樹又見林的觀點角度；水平思考的波定效果；持久性與顯著性。）c.從管理角度看企業問題如何診斷（何謂管理問題：應收帳款效率、多元折扣方式、企業各部門薪資標準；管理問題特質：效率的性質、事中、事後的控制；有效的診斷管理問題：管理與經營的差異觀點、偏重垂直思考方式、標準的設定與缺口彌補。）d.企業問題診斷的未來發展趨勢（外部問題診斷重點：change; competition; complexity；內部問題診斷的重點：預應式觀點的經營指標、創造競爭優勢的經營分析、定量定性分析的問題調查、線上決策應用的診斷重點、持續漸進的行動投入、診斷文化的績效產出。）③企業診斷常用的計量分析技術：a.行銷診斷分析技術。b.財務診斷分析技術。c.生產診斷分析技術。d.研究發展診斷分析技術。

6. 策略性事業單位的建立與制度運用：①組織部門管理：a.組織部門劃分（職能別的狹窄視線；產品別的過度自主困擾高層；地區別的不易管控；常態的混合式設計。）b.組織的分權與授權（分權化的程度高低相對概念；高階領導人的策略決策制定；低階經理人的激勵與責任感；監督的官僚成本下降；分權與授權的不同；授權部屬的程序；寬闊控制掌握事情的進度。）c.管理幅度結構與扁平式組織結構（高架式結構：環境穩定，不確定性低；扁平式結構：動態環境，不確定性高。）d.正式組織與非正式組織的應用（非正式組織為正式組織之輔；激發組織士氣的應用；有利的組織氣氛，以達成兩者的目標與期望。）e.矩陣式組織與專案組織的應用（專案組織：臨時性質、特定目的、非熟悉任務、活動依存複雜、盈餘虧損大；矩陣式組織：專案結構與職能結構的混合型態、水平又垂直的組織結構。）f.適應式組織與權變的組織設計（適應式組織：假定開放系統的動態環境，人員、任務及環境的關聯配合；自由形式結構：情勢管理、成本中心、面對變動的管理；權變的組織設計：情勢、經理人、部屬、任務、環境的影響力交互作用。）②有效的領導者：a.性格與情勢對領導者的影響。b.人情與制度兩構面影響模式。c.考慮對人關心度與對事關心度的領導模式（管理格道主張有效管理者注重對人與對事的關心度均佳；權變理論的配合情勢說。）d.領導效能的權變模式（世上無最佳的領導作風；有效的領導效能需考量三項情勢變數。）e.考慮任務導向與關係導向的領導作風（管理三層面理論；隔離、奉獻、關聯及統合的四種作風。）f.效能較高的領導作風（隔離作風情勢：高效能的官場人；奉獻作風情勢：高效能的仁慈獨裁人；關聯作風情勢：高效能的執行人；統合作風情勢：高效能的發展人。）g.領導壽命循環理論：領導行為的任務導向與關係導向依組織成員成熟度調整。h.如何做個適應組織管理的領導人：評估情勢、彈性、適應性。③組織變革與競爭優勢策略性架構：a.實施S.B.U.制度的組織變革意義。b.考慮市場吸引力與企業競爭優勢的S.B.U.目標方向策劃。④S.B.U.制度的建立與應用：a.透過組織目標、有效激勵、充分資訊提升組織動能，達成量變到質變的目的。b.建立具戰鬥力的S.B.U.所必須的條件（具全員經營學習成長共識的組織結構；有效對公司產生認同感的激勵制度；情勢領導，而不單只是過度注重任務或關係導向。）c.運用統計分析模式建立合理客觀的激勵模式（赫茲伯格的兩因素激勵理論；佛羅姆的期望理論：激勵＝Σ期望價×期望×媒具；波特爾及羅勒爾的激勵模式；有效激勵模式所用的績效評估基礎特點。）⑤S.B.U.制度的內部管理與外部管理：a.內部管理的"7S"：架構、作業系統、競爭策略、組織技能、組織作風、組織價值、員工素質。b.外部管理的衝擊控制：不確定性、賽局、代價、進入障礙、動態性、極大化。⑥直線與幕僚的S.B.U.制度設計：a.「業績導向」走入「業績與經營管理並重導向」。b.「效果導向」走入「效果效率並重導向」。c.幕僚單位的水平責任配合度考核。⑦不同的S.B.U.如何實施轉撥計價：a.損益負相關性的問題克服。b.資源的分配：企業利潤最大化的目標。c.績效的衡量：各部門主管人員的合理性可行性認知。d.目標一致：企業整體利益最大化下的部門利益極大。⑧不同的S.B.U.單位如何串聯具有爆發力的命運共同體。⑨S.B.U.制度的個案探討流程。

習題

1. 完整的行銷部門必定包括直線營業部門與後勤支援部門，如企劃部門、管理資訊部門、配送部門，站在利潤中心制度意義與方法。

  ⑴直線部門與後勤支援部門利潤中心獎勵考慮的因素有何不同（在完整的行銷部門中）?

  ⑵能否以簡單數學模式，按所假設的權數，建立行銷部門利潤中心獎金計算模式?

2. 如果以費用控制為利潤中心要素之一，則行銷部門費用控制與生產部門費用控制站在利潤中心精神方法，其考慮有何不同?

3. 責任中心有成本中心、收益中心、費用中心、利潤中心、投資中心，若以組織結構組成要素來考慮，則是否可舉例說明哪一種型態組織適用哪一種責任中心方式?

4. 若以損益表的概念，以銷貨毛利與銷貨淨利在建立利潤中心制度方式時，須考慮因素有何不同的地方?

5. 以簡單的損益概念，說明行銷部門建立利潤中心制度，所考慮的因素有哪些？其重點為何?

6. 能否以此章精神與實例嘗試為便利連鎖店建立：

  ⑴管理科學方法的管理模式。

  ⑵對於連鎖點管理，業績的達成率與成長率，如何設立思考模式?

  ⑶廣告與促銷費用如何建立分攤模式?

7. PIMS 與 S.B.U. 觀點對行銷利潤中心的影響為何?

8. 如何降低損益平衡點的位置?

9. 利潤中心在運用時，若損益平衡點高時，如何進行合理性修正?

第十一章
國際行銷

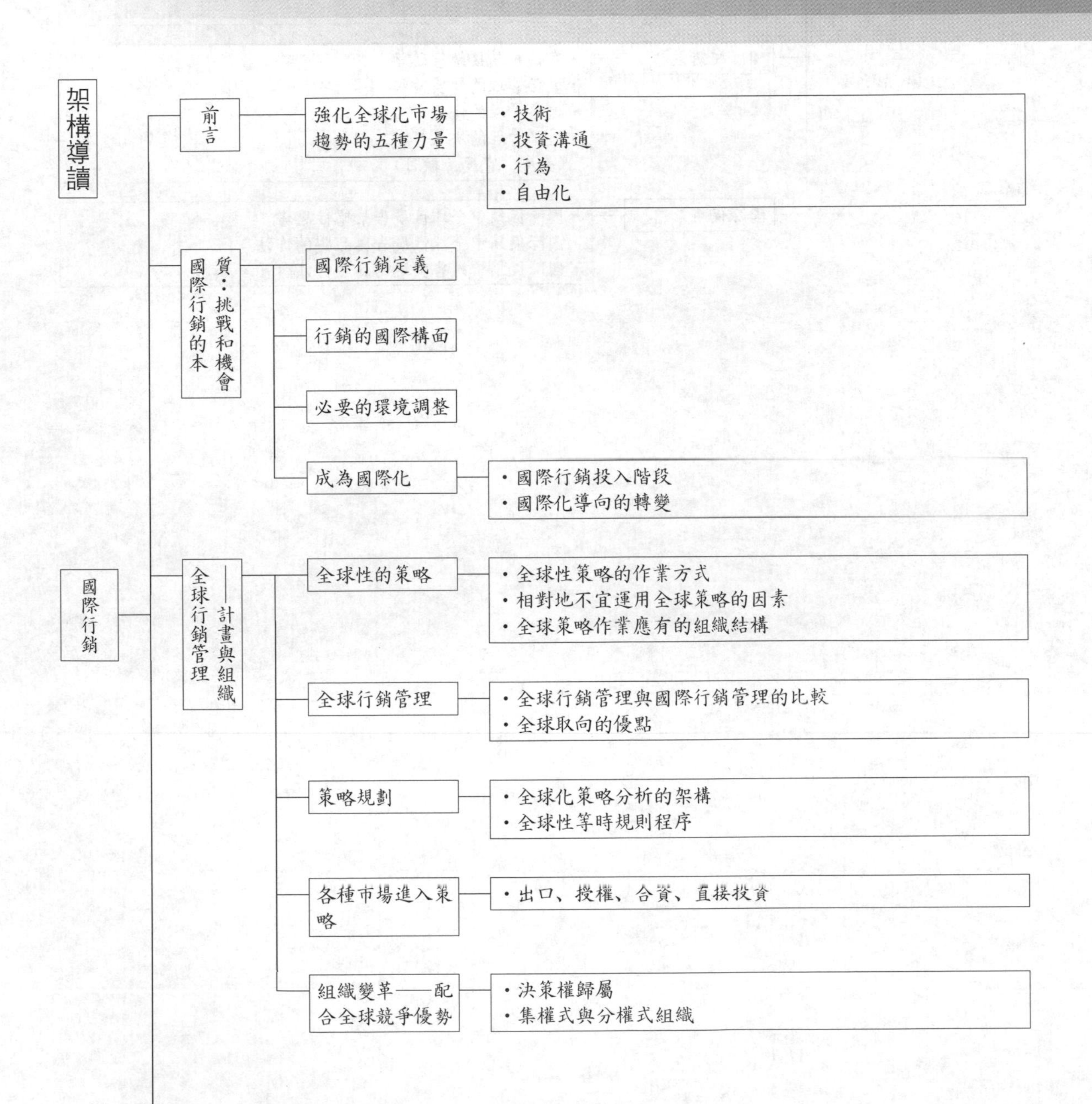

架構導讀
國際行銷
前言
強化全球化市場趨勢的五種力量
・技術
・投資溝通
・行為
・自由化
國際行銷的本質：挑戰和機會
國際行銷定義
行銷的國際構面
必要的環境調整
成為國際化
・國際行銷投入階段
・國際化導向的轉變
全球行銷管理——計畫與組織
全球性的策略
・全球性策略的作業方式
・相對地不宜運用全球策略的因素
・全球策略作業應有的組織結構
全球行銷管理
・全球行銷管理與國際行銷管理的比較
・全球取向的優點
策略規劃
・全球化策略分析的架構
・全球性等時規則程序
各種市場進入策略
・出口、授權、合資、直接投資
組織變革——配合全球競爭優勢
・決策權歸屬
・集權式與分權式組織

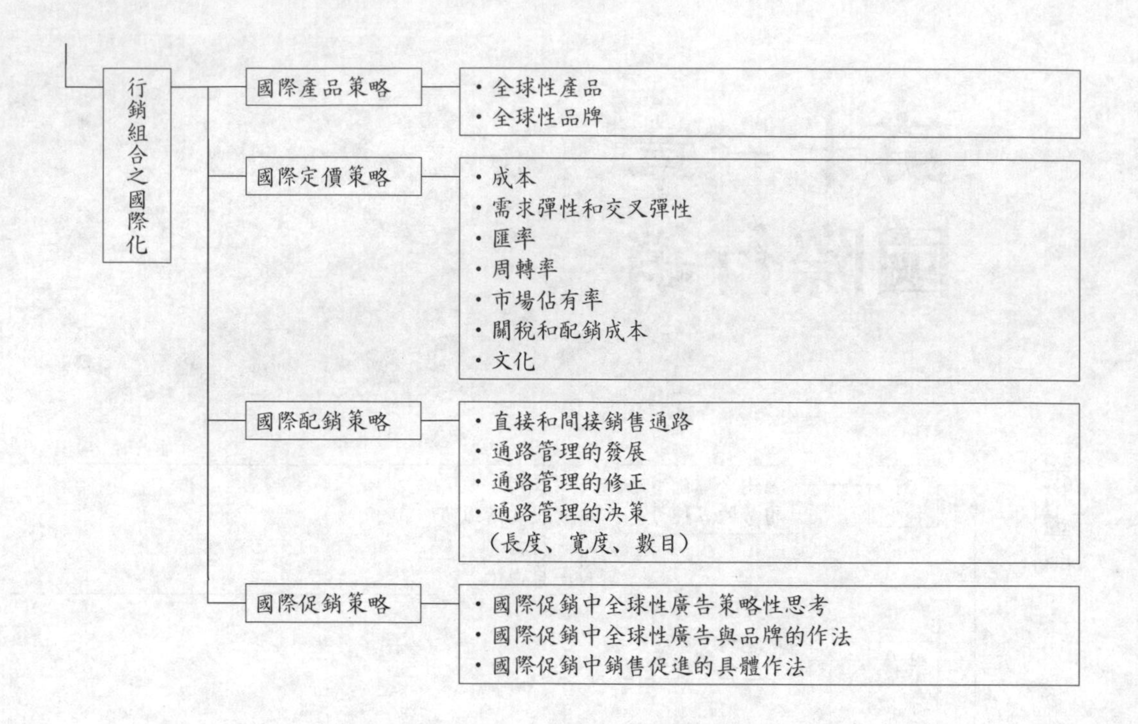
行銷組合之國際化
國際產品策略
・全球性產品
・全球性品牌
國際定價策略
・成本
・需求彈性和交叉彈性
・匯率
・周轉率
・市場佔有率
・關稅和配銷成本
・文化
國際配銷策略
・直接和間接銷售通路
・通路管理的發展
・通路管理的修正
・通路管理的決策
(長度、寬度、數目)
國際促銷策略
・國際促銷中全球性廣告策略性思考
・國際促銷中全球性廣告與品牌的作法
・國際促銷中銷售促進的具體作法

別擋路。不要想以管制或關稅來抵抗這個新紀元，在此新紀元裡，每個已開發國家裡的每一個人都有同等權利製造、獲得及擁有世界上最好的產品。

大前研一（日本 Mckinesy & Company 國際諮詢公司總經理）

就國際行銷觀點，如果策略並非奠基於某種程度的創造性意義，那麼它就只是競爭者策略的翻版而已。這種策略可能會贏得某些戰役的勝利，但它們很可能是犧牲慘重的勝利。只有那些擁有創業性策略的公司，才會贏得整個戰爭。

Liam Fahey（美國策略規劃管理月刊創辦人）

第一節　前　言

大前研一，日本 Mckinesy & Company 國際諮詢公司總經理，曾在所著的《無國界的世界》(*The Borderless World*) 一書中說明在政治地圖上，國與國之間的疆界清楚一如往昔，但在競爭的地圖上，一張顯示金融與產業真實動向的圖，這些疆界大致已消失了。大前研一認為，今日工商的中心事實是消費者主權的出現，產品的品質得以全球市場的標準來衡量，由購買的人決定，而不再是由製造者決定。並指公司必須著眼於全球市場，分權的世界，也必須比以往更留心於消費者真實需求。並認為在沒有國界的環境下，想做有效的經營必須十分注意地把價值交給顧客，而對顧客的身分和需求發展出等距離的觀念。

美國西北大學企研所教授 Philip Kotler 在其所著之 *The New Competition* 一書中提到：時至今日，已有一些觀察家稱呼下個世紀為「太平洋世紀」，因為他們觀察到，在世界總生產毛額 (world's GNP) 裡，這一個地區所佔的比例愈來愈大。

由於西方人的志得意滿，使得它自己必須對市場地位的喪失擔負起一部分責任。而它對於日本挑戰的因應，仍然是浮面不恰當的。歐美公司必須開始嚴肅地面對這項挑戰，並對於這項「新競爭」加以研究。這項新競爭擁有下列特性：(1)一群非常聰明，訓練有素，且技術純熟的勞動人口，正以低於西方人的工資努力工作。(2)勞資雙方的合作關係。(3)這些國家所採取的手段和高科技導向，使它們能夠在西方的主力產業裡，與西方國家一較長短。(4)擁有願意接受較低的投資報酬率，以及相當長的回收期間之資金來源。(5)政府指導和補貼企業，以輔佐企業的成長。(6)通常是相當明顯地——有時候是微妙地——保護國內市場。(7)對企業與行銷策略抱持著相當精密的觀念。

強化全球化市場趨勢的五種力量

以下是五個促成全球化市場及整合性全球市場策略的主要力量：

1. 技術 (technology)

快速發展的技術導致產品生命週期的縮短，創造了以全球性觀點看待市場的需求。在 1990 年初期，新一代傳真機所採用的新技術至少可以持續兩年，才被下一代的新產品完全取代；然而，到了 1990 年代中期，這個每兩年一次的循環已經被知名的製造商（如日本的 NEC）壓縮成六個月。快速的步調逼使製造商不得不將新產品趕快推出到全球市場，以便在下一個科技循環來臨之前，獲取最大的銷售利潤。

2. 投資 (investment)

公司對於產品研發和製造的持續投資也帶給自己一些壓力，公司不得不以廣大地理區域的視野來看待市場。福特 Ford 汽車公司銷於全球市場的 Mondeo 車款，耗費公司將近 70 億美金的成本在研發與試產活動上；在如此鉅額的投資之下，福特 Ford 將全世界所有中型車的市場皆視為其 Mondeo 車款的市場，並期望這些市場能讓公司的鉅額投資逐步回收。同樣地，當開發每一種新藥品需要耗費公司 3 億美金時，藥品公司當然希望藉由全球市場的廣大優勢，能讓這些鉅額的投資趕快回本。

3. 溝通 (communication)

源自於語言和距離的溝通障礙正在降低，因此也造就出另一全球化的新力量。由於通訊科技和網際網路的新技術，矽谷的軟體可外包由俄羅斯或是印度的程式設計師撰寫，這種情況在幾年前幾乎是不可能實現的。同樣地，全球許多的圖書愛好者也正透過網際網路的方式，向美國網路書店亞馬遜 Amazon 訂購書籍，這也歸功於 Amazon 知識性的網站設計與便利的訂單處理系統。這些例子都促使公司以全球化的角度思考品牌溝通方式，而不是只站在本土或區域市場的角度。“Intel Inside” 品牌活動所造成的廣大迴響，就是全球品牌力量的最大展現。

4. 行為 (behavior)

消費者行為遍佈於全球，因此以行為特質來區分顧客區隔，比起以地理區域來區隔有效得多。持續的都市化趨勢、可支配所得的提高、接觸國際媒體的機會增加（包括衛星電視與電影），這些因素都使得世界各地的消費者越來越相似。許多公司利用全球市場區隔興起的優勢而創造出佳績，例如傢俱零售業的宜家 IKEA、化妝品業的美體小鋪 Body Shop、速食連鎖龍頭麥當勞 McDonald's、時尚品牌班尼頓 Benetton。有關於 Ericsson 易利信的全球品牌造勢活動個案中，說明了 Ericsson 公司如何藉由確認五種同質性極高的全球消費者區隔，在行動電話市場上將其品牌優勢發揮到極致。易利信 Ericsson 和其他公司都是專注在同一消費者區隔，此一區隔的消費者擁有相同的生活方式、具有共通的價值觀、願意花錢在相似的產品和服務上。圖 11-1 顯示一份全球消費者區隔的研究結果。

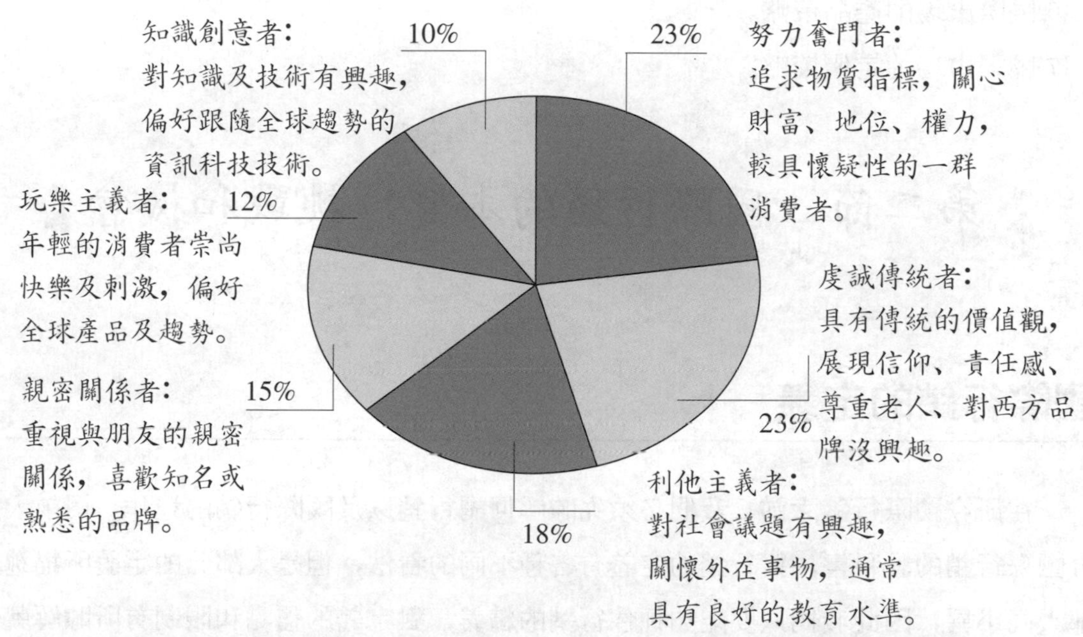

資料來源：引述自 1998 年 6 月 26 日的 *International Herald Tribune*《國際先鋒論壇報》，標題為 "Global Consumers:Birds of a Feather"，Stuart Elliot 報導。

圖 11-1 全球消費者價值觀區隔的研究結果

5. 自由化 (liberalization)

近幾年的世界經濟市場趨向開放，北美自由貿易協定 NAFTA 及歐洲聯盟 EU 都是區域性的協定，目的在打破過去保護主義的經濟體制，並創造出高度自由化的經濟。世界貿易組織 WTO 也有相同的使命：透過各國政府之間的協議，使得各國本土市場的經濟能更開放。自由化雖然打開過去封閉的市場，但不僅創造出更多國際間的競爭，也凸顯了一個事實：企業長期的成功根植於企業在全球市場長久的存在。因此，前東歐國家、亞洲、拉丁美洲等國家都會發現龐大的外國投資成長。自由化也創造了整合性的企業策略。舉例來說，從上游的產品開發活動與供應鏈管理活動，到下游的行銷與銷售活動，ABB 艾波比公司的全球事業單位將全世界視為一個單一市場來管理。

故本章將在此理念的前提下，讓讀者瞭解：

⑴國際行銷的本質：挑戰與機會。

⑵全球行銷管理：計畫與組織。

⑶行銷組合如何國際化。

⑷國際市場的配銷策略。

⑸國際市場的促銷策略。

⑹國際市場的產品策略。

⑺國際市場的定價策略。

第二節 國際行銷的本質：挑戰和機會

國際行銷的定義

在研究國際行銷之前，我們必須先瞭解何謂行銷以及國際行銷的運作。目前大部分國際行銷的教科書，對行銷的定義有各種不同的看法，但是大部分的定義所描述的都大同小異，因此我們只要能夠抓住行銷的精義，對定義的優點和限制有所瞭解就可以了。

數十年來使用最普遍的不外是美國行銷協會 (American Marketing Association, AMA) 對行銷之前的定義：「將商品和服務由生產者流向消費者或使用者的企業活動。」因此有些學者便將國際行銷定義為：「在一個以上國家，將商品和服務由生產者流向消費者或使用者的企業活動。」雖然 AMA 的定義不失其用途，然而仍不免有些限制，尤其當其定義擴及國際行銷時，更曝其短。

第一個缺點是該定義將行銷活動範圍限於「企業活動」。另一個缺點是假設產品早已完成，等待出售。但是大部分情況，廠商在生產產品前必須決定消費者的需要。也就是說，該定義的導向是「我們出售我們製造的產品」(we sell what we make)，但實際上應該為「我們製造我們所要販售的產品」(we make what we sell)。產品雖然已經出售，但是行銷功能尚未終止。消費者對售後服務的滿意程度對產品的續購率非常重要。例如亞洲進口商和使用者就經常抱怨，美國廠商出售設備以後沒有提供完善的售後服務和出售備用零件。

另一項缺點是 AMA 的定義過度強調地點或配銷通路而忽略了其他行銷組合要素，因此許多廠商以為只要將產品由一國出口到另一個國家即是所謂的國際行銷。即使加上「在一個以上國家」仍然無法彌補原定義的缺點。更甚者，這段敘述恐有誇大強調各國之間相似性的嫌疑，以為國際行銷只是在各國重複執行同樣的策略。

AMA 在 1985 年重新修訂行銷的定義，克服了大部分的缺點。擴充後的國際行銷定義如下:「以多國規劃並執行創意、產品及服務的概念化、定價、促銷與配銷活動，透過交換過程，滿足個人和組織的目標。」我們只在新定義加上「多國」的描述即可，表示行銷活動在幾個國家進行，並隱含這些國家的行銷活動彼此互相協調。

當然這個定義並非全然沒有限制。該定義強調個人目標和組織目標之間的關係，事實上，它排除了組織與組織之間交易的工業行銷。但在國際行銷的領域中，政府、準政府機構，無論追求利潤與否，在國際活動中都扮演吃重的角色，因此這個定義忽略了工業購買的重要性。

然而這個定義也提供了不少優點，它能夠將國際行銷的重要特性顯現出來。第一，該定義明白的告訴我們交換的產品不限於有形商品，還包括概念和服務。例如聯合國對於出生率的控制、以母乳哺育等概念的推廣即是一種國際行銷。同樣地，服務和無形產品也適用於該定義，如航空飛行、金融服務、廣告服務、管理顧問、行銷研究等等，這些活動對於國際收支平衡表 (balance of payment) 的影響亦是深遠。

第二，國際行銷的活動不再限於市場或企業交易，對於非以利潤追求為主要目的的國際行銷活動亦不得忽略。例如美國伊利諾州政府提供價值 2.76 億美元的租稅優待和直接補助給克萊斯勒和三菱合設的工廠；而為了吸引馬自達前來投資，豐田從肯塔基州政府獲得價值 1.5 億美元的優待。

第三，這個定義說明了廠商先生產產品再尋找買主並不適當，與其為現存產品尋找消費者，不如先瞭解消費者的需要，再根據消費者的需要去生產產品是比較適當的。若想涉足外國市場，產品也必須作適度的修改，或者以新的方式滿足外國的需求（為海外市場特別創造新的產品）。例如馬自達知道不能以原產的日本車行銷美國市場，必須設計符合美國買主需要的車型，因此雖然 Miata（一種跑車）是在日本生產製造，但在美國南加州普獲好評。

第四，該定義明示了地點或分配只是行銷組合的一部分，市場間的距離和其他行銷組合要素同樣重要。地點、產品、促銷和價格——行銷組合 4P——必須整合及協調，才能產生最具效率的行銷組合。

行銷的國際構面

瞭解國際行銷概念的一個方法是探討國際行銷和國內行銷、外國行銷、比較性行銷、國際貿易和多國行銷的異同。國內行銷 (domestic marketing) 是在研究者和行銷者的母國進行行銷活動，從國內行銷的觀點來說，在母國市場以外的市場從事行銷活動便為外國行銷，因此所謂外國行銷 (foreign marketing) 指的是在母國以外的某一國家進行營運。例如就美國公司而言，在美國行銷即為國內行銷，在英國行銷即是外國行銷；就英國公司而言則剛好相反——在英國行銷是國內行銷，在美國行銷則為外國行銷。

至於比較性行銷 (comparative marketing) 其目的在於強調兩個或兩個以上國家之間行銷制度的異同，而非探討某一特定國家的行銷制度。因此比較性行銷主要的研究範圍涉及兩個或兩個以上國家，並且針對這些國家所使用的行銷方法予以分析比較。

國際貿易為商品和服務在不同國家之間的流動，強調商業和貨幣條件對國際收支平衡表和資源移轉的分析。國際貿易是站在國家的立場對市場提供總體的評估分析，對個別公司的行銷並未予特別的注意。而國際行銷則是以個別公司為分析單位評估個別市場，重點在於分析產品在國外的存滅以及國際行銷如何影響產品成敗。

有些學者特別強調國際行銷 (international marketing) 和多國行銷 (multinational marketing) 的差異，從字面意義上來看，國際行銷著重國與國之間的行銷活動，隱含廠商並非站在世界的立場，而是從母國的基礎來營運。因此這些學者比較偏好多國（全球或世界）行銷這個名詞，以世界市場和全球機會的觀點而言，無所謂國外和國內的區別。

另一方面，有人以為國內行銷和國際行銷本質上很相似，只是範圍不同罷了，也就是說國際行銷和國內行銷並無不同，只是國際行銷的範圍比較大。這種錯誤的想法導致許多公司進入國外市場時僅直接延伸其在國內的行銷組合而已。見圖 11-2。國內行銷在國內市場只面臨一組不可控制因素，而國際行銷就複雜得多了，行銷者在不同國家所面對的是更多不同的不可控制因素：不同的文化、法律、政治、貨幣制度。例如一些政府便會透過法律來限制外人直接投資。

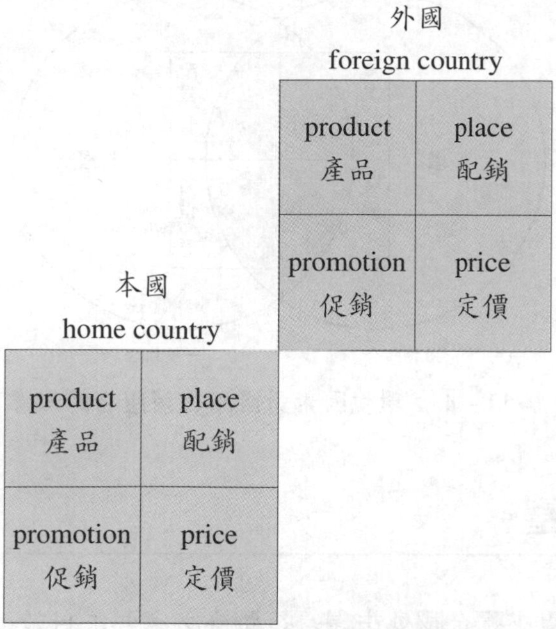

外國
foreign country

product 產品	place 配銷
promotion 促銷	price 定價

本國
home country

product 產品	place 配銷
promotion 促銷	price 定價

圖 11–2　本國行銷組合的延伸

圖 11–3 中有三組的環境因素互相重疊，表示這些國家有相同的交集。當然我們可以預期得到美國和西歐重疊的地方，會比美國和其他國家或大陸重疊的地方要多得多。一家公司的行銷組合決定於該公司在不同國家所遭遇到的不可控制因素，這些不可控制因素在不同國家之間雖有不同但亦有交集（見圖 11–4）。當然，我們並不需要因為不同的環境完全改變行銷組合，但為期得到適當的結果，廠商的行銷組合仍必須因應各個不同的環境而加以部分修正。行銷組合改變的幅度隨著不可控制因素重疊部分的大小而有所不同——重疊的部分愈多，修改的地方愈少。但有時候即使在各國之間環境不同，我們仍採用一致的行銷策略。

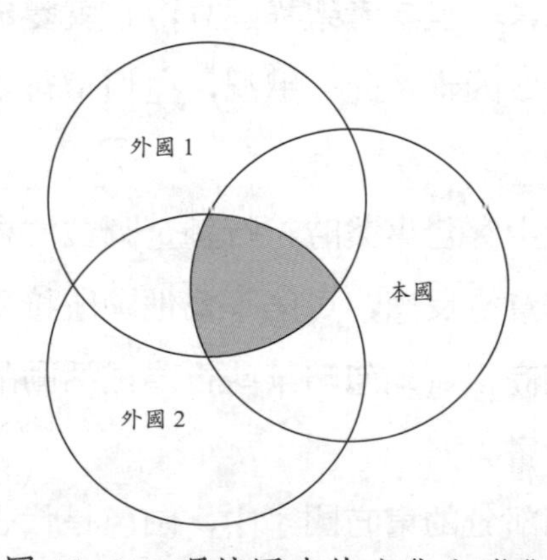

圖 11–3　環境因素的交集和聯集

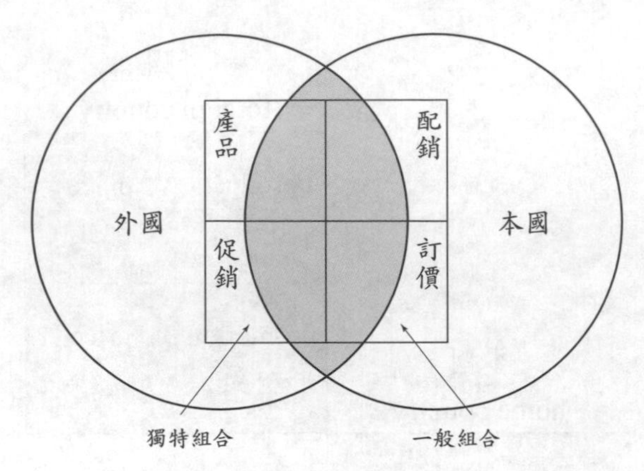

圖 11-4　環境因素對國際行銷組合的影響

必要的環境調整

要想調整行銷計畫來配合國外市場，行銷商必須要能有效地解釋每個環境中無法控制的環境因素，對於行銷計畫的影響和衝擊。更廣泛的說，不可控制的因素構成文化，而行銷商為配合文化所從事的調整活動中，其所面臨的困難是認清它們的衝擊。在國內市場，企業對於許多不可控制因素（文化）對行銷商活動的衝擊之反應是很自然的。我們生命中所充滿的各種不同的文化影響，已成為我們歷史的一部分，我們不用去思考就可以用我們社會所可以接受的方式加以回應。我們一輩子所獲得的經驗變成我們的第二個本性，同時也成為我們行為的基礎。

也許文化調整的任務是國際行銷商所面臨最重要且最大的挑戰。他們必須對未曾配合過的不同文化，從事調整來配合。在應付不熟悉的市場時，行銷商必須瞭解，他們在進行決策或是評估一個市場潛量時，所用的參考架構為何。因為判斷來自經驗，而經驗又是文化演進的結果，一旦參考架構建立，它就變成影響或修正行銷商對社會或非社會情況反應的一項重要因素。此一狀況，在慣常行為的經驗與知識缺乏時，特別明顯。

當行銷商在不同的文化中經營事業時，行銷企圖或許會遭到失敗。因為根據本國可接受的參考架構所做的無意識反應，可能不為他國所接受。除非從事特別的努力來判定當地的文化，否則行銷商很可能忽略某些行為或活動的重要性，而去進行可能會帶來負面或非預期反應的計畫。

例如西方人必須認識到部分的東方國家中，白色是代表悲傷，這與西方文化中新娘婚紗的白色並不相同。還有，美國對於時間的觀念與拉丁美洲的居民也有所不同，這些差異都必須加以學習，以避免誤解而導致行銷失敗。為了避免這種錯誤的發生，外國行銷商必須注意行銷相對主義的原理。亦即行銷策略和判斷是來自於經驗，而經驗是由每位行銷商以其所擁有的文化來加以解釋的。我們將過去經驗中所發展出來的參考架構帶進國內或國外市場，而這個參考架構又影響或修正我們所面對情況的反應。

文化制約就好似一座冰山——我們並不清楚其十分之九的部分。在任何研究不同人們的市場系統、人們的政治與經濟結構、宗教以及文化的其他因素等工作中，外國行銷商必須不斷地注意衡量與評估市場，並防止來自自己文化的既有價值與假設的影響。他們必須從事特定的步驟，並設法注意到在其分析與決策中，本國文化的參考力量。

成為國際化

一旦一家公司決心走向國際化，他就必須決定其進入外國市場的方法，以及他準備從事的行銷投入與承諾的程度。許多公司透過一系列的階段發展，來從事國際行銷工作，當公司愈來愈投入國際行銷時，他們就會逐漸改變策略與戰術。

1. 國際行銷投入的階段

從行銷觀點而言，不管利用何種方法獲得進入某個外國市場，一家公司可能並未從事任何的市場投資。亦即，該公司的行銷投入可能只限於銷售產品，並未考慮到要對市場加以控制。另一方面，一家公司也可能完全投入，並投資大量金錢與心力，設法奪取與維持在該市場上永久且特定的佔有率。一般而言，一家企業至少可以屬於國際行銷投入的五個不同但重疊的階段之一。

(1)無直接國外行銷：在此一階段，公司並未主動致力於本國以外其他顧客之培養。不過，該公司的產品仍可接觸到外國市場。銷售工作可能是交由貿易公司進行，或是外國顧客直接前來購買，或是產品透過從事獨自外銷的國內批發商或配銷商來接觸外國市場，製造商並不提供任何的獎勵或協助。不過，一項外國購買者所下的自願性訂單，往往會刺激公司尋求額外的國際性銷售之興趣。

(2)間歇性國外行銷：當生產水準或需求變動引起暫時性的過剩時，可能導致間歇性的海外行銷。由於過剩是一種暫時性的現象，因此只要物品可供銷往國外市場，銷售即可完成。不過，產品的供應並不持續性顯現於市場上。當國內需求增加並吸收過剩的部分時，公司即撤回國外銷售活動。在這個階段，公司在組織或產品線上並未有所改變。

(3)經常性國外行銷：在這個階段，廠商對外國市場將採取連續經營的態度，並擁有長期的生產線來生產行銷國外的物品。廠商可能透過外國或本國的海外中間商來販賣，或是在重要的國外市場，擁有自己的銷售人員或銷售子公司。不過，現有產品的生產努力仍在於滿足國內市場的需求。行銷與管理努力的付出，以及海外製造與／或裝配的投資，也在此階段開始。有時，某些產品可能會變成顧客化，以符合個別外國市場的需求。此時，定價與利潤政策開始逐漸趨向國內外一致，而公司也開始依賴國外利潤的挹注。

(4)國際行銷：在此一階段，公司全心投入國際行銷的活動。公司放眼全球尋求市場，而產品也是針對不同國家的市場，有計畫發展出來的成果。在全球進行的活動既包括行銷，也包括產品的生產。此時，公司就變成仰賴國外收入的國際性或多國籍行銷廠商。

(5)全球行銷：在此一階段，公司視整個世界（也包括自己母國市場）為一個市場。此種公司與多國籍或國際性公司有所不同。因多國籍公司將全世界視為一系列的國家市場（也包括自己母國市場），各有其不同的市場特性，而行銷策略必須配合不同的特性來發展。不過，全球性公司則只發展一種策略來反映不同國家間市場需要的共同性，設法透過其企業活動的全球標準化，來達到報酬最大化──只要是成本上能達到效果，且文化上可行就去做。

2. 國際化導向的改變

經驗顯示，當公司依賴國外市場來吸收長期的生產過剩，以及愈來愈多仰賴國外利潤時，該廠商的國際化導向就會有顯著的改變。企業在國際行銷投入的階段中，通常一次移動一個階段，但是一次跳過一個以上階段的公司也有。當廠商從一個階段移動到下一個階段時，國際行銷活動的複雜性與繁瑣性也會提高，管理工作的國際化程度勢將有所改變。此種改變也將影響該公司特定的國際化策略與決策。

企業的國際化經營，反映出市場的全球化、世界經濟的互賴性；企業的國際化經營亦增加競奪世界市場的廠商數量，因而造成競爭的改變。全球公司 (global companies) 及全球行銷 (global marketing) 就是經常用來描述這企業之經營與行銷管理導向範圍的名詞。就某些產品而言，全球市場正在開展之中，但仍未包括所有產品。仍有許多國家的消費者需要許多產品，並表現出其需要與欲求上的差異。同時，要滿足這些受文化影響的需要與欲求，仍存在著許多方法。

對於那些樂觀地準確面對無數障礙，並願意繼續學習新方法的全球企業而言，機會到處都是。二十一世紀的成功企業人將是具有全球意識，同時具有超越區域或某個國家，而涵蓋全世界的參考架構。具有全球意識是要具備下列事項：

⑴客觀性。

⑵能容忍文化差異。

⑶瞭解文化、歷史、世界市場潛力、全球經濟、社會以及經濟的趨勢。

要有全球意識就是要能客觀。客觀性在評估機會、判斷潛力以及對問題的反應上，十分重要。許多公司基於中國大陸擁有數不盡的機會而盲目進入，結果卻損失數以百萬的美元。事實上，中國大陸的機會只在幾個選定的區域，且只適合其資源能維持長期承諾的公司。許多公司因為醉心於幻想 20 億消費者而前往中國大陸，事實上卻是做了蒙昧且不客觀的決策。

具有全球意識是要能容忍文化上的差異。所謂容忍是指瞭解文化差異能接受並與行為和你有別的人一起工作。你雖然無需接受他人文化上事物，但你卻必須允許他人與你有差異且平等待之。對某些文化而言，嚴守時間可能並不是很重要的一件事，但這並不代表他們的生產力較少。有容忍度的人瞭解文化間可能存在的差異，並利用此一知識來有效地建立關係。

一個具有全球意識的人，對於文化、歷史、世界市場潛力，以及全球經濟與社會趨勢擁有豐富的知識。文化的知識對於瞭解市場或是會議室的行為是十分重要的。歷史的知識也很重要，因為人們思考與行為方式是會受其歷史所影響。如果你具有歷史性觀點，你就會明白為什麼拉丁美洲人不歡迎外資，或是中國人不願意對外來者完全開放，或是許多英國人對於法國與英國間的海底隧道猶豫不定了。

在未來的數十年間，全世界的每個區域的市場潛量幾乎都會有巨大的改變。一位具有全球意識的人會繼續偵測全世界的市場，最後，具有全球意識的人會跟著社會與經濟趨勢與時俱進，因為一個國家的潛能會隨著社會與經濟趨勢的移動而有所改變。不僅是前蘇聯的各共和國，也包括東歐、中國大陸以及拉丁美洲，全都在經歷社會與經濟的改變，而此種改變在不久的將來會改變貿易的路徑，並界定出新的經濟強權。知識豐富的行銷商會比別人更能洞燭機先。作者也希望讀者在研讀國際行銷後，能擁有全球意識。

第三節　全球行銷管理——計畫與組織

由於市場環境改變快速、競爭激烈、資源獲取不易、外匯波動性高、政治合作關係不定、企業擴展複雜度提升等原因，當公司參與全球性競爭愈深入時，所面對的不確定性就愈增加，因而正式的策略規劃與組織重整，遂成為必要的行動。

策略規劃與組織結構變革是相互關聯的。隨著公司參與國際商業事務程度之增加，發展為全球性企業時，組織結構亦需要反映不同的協調、溝通和運作方式之全球趨向，而作一番改變。由一項研究結果顯示，不適當的組織結構是阻礙有效規劃的最主要原因。

對於想要在世界市場佔有一席之地的企業，必須以全球性眼光，思考和規劃問題。獲取全球性眼光很容易，但是真正執行卻需要完善的計畫和組織。欲贏得競爭優勢，企業體必須在成本考量之下，採用最先進的技術，以具有競爭力的價格，提供高品質的產品。

以下將討論全球行銷管理、全球市場中的競爭狀況、策略規劃、和不同的市場進入策略，並且界定出決定國際性或全球性組織是否適當的重要因素。

全球性的策略

一個企業機構盡管可以同時在若干個國家分別訂定其經營策略，但與所謂「全球策略」(global strategy) 不同。全球性的策略，是視整個世界為一個單獨的競爭舞臺的策略。企業機構有其整個世界的產品定位的體系，有其整個世界的製造和供應的體系；一面必須面對各地的競爭對手，一面還必須面對其他的全球性的大企業。其旗下所屬的各國子公司，製造和行銷均環環相扣，節節關聯。雖然經營方面的策略可以由分權化方式訂定，全球性的大策略卻是由集權化的方式訂定。

所謂全球性的策略，通常係運用散佈各國的工廠，分別產製為供銷世界各地市場的產品構成件或最後產品，而達成各方面的規模經濟。全球策略通常以某一共同產品為其核心。例如福特汽車及通用汽車等公司的所謂「世界車」(world car) 的概念，即為各該公司全球策略的核心。公司旗下的工廠，分佈各地，除擔任協助公司打進各地市場的功能外，並兼負利用各地低成本的勞工或原料的任務。

1. 全球性策略的作業方式

一般說來，企業機構採行全球性策略者，應有如下的作業才易於收效：

⑴全球性的策略應講求超越單一國家以外的經營規模經濟。例如採行集中生產的企業機構，可以透過垂直整合方式追求全球性採購作業的規模經濟；也可以分在全球各地利用專業化推銷人力，追求行銷作業的規模經濟，例如飛機製造業的方式即是如此。

⑵全球性策略應求創出一項標準化的產品，極為出色、可靠、且為價格低廉的產品；並求建立一套標準化的行銷方案。舉例來說，諸如麥當勞的漢堡、可口可樂、日本的新力公司，以及李維 (Levi's) 牛仔裝等等，均係以此一方式而獲致成功的實例。

⑶全球性策略對構成件製造及成品裝配的工廠的設置，不但應力求利用各地的低成本，以保全球性的效率，而且還應以突破貿易障礙、及培育商譽為目的。

⑷全球性策略應特別重視某些國家。有些國家或由於其市場特大，或由於其原料供應、人工成本、或科技條件等因素，而對產業的重要性最高，企業機構便應先求在這些國家建立一項雄厚的策略性定位。

⑸全球性策略必須具有長程投資的意願；特別是對某些極重要的市場，縱使長期虧損也在所不惜。

⑹全球性策略應注意訂定足以防阻競爭對手建立其致勝策略的策略。

⑺全球性策略應注意培養一項能由某一地區移植於另一地區的經驗。例如日本本田公司在美國培養了機車行銷的經驗，因而得以滲透歐洲。

2. 相對地不宜運用全球策略的因素

但是全球性策略即使可能，有時也不見得是適當的策略。企業機構通常不宜採行全球性策略者，多係由於如下的因素：

⑴倘運輸成本或儲存成本過巨，則不宜採行全球性的策略。例如某些笨重性產品或危險性化學產品的產業，便不宜建立全球策略（未產生經營規模經濟）。

⑵倘地區市場需要的產品差異甚大者，則不宜採行全球性的策略。例如許多較低度開發國家需要的家用品，通常是較小型、且較簡單的產品，不同於其他市場，便不宜建立全球策略（未產生標準化的產品）。

⑶倘各地區已有雄厚的當地配銷通路及銷售機構者，便不宜採行全球性的策略。例

如日本，便是由於此一因素，而使國外的企業機構難於有效進入市場。而且例如卡特彼勒公司在日本設置的合資事業，之所以較其他地區更見成功，也正是由於此一因素（配銷通路的高進入障礙）。

(4)倘產品沒有世界需求，便不宜採行全球性的策略。某些產品類別，例如家電之類，擴散全球相當緩慢，企業機構倘擬採行全球策略者，則必較為困難。此類產品在國際貿易方面呈現一定的生命模式，通常包括：a.由本國製造開始。至 b.外銷。至 c.在國外製造。最後再延伸於 d.設置於國外的製造廠。再外銷於當初首次建立產品市場的國家（以區域性考慮的需求不適用全球性作業方式）。

(5)倘一門產業有賴與顧客的互動。例如服務之類，但顧客互動較為困難者，便不宜採行全球性的策略。對於這類的產業，通常應以在當地設廠較易因應，也較易適應當地情況的經營管理（與顧客溝通較為困難）。

(6)倘一門產業的地區市場甚為複雜及分散，較適當於當地的企業機構者，便不宜於採行全球性的策略（消費者購買未享有便利性水準）。

(7)倘一門產業存有當地政府的障礙者，便不宜於採行全球性的策略。許多國家為保護其本國的產業而樹立了貿易障礙，或訂有對其本國產業的補貼措施，則顯然對全球性的策略是一大阻礙（貿易有進入障礙及保護主義作法）。

3. 全球策略作業應有的組織結構

一個企業機構設置國外的製造子公司，當必有其應有的當地的組織結構。能適應當地的組織結構，當也可能有礙於企業機構策略控制的運用。一旦情勢有變，企業機構有從設置國外子公司進而建立全球策略的必要時，則組織結構自也有隨之修改的必要。一般而言，能適應於全球策略的組織結構，不外有三種型態：一為產品結構的型態，一為矩陣結構的型態，一為組織結構以外的其他適應方式。玆分別討論如下。

(1)產品結構的型態：企業機構建立全球性的策略，表示該企業有改採以產品為導向的組織結構的必要；換言之，對於一項產品，設置一位產品經理總攬全球性的責任，包括有關採購來源、製造、及行銷等項業務的全盤控制。據一項包括 180 家跨國公司的調查，1980 年間改採此項產品結構型態者，計有 32%。另一項由戴維森 (William H. Davidson) 及海斯柏斯拉 (Philippe Haspeslagh) 主持的研究，57 家跨國公司經採全球性產品的結構型態後，由於製造作業集中，溝通及資源轉移的改善，以及全球性策略的成功，均確已收到了成本效益的成果。

不過，從另一方面來說，全球策略採產品導向的組織結構也有某些顯而易見的缺點，和不良的副作用。那是因為企業機構有了多個不同產品的事業部，則在不同產品對於同一個國家所訂的策略倘未能密切協調，便將難免造成混亂、效率欠佳、及步調不一的結果。其次，企業機構的採購來源倘係集中控制，則也必將淪於脆弱，易受運輸及罷工方面的損傷。戴維森及海斯柏斯拉兩氏還發現，企業機構之採行產品結構型態者，對國際貿易業務每有欠重視；這正是頗令人難於滿意的結果。而且兩氏還發現：大凡一個產品導向組織型態的企業機構，通常採行特許權方式者每較其他方式者為多，且國際銷售的業務成長也較慢。一般認為，主要的原因，當是因為缺乏一位負責地區的經理人，因而無法瞭解各地區市場的需要的緣故；而且也因為組織承受的地區拓展的壓力較低，因而對地區的投資有欠積極。

⑵矩陣結構的型態：另一種常見的組織型態，是採矩陣式結構。矩陣式結構，是以產品組織的型態，並兼顧地區。因此，公司旗下的產品構成件工廠，同隸屬於某一產品事業部，和一位地區經理。其目的，在使公司在執行全球性策略的需要而採取產品導向的組織時，仍能保持其對地區的重視。這樣的矩陣結構，理應可充分發揮其較佳的功能；但是由於其具有雙重的責任和職權系統，因而可能產生決策困難、混亂、和衝突的結果。正因為有這樣的缺點，所以採行此一型態的部分企業機構例如道氏化學公司 (Dow) 及花旗銀行 (Citibank) 等等，現已放棄此一方式。

⑶結構型態以外的其他方式：巴立特氏 (Christopher A. Bartlett) 曾研究過美國的 10 家跨國公司；各該公司雖然面對策略上的壓力，有改行產品結構型態或矩陣型態的必要，然而未作任何組織改變，仍堅守其以地區為基礎的組織結構。但是這些跨國公司，卻另採了其他的適應方式，以因應情勢改變的需要。茲將所見的適應方式分別討論如次。

第一，是將某幾項職能採行集中化的作業。例如 Timken 公司認為，在全球性的市場日益出現的今天，公司深有強化其科技定位的必要；因此該公司乃將國際研究的作業集中，而其製造作業及其他某些作業則仍採地區導向的組織形態。又例如康寧公司 (Corning)，則僅將電視映像管的定價作業，由公司作集中化的處理。

第二，是提升對各項產品的前瞻地位。企業機構的組織結構可以完全不變，但產品管理部門的幕僚地位則可予以提升。因此，產品管理的幕僚，可任用更具經驗的經理人才，輔以更為完善的資訊系統，並在公司的預算及規劃程序中，責成產品經理人更積極的參與，如此則企業機構對其產品的前途，當能獲得更高程度的地位和重視。

第三，是刷新資訊流動的通路。通常在一個跨國公司中，由於層次距離擴大，和各地區之間的文化障礙等因素，往往使得資訊的流通難於順暢，人際關係受阻，各部門關切的重點不一。常見的改善方式，不外包括實行直線人員和幕僚人員的計畫性的互調，經常召開溝通的會議，並針對有關重要策略課題，成立政策委員會之類的編組等等的方式。

第四，是建立一項靈活的，多層面決策作業的企業文化。此一措施的主要目的，是在求建立一種團隊概念，以替代各部門相互間的競爭。企業機構為期發揮內部的團隊精神，高層管理每須更為明確闡明公司的目標和價值，並配合修改有關的獎懲制度。舉例來說，某公司在其對經理人的考核中，特別增列了「人際關係技能」的考核項目，並由經理人的所屬人員評估；便是為了此一目的。

全球行銷管理

全球行銷管理 (global marketing management) 有下列兩項重要任務：(1)決定公司整體的全球性策略。(2)重塑組織，以利公司目標的達成。公司組織、管理取向及企業目標是決定該公司國際性整合程度的重要因素。基本上，凡屬於下述三種操作性概念之一者，皆可謂之有國際性取向：(1)依照本國市場擴展概念，他國市場是本國市場的延伸，因而本國市場中所採用的行銷組合，可以運用至他國市場。(2)根據多國籍市場概念，每個國家都有不同的文化特性，因而不可施行標準化的行銷組合。(3)在全球市場概念下，世界就是一個完整的市場，因此只要設計一套標準化的行銷組合，即可運行至全世界。不過，雖然標準化是全球策略的要點，文化差異性卻不可忽視。如果標準化的行銷組合有礙於行銷活動的功效，仍舊必須作適度的調整與修正。

1. 全球行銷管理與國際行銷管理的比較

全球行銷管理與國際行銷管理之間有何不同？其基本區別在於取向問題。全球行銷管理 (global marketing management) 受全球行銷概念的影響，視整個世界為一個市場，強調文化間的相似性，而非差異性。國際行銷管理 (international marketing management) 則著眼於跨文化間的差異性，認為每個市場受其文化背景的影響，要求不同。因此行銷人員必須針對各地情況設計不同的行銷策略。

2. 全球取向的優點

為什麼要全球化？因為全球化和行銷組合標準化可以衍生出幾項利益，其中以生產和行銷的規模經濟效益最為普及。對於此點，百工製造公司（Black & Decker Manufacturing Company，專門製造電器工具、用品，和其他消費性的產品）深有同感，因為自從該公司採行全球化策略後，製造成本著實減少了許多。就從歐洲市場來說，施行全球行銷策略後，其製造的馬達種類由二百六十種降低到八種，而馬達機型也由十五種減為八種。至於標準化的廣告宣傳手法，也可以減少可觀的成本費用。高露潔公司在四十多個國家行銷其牙膏製品，正是採用標準化的廣告，該公司認為，若每個地區的行銷活動一律標準化，則成本將可減少 100 至 200 萬美元。

透過合作關係與整合性的行銷活動，不同國家之間可以互相傳承、分享經驗和技術知識 (know-how)，這正是全球化的另一項優點。聯合利華公司 (Unilever) 曾成功的引介兩種全球性品牌，其中一種產品是刺激身體的噴霧器，原由南非子公司所發展；另一種產品是可以用來清除硬水的清潔劑，由歐洲分公司研製。這些例證，正說明了如何透過合作，或者經驗的傳承，將單一地區的產品推廣至世界市場。

另一項全球策略所帶來的好處是統一的全球形象。獲得世界認同的品牌名稱或公司標誌，可以加速新產品的引進，並且增加廣告的效率與效果。隨著傳播科技的進步，統一的全球形象愈形重要。飛利浦國際公司 (Philips International)，著名的電子產品製造商，當其贊助世界杯足球賽，看到自己公司一致性的廣告同時以六種不同的語言，在四十四個國家播出時，的確令人感受到全球產品形象的重要性。

控制和合作亦是全球化取向的優點。試想以一支或兩支全球性的廣告於四十個國家播放，與四十種不同風格的廣告在各國呈現，哪一種方式較簡單？同樣的品質標準、促銷手法、產品群，在控制上和管理上來說，總是比較容易，而依照各國背景，擬定特異的行銷策略，就顯得複雜多了。

當然，不容置疑的，市場差異性的存在，總是使得標準化程序困難重重。政府和貿易限制、傳播媒體的異質性、消費者偏好與反應模式的不同、以及文化的差異等，都是阻礙全球行銷組合標準化的主因。盡管如此，目前全世界整個市場區隔的消費行為，還是有趨於相似的態勢。綜而言之，採行全球行銷概念的企業體，將會是明日全球市場的領導者。

策略規劃

策略規劃是以系統性觀點探測未來，並嘗試因應外在、不可控制的因素對企業目標、方針的影響，以達成期望結果。其次，策略規劃也涉及資源的投入。簡而言之，規劃的用意在於安排未來的事業路徑與工作走向。

本土公司和國際公司的策略規劃內涵是否有差別？照理說，規劃的原則是一樣的，不過由於多國籍公司所面臨的經營環境（地主國、本國、企業體本身）分歧，組織結構和運作任務均較本土企業為複雜，因此規劃程序也較為困難。

透過策略規劃，企業可以應付各種經營環境的轉變，如國際化趨勢的快速成長、市場轉型、競爭態勢增加、各國文化差異所引發的挑戰等。計畫本身，必須考慮外在環境，甚至他國環境的改變，並且配合公司的目標與能力，建立一個可行的行銷方案。有效的策略規劃，將公司的資源投注於生產銷售線上，以強化競爭力並獲取可觀的利潤。

計畫，除了訂定目標之外，還必須詳列達成目標的方法。由此可知，計畫是一個程序，也包含哲學意涵在內。由結構層面來說，計畫可區分為公司計畫、策略規劃與實戰計畫。針對國際性計畫來說，在公司階層的計畫，強調長程性的公司整體目標。而策略規劃由高階管理階層主導，處理有關產品、資金、以及研究發展的問題，另外還包括公司長期、短期性目標。至於實戰計畫，或稱市場計畫，則由各地市場自行負責，制定有關行銷和廣告方面的決策，研擬特別行動方案和資源配置，以達成策略規劃的目標。

事實上，多國籍企業可由策略規劃研擬過程中，得到許多好處。以國際行銷人員來說，參與策略規劃，可以獲得清楚的架構，以便於分析行銷問題與機會點，並網羅、整合各國市場資訊。規劃過程與計畫本身同樣重要，因為藉由規劃程序，決策人員可以檢視所有關鍵的影響因素，並與相關負責人員直接接觸，深入溝通。再者，進行策略規劃之前，必須要有明確的公司目標、管理承諾和經營哲學等概念性之指引。

㈠全球化策略分析的架構

全球化策略的擬定過程非常複雜，不是將全世界視為一個具有同質性的市場就可以輕鬆了事的。全球行銷活動之所以會複雜，是因為並非所有的企業與行銷決策都是採用中央集權的管理方式。以各個種族所食用的食品類別來看，不同國家的市場之間仍存在顯著的差異，國際間行銷活動的協調空間相當有限。以許多消費性或工業用產品來看，即使國際間行銷活動標準化或協調的機會仍存在，但是並非所有的行銷決策都能一致地與國際化的情勢接軌，有許多決策最好還是由最貼近各國當地市場的管理階層來決定，像是那些需要快速回應客戶需求的決策、或是那些與各國當地市場行銷戰術有關的決策。因此，全球行銷活動涵蓋了許多重要的抉擇，像是何時由何人在何地決定何種事物。

在分析架構的第一層級中，全球行銷人員首先要決定不同國家的市場之間是否有任何的共通性；如果真有共通性存在，全球行銷人員要研究這些共通性是否可以帶來一些優勢。藉由這些重要的相似性，全球行銷人員可以改善作業層面的效率 (efficiency)、或是策略層面的效度 (effectiveness)，因此中央集權式的行銷決策有存在的空間。如果不同國家的市場之間沒有任何的共通性，地方分權式、因地制宜導向的行銷決策模式會比較適當。

即使不同國家的市場之間有顯著、且值得探究的共通性存在，全球行銷人員仍必須區分出哪些決策比較適合中央集權式的管理方式、哪些決策比較適合由各國當地市場的管理階層來決定。這種劃分的動作對於企業整體策略的成功與否具關鍵性的影響，因為這個動作彰顯了全球行銷人員所面對的典型兩難困境：如何從中央集權式的策略擬定模式中獲利，同時又不損失各國當地市場的彈性與行動速度？

上述的典型兩難困境沒有簡單的答案。做成一個正確的抉擇牽涉到許多判斷，但是當全球行銷人員在判斷哪些決策比較適合中央集權式的管理方式、哪些決策比較適合由各國當地市場的管理階層來決定時，全球行銷人員所依靠的分析綱領必須能區分某一特定決策對於整體行銷策略的貢獻、與此一決策所造成國際性整合活動的潛在影響。

某一特定策略若能獲致全面性的成功，行銷決策的貢獻與其在策略中預期扮演的角色有很大的關係。並非所有的決策都能提供高度的貢獻。以 P&G 寶鹼公司支援 "Wash&Go" 產品推出上市的行銷策略來說，只有產品配方、產品定位、傳播溝通、一部分的產品包裝決策，這些決策才被視為是品牌整體策略的主要部分；其他的決策則被視為不具相對重要性，像是定價、配銷通路、商品買賣、貿易方式、消費者促銷活動……等決策。"Wash&Go" 的例子說明了一個典型的事實：被視為具有高度貢獻的關鍵性決策，通常比只具有低度貢獻的決策少得多。

國際性整合行動所造成的影響是一個不同的變數。全球行銷人員從跨國、跨區域、甚至全世界決策整合所能得到的好處即是國際性整合行動所造成的影響，這些好處來自於整合性與標準化。具有下列特性的決策對於國際性整合活動有高度的影響力：

⑴節約性 (saving)：不論是上游的製造與物流作業、或是下游的廣告與銷售作業，若是合併各個國家的作業模式可以達到顯著的經濟規模時。

⑵擴散性 (spillover)：若是在某一個國家市場上的行銷活動可以影響到其他國家市場的營運績效時，像是全球性品牌產品的定價決策；若是廣告活動的影響層面會跨越國界、擴及到其他國家的市場時，像是衛星電視的廣告。

⑶客戶的國際性 (international account)：若是決策層面影響到同一客戶在世界各地的據點時，像是國際性銀行會透過其在世界各地的辦事處或分行對全球性客戶提供服務。

並非所有行銷決策都能從國際性活動的整合性與標準化獲致高度的影響力。基於下列的原因之一，許多決策不太可能從中央集權式的管理模式得到好處：

⑴速度 (speed)：若是回應消費者或是回應競爭對手的速度是決策成功與否的關鍵時，像是工業用機臺就需要快速的維修服務；若是商品定價必須配合具高度競爭性的各國市場時。

⑵客製化 (customization)：若是商品的許多加值過程必須透過客製化與個人化的服務來達成時，像是量身訂做的電腦系統規格與應用軟體研發。

⑶戰術 (tactic)：若是使用短期的績效衡量指標來評估特定國家市場的議題時，像是針對消費者或是配銷通路的促銷活動。

圖 11–5 貢獻—影響 (contribution-impact) 矩陣說明了行銷決策可能的分類方式。此一矩陣顯示不同的決策對於策略層面可能產生不同的貢獻、產生不同的預期整合性影響。此一矩陣的四個象限分述如後：

1. leverage 槓桿型決策

以整體行銷策略的觀點來看，槓桿型決策不僅非常關鍵，組織總部的管理與協調機制會將大部分的心力投注在此類型的決策上。槓桿型決策是最能與整合性跨國營運作業搭配的一種決策，組織總部引導的標準化或是協調性作業都屬於此型決策。

2. fringe 邊緣型決策

邊緣型決策正好與槓桿型決策分處於貢獻—影響矩陣的兩端。邊緣型決策對於策略的績效並沒有很大的貢獻，對於國際性的整合活動也沒有什麼影響。此一類型的決策最適合由各國分支機構的管理階層來決定，組織總部的管理與協調機制並不需要提供任何的協助。

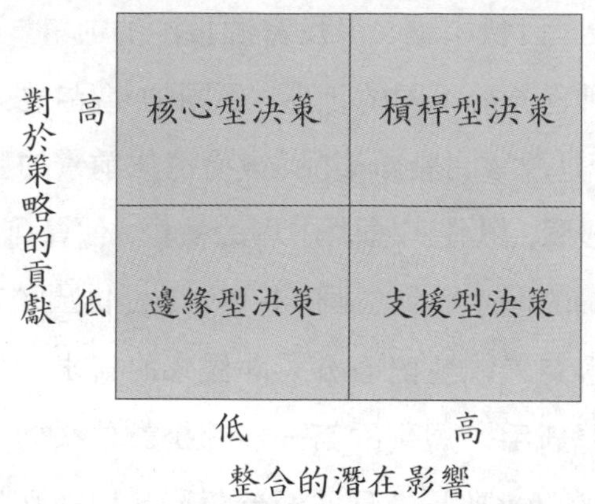

圖 11-5 貢獻一影響矩陣：全球策略優先順序的分析架構

3. core 核心型決策

核心型決策對於整體策略的成功與否有舉足輕重的影響，但是對於國際性的整合活動卻沒什麼影響。由於此類型決策對於策略的績效有相當大的預期貢獻，這些決策必須透過各國分支機構的作業體系嚴加管制，組織總部的管理與協調機制會提供必要性的協助。

4. support 支援型決策

支援型決策對於整體策略的成功與否沒有什麼貢獻，但是對於國際性的整合活動卻有舉足輕重的影響力。組織總部的管理與協調機制會提供某些型式上的協助，但是此類型決策對於整體策略績效的貢獻相當有限。無論全球行銷人員決定整合支援型決策與否，對於整體策略所產生績效差異微乎其微。

貢獻一影響矩陣作為分析與決策的指引，它能幫助全球行銷人員區分出有用的行動方案，並針對這些行動方案排列出優先順序。舉例來說，在跨市場整合的活動中，被歸類為「槓桿型」的決策享有最高的優先順序，而被歸類為「邊緣型」的決策就應該交由各國分支機構的管理階層控管。同樣地，被歸類為「核心型」的決策也應該交由各國分支機構的管理階層控管，但是差別在於此類型決策在各國分支機構的營運作業中，應享有最高的優先順序。由於「支援型」決策對於整體策略的貢獻度不高，透過整合所得到的優勢並不明顯，所以對於全球行銷人員來說，此類型決策享有較低的優先順序。

㈡全球性等時規則程序

無論企業在國際市場中行銷已久，或是剛起步，「規劃」乃是成功的要件。對於新手，必須決定行銷的產品、目標市場、以及資源投注的數量。至於識途老馬，主要的決策重心在於如何配置各種資源於不同的地區、不同的產品；要開發新市場、或者關閉利潤不佳的新市場，以致於是否該開發新產品、或撤消無前景的舊有產品。對於這些事項，必須遵照系統性的評估步驟，以找出國際市場的機會，估算可能的風險，並發展策略規劃以捕捉市場機會。詳細的程序可列於圖 11-6，以提供國際企業規劃之參考。

(1)階段一：初步分析和篩選，並配合公司和國家的需求。無論公司本身在國際市場上行銷已久，或只是新手，規劃的第一步都是評估潛力市場的概況，以決定資金投資的目標。公司的優缺點、產品、經營哲學和目標必須配合投資地點和相關限制。因此，在市場初步分析時，必須詳盡探索潛力市場的各種狀況，對於禁令過多，無法與公司配合的地區，只好放棄。

　其次必須擬定篩選標準，以評估潛力市場。訂定篩選標準時要考慮公司的目標、資源、能力和限制。決定開發新市場一定要有充分合理的理由，更要預估期望的投資報酬率。再者，公司對於國際化商業事務的承諾，以及國際化的目標，都是訂定篩選標準時的參考依據。依循「全球市場概念」的公司，會主動探查市場間的共同性，以發覺標準化的機會。至於受「本土市場擴展概念」指引的公司，希望本土運用的行銷組合能夠施行到新市場上。而篩選標準的內容是什麼呢？舉凡最低的市場潛力、最起碼的利潤、期望投資報酬率、可承受的競爭態勢、政治穩定性的標準、可接受的法律規範等，都可以作為評估新市場的篩選標準。

　一旦篩選標準訂定之後，就要針對潛力市場進行完整的環境分析。對於公司來說，環境的變數幾乎是不可控制的，包括本國、地主國的各種限制，甚至如企業行銷的目標、本身的缺點和優勢，都是分析的重點。無論是本國市場，或者他國市場，研擬市場計畫時，都必須瞭解環境概況。但是對於他國市場而言，這項工作就變得極為複雜，因為每個國家皆有其特殊的環境限制，既陌生又不知從何著手。由此點即可知曉，國際性規劃工作確實較國內市場困難許多。

　經由階段一分析和篩選工作，可以提供行銷人員基本資訊，有助於下列事項：a.評估新市場的發展潛力。b.找出候選市場可能存有的問題。c.確認環境變數，以作進一步分析。d.決定可實施於全球市場的標準化行銷組合，或者修正部分行銷組合措施，以符合當地市場需求。e.發展和執行行銷組合活動計畫。

(2)階段二：修正行銷組合以適應目標市場。階段二的主要目的在於詳細的檢視行銷組合方案。在目標市場選定之後，決策人員必須配合階段一所蒐集的資料，評估

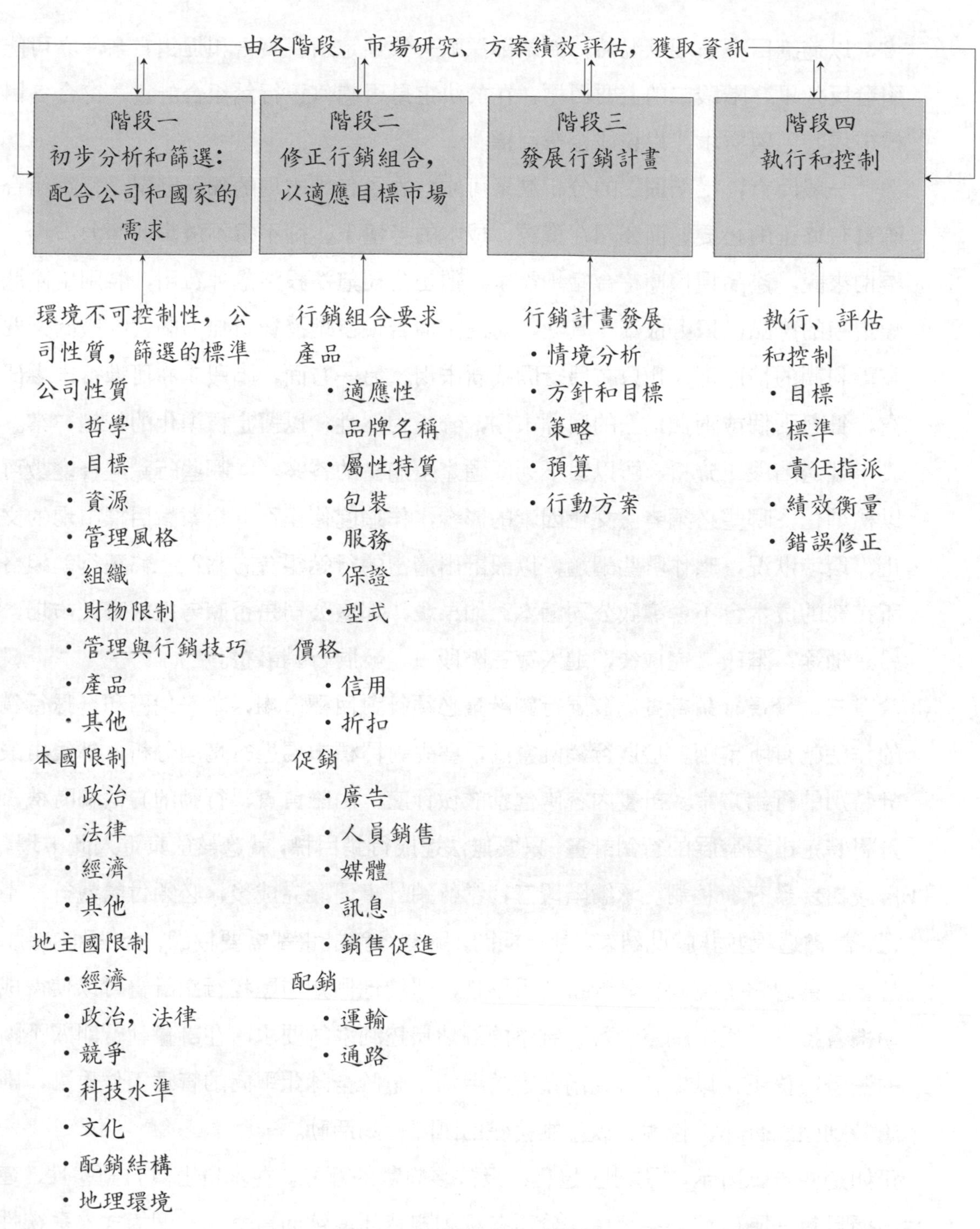

圖 11–6　國際性規劃程序

行銷組合的可能性。決定在什麼情況下，產品、價格、促銷和配銷等組合變數可以標準化；而又在何種狀況下，必須適度修正以適應目標市場需求。應該標準化卻沒有採行該項決策時，可能導致效率不彰、成本高漲；相對的，該修正行銷計畫，以適應目標市場狀況時，如果卻採取一致性定價、廣告和促銷方案，亦可能引發反效果。階段二的主要目標，在於決定是否應修正行銷組合計畫，符合各目標市場特色與需求，以達成企業目標。

一般而言，從階段二的分析結果可知：為了各地市場的獨特狀況，行銷組合確實有修正的必要。而公司在資源、成本的考量下，卻不得不放棄此潛力市場。舉例來說，產品規模應符合當地需求，但是公司無法投注額外費用，特別生產此類規模的產品，只好放棄。其次，過高定價若使當地消費者無力購買，廠商又要兼顧利潤的情形下，也只有另行開闢新市場。另一方面，階段二亦可進行市場研究，針對兩個或兩個以上的目標市場，分析相似性，以擬定標準化的行銷方案。

經過階段二分析，可以對下列問題產生適當的答案：a.哪些行銷組合變數可以標準化，哪些必須考慮文化因素的影響，作適度修正？b.企業對目標市場的文化、環境狀況，應作哪些調適，以設計出適當的行銷組合方案？c.修正行銷組合所花費的成本會不會導致公司虧本？如果會，那麼公司是否應考慮放棄此市場，另尋他途？階段二完成後，進入第三階段——發展行銷計畫。

(3)階段三：發展行銷計畫。發展行銷計畫必須針對目標市場，單一地區和全球行銷的作法就有所差別。發展行銷計畫前，要先對目標市場進行情境分析，然後再設計特別的行銷方案。計畫內容應包括該做什麼、由誰負責、行動的方法和時機，針對特定市場發展的行銷計畫，只要無法達成行銷目標，就應該放棄進入此市場。

(4)階段四：執行和控制。承續階段三，當行銷計畫研擬完成後，必須付諸執行。不過，計畫過程並非就此結束，執行期間，所有行銷計畫都需要協調、合作與控制。許多企業忽略了控制行銷計畫的重要性，即使他們知道監控行銷計畫可以使得成功機會提升，也不願意執行。完整的評估及控制系統要求，在計畫執行期間不斷的監督與修正，以期符合先前預定的目標。至於全球化取向的管理工作重點，則應特別強調合作、協調，以控制複雜的國際行銷活動。

正如這些步驟所示，「規劃」過程涉及許多變數的互動，在本質上具有動態性、連續性，而且每一階段都必須蒐集、分析各種相關資訊。總而言之，這個模式為系統性規劃提供遵循的方向。

策略規劃程序，可以鼓勵決策人員進行全盤性、多方位的思考，更提供了一個完整的基礎，便於行銷人員分析各國市場概況，以及探測各國間形成整合性全球市場的可能性。

隨著公司開發國外新市場、擴大營運範圍，管理效率隨即成為關切的問題。策略行銷規劃幫助行銷人員掌控各種相關影響因素，破敵致勝。無論公司的基本策略為何（本土市場擴張、多國市場、或全球市場），都不可忽視蒐集與分析資訊的重要性。再者，當公司愈形全球化時，除了必須進行策略規劃外，還要考慮組織效能的問題，因此國際行銷人員在擬定公司整體的全球性策略之餘，還應該重整組織結構，以符合全球性趨勢之需。

各種市場進入策略

當企業決定國際化時，必須選擇適當的進入策略，而適當的進入策略必須考慮目標市場的潛力、公司能力、以及公司預期的投入程度。從事國際行銷，可以只是投資極少金額，偶爾進行出口貿易；或者投注大筆資金，爭取可觀、長久性市場佔有率。事實上，無論哪一種，獲利機會都非常大。

即使投資之初，公司的出口量不多，隨著經驗累積、市場擴展增加，公司所採取的進入策略也就逐漸多樣化。市場進入策略的種類有許多，每一種皆有其優缺點，何種最適合公司，完全視公司本身狀況、投入國際市場的程度，以及市場特性而定。

1. 出　口

企業可以採用產品出口的方式進軍國際市場，這種做法由於財務損失風險較低，適合剛起步進行國際化的公司。話雖如此，就算是成熟性的國際企業，例如美國許多大型企業，也以出口為主要的市場進入策略。一般而言，早期出口產品的動機只是為了多做些生意，好分攤製造費用，但是就目前而言，要在國際市場立足，出口確實不愧為一種適當的進入策略。

2. 授　權

希望在他國市場佔有一席之地，又苦無大筆資金可供投入，最好的解決方法就是租借執照（授權）。專利權、商標權、以及各種技術使用權，都可以依靠租借方式授權於他國廠商使用。尤其是中小企業，最適合利用這種方式進入國際市場。當然，授權並非唯一的進入策略，舉凡出口、當地設廠製造等方法也都是常被採用的方式。採用授權方式進入國際市場有許多優點，當公司資金不足，進口限制多，以致阻礙了其他的進入方式時，當地政府對國外投資者甚為嚴厲，或者擔心專利權、商標權被刪除時，皆可考慮授權方法，達到開發國際市場的目標。雖然藉由授權方法進入國際市場，獲利情形較差，但是所遭遇的風險也相對地減少許多，比直接投資保障得多了。

「資產價值」是授權決策最重要的考量點，許多公司就其擁有的智慧財產權訂定價格，至於定價方法則有系統性的分析，以決定適當的利潤程度，到市場所能負擔的索價範圍。在某些情況下，法律會限制專利費的額度。舉例來說，巴西政府規定技術權的使用費是淨銷售量的 1% 至 5%，而商標權的權費不可超過銷售量的 1%。

在國際商業實務中所採取的授權方式有許多種：授權模仿製造程序、商標名稱的使用、或者經銷進口產品。當他國政府禁止外商投資時，授權是最佳的進入策略，因為執照受法律嚴密的保護，藉由執照授權，廠商可以以最低額度的資金和人員投入進入國際市場。當然，因為授權活動涉及監督、控制事宜，故並非所有的授權活動都會順利。但不論如何，「授權」確實不失為一種良好的進入策略。

3. 合　資

企業採取合資政策，與他國廠商成立合作關係，可能有許多理由。過去二十年間，以合資方式進入國際市場的實例比比皆是。正如同授權手段一樣，利用合資方式進入國際市場，無非是藉由合作伙伴的力量，降低可能遭遇的政治和經濟風險。事實上，許多低度開發國家明白規定他國投資者必須與當地廠商形成合資關係，才可以進入該市場。國際行銷人員在下列情況下最容易採用合資方式作為進入新市場的手段：(1)經由合資關係，可以利用當地合資廠商的特殊技術。(2)可以借用合作伙伴的配銷系統。(3)當地政府不允許他國投資者以獨立方式在市場中運作。(4)公司本身資金或人力不足，無法獨立開拓國際商業事務。

利用合資方式進入他國市場也有其缺點存在，例如無法握有絕對控制權、在製造或行銷活動方面主控權較低等。盡管如此，合資企業依舊在增長中。對於投資管制嚴格的國家而言，外資公司想要發展新市場，仍然必須藉由合資方式。像是中國大陸近來放寬了合資限制，便吸引了許多西方企業前往投資。

4. 直接投資

最主要的外國市場發展方式，就是直接到該地市場進行製造工作。當然，在決定採取這種做法時，必須先評估該地市場的需求狀況，以瞭解投資金額是否可以回收。廠商決定以當地製造方式進入該市場，可能是因為：便於利用低成本勞力、避免高額進口稅、降低運輸成本、原料獲取容易，或者以此處為跳板，以進入其他潛力市場。舉例而言，想要進軍歐洲共同市場，又不願承受高關稅要求，企業可以選擇任一歐洲國家為跳板，再找機會擴展至其他地區。隨著歐洲市場整合完成，該地的保護主義更為興盛後，採取此種做法以開發新市場，確實不失為可行的選擇。一般來說，當企業至他國設立製造廠時，會在該地進行銷售活動。在某些情況下，廠商甚至會將其所出產的產品，再銷售回本國市場中。

組織變革——配合全球競爭趨勢

國際行銷計畫應能善用組織資源，以達成企業目標。在組織計畫方面，必須考慮結構的安排，責任分配和歸屬等問題。許多計畫因過於模糊，無法釐清權威體系，溝通不良，或者核心階級與子公司之間缺乏友善的合作關係，而容易失敗。

建立組織時，必須詳細琢磨下列各項：(1)政策由誰制定？(2)階層數多少最適合？(3)員工對公司的向心力如何？(4)人力資源與自然資源的供應是否充足、適當？(5)控制嚴密度、權威集中化程度，以及行銷投入狀況等。藉由這些考慮，可以瞭解國際行銷組織的類型與概況。

企業可以利用產品線來劃分組織結構，甚至在各產品類別之下，再以地理區域區隔各子公司。不論哪一種情況，都可以設立功能性支援單位，以維持事業的正常運作。圖11–7即說明如此的組合結構型式。許多國際性公司即以此類型為基礎，再作適當修正。

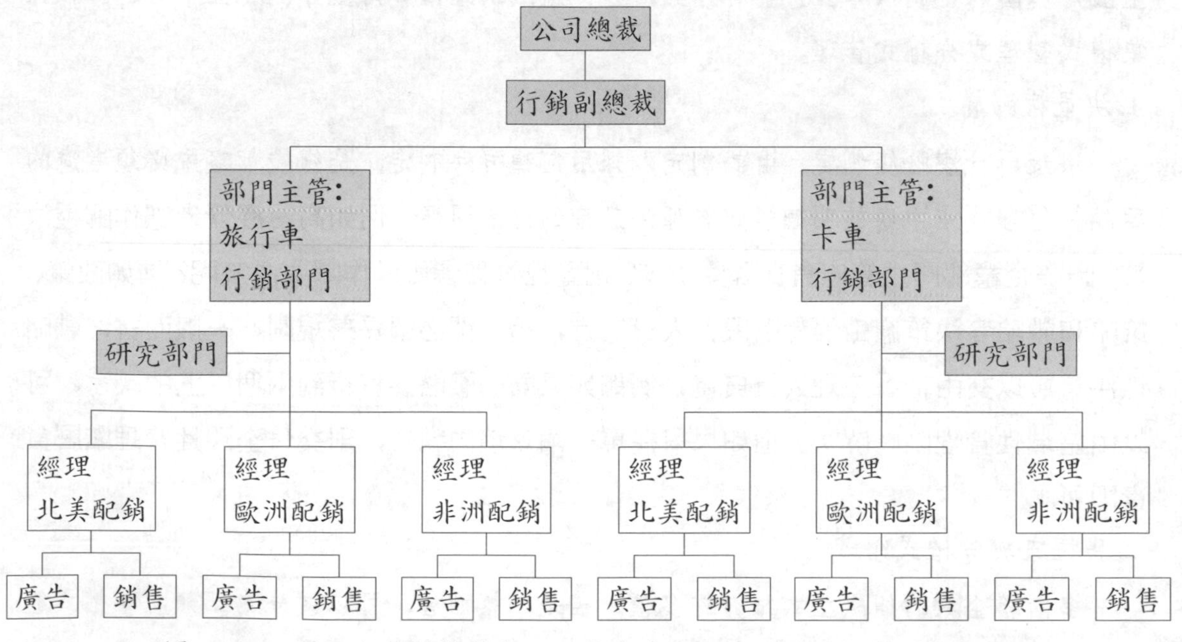

圖 11–7 圖解行銷組織計畫——整合產品、地理和功能性區分方法

能夠有效整合本土與國際行銷活動的企業結構，尚未問世。企業一方面希望其產品、服務在國際市場中能有優異表現，另一方面又必須注意本國市場的銷售情形，絕不可因為國際市場活動而干擾或影響到本國市場的銷售量。基本上，公司在劃分組織結構時，可以採取下列三種作法：(1)全球產品結構——負責產品在全世界的銷售狀況。(2)地理區隔——負責特別區域內產品的銷售盈虧。(3)矩陣組織——型式上，可以由上述兩種區隔結構組成，但行銷活動由集權式功能部門集中管理。

一般來說，採取全球部門產品結構的企業，均面對快速成長、變化的環境，且其產品線種類也較多、較廣。如果與目標市場政府保持良好關係非常重要的話，不妨考慮以地理區域作為劃分結構的基礎。矩陣型式是三種組織活動結構中最普遍的一類，尤其在全球化趨勢驅使下，擴散速度更為快速。為了因應全球化競爭態勢，採行全球化觀點的企業必須改變組織型態，將企業的根深植於一個地區，但行銷網路卻遍及全世界。採取矩陣型式，企業可便於發展核心技術，並享受全球性規模經濟的利益，更不必擔心本土市場會因此而受到冷落。也因此，當多國籍公司面對強大的競爭壓力，迫使其發展全球化策略時，必須徹底考慮公司組織是否應做徹底改變，以符合全球化目標。如何在全球市場中爭得一席之地，並無絕對的準則可依循，但是組織結構必定得因應新的市場機會與競爭狀況而調整。企業採用全球化作業時必須考慮國際行銷（地主國）與國內行銷（母國）整合作業，亦即組織決策權如何劃分、責任中心選擇應採集權式管理或分權式管理。

1.決策權歸屬

決策由什麼階級制定、由誰制定、採用何種方法制定，是組織策略中必須考慮的要點。管理政策中應該明確規定各種決策權的歸屬問題，例如高層經營者應作哪種決策？國際企業部門主管應負責哪些決策？地區性管理者可以作哪些決策呢？諸如政策、策略和戰略等決策應由何種階段、人員制定，這些都必須妥善規劃。一般而言，戰略性決策可以交由低層管理人員負責，例如如果同一戰略要實行到兩個以上的國家，可以由區域性管理階層解決。但如果只在單一國家境內執行，則交付全國性管理階層負責即可。

2.集權式與分權式組織

多國籍企業的組織型式雖有許多種，但是總括而言，可以區分為三類：集權式組織、區域性組織與分權式組織。每一種型式各有其優缺點存在。以集權式組織來說，主要的優點包括容易得到專業人事的支援、在計畫與執行階段可以握有實質的控制權、所有記錄與資訊都集中在一起。

有些公司採取完全分權式的做法，所有決策交由能力可觀的管理者負責，不過這些管理者盡管有豐富的市場經驗，卻多半欠缺整體經營觀，對於母公司來說，亦容易失去控制力。

在許多案例中，不論正式的組織結構是集權式或者分權式，組織體系中一定會存有正式的次級系統，尤其是討論決策權歸屬問題時，最容易顯示非正式系統存在的事實。某些研究顯示，盡管產品決策權是相當集權化的決策，各地子公司仍有相當的影響力，以改變定價、廣告、配銷運作等決策。總括而言，如果該產品項目易受文化差異性之影響，最好採用分權式決策，以適應各地特殊性需求與習俗。

第四節　行銷組合之國際化

國際產品策略

發展任何行銷方案首要考慮的問題，就是到底要銷售什麼產品，對於本國市場擴張 (domestic-market-extension) 取向的企業來說，所關心的話題即是在本土地區應銷售何種產品才會獲利；多國籍市場取向的企業，發展許多不同的產品，以符合各地獨特的需求；全球導向公司則忽略特殊性，專以單一標準性產品，行銷世界市場為主。不論策略為何，行銷產品之前，總應對目標市場徹底檢視一番，以免制定出錯誤的行銷方案，銷售不合時宜的產品。市場全球化以及其對公司策略、行銷組合的影響，是國際企業管理中非常重要的主題。

1. 全球性產品

目前多數規模較大的企業均有朝向全球化發展的趨勢。不過，許多公司進軍新市場時，總以在其他市場已經銷售成功的產品打頭陣，較無考慮產品適應性問題。隨著世界市場競爭激烈化，全球消費者需求漸趨一致性，因此僅以同樣的產品銷售全世界，恐怕吸引力不夠，尤其某些產品必須做適度修正才容易為當地市場接受。面對如此競爭環境，如何製造符合各地市場需求，同時品質亦值得信賴、價格合理的產品，遂成為企業行銷努力的目標。在部分情況下，差異性產品是必須的，然而在其他狀況下，發展全球性標準產品則是勢在必行的策略。

世界性產品規劃與發展，究竟應考慮各國獨特需求，採取因地制宜的修正措施，還是以放諸四海而皆準的原則，以單一種全球性產品行銷各地市場，長久以來一直是爭執不休的話題。一般而言，強調生產、單位成本者傾向鼓吹標準化策略，至於文化敏感者，則主張為不同市場設計具差異化的產品。

支持全球性產品發展的論調者認為，目前全球性通訊和其他各種世界性社會力量已驅使消費者口味、需求、價值觀漸形一致，導致產品需求的相似性愈來愈高，無論在價格、品質、可信度方面的要求亦相類似。一項多國籍企業調查發現，銷售於低度開發國家都市地區的產品類型，與開發中國家都市地區並無兩樣，因此認為無論什麼國家，都市的生活型態皆類似，產品需求也應雷同。另外一項研究亦顯示，發現就某些產品來說，國際市場間相似性反而較同一市場內不同區隔間之相似性為高。全球性消費者成長趨勢意味著區別市場應以社會類別為主，而非地理區域為主，因而紐約雅痞族消費者的品味或許與巴黎雅痞族便頗為相近。

由於產品標準化常導致生產經濟效益以及其他成本節省,於是售價會較具吸引力。雖然文化差異是另一項重要考量，不過肇因於標準化程序所造成的成本降低，卻令人相信價格、品質、信賴度足以抵消產品差異之優勢，以彌補產品一致性的缺憾。因而，產品標準化被認為是未來之發展趨勢，而非是差異化。

持相反論調者則強調文化差異的重要性，認為產品有必要進行修正，以符合各社會文化的獨特規範。事實上，這點爭議並非是或否如此簡單即可解決，必須詳細分析各種情況下成本與利益額度。無疑的，產品、包裝、品牌、促銷宣傳標準化，確實可導致成本之顯著節省，但是這項標準化產品必須要有足夠的消費群眾才值得，不能光看成本面，而忽略收益面。同樣地，如果經由差異化所設計出的產品無法通過成本效益分析，那麼甚至應考慮放棄此產品，而無須上市。

由此可見，當產品差異化所導致的效益足夠補貼成本損失時，可考慮採取修正策略；如果市場對標準化產品需求量夠大，足以促使其享受成本節省的利益，則可採取標準化策略。總之，就標準化、差異化決策而言，只有透過詳細的行銷分析與獲利分析，才能得到圓滿的答案。

2. 全球性品牌

相關於全球性產品的概念就是全球性品牌。對於全球性取向的企業而言，即使無法製造標準化全球性產品，亦希望打響世界性品牌的名號。全球性品牌除了可以獲致成本節省的優點外，更可促使世界消費者對其產生一致性的品牌形象，有利於公司其他產品快速導入市場，達成效率目標。不過，在某市場已擁有穩固品牌的廠商，若為順應全球性品牌政策，欲更改該市場品牌的話，將承擔品牌認同喪失的風險。所以，在貿然轉換品牌名稱之前，必須仔細衡量，導入全球性品牌所產生的長期性成本節省利益，以及喪失原本品牌認同風險間的利弊得失。

國際定價策略

定價是行銷策略中最被忽略的主題，在行銷的 4P 中，定價最少受到注意，尤其在國際市場中，產品的標準化程度較高，或許是由於法令限制，價格和廣告較因地制宜。若比較同一公司在不同地區的行銷策略，可發現定價是最有彈性的。在研究定價策略時面臨的問題是：相關理論不多，而且較模糊。大部分這方面的理論太過簡化，將影響定價的變數簡化成只有需求和供給，而且由於大部分的理論並不完整，使得許多定價決策依據直覺、試誤 (trial & error)、或是例行程序而來（如成本加成和追隨競爭者價格法），以下我們將針對影響國際定價策略中之重要因素一一進行討論。

1. 成　本

決定定價時，無可避免地我們必須考慮成本。英國航空公司曾經沒有考慮自己本身的成本結構，只是盲目追隨其他競爭者的定價，後來該公司仔細評估，決定限制定價折扣後，才明顯增加公司收入。

我們在討論成本時，基本上要注意的問題並非考量成本與否，而是考量哪一種成本、成本有多少。一般理論，認為國外市場定價必須考量總成本 (full cost) 內所有的成本——包括國內行銷成本（如銷售、廣告費用、市場研究成本等），以及固定成本，使公司以國內市場的定價加上多項國外成本（如運費、包裝、保險、關稅等）作為定價。這種定價模式具有高度的中央集權，也有民族優越情感在。事實上，若不加上運輸成本和關稅，世界上每個地方定價都應相同，雖然此種方法簡單而且直接，但並不理想，原因是此一方法容易使定價過高。

另一種為國際行銷使用的定價方式是邊際成本定價法 (marginal-costpricing)（又可稱為遞增成本法），這種方式通常用於採取地方分權制度的多國公司。這種定價法假設有些產品成本（例如國內管理成本及廣告成本）與國外市場的定價並不相關。事實上，在國內市場定價時，研發成本和機器成本都已考慮，因此不應將這些成本再次考慮在國外市場的定價上，也因此實際生產成本加上國外行銷成本可作為不致產生損失的最低定價。日本公司常依此定價模式來打進國外市場，並且維持市場佔有率。日本人將打進國外市場視為一項成功，因此日本人寧願犧牲利潤來維持公司的營運。

遞增成本法的優點是對國際市場的狀況較為敏感，允許國外的子公司或分支機構可自行訂定價格。使用這種方式，其潛在缺點是由於研發成本以及總公司營運成本單單只有在國內市場定價才考慮，國外子公司並沒有適度考量總成本。長期而言，價格競爭而不考慮成本競爭是很危險的。為了解決高關稅、高運輸成本和國內高製造成本的問題，廠商可以在國外製造產品，或授權給當地廠商製造。如果廠商無法控制成本，或產品售價不足以彌補成本時，終究廠商會被迫離開市場。

國內國外定價是否應予單一化是常常討論的問題。理論認為，以管理觀點而言，沒有理由使出口定價與國內定價不同，當然經濟學家也相信套利可以消弭不同市場定價不同的狀況。另一種理論想法，則認為固定費用的分攤因出口量而減少，所以出口價格應低於國內定價。也有人認為由於外國政府的價格管制措施，在外國的售價被迫降低。

由於理論並不能提供所有情況的答案，因此我們應討論訂定單一價格 (uniform pricing) 的情況。基本上，單一定價適用於：有相同需求的市場；產品與競爭者類似；產品的替代性高；產品可在不同的國家購買且容易進口、出口；產品容易移動；消費者可在價格較低的市場購買，再賣至價格較高的市場；消費者能輕易獲得在其他國家的價格資訊等等情況下。另一方面，差別定價則常被採用於以下幾種情形：各市場的價格彈性不同；產品差異化不易被競爭者替代；在國際間運送產品有所障礙；消費者很難取得產品在其他市場的定價資訊；定價不會受到政府機構或媒體的注意。

2. 需求彈性和需求交叉彈性

由於有需求彈性和需求交叉彈性的存在，廠商在計價時不能不考慮競爭者的反應。福特汽車以為在英國銷售第一的地位無可動搖，因此片面透過取消折扣及其他銷售紅利的方式，想要結束價格戰，但競爭對手並沒有追隨，使得福特的市場佔有率從 32% 跌至 27%。我們要記得，只需一家公司採取行動就可以開啟或繼續價格戰。

有競爭力並不意味產品的定價必須低於或和市場價格相同。良好或獨特的產品通常可賣到較高的價格，而產品有形象，也可訂出比市場價格為高的價格。Sony 即常採取此一策略。Sony 始終遠離會造成形象受損的價格戰，不過也曾經因競爭對手削價，而迫使 Sony 降價。Mazda 雖沒有負面形象，但形象中性，並不突出。在 1980 年代其行銷策略是把自己設定為產品定價較低的日本廠商，提供了與本田和豐田不同的選擇，

Mazda MX-5 Miata（小型跑車品牌）乃是 Mazda 試圖創造出其具特色及物超所值的鮮明形象。一般而言，廠商可經由培養獨特、令人滿意的形象，而置身於劇烈的價格戰之外。有名的形象可使廠商採用類似於獨佔方式運作，並獲得額外定價的自由。

1979 年時，對於法國、西德及英國出口商所做的研究得到了一個很有趣的結果：許多廠商覺得以價格基礎競爭相當不實際，甚至危險。出口價格競爭被視為粗劣的競爭方式，而且價格競爭只能用在簡單的產品，不能用在具有品質和高技術水準的產品上。根據此一報告，只有初入道者才會持續的採用價格戰。

3. 匯　率

計價所使用的貨幣單位也不可忽視。一般而言，賣方應會以強勢貨幣買匯，而買方則會想以弱勢貨幣獲得承兌。歐洲廠商可用歐洲通貨 (ECU) 代替各國通貨來報價和買匯，但國內匯率的相關規定仍必須遵守。

匯率通常不會衝擊國內市場的定價，但對國際行銷的影響則非常大。自 1985 年 3 月起，由於美元對其他主要國家通貨貶值，使美國跨國企業自國外匯回的國外利潤陡增；相對而言，美元貶值造成日本出口商的損失。由於日幣急劇升值，日本小松 (Komatsu)——一家重型工具機製造商——被迫在 1985、1986 年三度調高價格，1986 年 Komatsu 因喪失價格競爭優勢而被迫在美國設廠。其他如日產、本田、豐田等廠商也數度調高價格，而價格上漲最多產品的是由日本人控制的市場（例如昂貴的消費性電子產品，CD 唱盤和錄放影機），然而這些日本廠商不能調高售價太多，因為韓國貨正虎視眈眈，隨時在旁準備伺機而動。在評估匯率變動對價格的影響時，我們必須考慮國內競爭產品的定價，也必須檢視貶值時對進口商、出口商以及國內製造商定價的影響。

4. 周轉率

周轉率 (turn-over rate) 與價格水準有相反的關係，在高周轉率時，公司通常可能有較低的利潤，這種情形有幾項原因：由於高周轉率的物品銷售頻率較高，購買者自然會發展出對價格熟悉和敏感性；這種物品存放時間短，其機會成本也低；再者，只需少許的促銷工作，行銷成本很少。雖是如此，決策人員不應因此遽下定論，認為周轉率與價格有因果關係，也就是說，低價而有高周轉率，但反過來說，高周轉率不一定有低價。

5. 市場佔有率

擁有較大的市場佔有率可使公司選擇較市場更高的定價；由於有較低的生產、行銷成本，而有規模經濟，使公司得以選擇降價。由於市場佔有率被視做打入市場的障礙，對稍晚進入市場的廠商而言，市場佔有率是重要的指標。也就是說，一個公司沒有市場佔有率，便無法達到必須的銷售量來改善公司效率，這可以解釋為何韓國的現代公司在美國以 IBM 之名銷售電腦。現代電腦以極低的價格將電腦賣給 IBM，現代公司雖然獲得的利潤甚低，但卻可以藉以取得市場佔有率，再以較高價位的機型進入市場。

我們可以用只有少許利潤的低價策略來取得市場佔有率，舉例來說，米其林輪胎公司為了增加市場佔有率，因此在美國市場首先降價，因為價格低，福特公司的 Escort 和 Mercury Lynx（兩種不同的車型）便使用米其林的輪胎，但因為價格太低，使米其林每賣出一個輪胎便多一分損失。另外一個例子是通用汽車公司在歐洲的經驗，為了增加在歐洲市場的佔有率，通用的德國子公司 Adam Opel 和英國子公司 Vauxhall 採取低價的公司策略。在獲得市場佔有率來說，這項策略或許是必須的，但此策略並不一定會帶來利潤，通用汽車的銷售量上升了，但卻有利潤的損失。因此，太急於搶先佔有市場可能會造成公司的損害，甚或重大損失。

6. 關稅和配銷成本

基本上來說，如果沒有傾銷和補貼情況之下，在國外銷售的產品應較國內銷售的成本為高，原因是必須彌補關稅和額外的配銷成本。當然，冗長的配銷通路（即許多的中間人）也必須為價格提高負責，而這些配銷通路對配銷效率並沒有助益。在日本的外國人或許會驚訝的發現，在日本，進口配額和關稅的限制使價格上漲，即使一份土司也需花費數美元。

7. 文　化

美國製造商應明瞭，不二價政策或建議零售價格在各個國家不一定適用。在美國，一般零售商都以不二價賣出貨品。然而許多國家，價格有議價空間，買賣雙方常花數小時討價還價，因此討價還價變成了一種藝術，比起不熟悉討價還價的人，具有優異討價技術的一方，通常可獲得較滿意的價格。

國際配銷通路策略

1. 直接和間接銷售通路

公司在國外行銷時有兩種主要的配銷通路：間接銷售與直接銷售。間接銷售，指的是本國生產者仰賴另一本國公司來銷售產品，而且後者是前者的銷售中間商。所以，在沒有出口的情況下，銷售中間商就成為製造商的本國通路之一；若是經由本國中間商出口，製造者無須設立出口部門，因為此一中間商就類似製造商的出口部門，擔任把產品送到國外的任務。若商品不是掛中間商名稱時，此中間商可稱為本國代理商，若掛的是中間商名字時，此中間商的角色就好像本國製造商了。

使用間接通路有以下的好處，例如可使通路單純化與減少成本，因為製造商不必自建通路，所以少了通路建立成本，同時也省去了將產品送到國外時所要負的一些責任。因為有中間商的存在，所以可以分攤一些配銷成本，因此可降低產品移動的成本。間接通路也有其限制，雖然製造商不必對中間商的行銷活動負責，但是卻也失去了產品行銷的控制力，而影響未來產品的成功與否。若是中間商不積極，競爭對手又採取強烈攻勢的話，此時中間商就變得相當重要了。間接通路的方式可能無法長久採行，因為企業配銷產品的目的是利潤，若是製造商的產品無利可圖，或者其他產品提供較高獲利潛力時，此中間商關係也就可能停止了。

相對的，直接銷售則是當製造商有自己的海外通路時所採行的銷售方式，此時製造商直接與外國買方交易，而不透過本國中間商。因此製造商就需自己建立在國外的通路關係，經由自己的出口部門，將產品送到國外去。採行直接銷售通路的優點是積極與市場保持密切的互動，因為在直接銷售的情形下，製造商對國外市場的涉入程度也越高。另外則是控制力較大，因為交易過程中不經過中間商，所以可以使溝通更為直接，公司政策的推行也不會受阻。

直接銷售也有問題存在。若製造商對外國市場不熟悉時，要管理通路就相當不易，而且通路管理需花費大量的時間與金錢，若是銷售數量不夠大時，則相對的通路成本將相當高。加拿大的 Hiram Walker（生產酒）原本在紐約有自己的行銷公司，負責行銷 Ballantine Scotch、Kahlua、CC Rye 這些品牌的酒，因為營利不佳，所以最後只好撤除在紐約的銷售組織與行銷活動。

對那些不做國際行銷研究的出口者而言，傾向於直接銷售給出口代理商，相對的，在公司內從事國際行銷研究的廠商則是設立出口組織，投入資源從事出口活動，把產品直接送到最終使用者手中。對電子、機器工具、食物生產設備、與動力設備等產業之出口公司做研究的結果顯示，這些出口工業設備的廠商所使用的通路成員與國內相同，使用最多的配銷通路是銷售代表與出口配銷商，雖然受訪者對整個配銷系統大致還算滿意，但是一般來說，對出口商則是不甚滿意。大體而言，自己從事出口業務有一段時間的公司，在配銷系統的滿意度上會高於只有極少出口經驗的公司。

2. 通路管理的發展

一通路是否適合，要視其所使用的國家而定，在某一國家好的中間商並不一定適用於其他的國家，但是這並不是說所有的國家都要有獨一無二的通路，還是可以歸類出某些國家適用於某種通路。

Litvak 及 Banting 建議採用以下的標準來做國家分類：⑴政治穩定性。⑵市場機會。⑶經濟發展與表現。⑷文化特質。⑸法律限制與障礙。⑹地理障礙。⑺文化距離。根據這些特質，可以分成熱門、中等與冷門的國家，前四項得分高而後三項得分低的國家為熱門的國家，冷門的國家則相反，中等的國家則在七項評分上差不多。在此一標準之下，美國、加拿大屬於熱門的國家，而相對的巴西則是冷門國家。

在分類國家時有許多的標準，經濟發展也可單獨作為一項指標，但此一分類方法有時可能造成誤解，因為熱門的國家與工業化國家是不相同的，所以在分類的過程中應審慎考慮各項相關的因素，特別是經濟發展的程度與各項因素都有相關。

分類的目的是決定應採行何種中間商型態較為合適，冷熱程度的高低也指出了何種型態的中間商較為合適。在冷門國家中競爭的壓力不大，但法律的限制也使得通路的創新較為緩慢。埃及法就是一例，只有父親為埃及人或是合法的埃及法人才能代表外國客戶，因為屬冷門國家，中間商所感受的威脅不大。

對熱門的國家而言，環境不錯，所以新機構林立，但是中間商若不能順應環境調整的話，很容易就被淘汰，因此通路成員是否能存續，就要視適應能力而定。例如在英國不論是雇主或中間商任一方都能終止彼此的關係，也就是說，若代理商收到的是一星期的薪水，關係就只有這一星期，若是收到的是佣金，則可以延長到六個月，除非契約上另有規定。

國外環境情況對所有通路成員都有意義。國外製造商在通路的演進中可實行最大的控制力。廠商在一剛開始時可以依賴中間商或配銷商，若是銷售量增加，則可以建立自己的銷售分公司，這也是國外酒類供應商在美國市場的發展過程，到現在為止這些供應商已能完全控制整個配銷活動，例如 E. Remy Martin & Co. 就從 Glenore Distilleries 處收回白蘭地酒的行銷權，自己來配銷，而 Monet-Hennessy 及 Pernod Ricard 則各自買下 Schifflin 及 Austin Nichols。

當地的製造商可能會受新通路的影響，因為新通路將威脅原有的通路，因此，可能的話，外國製造商應該採取積極的行動，善用新通路。全錄過去的直接銷售通路一直推行得很好，但日本公司進入美國市場後，以快速低價的方式攻佔市場，採行獨立的辦公室設備推銷商（過去全錄所忽略的），而且日本公司也供應機器給 IBM、Monroe、PitneyBowes 等美國公司，然後再利用這些美國公司的銷售及配銷網路。由於這些新的通路已為日本公司所使用，全錄只得另闢其他通路，如零售店、郵購以及兼職銷售代表等。

對那些從事利潤高但數量低的批發商而言，這些通路所造成的威脅更大。如果批發商把製造商的產品促銷得極為成功，很容易以後就不再給他做了，例如 Superscope 就喪失了 Sony 產品的銷售權。反之，若是把產品經營得不好，也會被製造商換下，例如 Mitsubishi 認為 Chrysler 績效不佳，所以就發展自己的配銷網路。

在熱門國家的當地零售商也不能不做改革。在歐洲，電腦製造商所採行的通路是一些高度區隔的小零售商，因為沒有財務能力，所以無法大量存貨，所以 Computerland 就把美國大量行銷的方式複製到歐洲來，目前在當地已有數家店面。通常革新最早出現在熱門的國家中，隨後則陸續擴散到其他熱門的國家，最後則是在開發中國家。新進有關零售商的改革有所謂的自助服務商店、折扣商店、超級市場，全部都是先由美國所發展出來的。另一方面，Hypermarche 則是在歐洲所發展出來的大量採購的方式，此種零售店屬於自助式的，店中有各種的食物及貨品，不過此一方式在引入美國時卻不見得成功。

蘋果電腦也曾經想在美國建立自己的「蘋果中心」——此種方式在歐洲相當成功。1985 年時蘋果電腦在英國只有少數的零售商與展示中心，因此就設立蘋果中心，希望改善其績效。這些中心是獨立的零售店，販售的主要是蘋果電腦的產品，但也包括一些軟體及其他製造商的配件，這是一個包括電腦的行銷、銷售、訓練、支援、服務等功能的中心。隨後此一觀念擴展到其他歐洲國家，建立了超過六十個的蘋果中心，不過因為各地市場不盡相同，所以在不同市場上的功能也有部分的修正。

改革的成功與否不僅要視環境而定，還要看其他的因素。例如經濟發展就需要一定程度以上，才能產生特定型式的行銷通路。比如說，傳統式的小商店在美國已經幾乎不可見了，但在許多的國家中仍然隨處可見。廠商積極與否，也是影響新通路是否成功的因素。其他諸如文化、法律與競爭的因素也是重要的因素。在開發中國家，因為勞工成本低，人們也習慣等待，所以自助服務商店、折扣商店、超級市場的接受性就相當緩慢。比較起來，在已開發國家，大型的折扣商店、超級市場在人口密集度高、都市化、勞工成本種種因素的考慮下就應運而生，而且所得水準高、所得平均分配、有汽車與冰箱也使得次數少、大量的採購方式變得可行。

3. 通路管理的修正

因為標準化、全球化的國際行銷策略不見得適合所有的外國市場，所以對國際行銷者而言，應瞭解市場的配銷結構與型態，做比較性的市場分析。針對拉丁美洲營運的美國公司所做的研究中顯示，在配銷上的確有採取某些適應性的改變。通常地方政府的規定是標準化的障礙，因為將迫使廠商改變價格、廣告、配銷方式。

某些通路的改變是有需要的，懷疑的心理與隱私權將使到戶推銷與直銷的方法變得沒有效率，所以雅芳在日本與泰國就採行不同的行銷方式。在中間商數目多但每個中間商卻處理少量產品的國家中，零售折扣的方法就不適用。傳統的行銷通路看起來沒有效率，但卻能善用便宜的勞工，沒有閒置的資源。

製造商必須知道，因為有修正的必要，所以特定型式的零售商不見得適用於所有的國家。當美國的超級市場標榜低利潤時，外國的超級市場仍可能有極高的利潤，而且強調特殊品或進口品。另外，美國超級市場也提供即時可食的服務，有趣的是，美國的超級市場，也開始提供此一服務。

某一類型行銷通路在國外可能會做某種改變，例如 7-ELEVEN 在日本提倡的便利食物店的觀念，就比美國的 7-ELEVEN 更為複雜。日本的 7-ELEVEN 提供蒸熱魚餅、罐裝茶，以及飯糰，代收水、電費，並接受對 Tiffany（珠寶商）目錄的訂購。7-ELEVEN 的商店在產品上常創新和除舊，一個典型商店的三千項商品中，一年約更換三分之二。

4.通路管理的決策

就如同在本國市場一樣，國外市場的行銷者也要做三種通路決策：通路的長度、寬度，以及配銷通路數目。

(1)通路長度：通路長度與產品在送達最終消費者前，在中間商間轉手的次數有關，若是需經過許多中間商，則此通路較長，若是只經過一兩個中間商，則通路較短，若是直接由製造商銷售給消費者，則是直接通路。美國與日本的電視機製造商在通路長度方面就運用不同的策略，Zenith 使用兩階段的配銷系統，因此零售商需從獨立配銷商中買得商品，但此一系統就不適於錄影機專賣店，因為他們偏好直接跟製造商採購，所以他們就轉向跟日本製造商買，因為不但價格低，而且願意直接送貨到這些店。

(2)通路寬度：通路寬度指的是在某一配銷階段的中間商數目，若是所使用的中間商或中間商的型式越多，則通路較寬且較為密集，若只有少數的中間商或只在某些地點，則通路是選擇性的，產品雖不盡在每個地方都有，但至少在同一地點上會存在有一些配銷商。最後，若在特定區域中只有一種型式的配銷商，那麼配銷就變成獨家代理了。

鐘錶業的配銷策略正足以說明不同的通路寬度。天美時 (Timex) 為低價、大量行銷的產品，採行的是密集行銷的方式，不論是哪一種中間商都可以從事此一品牌的業務；精工 (SEIKO) 就較有選擇性，因為精工屬於中高級價位的品牌，所以經由珠寶店與展示店銷售，而少在折扣店或藥房出售；Patek Philippe 則為了要展現高貴與獨特的形象，所以在美國境內，只有在 100 家高級珠寶店中才有出售。

通路寬度是相對的，精工與歐米茄 (OMEGA) 都採用選擇性通路，但歐米茄的選擇性通路更少，此一策略使得此一品牌只有在高級珠寶行、專賣店以及百貨公司的珠寶部門中才能買到。因為各階段通路寬度的本質不同，所以若是要把中間商與零售商的通路一起比較就顯得不適當，因為零售商人數遠較中間商多，所以只適合就通路的某一階段討論。選擇的程度視特定階段的中間商相對數目，而非絕對數目而定，當產品行銷的階段越接近消費者，通路就應該越寬；反之，當產品行銷階段越接近製造商，通路就較窄。

(3)配銷通路數目：另外一個決策是配銷通路數目。在某些情況下，製造商在將產品送達消費者前會有許多種的通路方式，例如可使用很長的行銷通路，也可使用直接行銷通路。若是製造商有不同的品牌，則可能採行雙軌的行銷通路以區分產品消費者。另一採行多行銷通路的原因是製造商已建立自己的行銷通路，但是因為策略或法律的原因，無法不使用舊行銷通路（如代理商）。雖然 Seiko、Lassale、Jean Lassale 都是來自同一家公司，但是在這些品牌上卻採行不同的行銷通路：Seiko 與 Lassale 在美國經由配銷商銷售，而 Jean Lassale 卻直接由製造商銷售給零售商（珠寶店）。

國際促銷策略

廣告與促銷乃國際公司行銷組合最基本的活動。一旦產品發展足以符合目標市場的需要，且其定價與配銷極為適當，則應通知潛在顧客產品的可供性與價值。設計妥善的行銷組合 (promotion mix) 應包含廣告、銷售促進 (sales promotion)、人員推銷 (personal selling) 與公共關係 (public relation) ……，這些全部相互加強，並著眼於共同目標——成功的產品銷售。

就行銷組合之所有要素而言，所謂包含廣告的決策，係指最常受到各國市場間文化差異所影響的那些決策而言。消費者在其文化、作風、感覺、價值系統、態度、信仰、認知方面，均有所反映。因為廣告的功能是在藉著消費者的需要、熱望，以詮釋滿足產品與服務品質的需要；倘若要使廣告極為有效，則感情訴求、象徵、說服方法及其他廣告特性應符合文化模式。

使國際性廣告與銷售促進活動與市場的文化獨特性一致，正是國際或全球性行銷商所面臨的挑戰。國際促銷的基本架構與概念在使用上是相同的，其步驟有下列六項：⑴研究目標市場。⑵決定全世界標準化的內容。⑶決定各國市場或全球性市場的促銷組合（廣告、人員推銷、銷售促進與公共關係之組合)。⑷發展最有效的訊息。⑸選取有效的媒體。與⑹建立必要的管制，以便協助全世界行銷目標之監控與達成。

1. 國際促銷中全球性廣告策略性思考

世界市場激烈的競爭與國外消費者的日益複雜性，已帶來更為複雜的廣告策略之需要。在許多國家裡，廣告計畫協調的困難、成本的增加以及一般全世界公司或產品形象之熱望，已使多國籍公司在不犧牲國內反應的情況下，尋找更大的管制與效率。為求得更有效率、更為敏感的促銷計畫，應進一步檢視下列事項：⑴涵蓋權力集權或分權的政策。⑵單一或多項國外或國內機構的使用。⑶撥款與分配程序。⑷副本。⑸媒體。與⑹研究。每個國家所需的廣告專業化程度乃是最為廣泛討論的政策領域之一。有一種看法是廣告之訂製乃因每個國家或地區而異，因為每個國家藉廣告而提出特殊問題。具有這種觀點的公司主管們都認為：達成適當且相關的廣告之惟一方法，莫過於為每個國家發展個別的廣告活動。有人存有另一種極端的看法則認為：廣告應全然忽視地區性差異，而世界上所有市場的廣告都應加以標準化。

與國際性廣告之修改相較，標準化優點的討論已經持續數十個年頭了。Levitt 所撰寫的〈市場全球化〉“The Globalization of Market” 一文，曾引起許多國家檢視其國際策略，並採行全球性行銷策略。Levitt 假定具有類似需要的全球性消費者之存在與成長，並宣稱國際行銷商應營運儼如世界是個大型市場，而忽視地區或國家的表面差異。在不討論 Levitt 的看法有何優點的情況下，公司顯然可能過分補償文化差異，並在不探討全世界標準化行銷組合的可能性之情況下，為每一國家的市場，修改廣告與行銷計畫。在數十年中遵行每一個國家特定的行銷計畫之後，公司擁有許多不同的產品變異、品牌名稱與廣告計畫，猶如公司在許多國家，經營許多不同的企業。

茲舉吉利公司 (Gillette Company) 為例來說明。吉利公司在超過二百個國家，銷售八百項產品。吉利公司在全世界一致的形象是男性、運動導向的公司，但是其產品卻沒有這種一致的形象。其刮鬍刀、刮鬍刀片、化妝用具與化妝品，以各有許多名稱而聞名。例如其刮鬍刀片在美國稱為 Trac II 刮鬍刀片，而在全世界則稱為 G-II 刮鬍刀片；在美國稱為 Atra 的刮鬍刀片，而在歐洲與亞洲則稱為 Contour 刮鬍刀片；在美國稱為 Silkience 的吹風機，在法國則稱為 Soyance，在義大利則稱為 Sientel，而在德國則稱為

Silkience。在吉利公司現存產品中，能否找出全球性品牌名稱，乃值得懷疑。然而，吉利公司目前全球性的哲學，在男人化妝用具產品的廣告上提供一項包羅萬象的說詞，「吉利產品能給男人最好的」，以希冀提供某些共同的形象。

類似的情況亦存在於聯合利華公司 (Unilever)。聯合利華公司所銷售的清潔液，在瑞士稱為 Vif，在德國稱為 Viss，在英國與希臘稱為 Jif，在法國則稱為 Cif。這種情況是聯合利華公司對每個國家採行不同的行銷之結果。因此，對吉利公司或聯合利華公司而言，採行品牌名稱標準化乃極為困難，因為每個品牌已深植於其市場中。然而，在這種品牌多樣化的情況下，很容易想像協調、控制的困難以及相對於全球性品牌認知的公司之潛在的競爭劣勢。

2. 國際促銷中全球性廣告與品牌的作法

所謂全球性品牌 (global brands)，通常係指司選擇被全球性行銷策略 (global marketing strategy) 所導引的結果。全球性品牌在世界各地擁有相同的名稱、相同的設計與相同的創造性策略；可口可樂 (Coca-Cola)、百事可樂 (Pepsi-Cola)、麥當勞 (McDonald's) 與露華濃 (Revlon) 乃是數個全球性品牌的示例。即使文化差異使得標準化廣告計畫或標準化產品缺乏效果，公司仍然可能要擁有世界性品牌。即使廣告訊息與形成因各國文化差異而迥然有異，雀巢公司 (Nestlé Company) 即溶咖啡之世界性品牌——雀巢咖啡 (Nescafé)——仍廣受世界所愛用。在日本與英國，廣告反映著這些國家對茶葉及咖啡喜好的差異；在法國、德國與巴西，其文化較喜好咖啡，故反映著不同廣告訊息與形成。然而，即使在這種情況裡，亦有某些標準化；所有廣告均有共同的情感連鎖：「不管優良的咖啡對你具有何種意義，且不管你如何喜歡咖啡，雀巢咖啡必定是你所要的咖啡。」話雖如此，然而贊成標準化廣告與贊成當地化修改的廣告之間的爭論，無疑地勢必會持續下去。

有些公司卻會採行極端的情況。舉例來說，高露潔公司 (Colgate-Palmolive Company) 於 1990 年代曾宣稱將其廣告權力分散，且將責任下授到世界各地之個別營業單位，高露潔公司今後的廣告與行銷將特別為各國當地市場而量身裁製。當高露潔公司正移往當地化廣告時，另一家名叫偉拉 (Wella) 的公司卻宣稱五年後，計畫發展其 80% 的產品成為泛歐洲品牌。一旦歐洲單一市場實現時，偉拉公司將在歐洲擁有相同的品牌，以坐享競爭優勢。

然而筆者本身卻不能支持上述兩種極端情況之任何一方，因為筆者認為兩種極端的情況通常均不正確。在某些國家裡，可能以標準化廣告，才能將有些產品促銷得最有效率，而其他產品則要以當地化修改的廣告計畫，才能將產品促銷得很成功。正如之前所討論過的，所有的市場一直在變化著，且變化過程均頗為相像，但是世界仍絕非同質的市場，而且距離同質的市場依舊極為遙遠。在完全標準化之前，仍然橫列著無數的障礙。雖然如此，各種市場間之缺乏共通性，並不應阻擾行銷商將產品與廣告帶往全世界市場，而不局限於國內某一市場或地區市場。

3. 國際促銷中銷售促進的具體作法

除了廣告之外，人員推銷 (personal selling)、公共報導 (publicity) 與所有行銷活動均能刺激消費者購買，且改進零售商或中間商的有效性與合作性，故稱之為銷售促進 (sales promotions)。折讓、店內展示、樣品、優待券、贈品、產品搭售、抽獎賭賽、特殊事件之贊助（例如音樂會、產品展示會）與銷售點展示 (point-of-sale displays) 等等，乃是銷售促進裝置，其設計旨在補充促銷組合 (promotion mix) 中廣告與人員推銷之不足。

銷售促進乃是指向消費者或零售商之短期努力，旨在達成下列特定的目標：⑴消費性產品的嘗試或刺激消費者立刻購買。⑵將消費者推介給商店。⑶獲得零售商銷售點的展示。⑷鼓勵商店庫存產品。與⑸支援與擴大廣告與人員推銷之效果。舉例來說，非洲香煙製造商在銷售促進上莫不竭盡所能，奇招百出。除了正規的廣告外，非洲香煙製造商還贊助音樂團體、河流探險，並參與當地展覽會，旨在使公眾瞭解該公司的產品。

在由於媒體限制而廣告難以達到消費者的市場裡，分配給銷售促進之促銷預算之比率，可能必須加以提高。在某些低度開發的國家裡，銷售促進構成鄉村與不易接觸的市場部分中促銷活動的主要部分。舉例來說，在部分拉丁美洲國家裡，百事可樂與可口可樂之廣告銷售預算的一部分，是花在娛樂遊藝團卡車上；這種娛樂遊藝團卡車穿梭旅行於各村莊之間，旨在促銷其產品。當娛樂遊藝團卡車在某一村莊暫駐時，娛樂遊藝團可能舉辦電影欣賞會，或是提供其他某些娛樂：入場券則為購自當地零售商之未開瓶的可樂（百事可樂或可口可樂）。此種促銷活動勢必能刺激銷售，且鼓勵當地零售商注意娛樂遊藝團的到達，事先增加飲料之存貨。以這種促銷類型，使銷售幾乎達到 100% 村莊裡的零售商。

當產品概念對市場仍然新穎而陌生時，特別有效的促銷工具是免費試用樣品。Crayola 公司之蠟筆在美國境外幾無知名度可言，且鮮為人知；在國外，其彩色筆與簽字筆比蠟筆較為流行。於是 Crayola 公司免費分配樣品並舉辦特別活動，例如在百慕達舉辦青年賽跑，在新加坡、沙烏地阿拉伯、香港與數以百計的都市，舉辦彩色競賽，以協助其產品在國外市場獲得更高的知名度。

促銷的成功必須仰賴當地的適應，當地法律所加諸的主要限制，可能不允許贈送獎金或免費禮物，有些國家的法律還管制零售商之折扣；有些國家則允許所有銷售促進，而且至少在某一國家裡，不允許競爭者花費的銷售促進費用，大於在任何其他國家所花費的銷售促進費用。有效的銷售促進能夠提升廣告與人員推銷活動，且在某些情況裡，當環境限制禁止充分利用廣告時，銷售促進可能便成為廣告之有效的替代品了。

摘要

1. 前言：①強化全球化市場趨勢的五種力量：a. 快速發展技術導致產品生命週期的縮短。b. 以廣大地理區域視野來看待市場。c. 全球性溝通的新力量。d. 全球消費者區隔的共同行為觀點。e. 世界經濟市場的自由化趨勢。
2. 國際行銷的本質：挑戰和機會：①國際行銷的定義：a. 產品交換不限於有形產品還包括概念與服務。b. 不再限於市場或企業交易，不忽視非利潤追求的國際行銷活動。c. 瞭解消費者需要導向的生產活動。d. 行銷組合 4P 的整合與協調。②行銷的國際構面：a. 在母國進行行銷活動的國內行銷。b. 外國行銷在母國以外的國家進行營運。c. 針對兩個或以上國家分析比較行銷方法的比較性行銷。d. 國際貿易是站在國家立場對市場提供總體評估分析。e. 國際行銷和多國行銷的差異觀點。③必要的環境調整：a. 文化調整任務是國際行銷的重大挑戰。b. 設法注意分析與決策中，本國文化的參考力量。④成為國際化：a. 國際行銷投入階段（無直接國外行銷；間歇性國外行銷；經常性國外行銷；國際行銷；全球行銷。）b. 國際化導向的改變（國際化程度改變對公司特定策略與決策影響；客觀評估機會；判斷潛力及問題反應的全球意識。）
3. 全球行銷管理——計畫與組織：①全球性的策略：a. 全球性策略的作業方式（單一國家以外的經營規模經濟；創造一項標準化典範產品，配合標準化行銷方案；低成本的全球化效率；重點國家的策略性定位；長程投資意願的觀點；防阻競爭對手的競爭策略；培養典範移轉的移植經驗。）②相對地不宜運用全球策略的因素：a. 未產生經營規模經濟。b. 未產生標準化產品。c. 配銷通路的高進入障礙。d. 區域需求為重要考慮因素。e. 顧客溝通較為困難。f. 消費者購買未享便利性水準。g. 高度貿易障礙及保護主義。③全球策略作業應有的組織結構：a. 產品結構的型態。b. 矩陣結構的型態。c. 結構型態適應方式。④全球行銷管理：a. 全球行銷管理與國際行銷管理的比較。b. 全球取向的優點。⑤策略規劃：a. 全球化策略分析的架構（不同國家市場間的共通性研究；改善作業層面效率及策略層面的效度；

中央集權或分權的策略關鍵影響。）與貢獻—影響矩陣的決策分類方式（leverage 槓桿型決策；fringe 邊緣型決策；core 核心型決策；support 支援型決策。）b. 全球性等時規則程序（初步分析和篩選；修正行銷組合以適應目標市場；發展行銷計畫；執行和控制。）⑥ 各種市場進入策略（出口；授權；合資；直接投資。）⑦ 組織變革——配合全球競爭趨勢（決策權歸屬；集權式與分權式組織。）

4. 行銷組合的國際化：①國際產品策略：a. 全球性產品（標準化產品與差異化產品；社會類別的區別基礎；成本考慮下的產品標準化是未來發展趨勢。）b. 全球性品牌。②國際定價策略：a. 成本。b. 需求彈性和需求交叉彈性。c. 匯率。d. 周轉率。e. 市場佔有率。f. 關稅和配銷成本。g. 文化。③國際配銷通路策略：a. 直接和間接銷售通路。b. 通路管理的發展。c. 通路管理的修正。d. 通路管理的決策（長度、寬度、數目）。④國際促銷策略：a. 國際促銷中全球性廣告策略性思考。b. 國際促銷中全球性廣告與品牌的作法。c. 國際促銷中銷售促進的具體作法。

1. 從國際行銷定義說明國際行銷的機會與挑戰。
2. 何謂全球性市場管理？並說明其策略規劃的重點與進入市場的策略。
3. 行銷組合之國際化說明從產品策略、促銷策略、價格策略、通路策略。
4. 解釋名詞：
   ⑴全球性行銷管理 (global marketing management)
   ⑵國際行銷管理 (international marketing management)
   ⑶全球性品牌與全球性產品
   ⑷周轉率
   ⑸全球性廣告
   ⑹直接投資
5. 臺灣在進行國際化行銷過程中所具有的競爭優勢與進入國際市場的障礙為何？
6. 請說明企業如何從國內知名品牌走上世界性品質，就世界一家的觀點而言，加以說明之。

第十二章 行銷對社會文化的影響與互動

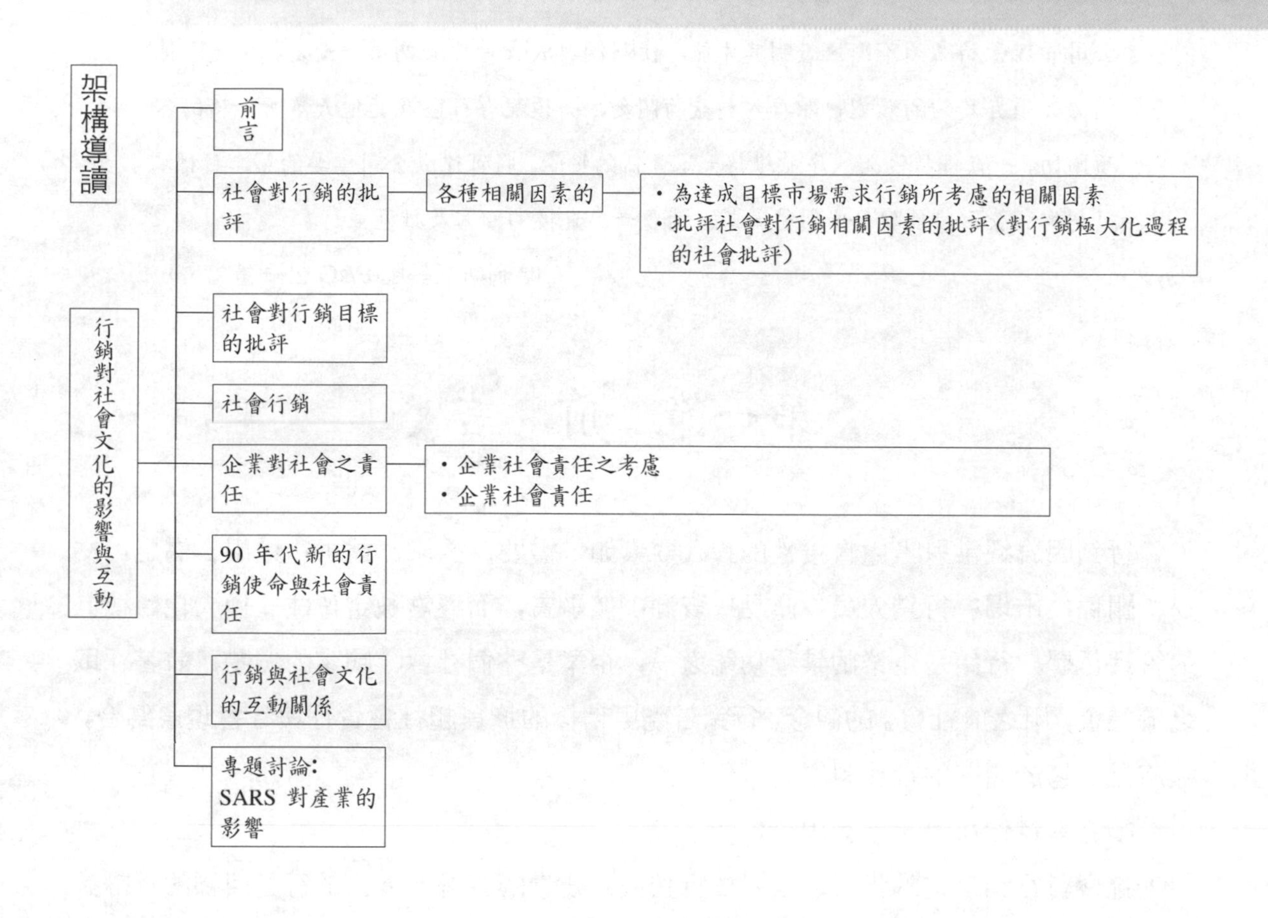

良好的價值觀可以改造心靈，在心靈中植入美好品格與習性是有力手段。一個一直保持節制而中庸的人特痛恨喧鬧和混亂，如果他強迫自己去做慈善或親善工作，那麼他將很快厭惡那些既高傲自大又無理傷人的事情，只要他完全確信高尚的生活方式是可取的，只要他決心以理性來強制自己，那麼他的改造便不應當是毫無希望的。不幸的是，這個確信和決心不可能發生，除非他事先就具有還算得過去的良好品格。

休謨　人性論

公司管理當局必須不斷地證明其才能，使利潤與成長目標成為第一優先。但是，他們仍必須有足夠的體認，即自我利益的開發，必須配合社區及其他大眾所加諸的各項關切。一直保持優先次序並維持大眾責任的警覺，將可達成公司重要的第二目標。獲利與成長，將能與公平對待員工、消費者、直接的顧客及社區並行。

哈利斯（美國 P&G 公司董事長）

第一節　前　言

行銷因為經常只考慮直接性的投入要素如：需要、欲求、需求；效用、滿足；交易、關係；市場；行銷人員；產品；資源；競爭者，而經常被定位成「極大化目標」的管理哲學。行銷是企業的某種功能之一，企業是整個社會、國家的個體，秉著「取之於社會，用之於社會」的觀念，行銷若能更積極的擔負起社會責任與社會現象結合，那將是更趨於完美的社會科學。

讀完本章你可瞭解下列內容：

⑴社會對行銷功能的批評：a.對於行銷投入要素的批評。b.對於行銷目標的批評。

⑵何謂社會行銷？社會行銷所考慮的相關因素有哪些？

⑶企業社會責任？90 年代新的行銷使命與社會責任。

⑷對於 90 年代最新的行銷觀念：「行銷企業精神」、「新英雄肖像」、「誠實的廣告」、「良好的公民」、「環保的問題」、「拯救地球」將有深入的瞭解。

⑸行銷與社會、文化的互動包括：a.以各種標新立意為主題的 Häagen-Dazs 冰淇淋。b.創造流行時尚的 Swatch 手錶。c.塑造亞洲文化風格的國泰航空公司。d.運用意識型態、種族衝突的班尼頓服飾公司。

第二節　社會對行銷的批評

行銷是廠商或企業在瞭解消費者需要並考慮各種相關因素而達到企業目標的管理哲學。而社會對行銷的批評有兩種來源：

各種相關因素的批評

行銷為了達成交易與服務機會，為利用各種消費者所考慮因素，來達成滿足目標市場消費者的需求與欲望，正確的行銷管理架構在兼顧社會責任前提下會運用妥善的競爭策略，但社會上對行銷在運用行銷策略時仍會有所批評。

1. 為達成目標市場需求行銷所考慮的相關因素

⑴需要、需求、欲求（同步行銷、反行銷）。

⑵效用、價格、滿足（極大化行銷、生活化行銷）。

⑶交換、交易、關係（交易行銷、關係行銷）。

⑷市場（內部、外部行銷、利基行銷）。

⑸行銷與行銷人員（協調行銷）。

⑹產品（差異化行銷）。

⑺資源（策略行銷、集中行銷、資料庫行銷）。

⑻競爭者（競爭行銷）。

⑼後現代的相關性質：差異性 (differences)、碎裂性 (fragmentation)、異質性 (heterogeneity)、解創性 (decreation)、解離 (disintegration)、解構 (deconstruction)、去中心化 (decentrement)、移換 (displacement)、不連續性 (discontinuity)、不連接性 (disjunction)、消失 (disappearance)、解組 (decomposition)、去定義 (de-definition)、去神祕化 (demystification)、去總體性 (detotalization)、去合法性 (delegitimation)。

2. 社會對行銷相關因素的批評（對行銷極大化過程的社會批評）

⑴行銷極大化來滿足消費者需求：使整個社會較重視功利主義、物質生活，而忽視了逐漸敗壞的社會風氣，與道德觀念、精神生活，例如目前已在流行的通宵達旦的 KTV，MTV；在一般的調查中，青少年涉及犯罪的動機中，與物質生活的享受

及社會生活水準的追逐有很大的關係。

⑵行銷為求極大化目標之銷售效用、生產效率使廠商較忽視企業本身所應重視的社會責任：這些社會責任包括企業是否考慮在追求極大化利潤過程中所應考慮的社會成本 (social cost)，如環保的問題，社會正義的觀念（例如種族歧視、性別歧視、員工福利等社會正義觀念)。

⑶行銷為達到交易的目的所著重的人際關係而較忽視反求諸己、修己安人的功夫：在整個競爭導向的社會，人與人之間的關係圍繞著「現實」、「競爭」、「奪利」、「緊張」、「不安」的關係，而忽視了中國傳統所重視的克己功夫、安和樂利大同社會理想的境界包括了：

- 五倫的關係：父子、君臣、夫婦、兄弟、朋友。
- 安人的關係：修身、齊家、治國、平天下。
- 修己的關係：格物、致知、誠意、正心。

這樣正確價值觀養成會使行銷管理者在創造極大化過程中，避免使用不正當、不正常的手段來完成目標。

東漢劉劭《人物志》曾描述各種不同個性的人其特色如：

- 剛愎武斷的人，執拗倔強，絕不妥協；不能警戒自己霸道的蠻橫跋扈，卻以為和順就是屈服，而更加他的自大。所以，這種人可以擬定法律（難以探入道理)。
- 溫順隨和的人，意志軟弱，優柔寡斷；不能警戒自己處事的不能自主，卻以為反對就是傷人，而安於他的遲疑。所以，這種人可以遵循常規（難以權衡是非)。
- 威猛兇悍的人，意氣激憤，好勇鬥狠；不能警戒自己逞強的難免失敗，卻以為退讓就是膽怯，而使盡他的威力。所以，這種人可以經歷患難（難以安處貧困)。
- 小心謹慎的人，害怕惹禍，顧忌很多；不能警戒自己懦弱的不敢仗義，卻以為勇敢就是莽撞，而加深他的恐懼。所以，這種人可以委屈求全（難以建立名節)。
- 凌厲方直的人，堅持己見，一意孤行；不能警戒自己生性的固執護短，卻以為辯白就是詭辯，而加強他的自尊。所以，這種人可以主持公道（難以附和眾意)。
- 博聞健談的人，說明事情，詳盡敏銳；不能警戒自己言語的漫無節制，卻以為規範就是束縛，而縱容他的放肆。所以，這種人可以隨便聊天（難以預先立約)。
- 博施濟眾的人，存心汎愛，務求普及；不能警惕自己往來的對象複雜，卻以為獨善就是小氣，而擴大他的混沌。所以，這種人可以親近群眾（難以勉勵習俗)。
- 守分耿介的人，讚賞良善，厭棄邪惡；不能警戒自己志行的隘窄狹小，卻以為普及就是合污，而更加拘執。所以，這種人可以保持節操（不能隨時變通）。

・樂觀活躍的人，一心想要勝過別人；不能警惕自己願望的目標太高，卻以為冷靜就是停止，而堅決他的意志。所以，這種人可以拼命進取（不能謙讓退後）。

・沉著冷靜的人，思索道理，反覆推究；不能警戒自己冷靜的遲緩落後，以為活躍就是粗疏，而自誇他的從容。所以，這種人可以深入思考（難以敏捷速成）。

・天真坦白的人，心地善良，本質純樸；不能警惕自己實質的粗野憨直，卻以為詭詐就是欺騙，而暴露他的真誠。所以，這種人可以說一不二（不能稍有增減）。

・心懷詭詐的人，揣摩人情，奉承討好；不能警惕自己手段的背離正道，卻以為誠信就是傻瓜，而偏重他的虛偽。所以，這種人可以幫人取巧（難以改正偏差）。

這些識人功夫的能力，使高階行銷管理者在選用行銷人員會考慮其本質是否具有正確的人生觀，其行銷開創格局是否具有未來潛力。

(4)為達到利潤目的、行銷功能所著重的市場目標，並非以「天下人之利而計其利」：行銷所著重的市場目標，可能只是站在企業個體的立場而考慮，較忽視整個國家、社會的立場，例如大陸政策的問題：直接、間接貿易、三通的問題。在經濟成長、繁榮的前提下，須考慮到整個國家安全、安定。

(5)為達到經營之市場導向目的，行銷部門的業務掛帥常帶有本位主義的觀念：企業是整體部門的表現，而非單打獨鬥，無相對性立場的考慮，將會影響和諧的關係。所以行銷部門在帶頭衝刺的過程須能協調、兼顧、尊重其他部門之相對立場與功能。

(6)為達到產品差異化與成本極小化之目的，行銷有時忽略了消費者「知的權利」與「真的社會責任」：部分廠商有時為了達到宣傳之目的與促銷效果，經常有「魚目混珠」、「不實報導」、「誇張效果」、「過期食品」等在市場行銷，而忽視了企業長期經營，「取之於社會，用之於社會」之目的，必須能兼顧消費者權益之相關問題。

(7)為達到投入要素的效率化、直接化，行銷有時忽視了其他投入要素的考慮：企業為了達到行銷目的所考慮投入、產出模式中，只考慮直接的投入要素，例如資本、勞力、土地、直接生產原料，而忽視了尚須考慮其他資源：例如失業問題、物價問題、所得分配、環境污染、住宅、教育、營養、衛生、老年人問題。所忽視此部分的問題，正是行銷部門較為人所詬病的。

(8)競爭者的問題：行銷為求競爭目的，須有脫穎而出的手段，而為擊敗競爭對手，所用的方式是否遵照國家的法令規定（如公平交易法）、善良風俗、正當手段，也是行銷部門須正視的相關問題。

第三節　社會對行銷目標的批評

行銷目標較著重於直接性的目標而忽視企業的間接性目標；行銷經常考慮的直接性目標有：

(1)獲利 (profitability) 目標：行銷部門常假定透過市場戰略、戰術的運用，企業在會計年度期間應達到某種獲利水準目標。例如 PIMS (profit impact of marketing strategy) 的觀念。

(2)市場佔有率 (market share) 目標：為使企業的品牌或產品在市場上能擴大行銷的空間，行銷在年度計畫中都會有很清楚的市場佔有率目標。例如市場滲透 (market penetration) 的方法。

(3)市場成長率 (growth rate) 目標：在敵消我長的觀念中，成長率為現代行銷中的重要核心觀念，為擴大市場佔有率目的，行銷須在年度計畫設定最低成長率的目標。例如如何提高顧客重複購買率 (repeated purchase) 以提高市場成長率。

(4)市場的領導力 (product leadership) 或佔比目標：為使產品能讓消費者持續性地接受，行銷部門定期或不定期的檢視產品的佔比或領導指標，以利產品修正或開發新產品的依據。

(5)組織發展 (organization development) 目標：為面對外在市場之動態性、競爭性，行銷部門須經常檢視銷售組織包括通路的階層；通路的發展（直營店、經銷商的佔比）；人員的儲備、多元化、多角化的發展；目標、策略之管理等。

(6)短期、中長期目標的設定：由於短期為達目標所選擇策略方式，會比中長期方式還劇烈，對於顧客誘因、刺激都較明顯，而忽視中長期企業對社會應負的建設、投資、回饋責任，或投入 R&D 使顧客能獲得較好的品質而提升消費品質。

由於行銷部門所設定的作業目標通常只涵蓋了獲利、市場佔有率、市場成長率、產品佔比、組織發展、短中長期等目標而忽視了間接性的公共服務 (public service) 或社會責任 (social responsibility) 目標，使人容易對行銷產生「急功近利」、「不擇手段」、「不近人情」等印象。近來已有多位學者將社會責任、公共服務、環保責任納入其企業政策或目標的考慮因素。

第四節 社會行銷

「社會行銷觀念」認為公司的要務是決定目標市場的需求、欲求以及利益，俾便能較競爭者更有效果且更有效率地使目標市場滿意，同時能兼顧消費者及社會的福祉。

最近數年來，由於環境的破壞、資源的短缺、爆炸性的人口成長、世界性的通貨膨脹以及社會服務等受到忽視，引起一些人懷疑行銷觀念是否為一種合適的經營哲學，因而有社會行銷觀念的興起。換句話說，能體察個別消費者的需求，並提供產品滿足其需求的廠商，以長期的觀點來看，是否亦能提高消費者及社會福利呢？行銷觀念並沒有考慮消費者欲求、消費者利益及長期社會福利三者間的衝突。

拿最明顯的可口可樂公司為例，它被全世界認為是一家值得信賴且關心大眾福利的公司，它提供口味極佳的飲料來滿足人們的欲求。

社會行銷三方面的考慮：

⑴公司利潤水準。

⑵消費者需求滿足。

⑶社會福利兼顧。

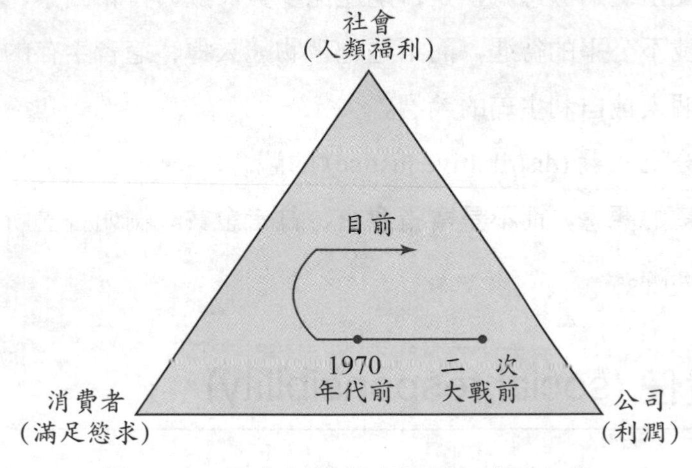

圖 12-1 社會行銷觀念下的三方面考慮

我國亦在 1995 年公佈殘障福利法之修正草案，顯示保護弱勢團體已經是先進國家重要的立法趨勢。其中較重要條款為第八條、第十二條、第十四條。

第五節 企業對社會之責任

企業社會責任之考慮

乃是秉持著「取之於社會，用之於社會」的道理，企業或企業家在經營企業時，能從道德觀點、倫理觀點去從事決策或行為規範的制定。例如企業不僅談經營利潤，還要包括各種社會成本與收益，譬如因工廠生產所造成的空氣或河流污染，工廠便須擔負此種成本。有關社會責任的擔負，今後的重大問題是，為做好「良好公民」(good citizenship) 的責任，企業在追求極大化的利潤過程，必須要考慮相對的限制條件為：

⑴人類社會的進步也可經由合作和信任，而不需透過殘酷的競爭，基本上謀求利潤可兼顧倫理和經營效率，而所謂倫理為：

a.社會所共同可接受的道德觀念與價值。

b.倫理必須考慮行動前的動機、行為和後果三個層次。

⑵是否追求公平法則 (fairness)：

所謂分配正義的觀念為，是否能避免少數民族、省籍因素、男女性別、殘障人士的歧視或不公平的待遇，而不是抱著物競天擇、適者生存的觀念，或弱肉強食的只追求個人或自利主義的論調。

⑶是否能追求分配正義 (distributive justice) 的觀念：

例如均富的觀念，而不是富者愈富，貧者愈貧。例如各盡所能、各取所需的觀念，予以保障。

企業社會責任 (social responsibility)

公司企業必須對其經營運作的社會，負有義務，這些責任包括三個主要部分：機會平等、生態環境及消費者運動。反對歧視主義、不平等主義、不重視生態環境、不重視消費者權利，進步的公司應有積極的社會責任參與與付出，其中包括下列社會責任構面企業實踐的決心。

(1)企業對其經營運作，或有經濟影響力的社會，均應有某些義務。大眾要求企業界在傳統的關心範圍之外，也應重視一些社會活動。

(2)進步的自利，企業在對社會提供幫助時，同時也提供了企業長程的利益。例如內部收支準則 (internal revenue code) 允許企業界從稅前盈餘中，提出高達 5% 作為對慈善事業的捐助時，企業界立刻反映了很多支持。

凡是對改進社區的教育、衛生、和文化設施等的支出都是符合公司的利益，可以吸引所需要的技術人才不致於外流。同樣的，公司如在都市地區營運，也免不了對當地的住宅興建、教育、娛樂和其他設施等，有所投資和貢獻，公司的利益是基於管理當局能參與解決社會的問題，有良好的環境、教育和機會，企業才會有較好的員工、顧客和鄰居。進步的自利觀念，不僅指出了企業參與環境的利益，它亦指出若疏忽了社會責任，可能會損害到組織的利益。

(3)Procter & Gamble 公司董事長哈利斯 (Edward Hardness) 曾說過:「公司管理當局必須不斷地證明其才能，使利潤與成長目標成為第一優先。但是，他們仍必須有足夠的體認，即自我利益的開發，必須配合社區及其他大眾所加諸的各項關切。一直保持優先次序，並維持大眾責任的警覺，將可達成公司重要的第二目標。獲利與成長，將能與公平對待員工、消費者、直接的顧客、及社區並行。」

(4)管理大師彼得杜拉克 (P. F. Drucker) 認為企業目標有七個，其中對社會目標需要看法。社會責任 (public responsibility) 目標：要求企業個體利益與社會公共利益結合，為了社會安全、調和與成長，倘若企業活動侵犯到社會安全時，則企業追求利潤及權利行使應受規範。a.市場地位 (marketstanding)。b.創新 (innovation)。c.生產力與貢獻價值 (productivity & contributed value)。d.獲利能力 (how much profitability)。e.經理人能力與發展 (manager performance and development)。f.員工能力與態度 (worker performance and attitude)。g.物質資源與財源。

(5)美國奇異電路 GE (General-Electric) 的主要關鍵經營項目 (key result areas) 有八個，其中對社會責任看法為，以長期眼光考慮員工福利、參與社區發展次數、謀職申請表及任用次數、公共捐贈及競爭公司之社會措施為目標。

其他項目為：a.獲利能力 (profitability)。b.市場地位 (market position)。c.生產力 (productivity)。d.產品領導力 (product leadership)。e.人力發展 (personal development)。f.員工態度 (employee attitude)。g.短程目標與長期目標之平衡 (balance between short-range and long-range goals)。

第六節　90年代新的行銷使命與社會責任

90年代真正具有社會責任的作為，是如何拯救社會？同時90年代是一個高尚的社會年代——致力於環保、教育和道德。

⑴市場將有所轉變，消費者尋訪那些不但是最好，而且具有若干社會正義的產品，其終極目標為「理念行銷」——每一購買行動都代表了某種對於環保、社會問題、政治候選人的觀點和訴求，在產品的成本預算中將包括某些支持高尚目的之部分。

⑵在企業方面，已有達成拯救社會的共識。例如在環保方面，愈來愈多的人體認到正派經營能夠獲利，而且也可以減稅。只要想那些在過去數年間仍在財務上、道德上屹立不拔的公司，他們都將社會責任置於獲利率之上，客戶們需要的是拉力，廠商們投入的是推力。

⑶IBM努力成為良好的企業公民。單從金錢的角度來看，IBM在1984年對社會、文化、和教育的貢獻，就超過1.45億美金。公司的行為準則明白地指出，不得毀謗競爭對手；要靠產品和服務的優異取勝，不能以強調對手的弱點作為銷售的手段。管理階層尊重工作同仁，同時也期望每個員工以同樣的態度對待客戶、供應商，甚至同業的競爭對手。

行銷企業精神：以往，只要能製造一個品質尚稱不錯的產品，然後把它行銷出去就可以了。90年代的企業，卻再也沒有那麼簡單，你還必須行銷企業的精神。消費者在買你的產品之前，要先知道這項產品來自什麼公司，而這家公司是怎樣的一家公司。

⑴公開陳述環保政策（公司關心社會環保具有社會行銷觀點）。

⑵公司對健康醫療和兒童的教育立場（公司所提供產品服務是否對消費者健康、兒童身心有所助益、有正面影響效果）。

⑶公司對種族政策、省籍政策表態（公司針對世界一家、地球村的公開、平等不能有所歧視）。

⑷讓消費者知道貴公司還生產些什麼產品與它們的品牌名稱(更透明化、更公開化)。

新英雄肖像：我們對於英雄的定義有了轉變，我們不再盲目的崇拜富人、有權勢的人、或是最性感的人。我們崇拜「有道德的人」，他們的所作所為會使這個世界變得更高理想，他們才是這個時代的英雄。例如推動空污法、水資源法、毒物控制法、監管核子試爆。

誠實的真實性：消費者已經愈來愈需要真實的廣告。廣告界的聯盟態勢正在移轉，傳統的廣告界一向由廣告主和廣告代理商聯手結盟以共同欺騙消費者。然而，目前從事廣告而未來仍希望繼續立足於廣告界的廣告人和廣告代理商，必須改變結盟的對象，由過去的廣告主而轉向消費者。新的伙伴關係將是廣告代理商與消費者的結盟，並共同檢視廣告主是否欺瞞大眾。消費者將逐漸摒棄花言巧語，只聽真實的話，只購買真實的商品。

第七節　行銷與社會文化的互動關係

由於社會文化改變使得行銷在考慮目標市場或是競爭策略會出現某些表達管理 (expression management) 變化。因為行銷主題有時必須參考當時的社會文化因素。例如⑴由於飲食文化的改變，消費者講求速度、效率，迫使肯德基炸雞不得不將其 “Kuntucky Fried Chicken” 的名稱簡寫為 “KFC”，而漢堡王也被迫以 “BK” 取代原先的 “Burger King” 這些行銷主題由於社會文化影響雖然會改變，但藉此以延續公司原來經營風格。⑵耐吉 (Nike) 的企業標誌是屬於「動態的 (Dynamic)」。那個略具曲線，有如迴旋飛鏢 (swoosh) 般的象徵符號，所傳達出來的乃是一種穿上該公司的球鞋後，可使你的行動有如旋風般快速的隱喻。⑶星巴克 (Starbucks coffee) 的風格之所以能夠吸引顧客，是因為它提供了一種良好規劃，使人感覺有不同視覺設計文化景象——乾淨清爽、有條不紊、井然有序，每一種咖啡都有它專屬的標記、插畫、色系與圖像易於辨識 (highly recognizable)。星巴克的風格傾向於抽象化 (be abstract) 與形式化 (stylized) 的，這種風格並不能算是前所未有的，它係模仿自許多藝術型的外觀，然而卻是相當吸引人的。例如它的綠色系 logo 圖像中一位留著及腰長髮的女性，圖像中的女孩具有濃厚的鄉土氣息，但卻是以一種夾雜抽象與具像主義的現代化外觀呈現 (she is earthy looking, yet she is rendered in a modern-looking abstract-representational form)，特殊的包裝與咖啡杯設計也營造出鮮明活潑、色彩繽紛大自然休閒情調 (to create livelier, more colorful tones for holidays)。

故行銷在表達方式管理與當時社會文化息息相關，包括：⑴實際世界 (the physical world) 目前焦點。⑵哲學的／心理的各種概念 (philosophical/psychological concepts)。

⑶宗教／政治／歷史 (religion/politics/history)。⑷美術 (the arts)。⑸流行與通俗文化 (fashion and popular culture)。例如在美國 1990～1997 年的《消費者行為研究雜誌》(*Journal of Consumer Research*) 所刊登的某些文章主題就可以說明此種觀點：⑴自由化的後現代主義與消費的再現魅力 (Liberatory Postmodernism and the Reenchantment of Consumption)。⑵轉變的本身：在個人習慣變遷中的象徵性消費與識別再造 (Selves in Transition: Symbolic Consumption in Personal Rites of Passage and Identity Reconstruction)。

而考慮社會文化因素行銷在表達上會以下列方式呈現：

一、獨特組合的主題 (themes) 方式

⑴以企業或品牌名稱作為主題 (as corporate or brand name)。

⑵以象徵符號作為主題 (as symbols)。

⑶以故事的敘述作為主體 (as narrative)。

⑷以標語或歌曲作為主體 (as slogans or jingles)。

⑸以各種概念作為主題 (as concepts)。

⑹以各種美學要素作為主題 (as combinations of elements)。

二、創造一種與眾不同的風格 (style)

風格乃是指使用各種視覺的、聽覺的、嗅覺的、觸覺的、味覺的表現方式，展現出一個企業或一種品牌的識別 (brand's identity)。風格考慮的要素有色彩、外型、線條、型式、音量、音調、韻律 (color, shape, line, pattern, volume, pitch, meter)。

為使讀者更瞭解社會文化的主題、風格與行銷互動關係，特舉下列例子說明：⑴以名稱標新立異為主題的 Häagen-Dazs。⑵創造流行時尚的 Swatch 手錶。⑶塑造亞洲文化風格的國泰航空公司。⑷運用意識型態、種族衝突的班尼頓服飾公司。

㈠以標新立異名稱作為主題：Häagen-Dazs 塑造北歐冰天雪地的冰淇淋文化

Häagen-Dazs：這個名稱不僅不夠簡短，而且非常拗口難記，這個名稱聽起來與冰淇淋毫無瓜葛，也並未使人感受到冰淇淋的香濃細緻口感，而且當你初次見到這個品牌名稱數次之後，各位可能還無法將它正確地寫出來，但老實說從它創造了不可思議的銷售量，這個品牌名稱已獲得了相當可觀的成就；Häagen-Dazs 的成功，乃是因為它標新立異的名稱吸引了消費者的注意，並成為與北歐地區有著某些關聯的獨特主題為

起始點。該公司係成立於紐約附近的布朗克斯 (Bronx)，1983 年被 Pillsbury 公司所購併，Häagen-Dazs 所銷售的乃是歐洲式風味冰淇淋的期望與幻想 (sell the promise and the fantasy)，這個名稱讓人不禁聯想起冰天雪地的北歐地區。這個名稱藉由它的新奇 (novelty) 特性、引發了人們的好奇心 (curiosity) 及興趣 (interest)，剛開始的時候或許相當難記，由於它具有極高的辨識性 (recognizable) 與強烈的暗示性 (recallable)，而使人們對它記憶深刻。

(二)塑造流行、時尚為主題的手錶：Swatch 流行手錶

舉世知名的史瓦奇 (Swatch) 手錶——它將傳統的瑞士手錶業由純粹的計時器形象，轉變為流行的配飾，它也利用樂高積木所帶來的刺激靈感，不僅讓它所使用的元件數量大幅減少 50%，更使其生產成本巨幅降低，並強化了它的可信賴度。

在這種前提下，史瓦奇終於有能力將升斗小民都負擔得起，代表生活型態的產品，行銷到全球的消費者市場中，該公司位於義大利米蘭及美國紐約的兩間設計實驗室，每年所創造出來的不同產品組合高達一百四十種之多，而這些設計大致上可被區分為五種基本的產品類型：軍用錶 (active)、流行錶 (fashion)、藝術表 (art)、休閒錶 (casual) 以及傳統錶 (formal)。每一種組合都有其特定的目標市場，例如該公司於 1993 年針對歐洲音樂會所生產的一系列手錶，便可播放出客戶所委託的各種旋律。當大部分的手錶製造商仍舊對保護獨特的外觀相當地注意，而使得多年來在其產品外型上只做某些細微變化的情況下，史瓦奇的概念則是以流行及時尚觀念為基礎，利用風格上的變化，在歷經 1980 年代多年的銷售不振後終於能揚眉吐氣，陰霾盡掃。

(三)塑造亞洲文化風格為主題：國泰航空 (CATHAY PACIFIC) 的亞洲心

國泰航空所使用的行銷觀點、新的設計識別系統，不僅要能做到明顯地現代化 (distinctly modern)，而且還必須清楚地展現出亞洲風格 (distinctly Asian)，藉以「反映出我們顧客不斷在改變中的喜好 (reflect the changing tastes of our customers)」，從 1980 年初期開始，國泰航空大部分的乘客已不再是居住在海外地區的傳統白種人移民者，或是前往亞洲觀光的旅客。時至今日，該公司的乘客中有 75% 都是亞裔的人士，而且有為數愈來愈多旅客來自臺灣、馬來西亞、泰國、韓國、新加坡、以及日本。它的主題大多與自然景物中各種要素有關：例如流水、花草、樹木、岩石、山腰等所使用的主題的色彩系列，在設計時也是以營造柔和、悠閒而又現代化的亞洲式的氣氛為訴求，更易讓人產生鎮靜的感覺，這種外觀對於國泰航空現代化，以客為尊的形象，它的國際化活動領域，以及亞洲風格的識別，都可產生強化的效果。國泰航空公司藉由不同

行銷文化的轉變，展現出亞洲文化之核心價值以及文化上之貢獻的外觀與風格加以融合後，才創造出目前這個高雅精緻的企業形象 (this complex aesthetic impression was created through the blending of a look and style with themes and representations of core Asian values and cultural attributes)。

㈣運用意識型態、種族衝突：班尼頓服飾公司塑造繽紛色彩的文化

⑴訴求色彩共和國的班尼頓 (UNITED COLORS OF BENETTON) 服飾公司最近這幾年的廣告如感染 AIDS 的病患所得到的社會歧視 (featured AIDS patients)。

⑵不同種族膚色人種所誕生的新生嬰兒 (new born babies) 其命運不同。

⑶許多不同色彩的保險套 (multicolored condoms)。

該公司這些驚世駭俗的廣告活動，乃是許多國家中所使用的聯合行銷策略的一部分，讓許多經銷商與最終的消費者，對這家服飾公司在行銷政策上及美學上有所衝突並對廣告主題困惑不已，顧客們並無法確定這些令人感到不安或震撼的現象，究竟與服飾有什麼關聯。在德國，許多經銷商甚至為此向法院提起訴訟，控告班尼頓對他們的銷售量造成傷害。

專題討論：SARS 對產業的影響

持平而論，SARS 對產業的影響短期大於中長期，預期心理影響大於實質層面，而政治層面大於經濟層面。臺灣政治、社會、產業、消費者因政府危機意識欠缺與疫情不確定性環境因素的影響發生了下列的消費行為改變與社會經濟扭曲事件，如：a.口罩因供需問題及預期心理問題價格飆到 2、3 倍以上。b.機場班次大幅減少一半。c.衛生署長下臺。d.國內消費行為因消費風險提高大幅減少經濟活動，造成通貨緊縮。e.年輕優秀實習醫生犧牲突顯 SARS 人性黑暗面。f.媒體每日大量重複疫情報導加深社會恐慌並付出龐大的機會成本、社會成本。臺灣政府之後針對 SARS 發病的科學過程，運用李明亮、陳建仁正確的人處理正確的決策事務，SARS 終於獲得控制趨於緩和。

SARS 疫情對國內觀光、運輸、旅館、批發、零售等產業衝擊最大，預估至少將使今年的 GDP 減少 100 億臺幣，其中受傷最嚴重的是旅遊業，SARS 雖然帶給全球極大的恐慌，也對很多行業造成影響，但從另一方面來看確有部分產業因此而受惠，例如電子、家電、資訊、醫藥、金屬、化工、食品產業。

我國許多廠商將大部分的投資與重心放在大陸，SARS 的疫情導致大陸地區生產癱瘓，間接影響我國廠商蒙受大筆損失。此次危機顯示出廠商對於不確定性管理是有其缺失，廠商過於樂觀預期大陸市場因而將企業資源過於集中在中國大陸形成高風險狀態，在面對不確定的情勢，廠商應該採取分散風險的方式，避免將雞蛋放在同一個籃子裡，進而降低蒙受損失的狀況。假設廠商必須將資源集中要準備替代方案來因應危機而減少損失，亦就是廠商應將策略與管理知識資源留在臺灣，中國大陸應是「市場據點」與「生產成本優勢」的考慮。

從政治觀點檢視，政府在危機發生初期無法預期疫情的發展，中央與地方政府對危機的處理程序的不同步，沉溺於低死亡率、低感染率的情境中而沾沾自喜，不去為防疫做準備，導致後期大規模的院內感染與極高的死亡病例。在此次疫情中我國政府表現出危機管理與危機處理能力有很大的問題，政府應從這次教訓中吸取經驗，將危機管理科學化制定一個完整的危機處理程序，以期面對下一次的危機時能不再兵荒馬亂、拿民眾的生命來開玩笑或是政務官下臺就可了事。

從經濟產業的觀點來檢視，這次危機由於政府宣導措施與疫情控制問題百出造成民眾恐慌，為了維護自身安全消費者開始改變原有的消費型態，如減少上街到店家、購物中心、百貨公司進行購物與採買或是延遲消費，等這波疫情結束再消費。廠商為了生存吸引消費者購物不惜降價求售形成通貨緊縮，對於整體已是不景氣的經濟情況無疑是雪上加霜，想要期待經濟復甦經濟繁榮的盛況更是遙遙無期。面對危機時應採取平衡報導與措施並建立預應系統 (procative) 而非因應被動作法 (reactive)。

筆者認為廠商應藉此機會好好檢視企業在這次危機中所衍生的問題，進而找出一些隱藏在企業裡的問題，並進行調整與改正以面對下一次危機的到來，另外在此次危機中獲利的廠商應該要在可預期的成長範圍內進行增長擴大市場範圍。

最後，不論各產業都應該利用此次 SARS 疫情所造成的不確定性來提升市場佔有率與品牌忠誠度，廠商面對不確定因素時，應採取不確定性管理做法：a.確認不確定性的程度，並找出不確定性替代方案與策略規則。b.針對未來從降低隨機性誤差 (*SSE*) 來採取積極的管理行動方案，而非等待、被動、消極、雙手一放的保守、放棄不知所措的態度，因為廠商決策的態度是建立在若不能贏也不能輸的遊戲規則 (game theory)。

摘要

1. 前言：①極大化目標的行銷哲學定位。②擔負社會責任與社會現象結合的理想社會科學。
2. 社會對行銷的批評：①各種相關因素的批評。②社會對行銷相關因素的批評（對行銷極大化過程的社會批評）：a. 行銷極大化來滿足消費者需求。b. 極大化目標之銷售效用及生產效率忽略了企業的社會責任。c. 為達交易目的所著重的人際關係而較忽視反求諸己、修己安人功夫（中國傳統社會理想境界；培養正確價值觀：東漢劉劭人物志的個性歸類分析。）d. 為達利潤目的，較忽視國家社會立場。e. 為達經營市場導向目的，行銷部門的業績觀點帶有本位主義觀念。f. 為達產品差異化與成本極小化，忽略消費者知的權利及真的社會責任。g. 為達投入要素的效率化、直接化，忽略了其他投入要素的考慮。h. 為求競爭目的，使用的手段是否符合正當性。
3. 社會對行銷目標的批評：①行銷經常考慮的直接性目標。②行銷只涵蓋直接目標，忽略間接性公共服務或社會責任的社會批評。
4. 社會行銷：①公司利潤水準。②消費者需求滿足。③社會福利兼顧。
5. 企業社會之責任：①企業對經營運作或經濟影響力的社會，應有承擔義務。②進步的自利：長程的利益觀點。③ Procter & Gamble 董事長的社會責任目標。④管理大師彼得杜拉克的社會責任目標。⑤美國奇異電路對社會責任的看法。
6. 90 年代新的行銷使命與社會責任：①社會正義產品的市場轉變及理念行銷。②企業拯救社會的共識。③ IBM 努力成為良好的企業公民態度。④有道德的人，新英雄定義。⑤誠實的真實性理念。
7. 行銷與社會文化的互動關係：①社會文化改變影響行銷在目標市場或競爭策略的表達管理變化：a. 飲食文化消費者講求速度效率影響企業品牌的改變──肯德基 (KFC)。b. 反應消費者需求的品牌標誌改變──耐吉 (Nike) 球鞋。c. 融入消費者購買需求的藝術文化──星巴克 (Starbucks Coffee) 風格。②行銷在表達方式管理與當時社會文化息息相關：a. 實際世界目前觀點。b. 哲學／心裡的各種概念。c. 宗教／政治／歷史。d. 美術。e. 流行與通俗文化。③考慮社會文化因素行銷在表達上的方式呈現：a. 獨特組合的主題方式。b. 創造一種與眾不同的風格（以名稱標新立異的 Häagen-Dazs；創造流行時尚的 Swatch 手錶；塑造亞洲文化風格的國泰航空公司；運用意識型態、種族衝突的班尼頓服飾公司。）

習題

1. 何謂社會行銷？它與行銷導向的觀念有何不同？請以目前所重視的環保觀念，說明社會行銷如何兼顧消費者及社會的福祉？
2. 請解釋下列名詞：
   (1)社會責任 (social responsibility)。
   (2)行銷企業精神 (marketing-enterprise)。
   (3)新英雄肖像 (new-hero)。
   (4)誠實廣告 (real advertisity)。
   (5)良好公民 (good-citizen ship)。
   (6)拯救地球。
3. 近年來社會對行銷有若干的批評：請說明下列相關現象的批評與補救之道。
   (1)行銷被批評非以天下人之利而計其利。
   (2)行銷較其他部門容易患有本位主義的觀念。
   (3)行銷為達促銷目的常有「不實報導」、「誇張效果」之疑。
   (4)行銷忽視精神生活層次。
4. 如果您是麥當勞企業的重要負責人或決策人士，發生麥當勞爆炸事件時，你將會如何處理下列現象？
   (1)接到歹徒第一通恐嚇電話時，你會如何處理？
   (2)成立危機處理小組，你覺得在何時成立較恰當？
   (3)發生第一家民生店爆炸時，在決定是否關閉其他連鎖店的營運時，考慮業者本身的營運、顧客的安全上如何做決定？

一、中文部分

八十三年度臺灣地區廣告公司營業額排行榜，《突破雜誌》，1995年3月（第6期）。

方世榮譯，《行銷管理學》，東華書局，1995年（原作者 Philip Kotler）。

王克先著，《學習心理學》，桂冠心理學叢書，1994年。

王秋陽譯，《訓練思考能力的數學書》，究竟出版社，2003年，（原作者岡部恆治著）。

王晶譯，《後現代性的起源》，聯經出版社，1999年，（原作者 Perry Anderson）

朱元鴻譯，《後現代理論批評與質疑》，巨流圖書公司出版，1994年（原作者 Steven Best, Douglas Kellner）。

何保中、陳俊輝、張鼎國譯，《西方的智慧》，業強出版社，1993年（原作者 Bertrand Russell）。

吳怡國、錢大慧、林建宏譯，《整合行銷傳播》，滾石文化事業，1994年（原作者 Done E. Schultz）。

呂美女、吳國楨譯，《組織的盛衰——從歷史看企業再生》，麥田出版社，1994年（原作者堺屋太一）。

李四樹譯，《不確定性管理》，天下文化出版，2000年，（原著作 Harvord Business Review on Managing Uncertainty）。

杜政榮、李俊福、江亮演著，《環境學概論》，國立空中大學印行，1993年。

沈雲聰、湯宗勳譯，《品牌行銷法則》，商周出版社，1998年（原作者 David A. Aaker）。

周旭華譯，《覺醒的年代——解讀弔詭新未來》，天下文化出版，1995年（原作者 Charles Handy）。

林清山著，《多變項分析統計法》，臺北東華書局，1983年8月。

林肇熙譯，《變動世界的經營者》，志文出版社，1986年（原作者彼得杜拉克）。

邱振儒譯，《客戶關係管理》，商周出版社，2002年（原作者 Robert E. Wayland 與 Paul M. Co le）。

胡百華譯，《叔本華雋語與箴言》，健行文化出版，2004年4月。

倪梁康譯，《邏輯研究——現實學與認識論研究》，時報出版社，1999年，（原作者 Edmund Hus serl）。

紐先鐘譯，《克勞塞維茨戰爭論全集》，軍事譯粹社，1980年。

高登弟譯，《成長策略》，天下文化出版，2002年，（原著作 Harvard Business Review on strategic fr Growth）。

張國清譯，《道德哲學史講演錄》，左岸文化，2004年7月（原作者 Charles Larmore）。

梁發進譯，《個體經濟理論》，水牛出版社，1992 年 9 月（原作者 Henderson, Ouandt）。

梁實秋譯，《十四行詩與哈姆雷特莎士比亞叢書》，遠東圖書公司，2003 年版（原作者 William Skakespearea）。

莊紹蓉、楊精松著，《商用微積分精要》，東華書局出版，1994 年。

許士軍著，《策略性行銷管理》，臺北，淡江大學講座叢書「63」，1985 年。

郭振鶴著，《行銷研究與個案分析》，華泰書局出版，1994 年二版。

郭振鶴著，《行銷管理個案與策略規劃》，天一圖書公司，1994 年 3 月二版。

郭振鶴著，《品牌延伸性之策略行銷管理》，淡江大學管理科學研究所碩士論文，1987 年。

郭進隆譯，《第五項修練——學習性組織的藝術與實務》，天下文化出版，1993 年，（原作者 Peter M. Senge）。

陳文玲、田若震譯，《顛覆廣告——來自法國的創意主張與經營策略》，大塊文化出版，1998 年，（原作者 Jean–Marie Dru）。

陳美岑譯，《出賣先知——徹底解構預言、預測預言家》，商周出版社，1999 年，（原作者 William A. Sherden）。

賀麟譯，《黑格爾學述》，臺灣商務印書館，1999 年，（原作者 Hegel，Georg Wilhelm Friedrich）。

黃宏義譯，《策略家的智慧》，長河出版社，1987 年 7 月（原作者大前研一）。

黃柏琪譯，《無國界的世界》，聯經出版社，1993 年（原作者大前研一）。

黃靜文譯，《先見之明——虛擬未來，掌握先機》，財經傳訊，2000 年，（原作者 Ken Tobioka）。

楊幼蘭譯，《改造企業——再生企業的藍本》，牛頓出版社，1994 年（原作者 Michael Hammer & James Champy）。

賓靜蓀譯，《未來贏家——掌握 2000 年十大經營趨勢》，天下文化出版，1992 年（原作者 Robert B. Tucker）。

齊若蘭譯，《從 A 到 A+》，遠流出版社，2002 年（原作者 Jim Collins）。

齊若蘭譯，《複雜——走在秩序與混沌邊際》，天下文化出版，1994 年（原作者 M. Mitchell Waldop）。

劉自荃譯，《解構批評理論與應用》，駱駝出版社，1994 年（原作者 Christopher Norris）。

劉家憲譯，《後現代的轉向——後現代理論與文化論文集》，時報出版社，1993 年（原作者 Ihab Hasson）。

劉崎譯，《上帝之死——反基督》，志文出版社，2002 年 11 月，（原作者 Friedrich Wilhdm Nietzsche）。

鄭明萱譯，《錯誤的決策思考——如何避開思維模式的陷阱》，聯經出版社，1999 年，（原作者 Dietrich 與 Dorner）。

蕭富元譯，《創意有方——水平思考談管理》，天下文化出版，1997 年，(原作者 Edward de Bono)。

蕭寶森譯，《蘇菲的世界》，上下冊，智庫文化出版，1996 年（原作者 Tostein Carder)。

戴至中譯，《24/7 創新——變動年代的企業求生與致勝藍圖》，美商麥格羅・希爾國際股份有限公司臺灣分公司，2002 年（原作者 Stephen M. Shapiro)。

藍兆杰、徐偉傑、陳治君譯，《策略的賽局》，弘智出版社，2002 年（原作者 Avinash Dixit 與 Susan Skeuth)。

顏月珠著，《商用統計學》，三民書局出版，1985 年。

顏淑馨譯，《全球弔詭——小而強的年代》，天下文化出版，1994 年（原作者 John Naisbitt)。

顏淑馨譯，《競爭大未來》，智庫文化，1995 年（原作者 Cary Hamel, C. K. Prahalad)。

魏汝霖著，《孫子兵法大全》，臺灣商務印書館發行，1987 年三版。

二、英文部分

Aaker, David, and George Day, "The Perils of High-Growth Markets," *Strategic Management Journal*, September-October 1986, pp. 409–421.

Abell, Derek, "Strategic Windows," *Journal of Marketing*, July 1978, pp. 21–26.

Abell, Derek, and John Hammond, *Strategic Market Planning*, Englewood Cliffs, NJ: Prentice-Hall, 1979.

Abernathy, William J., and Kenneth Wayne, "Limits of the Learning Curve," *Harvard Business Review*, September-October 1974, pp. 109–119.

AI Ries and Jack Trout, *Positioning: The Bottle for your Mind*, 2nd ed., Common Wealth Publishing Co., Ltd., 1986.

Alan R. Andreasen, "Leisure, Mobility and Life Style Pattern," *AMA Conference Preceedings*, Winter 1967, pp. 56–62.

A Mac Cormack, *Microsoft office 2000*, CASE 9–600–097 (Boston: Harvarcl Busiuss School, 2000)

Ansoff, Igor, *Corporate Strategy*, New York: McGraw-Hill, 1965.

Ansoff. I. H., "The Concept of Strategic Management," *Journal of Business Policy*, Summer 1972, pp. 1–20.

A. W. Ulwick, "Turn Customer Input into Innovation," *Harvard Busiuess Review* (January 2002), pp. 91–97.

Baker, G. M. Jensen and K. Murphy, "Compensation and incentives: Practice versur Theory," *Journal of*

Finance, 1988.

Bass, F., "The Theory of Stochastic Preference and Brand Switching," *Journal of Marketing Research*, February 1974, pp. 1–20.

Bearden, W. O., and Etzel, M. J., "Reference Group Influence on Product and Brand Purchase Decisions," *Journal of Consumer Research*, September 1982, pp. 183–194.

Bellizzi, J. A., and Martin, W. S., "The Influence of National Uersus Generic Branding on Taste Perceptions," *Journal of Business Research*, September 1982, pp. 385–396.

Bert McCammon, Robert F. Cusch, Reborah S. Coykendall, and James M. Kenderdine, *Wholesaling in Transition*, Norman: University of Oklahoma, College of Business Administration, 1989.

Bezalet Graish, Dan Horsky and Kizhanatham Srikanth, "An Approach to the Optimal Positioning of a New Product," *Management Science*, Vol. 29, No. 11, November 1983, pp. 1277–1297.

Biggadike Ralph, "The Risky Business of Diversification," *Harvard Business Review*, May/June 1979, pp. 103–111.

Blake, B., Perloff, R. and Heslin, R., "Dogmatism and Acceptance of New Products," *Journal of Marketing Research*, Vol. VII, November 1970, pp. 483–486.

Blattberg, R. and J. Golanty, "TRACKER: An Early Test-Market Forecasting and Diagnostic Model for New Product Planning," *Journal of Marketing Research*, May 1978, pp. 192–202.

Blin, J. M., and Dodson, J., "The Relationship Between Attributes, Brand Preference and Choice," *Management Science*, June 1980, pp. 606–619.

Boyd, Harper, and Jean-Claude Larreche, "The Foundations of Marketing Strategy," *In Review of Marketing*, Gerald Zaltman and Thomas Bonoma (eds.).

Bracker, Jeffery, "The Historical Development of the Strategic Management Concept," *Academy of Management Review*, vol. 5, no. 2 (1980), pp. 219–224.

Brian Everitt, *Cluster Analysis*, 2nd ed., London: Heinemann Educational Books, 1980, pp. 30–31.

Brickly, James A., *Managerial economics and organizational architecture*, Clifford W. Smith, Jr., Jerold L. Zim merman, 2001.

Brockhoff, K., "A Procedure for New Product Positioning in an Attribute Space," *European J. Oper. Res.*, Vol. 1 (January 1977), pp. 230–238.

Buggie, F. D., "Strategies for New Product Development," *Long Rangl Planning*, Vol. 15, No. 2, April 1982, pp. 22–31.

Buzzell, Robert D., and Frederick D. Wiersema, "Successful Share-Building Strategics," *Harvard Business Review*, January-February 1981, pp. 135–144.

C. K. Prahalacl and Gary Hamel, "The Core Competence of the corporation," *Harvarcl Business Review* (May–June 1990); and Contpeting for the future (Boston: Harvard Business school 1994).

C. Meyer, "How the Right Measures Help Teams Excel," *Harvard Business Review* (May-June), p 96, 1994.

C. Olivcr, "Strategic Responses to Institutional Processes, "*Academy of Management Revew*.

C. Prendergast and R. Topel, "Favoritism in organization, " *Journal of political Economy*, 1996.

Cadhury, N. D., "When, Where and How to Test Market," *Harvard Business Review*, May/June 1975, pp. 96–105.

Camton, L., and Parasuraman, A., "The Impact of the Marketing Concept on New Product Planning," *Journal of Marketing*, Vol. 44, Winter 1980, pp. 19–25.

Christensen, H. Kurt, Arnold C. Cooper, and Cornelis A. Dekluyver, "The Dog Business: A Re-examination," *Business Horizons*, October-December 1982, pp. 12–18.

Clayclamp, H. J., and Liddy, L. E., "Prediction of New Product Performance: An Analytical Approach," *Journal of Marketing Research*, Vol. 6, November 1969, pp. 414–420.

Collins, James C., *Good to GREAT: Why Some Companies make the Leap and others don't*, Harper Collins Pubelishers Zne, New York, 2001.

Corey, L. G., "People Who Claim to Be Opinion Leaders: Identifying Their Characteristics by Self-Report," *Journal of Marketing*, Vol. 35, 1971.

David A. Aaker, *Strategic Market Management*, University of California, Berkeley, 1984.

Davidson, J. H., "Why Most New Consumer Brands Fail," *Harvard Business Review*, March/April 1976, pp. 117–122.

Davidson and C. Merle Crawford, "Marketing Research and the New Product Failure Rate," *Journal of Marketing*, April 1977, pp. 51–61.

Day, G. S., and Deutscher, T., "Attitudinal Predictions of Choices of Major Appliance Brands," *Journal of Marketing Research*, May 1982, pp. 192–198.

Derek F. Abell, "Strategic Windows," *Journal of Marketing*, June 1978, pp. 21–26.

Dillon, W. R., "A Note on Accounting for Sources of Variation in Perceptual Maps," *Journal of Marketing Research*, August, 1982, pp. 302–311.

Doiich, I. J., "Congruence Relationships Between Self Images and Product Brands," *Journal of Marketing Research*, Vol. 6, 1969, pp. 80–84.

Donnelly, J. H. (Jur.), and Etael, M. J., "Degrees of Product Newness and Early Trial," *Journal of Marketing Research*, Vol. X, August 1973, pp. 295–300.

Donnelly, J. H. (Jur.), "Social Character Acceptance of new Products," *Journal of Marketing Research*, Vol. VII, February 1970, pp. 111–113.

Donnelly, J. J. (Jne.), and Inancevich, J. M., "A Methodology for Identifying Innovator Characteristics of New Brand Puchasers," J*ournal of Marketing Research*, Vol. XI, August 1974, pp. 331–334.

Fierman, Jaclyn, "How to Make Money in Mature Markets," *Fortune*, November 25, 1985, pp. 47–53.

Fogg, C. Davis, "Planning Gains in Market Share," *Journal of Marketing*, July 1974, pp. 30–36.

"Forget Satisfying the Consumer — Just Outfox the Competition," *Business Week*, October 7, 1985, pp. 55–58.

Fourt, L. A., and Woodlock, J. N., "Early Prediction of Market Success for New Grocery Products," *Journal of Marketing*, Vol. 25, October 1960, pp. 31–38.

Frank, R. E., "Product Segments," *Journal of Marketing Research*, Vol. 12, No. 3, 1972, pp. 9–13.

Frank V. Cespedes and E. Raymond Corey, "managing Multiple Channels," *Business Horizons*, July-August 1990, pp. 67–77.

Fred D. Reynolds and William R. Darden, "Constructing Life Style and Psychographics," in William D. Wells, eds., *Life style and Psychosgraphics*, Chicago, Ama, 1974, pp. 71–96.

Fruhan, William E., "Pyrrhic Victories in Fights for Market Share," *Harvard Business Review*, June 1972, pp. 100–107.

G. Baker, "Incentive Contracts and Performance Measurement," *Journal of Politcal Economy*, 1992.

Gardner, David, and Howard Thomas, "Strategic Marketing: History, Issues, and Emergent Themes," *In Strategic Marketing and Management*, H. Thomas and D. Gardner (eds.). London: John Wiley & Sons, 1985.

Givon, M., and Horsky D., "Market Share Models as Approximators of Aggregated Heterogeneous Brand Choice Behavior," *Management Science*, September, 1978, pp. 1404–1416.

Glen L. Urban, Theresa Carter, Steven Gaskin, and Zofia Mucha, "Market Share Rewards to Prioneering Brands: An Empirical Analysis and Strategic Implications," *Management Science*, Vol. 32, No. 6, June 1986, pp. 645–659.

Gluck, Fredrick, Stephen Kaufman, and Steven Walleck. "Strategic Management for Competitive Advantage," *Harvard Business Review*, July-August 1980, pp. 154–160.

Green, R. E., and V. Rao, *Applied Multidimensional Scaling: A Comparison of Alternative Algorithms*, N.Y.: Holt, Roinehart and Winston, 1970.

Hambrick, Donald C. and Ian C. MacMillan, "The Product Portfolio and Man's Best Friend," *California Management Review*, Fall 1982, pp. 84–95.

Hammermcsh, R. G., M. J. Anderson Jr., and J. E. Harris, "Strategies for Low Market Share Businesses," *Harvard Business Review*, May-June 1978, pp. 95–102.

Hannon, Kerry, "Diced and Sliced," *Forbes*, October 2, 1989, p. 68.

Hans Thorelli & Helmut Becker. *International Marketing Strategy*, rev. ed., New York: Pergamon Press, 1980.

Hany, Chales B., *The age of paradox*, Published by Harvard Business School Press, 1994.

Hany, Churles B., *The age of Unreason*, Published by Harvard Business School Press, 1990.

Haspeslagh, Philippe, "Portfolio Planning: Uses and Limits," *Harvard Business Review*, January-February 1982, pp. 58–73.

Henry Assael and A. Marvin Roscoe Jr., "Approaches to Market Segmentation Analysis," *Journal of Marketing*, Vol. 40, October 1976, pp. 67–76.

Herbert E. Krugman, "What makes Adrertising Effective?" *Harvard Business Review*, March-April 1975, pp. 96–103.

Hugh Davidson J., "Why Most New Consumer Brands Tail," *Harvard Business Review*, March/April 1976, pp. 117–121.

Ian Goulding & Anita M. Kennedy, "The Development, Adoption & Diffusion of New Industrial Products," *European Journal of Marketing Research*, Vol. 17, No. 3, 1983, pp. 3–88.

James F. Engel, Roger D. Blackwell, David T. Kollat. *Consumer Behavior*, 4th ed.

Jensen, M. and W. Meckling, "Specific and General knowledge, and organizational structure." *Journal of Applied Corporate Finance*, 1995.

John R. Hauser and Steven M. Shugan, "Defensive Marketing Strategies," *Marketing Science*, Fall 1983, pp. 319–360.

Johnanson, Johny, K., and Thorelli, Hans, B. (1985), "International Product Positioning," *Journal of International Business Studies*, (Feb.), pp. 57–75.

Johnson, R. M., "Market Segmentation: A Strategic Management Tool," *J. Marketing Res.*, Vol. 8 (February 1971), pp. 13–18.

Joseph T. Plummer, "The Concept and Anplication of Life Style Segmentation," *Journal of Marketing*, Vol. 38 (January 1974), pp. 33–37.

Keating, S. and K. Wruck, "sterling chemicals Inc.: Quality and Process Improvement Program," *Harvard Business School Case*, 1994.

Keon, J. W., "Product Positioning: Trinodal Mapping of Brand Images, Ad Images, and Consumer Preference," *Journal of Marketing Research*, November 1983, pp. 380–392.

King C. W., and Summers, J. O., "Ouerlap of Opinion Leadership Across Consumer Product Categories, " *Journal of Marketing Research*, Vol. 7, 1970, pp. 43–50.

King R. H., and A. A., "Entry and Market Share Success of New Brands in Concentrated Markets." *Journal of Business Research*, September 1982, pp. 371–383.

Kotler, Philip, "Harvesting for Weak Products," *Business Horizons*. July 1978, pp. 15–22.

Kotler, P., "Marketing Mix Decisions for New Products," *Journal of Marketing Research*, Vol. 1 No. 2, 1964, pp. 43–49.

Kotler P. *Marketing Essentials*, p. 147.

L. Smircich and C. Stubbart," Strategic Management in an Enacted World," *Academy of Management Review*.

Lanites, T., "New to Generate New Product Idear," *Journal of Advertising Research*, Vol. 10, No. 3, 1970, pp. 31–35.

Levine, Joshua, "Sorrell Ridge Makes Smucker's Pucker," *Forbes*, June 12, 1989, pp. 166–168.

Mason, J. B., and Mayer, M. L., "The Problem of the Self-Concept in Store Image Studies," *Journal of Marketing*, 1970, pp. 67–69.

Michael Porter, "what is strategy?" *Harvard Business Review*, November–December 1996, pp. 61–78

Michael E. Porter and Mark R. Kramer, "The competitive Advantage of Corporate philamthrophy," *Harvard Busiress Review*, Decemher 2002, pp. 57–58.

Miland M. Lele, "Change Channels During Your Product's Life Cycle," *Business Marketing*, December 1986, p. 64.

Mintzberg, Henry, "Crafting Strategy," *Harvard Business Review*, July-August 1987, pp. 66–75.

Mintzberg, Herry, *Strategy Safari: a guider tour through the wilds of strategic management*, Henry

Mintzberg, Bruce Ahlstrand, Joseph Lampel, 1998.

Mitchell, Russell, "Big G Is Growing Fat on Oat Cuisine," *Business Week*, September 18, 1989, p. 29.

"The New Breed of Strategic Planner." *Business Week*, September 17, 1984, pp. 62–68.

Monroe, Kent B., "The Influence of Price Differences and Brand Tamiliarity on Brand Preference," *Journal of Consumer Research*, Vol. 3, June 1976, pp. 42–48.

Montgomery, D. B., and Silk, A. L., "Clusters of Consumer Interests and Opinion Leaderships Spheres of Influence," *Journal of Marketing Research*, Vol. VIII, 1971, pp. 317–321.

Moran, W. T., "Why New Products Tail," *Journal of Advertising Research.*, Vol. 13, No. 2, 1973, pp. 5–13.

Morgan, N., and Parnell, J., "Isolating Openings for New Products in Multidimensional Space," *J. Market Res.* Soc., Vol. 11 (July 1979), pp. 245–266.

M. T. Hansen, N. Nohria, and T. Tierney, "What's Your strategy for Managing knowledge?" *Harvard Business Review*, March–Aprie 1999, pp. 106–116.

Nash, L., "Ithics without the Sermon," *Harvard Business Review*, November-December 1991.

Neil H. Borden, "The Concept of Marketing Mix," *Journal of Advertising Research*, June 1964.

Paul E. Green, "A New Approach to Market Segmentation,", *Business Horizens*, Vol. 20 (February 1977), pp. 61–73.

Pessemier, E. A., "Market Structure Analysis of New Product and Market Opportunities," *J. Contemporary Bus.*, Vol. 35 (Spril 1975), pp. 35–67.

Pessemier, E. A., and Root H. P., "The Dimensions of New Product Planning," *Journal of Marketing*, Vol. 37, January 1973, pp. 10–18.

Pessemier, E. A., Burger, P. C., and Jigert, D. E., "Can New Product Bayers Be Identified?" *Journal of Marketing Research*, Vol. IV, November 1967, pp. 349–354.

Philip Kotler, *Marketing Essentials*, Englewood Cliffs, N.J.: Prentice-Hall, Inc., 1984.

Philip R. Cateora, *International Marketing,* 8th ed., Richard D. Irwin, Inc., 1993.

Philip Kotler, *Marketing Management*: *Analysis Planning, and Control*, 3rd ed., Englewood Cliffs, N.J. Prentice-Hall Inc., 1976，高雄飛譯，《行銷管理——分析、規劃與控制》，第四版（臺北，華泰書局，1970 年，pp. 274)。

Philip Kotler, *Principles of Marketing*, 2nd ed., Englewood Cliffs, N.J.: Prentice-Hall, Inc., 1983，王志剛編譯，《行銷學原理》，第二版（臺北， 華泰書局，1984 年 5 月），pp. 329–331。

Phillips, Lynn, Dae Chang, and Robert Buzzell, "Product Quality, Cost Position and Business Performance: A Test of Some Key Hypothesis," *Journal of Marketing*, Spring 1983, pp. 26–43.

Pomeroy, H. J. M., "Global Brands: Not Just a Fad," *Advertising Age,* August 1984.

Popielary, D. T., "An Exploration of Percieved Risk and Willingness to try New Products," *Journal of Marketing Research*, Vol. IV, November 1967, pp. 368–372.

Porter, Michael, *Competitive Advantage*, New York: Free Press, 1985.

Porter, Michael E., "On Competition," *A Harvard Business Review Book*.

Porter, Michael, *Competitive Advantage*, New York: Free Press, 1985.

Porter, Michael, "The State of Strategic Thinking," *The Economist*, May 23, 1987, pp. 17–22.

Quinn, R. E. & M. R. McGrath (1985), "The Transformation of Organizational Cultures: A Competing Value Perspective," In P. J. Frost, L. F. Morre, M. R. Louis, C. C. Lundberg, J. Martin (eds.), *Organizational Culture*, Beverly Hills CA: Sage.

Quinn, James Brian, "Strategic Change: Logical Incrementalism," *Sloan Management Review*, Fall 1978, pp. 7–21.

Quinn, R. E., *Beyond Rational Management: Mastering the Paradoxes and Competing Demands of High Performance*. San Francisco Joesey-Bass, 1988.

R. Mitchell, "Managing by Values," *Business Week*, 1994.

Ramanujam, V., and N. Venkatraman, "Planning and Performance: A New Look at an Old Question," *Business Horizons*, May-June 1987, pp. 19–25.

Ries, Al, and Jack Trout, *Marketing Warfare*, New York: McGraw-Hill, 1986.

Rosenberg, Larry, J. *Marketing*, Englewood Cliffs, N.J.: Prentice-Hall, 1977, p. 169.

Ross, I., "Self Concept and Brand Preference," *Journal of Business*, 1971, pp. 38–50.

Rowland T. Moriarty and Ursula Moran, "Marketing Hybrid Marketing System," *Harvard Business Review*, November-December 1990, p. 150.

Russell I. Haley, "Benefit Segmentation: A Deaision-Oriented Research Tool," *Journal of Marketing*, Vol. 32 (July, 1968), pp. 30–35.

Sak Onkvisit & John J. Shaw, *International Marketing: Analysis & Strategy*, 2nd ed., Macmillan Publishing Company, 1993.

Scheafer Richard, L. Mendenhall, William and Ott. Lyman, *Elementary Survey Sampling*, 2nd ed. California 1979, pp. 141–161.

Schmalensee, R., "Product Differentiation Advantages of Pioneering Brand," *American Economic Review*, June 1982, pp. 349–365.

Schnaars, Steven P., "When Entering Growth Markets, Are Pioneers Better Than Poachers?" *Business Horizons*, March-April 1986, pp. 27–36.

Scott M. Davis, *Brand Asset Management: driving profitable growth through your brand*, Published by Tossey–Bass, San Francisco, 2002.

Senge, Peter M., *The Fifth discipline: the art and practice of the learning organization*, Published by Dell Pulishing Group Inc., New York, 1990.

Shank, John, Edward Niblock, and William Sandalls Jr., "Balance Creativity and Practicality in Formal Planning," *Harvard Business Review*, January-February 1973, pp. 87–95.

Siler, Julia Flynn, "How Miller Got Dunked in Matilda Bay," *Business Week*, September 25, 1989, p. 54.

Silk, A. J., and Urban, G. L., "Pre-Test-Market Evaluation of Packaged Goods: A Model and Measurement Methodology," in Bass, King, Pessemier (eds.), *Application of the Sciences to Marketing*, John Wiley & Sons, New York, 1969, pp. 251–268.

Steiner, George, *Top Management Planning*, New York: Macmillan, 1969.

Steven, P. Schnaars, "When Entering Growth Market, Are Pioneers Better Than Poachers?" *Business Horizons*, March-April 1986, pp. 27–36.

Straggord, James E., "Effects of Group Influences on Consumer Brand Preferences," *Journal marketing Research*, Vol. 3, February 1966, pp. 68–75.

Theodore Levitt, "Innovative Imitation," *Harvard Business Review*, September/October 1966, p. 63.

Theodore R. Gomble, "Brand Extension," in *Plotting Marketing Strategy*, ed., Lee Adler, New York: Simon & Schuster, 1967, pp. 167–178.

Therdore Levitt, "Marketing Myopia," *Harvard Business Review*, Vol. 38, July-Aug. 1961, pp. 24–47.

Urban G. L., "Perceptor: A Model for Product Positioning," *Management Science*, April 1974, pp. 858–871.

Warren J. Keegan, *Global Marketing Management*, 4th ed. (Prentice-Hall, 1989).

W. C. Kim and R. Mauborgne, "Value Innovation: The Strategic Logic of High Growth," Harvard Business Review, January-February 1997, pp.91–101.

Wells, D. W., "Life Style and Psychographics: Definitions, Uses, and Psychographics," *Life Style and Psychographics*, Chicago: Ama 1974, pp. 317–363.

Whitney, Craig, "Scotch's New International Status," *New York Times*, September 17, 1989, p. F6.

William Lazer, "Life Style Concepts and Marketing," in Stephen Greyser, edc., *Toward Scientific Marketing*, Chicago: Ama, 1963, pp. 140–151.

William D. Wells. "Psychographics: A Critical Review." *Journal of Marketing Research*, Vol. XII, May 1975, pp. 196–213.

Wind, Y., "Issues and Advances in Segmentation Research," *Journal of Marketing Research*, Vol. 15 (August 1978), pp. 317–338.

Woo, Carolyn Y., and Arnold C. Cooper, "The Surprising Case for Low Market Share," *Harvard Business Review*, November-December 1982, pp. 106–113.

Yoram Wind, "Issues and Advances in Segmentation Research," *Journal of Marketing Research*, Vol. XV (August 1978), pp. 317–337.

管理學　張世佳／著

本書係依據技職體系之科技大學、技術學院及專校學生培育特色所編撰的管理用書，強調管理學術理論與實務應用並重。除了涵蓋各種基本的管理理論外，亦引進目前廣為企業引用的管理新議題如「知識管理」、「平衡計分卡」及「從A到A^+」等。透過淺顯易懂的用語及圖列式的條理表達方式，來闡述管理理論要義，使學生能更平易的學習管理知識與精髓。此外，本書配合不同章節內容引用國內知名企業的本土管理個案，使學生在所熟識的企業情境下，研討各種卓越的管理經驗，強化學生實務應用能力。

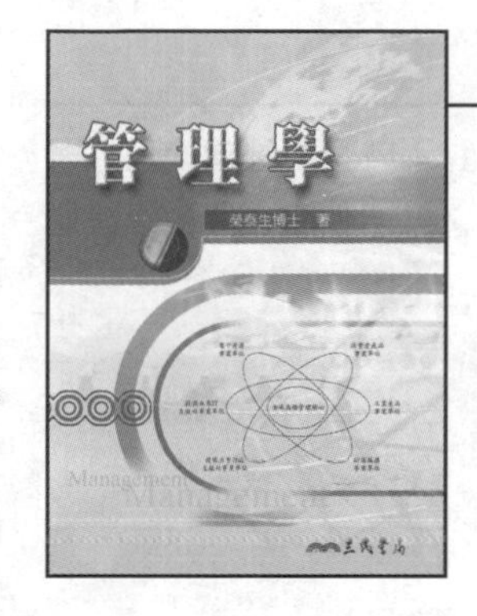

管理學　榮泰生／著

近年來企業環境的急遽變化，著實令人震撼不已。在這種環境下，企業唯有透過有效的管理才能夠生存及成長。本書的撰寫充分體會到環境對企業的衝擊，以及有效管理對於因應環境的重要性，提供未來的管理者各種必要的管理觀念與知識；不管是那種行業，任何有效的管理者都必須發揮規劃、組織、領導與控制功能，本書將以這些功能為主軸，說明有關課題。

當代人力資源管理　沈介文、陳銘嘉、徐明儀／著

本書描述了當代人力資源管理的理論與實務，在內容方面包含了三大主題，首先是任何管理者都需要知道的「策略篇」，接著是人力資源管理執行者應該熟悉的「功能篇」，以及針對進一步學習者的「精英成長篇」；各主題皆獨立成篇，因此讀者或是教師都可以依據個人需求，決定學習與授課的先後順序；每章之後都以「世說新語」為題，針對相關的專業名詞進行說明，輔以「不知不可」，指出與該章有關的重要觀念或趨勢，同時以專業人力資源管理者為對象，透過「行家行話」來討論一些值得深思的議題；並附上本土之當代個案案例，同時提出思考性的問題，讓讀者融入所學，實為一本兼具嚴謹理論與活潑實務的好書。

財務管理——原則與應用　郭修仁／著

本書內容有別於其他以「財務管理」(Financial Management) 為書名的大專教科書之處，在於跳脫傳統以「公司理財」為主的仿原文書架構，而以更貼近國內學生對「財務管理」知識的真正需求編寫。內容包括基礎觀念及國內金融環境介紹、證券評價及投資、資本預算決策、資本結構及股利決策、證券技術分析、外匯觀念、期貨及選擇權概念、公司合併及國際財務管理等主要課題。

品質管制　劉漢容／著

當今全球在產品製造及商品服務上，最重要的競爭利器不外品質和成本，而品質管理正是提升品質和降低成本的一門學識。本書定位於大專院校教材及工商企業界實用參考書籍，從企業外購材料的管理、生產過程的作業管理，到分配過程及消費者使用的售後服務，在此一整體的供應鏈中提供品質的理念、技術和制度，也提供其分析和持續不斷改善的方法。

作業研究　劉賓陽／著

本書的內容除了主要領域中各項技術與模式的介紹之外，特別就企業經營管理上與個人日常生活中各式各樣的問題，編製生動活潑之範例與習題；以期使讀者能在學習過程之中，具備學理探討之基礎與實務應用之能力。

互動式管理的藝術

Phillip L. Hunsaker、Tony J. Alessandra／著　胡瑋珊／譯

若經理人能建立一套友善並有生產力的工作氣氛，對整個組織來說，將帶來莫大的正面效應。本書正可提供具體的策略、指南以及技術，讓你能夠輕鬆增進與員工間的關係，建立經理人與員工信賴的基礎。讓員工對你的領導心服口服！

標竿學習——向企業典範取經

Bengt Karlof、Kurt Lundgren、Marie Edenfeldt Froment／著　胡瑋珊／譯

本書以理論搭配實際案例，闡明管理學理論和其發展軌跡，且詳述標竿學習過程中的方法和步驟，使你瞭解為何標竿學習特別適合現代企業，以協助企業從「良好典範」的經驗取得借鏡，並為「你怎麼知道自己的作業有效率？」的問題找到解答，希望讓各位讀者瞭解，學習不但有助於個人發展，更是攸關企業經營成功與否的重要關鍵。